中华蟹史

钱仓水 著

广西师范大学出版社

·桂林·

ZHONGHUA XIE SHI

选题策划：虞劲松
责任编辑：虞劲松
助理编辑：梁嗣辰
责任技编：伍先林
书籍设计：阳玳玮［广大迅风艺术］

图书在版编目（CIP）数据

中华蟹史／钱仓水著. —桂林：广西师范大学出版社，2019.11
ISBN 978-7-5598-2303-8

Ⅰ．①中…　Ⅱ．①钱…　Ⅲ．①养蟹－农业史－研究－中国－古代
Ⅳ．①S966.16-092

中国版本图书馆 CIP 数据核字（2019）第 236156 号

广西师范大学出版社出版发行

（广西桂林市五里店路 9 号　邮政编码：541004）
网址：http://www.bbtpress.com
出版人：张艺兵
全国新华书店经销
桂林金山文化发展有限责任公司印刷
（广西桂林市中华路 22 号　邮政编码：541001）
开本：880 mm ×1 240 mm　1/32
印张：23.625　　字数：550 千字　　图：144 幅
2019 年 11 月第 1 版　　2019 年 11 月第 1 次印刷
印数：0 001~4 000 册　　定价：118.00 元

如发现印装质量问题，影响阅读，请与出版社发行部门联系调换。

作者简介

　　钱仓水，江苏太仓人，淮阴师范学院退休教授，享受国务院颁发的政府特殊津贴。之前专注于文体分类研究，近二十多年来致力于中华蟹文化研究，先后发表文章百多篇，出版《蟹趣》《说蟹》《〈蟹谱〉〈蟹略〉校注》等。

内容简介

　　本书凝结了作者对中华蟹二十余年的研究心力与成果。分先秦、两汉三国、两晋南北朝、隋唐五代十国、两宋辽金元、明清六个部分，用一百九十多个专题来撰述，或考证蟹名，或分析蟹著，或品评蟹味，或再现烹蟹方法，或谈及腌蟹技艺，或评判咏蟹诗词，或讲述涉蟹人物，或介绍捕蟹工具，另付一百四十余幅精美插图，是一部从文化与历史角度研究中华螃蟹的集大成之作。

书 前 说 明

一、书名《中华蟹史》，是因为蟹是一种世界性的动物，而本书只陈述中华各类螃蟹及其文化的历史。此外，其中的稻蟹（今称河蟹、湖蟹、大闸蟹等）在动物学上称中华绒螯蟹，为中华原生、世界独有的蟹种，是称名最早、分布最广、产量最多、群众最爱的蟹种，随着时间推移和民族复兴，将来当是中华民族又一张给世界各国人民的饮食名片。

二、本书为一部小角度（只限螃蟹）、大视野（涉及蟹的种种情状及诸般采用）、多侧面（包含蟹的自然形态和先民对它所做的方方面面）、长镜头（涵盖自先秦直至清末的螃蟹记录，少数专题又延伸到现当代作为补充说明）、集成式（把历史上许许多多先民所留下的或整或零涉蟹文字做了汇总），并以现今的科学和思想观念撰成的史著。以小见大，蟹史虽微，亦可窥知中华历史的悠久绵长，中华文化的博大精深。

三、著史，史料是第一位的。为此，二十多年来，本着"尽力而为，求多求备"的原则，所查典籍汗牛充栋，专注其中螃蟹记录，手抄复印，铢积寸累，梳理整合，集腋成裘。引用材料，注明朝代、作者、书（篇）名、卷数等，如有不同版本或后续反响或嬗变的，择要交代，许多引文自行分段、校对、标点。

四、因为称史，故本书的框架以历史先后为序，即先秦、两汉三国、两晋南北朝、隋唐五代十国、两宋辽金元、明清，分期陈述，以呈现历史脉络。各时期开头的"概述"，简要说明本时期的历史背景和蟹况。

五、因为螃蟹是一个多侧面的存在，对它的认知又是逐步推进的，故本书以近两百个专题陈述蟹史。各类专题情况不一，或一个蟹名，或一篇蟹著，或一位涉蟹人物，或一种捕蟹工具，等等。许多专题采用同题归并来梳理来龙去脉，例如蟹的雄雌，三国魏张揖《广雅》始及，北魏贾思勰《齐民要术》以"脐"区分，唐唐彦谦《蟹》诗以"尖脐"与"团脐"称，至清又有"九雌十雄"或"九月团脐十月尖"之语，便归拢到一起贯通陈述，避免烦琐，列入始及的历史时期。

六、考虑到采用以时代先后为序安置专题的框架，虽能呈现历史脉络，但不方便读者查考，故附录最后特增分类索引，即按种类、性状、捕捉、买卖、食用、医药、风俗、艺文等编排索引，读者可以各取所需，以便检阅。另，因为两宋辽金元和明清时期专题纷繁，为理丝有绪，目录亦改为以分类安置。

七、本书插图，包括蟹图、人像、书影等，大多采自古籍，以相匹配，少数采自今籍，以作补充。

八、本书几个附录，或专题钩沉历史文献，理出头绪，或发表作者感想，以作参考。

九、本书吸取了众多今贤研究的成果，例如沈嘉瑞、刘瑞玉《我国的虾蟹》等，因为融进陈述，未能注出，特此说明。

十、本书写作为拓荒之举，作者虽勉力而为，然毕竟驽钝，毕竟浅陋，难免疏漏，或有失当，敬请博雅之士和读者补遗纠谬。

目录

先秦

概　述　/3

《周易》：把"蟹"归入"刚在外"的甲壳类　/5

《尚书》：让中原人见识了"一蟹盈车"的"海阳大
　　蟹"　/5

《山海经》里的"大蟹"是"千里之蟹"还是群蟹的结
　　集现象？　/7

《国语》："稻蟹"成灾及蟹类中最早的名称　/9

《礼记》里的"匡"为蟹的第一个部件名称　/12

《周礼》：今称螃蟹以其"仄行"　/15

《庄子》：无意间捎带出了淡水小"蟹"　/18

《荀子》：提出了"蟹用心躁也"说　/19

《越绝书》里的"海镜"是一个兼及了"蟹"的早期名
　　称　/22

《尔雅》里的"蟧蟘"是哪一种蟹？　/23

先秦人已经吃蟹的旁证　/25

两汉 三国

概 述 / 31

《淮南子》揭示了蟹的"与月盛衰" / 35

《神异经》里讲了一个山臊捕食虾蟹的故事 / 36

蟹酱（蟹胥）：最早吃蟹的记录 / 38

扬雄《太玄》里的"郭索"成了蟹的别名 / 42

许慎《说文解字》里的"蟹"与"蜅" / 44

《神农本草经》开了以"蟹"为医药的先河 / 46

杨孚《异物志》里起了个"拥剑"的好名称 / 49

《广雅》首及蟹的雄雌及其后续展开 / 51

万震所记"寄居虫"的引领 / 54

沈莹《临海水土志》对认知蟹类的突出贡献 / 56

两晋 南北朝

概 述 / 65

张华《博物志》捎带出的"石蟹" / 69

山都、山精、山鬼、山臊食蟹的故事 / 71

纬萧·蟹簖·沪 / 75

郭璞：中国大蟹神话的创始人 / 81

《江赋》所言"璅蛣腹蟹"的来龙去脉 / 85

崔豹《古今注》首称"蜋蚑"及其影响 / 88

由蜋蚑又名"长卿"和"彭越"引发出的历史故事 / 90

干宝《搜神记》揭示了"蟹类易壳"和"折其螯足，堕复更生" / 95

蔡谟食蜋蚑后吐下委顿之谜 / 98

葛洪《抱朴子》里的"无肠公子"成了蟹的别称 / 103

蟹神毕卓 / 106

祖台之《志怪》反映了东晋人已经喜食蟛蜞 / 112

祖冲之《述异记》开启了食蟹报应的记录之门 / 115

"糖蟹"及"蜜蟹"探究 / 118

贾思勰《齐民要术》里讲的腌蟹 / 123

北人嘲南人"啯唧蟹黄" / 125

隋唐 五代十国

概述 / 131

隋炀帝以蟹为"食品第一" / 136

众口交誉的糟蟹 / 138

点燃起了肴馔的薪火 / 141

承前启后的医药学家 / 143

鲁城民歌:最早而又特殊的咏蟹诗 / 146

持螯赏菊花 / 148

重阳佳节吃螃蟹 / 151

孙恤《唐韵》的释蟹十七条 / 153

李白拉开了"酒楼把蟹螯"的帷幕 / 155

蟹画初展 / 158

曾经的蟹舍 / 160

丘丹《季冬》始见的"红蟹" / 163

白居易涉蟹诗句反映的"余杭风俗" / 165

蟹到强时橙也黄 / 168

段成式《酉阳杂俎》始见的"数丸"和"千人捏"及"平
    原贡蟹" / 170

段公路《北户录》始见的"虎蟹" / 174

天雨虾蟹 / 176

"石蟹（蟹化石）"的种种记录 / 178

皮日休：诗人咏蟹第一人 / 182

蟹因霜重金膏溢 / 185

陆龟蒙：推开了一扇稻蟹洄游的探索之窗 / 187

唐彦谦《蟹》：艺术与史料价值兼备的诗篇 / 192

扳罾拖网赛取蟹 / 196

就地销售与远途贩运 / 199

吴中稻蟹美 张翰误忆鲈 / 203

各地贡蟹与唐帝赐蟹 / 206

唐诗里的涉蟹句选释 / 208

朱贞白《咏蟹》善嘲 / 211

江文蔚《蟹赋（残文）》 / 213

蟹的褒称"含黄伯"、贬称"笑舌虫"及其他 / 215

意味深长的旷世蟹宴 / 217

两宋　辽金　元

概　述 / 225

傅肱《蟹谱》 / 234

傅肱《蟹谱》始见的"鬼状"蟹 / 238

风虫等内脏的揭示 / 240

流传广远的《临海蟹图》 / 243

负篦道人 / 246

大雾中蟹多僵者 / 248

岁旱迎蟹即雨 / 250

以螃蟹为怪物 / 253

探洞捉蟹·以竿钓蟹·火照捕蟹 / 256

专捕蟹的"蟹户"和专营蟹的"蟹市""蟹行" / 261

蟹价贵贱的记录和轶事 / 264

风味殊隽的酒蟹 / 269

曾经风行的酱蟹 / 274

林洪《山家清供》的"蟹酿橙" / 276

吴自牧《梦粱录》里的种种蟹肴 / 279

倪瓒《云林堂饮食制度集》里的蟹肴 / 281

佚名《居家必用事类全集》里的蟹肴 / 284

肴馔薪火的勃然兴旺 / 286

重蟹螯与重黄膏及二者兼重 / 290

蟹眼茶汤 / 294

张耒作诗为自己的嗜蟹之癖辩解 / 296

食蟹腹痛吐痢医方 / 301

以蟹解漆的故事 / 303

人、犬、鱼食之皆毙的蛇蟹 / 305

钱昆嗜蟹的故事 / 307

螃蟹琐闻十二则 / 310

洪迈《夷坚志》：记录螃蟹故事最多的书籍 / 318

诗注里源自印度的故事 / 323

梅尧臣：反映蟹况卓然多新的诗人 / 325

苏轼：开拓蟹文化的大家 / 329

黄庭坚：笃信佛教而酷爱食蟹的诗人 / 336

陆游：广阔地反映蟹况的诗人 / 339

杨万里：以诗以赋赞糟蟹的作家 / 345

高似孙《蟹略》 / 350

苏轼《丁公默送蝤蛑》 / 355

以宋徽宗画蟹为题材的两首咏史诗 / 358

咏蟹诗作二十首及涉蟹句 / 360

螃蟹诗话六则 / 378

四首同调同题的咏蟹词 / 388

咏蟹（涉蟹）词曲述要 / 390

高似孙《松江蟹舍赋》 / 393

姚镕《江淮之蜂蟹》的寓意 / 395

李祁《讯蟹说》 / 396

赋蟹散文提要 / 401

以蟹为喻的活剧 / 402

元杂剧涉蟹琐记 / 404

蟹画的兴盛与衰落 / 407

《埤雅》《尔雅翼》等字书的释"蟹" / 413

明清

概　述 / 419

玉蟹与沙钻蟹 / 427

金钱蟹 / 429

和尚蟹·花蟹·卤·山寄居螺 / 430

虬蟹与膏蟹 / 432

待考之蟹 / 435

种种无名大蟹 / 436

明清涉及蟹类的博物著作掠影 / 438

罕见的二则义蟹记录 / 442

屈大均：记录和探索蟹况的作家 / 444

焦循：总结了取蟹之法的作家 / 450

宋诩《宋氏养生部》里的蟹肴 / 452

朱彝尊《食宪鸿秘》里的蟹肴 / 455

顾仲《养小录》早先提倡人道食蟹 / 456

袁枚《随园食单》里的蟹肴 / 458

佚名《调鼎集》里汇集的蟹肴 / 460

肴馔薪火耀然喷发 / 463

红楼吃蟹琐记 / 466

煮蟹与蒸蟹 / 479

"蟹八件"考说 / 481

徐渭：将画换蟹吃的画家 / 485

张岱：与友人兄弟辈立十月蟹会 / 488

蟹仙李渔 / 490

嗜酒好蟹边寿民 / 497

张问陶：蜀人因蟹而客中原 / 500

李瑞清：餐食百蟹被称为"李百蟹" / 502

形形色色的吃蟹达人 / 505

李时珍《本草纲目》是以"蟹"为医药的集成文献 / 510

明宫里的蟹事趣闻 / 515

乾隆帝悠闲赋蟹及慈禧逃难食蟹 / 519

光绪皇帝查办"金爪蟹案" / 521

书生因蟹而中榜 / 522

藩司缘蟹而破案 / 525

放蟹报德的故事 / 527

梦蟹玄解 / 530

刘基《题蟹二首》 / 532

高启《赋得蟹送人之官》 / 533

徐子熙《蟹》 / 534

徐渭蕴含寓意的三首题画蟹诗 / 535

王世贞《蓼根蟹》 / 538

咄咄夫《乡人不识蟹歌》 / 539

曹雪芹：各示人物性格的三首《螃蟹咏》 / 540

张士保《题画蟹》 / 542

翁同龢《题蒋文肃得甲图卷（其二）》 / 543

秦荣光《上海县竹枝词（选一）》 / 545

无名氏《螃蟹段儿》 / 546

咏蟹诗作十二首及涉蟹句 / 549

陆次云《减字木兰花·蟹》 / 561

夏言《大江东去·答李蒲汀惠蟹》 / 562

朱彝尊《桂枝香·咏蟹》 / 563

咏蟹词曲述要 / 565

袁翼《湖蟹说》 / 568

夏树芳《放蟹赋》 / 570

郑明选《蟹赋》 / 573

张九峻《醉蟹赞》 / 575

李渔《蟹赋·序》 / 576

尤侗《蟹赋》 / 578

陈其元《蓄鸭之利弊》 / 580

赋蟹散文提要 / 582

吴承恩《西游记》 / 585

兰陵笑笑生《金瓶梅》 / 588

方汝浩《禅真后史》 / 590

古吴金木散人《鼓掌绝尘》 / 592

蒲松龄《聊斋志异》 / 594

白云外史散花居士《后红楼梦》 / 596

朱翊清《荷花公主》 / 597

涉蟹小说举隅 / 599

螃蟹笑话六则 / 604

明清戏曲涉蟹觅踪 / 608

蟹联撷英 / 612

蟹画繁荣 / 618

可供把玩的寄居蟹 / 628

可供赏玩的螃蟹工艺品 / 629

《古今图书集成》"蟹部" / 632

孙之骈《晴川蟹录》 / 636

《字汇》《康熙字典》等字书的释蟹 / 641

附录

历代蟹类名称总揽 ／645

中国蟹灾的文献钩沉 ／710

以"蟹"冠名的镇、山、水、泉之类 ／716

人类初始吃螃蟹的猜想 ／720

《中华蟹史》专题分类索引 ／726

后记 ／733

先秦

概　述

　　从殷商、西周到春秋、战国的先秦时期（前221年之前），自中华民族有了文字记载起，在记录社会和生产活动时，必然兼及生存的环境和种种自然事物，其中包括了遍及江河湖海的蟹，虽说这些记录东鳞西爪分散零星，却是中华蟹史的源头。

　　因为是源头，所以并未细分，先秦典籍里一概称"蟹"，使这类动物开始有了至今仍然沿用的统一名称；《周易》曰"为鳖，为蟹，为蠃（通螺），为蚌，为龟"，开创性地把"蟹"归入"刚在外"，也就是今人动物书里的"甲壳纲"一类；《国语》里所记的"稻蟹"成了众多蟹类的最早名称；《礼记》里所记的"匡"（今称背甲）成了蟹的第一个形象的部件名称；《荀子·劝学篇》曰"蟹六跪（蟹有"八跪"）而二螯，非蛇鳝之穴无可寄托者，用心躁也"，不但使蟹的八只步足（即"跪"）和二只螯足（今仍称"螯"）从此有了各自的名称（动物书里把它列为"十足目"之一种），首先触及了蟹的"穴"居性（说除了寄居于蛇鳝洞穴便无处托身，则为以偏概全），而且提出了被后世公认的"蟹"的"心躁"说；如此种种，客观、实际、符合科学，显示了古人的智慧。

3

据今人研究，蟹类大多生活在海洋里，少数生活在陆地的淡水中，其中一支在濒海浅滩繁殖之后又到陆地水泽地带索饵生长。在先秦典籍里对此均有提及：《尚书》载周成王时"海阳大蟹"，后人注说"海阳之蟹，一蟹盈车"，即海水之北的蟹，一只就可以把车子装得满满的；《山海经》载"大蟹在海中"；《庄子·秋水》篇里写了个井蛙自矜的寓言，其中说"还虷（hán，蚊子幼虫，又名孑孓）、蟹、科斗（即蝌蚪），莫吾能若也"，无意间捎带出了与孑孓、蝌蚪为伍的淡水小"蟹"；《国语》载"稻蟹不遗种"，即把农田稻谷吃得精光连种子都没有剩余下来的"稻蟹"，就是我国特有的洄游于浅海和内陆水泽地带的大闸蟹（动物书上称中华绒螯蟹）。此外，《越绝书》载"海镜蟹为腹"，涉及了我国东南沿海常见的海蚌腹腔里有蟹寄居的现象；《尔雅》里"螖蠌（huá zé），小者蟧"，或说是海边寄居于螺壳的蟹，或说是海边的螃蜞。如此种种，虽说只是点及，却反映了中华民族的祖先已经陆陆续续开始认知了各种生存环境下的蟹类。

不止于此。《周礼》里以"仄行"称蟹，"仄"就是旁，"仄行"就是旁行，为蟹独特的走动方式，后人就此称蟹为"螃蟹"；《左传》隐公五年曰"若夫山林、川泽之实"，唐孔颖达注"山林之实，谓材木樵薪之类，川泽之实，谓菱芡鱼蟹之属"，把"鱼"与"蟹"并列，反映了蟹为川泽向人们提供的食物之一；《周礼》曰"共祭祀之好羞"，"好羞"就是好吃的东西，汉郑玄注若"青州之蟹胥"，"蟹胥"就是蟹酱，反映了周天子已经食用好吃的蟹酱并以此祭祀祖先；《庄子》曰"河上有家贫恃纬萧而食者"，"纬萧"就是后来称的蟹簖，靠渔具纬萧捕蟹来养家糊口，反映了为满足人们吃蟹的需求，其时已经有人以捕蟹为业……

这种种反映先秦实际的蟹况，都成了不息地沾溉中华蟹史的活水源头。

《周易》：把"蟹"归入"刚在外"的甲壳类

《周易》，或称《易经》，此书缘起极早，或说是周文王作的卦辞，又说孔子（前551—前479）晚而喜《易》，为其作十翼，对此书之《离》，旧题孔子《说卦》传曰："为鳖，为蟹，为蠃，为蚌，为龟"。唐孔颖达《周易正义》云："取其刚在外也。"

"刚"与"柔"相对，是坚硬的意思。这些动物，包括鳖、蟹、蠃（通螺）、蚌、龟，一概都包裹着坚硬的甲壳，《大戴礼记》说，"甲虫三百六十，而神龟为之长"，尽管形形色色，琳琳琅琅，但都归列到了以龟为长的、有着坚硬外壳的"甲虫"一类。

大凡，识别事物的标志首先是它的外形。蟹有着坚硬的外壳，一方面使它与外形柔软的动物区别开来，一方面又使它与同样外壳坚硬的动物归并到了一起。应该说，这样识别和归类是客观和科学的。之后，宋陆佃说蟹"壳坚而脆"（《埤雅·蟹》），明李时珍说蟹"外刚内柔"（《本草纲目·介部·蟹》），清曹雪芹说"铁甲长戈死未忘"（《红楼梦·螃蟹咏》）等，都是就蟹"刚在外"的外形特点而言的。现代动物学更是把蟹称列为"甲壳纲"里的动物之一。

《尚书》：让中原人见识了"一蟹盈车"的"海阳大蟹"

《尚书》是虞夏商周之书，也就是上古之书，相传孔子曾整理过此书，其中《逸周书·王会》篇曰：成王时，"海阳大蟹"，或作"海阳献大蟹"。

周成王，姓姬名诵，父武王死时年幼，由叔父周公旦摄政，平定了叛乱，扩大了疆域，巩固了西周王朝，在位三十七年，亲政三十年，是个有为的君主。于是各方诸侯携带奇珍异宝、土产方物纷纷前来进贡，其中包括"海阳献大蟹"。

海阳是哪里？先人根据"水北为阳"，引经据典提出了扬州、常熟、嘉应、潮州等说，虽所说不一，但都是靠海的地方。所献的"大蟹"有多大？晋孔晁注："海水之阳，一蟹盈车。"即海水之北的蟹，一只就可以把车子装得满满的。生活在中原的人只见过江河湖泊沟塘湿地中的蟹，两相比较，这种种都是"小蟹"，一蟹盈车的"大蟹"何曾见过？海阳之人将其作为珍奇贡献，于是令居住在都城镐京（今陕西西安长安区沣河以东）或东都成周（今河南洛阳）的周成王及其眷属惊奇咋舌。

那么，海阳所献的大蟹是哪种海蟹呢？明代福建诏安人林日瑞在《渔书》里说："余乡，蟳有一二尺大，壳可作花盆，汲冢（谓晋太康二年汲郡人得《周书》于冢中）专车之壳必此类。"（见明胡世安《异鱼图赞补》"蟛蜞"条）应该说，这只是一种猜想，实际上还有比蟳更大的海蟹。因为《逸周书·王会》篇所述简略，让人猜想的空间颇多：进献的大蟹是死的还是活的？如果是活的，是怎么运送到镐京或成周的？进献的数量是一只还是多只？进献目的是给人见识还是食用，或者兼而有之？从东越献海蛤、欧（通"瓯"）人献蝉蛇（或说蛇，或说如蛇之鱼）等看来，推测"海阳献大蟹"，或许也是给周成王及王室成员开开眼界之外再尝尝滋味的。种种都是永远的谜团，不过，能够肯定的是，早在西周成王时期，我国东部沿海的居民就已经开始捕捉海里的大蟹，并以此进献，使居住在中原的人认知了除内陆江河湖泊所产的"小蟹"之外，还有海产"大蟹"。

自《逸周书·王会》篇载周成王时"海阳献大蟹"后，许多朝代都有献蟹的历史记录：北魏郦道元《水经注》卷十，武阳城北为博广池，"池多名蟹佳虾，岁贡王朝，以充膳府"；唐杜宝《大业拾遗录》"隋炀帝时，吴郡献蜜蟹二千头，蜜拥剑四瓮"；唐段成式《酉阳杂俎·前集》卷十七"平原郡贡塘蟹"；宋黄庭坚《次韵师厚食蟹》"吾评扬州贡，此物真绝伦"；宋陈世崇《随隐漫录》卷三"姑苏守臣进蟹"……可以说不胜枚举。

《山海经》里的"大蟹"是"千里之蟹"还是群蟹的结集现象？

《山海经》原题为夏禹、伯益所作，实际上当出于春秋、战国人之手，所记五方之山、八方之海，涉及山川、道里、民族、物产等，保存着上古时代人们生活的记录，奇奇怪怪，夹杂着许多神话传说的片段。此书两处提到大蟹：卷十二《海内北经》"大蟹在海中"，晋郭璞《山海经传》注"盖千里之蟹也"；卷十四《大荒东经》"女丑有大蟹"，郭璞注"广千里也"。

《山海经》只言"大蟹"，未及多大，可是经郭璞一注，似乎成了一只可以广盖千里的大蟹，简直匪夷所思。今人袁珂在《山海经校注》(上海古籍出版社1985年版)里先引述《玄中记》"天下之大物，北海之蟹，举一螯能加于山，身故在水中"，又引述《岭南异物志》"尝有行海得洲渚，林木甚茂，乃维舟登岸，爨于水傍。半炊而林没于水，遽斩其缆，乃得去。详视之，大蟹也"。之后说："则传说演变，愈出而愈奇也。"显然，所举并未证实一只大蟹能广盖千里，可是透露出了对"传说"之"奇"的认同。不过

《山海经》中"千里之蟹"插图（明 蒋应镐）

细心琢磨，郭注所说的"千里之蟹"和"广千里"均未及蟹之数量，如此，不妨换一个角度来看。大家知道，无论走兽、飞禽、昆虫、鱼类，在某种情况之下都有聚集的现象，千千万万，成群结队，多不胜数，一望无垠，蟹类亦不例外，据此，《山海经》所说的海中"大蟹"或许是和江湖里的"小蟹"比较而言的，郭注所说的"千里之蟹"和"广千里"，或许指的是许许多多的大蟹，密密麻麻地聚集在大海的某个领域，看不到边际和尽头的海蟹结集现象。

顺便说一下，民国钟毓龙《上古神话演义》第一二七回"大禹逢巨蟹，海若助除妖"，根据《山海经》"女丑有大蟹"句，编了一个故事说：大禹等人，"忽见前面海中涌出一片平原，其广无际，簸荡动摇，直冲过来"，用戟和锤戳去，顿然沉下，"海中又涌起一座大山，山上有两个峰头，能开能阖"，打了几下，大山又沉下，后经海若相助，才驱走。原来这是女丑变幻出来的"其广千里"的"大蟹"，那大山是它的螯，那能开阖的两峰是它的钳子。

《国语》："稻蟹"成灾及蟹类中最早的名称

《国语》是一部分别记载周、鲁、齐、晋、郑、楚、吴、越八国史事的历史著作，司马迁曾说，"左丘失明，厥有《国语》"（《报任少卿书》）。实际上，它是战国初期一位熟悉各国历史掌故的人，根据春秋时代各国史官的原始记录，加工整理，汇编而成。

《国语·越语下》云："又一年，王召范蠡而问焉，曰：'吾与子谋吴，子曰'未可也'，今其稻蟹不遗种，其可乎？'对曰：'天应至矣，人事未尽也，王姑待之。'"把它译成白话就是：又过了一年（鲁哀公十二年，越王回国的第七年，前483年），越王勾践召

元 卫九鼎《蟹图》

见范蠡问道："我以前和你谋划攻打吴国，你说不可。如今吴国的稻蟹吃光了农田里的稻谷，连种子都没有剩下来，该可以攻打吴国了吧？"范蠡答道："上天灭吴的迹象出现了，但人事的机缘还没有到来，您姑且再等等吧！"

先说"稻蟹"成灾。春秋末期的吴国，在今以苏州为中心的地方，这里濒海临江，湖泊众多，水网密布，向为产蟹而蟹多的地方。蟹是机会性的荤素兼食的杂食者，动物如鱼虾螺蚬吃，植物如水茛、茭芡、水蓼也吃，一般说获得植物比较容易，因此吃植物更多。吴国又向为产稻而稻多的地方，于是稻田成了蟹的栖息地，水稻便成了它的食物之一。公元前483年秋天，蟹长势兴旺，遍地都是，"稻蟹不遗种"，把即将成熟的水稻吃了个精光，酿成蟹灾。见此，越王勾践就想趁机攻吴，被谋臣范蠡劝阻。之后，一方面吴国市场上连霉变的"赤米"都没有，导致人心恐慌，纷纷都想迁徙；另一方面吴王夫差骄奢淫逸，杀害忠良，自毁长城。在天应与人事都具备的情况下，越王出兵，吴国被灭。

《国语·越语下》所记"稻蟹不遗种"，是我国记载最早也是最严重的一次蟹灾，故唐陆龟蒙《稻鼠记》、宋张九成《状元策》、宋罗愿《尔雅翼·蟹》、明刘仲达《刘氏鸿书》卷九十二，以及许多地方志，都反复提及。自记录后，有文字可考的蟹灾，在我国各地发生过大大小小十多次，其中吴地为多。元代"大德丁末，吴中蟹厄如蝗，平田皆满，稻谷荡尽"（高德基《平江记事》）；明代成化年间，嘉定"每岁夏秋交，海蟹随潮而上为禾稼害"（吴瑞《去思碑》）；明代万历年间，昆山"螃蟹食禾，遍满田塍"（《马巷厅志》）等。如此种种，致使稻谷失收，吴地居民蒙难。反过来说，也反映了我国，特别是吴地蟹的丰饶，竟然一次次闹出了蟹灾。

顺便指出，历史上长期形成的"败谷者稻蟹之属"（汉郑玄《礼记·月令》注）的观念，到了20世纪后期首先被吴地居民破除了。因为水质污染，狂捕滥采，造成蟹资源枯竭，人们为了延续口福之惠，穷极而变，依靠科技，人工育苗和养殖，其中包括在水稻田里养殖。蟹以稻田里的害虫为食，稻又成了蟹挡风避雨的庇护所，共生共容共殖共获，创造了原先不可思议的蟹与稻双丰收的奇迹。

再说"稻蟹"名称。我国是一个产蟹的大国，蟹的种类极为繁多，据今人考察，有1000多种，而最早命名的就是《国语·越语下》里所称的"稻蟹"。这种稻蟹在我国境内分布很广，从辽宁到福建的沿海，凡是通海的河川下游乃至中游地带都有它的踪迹，而且产量很大，历史上或习惯上所说的吴蟹、越蟹、淮蟹、江蟹、河蟹、湖蟹、霜蟹、菊蟹、芦蟹、毛蟹、簖蟹、大闸蟹……实际上统统都是"稻蟹"的别称，现代动物书上称它"中华绒螯蟹"，是因为它的两只大螯上长满绒毛并且只产于中国的缘故。

在我国，因为"稻蟹"分布广，产量多，常见常吃，人们最为熟悉最为亲切，因此一提起蟹，人们的意念中首先映出的便是"稻蟹"，并以此为准来谈说它种蟹类，例如说蝤蛑"似蟹而大""螯

11

无毛"，例如说蟛蜞"似蟹而小""螯无毛"……特别在先人眼中，"稻蟹"简直成了一切蟹类的标尺，往往以此度量，以此作为比较的范本。

历史上称"稻蟹"者不绝如缕：宋苏舜钦"莼鲈、稻蟹足以适口"（《答韩持国书》），元袁桷"稻蟹田肥泽国春"（《寄张希孟内翰》），明娄坚"细嚼稻蟹螯"（《朱济之秀野园谶集》），清郑燮"稻蟹乘秋熟"（《寄许生雪江三首》）。"稻蟹"是一个极富诗意并促人引起联想的名称：宋梅尧臣"稻熟蟹正肥"（《送徐秘校庐州监酒》），宋刘攽"稻熟水波老，双螯已上罾"（《蟹》），宋苏轼"清风来既雨，新稻香可饭。紫蟹应已肥，白酒谁能劝"（《和穆父新凉》），元张翥"市饶稻蟹秋田熟"（《送唐子华赴江阴州教授》），明梅鼎祚"稻蟹祝丰年"（《曹以新自娄东移居吴门清嘉坊寄赠二首兼怀二王公》），清马骏"稻蟹节来人意足"（《邵伯埭晚泊》）……造物主专供我邦的"稻蟹"，既给人们带来了口福，也带来了快乐。

《礼记》里的"匡"为蟹的第一个部件名称

《礼记》是一部采自先秦旧籍（大率出自孔子弟子和再传弟子之手）而又经西汉人增益、编定的书，为礼学文献选编，凡四十九篇。其中的名篇《檀弓》，引用事例来解说丧礼，有一段说："成人有其兄死而不为衰者，闻子皋将为成宰，遂为衰。成人曰：'蚕则绩而蟹有匡，范则冠而蝉有绥，兄则死而子皋为之衰。'"把它译成白话就是：鲁国叫成的地方，有个人哥哥死了却不肯穿粗麻布做的丧服，可是当听到孔子的弟子子皋要来做官，害怕受到处罚，才穿了丧服。于是成县人便说：蚕儿吐丝织茧，蟹儿背上有匡，蜂儿头上戴冠，蝉儿还拖着缨带，那个人死了哥哥，因为子皋即将到来才肯服丧。

撤开其他，这段话里的"蟹有匡"是什么意思？唐孔颖达云："蟹背壳似匡。"原来指的是蟹的背壳，"匡"或作"筐"，以"匡"比拟"蟹背壳"，形象而贴切。自此，蟹有了第一个部件名称，并且鲁国成地人所起的"匡"名也长久地流传了下来。

竹根圆雕（清）

举例来说。南朝齐祖冲之《述异记》"出海口北行六十里，至腾屿之南溪，有淡水，清澈照底，有蟹焉，筐大如笠，脚长三尺"；唐钱起《江行无题》"漫把樽中物，无人啄蟹匡"；宋张耒《寄文刚求蟹》"匡实黄金重，螯肥白玉香"；直至清秦荣光《上海县竹枝词》"九十尖团膏满筐"。

之后，由"蟹背壳似匡"派生出斗、甲、箱、壳等称呼。唐唐彦谦《蟹》"一斗擘开红玉满"，宋宋庠诗逸句"霜天蟹甲脱"（见宋高似孙《蟹略·甲壳斗》），宋齐唐诗逸句"时珍蟹有箱"（见宋高似孙《蟹略·匡箱》），宋章甫诗逸句"壳重贮黄金"（见宋高似孙《蟹略·甲壳斗》）……现今动物书里则称之为背甲，虽无匡、箱、斗的形象，亦属精准。

匡 箱

禮記曰蟹則績而蟹有匡任昉述異記曰騰嶼之南溪

淡水清有蟹爲匡大如笠皮日休蟹詩紺甲青匡染萏

衣島夷初寄北人時錢起詩漫把樽中物無人啄蟹匡

張文潛詩匡實黃金重螯肥白玉香齊唐詩歲貴波熬

素時珍蟹有箱箱即匡也

宋 高似孫《蟹略·匡箱》（《四庫全書》本）

《周礼》：今称螃蟹以其"仄行"

　　《周礼》初名《周官》或《周官经》，西汉末年列为经而属于礼，故有《周礼》之名，是一部讲述周代王室官制和社会制度的书，共有天官、地官、春官、夏官、秋官、冬官六篇。原缺冬官，汉人取《考工记》补足，并冠以冬官之名。《冬官》为战国后期著作。

　　《周礼·冬官》曰：梓人（木工、匠人）制作簨簴（sǔn jù，悬钟磬的木架），以"外骨、内骨、却行、仄行、连行、纡行"等小虫，为之雕琢。汉郑玄《周礼郑氏注》："外骨，龟属；内骨，鳖属；却行，蟋衍之属；仄行，蟹属；连行，鱼属；纡行，蛇属。"据此可知，古人曾把"蟹属"称之为"仄行"。"仄行"是什么意思？《汉书·五行志》颜（师古）注："仄，古侧字。"《广雅·释言》："侧，旁也。"所以，"仄行"也就是汉许慎《说文解字》释蟹所说的"旁行"。

　　"仄行"或说"旁行"是蟹的常态。汉张超《诮青衣赋》说"蟹行索妃，旁行求偶"，连寻求配偶的时候，它也是旁爬过去的。这种横向爬行的方式在动物界里极为特殊，引人注意，于是就成了识别它的一个主要标志，称蟹为"仄行"了。那么，蟹为什么横向爬行呢？《本草经》曰："蟹足节屈曲，行则旁横。"（见宋高似孙《蟹略》"仄行"条）语虽简略，却是切中肯綮的，从生物学的角度考察，蟹的躯体左右宽度大于前后长度，两只大螯在躯体前侧，爬行时主要依靠躯体两侧的四对步足，一侧的步足向下弯曲，用指尖踮着地面，另一侧的步足尽力向外伸展，推送躯体向对方行进，循环反复，一步步往横向偏前的方位爬动，并且通过长短不一的步足关节随时改变方向。可见确实是蟹的躯体和足节结构决定了"行

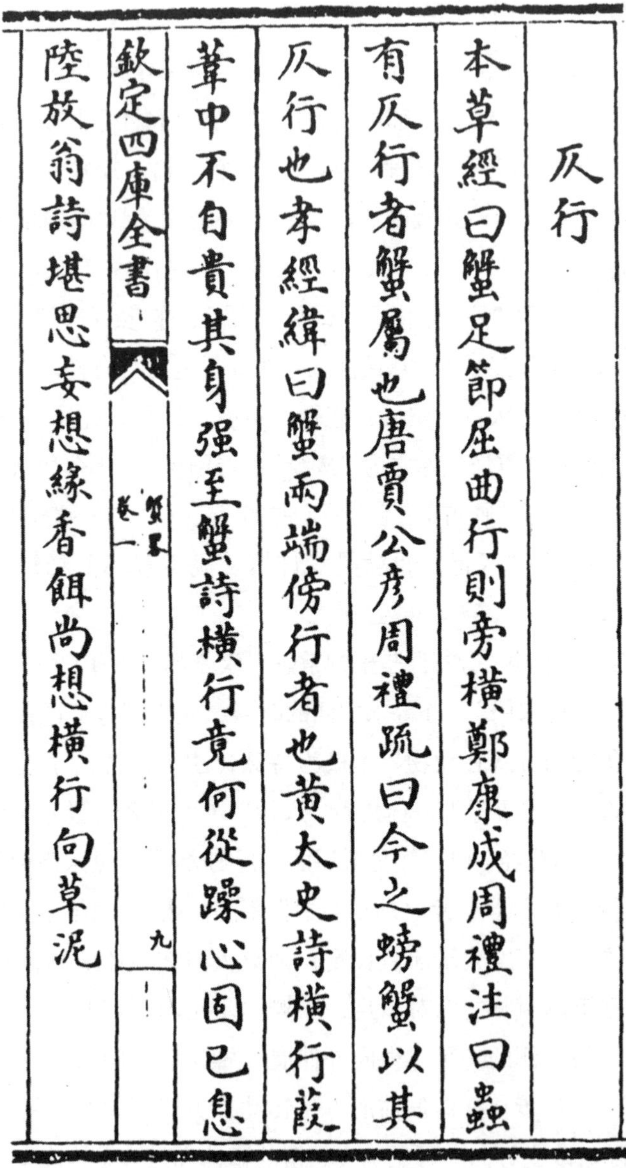

仄行

本草經曰蟹足節屈曲行則旁橫鄭康成周禮注曰蟹

有仄行者蟹屬也唐賈公彦周禮疏曰今之螃蟹以其

仄行也孝經緯曰蟹兩端傍行者也黄太史詩橫行駛

茸中不自貴其身強至蟹詩橫行竟何從躁心固已息

陸放翁詩堪思妄想緣香餌尚想橫行向草泥

欽定四庫全書　蟹略　卷一　九

宋 高似孫《蟹略·仄行》（《四庫全書》本）

16

则旁横"，这是它的本能和天性。

"仄行"古僻，"旁行"近俗，经过酝酿，随着口语中双音词增多的趋势，便将"旁行"的蟹称之为"旁蟹"或"螃蟹"。根据宋傅肱《蟹谱》"唐韵"条说，古称"旁蟹"，不加"虫"字，今字益"虫"，乃是俗加，因为凡是虫属要作"虫"旁的缘故。"螃蟹"何以得名？唐贾公彦《周礼》疏"今之螃蟹，以其仄行也"；《蟹谱·总论》"取其横行，目为螃蟹焉"；元《至顺镇江志》卷四"俗呼旁蟹，以其横行故也"；明梅膺祚《字汇》"八足旁行，故名螃蟹"；清崔灏《通俗编》卷二十九"蟹谓之螃蟹，以其侧行者也"。一致认为螃蟹之名源于《周礼·冬官》所称的"仄行"。

于是，特别在唐代及其之后，先前所称的"蟹"便又称"螃蟹"，唐元稹"池清漉螃蟹"（《江边四十韵》），唐皮日休诗题《咏螃蟹呈浙西从事》，等等，并且广泛沿用到了今天。

历史上，由"螃蟹"派生出两个非常精彩的别称：一个是宋傅肱《蟹谱》"兵权"条里叫它"横行介士"，"介"就是甲，"介士"就是穿着盔甲的士兵，"横行介士"活脱脱地把身披甲壳、横行霸道、赳赳武夫般的螃蟹模样刻画了出来（后来，《西游记》第六十回写孙悟空变作螃蟹，爬进龙宫，对龙王说，他就是"横行介士"）；一个是清蒲松龄《聊斋志异·三仙》里叫它"介秋衡"，故事里的蟹是"三仙"之一，说它是个秀才，于是给它起了个文绉绉的姓名，"衡"通"横"，介秋衡就是说蟹一到秋天便活跃便躁动便横行，妥帖极了。

顺便说一下，螃蟹的"仄行"或"旁行"，以后还有直接称作"蟹行"的，并以此喻说，例如清孔平仲"小女作蟹行"（《常父寄半夏》），意思是小女像蟹般地横着走路；例如清黄遵宪"教儿兼习蟹行字"(《岁暮怀人》)，意思是教小儿除了学习竖写的汉字之外，还要兼学横写的英文。

《庄子》：无意间捎带出了淡水小"蟹"

庄子（约前369—前286），名周，宋国蒙（今河南商丘东北）人，传说曾为蒙漆园吏，战国著名思想家、文学家，道家代表人物，著有《庄子》。

《庄子·秋水》篇里写了个寓言：某天，有只东海的大鳖出现在坍塌破废的井口，井里的青蛙便向它夸耀说：这里多好啊！我可以在井栏上腾跃，可以在残缺的井壁上休息。入水，水不深，只顶着胳肢窝；托着面颊，踩泥，泥深只没脚。回过头来看看，"虾、蟹与科斗"，哪能像我这样逍遥快乐啊！寓言生动形象，有力地嘲笑了井底之蛙的识见。

《秋水》是名篇，井蛙的自矜更是名篇中为人熟知并津津乐道的故事。其中稍带提到的，用来反衬蛙快乐的"蟹"，因为它最早进入了寓言故事，也就被人注意，宋傅肱《蟹谱》和高似孙《蟹略》都有全文引载。

寓言是虚构的，可是寓言中所说的井蛙生活的环境却是真实的。井已坍塌弃用，成了有水有烂泥的浅井，蛙及虾（hán，蚊子幼虫，又名孑孓）、蟹、科斗（即蝌蚪）就入住其间。蟹是一种适应性很强的动物，山溪、湖地、稻田、沟渠甚至间隙性的水体石下、草丛中、泥洞里都能存活。《宋史·曹翰传》，曹翰从征幽州，"士兵掘土得蟹进献"；宋邹浩《道乡集·书喜》，使役者浚泉，"于乱石之下得蟹一枚"……可见，庄子寓言所说的倾颓浅井里有蟹的爬动，决非杜撰，而是有其实际依据的。

那么，这是只什么蟹呢？具体所指不详，但一定是淡水溪蟹类中的一种。我国溪蟹种类很多，特点是在两性壳硬时交配，产卵量少，孵化后没有幼体变态，形小，寿命3—5年，分布极广，大多数地方均产。这原来是中原常见的小蟹，无意间，被《庄子·秋水》篇第一次捎带了出来。

《荀子》：提出了"蟹用心躁也"说

荀子（约前313—约前238），名况，赵国（今山西安泽）人，曾为祭酒、兰陵令，战国时期思想家、文学家，著有《荀子》。其中《劝学篇》云："蟹六跪而二螯，非蛇鳝之穴无可寄托者，用心躁也。"

先前，包括《周易》《尚书》《山海经》《礼记》等都提到了蟹，

荀子像

说明这种动物早就有了统一的称呼。至于螯跪之名却首见于《劝学篇》，出于沿用或是荀子的命名已经远不及考，反正，自此之后被人们接受和使用开了，例如宋文同《画蟹》说"蟹性最难图，生意在螯跪"，明李时珍《本草纲目》里说"（蟹）二螯八跪，利钳尖爪"。当初为什么称它为螯跪呢？宋罗愿《尔雅翼》里有个解读："八足折而容俯，故谓之跪；两螯踞而容仰，故谓之螯。"这一解读符合情理而为大家认同。现今动物书里，螯跪通称胸足，并把蟹列入十足目，可是荀子则认为螯是螯（这个名称至今未变）跪是跪（这个名称自汉代许慎起又称之为足），两者应加区分，从实际情况看，螯的功能主要是掘穴、捕食和防御、争斗，跪的功能主要是爬行和游泳，并导致形态上的差别，因此，不妨说荀子的螯跪说是更加精准的。

　　说不清是原误还是传误，早先《荀子·劝学篇》版本一概都作"蟹六跪而二螯"，影响所及，汉许慎《说文解字》初期版本亦作"蟹有二螯六

蟟與蚓同　蟹六跪而二螯非蛇蟺之穴無可寄託者用心躁也

跪足也此韓子以刖足爲刖跪螯蟹首上如鐵者許叔重説文云蟹六足二螯也是故

荀子《劝学》（《四部丛刊》本）

20

足"。之后，被好多版本沿袭。事实上蟹皆八足，此云"六"者，显然有误。宋傅肱《蟹谱》一方面据实指出这是"谬文"，一方面却又为之辩解说："今观蟹行，后两小足不着地，以其无用，所略而不言。"透露出了古人有一种已经渗透到骨头里的尊崇权威、迷信书本的迂腐气。故此，尽管古人在自己的诗文里触及的时候多说八跪二螯，却不敢校改荀说，直至清代乾隆年间的卢文弨才得以纠谬。

荀子说，蟹"非蛇鳝之穴无可寄托者"，意思是蟹除了寄居于蛇洞鳝穴里便无处托身。这话说对了一半：蟹是穴居的，或者在洞穴里栖息，或者在洞穴里冬伏，依靠洞穴躲开天敌，从而保护自己。应该说，荀子是第一个指出了蟹的穴居性的人。这话又说错了一半：比起蛇和鳝，蟹更是个打洞能手。它打洞的时候，先用螯掘进，再用足扒泥，并扭动躯体推开，假使碰到小石子之类，就以螯夹住，抛到洞外，短则数分钟，长则数小时或一昼夜，就可以挖成一个或浅或深或大或小或直或弯的洞穴，作为它的居住地和庇护所。虽说有利用改造蛇洞鳝穴（蛇和鳝的洞穴是圆柱形的，蟹的洞穴是扁圆形的）而居住的情况，然而绝大多数却是自己打洞自己居住的。因此，荀子说"非蛇鳝之穴无可寄托者"乃是缺少深入观察和调查的不实之词，至少也是属于以偏概全之说。

荀子蟹说的结句："用心躁也。"此言一出，一锤定音，成了两千多年来人们的共识。何以见得蟹的心躁呢？后人有各种解读：汉扬雄用"郭索"来解读它，多足爬行，郭索不停（《太玄》）；宋傅肱用"噀沫"解读它，"性复多躁，或编诸绳缕，或投诸笭箵，则引声噀沫，必死方已"（《蟹谱》）；元马虚中用"旁行"解读它，"旁行知性躁"（《蟹》）；明王立道用形貌、脾气和糟踏水稻等来解读它，说它"短小青黑"，说它"又性喜斗，小不快意，辄盛气勃怒，两目眈眈，唾沫流喷不已"，说它"尝过吴，吴人不为馈食，乃率党类，尽躁其田，稻无遗种"（《郭索传》）……如此种种，结论却完全一致——"用心躁也"。什么是躁？浮躁，焦躁，暴躁，不安静，不沉稳，不本分。古往今来的人常常说要戒躁，那么，蟹就是一个躁的实体标本，一个躁的形象符号。由此可见荀子的睿智和目光犀利，当投蟹以一瞥的时候，便能一眼看透。

《劝学篇》是儒家大师荀子的代表作，他的蟹说虽仅仅二十个字，却成了中华蟹史上的经典，影响深远。

《越绝书》里的"海镜"是一个兼及了"蟹"的早期名称

《越绝书》记春秋越国事，不署撰人姓名，旧题子贡或伍子胥作，当非，可亦透露了成书之早，事实上并不是一人一时所著，而是层积累加而成。宋陈振孙《直斋书录解题》云："盖战国后人所为，而汉人又附益之耳。"庶几近之。

此书旧载二十五篇，今本存十九篇，亡佚六篇，大概在唐宋时期仍见全本的缘故，唐刘恂《岭表录异》和宋李昉《太平广记》等载录了一条今本未见的佚文："海镜蟹为腹，水母虾为目。"在中华蟹史上，这是重要的一笔，反映了当年越国（今浙江一带）濒海居人已经把握了海镜的腹腔里有蟹寄居的现象。

海镜是什么呢？刘恂在《岭表录异》里说得极为明白："海镜，广人呼为膏叶盘，两片合以成形，壳圆，中甚莹滑，日照如云母光，内有少肉如蚌胎。腹中有小蟹子，其小如黄豆，而螯足具备。海镜饥，则蟹出拾食，蟹饱归腹，海镜亦饱。"显然，海镜就是蚌，蚌壳形圆，内壁莹滑，反光如镜，故称，可是又兼及了蟹，说蚌的腹腔里有"小如黄豆"而"螯足具备"的蟹。在那个遥远的年代，今浙江、福建、广东沿海地带，蚌一定极多，而且蚌腹中寄居着蟹的现象也一定很普遍，于是才有《越绝书》的"海镜蟹为腹"和刘恂对"海镜"兼及了蟹的说明。

必须补充的是，这个兼及了蟹的"海镜"之名，后来有多个别称：晋张华《博物志》称它为"蓟（jì）"，晋郭璞《江赋》称它为"璅（zǎo）蛣"，南朝梁任昉《述异记》称它为"箸（zhù）"，清屈大均《广东新语》称它为"蚌孥（nú）"，清桂馥《札朴》称它为"憨饱"……名称虽不一，指的却都是蚌腹有蟹或蟹居蚌腹，也就是"海镜"——有蟹寄居于腹的蚌——在不同时代和地区的名称。

这种寄居于蚌（包括蛤、牡蛎等双壳贝类）腹腔间隙里的小蟹，今称豆蟹，是一个族类，例如中华豆蟹、圆豆蟹等，在我国东南沿海的浅海区很常见。它虽螯足俱备，不过壳薄而软，脚又细弱，已失去外出摄食的能力（旧说"蟹出拾食"为失察），主要以寄主滤出的浮游生物为食，并与之合体共生。

现今，根据《越绝书》佚文"海镜蟹为腹"里的寄居"蟹"，知道了它就是我们今称的豆蟹，如此，"海镜"名下兼及的"蟹"，便可视为我国早期的一个蟹类名称。

《尔雅》里的"蝌蟓"是哪一种蟹？

《尔雅》是我国第一部字典，曾列为"经书"之一，其作者说法不一：或说为周公旦初著，或说为孔子所增，或说为孔子弟子子夏所益等。研究者认为它成书于战国末年，又经秦汉经师修改而定。

《尔雅·释鱼》："蜅蟹,小者蟧。"晋郭璞《尔雅注》："螺属,见《埤苍》。或曰:即蜫蜅也,似蟹而小。"自此,《尔雅》及其郭注被历代人所热议,主要是"蜅蟹(huá zé)"是哪一种蟹。有两种推断:

第一种认为是寄居于螺壳的蟹。此说偏重三国魏张揖《埤苍》(已佚)所说的"螺属"。持此说者举三国吴万震《南州异物志》"寄居之虫,如螺而有脚,形如蜘蛛。本无壳,入空螺壳中,戴以行。触之缩足,如螺闭户也。火炙之乃出走,始知其寄居也"等为例,以证其实。宋郑樵《尔雅注》、清郝懿行《尔雅义疏》等均以为"殆指此也"。今人何奇光、方环海《尔雅译注》(上海古籍出版社2012年版):"蜅蟹即海螺内寄居虫,小的蜅蟹称蟧(láo)。"亦采此说。

如是,蜅蟹是甲壳纲、十足目、歪尾派动物之一,介于长尾派的虾和短尾派的蟹之间的寄居蟹。这类寄居蟹生活在浅海潮间带,通常寄居于空螺壳中,长大后,便再找大小合适的螺壳住进去,负壳爬动。在我国东南沿海很常见,为一个族类。

第二种认为是蟛蜞。此说偏重于"即蜫蜅,似蟹而小"。持此说者,例如宋傅肱"蜫蜅,似蟹而小,予谓即今之蟛蜞耳"(《蟹谱·唐韵》);蟛蜞,或作彭越,或作蟛蚎,清钱大昕"彭越一名彭蜞,一螯大,一螯小,以大螯斗,小螯食物"(《鄞县志》卷二八"物产")。因为南朝宋刘义庆《世说新语·纰漏》写了东晋初年的蔡谟渡江后误食蟛蜞,吐下委顿,后向谢仁祖说此事,谢曰:"卿读《尔雅》不熟。"之后,更有人推断,《尔雅》里所说的"蜅蟹"就是蟛蜞。例如南朝梁刘孝标《世说新语注》:"《尔雅》曰:蜅蟹,小者蟧。即彭蜞也,似蟹而小。"今人余嘉锡《世说新语笺疏》亦采此说，云彭螖"即《尔雅》所谓蟛蜞也"。

如是，那么蟛蜞属甲壳纲、十足目、方口类，为螃蟹家族中的一个类群，头胸略呈方形，似蟹而小，通常生活在半淡半咸的水域里，穴居在通海河道的泥滩中，钻洞能力强，为我国东南沿海人们所习见。

应该说，这两种推断都源自郭注，因为郭注既说"螺属"又说"即蟛蜞"。这里的关键是如何解读"螺属"，当然，蟛蜞可以解读为寄居于螺壳的蟹，然而，唐孔颖达对《周易》"为鳖，为蟹，为蠃（通"螺"），为蚌，为龟"注云"取其刚在外也"，按此，"螺属"也可解读为"刚在外"的类属，即指有像螺一般坚硬外壳的类属，这样便与说蟛蜞是蟛蜞或后称的蟛蜞并不矛盾了，或者说统一了。郝懿行《尔雅义疏》云："今按郭注，虽存两说，前义为长。"倾向于蟛蜞就是寄居于螺壳的蟹，可是，《尔雅》郭注所说的"蟛蜞"就是蟛蜞或后称的蟛蜞，所持理由或者更为充足。

无论从科学或逻辑角度而言，某种事物总是非此即彼的，决无亦此亦彼的存在。然而，《尔雅》中的"蟛蜞"是寄居于螺壳的蟹还是蟛蜞，却是个历史悬案，永远会公说公的、婆说婆的。

先秦人已经吃蟹的旁证

鲁迅所言"第一次吃螃蟹的人"，早已被时光的波涛湮没，就是在先秦典籍里也寻觅不到直接吃蟹的记录，不过，先秦时期的人已经开始吃蟹的旁证却是有的。

一、郑玄为《周礼》注说的"蟹胥"。《周礼·天官·庖人》："共祭祀之好羞。"好羞就是好吃的东西，具体指什么呢？汉郑玄

（127—200，今山东高密人，博古通经，尤专礼学，著名经学家）注云："谓四时所为膳食，若荆州之鲊（zhǎ）鱼，青州之蟹胥，虽非常物，进之孝也。"鲊鱼就是腌鱼，蟹胥就是蟹酱，以此祭祀，至尽孝道。《周礼》是记述周代王室官制的典籍，郑注说明了周天子已经食用以蟹捣碎、渍以盐酒制成的"蟹胥"，觉得是"好羞"之一，便以此"祭祀"先祖。西周的先民吃饭是离不开酱的，孔子说"不得其酱不食"（《论语·乡党》），当时有"百酱"之说，其中包括"蟹胥"。这个推断并非毫无根据，当不为虚妄。现代作家梁实秋在散文《蟹》里就举郑注说，"这是我们古已有之的美味"，肯定了周代宫室里的人是爱吃蟹胥的。

二、渔具"笱"和"纬萧"透露出的信息。明黄一正辑《食物绀珠》渔器类有"蟹笱禹制"，未注出典，莫得而稽。不过《诗经·邶风·谷风》就已经提到"勿发我笱"。笱（gǒu）是一种什么渔具呢？笱即今称之须笼，编竹成筒形，口有倒刺，鱼蟹之类进去之后便出不来。笼口设倒刺，主要是为了防止蟹的逃逸（鱼虽跳腾，难出此笼），因此称"蟹笱"是妥当的。至于是否为"禹制"，即是否为夏禹所制或夏禹时代所制，已难考实，但是《谷风》所提及，说明了春秋期间或之前已经使用"蟹笱"，把捕捉到的蟹放进"笱"里。

庄周在《庄子·列御寇》里说："河上有贫家，恃纬萧而食者。""纬萧"是什么？"渔者纬萧承其流而障之，曰蟹断"（唐陆龟蒙《蟹志》），把艾蒿编结成帘，横置河上，承流截断蟹的通道，借以捕捉，它又称为蟹断。蟹断又作蟹簖，"稻熟时，以纬萧障流取之，谓之蟹簖"（清袁景澜《吴郡岁华纪丽》卷十）。用"纬萧"或称"蟹簖"捕蟹极为高效，所以庄周说贫穷人家可以靠它吃饭。

　　捕蟹是为了吃蟹，渔具"笱"和"纬萧"的制作和使用，透露出了先秦人已经吃蟹的确凿信息。

　　三、从"蟹"挖掘出的字证。先秦古籍《周易》《尚书》《山海经》等，都把这种八足二螯的甲壳动物一概称之为"蟹"。为什么呢？制字有义，后人作过种种推测：清屈大均说"其味绝佳，解其渣滓不用，用其精华，故曰解也"（《广东新语》），清褚人获说"蟹，解也，顺以兑剥而烹，故解也"（《坚瓠二集》），清鸳湖映雪生说"蟹，解也，解其四肢以饱我老饕也"（《蟹卦》），等等，都把"蟹"之得名与吃蟹时要"解"联系起来。"解"就是解开，剥开，剖开，脱开，这是吃蟹的时候人人都有的解壳食肉的经验。当然，凡甲壳类食物都要解壳，可是吃虾吃螺吃河蚌吃甲鱼之类，一次性解壳就行了，唯有吃蟹，脚要解壳，螯要解壳，胸甲要去脐揭盖，而且吃到胸腹又有一仓一仓的乳白色内壳要解，件件解，截截解，层层解，仓仓解，这感受是独特而与众不同的，是让人印象深刻而谁都在意的，于是先人就在《周易》等著作里加了个"虫"，把

| 说文 | 说文 | 清人 | 清人 |

| 苏轼 | 赵构 | 字汇 | 韵会 |

不同时代的"蟹"字

动词"解"转化为名词，称这种甲壳动物为"蟹"了。汉字是一把考古的铲子，挖掘出了"蟹"得名的由来，如此，中国人的吃蟹史早在"蟹"称名之时就开始了。

四、马桥文化考古遗址发现的物证。新石器时代，长江流域先民的主食是稻米，副食是鱼类，所谓"饭稻羹鱼"，出土有鱼骨、蚌壳等。在今上海闵行区马桥文化遗址（广泛分布于太湖流域，以马桥镇发现为典型而命名）中不仅出土了各种兽骨，还留存着大量龟、鲨、蟹、蛤、螺等残骸，从蛤是单扇的、螺是去尾的来推测，蟹应当也是食物之一。马桥文化相当于中原夏、商期间及西周早期，是继良渚文化的一种具有地方特色的文化。那么，由此印证了中国人早在5000年前就开始吃蟹了。

现代作家林语堂在其著名小说《京华烟云》第十六章《遇风雨富商庇寒士 开蟹宴姚府庆中秋》里说，螃蟹是讲究美食的人最贪最迷的东西，它的香味、形状、颜色都异乎寻常，并借书中人物木兰之口说，孔夫子总是爱吃姜，"那他就有爱吃螃蟹的嫌疑"，"像孔夫子那么聪明的人，怎么会不知道吃螃蟹？"《论语》上没有记下来，是因为"孔子的弟子不能把件件事情都记下来，也许记下来的被秦始皇焚书给烧毁了"。这种推测不能说没有一点道理，可是总给人虚无缥缈、胡猜乱想的感觉。比较起来，上述所列的四点，却是扎实可靠的，足以作为中国人吃蟹很早的旁证，早在先秦时期人们便已经吃蟹，少说也有3000年了。

两汉 三国

概　述

秦朝（前221—前207）延续时间很短暂，只存14年便迅速消亡。继之是两汉，即西汉和东汉（前206—公元220），两汉后，魏、蜀、吴三国鼎立（220—280）。在这500年时间里，中华蟹史承接先秦源头流淌而下，突破，展开，呈现出新的景象。

先秦典籍一概称之为"蟹"，唯《礼记·冬官》又称"仄行"，仄就是旁，"仄行"就是"旁行"，这是就蟹的独特爬动方式而言，至汉，大家都抛弃古僻的"仄行"而改称近俗的"旁行"：许慎《说文解字》"蟹有二螯八足，旁行"；《神农本草经》"蟹足节屈曲，行则旁横"（见宋高似孙《蟹略》"仄行"条）；张超《诮青衣赋》"蟹行索妃，旁行求偶"；《孝经援神契》"蟹二螯，两端旁行"（此书为汉人或汉后之人依托《孝经》而成）。于是扩大了"旁行"的影响力，至使后人称蟹为"旁蟹"或"螃蟹"，乃至元代戏曲家杨显之《潇湘夜雨》有"常将冷眼看螃蟹，看你横行得几时"的名句。

扬雄依据荀子《劝学》里所说的蟹"用心躁也"，在《太玄》里说"蟹之郭索，后蚓黄泉"，以多足的蟹爬行时发出的"郭索"声响来注解"躁"。之后，"郭索"成了螃蟹的别称被广泛运用。

许慎或许依据荀子《劝学》以蟹足称"跪",改"跪"为"蛫",在《说文解字》里说"蛫,蟹也",把蟹视为一种躯体贴着地面靠着八足匍匐爬行的动物。

介虫败谷之说,先秦已见,泛指有硬壳的虫类损害谷物,到了汉代,仍沿袭成见:刘安《淮南子·时则训》"孟秋行冬令,则阴气大胜,介虫败谷,戎兵乃来";王充(27—97)《论衡·商虫》"田之中时有鼠,水田之中时有鱼虾蟹之类,皆为谷害";蔡邕(133—192)《月令章句》"介者甲也,为龟蟹之属"(见宋傅肱《蟹谱·介虫之孽》)。这些看法沿袭而又具体化了之前的见解,指出了介虫中的"蟹",与鼠一般,也是损稼害谷的。之后,宋傅肱《蟹谱》"兵证"条"吴俗有虾荒蟹乱之语,盖取其被坚执锐,岁或暴至,则乡人用以为兵证也",当为由此脱胎而来。

许慎《说文解字》为我国第一部字典,其释"蟹"云:"蟹有二螯八足,旁行,非它鲜(它古"蛇"字;鲜即"蟺",今作"鳝")之穴无所庇。"显然,此说接受了荀况《劝学》的解释而稍有突破,可视为古代蟹说的权威定义。据此,旧题西汉末宋(今安徽太和县北)人郭宪《汉武帝别国洞冥记》(别国指的是西域及中亚、西亚一带国家)说:"善苑国尝贡一蟹,长九尺,有百足四螯,因名百足蟹。煮其壳,胜于黄胶,亦谓之螯胶也。"称名为蟹,实质非蟹,到底是什么动物,未详。

《大戴礼记·易本命》(大戴指的是西汉礼学的开创者戴德,《大戴礼记》为秦汉以前各种礼仪论著的选集)里有"蚌(bàng,同蚌)蛤珠(壳内有珠的蚌)龟,与月盛虚"之语;刘安《淮南子·地形》则拿过来,改成"蛤蟹珠龟,与月盛衰",添加了"蟹",来了一个突破。蛤蟹珠龟,这类动物都是随着月亮的盈亏而肥瘦的。这是一个精微的揭示，不但为后人认同，也是对蟹与天象关系的透辟发现。

最具创新意识的是《神农本草经》，该书成书于东汉早期，记录的却是中华民族祖先积年累世的医药经验，药物中包括了蟹："蟹，味咸，寒。主胸中邪气，热结痛，蜗僻面肿。败漆。烧之致鼠。生池泽。"说明了蟹的味性，讲了蟹的主治病例，蟹漆相合和烧蟹致鼠的现象，又说明了蟹的来源。仅仅26个字，可谓字字珠玑，言前人所未言，一再被后人诠释和拓展，开了以"蟹"为医药的先河，影响极为深远。

蟹的最大价值是食用，许多证据表明先秦时期的人已经吃蟹，可是却找不到直接的文字记录，直到汉代终于出现：先是西汉张敞写了《答朱登遗蟹酱书》，后是东汉许慎《说文解字》"胥，蟹醢也"，蟹醢（hǎi）就是蟹酱，接着郑玄在为《周礼·天官·庖人》所作的注里又提及"蟹胥"，蟹胥是蟹酱的别称，汉人频频提到，折射当时蟹酱的流行。这里必须特别补充的是，2003年考古发现，江苏徐州翠屏山西汉刘治（景帝时的刘氏家族成员）的墓室里有一个陶罐，打开盖子，里面是一堆蟹壳，蟹肉已经荡然无存，但背壳、腹甲、螯足还清晰可辨，大致完好，表面呈现红通通的光泽，不过开盖不久就褪色发白，渐渐变脆。显然，这个陶罐里装的是糟蟹，即加了糟（酒糟或酒酿）及盐等封藏而成的蟹。糟蟹的文字记录是直到隋唐时期才见的，它的发现把古人吃糟蟹的时间整整提早了600多年。按照常识判断，先民起初吃蟹，觉得能吃而且好吃，才把它制成蟹酱或糟蟹，这样就可以久储慢慢享用，也可以远运。由蟹酱流行和糟蟹发现推测，吃蟹一定更早，早在先秦时期中国人就已经吃蟹。

提起吃蟹，使人饶有兴趣的是，西汉东方朔在《神异经》里还讲了一个山臊在溪沟里捕捉虾蟹，之后在篝火上炙烤，蘸着盐吃的故事。山臊是一种猴科动物，模仿能力特强，它的行为从另一方面反映了汉代西方深山里的伐木人也是吃蟹的。

此外，东汉杨孚《异物志》："拥剑，状如蟹，但一螯偏大尔。"这是一种似蟛蜞而大、似蟹而小生海边的蟹，因其一螯偏大而长，故称拥剑。从此，中国人又认知了一种蟹类。

进入三国时期，魏国的张揖在《广雅》里说：蟹"其雄曰蜋螘，其雌曰博带"。名称难解，却首及蟹的雄雌。之后，北朝北魏贾思勰《齐民要术》："母蟹脐大圆，竟腹下，公蟹狭而长。"就此以团脐称雌蟹，以尖脐称雄蟹，乃至后来有"九雌十雄"和"九月团脐十月尖"之说，人们对蟹的认识逐步深化。

三国吴万震在《南州异物志》里说："寄居之虫，如螺而有脚，形如蜘蛛。本无壳，入空螺壳中，戴以行。触之缩足，如螺闭户也。火炙之乃出走，始知其寄居也。"从此，中国人又认知了一种今称寄居蟹类的螃蟹。

三国吴沈莹《临海水土志》记今浙江南部与福建北部沿海一带古越先民的社会状况和当地物产等，言及竭朴、沙狗、招潮、倚望、石蜠、蜂江、芦虎七种蟹类，并逐一勾勒其形态、行为、价值等，涉及蟹类之早、之多、之细、之实，无与伦比，划时代地拓宽了中国人对种种蟹类的认知，在中华蟹史上，沈莹为旷古一人，《临海水土志》为旷古一书，其贡献之突出，树起了一座丰碑。

《淮南子》揭示了蟹的"与月盛衰"

刘安（前179—前122），沛郡（今属江苏徐州）人，汉高帝孙，武帝叔父，袭父封为淮南王，西汉文学家，博学善文，才思敏捷，除辞赋外还招致宾客集体编著《淮南子》。此书向来为后人所推崇，被今人茅盾誉为"汉世的杰作"（商务印书馆1926年版选注本《淮南子·绪言》语）。此书卷四《地形》云："蛤蟹珠龟，与月盛衰。"意思是，蛤（近海泥沙中的双壳动物）、蟹、珠（壳内有珠的蚌）、龟，这些动物都是随着月亮盈亏而满实或虚瘦的。

月有盛衰（即盈亏，圆满和欠缺），相应地，例如蚌蛤，便随之盛衰、实虚、肥瘦。此种现象，先前已被察知和记录，《大戴礼记·易本命》"蛘（bàng，同蚌）蛤珠龟，与月盛衰"，《吕氏春秋·精通》"月望则蛘蛤实，月晦则蛘蛤虚"，可是都未曾提及蟹。最早把月的盛衰与蟹挂上了钩的是《淮南子》，刘安把前人的"蛘蛤珠龟"改成了"蛤蟹珠龟"，添进了"蟹"，来了一个突破，从而开

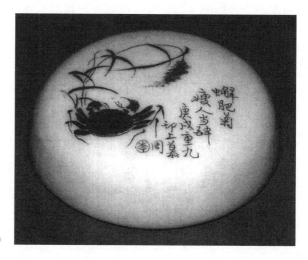

青花印盒（清）

启了人们对蟹的自然性状与天象关系的认知。

对此,后人是一致认同的。宋罗愿"其腹中虚实亦应月"(《尔雅翼·蟹》);元王元恭"今凡蟹属,月明则瘦,月晦则肥"(《至正四明续志》卷五);明屠本畯"(蟹)月盛腹中肉虚,月衰肉满"(《闽中海错疏》卷下);清陆次云"(蟹)腹中之黄,盈亏应月"(《译史记余·异物》)……类似的看法不胜枚举,或出于沿用,或出于自身经验的肯定。

那么,蟹为什么"与月盛衰"呢?清屈大均(1630—1696)在《广东新语·蟹》里有个探究:"蟹一月一解。自十八以后月黑,蟹乘暗出而取食,食至初二三而肥,肥则壳解。月皎时蟹不敢出,则瘠也。"即蟹的一月一解壳、取食,都与月的盈亏明暗有关。应该说,这个解释是经过了深入观察得出的,所以颇具说服力。

天象与地球上的事物往往有关联,潮的涨落,葵的向阳,雁的迁徙,萤的宵行……虽说,此类现象早已为古人认知和揭示,但毕竟是外在的,显见的;比较起来,蟹的"与月盛衰",却是内在的,隐性的,要经深入的观察和解剖方能得知。因此可以说,这是刘安及后世学者一个了不起的发现!

《神异经》里讲了一个山臊捕食虾蟹的故事

东方朔(前154—前93),字曼倩,平原厌次(今山东惠民)人。汉武帝初即位,他就上书自荐,后任常侍郎等职,性诙谐,善辞赋,西汉文学家。托名(许慎《说文解字》等皆有引用,可见作者亦当是汉时人)为他所撰的《神异经·西荒经》里讲了一个山臊捕食虾蟹的故事:

西方深山中有人焉，身长尺余，袒身，捕虾蟹。性不畏人，见人止宿，暮依其火以炙虾蟹。伺人不在，而盗人盐以食虾蟹。名曰山臊，其音自叫。人尝以竹著火中，爆烞而出，臊皆惊惮。犯之令人寒热。此虽人形而变化，然亦鬼魅之类，今所在山中皆有之。

这种西方深山里的鬼魅而人形的动物，依据它的叫声，被称为山臊。它身长尺余，性嗜虾蟹，常常袒身露体到溪沟里捕捉虾蟹，之后，趁着人们进入帐篷住宿的当儿，在夜色之中，便把虾蟹放到篝火上炙烤，并偷盗食盐，蘸着吃。被人发现，又不敢侵犯它，就把砍下的竹子丢到篝火里，"噼啪噼啪"的炸爆声，才把它惊吓得逃进林子。

山臊是什么？古籍里又称它为山魈、山獥等，其形似猴，身

樟木建筑雕饰（清）

被褐色皮毛，头长大，尾极短，身尺余，眼黑而深陷，鼻部深红，两颊蓝紫有皱纹，以其形貌丑陋，旧时称之为山怪。它是哺乳纲、灵长目、猴科动物。灵长，就是"万物之灵，众生之长"的意思，属灵长目的，除了人类便是猿猴了，可以说是智力最为发达的动物之一，是人类的近亲。这种猴类，生活在莽莽的森林里，吃果实、嫩叶、昆虫和小动物，也爱吃虾蟹。

《神异经》所记多奇闻异物，可是这个山臊捕食虾蟹的故事，应该说是真实的、客观的，描写了山臊模仿人类炙烤虾蟹并蘸盐而食的机灵，反映了时人罕见提及的虾蟹是山臊喜爱的食物之一。

鲁迅说："第一次吃螃蟹的人是很可敬佩的，不是勇士谁敢去吃它呢？"（《今春的两种感想》）螃蟹是怪模怪样的动物，给人以"可厌"和"可怖"的感觉。况且，第一次吃螃蟹的人，更直接面临着能不能吃、有毒还是无毒、死不死人等问题。那么，怎么会吃它呢？推测起来，初始的时候，先民饥饿难忍，也许是受到了动物，其中主要是山臊食用的启示，便跟着学吃起来。

蟹酱（蟹胥）：最早吃蟹的记录

蟹酱，或称蟹胥，是历史上中国人最早吃蟹的见于文字的记录。

张敞（？—约前47），河东平阳（今山西临汾西南）人，当过胶东相、京兆尹等，勤政为民，西汉文学家。据清严可均辑《全汉文》卷三十《答朱登遗蟹酱书》载：朱登为东海相，遗敞蟹酱。敞曰："蘧伯玉受孔子之赐，必以及其乡人。敞谨分斯既于三老尊行者，曷敢独享之？"（《太平御览》卷四百七十八引《张敞集》，此集已佚）意思是，朱登当东海（汉初的治所在今山东郯城县）地方官的时候，赠蟹酱给张敞。张敞收到后写信答复说："春秋时，卫国君子蘧（qú）伯玉收到孔子送来的食物，必定与乡人同吃。我收到你馈赠的蟹酱，亦分给了三老（谓上寿百二十岁，中寿百，下寿八十的老人)，我岂敢独自享受？"

据载，西周时期的先民吃东西是离不开酱的，既当菜肴又当调味品，白煮的肉和菜要蘸了酱吃，以酱佐餐，所以孔子说："不得其酱，不食。"（《论语·乡党》）那时候的酱品繁多，芥酱、兔酱、雁酱、螺肉酱、鱼子酱、蚁卵酱……有"百酱"之说，可是未见"蟹酱"的记载。时代虽遥，留遗因袭，到了汉朝，仍有食酱之风，而且张敞《答朱登遗蟹酱书》首开了"蟹酱"的文字记录。

自此，蟹酱被后人频频提及。唐张鷟"蟹酱纯黄"（《游仙窟》），宋黄庭坚"醋蟹酱"（《宜州家乘》），清王士禛有《蟹酱》诗，清李邺嗣"一瓶蟹甲纯黄酱"（《鄮东竹枝词》），等等。直至现代，梁实秋在散文《蟹》里说，有一位芜湖同学"从家乡带了一小坛蟹酱给我，打开坛子，黄澄澄的蟹油一层，香气扑鼻"。

张敞之后，东汉许慎《说文解字》"鮨"字条载："汉律：会稽郡献鮨酱二斗。"即根据汉律规定，会稽郡要向帝室进献鮨酱二斗。"鮨"是什么？就是俗称的蚌，进一步说，就是有小蟹寄居于腹的蚌。鮨酱为纯粹的蚌酱，还是以蚌肉为主连带小蟹在内制成的酱，不详，不过按常识而言，可能是连带着壳薄而软小蟹在内的酱，如此，酱会更加鲜美。除了"鮨酱"之外，清代又有"蟛蜞酱"（见古樗道人《瀛洲竹枝词》、郭柏苍辑《闽产异录》、陈和栋诗《蟛蜞酱》等）。

蟹酱，或称蟹胥。郑玄（127—200），北海高密（今山东高密）人，东汉经学家，他在为《周礼·天官·庖人》"共祭祀之好羞"所

孝也　音義　徐反　劉音素　字林先於反　蟹醬也　疏尋常

好呼報反　鱃側雅反　蟹戶買反　胥息逸反

所為膳食若荆州之鱃魚青州之蟹胥雖非常物進之

共祭祀之好羞注謂四時

薦者味以不褻為尊者對後世子不言薦是其褻味者也

《周礼》（《四库全书》本）

作的注里说：若"青州之蟹胥"。大家用什么祭祀呢？郑玄说，例如青州（今属山东潍坊）的"蟹胥"，首见此称。

应该说，此称"蟹胥"是有来历的。稍前，许慎《说文解字》释"胥"："蟹醢也。"醢就是肉酱，"蟹醢"就是蟹酱。此解被郑玄"拿来"，轻轻转换，便脱胎成了"蟹胥"。从此在汉语词汇里，"蟹醢"淡出，"蟹酱"和"蟹胥"两个同义的概念则常常被运用。蟹酱的"酱"，大家熟悉，那么，蟹胥的"胥"是什么意思呢？稍后，刘熙（北海即今山东昌乐人，汉末训诂学家）在《释名·释饮食》里说："蟹胥，取蟹藏之，使骨肉解之，胥胥然也。"原来指的是把蟹捣碎后做成酱的"胥胥然"状态，即粉粉的、稠稠的、糊糊的那种酱的状态。

自郑玄始称"蟹酱""蟹醢"为"蟹胥"之后，"蟹胥"也被后人频频所用，仅以诗为例：北周庾信"浊醪非鹤髓，兰肴异蟹胥"（《奉和永丰殿下言志》），宋黄庭坚"蟹胥与竹萌，乃不美羊腔"（《奉答谢公静与荣子邕论狄元规孙少述诗长韵》），清宋琬"蟹胥思土俗，鸡跖足盘飱"(《己亥二日同考叔诸子分得垣字》),清朱彝尊"不须合路寻鱼鲊,但向分湖问蟹胥"(《鸳鸯湖棹歌》),清洪亮吉"愁心黄菊篱前酒,不为征人致蟹胥"(《江上寄远》)……含"蟹胥"的诗句不胜枚举,呈现了诗歌语言的丰富多彩。不过,与"胥"相比,"酱"更悠久,更通俗,更普遍,更深入,所以古籍中更多用,更常见,到了现代,更是几乎都称蟹酱而不称蟹胥了(民间仍有称"胥"的遗存,江苏淮安地区的"面胥"即是,它用面粉调水煮成,不是面糊糊,不是面疙瘩,而是一种"胥胥然"的黏黏稠稠、琐琐屑屑的犹如稀粥的状态)。

蟹酱或称蟹胥是怎么做的?未详。不过郑玄在《周礼·天官·醢人》的注中讲到肉酱的制法:"必先膊干其肉,乃后莝之,杂以粱曲及盐,渍以美酒置瓶中,百日即成矣。"将肉晒干,然后切碎,用酿酒用的曲和盐拌匀,浸渍美酒,装进小口大腹的容器,以泥封口,百日便可食用。清段玉裁《说文解字注》里说:"许(慎)云蟹醢,作之当同也。"应该说,这一推断合情合理,蟹醢(或称蟹酱、蟹胥)也是将蟹捣碎而"盐藏酒渍"的。

必须补充的是,除了这种历史上始终存在的盐藏酒渍、可以久贮远运的蟹酱之外,到了宋代及之后,又开发出了一款风味独特而又即时可食的酱品。宋浦江吴氏《中馈录》:"用生蟹剁碎,以麻油先熬熟,冷,并草果、茴香、砂仁、花椒、水姜、胡椒俱为末,再加盐、葱、醋共十味入蟹内,伴匀,即时可食。"(后为明韩奕《易牙遗意》、明高濂《遵生八笺》等转录)明宋诩《宋氏养生部》卷四"蟹胥"条:"用蟹去筐脐秽,捣糜烂,同酱、胡椒、花椒、缩砂仁坋和熟。用裁绢为小囊括之,宜醋,有和酒醋盐。"这些酱品又丰富了蟹酱的吃法。

最后，回到开头，张敞提到蟹酱，许慎提到蟹醢，郑玄和刘熙提到蟹胥，此酱被汉人频频提到，折射出了它在当时的流行。根据常识判断，先民开始吃蟹，觉得能吃而且好吃，才把蟹制成酱的，从吃蟹到吃蟹酱，中间当有一个漫长的过程。那么，从两汉最早的吃蟹记录溯源而上，吃蟹一定更早，更为久远。

扬雄《太玄》里的"郭索"成了蟹的别名

扬雄（前53—18），字子云，蜀郡成都（今属四川成都）人，西汉思想家、文学家。他好学深思，晚年仿《易经》而作《太玄》，为人所重，汉已有七家注本，之后以宋司马光《太玄集注》最受称誉。

《太玄·锐》："蟹之郭索，后蚓黄泉。"意思是，螃蟹在那里郭

扬雄像（万历刻《三才图会》）

42

索躁动，可蚯蚓却只是在地底下默默地饮着黄泉。先前，荀子《劝学》里就以螃蟹与蚯蚓比较说：蚯蚓没有锋利的爪子，没有强劲的筋骨，上食埃土，下饮黄泉，它的用心是安静的；螃蟹虽有六（八）足二螯，可是还要寄托在蛇鳝的洞穴里，可见其"用心躁也"。现在，扬雄又拈出"郭索"两字，给"躁"作出了具体的注脚。郭索何解？历来有三种说法，一是多足貌，二是爬行貌，三是行声貌，这些说法实际是统一的：螃蟹多足爬行的时候发出"郭索郭索"的声响，总之是一种"躁"的表现。

"郭索"作为形容词或象声词的原义后人仍然有所沿用，例如：宋林逋诗逸句"草泥行郭索，云木叫钩辀"（见宋欧阳修《归田录》卷二），宋徐似道《游庐山得蟹》"庐山偃蹇坐吾前，螃蟹郭索来酒边"，明徐渭《郭索图题诗》"郭索郭索，还用草缚"，清张问陶《秋日》"郭索一筐蟹，零星三径花"，等等。

可是，"郭索"太像个名词了，于是逐渐被人当成了蟹的别名：宋黄庭坚《次韵师厚食蟹》"朝泥看郭索，暮鼎调酸辛"，宋辛弃疾《和曹晋成送糟蟹》"郭索能令酒禁开"，宋杨公远《黄盆渡次友人韵》"买将郭索倾杯处，对景诗成恰一篇"，明宋讷《盐蟹数枚寄段摄中谊斋》"只信海霜肥郭索"，明沈明德《咏蟹》"郭索横行逸气豪"，清李渔《丁巳小春》"此腹当名郭索居"，清林昌彝《渔庄》"堤边郭索行，舍外白鸥宿"……更有甚者，宋杨万里《糟蟹赋》"郭其姓，索其字也"；宋陈造《分糟蟹送沈守再次韵》"海螯不落江鳐下，郭索公子是似之"；宋高似孙《郭索传》"郭索，字介夫，系生于吴越江淮间"；明王立道《郭索传》里竟虚构郭索的父亲就是《史记·游侠列传》所记的横行一时的大侠郭解，因避祸而往来江湖，此传不仅把"郭索"当成蟹名，而且以其为传主，描绘其形

明 徐渭《郭索图》

态，叙述其行踪，延及其子孙。

"自是扬雄知郭索"（唐陆龟蒙《酬袭美见寄海蟹》），于此使蟹有了一个"郭索"的别称，并被后人不断沿用。

许慎《说文解字》里的"蟹"与"蜁"

许慎（约58—约147），字叔重，汝南召陵（今属河南漯河）人，曾任洨长、太尉南阁祭酒，东汉经学家、文字学家，著有我国第一部按偏旁部首编排的字典《说文解字》。该书释蟹云："蟹，有二螯八足，旁行，非它鲜之穴无所庇。从虫，解声。"又云：蟹或从鱼，作"鰕"；又云："蛫，蟹也。从虫，危声。"

"蟹"字为什么"从虫"？那是因为我国古人把"虫"看得极为宽泛的缘故。《大戴礼记》卷十三《易本命》说：凤凰为羽虫之长，麒麟为毛虫之长，"有甲之虫三百六十，而神龟为之长"，蛟龙为鳞虫之长，圣人为倮虫之长；认为万物皆为"虫"，连人也划到了"虫"的范围，称"倮虫"，如此，蟹也就成了"神龟"类中"甲虫"的一员，故"从虫"。不过，许慎又说，蟹或从鱼，作"鰕"，如此，则又把蟹列入"有鳞之虫三百六十，而蛟龙为之长"的一类里了。这两种写法之后都产生了影响：把它归入"甲虫"类，符合了今称蟹为甲壳纲的标准，把它归入以"蛟龙"为首的"鳞虫"类，视蟹为鱼类之一，则是后人称蟹为"水虫"的来由（例如宋傅肱《蟹谱·总论》开头便说"蟹，水虫也"），今人习惯上说"虾兵蟹将"也是从中蜕变出来的。此外，《说文解字》说，蟹"解（xiè）声"。作为字典，把"蟹"的字形和字音都交代清楚了，"从虫，解声"或从鱼作"鰕"，既说明了"蟹"字的历史意蕴，又有着奠基性的规范意义。

对于"蟹"的字义，许慎接受了荀子《劝学》的解释而稍有突破。突破之一是把《劝学》的"六（八）跪二螯"改成"二螯八足"，即改"跪"为"足"，"跪"古奥，"足"今俗，由此开始后人皆称"跪"为"足"。突破之二是注出"旁行"，此《劝学》未及，为许慎的添加，虽说源于《周礼·冬官》的"仄行"，然而经改成俚俗的"旁行"添加之后，就凸现了蟹的形象。当然，其"非它（古通"蛇"）鲜（《劝学》作"蟺"，古通"鳝"）之穴无所庇"则是《劝学》的翻版了。

《说文解字》又云："蛫，蟹也。从虫，危声。"称蟹为"蛫"，此为首见，来由不详。宋戴侗《六书故》："蛫即跪也，蟹足曲如人之跪。"据此，那么荀子《劝学》所言"蟹六（八）跪而二螯"，已经把蟹足称"跪"了，然而此非蟹名。许慎改"跪"为"蛫"，并以此当作蟹名，也许是把蟹视作一种躯体贴着地面靠着八足匍匐爬行的动物，所以才称"蛫"的。

因为《说文解字》是我国文字学的经典著作，所以历代字典、直至清代《康熙字典》都保留着"蟹，蛫也"或"蛫，蟹也"的注解。可是除了字典之外，称蟹为"蛫"极为罕见（宋司马光《类篇》，蛫"一曰蟹六足者"；清李元《蠕范》卷七"蛫，似蜞六足"，皆不知所据），故而，应该实事求是地说，许慎以"蛫"称"蟹"，只是僵躺在极少古文献里，没有一丁点儿活力。

《神农本草经》开了以"蟹"为医药的先河

《神农本草经》是中华民族祖先积代累世的医药经验记录，其成书年代诸说不一，大抵是东汉早期经搜集、整理、汇总而成。托以"神农"，表示源起之早；说是"本草"，因为书中各药以草类为多；称"经"是尊它为我国医药著作的鼻祖。

此书已于唐末宋初亡佚，后人根据唐代《新修本草》（苏敬）、宋代《证类本草》（唐慎微）等所引辑录，其中以清代孙星衍、孙冯翼辑本最为精审。此书开列药物365种，其中就包括蟹："蟹，味咸，寒。主胸中邪气，热结痛，㖞僻面肿。败漆。烧之致鼠。生池泽。"现分别简述于下：

其一，"味咸，寒"，指出了蟹的味性。为什么呢？明缪希雍《神农本草经疏》云："蟹，禀水气以生，故其味咸，气寒。"此可

《神农本草经》神农氏像（《问经堂丛书》本）

聊备一说。医书上说，咸能养脉，寒能清热，蟹的味性决定了它的治疗方向。南朝梁陶弘景说蟹"养筋益气"（《名医别录》），唐孟诜说蟹"主散诸热"（《食疗本草》），等等，都是由此展开而言的。

其二，"主胸中邪气，热结痛，㖞僻面肿"，讲了蟹的主治病例。唐孟诜说蟹"就醋食之，利肢节，去五脏中烦闷气"（《食疗本草》）。明缪希雍说："热淫于内，治以咸寒，故主胸中邪气、热结痛也。㖞（wāi）僻（口耳歪斜不正），厥阴风热也。面肿者，阳明热雍也。解二经之热，则筋得养而气自益，㖞僻面肿俱除也。"（《神农本草经疏》）凡此，说明了以蟹治病的医理和疗效。

其三，"败漆"，讲了蟹与漆相合后出现的现象。对此，汉刘安《淮南子·览冥训》亦说"蟹之败漆"。这是什么意思呢？"以蟹置漆中，则败坏不燥，不任用也"（汉高诱《淮南子注》），"蟹漆相合成水"（晋张华《博物志》），即蟹使漆化解了，稀释了，乃致变成了水。漆是我国特产，其生产和使用的历史很悠久，蟹能"败漆"一定是个偶然的发现，其中当有被湮没的故事。之后，南朝梁陶弘景依据蟹能"败漆"现象进一步用于治疗，在《名医别录》里说，蟹可以"愈漆疮"，自此，在我国历代本草类的医药著作中，例如宋苏颂《本草图经》、明宁原《食鉴本草》、清张璐《本经逢原》等，都可见到蟹能败漆和愈漆疮、解漆毒的记载。

其四，"烧之致鼠"，讲了烧蟹能招来老鼠的现象。对此，汉刘安《淮南万毕术》亦说"烧蟹致鼠"。此后，许多本草类著作里都依样画葫芦地提及，用语稍异者，如宋苏颂说："（蟹）黄并螯烧烟，可以集鼠于庭。"（《本草图经》）明陈嘉谟说："（蟹）炉内烧烟，可集群鼠。"（《本草蒙筌》）为什么呢？明缪希雍说："烧之可集鼠于庭，此物性之相感相制，莫能究其义也。"（《神农本草经疏》）我们搞不清物性相互的关联。顺便提一下：宋高似孙《蟹略》里有"蟹鼠"条；晋干宝《搜神记》载："晋太康四年，会稽郡蟛蜞及蟹皆化为鼠，其众覆野，大食稻为灾。""化鼠"之说，自是虚妄，蟹能致鼠，或许能拨开它的迷雾。

其五，"生池泽"，指出了蟹的来源。中原地区，蟹生池泽，为人们所常见。此蟹当为稻蟹（今称大闸蟹，即动物学上所称的中华绒螯蟹），所以直到南朝梁陶弘景还说："蟹类甚多，蟛蜞、拥剑、蟛蜎皆是，并不入药。"（转录自明李时珍《本草纲目》）说明了最早作为药物之一的蟹，是"生池泽"中的稻蟹。

因为《神农本草经》是我国先民早期本草学的总结，是我国医药著作的鼻祖，所以影响极为深远，就中以蟹而言，不但它的述说被历代众多的本草著作引用和诠释，在它的导引下，后人开发出其他种种蟹的药用价值，而且还有溢出效应，使医药界的人更加关注蟹，提出了种种食蟹之忌（例如蟹不可与柿同食）、种种蟹毒解方（例如以冬瓜汁、紫苏汁、蒜汁、芦根汁解之）等。唐孟诜在《食疗本草》里说："蟹至八月，即啖芒两茎，长寸许，东向至海，输送蟹王之所。"虽然有神秘色彩，却是中国历史上最早揭示了稻蟹迁徙，即现代的动物学上称之"洄游"的现象。唐末五代十国时期的蜀国医药学家李珣在《海药本草》里最早写了蟹化石的治疗价值，"主消青盲眼，浮翳，又主眼涩。皆细研水飞，入药相佐，用以点目"，从此本草类著作皆列入"石蟹"，并促使大家关注蟹化石。

杨孚《异物志》里起了个"拥剑"的好名称

杨孚，字孝元，南海郡（今广东广州）人，攻读勤奋，东汉章帝时（公元77年）参加"贤良对策"入选而授为议郎，直言敢谏，著《异物志》，记岭南物产和风俗。此书宋已亡佚，散见诸书引录。据北朝北齐颜之推《颜氏家训·文章第九》："《异物志》云：'拥剑，状如蟹，但一螯偏大尔。'何逊诗云：'跃鱼如拥剑。'是不分鱼蟹也。"杨孚《异物志》在中国典籍里首先称"一螯偏大"的蟹为"拥剑"。

拥就是持，拥剑就是持剑。为什么叫它拥剑？因为一螯偏大，此螯如剑，故称。拥剑干什么？护卫，符合了此蟹独特的生理本能。所以说，以"拥剑"称这种蟹，准确而形象，是一个好名称。一并说明，之后晋崔豹《古今注》云："蟛蜞，小蟹，生海边泥中，食土。一名长卿。其有一螯偏大者，名拥剑。一名执火，其螯赤，故谓之执火云。"据此，则拥剑又称执火。执也是持，执火就是持火，为什么叫它执火？因为其螯赤，赤得如火，故称。"拥剑"与"执火"，字数相等，词意相匹，句法相同，可说是名称上的巧对。因为"其螯赤"，崔豹称它"执火"，而清姚燮又称它为"红钳蟹"（《西沪棹歌》），清郭柏苍又称它为"赤脚"（《海错百一录》），进一步通俗化了。可以继续联想，崔豹说蟛蜞"一名长卿"，推测起

《绍兴本草》中的蟹与拥剑

来，此种蟹类，因一螯偏大而长，故而才爱称为长卿的，又把它拟人化了。如此种种，显示了中国人命名的智慧，是蟹类甚至是动物学里一整个组合的相关连带的好名称。

自杨志后，典籍涉"拥剑"者多不胜数，因为杨志仅及"一螯偏大"，所以后人又多有补充说明：南朝梁陶弘景"拥剑似螃蜞而大，似蟹而小"（见宋高似孙《蟹略·拥剑》）；唐段成式"拥剑，一螯极小，以大者斗，小者食"（《酉阳杂俎前集》卷十七）；宋吕亢"拥剑，状如蟹而色黄，其一螯偏长三寸余，有光"（《临海蟹图》，见宋洪迈《容斋随笔·四笔》）；明杨慎"蟹有拥剑，一螯偏大，随潮退壳，随退复裹"（《异鱼图赞》卷四）；清屈大均"拥剑，五色相错，螯长如拥剑然，新安人以献嘉宾，名曰进剑"（《广东新语·蟹》）……这些论述补充说明了拥剑的大小、二螯的功能、大螯的长度、颜色、退壳和由此造成的地方习俗等，从各个侧面勾勒了它的形象。

那么，拥剑是哪种蟹呢？从崔豹《古今注》的行文来看，它属于生长在海边泥地中的小蟹螃蜞一类。从宋苏颂《本草图经》、陆佃《埤雅》、叶延桂《海录碎事》，元王元恭《至正四明续志》，明屠本畯《闽中海错疏》，清顾宗泰《月满楼甄藻录》等称它为"桀步"，清李元《蠕范》称它为"竭朴"看，亦证明是螃蜞一类。不过，今人或说它为招潮类。孰是孰非，待考。

《广雅》首及蟹的雄雌及其后续展开

张揖，清河（今属河北）人，三国魏明帝曹叡太和（227—232）年间博士，文字学家，著《埤仓》，已佚，在今存的《广雅》里，他

51

说:"蛂（fú）蟹，蚝也。其雄曰鲅鲻，其雌曰博带。"

汉许慎《说文解字》释"蟹"有云:"蚝，蟹也。"此解蚝为"蛂蟹"，这是什么意思？清王念孙《广雅疏证》:"《玉篇》:'蛂，觜蟹也。'《广韵》:'蛂，小蟹也。'《北户录》引《广志》云:'蛂，小蟹，大如货钱。'"综合可知"蛂蟹"就是大如货钱的小蟹；至于"蛂蟹"是否就是许慎说的"蚝"，存疑待考。

《广雅》云:"其雄曰鲅鲻，其雌曰博带。""鲅鲻"和"博带"的来历、根据和起名的缘故，连古人都说不清楚，其后因其怪异，只为字书收录，聊备查找。诗文偶尔引用，作者以此炫耀知识的渊博，例如唐李白诗"霜寒博带肥"（逸句，见清孙之骢《蟹录》"博带"条），清尤

蛂蟹蚝也其雄曰鲅鲻其雌曰博带

鄭注考工記梓人云瓜行蟹屬大戴禮記勸學篇云

蟹二螯八足非蛇鳝之穴而無所寄託者用心躁也

玉篇蛂蟳觜蟹也廣韻蛂小蟹也北户錄引廣志云

蛂小蟹大如貨錢酉陽雜俎云千人捐形似蟹大如

錢殼甚固壯夫極力捏之不泮俗言千人捏不泮因

名曰蛂卽蛂也說文蚝蟹也集韻蚝蟹六足者蘇頲

本草圖經云蟹六足者名蚝四足者名北皆有大

毒不可食今人辨蟹以長臍者為雄團臍者為雌

清 王念孙《广雅疏证》

佃《蟹赋》"鲲鳢前驱，博带后行"。综上，张揖《广雅》确凿无疑地在中华蟹史上首及蟹的雄雌，距今已近1800年之久，这是对蟹性状的进一步认知，惜其止步于此，没有做更深入的辨识。

之后，北魏贾思勰（山东益都即今寿光市人，曾任高阳郡太守，农学家）在《齐民要术·作酱等法第七十》（此书约成于533—534年）中说："九月内，取母蟹。母蟹脐大圆，竟腹下，公蟹狭而长。"最早以脐的形态来辨识蟹的公母，准确，直观，形象，使人一看便知，易于把握。到了唐末，诗人唐彦谦在《蟹》诗中说："漫夸风味过蟛蜞，尖脐优胜团脐好。"蟹的雄雌称呼就此定格：以尖脐称雄蟹，以团脐称雌蟹，从此被沿用下来。例如宋苏轼说"堪笑吴兴馋太守，一诗换得两尖团"（《丁公默送蟛蜞》），明徐渭说"金紫膏相蚀，尖团酒各酣"（《蟹六首》），清翁同龢说"入手尖团快老饕，橙香酒洌佐霜螯"（《食蟹》），等等。

现今我们知道，蟹的幼体是有尾巴的，尾巴不停地伸屈和弹动，便可以使身体游泳自如，到处觅食。后来，蜕变成了幼蟹，这尾巴就贴在身体腹部，开始的时候均为狭长形，到了成熟期，雄性则为狭长三角形（尖脐），雌性渐成圆形（团脐）。于是，这尖脐和团脐就成了辨识蟹的雄雌最为明显的标志。

那么，"九雌十雄"或"九月团脐十月尖"是怎么回事？原来雌蟹和雄蟹的成熟期有先有后。在长江下游，江浙皖一带，一般在农历的九月，雌蟹先进入成熟期，由清瘦而丰满，由空虚而充实，由形小而肥大，而雄蟹则稍迟，至十月才成熟饱满。对此，贾思勰《齐民要术》中说的"九月内，取母蟹"，已经透露了把握雌蟹成熟期的信息，唐彦谦《蟹》诗中说的"湖田十月清霜堕""尖脐犹胜团脐好"，已经透露了把握雄蟹成熟期的信息，应该说，这是古人在食蟹的实践中不断比较和观察才获得的经验。经过积累和总结，到了清代便有了"九雌十雄"（清蔡云《吴歈百绝》）或"九月团脐十月尖"（清秦荣光《上海县竹枝词》）的说法，看似简单的一句话，却包蕴了1500年来积累而成的智慧。当然，因地理位置和气候等原因，我国南北是有差异的，故而清人又指出了"北方蟹早，曰七尖八团"（清夏仁虎《旧京秋词》），即北方七月里吃尖脐（雄蟹），八月里吃团脐（雌蟹）。

中国人对蟹的雄雌或尖团是十分在意的，除了把握"九雌十雄"的最佳吃蟹时间之外，还因为有人喜欢吃膏多的尖脐，有人喜欢吃黄多的团脐，各有所好。若要腌蟹、酱蟹、糟蟹等，必须严格区分尖团，古人总结出经验：此等制作"雌不犯雄，雄不犯雌，则久不沙"，也就是说雌雄混杂的话就易沙（轻空乏味），沙了就不好吃。当然，这对我们今天人工繁殖蟹苗，意义更加不凡。

清王念孙《广雅疏证》里说："今人辨蟹，以长脐者为雄，团脐者为雌。"张揖首及蟹的雄雌，在之后的历史岁月里逐步得到了深化。

万震所记"寄居虫"的引领

万震，三国吴时为丹阳太守，其余不详，著有《南州异物志》，记岭南（今广东一带）地理、风俗、物产等，已佚，仅散见诸书引录。据唐欧阳询《艺文类聚》卷九十七"鳞介·螺"条所引，该书有如下一条："寄居之虫，如螺而有脚，形如蜘蛛。本无壳，入空螺壳中，戴以行。触之缩足，如螺闭户也。火炙之乃出走，始知其寄居也。"在中华蟹史上首次记载寄居蟹，形态勾勒准确，特点

寄居蟹

说明到位，扼要而形象。

之后涉此者颇多，如宋罗愿《尔雅翼》、清周象明《事物考辨》等，大抵均按万说。其中稍有申述者，如明王世懋《闽部疏》："寄生最奇，海上枯蠃（通"螺"）壳存者，寄生其中，戴之而行。形味似虾。细视之有四足两螯，又似蟹类。得之者不烦剔取，曳之即出，以肉不附也。炒食之，味也脆美。"

"寄居虫"就是我们今称的寄居蟹，为甲壳纲、十足目、歪尾派动物之一。在十足甲壳类里，除了长尾派的虾和短尾派的蟹之外，还存在着介于虾和蟹之间的歪尾派，其中包括寄居蟹。它生活在浅海潮间带，通常寄居于空螺壳中，长大后，便再找大小合适的螺壳住进去，负壳爬动，稍一受惊，就缩进螺壳。它身体细长，头部似蟹，腹部柔软，螯足一大一小，挡住螺口，以御外敌，前两对步足细长，用以爬行，后两对步足短小，末端粗糙，可以紧紧支撑螺壳内壁，便于身体保持稳定。它是一个族类，在我国东部沿海已计有30余种，例如方腕寄居蟹、栉螯寄居蟹等。

自万震《南州异物志》首次记载寄居虫后，因其独特而奇异，便引领了历代人的继续探索，比如唐孙愐《唐韵》"寄居在龟壳中者，名曰蜎"（见明胡世安《异鱼图赞补》卷下）。比如宋陈彭年《广韵》释其为"蛤蟹"，推测起来，当是寄居于蛤的蟹类。其他称名如：唐陈藏器《本草拾遗》里说它"一名蜻（tíng）"，清屈大均《广东新语》里叫它"寄生赢"（通"螺"）。比如把它当作把玩之物，清吴绮《岭南风物志》："惠州海滨，别有二湖，一咸一淡，各产小蟹，其大如钱，以螺壳为房，寄居其内，名曰寄生。好事者捕得，就其房之广狭，别以金银模之，虫见光彩，即弃旧巢而居焉。贮于香奁纸裹中，颇堪把玩。"……这些探索，扩大和深化了人们对寄居蟹的认知与把握。

沈莹《临海水土志》对认知蟹类的突出贡献

沈莹（？—280），三国吴末时任丹阳太守，统率过"青巾军"，晋军进攻东吴，战死，其余未详。所著《临海水土志》宋前亡佚，今有辑本（下文简称沈《志》），记述吴国临海郡（今浙江南部与福建北部沿海一带）古越先民的社会状况和当地物产等，沈《志》提及如下七种蟹类：

　　蝎朴，大于彭蜎，壳黑斑，有文章，螯正赤，常以大螯彰（障）目，屈其小螯以取食。

沙狗，似彭蜎，壤沙为穴，见人则走，曲折易遁，不可得也。

招潮，小如彭蜎，壳白，依潮长，背坎外向举螯，不失常期，俗言招潮水也。

倚望，常起，顾睨西东，其状如彭蜎大，行涂上四五，进辄举两螯八足起望，行常如此，入穴乃止。

石蜖，大于蟹，八足，壳通赤，状如鸭卵。

蜂江，如□蟹大，有足两螯，壳牢如石蜖同，不中食也。

芦虎，似彭蜎，两螯正赤，不中食也。

以上七种蟹类，其中五种均与"彭蜎"比较，或云大小如彭蜎，或云状如彭蜎，这不仅是"彭蜎"一名的最早出处，也说明了彭蜎是一种多见常见并为人熟知的蟹。或许沈莹心目中的彭蜎就是《尔雅》里的"蜻蟧"，故而以此为准进行比较，后来，晋郭璞《尔雅注》就说"蜻蟧"即"螃蜎也，似蟹而小"。它是什么呢？宋傅肱说："螃蜎，似蟹而小，予谓即今之螃蚏也，一名螃蜎耳。"（《蟹谱·唐韵》）螃蚏，或作螃蛆，或作彭越，亦即螃蜞，也就是今动物学归入的甲壳纲方蟹科，为一个族类。下面依次做点说明。

竭朴。唐刘恂《岭表录异》云："竭朴，乃大螃蜞也，壳有黑斑，双螯一大一小，常以大螯捉食，小螯分以自食。"进一步说明了竭朴是什么。宋罗愿《尔雅翼·蟹》、明冯时可《雨航杂录》、明张自烈《正字通》、清李元《蠕范》等均提及竭朴。竭朴又称桀步（宋苏颂《本草图经》）、揭哺子（明屠本畯《闽中海错疏》），当是听音写字、同音异字。不过，对竭朴是大螃蜞之说，今人则有解读

竭朴

臨海異物記曰竭朴大於彭蝲殼黑斑有文章螯正赤常
以大螯彰目屈小螯以取食
頜表錄異曰竭朴乃大彭蜞也殼有黑斑雙螯一大一小
常以大螯捉食小螯分以自食

沙狗

臨海異物志曰沙狗似彭蜞壌沙為穴見人則走曲折易
道不可得也

招潮

臨海異物志曰招潮小如彭蜞殼白依潮長背坎外向舉
螯不失常期俗言招潮水也

《太平御览》涉蟹条目

58

为招潮蟹类的，孰是孰非，待考。

沙狗。宋罗愿《尔雅翼》、明杨慎《异鱼图赞》、清李元《蠕范》等均套用沈《志》语说沙狗。明谭贞默称沙虎（《谭子雕虫》卷下），明陈懋仁称沙里狗（《庶物异名疏》卷二十八），明冯时可称沙钩（《雨航杂录》卷下），清钱大昕称沙里钩（《练川杂咏和韵》，其自注"沙里钩，蟹属，以沙中钩出，故名"），清黄叔璥称沙马（《台海使槎录》卷三），此等称名不一，实为一物。沙狗，现代蟹著多称沙蟹。它头胸甲近四边形，颜色灰褐，壳薄体轻，眼尖脚长，反应灵敏，奔跑快速，大多生活在潮间带的沙滩上，一旦受惊就钻到洞穴，穴道弯曲，很难捕捉。我国东南近海有痕掌沙蟹、角眼沙蟹、平掌沙蟹等。沈《志》所记，虽说简略，却命名形象，描述扼要，很有趣味。

招潮、倚望。之后，唐段公路《北户录》、宋曾慥《类说》、元王元恭《至正四明续志》、明杨慎《异鱼图赞》、清钱大昕《（乾隆）鄞县志》等都曾提及，描述均依沈《志》，唯清屈大均《广东新语·蟹》稍有补充："蟹善俟潮，潮欲来，举二螯仰而迎之，潮

招潮（采自《春谷嘤翔》）

欲退，折六跪俯而送之。渔人视其俯仰知潮之消长。"此类蟹，被
五代南唐陈致雍《晋安海物异名志》称为摊（滩）涂，被宋吕亢《蟹
图》称为望潮（见宋洪迈《容斋随笔·四笔》），被明王世懋《闽部疏》
称为鳢鱼，被明冯时可《雨航杂录》称为涂蝑，被清郭柏苍《海错
百一录》称为步倚。以上种种，今皆统称为沙蟹科招潮蟹属，常
见于潮间带或河口泥滩，穴居。涨潮前，雄性举起大螯，上下运
动，故有招潮之名。它的体色随着昼夜和潮汐的节律发生规律性
的变化，被认为是研究生物钟的极好标本。我国东南沿海约有招
潮属的蟹类十余种，例如弧边招潮、光辉招潮、洁白招潮等，由
于以上名称今多不用，所以其相应的称呼仍待考辨。

石蜠。沈《志》之后，宋吕亢《蟹图》说它"状如鹅卵"（见宋
洪迈《容斋随笔·四笔》），明杨慎《异鱼图赞》说它"石壳铁卵，
不中鼎俎"等，这些描均依沈《志》。此名现代蟹著不载，或说当
为馒头蟹。馒头蟹，头胸甲卵圆或半球形，背面甚为隆起，像个
馒头，确如鸭卵或鹅卵。然否，待考。又，清《雍正象山县志》卷
十二云"石蜠，小如指，一名和尚蟹"，此与沈《志》所记"石蜠，
大于蟹"不一，当为另类。

蜂江。宋吕亢《蟹图》等亦见蜂江，依沈《志》所述。明杨慎
《异鱼图赞》卷四《石蜠·蜂江·芦虎》注"蜂江又作虾江"。虾江
之称首见晋郭璞《江赋》，唐李善据南朝梁顾野王《玉篇》为之注
云："旧说曰，虾江似蟹而小，十二脚。"之后，宋司马光《类篇》、
明张自烈《正字通》等均按此释虾江。可是，凡蟹皆为十脚，何来
十二？如是十二，当非蟹。那么，沈《志》所言的蜂江是什么呢？
今人据其"螯足极小"的特点，推测其为关公蟹类的一种。然否，
待考实。另，明李时珍《本草纲目·介部·蟹》说"两螯极小如石

者，蚌江也，不可食”，或许与蜂江异名同种。

芦虎。唐段公路《北户录》、宋吕亢《蟹图》、宋罗愿《尔雅翼》、明冯时可《雨航杂录》等亦皆提及，均按沈《志》所述，清李元《蠕范》卷七云：“芦虎，芦禽也，似蟚，两螯赤色，有毒不可食。”对此，明屠本畯《闽中海错疏》徐㶿《补疏》说“芦禽形似蟛蜞，生海畔”，与沈《志》所说几乎一致，只是称名不一。此当为蟛蜞的一种，今称红螯相手蟹。

我们之前涉蟹名称和种类仅有稻蟹、海镜、蟛蜞、拥剑、寄居虫等数种而已，沈莹《临海水土志》却一下子开列了七种蟹类（还不包括影响甚大的彭蜞），并逐一勾勒其形态、行为、价值，涉蟹之早、之多、之细、之实无与伦比，为历朝仅见，可以说是划时代的，反映了三国时期东南沿海的先民已经熟知了多种蟹类。

两晋　南北朝

概　述

　　两晋，即西晋和东晋（265—420），西晋统一后仅41年就告覆亡，接着是东晋和十六国，之后是南北朝（420—589），南朝宋、齐、梁、陈，北朝北魏、东魏等五国。在这300多年里，中原人士大批南迁，促进了南方经济和文化的发展。北魏政权相对稳定，持续时间较久，在这样的背景下，中华蟹史进入了一个漫延涨溢时期。

　　扩充了人们对蟹类及其性状的认知。西晋张华《博物志》在记载越地亦鸟亦人的神奇故事里捎带出"石蟹"，它是淡水蟹的一种，从此它才有了名称，之后一直被沿用称呼和说明，宋苏轼"溪边石蟹小于钱"（《丁公默送蝤蛑》）等，至今仍为蟹类学采用。东晋祖台之《志怪》在记山阴女子迷离的故事里捎带出"蝤蛑"，它属海蟹一类，是我国珍贵的水产品，自从进入先民视野后，便衍生出很多属类、名称及故事、诗歌等，宋苏轼曾以《丁公默送蝤蛑》为题写诗赞美。西晋崔豹《古今注》首称"螃蟹"，由此，很多人以螃蟹解读先前的蟛蟹、彭蜞，并将其与后起的螃蜞、涂蜞视为一类，产生了广泛影响。在蟹的性状方面贡献最突出的是东晋干宝，他在《搜神记》里第一次揭示了"蟹类易壳，又折其螯足，堕复更生"，以至后来有了"蟹解壳，故曰蟹"（宋陆佃《埤雅》）的说法，有了"蟹一月一解"（清屈大均《广东新语·蟹》）的说明。最严重的失察是东晋葛洪，他在《抱朴子》里说山中辰日"称无肠公子者，蟹也"，流毒甚广，宋陆游说"醉死糟丘终不悔，看来端的是无肠"（《糟蟹》），清曹雪芹说"饕餮王孙应有酒，横行公子却无肠"（《红楼梦·螃蟹咏》）。其实蟹是有肠的，细而且直，从胃的下端通到脐的末节，常呈黑色。

以簖捕蟹的技术获得了长足进步。战国时期的庄周在《庄子·列御寇》里说"河上有家贫恃纬萧而食者"，这里的"纬萧"就是后称的蟹簖，"渔者承其流而障之，曰蟹断"（唐陆龟蒙《蟹志》）。蟹簖之称首见东晋旧题陶潜《搜神后记》，"富阳人姓王，于穷渎中作蟹断"，这种渔具在南方都列竹而设，之后被写成"蟹簖"。蟹簖又名沪，"列竹于海澨曰沪"（唐陆龟蒙《渔具诗序》）。它是怎样的形制呢？晋张勃《吴都记》："江滨渔者，插竹绳编之以取鱼，谓之扈业"；南朝梁顾野王《舆地志》："扈业者，海滨捕鱼之名，插竹列于海中，以绳编之，向岸张两翼，潮上即没，潮落即出，鱼随潮碍竹不得去，名之曰扈。"它横亘水面，却不妨碍水流，水可以从竹间缝隙缓缓流过，也不碍船行，俗话说"吹风水皱皮，过簖船抓背"，因为蟹簖竹梢具有柔韧性，船底擦过蟹簖是两不损伤的。蟹簖挡住了鱼蟹的通道，借以捕捉，不是一条鱼两只蟹的零星捕捉，而是一群鱼一群蟹的批量捕捉，省力，高效。中国先民经过经验积累创造的以簖捕蟹，到了这一时期的南方获得了长足发展和普遍采用，在渔业史上留下了突出印记。上海今简称"沪"，源于一条叫"沪渎"的水流（松江流归大海的一段）。

沪渎之称最早见于晋代，可见当时此处水面上一定是一道道渔人设置的沪，这里的捕蟹业是极为兴旺的。

涌现出丰富多彩的吃蟹故事。中国人早就吃蟹，然而之前涉此者极为稀少，这个时期却一下子涌现出来了许多形形色色、丰富多彩的吃蟹故事。志怪类的如晋邓德明《南康记》山都"好在深涧翻石，觅蟹啖之"，旧题晋陶潜《搜神后记》山臊自言"我性嗜蟹，此实入水破君蟹断，入断食蟹"，南朝宋刘义庆《幽明录》形如人的"此物抱子，从涧中发石取虾蟹，就人火边，烧炙以食之"，南朝宋郑缉之《永嘉郡记》山鬼"喜于山涧取石蟹，伺伐木人眠息，便十十五五出，就火边跂石炙之"，等等，荒诞离奇，饶有趣味。纪实类的如《晋书》卷一百二《载记第二》：十六国时期北方汉国（前赵）君主刘聪，因"左都水使者襄陵王摅坐鱼蟹不供"，"斩于东市"。《晋书·蔡谟传》："蔡司徒渡江，见蟛蜞，大喜曰：蟹有八足，加以二螯。令烹之。既食，吐下委顿，方知非蟹。后向谢仁祖说此事。谢曰：'卿读《尔雅》不熟，几为《劝学》死。'"南朝齐祖冲之《述异记》"章安县民屠虎，取此蟹食之"，后遭报应。《南史》："初，（何）胤侈于味，食必方丈，后稍欲去其甚者，犹食白鱼、鲑脯、糖蟹。"北魏杨衒之《洛阳伽蓝记》：南朝梁陈庆之使魏，在洛阳得病，北人杨元慎以南人"噉唰蟹黄"等事嘲笑他、羞辱他。以上诸例从各个侧面反映了当时食蟹已经开始形成风气。

这段时期有三个彪炳蟹史的人物。

郭璞（276—324），河东闻喜（今属山西）人，西晋亡，随晋室南渡，博学多才，晋代著名文学家、训诂学家。他在《江赋》里说"璀蟸腹蟹"，比先前《越绝书》的"海镜蟹为腹"更为准确形象，因此一直被沿用，为今豆蟹的古代称呼。他的《尔雅注》，就"蜻蟛，小者蟧"注云："螺属，见《埤苍》。或曰即蟛蜞也，似蟹而小。"
从此引出争议，据"螺属"者认为，蟛蟛是寄居于螺壳的蟹，据
"即蟛蜞"者认为，蟛蟛就是蟛蜞，双方各执一端，成了历史悬案。
他的《山海经注》，就"大蟹在海中"注云"盖千里之蟹也"，就
"女丑有大蟹"注云"广千里也"，在《玄中记》里又直接写道"天
下之大物，北海之蟹，举一螯能加于山，身故在水中"，使他成了
中国大蟹神话的创始人。此外，《玄中记》又有"山精如人，一足，
长三四尺，食山蟹"。由上可见，郭璞是一个关注螃蟹的人，他为
中国蟹文化发展贡献了智慧，留下了深深的历史印记。

毕卓，新蔡铜阳（今河南新蔡县东北）人，在东晋大兴（318—
321）末年做过吏部郎，此人好酒嗜蟹，曾云："一手持蟹螯，一手
持酒杯。拍浮酒池中，可了一生哉！"（晋郭澄之《郭子》）中国人
吃蟹很早，少说也有3000多年历史，可是长久以来，皆为为果腹、
下饭之需，《中庸》"人莫不饮食也，鲜能知其味也"，毕卓却是有
史记载以来第一位知味的嗜蟹者，他以吃蟹为乐，认为螃蟹是食
物中的第一美味，吃蟹是他人生中的最大快事。由此激起了历代
许许多多人的反响和共鸣，唐中宗李显便说"毕卓持螯，须尽一
生之兴"（《九月九日幸临渭亭登高得秋字》诗序）。毕卓始终为好
酒嗜蟹的人特别是中国文人所推崇。

贾思勰，益都（今山东寿光）人，曾任高阳郡太守，北魏时
农学家。他在《齐民要术》（约成书于533—534）卷八《作酱法第
七十》里讲了二种"藏蟹法"：第一种当属糖蟹，第二种当属腌蟹。
他把步骤、操作、用料、注意事项等讲得完整详尽又具体明白。
这两种"藏蟹法"过去被"作酱法"掩盖，挖掘出来，却是中国饮
食史上最早的可以久贮和远运的两种藏蟹法，为极其宝贵的文献。

它的价值还不止此，其"母蟹脐大圆，竟腹下，公蟹狭而长"，在蟹史上第一次把脐的形态作为辨识公母的标志；其"九月内，取母蟹"，第一次揭示了农历九月母蟹先于公蟹成熟饱满；其"下姜末调黄，盏盛姜酢（醋）"，第一次告诉人们吃蟹要蘸姜醋。以上每一项都是了不起的。

此外，据《晋书·隐逸》载，会稽永兴人夏统，至孝，"或至海边，拘蟛（lián，蛤类）蟪（yuè，彭蟪，似蟹而小）以资养"，拾了点蛤和小蟹，以此换点钱来糊口养亲，反映了蟹的买卖端倪。据南朝梁陶弘景（456—536）《本草经集注》载，人食蟹中毒，"服冬瓜汁、紫苏叶及大黄丸皆得差（瘥，病愈）"，反映了医学上的进展。据北魏郦道元《水经注》卷十"浊漳水"引北魏阚骃《十三州志》载："扶柳县东北有武阳城（今河北大名县），故县也。又北为博广池，池多名蟹佳虾，岁贡王朝，以充膳府。"反映了北国君主中必有喜食蟹虾者的信息。据《北史·齐文宣帝本纪》载，"天宝八年（569）春，三月大热，人或渴死。夏四月庚午诏：禁取虾蟹蚬蛤之类，惟许私家捕鱼"，反映了古人物种保护意识的觉醒。据北周文学家庾信（513—581）《奉和永丰殿下言志》诗之十，"浊醪非鹤髓，兰肴异蟹胥"，反映了诗人羁北而思念南国乡关的思绪……这些记录，说明中华蟹史的河流在这一时期变得更为壮阔了。

张华《博物志》捎带出的"石蟹"

张华（232—300），字茂先，范阳方城（今河北固安县南）人，任中书令、度支尚书，官至司空，西晋文学家。所著《博物志》记山川地理、飞禽走兽、草木虫鱼、神话传说，颇为丰富。

该书卷三"异鸟"说:"越地深山有鸟,如鸠,青色,名曰冶鸟……此鸟白日见其形,鸟也;夜听其鸣,人也。时观乐便作人悲喜,形长三尺,涧中取石蟹就人火间炙之,不可犯也。"所述荒诞离奇,充满神秘色彩,可是在这亦鸟亦人的故事里,却是历史上第一次捎带出了"石蟹"这个名称。

之后,晋邓德明《南康记》说山都"好在深涧中翻石,觅蟹唉之",南朝宋郑缉之《永嘉郡记》说山鬼"喜于山涧中取石蟹",南朝宋鲍照《登大雷岸与妹书》中提到"石蟹",而且被写进诗里,宋苏轼《丁公默送蝤蛑》"溪边石蟹小于钱",宋李之仪《石蟹》"泉泓石蟹如乌头",宋高似孙逸句"石蟹带霜饥",宋陈允平《江馆野望》"乱莎行石蟹"……"石蟹"频频被提及或吟咏。

石蟹的生长环境、形态等,古人亦有勾勒:

> 明越溪涧石穴中,亦出小蟹,其色赤而坚,俗呼曰石蟹,与生伊洛者无异。(宋·傅肱《蟹略·总论》)
>
> 活水源,其中有石蟹,大如钱,有小鲫鱼,色正黑,居石穴中,有水鼠常来食之。(明·刘基《活水源记》)
>
> 生溪涧石穴中,小而壳坚赤者,石蟹也,野人食之。(明·李时珍《本草纲目·蟹》)
>
> 亭北有泉,自石罅泻下,乃溢南流,浸为小渠,伏行亭底,至前潴为大池,中有小石蟹。(清·张启元《游峰山记》)

石蟹,今属淡水蟹类溪蟹科,生活在暖温带的山泉、溪涧、河流、湖池乃至间歇性的水体石下,我国大多数地方都有它的踪迹，约有200多种。主要特点是在淡水中繁殖生长，两性交配后，雌蟹怀卵量少，卵粒大，卵的发育过程长，孵化出的幼蟹，外形即如成蟹，不经变态，寿命3—5年。可食，因为是寄生虫的中间宿主，必须煮熟。

自张华《博物志》捎带出"石蟹"后，此类蟹称名不一：晋郭璞称山蟹（《玄中记》），《武夷记》（作者不详）称石蛣，宋高似孙称潭蟹、渚蟹（《蟹略》），元王元恭称溪蟹（《至正四明续志》）等，而且因为各地的生态环境不一，其壳有不同颜色，故而还有称红蟹、白蟹、黑蟹、黄蟹、金蟹、朱蟹之类。

顺便指出，《博物志》佚文："南海有水虫名曰蟛，蚌蛤之类也，其中有小蟹，大如榆荚，蟛开甲食，则蟹亦出食，蟛合甲，蟹亦还入，为蟛取以归，始终生死不相离也"（见唐段公路《北户录·红蟹壳》、宋李昉《太平御览·鳞介部》引录）。此"蟛"(jì)，今称豆蟹，对它先前已有谈及，但以此为详，并且最早指明了蚌蛤之类与寄生其中豆蟹的相互关联。照例说，张华是名人，《博物志》是名著，可是此称为"蟛"在古籍中罕见引用，不过，南朝梁任昉《述异记》改"蟛"为"筯"(zhù)，几乎全盘照抄。

山都、山精、山鬼、山臊食蟹的故事

继汉东方朔《神异经》里讲了山臊捕食虾蟹的故事后，两晋和南朝时又见山都、山精、山鬼、山臊食蟹的故事，有的饶有趣味，有的荒诞离奇。

　　　山都，形如昆仑奴，身生毛，见人辄闭目，张口如

笑，好在深涧中翻石，觅蟹啖之。（晋·邓德明《南康记》）

山精如人，一足，长三四尺，食山蟹。夜出昼藏，人不能见，夜闻其声。千岁蟾蜍食之。（晋·郭璞《玄中记》）

东昌县山有物，形如人，长四五尺，裸身披发，发长五六寸。常在高山岩石间住，喑哑作声，而不成语，能啸相呼。常隐于幽昧之间，不可恒见。有人伐木，宿于山中，至夜眠后，此物抱子，从涧中发石取虾蟹，就人火边，烧炙以食儿。时人有未眠者，密相觉语，齐起共突击。便走，而遗其子，声如人啼也。此物便男女群共引石击人，辄得然后止。（南朝·宋·刘义庆《幽明录》）

安国县有山鬼，形体如人而脚裁长一尺许。好啖盐，伐木人盐辄偷将去。不甚畏人，人亦不敢伐木，犯之即不利也。喜于山涧中取石蟹，伺伐木人眠息，便十十五五出，就火边跋石炙啖之。尝有伐木人见其如此，未眠前痛燃石使热，罗置火畔，便佯眠看之。须臾，魍出，悉皆跋石，石热灼之，跳梁叫呼，骂詈而去。此伐木人家后被烧委顿。（南朝·宋·郑缉之《永嘉郡记》）

引文一。《南康记》里的山都是什么？《尔雅·释兽》："狒狒，如人，被发，迅走，食人。"晋郭璞《尔雅注》云："《山海经》曰，其状如人。面长唇黑，身有毛，反踵，见人则笑，交广及南康郡山中亦有此物，大者长丈许，俗呼之曰山都。"可见山都就是当时狒狒的俗称。这个故事是说，江西南康有一种野兽叫山都，样子像南洋诸岛卷发黑身的人来到中原的昆仑奴，它喜欢在山里深涧中搬开石头，寻找小蟹来吃。

引文二。《玄中记》里的山精是什么？可能是传说中的独脚怪兽，不过既说"如人"，大致是以猿猴为原型而塑造出来的。故事说明昼伏夜出的山精喜食山蟹。

引文三。《幽明录》里的"物"或称"魑"（chī，怪物），并未给出名称，从"形如人，长四五尺，裸身披发，发长五六寸"看，亦当为猿猴类。这个故事说的是，东昌（今山东聊城）山里的"此物"，见伐木人在夜间睡了，就抱着孩子，在山涧里拨开石头捉取虾蟹，到篝火边烧了喂给孩子吃，被人突然袭击后遗子逃逸，反过来，便群集以石击人，得逞方止。

引文四。《永嘉郡记》里的山鬼，即山精，是传说中独脚如人的怪兽。这个故事说的是，安国县（今属河北省）的山鬼，等到伐木人睡觉的时候，便十个一群五个一群，从山涧里捉了石蟹之后，又到篝火边抬起脚后跟站在石头上，烧烤吃蟹。

综上，山都即今称的狒狒，"此物"或即也是某种猿猴，都是实际存在的山林动物。山精和山鬼，除了独脚之外，其余如形体、习性、行为等皆如猿猴；不管真实或虚构，存在或妖化，它们都一概喜蟹，甚至在涧中翻石捉蟹后到篝火上烤炙吃蟹，并与伐木人交集，演出了许多故事，让我们读来兴趣盎然。

此外，还有一个托名陶潜所写的，特别荒诞离奇且流传广泛的故事。陶潜（365—427），又名陶渊明，浔阳柴桑（今江西庐山）人，东晋诗人。旧题他继干宝《搜神记》撰《搜神后记》，此书卷七"山猱（臊）"云：

宋元嘉（刘宋文帝年号，424—453）初，富阳人姓王，于穷渎（河川尽头）中作蟹断（亦作"簖"，一种捕蟹渔具）。旦往观之，见一材（怪物）长二尺许，在断中，而断裂开，蟹出都尽。乃修治断，出材岸上。明往视之，材复在断中，断败如前。王又治断出材。明晨视，所见如初。王疑此材妖异，乃取内（通"纳"，放入）蟹笼中，絜头担归（系在一头，挑担回家），云："至家，当斧斫燃之。"未至家二三里，闻笼中倅倅（象声词）动。转头顾视，见向材头变成一物，人面猴身，一身一足，语王曰："我性嗜蟹，比日（近来）实入水破君蟹断，入断食蟹。相负已尔，望君见恕，开笼出我。我是山神，当相佑助，并令断得大蟹。"王曰："如此暴人，前后非一，罪自应死。"此物恳告，苦请乞放。王回顾不应。物曰："君何姓名？我欲知之。"频问不已，王遂不答。去家转近，物曰："既不放我，又不告我姓名，当复何计？但应就死耳！"王至家，炽火焚之，后寂然无复声。土俗谓之山猓，云知人姓名，则能中伤人。所以勤勤问王，欲害人自免。

南朝宋元嘉初年（显然与作者身世不合，可见当为后人所补记），浙江富阳一个姓王的人碰到山猓，"人面猴身，一身一足"，它或许也是山鬼之类，不过，它自称山神，能够变化，能讲人语，倘若知道人的姓名之后还能害人，显然是被妖化了。故事的寓意是在告诫人：对那种一而再、再而三为非作歹的家伙，不能轻饶，并且不能泄露自己的私密，以免遭至陷害。撇开这层不说，故事里的山猓，简直是一个蟹迷，它天天都要捉蟹吃。

最后还要补充说明，此类故事仅见于汉、两晋和南朝，反映了那个时代的先民，他们一方面对山林猿猴类动物感到好奇，一方面对它们所知不多，若明若暗，于是在侈谈鬼神灵异的社会风气下，被文人道听途说记录下来，虽说保留了现实因素，又给罩上了神秘色彩，但在蟹史上却留下了一笔特殊的遗产。

纬萧·蟹簖·沪

蟹簖是一种主要用来捕捉螃蟹的渔具，历史悠久而使用普遍，省力又高效，是一种充分彰显了中国先民聪明才智的发明。它于20世纪后期消失，可是在中国渔业史上乃至人类文明史上却占有重要地位，产生过不可磨灭的影响。

名称　早先叫纬萧。战国时期的庄周在《庄子·列御寇》里说："河上有家贫恃纬萧而食者。"这里的"纬萧"后来一致被认为就是蟹簖（断）。"渔者纬萧承其流而障之，曰蟹断""簖而求之"（唐陆龟蒙《蟹志》），"稻熟时，以纬萧障流取之，谓之蟹簖"（清袁景澜《吴郡岁华纪丽》卷十）。这个最古老的称呼始终被沿用，如"纬萧风急蟹全肥"（明王世贞《冬日村居》），"编竹承流布纬萧"（清谢墉《簖蟹》）。

蟹簖之称初见于旧题晋陶潜《搜神后记》卷七"富阳人姓王，于穷渎中作蟹断"。这种渔具在南方都列竹而设，之后就被写成了"蟹簖"。"编竹湖中以取鱼蟹，名曰蟹簖。"（清顾雪亭《土风录·蟹簖》）此称为人习见，应用最多。还有写作"蟹椴"的，宋陆游《冬晴闲步东村由故塘还舍作二首》"水落枯萍黏蟹椴"，自注："乡人植竹以取蟹，谓之曰椴。"

蟹簖的另一个名称是"沪"。此称始见于晋，彼时有"沪渎""扈

蟹籪（采自《三才图会》）

业""扈"之名。唐陆龟蒙《渔具诗序》"列竹于海澨曰沪",自注:"吴之沪渎是也。"其中一首诗题便是《沪》,又在题下注云:"吴人今谓之籪。"之后还有人称它为"蟹簖"(宋高似孙《蟹略》卷二)。"沪"(繁体字为"滬")或"簖"的字根是"扈",障隔或阻断的意思,"沪"因设水上故称,"簖"因编竹而成故称,可见与"籪"同义而异称。此称后来亦偶被采用:"水生奔蟹簖"(宋高似孙诗逸句)、"竹沪新施接败葓"(清王士禄《锦秋湖竹枝词》)。

形制 蟹籪的出现不是突然的,它由"梁"(或称"鱼梁")发展而成。《诗经·邶风·谷风》:"毋逝我梁,毋发我笱。"梁,即拦鱼的水坝;笱,指捉鱼的器具,编竹成筒形,口有倒刺,现在叫作须笼。据考,它以土石横截水流,阻断鱼路,并在鱼坝上开个洞穴,以笱相承,从而捕捉鱼类(高享《诗经今注》)。

对于蟹籪的形制,前人涉及颇多。晋张勃《吴都记》:"江滨渔者,插竹绳编之以取鱼,谓之扈业。"最早说明了它以许多竹子插入水中并用绳子编联而成。南朝梁顾野王《舆地志》:"扈业者,海滨渔捕之名,插竹列于海中,以绳编之,向岸张两翼,潮上即没,潮落即出,鱼随潮碍竹不得去,名之曰扈。"最早称"扈",说明了它连接两岸,随潮出没,拦碍鱼蟹而捕。说得更为具体的是清焦循《续蟹志》:"濒湖而居者,以蟹为田,编竹,以为籪。籪者,断也,所以断截其路而诱取之也","或东而西,或北而南,随两岸相去之远近布焉。间三四步,曲其势作门,门内岐以邃,忽宽忽狭,忽曲忽直,其奥覆以笛,空一隅置竹匣","蟹之随流而下者阻于籪,不知返也","见门焉,喜且入","于是乃困诸匣中"。焦循记述了制籪的材料和方法、称籪的缘由、设籪的格局以及蟹籪能捕蟹的原理,扼要而明白,可以说是中国渔业史上的重要文献。这种形制成熟的蟹簖一直被沿用到20世纪中期。

因为水流有宽有窄，蟹簖长度不一，或二三丈，或数十丈，据此，渔民先度量砍竹编成一个个长三四步的帘子，接着泅泳至水底打桩，最后把帘子拼接为簖，曲势作门，门道底端覆竹席，按匣即成。设簖之后，在岸上盖一个简陋的蟹舍，就可以坐收鱼蟹之利了。过去，中国许多地方特别是东南沿海一带，"村村作蟹椴（簖）"，纵横交错，甚至星罗棋布，构成了一道独特的水上风景。

上世纪30年代，唐文治在《太仓蟹簖记》里说，每次回乡，必经太仓塘，"有蟹簖截流，横居其中"，听到"舟底砉然有声"，则欢喜跳跃，知将抵家。从此，这"砉然"的声音就成了他永远的乡愁。

功效 中国先民经过世代积累创造了各种捕蟹的方法：用香饵和长丝钓蟹，设四四方方的板罾捞蟹，沉铁脚拖网取蟹，撒旋网获蟹，因为蟹有穴居习性就探洞而捉，因为蟹有趋光习性就灯诱而捕……其中，因为蟹有洄游习性就以簖捕捉则更被普遍采用。

对于稻蟹的洄游，历史上最早提及的是唐代孟诜的《食疗本草》，之后，陆龟蒙在《蟹志》里说得尤为具体。那时称之为"输芒至海"或"执穗朝魁"，罩上了神秘色彩，为一种玄想，实际上就是现今所知的稻蟹洄游。每年八、九、十月间，稻蟹长大成熟，便离开内陆水泽地带顺水而下，从低湿的稻田、沟渠、湖泊奔向江河而到浅海交配繁殖，这叫"生殖洄游"。蟹簖就横置于水上阻断蟹入江入海的通道，"渔者善谋取，纬萧断以采"(清爱新觉罗·弘历《水乡稻蟹》)，以此捕捉已经成熟的洄游稻蟹。

比起钓、罾、旋网、掏洞等捕蟹法，以簖捕捉效率更高，不是一只两只地捕捉，而是一群一群地捕捉。中国产蟹而多，"其多也如涿野之兵，其聚也如太原之俘"（宋高似孙《松江蟹舍赋》），如此蟹阵鼓浪而下海的途中被簖阻拦，收获自丰，"十倍收来簖蟹肥"（清张沙白《宝应竹枝词》），"一夜海潮拥蟹至，朝来几担入城中"（清王士禄《锦秋湖竹枝词》），等等，都真实地写出了丰收的喜悦。过去，一户渔家设一二个蟹簖，依赖捕蟹的收入，就足够一年的开支。而且，其名虽称蟹簖，其实亦能捕鱼（故而又称鱼扈[沪]），比如长江三鲜——刀鱼、鲥鱼、河豚等都是洄游鱼类，是一样可以用"沪"或称"簖"来捕捉的。

因为以簖捕蟹获利丰厚，有的地方连豪富之家也要投资雇人设簖分一杯羹，"褚稼轩曰，吴为泽国，湖荡水滨，编竹设簖，可专鱼蟹菱芡之利，惟有权力者可得之。西湖亦然。近见杭人谣曰：十里湖光十里笆，编笆都是富豪家"（清孙之骒《晴川后蟹录》卷一"水利"）。

影响　簖捕蟹多，直接造成了当时买卖的兴旺，渔民或装蟹进篓篓在水边就地叫卖，或挑担入城沿街叫卖，更出现了蟹贩行当。唐张读《宣室志》卷四"宣城郡当涂民有刘成、李晖者，俱不识农事，常以巨舫载鱼蟹，鬻于吴越间"，一只大船装了万把斤鱼蟹贩卖于江浙一带；宋傅肱《蟹谱·贡评》"旁蟹盛产于济郓，商人辇负，轨迹相继，所聚之多，不减于江淮"，车拉肩挑，一路络绎不绝，从山东济郓贩卖到河南开封……此类记述屡屡可见，很多城市还有"蟹市""蟹行"。

螃蟹贸易带来了充足的货源，当时民众得到了口惠。宋洪迈《夷坚志·张氏煮蟹》："平江（今苏州）细民张氏，以煮蟹出售自给，所杀不可亿计。"清顾禄《清嘉录》："湖蟹乘潮上簖，渔者捕得之，担入城市，居人买相馈贶，或宴客佐酒。"这种情况各地比比可见，形成常态，丰富了人们的物质生活。

此外，因蟹簖而留下许许多多的诗文、故事等。这里特别要讲讲两个影响很大至今仍通用的名称：

一是上海简称"沪"。就像上海之名源于"上海浦"（一条河流的名称）一样，上海今简称"沪"，也源于一条叫"沪渎"的河流（松江流归大海的一段）。南朝梁萧纲《浮海石像铭》："晋建兴元年癸酉之岁，吴郡娄县界松江之下，号曰沪渎，此处有居人，以渔者为业。"据此可知，西晋建兴元年（313）已称此水为"沪渎"，之后成了历代文献一致的称名。为什么称它为"沪渎"呢？前面讲过，沪就是蟹簖，可以设想，当时此地水面上一定是一道道犬牙交错的蟹沪，对此，无论谁见了都会留下突出而深刻的印象，因此，松江入海段才在西晋以渔具名水，称为"沪渎"，到了清代，又以水名"沪渎"而简称上海为"沪"。它反映了上海曾经是一个居人以渔为业的地方，一个以沪捕蟹的地方。

二是把稻蟹称作"大闸蟹"。此名或说由"煠（音闸）蟹"演变而来，或说由"簖蟹"演变而来，都持之有故，当是互补而成。过去把在簖上捕捉到的蟹称为"簖蟹"。清朱彝尊说"村村簖蟹肥"，屈大均说"网蟹何如簖蟹肥"，储树人说"最是深秋簖蟹好，一斤仅买两筐圆"，等等，都格外赞赏了簖蟹。为什么呢？凡东向洄游之蟹，必大、必肥、必丰满、必成熟。簖，历史上说它如帘、如篱、如栅、如闸。以"闸"喻"簖"，不但妥帖，而且更易被城里人和非产蟹区人所接受，于是到了民国时期就改称"簖蟹"为"闸蟹"或"大闸蟹"。如今"大闸蟹"已叫遍中国各地，成了占压倒多数的名称。

郭璞：中国大蟹神话的创始人

在陆地与象比，在水中与鲸比，蟹都是微不足道的小动物，可是自郭璞首开记录，之后戴孚、孟琯等人又踵事增华，运用想象力，创造了远超象、鲸的大蟹神话，它才是天下之大物。

郭璞（276—324），河东闻喜（今属山西）人，晋代著名文学家、训诂学家，是一位博学多识的人，著有《山海经注》等。《山海经》说"大蟹在海中"，他注云"盖千里之蟹也"；《山海经》说"女丑有大蟹"，他注云"广千里也"。一只大蟹就广盖了千里海面，简直匪夷所思。后来，20世纪30年代钟毓龙在《上古神话演义》里

郭璞

就据此说："忽见前面海中涌出一片平原，其广无际，簸荡动摇，直冲过来。"郭璞在《玄中记》中又直接写道："天下之大物，北海之蟹，举一螯能加于山，身故在水中。"大蟹是天底下庞大无比的动物，举起一只大螯，就可盖到山头上，而它的身体还在海水里。郭璞反复宣扬蟹为"天下之大物"，使他成了中国大蟹神话的创始人。

继郭璞之后，唐戴孚进而演述。戴孚，唐肃宗至德二年（757）登进士第，官至饶州录事参军，他在《广异记》中有两则大蟹故事，一则简略："有海贾，每见两山相对波间，各高数丈，已忽不见，舟人云，此是巨蟹也。"另一则较长，且离奇浪漫，录于下：

> 近世有波斯（故址在今缅甸南部，曾为重要贸易港，此指当地商人），常云：乘舶泛海，往天竺国（印度古称）者已六七度。其最后舶飘入大海，不知几千里，至一海岛，岛中见胡人（古代对我国北方和西方各族的泛称）衣草叶，惧而问之。胡云昔与同行侣数十人漂没，唯己随流，得至于此，因尔采木实草根食之，得以不死。其众哀焉，遂舶载之。胡乃说："岛上大山悉是车渠（玉石之类）、玛瑙、玻璨（天然水晶石）等诸宝，不可胜数。"舟人莫不弃己贱货取之。既满船，胡令速发："山神（此指后文所说的赤色大蛇）若至，必当怀惜。"于是随风挂帆，行可四十余里，遥见峰上有赤物如蛇形，久之渐大。胡曰："此山神惜宝，来逐我也，为之奈何？"舟人莫不战惧。俄见两山从海中出，高数百丈。胡喜曰："此两山者，大蟹螯也。其蟹常好与山神斗，神多不胜，甚惧之。今其

螯出，无忧也。"大蛇寻至蟹许，盘斗良久，蟹夹蛇头，死于水上，如连山。船人因是得济也。

　　这是一个非常著名的志怪故事，后世着眼于宣扬波斯商人到海上荒岛淘宝，淘玉石、玛瑙、水晶之类的宝物，如果淘成便能暴富，鼓励人经风浪冒风险去海上荒岛觅宝。然而，《太平广记》引录的时候却以《南海大蟹》为题，说明当时着眼于它记录了一只"大蟹"。大蟹大到什么程度？两只大螯从海水中竖起来像两座山头，各"高数百丈"。它的对手山神的长蛇长到什么程度？死了以后，漂在水上，"如连山"，像连绵的山岭。这样的两个庞然大物，"盘斗良久"，一定是浪花飞溅，惊天动地。最后，"蟹夹蛇头，死于海上"，大蟹获胜，救了一船包括波斯商人在内的淘宝之人。整个故事，想象超拔，奇异怪诡，浪漫动人，可以说是中国古代最引人入胜的志怪故事之一。

　　接着，唐孟琯也讲了一个让人觉得不可思议的故事。孟琯，郴（chēn）州（今属湖南）人，唐宪宗元和（806—820）进士，为韩愈所器重，尝赠以序。据《太平御览》引其《岭南异物志》：

　　　　尝有行海得洲渚，林木甚茂，乃维舟登岸，爨于水傍。半炊而林没于水，遽斩其缆，乃得去。详视之，大蟹也。

　　故事说的是：一个航海人，远远看见有片陆地，树木长得非常繁茂，就把船靠过去，系了缆绳，登上岸去，在水边烧东西吃，烧着烧着，当食物已经烧得半熟的时候，林木却直向水中沉没，那人赶快斩断缆绳，跳到船上离开。之后，回头仔细一瞧，哪里是个岛？分明是一只大蟹！大蟹如岛，夸张极了，也有趣极了！短短四十个字，描摹出这样一幅奇异图景，堪称妙笔。

应该说，郭璞、戴孚、孟琯的几个大蟹神话，是继先秦幻想大家庄子《外物》的回响："任公子为大钩巨缁，五十犗以为饵，蹲乎会稽，投竿东海"以钓大鱼，此大鱼"奉巨钩陷没而下，鹜扬而奋鳍，白波若山，海水震荡，声侔鬼神，惮赫千里"。它比后来元朝陈芬所言，金陵"古传有巨蟹，背圆五尺，足长倍之"（《玄池说林》，录自《古今图书集成·蟹部外编》）；明朝吴承恩所言，孙大圣"摇身一变，变作一个螃蟹，不大不小的，有三十六斤重"（《西游记》第六十回）；清朝檀萃所言，"迤南有巨蟹，大盈数亩"（《滇海虞衡志》卷八"志虫鱼"），都要来得宏大、夸张、磅礴、奔放。所以，这几个堪称奇思妙想和精彩绝伦的大蟹神话，是中华蟹史乃至人类文化史上的瑰宝。

顺便说一下，印度有个民间故事《蟹本生》（佛本生故事之一，讲释迦牟尼前生的故事，他在成佛之前，只是一个菩萨，还逃脱不了轮回，必须经过无数次的转生，比如转生为狗、鼠、猴、象等，才能成佛）讲道：菩萨投胎象腹，生下后，身躯魁梧，宛如一座青山，它决心要去捕捉那只专门捕食大象的螃蟹，这大蟹多大？"有打谷场那么大"，争斗时，蟹用钳夹住象腿，象拖不动蟹，蟹将象拖向自己，最后是靠了象妻的援助才制服了蟹。别的不说，这个故事中的"大蟹"与中国神话中的"大蟹"相比，简直是小巫见大巫了，中国神话里的"大蟹"恐怕是普天之下文学作品中所塑造的最大的蟹。

《江赋》所言"璅蛣腹蟹"的来龙去脉

郭璞在《江赋》里说："璅蛣腹蟹，水母目虾。"意思是，璅蛣（zǎo jié）的腹腔里有只小蟹，水母（今称海蜇）以虾为目。"璅蛣"之名，在历史上此为首见。因为《江赋》才情并茂、内容丰赡，后被南朝梁萧统编进《文选》，于是进一步流播，"璅蛣"的称呼也随之确立，得到公认和沿用。举例而言：南朝宋、齐间的沈怀远《南越志》"璅蛣，长寸余，大者二三寸，腹中有蟹子，如榆荚，合体共生"；南朝梁任昉《述异记》"璅蛣似小蚌，有一小蟹在腹中"；明黄佐《粤会赋》"蟹或腹于璅蛣"；清屈大均《广东新语》："蟹托身于璅蛣"；清胡兆春《逢不若诗》"璅蛣腹蟹饱终难"……在谈及海镜或璅蛣时，直接引用郭璞《江赋》"璅蛣腹蟹"的也很多，或者可以说"璅蛣腹蟹"已经成了一个约定俗成的成语。

璅蛣腹蟹

经查考，郭璞此语是有来历的，先前《越绝书》里就已经说过："海镜蟹为腹，水母虾为目。"《越绝书》记春秋越国事，不署撰人姓名，宋陈振孙《直斋书录解题》云"盖战国后人所为，而汉人又附益之耳"，庶几近之。此书旧载二十五篇，今本存十九篇，亡佚六篇。上面引述《越绝书》的话，今本未见，是从唐刘恂《岭表录异》和宋李昉《太平广记》等见到的佚文，大概宋前还保留着《越绝书》全本。郭璞是读过《越绝书》的，在传世的《山海经注·中山经》里他引证过《越绝书》作注，故而当知其中的"海镜蟹为腹"语，于是承袭而变通。以《越绝书》与《江赋》所言，两相对照，郭璞只是把"海镜"改成了"璅蛣"（实为一物），而且"璅蛣腹蟹"比"海镜蟹为腹"说得更为准确罢了。

璅蛣中的"蛣"亦有先例。汉班固《汉书·地理志·会稽郡》"鄞，有镇亭，有鲒埼亭"，即在鄞县（今属浙江宁波）沿海的曲岸上建有鲒埼亭。汉许慎《说文解字》："鲒，蚌也，从鱼，吉声。"并引"汉律：会稽郡献鲒酱"，即鲒就是俗称的蚌，"鱼"字旁，读作"吉"，根据汉律规定，会稽郡要向帝室进献鲒酱。两书中的"鲒"之后写作"蛣"，犹如"虾"与"蟹"等字，都曾作"鱼"字旁一样。把"鲒"写成"蛣"却是从郭璞《江赋》开始的。他是训诂学家，著有《尔雅注》《方言注》等，他的注解很有权威性，由此，"鲒"字几乎被"蛣"字代替。例如：稍后晋葛洪《抱朴子内篇·对俗》"蟹不归而蛣败"，南朝宋齐间沈怀远的《南越志》"为蛣取食"，到了宋代，司马光《类篇》、罗愿《尔雅翼》等则更以"蛣"为条目名称。

现在我们回过头来说说"海镜"和"璅蛣"各自命名的着眼点。对于海镜，唐刘恂在《岭表录异》里说得甚是具体："海镜，广人呼为膏叶盘，两片合以成形，壳圆，中甚莹滑，日照如云母光，内有少肉如蚌胎。腹中有小蟹子，其小如黄豆，而螯足具备。海镜饥，则蟹出拾食，蟹饱归腹，海镜亦饱。"于此可知，海镜之名着眼于蚌，特别是它的外壳，形圆而内壁莹滑，反光如镜，先前经过磨砺，使之透亮，称明瓦，在玻璃未盛时，常作居室的天窗或墙窗，显然，海镜是从蚌的外壳的形态和功能而命名的。比较起来，璅蛣却是一个更加贴近实际的名称，从生态角度着眼，而且兼及了蚌腹里的蟹，指出了蟹的寄居性，说明了蚌是蟹的寄居物，说蚌是小蟹寄居的巢穴，可避天敌可离干扰的巢穴，精确而形象，全面而贴切。在"蛣"字之前加个"璅"字（这是一个显示了智慧的加字）而称"璅蛣"，现今已说不清是源于当时民间的称呼抑或是郭璞自己的首创，应该说，这是一个富有意境和语义的动物类名。

最后，《辞源》释璅蛣云："亦名海镜，今称寄居蟹。"可是《辞源》释海镜又为"蛤类动物"，显然两释是互相矛盾的。进一步说，今称的寄居蟹，主要是二类：一类是枯壳寄生者，此早在三国吴万震《南州异物志》就已经记载："寄居之虫，如螺而有脚，形如蜘蛛。本无壳，入空螺壳中，戴以行。触之缩足，如螺闭户也。火炙之乃出走，始知其寄居也。"之后提到者不绝如缕。这种小蟹找小螺壳，长大了就换大螺壳，头部似蟹腹尾似虾，背负着螺壳在海滩上觅食的寄居蟹（我国有寄主和类别不同的四十余种），实际上指的是介于短尾派蟹类和长尾派虾类之间的歪尾派动物。另一类是合体共生者，也就是郭璞所言的"璅蛣腹蟹"，它才是真正的蟹类。它只有一粒黄豆般大小，头胸甲和螯足齐备，今称豆蟹（我国有寄主和类别不同的二十余种），寄居于蚌蛤等贝类腹腔，不过这类豆蟹因为壳薄而软，脚又细弱，已失去外出摄食的能力（刘恂《岭表录异》说"海镜饥，则蟹出拾食"属失察），靠寄主滤得的食物为生，并与之合体共生，终身相依。据此，似应把璅蛣释作"亦名海镜"，今称有豆蟹寄居于腹的蚌。

崔豹《古今注》首称"蟛蜞"及其影响

崔豹，字正熊，燕国（今河北省）人，西晋惠帝（290—307）时官至太傅仆，撰《古今注》三卷，是一部对古代和当时各类事物作解释的著作，其中《鱼虫第五》一则云："蟛蜞，小蟹，生海边泥中，食土。一名长卿。其一有螯偏大者，名拥剑。一名执火，其螯赤，故谓之执火云。"之后，五代后唐马缟《中华古今注》卷下转载此则，文字相同，唯条目称名"蟛蚎"。

自崔豹首称生海边泥中的小蟹为"蟛蜞"后，"蟛蜞"一名被历代广泛沿用，例如南朝梁陶弘景说"海边又有蟛蜞，似蟛蜎而大，似蟹而小，不可食"（见明李时珍《本草纲目·蟹》），宋司马光说"彭蜞，虫名，似蟹而小，不可食。蔡谟渡江不识，啖之几死"（《类篇》），宋傅肱说"然有同彭蟛差大而毛，好耕穴田亩中，谓之蟛蜞，毒不可食。晋蔡道明误食之，几死，尤宜慎辨也。又多生于陂塘沟港秽杂之地，往往因雨，则濒海之家，列阵而上，填砌缘屋，虽驱扫之不去也"（《蟹谱·总论》），明林日瑞说"二螯并者为蟛蜞，生海泥中，大仅盈寸，一名长卿"（《渔书》。见明胡世安《异鱼图赞补》"蟛蜞"条引），清黄振说"短草绵延径不分，蟛蜞穴地草中闻"（《海滨竹枝词》），清郑光祖说"潮汐长落无停，沙滩多蟛蜞，色红，其螯一独大一又绝小，厥状颇怪"（《醒世一斑录》杂述卷三）……类似的论述不胜枚举，这些论述补充说明了蟛蜞的生长环境、形态等。

蟛蜞，今称相手蟹，属方蟹科类，头胸甲略呈四方形，两螯不等长大，种较多，常见的是红螯相手蟹，螯足无毛，红色，步足有毛，此外还有无齿相手蟹等，是一个族类，穴居于通海河道的泥滩或田埂草间，善于钻洞攀爬，经常损坏堤岸和稻谷等农作物，我国沿海各地都有分布，尤以南方为多。

因为崔豹说蟛蜞"一名长卿"，后人就以西汉著名辞赋家司马相如（原字长卿，因慕蔺相如为人改名相如）比附，演化出虚构的历史故事。因为崔豹说蟛蜞"其一有螯偏大者，名拥剑"，后人就将东汉杨孚《异物志》所言的"一螯偏大"的拥剑，视为蟛蜞一类。因为崔豹说"一名执火，其螯赤，故谓之执火云"，后人多有提及，皆循此说，"执火"也成了蟛蜞的别名。因为崔豹首称蟛蜞，后人就有以蟛蜞解读《尔雅》的蟛蟛和郭璞《尔雅注》说的蟛蜎。因为崔豹首称的蟛蜞，与后人东晋干宝《搜神记》所说的蟛蟛都有一个"蟛"字，且崔豹《古今注》的蟛蜞被后唐马缟《中华古今注》改称"蟛蚎"转录，后人便或说蟛蜞就是蟛蟛（蟛蚎），或说蟛蜞与蟛蟛（蟛蚎）是形近而不同种的小蟹。这些观点纠缠交杂，各持一端。可以说，崔豹的"蟛蜞"之称，犹如一石激起千层浪一般，在历史上产生了广泛的影响。

其中最为突出的是，据南朝宋刘义庆《世说新语·纰漏》载，有个叫蔡谟的，随晋室渡江之初，在江南见到了蟛蜞，以为是蟹，烹而食之，结果，呕吐不止，疲困不已，狼狈不堪，几乎致死。于是，后人常常以此为例，告诫人们蟛蜞毒不可食。然而，明凌濛初《世说新语》"纰漏"条批注却说："《埤雅》曰：彭蜞有毛，海人亦食之。《本草会编》曰：彭蜞处处有之，即村间取为常食。……合诸说，则食彭蜞不吐明矣。"也就是说，《世说新语·纰漏》的记载使蟛蜞有毒还是无毒，能吃还是不能吃，成了历代人争论不休的焦点。其实，不但蟛蜞可食，其偏大的螯也是好吃的食物。元末明初陶宗仪在《南村辍耕录·食品有名》里说："松江之上海，杭州之海宁，皆喜食蟛蜞螯，名曰鹦哥嘴，以有极红者似之故也。"对此，清叶世熊在《蒸里志略》卷二里说："蟛蜞，似蟹而小，害禾苗，乡人患之，取其螯，可供馔。"《光绪江阴县志》载："春夏秋三季，江边芦苇塘里盛产蟛蜞，捕捉专取两螯，江阴人特嗜之，为绝妙下酒物。"现代作家施蛰存《蟛蜞螯》里说：上海"每夏日午潮落后，渠塘两岸，泥滩上累累见小穴，蟛蜞蛰处其中，或爬出觅食。农村小儿露胫涉水捉之，摘其两螯，仍放回洞。笪篮既满，盖以鲜荷叶，入城呼卖，瞬息即售"；"蟛蜞体小而螯特大，其肉粲然圆颗，如江瑶柱，如田鸡腿，而值亦不昂，故为小民富室所同赏"。

中国是一个产蟹的大国，蟹类众多，蟹的名称无数。其中的蟛蜞密布在东南沿海各地，甚至屡屡食稻成灾，于是，除了"蟹"之外，"蟛蜞"充斥于典籍，并为民间熟知。可以毫不夸张地说，自崔豹《古今注》首称蟛蜞之后，它是整个蟹类中使用频率最高、影响力最大的名称之一。

由蟛蜞又名"长卿"和"彭越"引发出的历史故事

蟛蜞，今称相手蟹，螃蟹家族中的一个类群，似蟹而小，头胸部略呈方形，主要分布于我国东南部，穴居于近海地区的江河沼泽地带。

前文说到历史上有称蟛蜞为"长卿"的。长卿即司马相如（前179—前117），他本字长卿，后慕蔺相如为人，才改名相如。他是蜀郡成都（今属四川）人，好读书击剑。一次宦游归蜀，在临邛大富豪卓王孙家，以弹奏琴瑟，挑逗他貌美新寡而爱好音乐的女儿卓文君，文君躲在窗后，看了人，听了琴，爱慕不已，就趁夜与他私奔，相如带她急忙回到成都，而家里却穷得叮当响，无奈，两人又重返临邛，以卖酒为生，文君当垆热酒，相如跑堂打杂。卓王孙觉得丢尽了面子，不得已，给了他俩家童、财产及嫁妆。可是，这个司马长卿却是个才情横溢的人物，汉武帝读了他的《子虚赋》大为赞赏，并任他为郎（侍从长官）。他还奉使西南，对开发西南、沟通汉与少数民族的关系，颇有贡献。晚年以病免官，家居而卒。司马长卿一生最大的成就是辞赋和散文，《子虚赋》《上林赋》《喻巴蜀檄》《难蜀父老》等，纵横自如，文采华茂，鲁迅评价说"不师故辙，自摅妙才，广博宏丽，卓绝汉代"，为西汉著名的辞赋散文大家。

那么，蟛蜞何以叫长卿呢？

> 蟛蜞，小蟹，生海边泥中，食土，一名长卿。（晋·崔豹《古今注》卷中）
>
> 蟛蟚，蟹也。尝通梦于人，自称"长卿"。今临海人多以"长卿"呼之。（晋·干宝《搜神记》卷十三"长卿"条）

西晋惠帝时任太子太傅丞的崔豹只说蟛蜞一名长卿，到了东晋元帝时任著作郎的干宝便进一步说明了得名的原因：它"尝通梦于人，自称长卿"。直至今天，临海（今浙南闽北沿海一带）人大多叫它"长卿"。这个称呼，宋洪迈《容斋随笔》所录《临海蟹图》里仍提到，可见被沿袭了下来。

螃蟹怎么和司马长卿挂上了钩呢？

> 王吉夜梦一螃蟹，在都亭作人语曰："我翌日当舍此。"吉觉异之，使人于都亭候之。司马长卿至。吉曰："此人文章当横行一世。"天下因呼螃蟹为长卿。卓文君一生不食螃蟹。（元·伊世珍《嫏嬛记》引《成都故事》，《成都故事》未详，此后又载明·胡世安《异鱼图赞补·螃蟹》引明·林日瑞《渔书》和清李光地《月令辑要·杂记》）

《述异记》云：

> 司马相如没后，卓文君梦螃蟹，自称长卿。明日果见螃蟹。文君终身不食蟹。（录自明·谭贞献《谭子雕虫》卷下"螃蜞"，《述异记》未详）

材料一，王吉是谁？他是临邛县令。这夜，他做了一个奇怪的梦，梦到一只螃蟹，居然用人的语言告诉他："明日，我要到城下的亭子里小住。"可是，他派人到亭子里等到确是落魄归蜀的司马长卿。于是王吉预言："此人文章当横行一世。"从此，天下人就称螃蟹为长卿。

材料二，司马相如的妻子卓文君，在他死后曾作《司马相如诔》（诔是悼念死者的文章），昼悲夜哀，这夜却梦到了螃蟹，螃蟹竟自称长卿，第二天还就见到了蟛蜞。于是，她从此再也不吃蟹。

两个蟛蜞梦，如果说前一个以"蟛蜞当舍此"而"司马长卿至"来暗示是一种巧合，那么后一个则以"蟛蜞自称长卿"来明示，表示确凿不移。于是，蟛蜞有了"长卿"之名。这个名称过去常被人提到，例如：明田艺蘅写过一首题为《戏赠长卿》的诗，说蟛蜞"字复相如长卿"，可以用来"伴余橙酒潦倒，免尔草泥横行"。又如清尤侗《蟹赋》写道：蟛蜞"一名长卿，见梦王吉；兆为文章，横行无故；文君爱护，低眉不食"。

晋干宝《搜神记》所言的蟛蚏，又作彭越，也是蟹的一类，它体型比一般的蟹小，足上无毛，可食。那么，这类小蟹为什么叫蟛越呢？有个古老的传说：

> 汉黥布覆彭越醢于江，遂化为蟹，因名彭越子。
> （唐·苏鹗《苏氏演义》卷下）
>
> 彭越，似蟹而小。世传汉醢彭越，以赐诸侯，九江王英布猎得之，不忍视，尽以覆江，化而为此，故名彭越。（宋·高承《事物纪原》卷十）
>
> 刘、冯《事始》曰：世传汉醢彭越，赐诸侯，英布不忍视之，覆江中化此，故曰彭越。（引录自宋·高似孙《蟹略》卷三"蟛蜞"条）

这个唐宋期间的传说一直流传了下来，比如明彭大翼《山堂肆考》卷二百二十五、清朱绪真《昌国典咏》卷六等都或详或略言及。

彭越（？—前196），西汉初昌邑（今山东巨野）人，楚汉战争时，将兵三万余归附刘邦，攻占梁地（今河南东部），屡断项羽粮道，又率兵助刘邦击灭项羽于垓下，被封为梁王。西汉政权建立之后，包括彭越在内的异姓王，构成了统一和稳定的隐患，成为中央集权的阻碍，于是，汉高祖和吕后便借口夷灭彭越一族，罪名是事出有因、查无实据的"谋反"。彭越被杀后还被做成肉酱，之后遍赐诸侯，当其中一份肉酱送给淮南王英布时，他不忍心看，就倾倒到江里，这些肉酱当即化成了似蟹而小的彭越。

梁王彭越的肉酱能否化成小蟹呢？有人相信，例如宋汪藻《赋琴高鱼》说"彭越小如钱，踪迹由汉祸"；有人否定，例如明杨慎《异鱼图赞》说"梁王醢化，兹乃臆说"。倘若查一下《汉书》，那上面的确记载着："汉诛梁王彭越，盛其醢以遍赐诸侯。至淮南，淮南王方猎，见醢，因大恐，阴令人部聚兵，候伺旁郡警急。"压根儿未涉"醢化"，可见此属虚构，或是根据民间传说的记录。

尽管如此，人们仍然津津乐道，不信其无，宁信其有，到底是什么原因呢？从实际情况而言，大概有这种可能性：当英布把彭越的肉酱倾倒于江中的时候，一群原称为蟛蜞或蟛蚏的小蟹爬来，竞相争食，目击者就说化为彭越了。还有一种可能性：原来叫做彭越的小蟹，其名正好与汉将彭越同音同字，于是读过《汉书》的人加以附会，说是汉将彭越所化。但是，感情的因素也许是更为主要的，诚如清尤侗《蟹赋》所言"别有纤种，名曰彭越，岂其梁王，烹醢不绝"。意思是，有一类小蟹名字叫彭越，难道它就是剁不尽、烹不绝的梁王吗？梁王彭越被杀，属于冤案，人们愿意他死后化为小蟹，永远捕杀不完的小蟹！如此，"世传"而被记录下来的这一笔，乃是一种寄托，或者说，也是对刘邦和吕后卑劣行径的一种谴责。

干宝《搜神记》揭示了"蟹类易壳"和"折其螯足，堕复更生"

干宝（286—336），字令升，历任著作郎、领国史，累官司徒左长史、迁散骑常侍，博学多才，是东晋史学家、文学家，"集古今神奇灵异人物变化"为《搜神记》，原书散佚，辑本以今人李剑国《新辑搜神记》最佳。该书涉蟹文字有三则。

一、《彭蜞化鼠》："太康四年（283），会稽郡彭蜞及蟹皆化为鼠，甚众，覆野，大食稻为灾。始成者有毛肉而无骨，其行不能过田塍。数日之后，则皆为壮。"此载，后为唐房玄龄等编撰的《晋书·五行下》写了进去。意思是，公元283年，今浙江绍兴一带，彭蜞及蟹都变成老鼠，数量极多，遍布田野，大肆吞食稻谷，造成了灾害。大概因为灵异，"彭蜞化鼠"才被志怪的《搜神记》载录，此自是虚妄之说，不过透过荒诞的迷雾，也许是先有彭蜞及蟹食稻（先前《国语·越语》曾载，吴国"稻蟹不遗种"，吴国的稻蟹吃光了田里稻谷连种子都没有剩下来），后又有鼠麇集食稻（先前《神农本草经》等曾载蟹"烧之致鼠"，此虽未烧，可蟹亦能引鼠），更加重了灾情，其间应有真实可信的成分。这次蟹鼠之灾，之后又被唐陆勋《集异志》卷四等提及，清孙之骡《晴川续蟹录》又及，并补充说："秋雨弥旬，稻田出蟹甚众，剪稻梗而食。陆地草内亦多小蟹。"

二、《长卿》："蟛蚎，蟹也。尝通梦于人，自称长卿，今临海人多以长卿呼之。"先前，西晋崔豹《古今注》云：蟛蜞"一名长卿"。干宝改"蟛蜞"为"蟛蚎"，说它曾经"通梦于人，自称长卿"。蟛蚎进入人梦，并用人语告知"我是长卿"，因而今浙南、闽北沿海一带的人多以"长卿"呼"蟛蚎"。怪梦奇事，不仅被《搜神记》载录，而且因为长卿是西汉辞赋名家司马相如的字，故而被后人演化为历史故事，广泛流传。

三、《龙易骨》："龙易骨。麋易骼。蛇类解皮。蟹类易骨，又折其螯足，堕复更生。"据李剑国云："本条《感应经》《说郛》卷九）引，出《搜神记》，据辑。"并案："此则文字疑在《变化篇》序论中，旧本未辑。"补充说明，此则文字又见宋陆佃《埤雅》卷二，云出自《造化权舆》（唐赵自勔著），言语稍有出入，备考。现按李的认定，那么，干宝《搜神记》为历史上最早揭示了"蟹类易壳"和"折其螯足，堕复更生"的文字记录。

先说蟹类易壳。自干宝之后涉此者如唐段成式云蝤蛑"随大潮退壳，一退一长"（《酉阳杂俎前集》卷十七），宋傅肱云蟹"至八月则蜕形，已蜕而形浸大"（《蟹谱·总论》），明李日华云"海中虾蟹之壳，堆垛壖垒，夜或有光"（《紫桃轩又缀》卷一），清袁景澜云"蟹者，解也，岁必一解其壳"（《吴郡岁华纪丽》），这些说法，或语焉不详，或疏忽失实（例如"岁必一解其壳"）。说得最具体最切实的是清屈大均（1630—1696），他在《广东新语·蟹》里说"蟹一月一解。自十八以后月黑，蟹乘暗出而取食，食至初二三而肥，肥则壳解"，又说"其匡初蜕，柔弱如棉絮，通体凝脂，红黄杂糅，结为石榴子粒，四角充满，手触不濡，是为耍蟹"，还有"月皎时，蟹不敢出，则瘠矣"。他把蟹的解壳与肥大的关系讲清楚了。蟹一月一解：肥大——解壳——瘦瘠——再肥大——再解壳……蟹就是在这样的循环推进中一步一步跋涉着走完生命的历程，从一只指甲大小的幼蟹，经过了许多次解壳，解壳一次，肥大一圈，最后逐步肥大到碗口大小的老蟹。宋陆佃也说"蟹解壳，故曰蟹"（《埤雅》卷二），意思是蟹之所以叫作蟹，就是因为它解壳的缘故。假使这个推断能够成立，那么当初命名它为"蟹"的时候，古人就已经发现了蟹是一种解壳的动物。

再说"折其螯足，堕复更生"。蟹或因抢穴、夺食、争偶厮拼而被对方钳住螯足，或因遇到鹭、蛇、鼠等强敌而被咬住螯足，这时，它会使出一种巧妙的逃逸本领，自动切断那只被钳住或咬住的螯足，弃之逃命。这种折足是有固定位置的，即在螯足的基部（蒸煮螃蟹，螯足有时会脱落，就是那个位置），这是为什么呢？因为这个位置有着特殊的构造，既可防止流血（其血液是无色的），又可以再生新足。折断之后，几天工夫，在断足的位置就会长出一个半球形的疣状物，继而延长成棒状，其中迂回曲折包括折断前的全部肢节，经过几次解壳，于是一只新足又伸展了出来，只是比原来的略细略小，功能略弱略差。这是蟹类奇特的自我保护

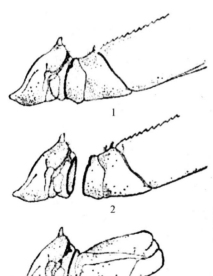

1. 步足的基部（深的黑线表示折断点的位置）　2. 步足从折断点折断　3. 新的步足从折断点复生

采自沈嘉瑞、刘瑞玉《我国的虾蟹》

97

措施，也是长期以来适应外界环境的结果。它和麋鹿易角不一样，雄鹿的老角是在发情后脱落的，或被人为获取鹿茸而切割的，蟹的折其螯足是逃命的需要，犹如壁虎断尾。遗憾的是，尽管早在1600多年前，干宝《搜神记》就已经提及蟹"折其螯足，堕复更生"的现象，但其后只是不断被人复述（例如清汪启淑《水曹清暇录》卷十四"诸易"、陆以湉《冷庐杂识》卷五"自然气化"等），一直没有人作出进一步的考察和说明，直到现代，引进西方科学后，人们才弄清楚其中的原委。

蔡谟食蟛蜞后吐下委顿之谜

东晋初年的蔡谟（281—356），字道明，陈留考城（今河南兰考）人，弱冠之时便察孝廉举秀才，之后做官当到了司徒，博学做到了帝师。蔡谟为人谦虚谨慎，谨慎到什么程度？"蔡公过浮航，脱带腰舟"（《晋书·蔡谟传》），意思是，蔡谟乘船的时候，都要把身上的带子解下来，把自己扣在船中间。可就是这么一个谨小慎微而又每事过防的人，也出过一个"纰漏"，说他因为误食蟛蜞，弄得呕吐不止，疲困不已，狼狈不堪。

此事最早载于南朝宋刘义庆《世说新语·纰漏》：

> 蔡司徒渡江，见蟛蜞，大喜曰："蟹有八足，加以二螯。"令烹之。既食，吐下委顿，方知非蟹。后向谢仁祖说此事，谢曰："卿读《尔雅》不熟，几为《劝学》死。"

之后，此事又几乎原封不动地被写进《晋书·蔡谟传》，最终不但板上钉钉，而且盖棺定论，成了蔡谟永远的笑柄。

　　　　意将轻蔡谟，殆被蝤蛑误。
（宋·梅尧臣《依韵和原甫厅壁钱谏议画蟹》）

　　　　蝤蛑误蔡谟，垂死但余气。
（宋·曾巩《金陵初食河豚喜书》）

　　　　大嚼故知羞海镜，嗜甘易误食蝤蛑。欲将磊落轻周雅，委顿深怜蔡克儿。（宋·李彭《食蟹》）

　　　　食必视本草，贵在精物理。蔡侯何卤莽，几为《劝学》死。（元·李俊民《蟹》）

　　　　笑蔡谟之瞀识，嗤陶谷之妄评。（明·张溥《续黔语》卷八）

　　　　何司徒之卤莽，读《尔雅》而不识。（清·尤侗《蟹赋》）

类似的评论还有很多，蔡谟食蝤蛑后导致吐下委顿的纰漏，被人们轻蔑、嘲笑、讥讽，也被人怜悯。

从记载看，蔡谟很熟悉《荀子·劝学》，即使是其间容易被忽略的"蟹八跪（足）而二螯"也能触景生情脱口而出。

蔡司徒渡江见彭蛑大喜曰蟹有八足加以二螯令烹之既食吐下委顿方知非蟹后向谢仁祖说此事谢曰卿读尔雅不熟几为劝学死蟹二螯八足非蛇

大戴礼劝学篇曰

《世说新语》（《四部丛刊》本）

99

但是，他对汉代经师纂集的《尔雅》却很陌生，并不知道还有一种"蜻蟹"，即蟛蜞，也是蟹的一类，似蟹而小，虽也是八足二螯，毕竟与螃蟹有所区别，他却以蟛蜞为蟹，烹煮而食。如果吃了没有什么不良反应，倒也罢了，偏偏不巧，一吃就吐了起来，于是便引出了谢仁祖的开导："卿读《尔雅》不熟，几为《劝学》死！"谢仁祖是谁？即谢尚，他出身世家大族，是指挥"淝水之战"获大捷的谢安的从兄，也是蔡谟的老乡。此人博览众书，通《劝学》，晓《尔雅》，睿智明察，因此只一语就点破了蔡谟不辨螃蟹与蟛蜞，说他误食了蟛蜞，以致呕吐几死。

大概因为有了蔡谟食蟛蜞呕吐几死的实例，后人大凡谈到蟛蜞的都往往要点出"毒不可食"，这类说法不胜枚举，例如：

> 海边有蟛蜞，似蟛螖而大，似蟹而小，不可食。蔡谟初渡江，不识蟛蜞，啖之几死。（南朝梁·陶弘景语，转录自明·李时珍《本草纲目》）
>
> 然有同蟛蟚差大而毛，好耕穴田亩中，谓之蟛蜞，毒不可食。晋蔡道明误食之，几死，尤宜慎辨也。（宋·傅肱《蟹谱》）
>
> 蟛蜞大于蟛螖，生于陂池田港中，故有毒，令人吐下。（明·李时珍《本草纲目》）
>
> 一种为蟛蜞，性极寒，即蔡谟所误食也。（《宁波志》。转录清·孙之騄《晴川蟹录》卷二）

那么，蟛蜞是否"毒不可食"呢？古籍里却也有吃蟛蜞的记录：

彭蜞食之乃不吐，此便非实录。(明·王世懋《世说新语》该条批注)

《埤雅》曰："彭蜞有毛，海人亦食之。"《本草会编》曰："彭蜞处处有之，即村间取为常食。"……合诸说，则食彭蜞不吐明矣。(明·凌濛初《世说新语》该条批注)

吴人以酒渍蟛蜞食之。(明·冯梦龙《古今谭概·非族部》)

蟛蜞螯光无毒，可醢而食。(清·张璐《本经逢原》卷四)

凡春二月，南风起，海中无雾，则公蟛蜞出。夏四五月，大禾既莳，则母蟛蜞出。其白者曰白蟛蜞，以盐酒腌之，置茶蘼花朵其中，晒以烈日，有香扑鼻。生毛者曰毛蟛蜞，尝以粪田饲鸭，然有毒，而潮人无日不食，以当园蔬。(清·屈大均《广东新语·蟛蜞》)

闽俗多以(彭蜞)供馔，未闻吐下委顿。(清·施鸿保《闽杂记·海蟹》)

莫羡团脐霜后好，菜花黄有好蟛蜞。(清·周应雷《渔湾竹枝词》)

以上引录，不仅否定了"蟛蜞毒不可食"的说法，而且说明了江浙闽粤一带的百姓一概喜食蟛蜞，广东的捕鱼人把它当成了园子里的蔬菜一样来吃，江苏南通人还把蟛蜞称为"菜花黄"，甚至认为连霜后的河蟹也没有它好吃。现今我们已经知道，蟛蜞属甲壳纲方蟹科，为螃蟹家族中的一个类群，皆可食用。

于是我们要问：那个蔡谟为什么吃了蟛蜞几乎要呕吐致死呢？

事实上，吃蝤蛑可能得病，吃螃蟹也一样可能得病。原因很多：或者吃了死蟹，或者吃得过多并把它肚内的糟粕一股脑儿吞了下去，或者与柿子同食，或者胃肠本来就不适，等等。蔡谟的"纰漏"出在哪里？我们难以断定，这是一个谜，但是可以断定的是，并非是蝤蛑的"毒不可食"。

现在回过头再说说谢仁祖对蔡谟"纰漏"的开导："卿读《尔雅》不熟，几为《劝学》死。"《尔雅·释鱼》所载如下：

> 蟛蜞，小者蟧。郭璞注：螺属，见埤苍，或曰即蝤蛑也，似蟹而小。

据此，后人有所质疑：

> 《尔雅》云："蟛蜞曰蟛，即彭蟛也，似蟹而小。"谢尚云"读《尔雅》不熟"，必《尔雅》说蟹，今本止有彭蟛一事，而他更无，恐《尔雅》脱文也。（宋·姚宽《西溪丛语》卷下）
>
> 《尔雅》白文及注并无蝤蛑之名状，亦无不可食之说。且谟时郭注未有也。何云读《尔雅》不熟或是误读《荀子》而啖之？记者漫以《尔雅》误易《荀子》二字耶？《荀子》有"蟹六跪二螯"之文，而《尔雅》并未尝有"蟹"字也。（明·谭贞献《谭子雕虫》卷下）

平心而论，这些质疑是极有道理的，或者是《尔雅》文字脱落，致有谢尚之说，否则，谁读了《尔雅》的"蟛蜞，小者蟧"，就知道指的是小蟹"蟛蜞"呢？何况《尔雅》一点儿也没有涉及蟛蜞有毒没有毒、能吃不能吃，包括蔡谟之后郭璞的注解，对此也只字未提，怎么能说"卿读《尔雅》不熟，几为《劝学》死"呢？这中间的缘由也是一个难解之谜。

最后，必须要说明的是，尽管蔡谟的"纰漏"出在哪里和谢仁祖所言的根据是什么都是个谜，但是可以断定，蔡谟吐下委顿的偶例，不能归咎于蟛蜞，蟛蜞并非"毒不可食"。可是经过《世说新语》及之后的《晋书》的记载，名人名著名案，于是异见被忽略、被遮蔽、被漠视、被抛弃，绝大多数人，包括众多医药本草，也就不调查、不检验，仍然信奉蟛蜞不可食是普遍的、一定的，可见崇古因袭的本本主义有着多么深广的市场，保守盲从的思维多么难以动摇！

葛洪《抱朴子》里的"无肠公子"成了蟹的别称

葛洪（283—343），字稚川，自号抱朴子，丹阳句容（今属江苏）人。少时以儒学知名，后崇信道教，博学多闻，著述宏富，主要有《抱朴子》《肘后救卒方》，为东晋道教理论家。

《抱朴子》多处涉蟹。其《内篇》卷三"对俗"云："若蟹之化漆，麻之坏酒，此不可以理推者也。"此重复了《淮南子》"蟹之败漆"和《神农本草经》蟹"败漆"语。又："小蟹不归而蛣败。"此可作晋郭璞《江赋》"璅蛣腹蟹"的注脚。其《外篇》佚文云："兵地生蟹者，宜急移军。"（见宋高似孙《蟹略·蟹灾》）据《宋史·曹翰传》：曹翰随从征伐幽州，率领所辖军队攻城东南角，士兵掘土得到螃蟹进献，曹翰因此移军。可见葛洪的观点产生过影响。

葛洪

就蟹史而言，影响更为深远的是《抱朴子·内篇》卷十七"登涉"中的这句话："山中……辰日，称雨师者，龙也；称河伯者，鱼也；称无肠公子者，蟹也。"从此，蟹就有了"无肠公子"的别称。

公子，在中国古代，指的是诸侯、豪门、富贵人家的子弟。无肠，用元李祁的话说，"无肠则无藏，无藏则于物无伤"（《讯蟹说》）。据此，无肠公子可解读为：胸怀坦白的、并不使奸弄巧的大家子弟。这可是一个极为儒雅而讨人喜爱的称呼，尤其是历代的文人墨客，觉得与自己的身份相符，与自己的地位相配，与自己的好恶相近，于是被频繁使用：

无肠公子固称美，弗使当道禁横行。（唐·唐彦谦《蟹》）

醉死糟丘终不悔，看来端的是无肠。（宋·陆游《糟蟹》）

横行公子本无肠，惯耐江湖十月霜。（金·元好问《送蟹与兄》）

无肠公子浑欲走，沙外渔翁拗杨柳。（明·徐渭《题蟹》）

饕餮王孙应有酒，横行公子却无肠。（清·曹雪芹《螃蟹咏》）

类似的诗句及其他评论，林林总总，累加起来有几十上百，不胜枚举。蟹有好几个别称，汉扬雄叫它"郭索"（《太玄》），比它早先；五代南唐卢纯叫它"含黄伯"（见宋陶谷《清异录》卷上），比它形象；宋傅肱叫它"横行介士"（《蟹谱·兵权》），比它贴切；可是哪一个都比不上葛洪叫它"无肠公子"来得普及，被更多人引称。

现在我们要问：蟹到底有没有肠？历史上曾经有人提及，例如宋赵希鹄在《调燮类编》卷三里说"九月食蟹，肠有稻芒"，例如元李鹏飞在《三元参赞延寿书》卷三里说"至八月，蟹肠有真稻芒，长寸许，向东输与海神"。现代蟹著里更明白直接地说，蟹肠细而且直，从胃的下端一直通到脐的末节，中肠吸收或储存消化后的食物，消化不了的则经后肠从肛门排出体外，它是常呈黑色的。

当年，山中之人为什么把蟹称为"无肠公子"？或许是因为山蟹很小，其肠更细，被粗心忽略了，而葛洪只是引述，并未深究。那么，自葛洪之后，代代吃蟹，人人吃蟹，都在餐桌上解剖着蟹，照例说，当有亿万次的机会发现蟹肠，为什么只有寥寥数人指出蟹肠，而且被忽略，人们依然称蟹为"无肠公子"呢？推测起来，或许是迷信葛洪，承袭而称，即使发现也不愿意损坏"无肠公子"这顶桂冠。这里面的原因已经说不清楚，可是必须指出的是，"无肠公子"是一个失察、失实、失误的称呼。

蟹神毕卓

古希腊的传说中有个酒神，叫狄奥尼索斯，是一个晚起的小神，并且是最后登上神山的，可是他遭遇痛苦，让人同情，他还教人酿造葡萄酒的技术，给人福惠，于是格外受到崇拜。中国没有酒神之说，但如果要确立一个蟹神形象，则非毕卓莫属。

毕卓并不是一个神话传说中的人物，相反，是史有其人的。最早提及他的是晋郭澄之《郭子》："毕茂世云：'一手持蟹螯，一手持酒杯，拍浮酒池中，可了一生哉！'"（见《鲁迅辑录古籍丛编》）之后南朝宋刘义庆《世说新语·任诞》又复述了一遍，"毕茂世云：'一手持蟹螯，一手持酒杯，拍浮酒池中，便足了一生。'"寥寥数语，已经点睛。唐房玄龄等根据先前的《晋中兴书》等写成《晋书·毕卓传》：

> 毕卓字茂世，新蔡铜阳人也。父谌，中书郎。卓少希放达，为胡毋辅之所知。太兴末，为吏部郎，常饮酒

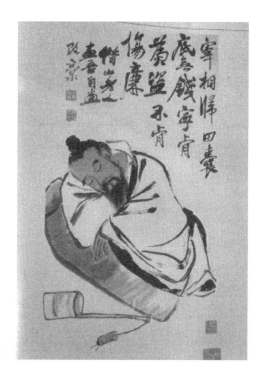

毕卓

废职。比舍郎酿熟，卓因醉夜至其瓮间盗饮之，为掌酒者所缚，明旦视之，乃毕吏部也，遽释其缚。卓遂引主人宴于瓮间，致醉而去。

卓尝谓人曰："得酒满数百斛船，四时甘味置两头，右手持酒杯，左手持蟹螯，拍浮酒船中，便足了一生矣。"及过江，为温峤平南长史，卒官。

毕卓是新蔡铜阳（今安徽临泉）人，出身于官宦家庭，他在东晋太兴（318—321）末年做过吏部郎，以后又在温峤（288—329）手下做过平南长史，官职不算高，却始终吃着俸禄。对其业绩，史书一字未提，说明在哪个时期的群僚中，毕卓可能等因奉此、无所作为，只是一个普普通通的角色。

要说给人一点印象的话，就是毕卓嗜酒。魏晋时期，饮酒乃至纵酒是一种风气，相沿成习，很多名士闹了一出又一出的酗酒趣闻。比如三国东吴的太中大夫郑泉，嗜酒到了生死以之的程度，临死前还留下遗嘱说，把我葬在制陶器的作坊旁边，以求有幸死后化为泥土后被制成酒壶。比如东晋那个写过《酒德颂》的刘伶，他常常乘着一辆鹿车，带着一个壶酒，边行边饮，并派人扛着铁锹跟在后面，对他说："我一旦酒醉在哪里死了，那里就是我的归宿，便可草草就地埋葬。"比如那个赏识少年毕卓的胡毋辅之，被人称为"吐佳言如锯木屑，霏霏不绝"的后进清谈领袖，就是一个"昼夜酣饮，不视郡事"的放达狂饮之人。毕卓自小仰慕狂傲任诞的名士，因此，即使当了吏部郎，仍"常饮酒废职"，以致耽误正事。一次，他的邻家才酿了酒，夜间，毕卓喝得醉醺醺地归来，闻到酒香，又不由自主地拐了进去盗饮，结果被看管的人发现，将他捆绑了起来。第二天早晨，主人一看，发现原来是毕吏部，于是赶快松绑。毕卓竟毫不介意，反邀了主人就在酒瓮间相对喝了起来，直到醉了才走。宋陆游在《对酒戏咏》里说："凭谁为画毕吏部，缚着邻家春瓮边。"后来画家还真有以此为画画题材的，比如清张问陶就为人作过题画诗："君不见画中毕吏部，烂醉眠瓮间。"比如现代丹青宗师齐白石曾对此一画再画三画，《毕卓盗酒》《盗瓮》《开瓮图》等都是。但给人的印象，似乎毕卓在那个酒话众多的时代里，只是给后人增添了一桩盗饮的趣闻而已。

毕卓之被尊为蟹神，那是因为他说了这样一番被人津津乐道的话："得酒满数百斛船，四时甘味置两头，右手持酒杯，左手持蟹螯，拍浮酒船中，便足了一生矣。"假使追根究底，那个在吴蜀夷陵之战后被孙权派往西蜀修复邦交的使节——郑泉早就说过类似的话。据《三国志·吴书·吴主传》裴松之注引韦昭《吴书》云："郑泉博学有异志，性嗜酒，其闲居每曰：'愿得美酒满五百斛船，以四时甘脆置两头，反复没饮之，惫即往而啖肴膳，酒有斗升减，随即益之，不亦乐乎！'"可以说，毕卓的话就是由此拷贝而来的。不过，毕卓又有突破，那就是把"肴膳"换成"蟹螯"，说"右手持酒杯，左手持蟹螯"，说"便足了一生矣"。肴膳泛指饭菜，包括了鸡鱼肉蛋、瓜果蔬菜之类，蟹螯代指螃蟹，说明了毕卓遍尝各种菜肴，挑出了螃蟹，给予其特别的赏识和青睐。说明了毕卓是中国有史记载的第一位嗜蟹者，他以吃蟹为乐，认为螃蟹是食物中的第一美味，吃蟹是他人生中的最大快事。《中庸》曰："人莫不饮食也，鲜能知味也。"中国人吃蟹很早，少说也有了3000多年历史，可是长久以来，皆为果腹、下饭之需，并没有吃出蟹的滋味，毕卓成了第一个蟹味的发现者、推崇者、倡导者，这是很了不起的。进一步说，毕卓不仅是中国最早的螃蟹知味人，而且是最早把蟹和酒联结在一起的美食家。酒在我国的源起很早，中国人的生活中离不开酒，那么喝酒就着什么菜最好、最雅、最合适、最可口呢？味觉特别灵敏、情致特别风雅的毕卓，看中了螃蟹，让其与酒匹配，"右手持酒杯，左手持蟹螯"，一右一左，一酒一蟹，从此就被中国人，特别是中国文人视为最高享受之一。

毕卓的言行激起了历代许许多多文人的反响和共鸣：

毕卓持螯，须尽一生之兴。（唐·李显《九月九日幸临渭亭登高得秋字》诗序）

109

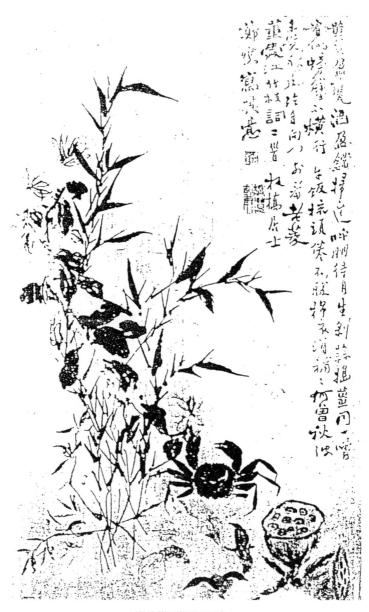

清 郑燮写董爱江词意

110

蟹螯今在左，欲拍酒船浮。(宋·晏殊诗逸句，见宋·高似孙《蟹略》卷三)

壮心付与东流水，霜螯何妨左手持。(宋·苏辙《次韵杨褒直讲揽镜》)

左持蟹螯右持酒，不觉今朝又重九。(明·唐寅《江南四季歌》)

佐以刘伶之杯，持以毕卓之手。(清·李渔《蟹赋》)

此时毕卓手，蟹不论尖团。(清·孙枝蔚《秋怀诗十一首次韩韵》)

此类例子不胜枚举，直到民国年间，贾祖璋在科学小品《蟹》里还说："记得初进高等小学读书的时候，老师曾出了一个作文题目，叫做《无肠公子传》，全班十多个同学，看了题目，都只是呆想，不知写什么好，后来，老师说了些横行介士、毕吏部、黄花酒一类的话，才似懂非懂地照样写下了缴了卷。"可见，毕吏部与吃蟹的关系，过去是早早就被灌输到了孩子中间。

古希腊人通常如此描绘酒神狄奥尼索斯的形象：穿戴华丽，披风长衫，繁茂的葡萄藤缠绕全身，手持一个高脚酒杯，被羊人簇拥着漫游各地。相比之下，毕卓这位蟹神的形象更加丰满，情境更加浪漫而富于诗意：他的宽衣博带（晋代名士大率如此）在秋风里飘拂着；乘坐的船头船尾，摆放着秋果柑、橘、橙、柚、藕、菱之类，而船舱里则是一坛挨着一坛的酒；在江南的沟河湖滨里，船或行或止，背景是青山、竹林、芦苇、菊花；船头站着毕卓，他右手持酒杯，左手持蟹螯，边喝酒，边吃蟹，边观赏风光，嘴里呢喃着："如此了我一生，我真是知足了呵！"

有酒有蟹，一生就此而知足，就此而了结，这就是毕卓，一个十足的享乐主义者，一个典型的酒徒，一个螃蟹的馋食精！可是也亏了他，人们才发现，这螃蟹还真好吃、真鲜美，天下食物之美无过于螃蟹，螃蟹为最好的下酒物，为最雅的过酒菜，谁不吃它是要辜负自己肚皮的，也是对不住自己的情怀的。

祖台之《志怪》反映了东晋人已经喜食蝤蛑

蝤蛑之名，先见于东汉杨孚《异物志》："芦鰐似蝤蛑而有细纹，多膏，肥美。形大如芦管，本出地中，随泉浮出，俗名芦鰐。"这芦鰐是什么鱼？未详。这蝤蛑是否为蟹类？也未详。可是，却因为比喻而捎带出了"蝤蛑"的称呼。

称蟹类之一为蝤蛑并记录了食用的，始见于祖台之（东晋范阳人，官至侍中、光禄大夫）的《志怪》：

蝤蛑

北七

蝤蛑（采自《绍兴本草》）

会稽山阴（今浙江绍兴）东郭氏女，先与县人私通。此人估还（做生意回来）于县东灵慈桥，女往，入船就之，因共寝接。为设食蝤蛑，食毕，女将两蝤蛑上岸去。船还来至郭（城廓），逢人语："此女已死。"乃往省（探望）之，尚未殡（出殡，把灵柩送到墓地）也。发衾（覆盖尸体的单被）视之，两手各把一蟛蜞。（《志怪》已佚，此据《太平御览》《古今图书集成》等校录）

撇开志怪迷雾，《志怪》的记录在蟹史上第一次闪出了海蟹中的"蟛蜞"，而且透露出其时蟛蜞已经捕捞，已经买卖，已经为人喜食，所以故事中的郭氏女又吃又带，乃至死了以后还"两手各把一蟛蜞"。

蟛蜞是怎样一种蟹类呢？之后，南朝梁顾野王《玉篇》"蜞，蟛蜞也"；北朝齐颜之推《颜氏家训·正俗音》"蟛蜞，大蟹也"；唐孙愐《唐韵》"蟛蜞，似蟹而大，生海边"（见宋傅肱《蟹谱》"唐韵"条）。因为"蟛"字中含"酋"（头领），后人便说"鱼之大而有力者称鳍，介之大而有力者称蟛，皆言其遒劲也"（清郭柏苍《海错百一录》卷三）。按此，那么蟛蜞就是一种巨大而有力的蟹类。

对此，唐陈藏器《本草拾遗》作了具体说明："蟛蝶（蜞），大者长尺余，两螯至强。八月能与虎斗，虎不如。随大潮退壳，一退一长。"（见宋掌禹锡《嘉祐本草》引）唐刘恂《岭表录异》卷下说得更为详明："蟛蜞乃蟹之巨而异者，蟹螯上有细毛如苔，身有八足。蟛蝥则足无毛，后两小足薄而阔，俗称之拨棹子。与蟹有异，其大如升，南人皆呼为蟹，有大如小碟子者。八月，此物与人斗，往往夹杀人也。"自唐之后，许多人论及蟛蜞，皆依陈、刘之说，或只是稍作申述而已。

现今我们已经知道，蟛蜞是一个族类，包括了梭子蟹属、青蟹属、蟳属等，我国已计有蟛蜞类的海蟹80余种。这么多种海蟹，先人自不能尽识尽辨，却也曾给以种种不一，包括同种异名的称呼，如蟛或蛣（jié）、拨棹子、青蚨、黄甲、赤蟹和白蟹等，前前后后加起来有30多个称呼，可是因其形态相似，又相互混杂，一般都统称为蟛蜞。在这个族类里，蟛蜞之称，使用者最多，出现的频率也最高，影响最大。它被写进诗歌，例如宋陆游"黄甲如盘大"（《对酒二首》）。它被编成谚语，例如"八月蟛蜞可敌虎"（见宋舒亶《和马粹老四明杂诗》注）。它演出过悲剧，据宋胡榘、罗濬《（宝庆）四明志》卷四："乡之城东江边有蟛蜞庙，俗传有渔人家获一巨蟛蜞，力不能胜，为巨螯钳而死，今庙即其地。前贤多呼四明曰蟛蜞州。"它引起过笑谈，据宋罗大经《鹤林玉露·尤杨雅谑》：诗人杨万里戏称挚友尤袤为蟛蜞，引得"一坐大笑"，并写诗以蟛蜞夸赞尤袤："宝气蟠胸金欲流"，意思是你这只蟛蜞的胸腔里充满着宝气，金色的蟹黄简直快要流淌出来了。

自古以来，蟛蜞是我国特别是东南沿海居民最为喜爱的蟹类之一，它大而肉多，肥而鲜美，吃起来是很过瘾的。宋欧阳修"为我办酒肴，罗列蛤与蜞"（《怀嵩楼晚饮示徐无党无逸》）。宋郑獬"正是西风吹酒熟，蟛蜞霜饱蛤蜊肥"（《再至会稽》）。宋苏轼更以《丁公默送蟛蜞》为题赞美说"半壳含黄宜点酒，两螯斫雪劝加餐"，意思是打开蟛蜞的背壳，澄黄澄黄的，此刻酒兴就来了，斫出大螯的蟹肉，雪白雪白的，此刻饭量就增加了。宋张九成（杭州钱塘人），为官期间，因反对与金议和，被秦桧外放到今江西大余县，一次，他的弟弟寄蟹到来，张九成兴奋之极，写下了《子集弟寄江蟹》，其开头几句说："吾乡十月间，海错贱如土。尤思盐白蟹，满壳红初吐。荐酒欻空尊，侑饭馋如虎。别来九年矣，食物那可睹。"盐白蟹（属蟛蜞类，今称梭子蟹的一种）成了张九成离家后永远的乡愁。此外，从《梦粱录》《西湖老人繁胜录》等得知，宋朝市场有"买卖白蟹"的，酒家有"白蟹辣羹"供客的，宫廷中司膳者有"以蝤蛑为签，为馄饨，为枨瓮"……可见蝤蛑极受青睐，因此，陆游说"白蟹蝤鱼初上市，轻舟无数去乘潮"（《秋日杂咏》），意思是渔家为满足市场需要，纷纷驾着轻舟，去乘潮捕捉蝤蛑。自宋朝人抬爱蝤蛑后，蝤蛑就开始被一代又一代人看重，直至清代曾为东南诗坛领袖的查慎行《蟳》曰："自从擘蝤蛑，不忆分湖蟹。"分湖在今沪浙交界处，所产之蟹，"壳紫而美""肥大黄足"，享有盛誉，被视为一绝，可是查慎行却说，蝤蛑更好吃，压倒了分湖紫蟹。

最后再回到开头作点申述。祖台之所记录的山阴郭氏女，对蝤蛑钟爱到了生死两由之的态度，决非是孤立的，一定是受到当时社会饮食风气引领所致，她只是一个典型的代表。以此为坐标，可以推测，当时喜食蝤蛑的人一定更多，范围一定更大，风气形成的时间一定更为久远和漫长，或许可以从东晋上推几百年。东晋之后，南北朝和隋唐时期，先民对蝤蛑的认知记录变得滞后，只说明了它是怎样一种蟹类，却鲜见蝤蛑作为食物之一的文献，直至宋朝才广泛而频繁地出现在诗歌、方志、笔记里，被人赞赏。那么，从东晋至宋又下延了五六百年。由此可见，蝤蛑是经历了大约上千年才被中国人普遍重视，当作佳肴的。饮食史上的这一种现象，值得注意。

祖冲之《述异记》开启了食蟹报应的记录之门

报应之说源自佛教，佛教有"五戒"，其一就是不杀生，除了不杀人之外，还包括一切生灵，诸如家禽、畜牲、鸟兽、鱼蟹，乃至虫蚁之类。这种博爱的思想是有一定积极意义的，可是不管对象、动机地说犯戒都要遭到报应，显然是陷入了唯心主义的泥坑，因为人类为了自己的生存，不可能不杀生。

食蟹者遭报应，首见于南朝齐祖冲之的记录。祖冲之（429—500），范阳遒（今河北涞水县）人，南朝齐科学家。他在《述异记》里写道：

> 出海口北行六十里，至腾屿之南溪，有淡水，清澈照底，有蟹焉，筐大如笠，脚长三尺。宋元嘉中，章安县民屠虎，取此蟹食之，肥美过常。其夜，（屠）虎梦一少妪语之曰："汝啖我，知汝寻被啖否？"屠氏明日出行，为虎所食。馀，家人殡瘗之。虎又发棺啖之，肌体无遗。此水至今犹有大蟹，莫敢复犯。（录自《鲁迅辑录古籍丛编》第一卷，人民文学出版社1999年版）

意思是，章安县一个叫屠虎的人，把一只背壳有笠帽大，脚有三尺长的大蟹吃了，哪知第二天，屠虎也被老虎吃了，家里把吃剩的部分找来埋葬了，哪知老虎又来掘墓开棺，把剩余部分统统吃个精光。也许可以说，屠虎食蟹与虎食屠虎，乃是巧合。不过，屠虎食蟹的那个晚上，做了一个梦，梦见一个年轻的妇女对他说："你把我吃了，可知道自己也将被吃吗？"果真，屠虎第二天外出，就被老虎吃了。于此可见，食蟹者被吃，这是报应，而且更惨，连棺材里的剩下部分，最后也被吃光，以致"肌体无遗"。

之后，类似的例子时有记载。

宋洪迈《夷坚志》就记载了四个报应故事。一曰《西湖判官》。

有个军官狄训练捉到一只大蟹，让士卒送到家里，接着他一个瞌睡，梦到"颜貌古恶"者说，我是"西湖判官"，"因出戏于绿野"，被你虐执，赶快把我放了，否则你将有满门之祸。他事毕后奔马回家，但五个儿子已经将蟹烹煮分食，其后"相继病死"，唯狄训练与妻未食才活了下来。二曰《张氏煮蟹》。平江小民姓张，"以煮蟹出售自给，所杀不可亿计"，结果遭到报应，一家夫妻子女五人一一死去，"张门遂绝"。三曰《蟹山》。湖州医者沙助教之母嗜蟹，死后被驱入蟹山受报，"群蟹争以螯爪刺我"，痛苦得不得了。四曰《沈十九》。昆山装裱匠沈十九，"其家又以煮蟹自给"，沈梦入冥府，见牛头阿旁举叉置人于大镬之中煮之，沈因未烹蟹，故只入镬洗足，醒来，嘱家人戒前业，改卖糖以活。

《问羊集》（作者不详，见明刘仲达《刘氏鸿书》卷一百）载：宋朝泗州书生赵璧，赴京应试，及第还家，离家十里许，见亡妻在路旁哀告说：她生前常常以酒醉蟹，恣意而食，不想到了阴间，被"驱入蟹山，群蟹钳我眼目，遍身流血，昼夜受苦"，请变卖她的嫁妆，写《金刚般若经》，可免她地狱之苦。赵璧允诺，舍财请僧写经，后亡妻才脱离地狱。

明谢肇淛《居东集》卷六"蟹报"载：万历年间，莱阳县村民郭某，以捕蟹为业，每获蟹，则投入熊熊烈火之中，蟹的头足均被烧焦。一夕，捕鱼庐舍着火，同宿的人都冒着烟奔出，唯独郭某，辗转火中，"焦灼如烧蟹状"，但见他瞑目吃语云："蟹啮我！"

清孙之骎《晴川后蟹录》卷一"螃蟹徐"载：四明城里有个民妇徐氏，特嗜螃蟹。秋天，其夫从海滨捉蟹数十，用绳扎了一串串带回来，供妇烧了大嚼。久之，弃于户外的绳子累累然成了一堆。一日，妇起推窗，望积绳处，"如数百鬼现前，大惊得病，卧床数日，时时言螃蟹绕身刺我，遂痛楚呼号卒"。

清纪昀《阅微草堂笔记》卷十五"姑妄听之一"载：直隶巡抚赵宏燮，为人仁慈，秋天，霜蟹肥美，正要供膳，令投水，说昨夜梦蟹求我，乞赦。奴辈窃笑，说老翁狡狯，以此骗人，便私下烧蟹而吃，还谎告主人说已经放了。奴辈不知，赵宏燮夜梦之蟹，就是先前互结朋党、蒙蔽主人的已死僮仆所投生，罹汤镬之苦，"徐受蒸煮，由初沸至熟，至速亦逾数刻，其楚毒有求死不得者"。

诸如此类的记载，或捕风捉影，或胡编乱造，充满了迷信色彩，而且报应的惨重，也使人瞠目结舌，应该说与佛教的"不杀生"戒律和慈悲为怀的教义是相违背和抵触的。

"糖蟹"及"蜜蟹"探究

明朝李时珍在《本草纲目》里说："凡蟹，生烹、盐藏、糟收、酒浸、酱汁浸，皆为佳品。"没有提到糖蟹与蜜蟹，为什么呢？因为彼时已被弃制，稀少罕见。可是从历史上看，它却源起较早，流行颇广，一度还曾经是一种比盐、糟、酒、酱等更被看重、受人喜爱的食品。

史迹 南朝齐梁时的何胤（446—531，庐江[今安徽霍山]人，曾任建安太守），饮食奢华，始终爱吃的食品之一便是糖蟹，"初，胤侈于味，食必方丈，后稍欲去其甚者，犹食白鱼、鲴脯、糖蟹"（唐李延寿《南史·何尚之传》）。记载透露了那个时代已经有了糖蟹，此后有人便把它与何胤挂钩。唐陆龟蒙《酬袭美见寄海蟹》"且非何胤敢饧馋"（饧馋即干饧糖）；宋沈括《梦溪笔谈》"何胤嗜糖蟹"。

隋炀帝杨广（569—618）最爱食蟹，称它为"食品第一"，而

清 傅山《芦荡秋蟹图》

　　且特别爱吃蜜蟹与糖蟹。唐杜宝《大业拾遗录》："隋炀帝时，吴郡献蜜蟹二千头，蜜拥剑（蟹的一种，似蟹而小，一螯偏大）四瓮。"早先屈原《楚辞·招魂》已见"蜜饵"，可见以蜂蜜做成的甜味食品是早就有了，此载初见"蜜蟹"，说明彼时已经流行这种新的蜜食吃法。宋陶谷《清异录》卷下："炀帝幸江都，吴中贡糟蟹、糖蟹。"之后，宋沈括《梦溪笔谈》、朱长文《吴郡图经续记》、范成大《吴郡志》等均有提及。杨广喜爱到什么程度？见了进贡来的蜜蟹与糖蟹之类，就亲自将壳面擦拭干净，亲自用金缕制成的龙凤图案贴上去。

　　唐代，糖蟹仍为贡品，据宋欧阳修等《新唐书》载：河北道沧

119

州景城郡土贡诸物中含"糖蟹"，山南道江陵府江陵郡土贡诸物中含"糖蟹"，淮南道扬州广陵郡土贡诸物中含"糖蟹"。此外，宋韩子苍诗《谢江州陆签判寄糖蟹》注曰："旧说平原岁贡糖蟹。"宋高似孙《蟹略》引《地志》曰："青州贡糖蟹。"各地都以"糖蟹"为贡品之一，表明唐宗室里必有人爱好此款食品。

迨至宋代典籍里还能见到糖蟹的诸多记载：宋祁"讼知间乡狂，糖蟹佐寿杯"(《送无锡主簿王庚》)，苏舜卿"霜柑糖蟹新醅美，醉觉人生万事非"(《小酌》)，黄庭坚"海馔糖蟹肥，江醪白蚁醇"(《次韵师厚食蟹》)，陆游"磊落金盘荐糖蟹，纤柔玉指破霜柑"(《夜饮即事》)等。除了诗歌之外，孙觌《与朱宰守道帖》、洪迈《夷坚志·张琴童》等也提到"糖蟹"。种种记载显示糖蟹依然制作并为人看重和喜食。

宋后至清，糖蟹与蜜蟹的记载就极为稀少了，除元郭畀《客杭日记》里提到"糖蟹"，清陈维崧《蝶恋花》里提到"蜜蟹"之外，寥寥无几，可见这种食品已为多数人弃用，只残存而已。

制作 糖蟹是怎么制作的呢？北魏贾思勰《齐民要术》(约成书于533—534)里说：九月，取母蟹(一定要全是母蟹。从后人许多讲述糟蟹的制法看，倘若与公蟹相杂，制出必沙，即轻空而乏味)先放水中，一宿腹中净。然后，"先煮薄饧，著活蟹于冷糖瓮中，一宿。煮蓼汤，和白盐，特须极咸。待冷，瓮盛半汁，取糖中蟹，内著盐蓼汁中，便死"。之后泥封二十日出之，举蟹脐，著姜末，复脐如初。最后，置坩瓮中，百个各一器，以前盐蓼汁浇之，令没。如此，"密封，勿令漏气，便成矣"。这是仅见或唯一的糖蟹制法的记载，因为书中称为"作酱法"，故而又一直被误导而淹没。蜜蟹怎么制作呢？不详，不过唐杜宝《大业拾遗录》里说，"作如糖蟹法"。

糖蟹和蜜蟹的制作告诉了人们，它和盐藏和糟收一般，是一种可以存储可以远运的藏蟹法，也就是说，它不是即食的，如元倪瓒在《云林堂饮食制度集》里所讲的"蜜酿蝤蛑"（蝤蛑为一种海蟹）那样现做现吃，它要花许多天才能制作完成，之后装瓮，供日后享用，因此，它才可以进贡或馈赠。

辨误 一、糖蟹是否为糟蟹？宋陆游在《老学庵笔记》里转述博学老儒闻人茂德的话说："唐以前书传，凡言及糖者皆糟耳，如糖蟹、糖姜皆是。"根据是以甘蔗汁煎成的沙糖，唐太宗时方有。对此，稍后，宋史绳祖《学斋占毕》里便指出"是未之深考也"，并据典籍考证先秦已有"柘浆"（按"柘"与"蔗"通），而"煎糖始于汉不始于唐"，"何可谓煎蔗始于太宗时，而前止是糟耶？"今人季羡林经过缜密研究后在《糖史》里进一步说："中国蔗糖的制造始于三国魏晋南北朝到唐代之间的某一个时代，至少在后魏以前。"（按：此蔗糖指的是以蔗汁煎熬而成的沙糖；之前虽知饮蔗汁却不知煎糖）再说，贾思勰《齐民要术》里用了个"饧"字，即今称的麦芽稀糖一类的甜东西。糖蟹之"糖"是什么？蔗糖还是饧糖？或南方用蔗糖北方用饧糖，或先前用饧糖后来用蔗糖，或有的用饧糖有的用蔗糖？这些问题都难以辨识，然而非糟却是可以肯定的。

二、糖蟹与蜜蟹是否因北人嗜甘而致？宋沈括在《梦溪笔谈》里先讲了吴郡贡蜜蟹、何胤嗜糖蟹后说："大抵南人嗜咸，北人嗜甘，鱼蟹加糖蜜，盖便于北俗也。"沈括大概感到糖蟹与蜜蟹的吃法比较新奇，故而特别探讨了原因。那么对不对呢？似可商榷。撇开与今天的南人嗜甘北人嗜咸相反外，从前面的引述看，嗜此者既有杨广等北人，也有陆游等南人，还有何胤等东部地区人和宋祁等中部地区人，以及苏舜卿等西部地区人；此外，进贡糖蟹和蜜蟹的地区亦很广，其中又以吴郡为主，吴郡等地既能制作贡献，就不能排除当地人也爱吃。说明了什么？几乎各地的人都喜欢吃糖蟹和蜜蟹，并非只适于北俗。

三、糖蟹和蜜蟹是否因杨广纵欲而不复制作？宋朱长文《吴郡图经续记》在讲了大业（隋炀帝年号）中吴郡贡蜜蟹等后说："然暴殄海物，以纵口腹之欲，卒至亡国，兹可为戒也。"之后，宋范成大在《吴郡志》里进一步说，因隋炀帝穷侈纵欲，而多杀物命，旋致丧亡之祸，故"此等物今不复制作"。这里传达出了一个真实的信息，即自宋之后糖蟹和蜜蟹便慢慢淡出了饮食界，"不复制作"，可是说因为隋炀帝之故，又是牵强附会的，不然怎么解释唐宋时期仍继续流行呢？况且，即使不制作糖蟹和蜜蟹，烹盐糟酒一样要"暴殄海物"的，怎么能独独归咎于糖蜜呢？根据历史记载，特别在唐宋以后蔗糖和蜂蜜产地扩大产量增加而致渐渐普及，远非昔日之金贵，照例说糖蟹和蜜蟹的制作应该更多，然而情况恰恰相反，宋后却不制或少制甚至到了逐步绝迹的地步，其原因是耐人寻味的。推断起来：一是制作过程漫长而繁杂，操作不易，一不小心就要沙化；二是先糖后咸，糖分要被极咸的盐蓼汁冲淡乃至消失，难显甜味的鲜美效果；三也许更重要更关键，即凡是加糖加蜜的食品到了天热或霉季容易变质，也就是说储存期短暂。大概因为诸如此类的自身而非外在原因，在经过好几个世代的实践中逐渐被清醒认识到这是个误区，于是优胜劣汰，好存坏亡，最终为盐蟹与糟蟹取代，应该说这是一种另类的进步。

贾思勰《齐民要术》里讲的腌蟹

贾思勰，益都（今山东寿光）人，曾任高阳郡太守，北魏时农学家，著《齐民要术》（约成书于533—544），讲平民百姓谋生的方法，涉及广泛的农事经验，影响深广，对农业研究意义重大。

该书在介绍上文提到的糖蟹之后，又说：

> 又法：直煮盐蓼汤，瓮盛，诣河处，得蟹则内盐汁里，满便泥封。虽不及前味，亦好。慎风如前法。食时下姜末调黄，盏盛姜酢。

意思是，径直将盐和蓼混煮成汤，装进瓮里，抬到河边，然后把刚刚捕捉的一只只螃蟹放入盐汁里，等到瓮满就立即用泥封好。以此法藏蟹，味虽不及糖蟹，亦算好吃。制作过程跟上法一样要当心避风。吃的时候，加些姜末调和蟹黄，再用杯子盛着姜醋蘸着吃。

这藏的是哪种蟹呢？从"得蟹则内盐汁里"看，当属腌蟹。腌，就是用盐浸渍食物，如腌菜、腌鱼、腌肉，使盐分渗入其中，造成渗透压较高的环境，脱去部分水分，以抑制微生物的繁殖，达到防腐和保藏的目的。在我国饮食史上《齐民要术》最早也是最详尽地提到腌蟹法，大概因为制法简单，之后古籍里常见提到腌蟹而略去其做法，因而具有格外重要的文献价值。此外从这处记载可以看出，腌蟹特别讲究蟹要鲜活，鲜活到了装着盐蓼汤的瓮要抬到河边，捕捉到了要立即放进瓮里，一刻都不耽误，以保证品质。尤其要注意，它讲到了"盏盛姜酢（醋）"蘸着吃，这是一

123

大发明，姜可去寒，醋可增味，从各种记载看，先民吃蟹蘸过梅、椒、橙、葱、蒜、酱等，经过摸索，历史转了一圈，最后仍是认为以蘸姜与醋为最佳，这是多么了不起！

腌蟹好吃不好吃？贾思勰说，虽不及糖蟹，可是"亦好"。对此，后人有所补充说明：

> 以盐渍蟹，甚有佳味，沃以苦酒，通利支节，去五脏烦闷。（唐·孟诜《食疗本草》，见清·陈元龙《格致镜原》卷九十五"水族类·蟹"）
>
> 玉版淡鱼千片白，金膏盐蟹一团红。（宋·陶弼诗逸句，见宋·高似孙《蟹略·盐蟹》）
>
> 团脐紫蟹初欲尝，染指腥盐还复缀。（宋·崔鸥诗逸句，出处同上）
>
> 两螯白雪堆盘重，一壳黄金上箸轻。（明·宋讷《盐蟹数枚寄摄中谊斋》）

可见腌蟹有自己的特色，况且螃蟹本身鲜美，腌了还是受到赞赏的，不失为一款美食。

因为腌蟹简便，而且能够久贮远运，故而过去是很普遍的，其中自清以后享有盛名的是淮蟹，清袁枚曾经说过："腌蟹以淮上为佳，故名淮蟹。"（《随园食单补正》）浙江绍兴籍现代作家周作人在《吃蟹》里回忆说："吃蟹本是鲜的好，但那醉的腌的也别有味道，很是不坏"，"腌蟹则到时候满街满店，有俯拾即是之概，说是某一季节的副食品也不为过"，"腌蟹通称淮蟹"，"俗语云，九月团脐十月尖，这说明那时是团脐蟹的黄或尖脐蟹的膏最好吃"，

"腌蟹的这两部分也是美味，而且据我看还可以说超过鲜蟹，这可以下饭，但过酒更好"，"腌蟹的缺点是那相貌不好，俨然是一只死蟹，就是拆作一胛一胛的，也还是那灰青的颜色"。

最后要说的是，自贾思勰在《齐民要术》里讲了腌河蟹法之后，在品种和腌法上又有所发展，例如还腌白蟹（即蝤，一种生于海中的梭子蟹），宋张九成说"尤思盐白蟹，满壳红初吐"（《子集弟寄江蟹》），还腌蟛蜞，清屈大均说，"以盐酒腌之，置荼蘼花朵其中，晒以烈日，有香扑鼻"。

北人嘲南人"嗕咀蟹黄"

南北朝时期，封建统治者各以正统自居，北方政权与南方政权谁也瞧不起谁，南方称北方为"索虏"，北方则称南方为"岛夷"，双方相互诋毁。

杨衒（xuàn）之，北平（今河北满城）人，北魏著名散文家，公元547年，他重过洛阳，见先前兴建的佛寺经丧乱大多毁于兵火，恐后世无传，撰《洛阳伽蓝记》，卷二说到如下一件事：

　　……于后数日，庆之遇病，心上急痛，访人解治。元慎自云能解。庆之遂凭元慎。元慎即口含水噀（喷洒）庆之曰："吴儿之鬼，住居建康（今南京）。小作冠帽，短制衣裳。自呼阿侬（吴地方言，我），语则阿傍。菰（今称茭白，果实叫做菰米）稗（稗草，子粒可食）为饭，茗（茶）饮作浆。呷啜（饮，喝）莼（莼菜，嫩叶鲜美）羹，嗕咀（用唇舌吸食）蟹黄。手把豆蔻，口嚼槟榔。乍至中

蟹纹器皿

土，思忆本乡。急急速去，还尔丹阳（郡名，三国·吴移
治今南京）。"庆之伏枕曰："杨君见辱深矣。"

意思是，南朝梁陈庆之使魏，在洛阳得病，有个北魏大臣叫
杨元慎的为他诊治，含水而喷，口中念念有词，四字一句，朗朗
上口，除开头和结尾辱骂并驱赶外，中间五句，为北人对南人穿
戴、语言、饮食、嗜好的消遣和数落。实事求是地说，杨元慎所
列举的事项，反映了南北风尚的客观差异，比如"茗饮作浆"与
"唼嗍蟹黄"，因其时只为南人嗜好，而为北人所怪，就拿来当作
笑料，后来呢，诚如明顾起元所言，"中土随风而靡"（《客座赘语》
卷四"杨元慎嘲"）。当今，茶成了世界风靡的饮料，蟹成了中国

多数人钟爱的美食。

无独有偶。宋傅肱在《蟹谱·令旨》里也讲了一个南北食尚之异的故事：

> 艺祖（此为对宋太祖赵匡胤的美称）时，尝遣使至江表（长江以南地区），宋齐丘送于郊次（郊外），酒行语熟，使者启令曰："须啖（吃）二物，各取南北所尚，复以二物，仍互用南北俚语。"使者曰："先吃鳝鱼，又吃旁（螃）蟹，一似拈蛇弄蝎。"齐丘继声曰："先吃乳酪，后吃乔（荞）团，一似噇（大吃大喝）脓灌血。"……

从北方赵匡胤使者的酒令看，南方人爱好吃鳝鱼、螃蟹，故以"拈蛇弄蝎"相比，加以嘲笑；从南唐重臣宋齐丘的酒令看，北方人爱好吃乳酪、乔（荞）团，故以"噇脓灌血"相比，加以嘲笑（其实，像北人的乳酪等食品，后亦通行南方，为人看重）。由此可知，直至北宋初期，南方人喜食的螃蟹仍被某些北方人视为一种奇怪的食物。

我国幅员辽阔，食物丰富，东南之人食水产不觉其腥，西北之人食陆产不觉其膻，各以为美品，可是这种饮食风尚的差异，历史上却曾经相互排斥。不过，好吃的东西总是诱人的，总会征服大家口舌的。先前，就有个叫刘聪的，他是北方匈奴族首领，十六国期间汉国的君主，爱吃鱼蟹，据《晋书》记载，他手下的左都水吏刘摅，因"鱼蟹不供"，被"斩于东市"，他竟为了吃到鱼蟹而滥施淫威。当然，这只是个例。后来，随着国家的一统和时间的推移，螃蟹逐渐被北方人接受和推许，举例而言：元代，有个回鹘人叫薛昂夫，到秋天黄花开的时候，就要饮酒食蟹，在一首小令里说："管甚有监州，不可无螃蟹！"（《庆东原·西皋亭适兴》）清代，有个四川遂宁人叫张问陶，在山东为官时吃蟹成癖，自言"未免以身投嗜好，年年因汝客中原"（《病中与椒畦莳塘补之旗樵食蟹乡思少宽蜀无蟹故也》），最后竟去职而病逝于苏州。《红楼梦》里的宝钗说："现在这里的人，从老太太起，连上园里的人，有多一半都是爱吃螃蟹的。"（第三十七回）扩大开来，可以说，自清之后中国人有多一半爱吃螃蟹了。

现在回到开头，1500多年前，杨衒之在《洛阳伽蓝记》中所记的北人嘲南人"唼嗍蟹黄"，已是陈年旧事，已是历史印痕，只是告诉人们，中国人吃螃蟹缘起产蟹的南方，并曾经为北方人所嘲笑。于此可以联想，当今中国人的喜食螃蟹，被欧洲人排拒，可是蟹味之美，人所同嗜，相信待以时日，这种情况一定会改变，中国特产中华绒螯蟹终将继茶叶等之后，征服世界。

隋唐　五代十国

概 述

　　隋朝（581—619）和唐朝（618—907），结束了南北朝分裂割据的局面，两个政权维持的时间长短悬殊，却相继都是统一的国家，300多年里，统一带来了社会经济和文化的繁荣，唐朝则成了当时世界上最先进、文明的国家。唐亡，国家又陷分裂，藩镇割据，北方五代（907—960），走马灯似的"城头变幻大王旗"，南方十国（902—979），局势相对稳定，虽偏安一隅，社会文化仍有所发展。在这背景下，前后400多年中，中华蟹史的河流呈现出壮阔而浩瀚的气象。

　　隋朝蟹事集中于一人，那就是隋炀帝杨广（569—618），身为帝王，四方之食，山珍海味，可是他却独嗜螃蟹："《御食经》有煮蟹法"，推想起来，必有一套讲究，煮出的蟹当更加鲜美可口；他的"尚食直长"，谢枫的《食经》中有"藏蟹含春侯"，当是一款螃蟹佳肴；"隋炀帝诸郡进食用九饤牙盘，又有镂金凤蟹，为食品第一"（旧题唐颜师古《大业拾遗记》），"炀帝幸江都，吴中贡糟蟹、糖蟹。每进御，则上旋洁拭壳面，以金镂龙凤花云贴其上"（宋陶谷《清异录》），隋炀帝亲自将蟹的壳面擦拭干净，亲自将金镂制成的龙凤图案贴上去，装进精致的器皿牙盘里，视蟹为无与伦比的"食品第一"，给了蟹以格外的青睐、最高的赞赏。种种记载，透露出他对蟹的识见。继毕卓之后，隋炀帝对螃蟹的喜爱产生了重要影响。

唐朝的帝室亦钟情于蟹。据《新唐书》，著名产蟹区景城郡（今属河北）、江陵郡（今属湖北）、广陵郡（今属江苏）等地都有贡蟹的记录。《酉阳杂俎》："平原郡贡糖蟹，采于河间（今河北省黄河与永定河之间的河间县）界。每年生贡（以活蟹进贡）。斫冰，火照，悬老犬肉，蟹觉老犬肉即浮，因取之。一枚直百金。以毡密束于驿马，驰至于京（长安，今西安）。"时值隆冬，地方上仍然千方百计贡蟹。唐玄宗李隆基及其宫眷吃不了，还常以"生蟹一盘"赐臣，借以笼络。

中国人吃螃蟹的社会风气是从唐朝开始形成的。帝王吃蟹，唐中宗李显于景龙三年（709）重阳节那天，登高至渭水亭上设宴，与臣饮酒赋诗为乐，"陶潜盈把，既浮九酝之欢；毕卓持螯，须尽一生之兴"（《九月九日幸临渭亭登高得秋字》诗序），开启了重阳佳节持螯赏菊的先河。文人吃蟹，李白认为"蟹螯即金液"，又说"摇扇对酒楼，持袂把蟹螯"（《送当涂赵少府赴长芦》），反映了即使在夏天，酒楼仍然供蟹，酒客仍然食蟹。平民吃蟹，"鹿宜生食蝤蛑，炙于寿阳瓮中，顿进数器"（唐冯贽《云仙杂记》卷五），寿阳瓮多大，一瓮能煮几只梭子蟹，不得而知，但是可以断定，"顿进数器"，数量当不在少数，鹿宜生是一个十足的吃货。此外，杜牧诗"越浦黄柑嫩，吴溪紫蟹肥"，开启了以柑、橘、橙成熟为标志的吃蟹季候信息的把握；皮日休诗"蟹因霜重金膏溢"，开启了以天降浓霜为标志的吃蟹季候信息的把握；又直观又形象又好记。

蟹的肴馔品种亦有增添，唐中宗、武则天时的大臣韦巨源"食账"中有"金银夹花平截（剔蟹细碎卷）"，当是剔出蟹黄（金）和蟹肉（银）而成的一款犹如书卷一般的佳肴；都城长安有很多胡人开的饸饹店，其中包括"蟹饸饹"，这是当时既鲜美又时尚的面食。

对螃蟹的需求刺激了捕捞、运输和买卖。为了以簖捕蟹，"松江蟹舍主人欢，菰饭莼羹亦共餐"（唐张志和《渔父》），有人干脆就在吴松江江边的蟹簖旁搭起"蟹舍"，日夜守候；"扳罾拖网取赛多"（唐唐彦谦《蟹》），把传统上捕鱼的扳罾、拖网之类也用来捕蟹，而且相互比赛着，看谁捕得更多。捕捉之后，除了就地销售外，还远途贩运，"宣城当涂民有刘成、李晖者，俱不识农事，常以巨舫载鱼蟹，鬻于吴越间"（唐张读《宣室志》卷四），一只巨舫大船，或装上万条鱼，或装上万只蟹，往来于今江苏浙江一带，贩卖鱼蟹，把螃蟹的生意做大、做强、做活了。

唐代对蟹类的认识更为深入。丘丹《季冬》"江南季冬天，红蟹大如瓯"，无意中在诗里首及"红蟹"。之后，段公路《北户录》、刘恂《岭表录异》又做出了进一步说明。特别是段成式（约803—863，山东邹平人），他在《酉阳杂俎》前集卷十七，首及"数丸"，"数丸，形似蟛蜞，竞取土各作丸，丸数满三百而潮至"，首及"千人捏"，"千人捏，形似蟹，大如钱，壳甚固，壮夫极力捏之不死，俗言千人捏不死，因名焉"，自此之后被不断提及，在蟹类史上做出了重要贡献。此外，段公路《北户录》卷一里首及虎蟹，"虎蟹，赤黄色，文如虎首斑"，之后刘恂《岭表录异》进一步说明了它的用途和产地。

唐陆龟蒙（？—约881），字鲁望，吴郡（今江苏苏州）人，在散文《蟹志》里说，"蟹始窟穴于沮洳中，秋冬之交必大出"，居住在内陆水域低湿狭小洞穴的蟹，每到秋冬之交，必定纷纷爬出，"早夜霽沸，指江而奔"，意思是螃蟹早早夜夜像泉水般涌出，向江奔去，路上一次次越过渔人设置的蟹簖，先"入于江"，最终由江而"入于海"，把今称稻蟹"洄游"的时间、出发地、路径、归属地一一准确而生动地描述了出来，在历史上最早推开了一扇稻蟹洄游的探索之窗，在中国乃至世界动物学上都具有先导性意义。

国家统一，经济发展，蟹业兴旺，带来了蟹文化的繁荣。就诗歌而言，《鲁城民歌》是最早而又特殊的咏蟹诗，皮日休《病中有人惠海蟹转寄鲁望》与《咏螃蟹呈浙西从事》使他成了诗人中的咏蟹第一人，唐彦谦《蟹》是艺术与史料价值兼备的诗篇，涉蟹句更多，尤其是白居易《重题别东楼》"春雨星攒寻蟹火"，自注"余杭风俗，每寒食雨后夜凉，家家持烛寻蟹，动盈万人"，结合苏鹗《苏氏演义》卷下，"彭越子，似蟹而小，扬楚间每遇寒食，其俗竞取而食之"，反映了当时余杭扬楚间一个积久而成、现已消失的寻蟹与食蟹风俗，其范围与规模之大，令人瞩目。就绘画而言，据北宋傅肱《蟹谱·画》，"唐韩滉善画，以张僧繇为之师，善状人物、异兽、水牛等外，后妙于旁蟹"，后南宋高似孙《蟹略·蟹图》跟进说，"韩滉画，妙于螃蟹"。韩滉（723—787），长安（今陕西西安）人，雅爱丹青，其纸本《五牛图》今存，五头牛姿态各异，形肖灵性，可以推测，他落笔的螃蟹也一定妙绝过人，似应尊为中国蟹画的鼻祖。就本草而言，孙思邈《千金要方》和《千金翼方》、苏敬《新修本草》、孟诜《食疗本草》、陈藏器《本草拾遗》等，承前启后，都有以蟹治病的记录。就字书而言，孙愐《唐韵》的十七条，因被傅肱《蟹谱·唐韵》引录而留存，涉及种种蟹类，成了此类书中的"活化石"。

　　五代的后唐袁峣有《鱼蟹图》《蟹图》，后载入《宣和画谱》。十国的前蜀、后蜀，黄筌有《螃蟹图》，今存，那只螃蟹大螯欲夹垂地芦茎，瞬间的情态描摹逼真，整个画面色泽秾丽；黄居采有《莲房蟹》，当是一帧别开生面之作；特别是李珣（约855—约930），梓州（今四川三台）人，祖籍波斯，经营海药，著有《海药本草》（已佚），据傅肱《蟹谱·药证》引录，记载了石蟹（蟹化石）的成因和疗效，自此之后，许多医药本草，包括李时珍《本草纲目》都增设"石蟹"条目，影响深远。南唐，朱贞白《咏蟹》诗，诙谐善嘲；江文蔚《蟹赋》（残文），讽刺辛辣；徐熙有《鱼蟹草虫》《蟹》《蓼岸龟蟹图》，载入《宣和画谱》等，是著名的早期螃蟹画家；李煜，南唐国主，世称李后主，以词名，也画画，据载有《蟹图》，是一件"铭心绝品"；一个名不见经传的卢纯，因为喜食螃蟹，尝曰"四方之味，当许含黄伯为第一"，品藻"第一"，并非首创，可是褒称蟹为"含黄伯"，却是从卢纯开始的，此后一直被沿用。吴越，日华子（姓氏不详）著有《日华子本草》，扩大了以蟹为药物的治疗范围；据宋初王君玉《国老谈苑》卷二载："陶谷以翰林学士奉使吴越，忠懿王（钱俶，吴越最后一个国主，卒谥忠懿）宴之。因食蝤蛑，询其名类。忠懿命自蝤蛑至蟛蚏，凡罗列十余种以进。"它不同于现今的以蟹为食材，烧制出的炒蟹块、炒蟹粉、雪花蟹斗、芙蓉套蟹之类的蟹宴，而是"自蝤蛑至蟛蚏"，按着大小排列出的凡"十余种"形形色色蟹类的蟹宴，可以说是旷世未闻，闪烁古今。

　　在隋唐五代十国时期，蟹史的河流继续浩浩荡荡向前奔流，水面更加开阔了，也更加浩瀚了，波涛汹涌，一路浪花飞溅。

隋炀帝以蟹为"食品第一"

隋炀帝杨广是个极好吃喝玩乐的主子：他乘了二十多丈长上建四层楼阁的豪华龙船，带了嫔妃和随从，以六千多艘船只，八万多名纤夫组成，连绵一百多里的船队，航行在大运河上，从洛阳到扬州去看琼花；他下令征集到了数斛萤火虫，在夜晚游苑的时候释放，光遍岩谷，营造迷人的夜景……吃喝也铺张奢靡，若问他最喜好的食物是什么？答曰：蟹。

记载隋炀帝与蟹的典籍如下：

隋炀帝杨广

《御食经》有煮蟹法。(据《隋书经籍志》载有《四时御食经》一卷，不著撰人，已佚，转录自宋·高似孙《蟹略》卷三"煮蟹")

隋炀帝诸郡进食用九钉牙盘，又有镂金凤蟹，为食品第一。(旧题唐·颜师古《大业拾遗录》，转录自《古今图书集成》第一百六十一卷)

隋炀帝时，吴郡献蜜蟹两千头，蜜拥剑四瓮，法如糖蟹而味佳美。每进御则旋拭壳面，贴以镂金龙凤花鸟，为食品第一。(唐·杜宝

《大业拾遗记》，转录自清·褚人获《续蟹谱》）

炀帝幸江都，吴中贡糟蟹、糖蟹。每进御，则上旋洁拭壳面，以金镂龙凤花云贴其上。（宋·陶谷《清异录·镂金龙凤蟹》）

此类记载还有多条，一概反映了隋炀帝的嗜蟹。隋炀帝嗜蟹到了什么程度？对地方上生贡的活蟹，御厨创制了煮蟹法，《御食经》已经失传，煮蟹法亦已不详，推想起来，当有一整套专门和独特的讲究，煮出的蟹一定更加鲜美可口，以供其饕餮。尤其引人注意的，进膳桌上，在盛放食物的精致器皿牙盘里，有各种各样好吃的东西，可是这个隋炀帝，对其他食品并不在乎，唯独见蟹，便高兴了，便激动了，眼睛也亮了，情趣也来了，他亲自将蟹的壳面擦拭干净，亲自用金镂制成的龙凤图案贴上去，视蟹为"食品第一"，即独占鳌头的食品中的状元，横扫一切的食品中的冠军，至高无上的食品中的皇冠，群星璀璨的食品中的北斗。如果说东晋毕卓是有史记载的第一位蟹味的发现者，那么，隋炀帝是又进一步作出了蟹是"食品第一"的评价者，说明了他也是一个口舌特别灵的人。应该说，贵为天子的隋炀帝，山珍海味、珍馐佳肴什么没有吃过，可是他偏偏给了蟹以格外的青睐、最高的赞赏，更说明了他又是一个在饮食上特有见识的人。假如不因人废言，隋炀帝以蟹为"食品第一"是开了先河的。之后，南唐卢纯"四方之味，当许含黄伯为第一"，宋代曾几"从来叹赏内黄侯，风味尊前第一流"，明代徐渭"两螯交雪挺，百品失风骚"，清代李渔"南方之蟹，合山珍海错而较之，当居第一"，等等评语，可以说统统只是重复或延续了隋炀帝的见识而已。

从记载看，隋炀帝螃蟹要吃，拥剑（似蟹而小、一螯偏大的蟹）也要吃；蜜蟹、糖蟹要吃，煮蟹、糟蟹也要吃，见蟹而馋。特别令人吃惊的是，我国许许多多地方都出产螃蟹，可是在大业（隋炀帝年号）期间只有"吴郡"或"吴中"（以今苏州为中心）贡蟹的记录（又见宋沈括《梦溪笔谈》、范成大《吴郡志》等），这里自古至今都是产蟹最多最好的地方，他竟能辨识各地产蟹的优劣，选最好的产地，吃最好的螃蟹，纵欲饕餮，享受人间最大最美的口福。

就食蟹进而识蟹来说，杨广堪称千古一帝。

众口交誉的糟蟹

糟渍法是我国食品加工保藏的传统方法之一，加糟（酒糟或酒酿）封藏，鱼肉禽蛋等常用。

考古发掘，江苏徐州翠屏山西汉皇室刘治（景帝时的刘氏家族成员）的墓室里有一个陶罐，里面是一堆蟹壳，背甲、腹甲、螯足大致完好，显然装的是糟蟹。可是糟蟹的文字记录却经过了一个长长的空白期，直到隋炀帝杨广时经后人追记方见，宋陶谷《清异录》卷下"隋炀帝幸江都，吴中贡糟蟹、糖蟹"，整整六百年，才有了文字的记录。自此，由宋至清，则大批量地涌现出种种糟蟹的记录，糟蟹成了众口交誉的美食。

怎么糟蟹呢？元佚名《居家必用事类全集·己集·糟蟹》、明周履青《群物制奇·饮食》、清顾仲《养小录·蟹》等都有一首《糟蟹法歌》，尽管文字互有出入，内容却大同小异，云："三十团脐不用尖，陈糟斤半半斤盐。再加酒醋各半碗，吃到明年也不淹。"结合其注解和他人说明看：糟蟹要用团脐雌蟹，不用尖脐雄蟹，如果相杂，哪怕只是一只，则必沙（轻空乏味）；一罐装三十只为宜，罐底铺糟，入罐之前，每只蟹的脐内再入糟一撮；一层糟一层蟹，装满之后再加半斤盐、半碗酒、半碗醋；最后封好罐口，糟后七日方能食用；藏好后哪怕到了来年吃也不败坏。

为了糟蟹不沙、好吃，还要注意：

淮南人藏盐酒蟹，凡一器数十蟹，以皂荚半挺置其中，可藏经岁不沙。（宋·欧阳修《归田录》卷二；后宋·张世南《游宦纪闻》卷二、元·贾铭《饮食须知》卷六、明·周履清《群物制奇·饮食》、清·佚名《调鼎集》卷五等均及）

凡糟蟹，用茱萸一粒置屑中，经岁不沙。（宋·傅肱《蟹谱·食珍》）

糟酒酱蟹，入香白芷则黄不散。（宋·赵希鹄《调燮类篇》卷三）

（糟蟹）罐底入炭一块，不沙。见灯易沙，得椒易脏（黏着），得皂荚或蒜及韶粉，可免沙脏。（元·贾铭《饮食须知》卷六）

如此等等，反映了先人对糟蟹法的不断摸索，和不断积累的经验。

糟蟹要过些时候才能糟透，否则，即糟即食，是要出纰漏的，宋洪迈《夷坚甲志》卷十一就讲了糟蟹仍活，开罐"散走"，一婢无知"复取食，为一螯钤其颊，尽力不可取，颊为之穿"的故事，此类情况，古籍多次涉及。

经糟之蟹，可以远运，可以久存。宋孙觌《与胡枢密帖》"舟还，伏蒙酥酒、糟蟹之贶（赠送），厚意种种，拜赐铭感"；宋何薳《春渚纪闻》卷三"河朔雄、霸与沧、棣皆边塘泺，霜蟹当时不论钱也。每岁诸郡公厨糟淹，分给郡僚与转饷中都贵人，无虑杀数十万命"；或收到或送出远方的人一罐罐糟蟹，所谓"借糟行万里"（宋章甫《蟹》）。那么可以久存到什么时候？《月令广义》云："可至来年夏月"（见清孙之骏《晴川续蟹录》卷三）。

糟蟹甘美，风味独特，为大家喜食，众口交誉。先以诗歌为例：

比老垂涎处，糟脐个个团。（宋·吴激《岁暮江南四忆》）

风味端宜配曲生，无肠公子借糟成。（宋·曾几《糟蟹》）

旧交髯薄久相忘，公子相从独味长。醉死糟丘终不悔，看来端的是无肠。（宋·陆游《糟蟹》）

霜前不落第二，糟余也复无双。一腹金相玉质，两螯明月秋江。（宋·杨万里《糟蟹六言二首》）

横行湖海浪生花，糟粕招邀到酒家。酥片满螯凝作玉，金穰镕腹未成沙。（宋·杨万里《糟蟹》）

类似的诗句，难以胜数。宋苏东坡自称老饕，老饕是贪吃、好吃、会吃、善吃的人，他在《老饕赋》里开出了一张喜食的美物账单，其中特别提到"蟹微生而带糟"，可见对糟蟹的青睐。宋杨万里尤喜糟蟹，不仅以诗赞美，而且还写了《糟蟹赋》，其序说糟蟹"风味胜绝"，其赋说"能纳夫子于醉乡，脱夫子于愁城"，一吃糟蟹，快乐无比。清富察敦崇《燕京岁时记·糟蟹》"重阳时以良乡酒配糟蟹等而尝之，最为甘美"，认为糟蟹是无可替代的佐酒之物。隋炀帝雅爱糟蟹，所以他一到江都（今扬州），"吴中贡糟蟹"，投其所好。据明刘若愚《酌中志》卷二十说，明代宫眷每逢十二月，从初一起，家家吃"糟蟹"。可见，在历史上，上至帝后宫眷，中至文人墨客，下至四方民众，糟蟹都是他们喜爱的食品。曾经，糟蟹是一款多么美味的佳肴，一款多么诱人的珍馐啊！

点燃起了肴馔的薪火

中国人怎么吃螃蟹？明李时珍《本草纲目》里说："凡蟹，生烹，盐藏，糟收，酒浸，酱汁浸，皆为佳品。"此就整只食用而言，

清 童珏《秋蟹图》

除此之外，还有以螃蟹为原料，剥壳而制成肴馔的，这就更加丰富多彩，更加美不胜收了。三国魏曹植《七启》说："可以和神，可以娱肠，此肴馔之妙也。"移用于蟹的肴馔，确切之极。

从文字记载看，隋唐时期，我国厨艺家开始点燃起了蟹的肴馔薪火，主要有如下数种：

藏蟹含春侯 谢枫，曾任隋炀帝"尚食直长"，著名的"知味者"，著有《淮南玉食经》，已佚，宋陶谷《清异录·馔羞》保存了"谢枫《食经》中略抄五十三种"，其中之一为"藏蟹含春侯"的菜点，只有名称，并无制法，可是从名称上看，典雅华丽，想必是佳肴，为嗜蟹的隋炀帝所赏识。

金银夹花平截（剔蟹细碎卷） 韦巨源（631—710），京兆万年（今陕西西安）人，唐中宗、武则天时任吏部尚书等，"上烧尾其家"（烧尾为当时宴会的名称，"取其神龙烧尾直接上青云"之意），故其家留有"食账"，食账共五十八款，其一为"金银夹花平截（剔蟹细碎卷）"，名称华美，从其所注，约略能够推想：当是剔出蟹黄（金）和蟹肉（银）而成的一款犹如书卷一般的菜肴。

蟹饆饠 先见于唐昝殷《食医心鉴·蟹饆饠》（成书于唐宣宗大中七年，即853年，宋存，后佚，现传本系日人从《医方类聚》辑出）："赤蟹，母壳内黄赤膏如鸡鸭子黄，肉白如豕膏，实以壳中，淋以五味，蒙以细面，为蟹饆饠，珍美可尚。"稍后，唐刘恂《岭表录异》卷下照此抄及。饆饠又写作"毕罗""饆饠"，此词来自波斯，是一种有馅的面制食品。据载，唐代长安城有很多胡人开的饆饠店，品种繁多，为人们会客常去之所。蟹饆饠，以蟹的黄膏和白肉，"淋以五味，蒙以细面"而成，或为馄饨，唐李匡乂《资暇集·毕罗》"馄饨以其象浑沌之形，不能直书浑沌而食，避之从食"，当可佐证。蟹馎饦是当时各种馎饦中格外受人青睐的，"珍美可尚"，既极其鲜美又显得时尚。

继隋唐时期的厨艺家点燃起了蟹的肴馔薪火之后，不仅薪火相传而且越来越旺，至宋骤然增多，至清蔚为大观。人们常常说，中国是一个举世无双的烹饪王国，就蟹而言，它的肴馔即为一个可以窥探这一论断的代表性窗口。

承前启后的医药学家

蟹，作为一种食物，它供给人体营养，作为一种药物，它医治人体某些疾病。继《神农本草经》开了以"蟹"为医药的先河，南朝梁陶弘景《本草经集注》继续发展，到了唐朝和五代十国时期，承前启后，多位医药学家又拓宽了对"蟹"在医药上的医药价值的认识和实践。主要是：

孙思邈（581—682），京兆华原（今陕西耀县）人，医道精深，心怀至诚，唐代著名医药学家，著有《千金要方》《千金翼方》等。他在蟹的药用价值上提出了"爪主破胞堕胎"；在食蟹禁忌上提出了"是月（十一月），勿食螺蛳、螃蟹，损人志气，长尸虫"，"是

明代青花鱼蟹图圆砚

月（十二月），勿食蟹，伤神"；在蟹毒解方上提出了"食中鱼毒及中鲈鱼毒，锉芦根，舂取汁，多饮良，亦可取芦苇茸汁饮之。蟹毒，方同上。又，冬瓜汁服二升，亦可食冬瓜"。这些都是前人或未及或述而不详之见。

苏敬，湖北人，官右监门府长史，知医，显庆二年（657）上言编修本草，被唐高宗采纳，组成班子，于四年（659）纂成《新修本草》（已佚），总结了唐以前的医药成就，是中国第一部由国家颁布的医药典籍。据后人引录的涉蟹内容而言，它提到了蟹"杀莨菪毒、漆毒"，"海边又有彭蜞、拥剑，似彭螖而大，似蟹而小，不可食"等，虽无太多创新和升华，可是此汇编却起了传播的作用。

孟诜（621—713），汝州（今属河南）人，曾举进士，官至光禄大夫，师事孙思邈，以治著称，唐代医药学家，著有《食疗本草》（已佚）。据宋傅肱《蟹谱·食证·输芒》、宋掌禹锡《嘉祐本草》等引录，《食疗本草》涉蟹颇多。食蟹方面，"八月输芒后食好，未输时为长未成，就醋食之，利肢节，去五脏中烦气，其物虽形状恶，食甚宜人"，"以盐渍之，甚有佳味，沃以苦酒，通利支节，去五脏烦闷"；解蟹毒方面，"蟹虽消食，治胃气，理经络，然腹中有毒，中之或致死，急取大黄、紫苏、冬瓜汁解之，即瘥"；治疗方面，"蟹脚中髓及脑，能续断筋骨，人取蟹脑髓，微熬之，令内疮中，筋即连续"……这些论述，或发前人之未及，或有所补充，深化了对蟹的医药价值的认知。尤其"蟹至八月，即啗芒两茎，长寸许，东向至海，输送蟹王之所"，虽然带有神秘色彩，却是中国历史上早先揭示我们现今称为稻蟹"洄游"现象的记录，所以意义不凡。

陈藏器（约681—757），四明（今浙江鄞县）人，曾任京兆府三原县尉，唐代医药学家，为补官修《新修本草》之遗而成《本草拾遗》（已佚）。据宋唐慎微《大观本草》、高似孙《蟹略》等引录：此书涉蟛蜞，云"主小儿闷痞，煮食之"；涉蟛蜞，云"膏主湿癣疽疮，不瘥者涂之"等。先前，陶弘景曾说"蟹类甚多，蟛蜞、拥剑、蟛蜞皆是，并不入药"，此书突破藩篱，新添了蟹种及其药用价值，并被沿用至今。

李珣（约855—约930），梓州（今四川三台）人，祖籍波斯，经营海药，五代十国时期蜀国的医药学家，著有《海药本草》（已佚）。据宋傅肱《蟹谱·药证》引录："石蟹，案《广州记》云：'出南海，只是寻常蟹，年深岁久，日被水沫相把，因兹化成石蟹，每遇海潮即飘出。又有一般者，入洞穴年深，亦成石蟹。'味咸，寒，有毒，主消青盲眼，浮翳，又主眼涩。皆细研水飞，入药相佐，用以点目。"《广州记》为记述岭南事物的方志类著作，书名相同的作者有裴渊和顾微，晋、宋间人，书皆亡佚，不详所出。此石蟹指的是蟹化石，李珣最早以此为药物，并指出了它的味性、功效和方法，自此之后的很多医书，包括李时珍《本草纲目》都增设"石蟹"条目，说可以用来治疗目疾等，影响深远。

日华子，姓氏不详，四明（今浙江宁波）人，五代十国时期吴越国的医药学家，著有《日华子本草》（已佚）。据《大观本草》等引录，云螃蟹"治产后肚痛，血不下，并酒服。筋骨折伤，生捣，炒罨，良。脚爪，破宿血，止产后血闭肚痛，酒及醋汤煎服，良"。所言为前人未及，而且一一指出了治什么，如何治，怎么服，说明详赡，便于操作。

许多医药学家，以各自的经验积累着对蟹的医药价值认知，

明 项圣谟《稻蟹图》

就像你一锹土我一锹泥，昨天一块砖今天一块瓦一般，营造出了一间以蟹入药治病的专题诊所，汇进了中华医药丰富博大、药物众多的综合医院，构成了它一个不可或缺的组成分支。

鲁城民歌：最早而又特殊的咏蟹诗

张鷟，深州陆泽（今河北深县北）人，唐高宗上元二年（675）进士，官司门员外郎等，初唐文学家，著有《朝野佥载》，记朝野遗事佚闻。此书卷二的一则涉蟹诗，被《全唐诗》卷八百七十四收录，题为《鲁城民歌》，诗题之下，依张鷟所记为序，后引录其诗：

姜师度好奇诡，为沧州刺史。开河筑堰，州县鼎沸。鲁城界内，种稻置屯。蟹食穗尽。又差夫打

146

蟹，民苦之，歌曰：

卤地抑种稻，一概被水沫。

年年索蟹夫，百姓不可活。

诗的第一句开头二字，《全唐诗》作"鲁地"，误，今按《朝野佥载》改正为"卤地"，卤地就是被海水浸泡过的盐碱地。

诗序中提到的姜师度（？—723），在唐中宗时初为沧州（今属河北省，南邻山东，东临渤海）刺史，他先是"开河筑堰，州县鼎沸"，虽说遭到地方人士上上下下的热议，然而史书上说其所到之处，多修渠漕，颇为后世利，也许之后亦是受益的。可是有一件事情确实是办砸了，那就是不顾自然条件，无视客观规律，硬是以行政命令、长官意志，聚集百姓，驻扎在盐碱地上种植水稻，结果，年年被水淹，年年被蟹食，为了蟹口夺粮，还要"年年索蟹夫"，征调青壮男丁去打蟹，弄得老百姓苦不堪言，活不下去。显然，这是天灾，更是人祸，《鲁城民歌》就是对这种遭遇的控诉和呼喊，其事逆天，其情可悯。

《鲁城民歌》是我国最早的一首咏蟹诗。之前，诗歌里也有涉蟹诗句，例如《礼记·檀弓》的"蚕则绩而蟹有匡"，例如庾信《奉和永丰殿下言志》"兰肴异蟹胥"，等等，但都只是在诗篇里带到而已，完整而专题的咏蟹诗产生于唐代，从《鲁城民歌》及其序来看，当是第一首。它又是一首特殊的咏蟹诗，不只是民歌而非诗人的吟唱，更主要的是记录了历史上曾经发生过的一幕，因地方长官"奇诡"思想所致，在鲁地种稻引发的蟹灾给百姓带来了苦难，唐人记唐事，而且为张鷟耳目所接，当属真实。这一题材为《朝野佥载》和《全唐诗》所仅有，为蟹史所缺，填补了空白，意义重大。

今天，换一个角度看，《鲁城民歌》也反映了我国不只江浙一带，就是渤海湾的冀鲁一带同样是产蟹丰饶的地方。

持螯赏菊花

我国是菊花的故乡。《礼记·月令》"季秋之月，菊有黄华（花）"；屈原《离骚》"夕餐秋菊之落英"；东晋陶潜，爱菊成癖，常常"采菊东篱下"，认为"秋菊有佳色"。自此，菊花逐渐受到文人墨客和人民群众的喜爱，一到秋天，大家都要观菊、赏菊乃至咏菊，一朵朵一簇簇一丛丛姹紫嫣红的菊花，使人悦目开怀。

菊花是一种"发在林凋后，繁当露冷时"的花卉，与螃蟹肥美的季节正好同时，于是，菊开就成了蟹讯到来的征候。唐中宗李显（656—710）于景龙三年（709）重阳节那天，登高至渭水亭上设宴，与群臣饮酒赋诗为乐，其《九月九日幸临渭亭登高得秋字》诗序"陶潜盈把，既浮九酝之欢；毕卓持螯，须尽一生之兴"，点到了像陶潜那样采菊盈把，像毕卓那样左手持螯，已经如实地反映出菊花开螃蟹肥，并给君臣带来了欢欣。自此，菊与蟹便常常被联结在一起：

左手螯初美，东篱菊尚开。（宋·宋庠《和运使王密学见赏公酝》）

无限黄花簇短篱，浊醪霜蟹正堪持。（宋·苏辙《次韵张恕九日寄子瞻》）

草卧夕阳牛犊健，菊留秋色蟹螯肥。（宋·方岳《次

清 汤贻汾《秋趣图》

韵田园居》）

雨过黄花千蕊发，经霜紫蟹两螯肥。（元·顾瑛《九月七日复游寒泉登南峰有怀龙门云台二首》）

这些诗句，都写到了菊开之时正是蟹肥可食之日。

自唐之后，经过酝酿，经过积淀，特别到了清代，又形成了持螯赏菊花的社会风气：

弹指经过十九年，持螯把酒菊花前。（明·钱谦益《己亥正月十三过子晋湖南草堂张灯夜饮追忆昔游感而有赠凡四首》）

紫蟹红菱三白酒，花心吟醉菊花前。（清·郑燮《菊》）

回忆海棠结社，序属清秋，对菊持螯，同盟欢洽。（清·曹雪芹、高鹗《红楼梦》第八十七回）

篱边倩邻老购菊，遍植之。九月花开，又与芸居十日。吾母亦欣然来视，持螯对菊，赏玩竟日。（清·沈复《浮生六记·闺房之乐》）

此外，全祖望写了《对菊食蟹三十二韵》，张问陶有《八月二十六日徐寿征送蟹菊》诗，吴友如画了《对菊持螯图》……此种风气一直沿续到民国，秋日，文人雅集，名"持螯赏菊会"。食蟹时节，古人提到过枫、桂、梅、芦花之类，可是时间上或前或后，地点上或野外或难得，比较起来，菊花正逢其时，栽植普遍，就在篱笆屋旁，还可以装盆，端进室内，加上花瓣千姿百态，花色七彩纷呈，又是传统的逸雅名花，文化意蕴极为丰富，于是经过

筛选，人们就更多地以"持螯"与"赏菊"配对，制造了相得益彰
的氛围。

秋深，新醅酿成，菊瘦，蟹肥，人们持螯赏菊花，饮酒取乐，
成了别的季节所没有的一种人生优雅享受。

重阳佳节吃螃蟹

农历的九月初九，称为"重九"，
古人以"九"为阳数，九月初九是两
阳相会，因此又称"重阳"。重阳是
我国一个古老的节日，这天要登高、
饮酒、食糕、赏菊、插萸，一一都
有意蕴，给生活平添了许多乐趣。

自唐代开始，重阳又逐步增添
进吃螃蟹：唐李显《九月九日幸临
渭亭登高得秋字》诗序"陶潜盈把，
既浮九酝之欢；毕卓持螯，须尽一
生之兴"；宋陈造《招郑良佐诗》"重
阳佳辰可虚辱？橙香蟹肥家酿熟"；
元马致远《双调·夜行船》"爱秋来
时那些：和露摘黄花，带霜烹紫蟹，
煮酒烧红叶。人生有限杯，几个重
阳节？"明唐寅《江南四季歌》"左持
蟹螯右持酒，不觉今朝又重九"……
经过世代积累，特别到了清代，重

齐白石《多寿》

阳节吃螃蟹就更加普遍了。举例而言：郑板桥《菩萨蛮·留秋》里说"佳节入重阳，持螯切嫩姜"；曹雪芹在《红楼梦》里写了三首《螃蟹咏》，其中林黛玉说"对斯佳品酬佳节"，意思是享受着美味的螃蟹总算是没有辜负重阳佳节，薛宝钗说"长安涎口盼重阳"，意思是都城里人口里流着馋涎翘盼着重阳的到来，都提到了重阳要食蟹；震钧《天咫偶闻》里说"都人重九，喜食蒸蟹"。此类写重阳吃蟹文字，不胜枚举，说明了螃蟹已经融进节日，不可或缺。

根据记载，民国延续此风，"九月九，湖蟹过老酒"，绍兴、杭州、上海、扬州、南京、芜湖、北京等地，每逢重阳，除了居民自家吃蟹之外，还亲朋相邀，文人雅集，吃蟹赏菊，名曰"持螯会"。最有意思的是，长三角城镇的商店和作坊，主人往往在重阳节晚上宴请店员和劳工，这顿晚宴称为"螃蟹酒"或"茱萸酒"，孔庆镕在《扬州竹枝词》里说："紫蟹居然一市空，买来声价重青铜。东翁为劝茱萸酒，过却明朝上夜工。"重阳过后，白天更短，员工晚上需要继续劳作，于是，各家东翁重金购蟹，以犒店伙，作为直至来年清明而止夜工的相约，"吃了螃蟹酒，夜作不离手"，这成了某些行业的俗例。

最值得一提的是，1976年，"四人帮"被拿办，消息传出，人们奔走相告，后经见报，全民腾跃。时值金秋，稻熟蟹正肥；适逢重阳，沽酒晚持螯，当时，商店里的好酒被抢购一空，集市上的螃蟹顷刻售尽。毛毛在《我的父亲邓小平》里说：这年重阳前后，吃蟹成为时尚，"凡是买得到螃蟹的人，都去买蟹佐酒，而且指明要买'三公一母'，以宣泄对'四人帮'之满腔怒气"。南北各地，举国上下，亲朋好友，纷纷聚会，"秋老难逃一背红"，大家掰吃"三公一母"，共同祝酒致庆，那普遍、那持续、那热烈、那快乐成了历史奇观。

为什么重阳节里要增添一个吃螃蟹的节目？从传统上说：一方面是因为登高归来，自是疲劳，于是边喝酒边吃蟹边赏菊，解解乏，消消力，轻松轻松，再快活快活，给这天画个圆满句号；另一方面是因为此时正值蟹汛，九月团脐十月尖，螃蟹已经肥大丰满，量多价贱，而且特别鲜美，造色香味三者之至极，甘腴虽八珍不及，吃起来又情趣十足。于是，重阳食蟹成了自然之举，自此相沿成习，积习成俗。可是，1976年重阳，大家吃"三公一母"四只螃蟹，以渲泻对"四人帮"满腔怒气之举，进一步赋予了重阳吃蟹的时代意蕴，象征了对扫除害虫、玉宇澄清的庆祝。

持螯赏菊过重阳，重阳佳节的内容或许有所变动，比如不再插茱萸、不再佩绛囊，可是喝酒吃蟹赏菊却是少不了的。其中，把吃螃蟹纳入之后，使这个传统佳节变得更加生动光彩。惠人雅兴口福，重阳节吃螃蟹已经像五月初五吃粽子等那样，是必备的风物了。

孙愐《唐韵》的释蟹十七条

孙愐，唐玄宗天宝十载（751）官陈州司法参军。他对隋代陆法言（约562—？）《切韵》增字加注订正，改名《唐韵》，从此《切韵》不传。之后，宋代陈彭年（961—1017）等对《唐韵》校正增删而成《广韵》，从此，《唐韵》失传（今所存仅残卷44页）。可是因为宋傅肱《蟹谱·唐韵》（成书于1059年）的引录，该书涉蟹字条被保存了下来，《四库全书·蟹谱·提要》特别指出，"所引《唐韵》十七条，尤足备考证"，表示了欣喜和肯定，它的价值，换句话说，

清代紫砂蟹形砚

为中国古代字书的一块"活化石"，由此可以了解《广韵》释蟹字条继承采录的状况。

《唐韵》十七条中涉及蟹名有十一条：蝤蛑、虬、蟹、蛑蛑、蚄、螃、蟿蚣、舒、拥剑、江蛴、蛫，一一注出读音并扼要释义，例如"蝤蛑，户八反。似蟹而小"，"虬，五忽反。蛤属，似蟹"等。其中"蟿蚣，下音功。江虫也，形似蟹，可食"，"江蛴，寺绝反。似蛑蛑，生海中"，此二名，先前未见，之后宋司马光《类篇》"蛴，鮯蛴，鱼名，似蛑蛑，生海中"，或由此而来，其他典籍罕见此称。不过，这独特的遗存既然说"形似蟹""似蛑蛑"，则当属蛑蛑类，何种待考，或者只是历史上蛑蛑的别称。其中"螃，螃蟹。释云：造字本蟹云，俗加螃字"，这里所说的"释"，当指《切韵》之释，这里传达出一个信息，即现今人们常说的"螃蟹"，隋朝时已经通行而且写进了字书（之前只称蟹，于此才开始有了螃蟹一名）。其他涉蟹六条：螯与螯（蟹大脚）、鲅鳛（雄蟹）、鲭（蟹子）、厣（蟹腹下）、蜎（盐藏蟹）；或及部件，或及雄雌，或及幼苗，或及食用，收字面比较宽阔。

孙愐《唐韵》释蟹十七条，上承《说文解字》《释名》《广雅》《玉篇》等，加进了其时的认知后，下启《广韵》《类篇》，是中国字书链条中的一环，不可忽视。

顺便指出，傅肱在抄录《唐韵》释蟹字条收入《蟹谱》的时候又增添了五个夹注：例如"蜳蝐"条，夹注说"予谓即今之蟛蜞也，一名蜳蝐耳"，此对郭璞《尔雅注》"或曰，即蜳蝐也，似蟹而小"的读释助益颇大，使人把握了古之蜳蝐就是"今之蟛蜞"；例如"螃"条，夹注说"予案《周礼疏》，惟作旁，取其横行，今字益虫，乃是俗加"，《周礼·冬官》的"仄行"，唐贾公彦《周礼疏》曰："今之旁蟹，以其仄行也"，现写作"螃"蟹是根据"虫属要作虫旁"的缘故，俗加上去的，由此使人把握了"螃"字的演变。举凡这些地方，使《唐韵》释蟹字条又增添了附加意义。

李白拉开了"酒楼把蟹螯"的帷幕

李白（701—762）字太白，自号青莲居士，祖籍陇西成纪（今甘肃天水附近），生于中亚碎叶（现吉尔吉斯斯坦境内，唐时属安西都护府），幼随父迁居绵州彰明（今四川江油）青莲乡，曾供奉翰林，据传病死于安徽当涂，唐代大诗人。

李白嗜酒，尝言"人生得意须尽欢，莫使金樽空对月"，他在悼念善酿的纪叟时说"夜台无李白，沽酒与

李白

何人？"……其挚友杜甫云："李白一斗诗百篇，长安市上酒家眠。天子呼来不上船，自称臣是酒中仙。"饮酒必须就菜，什么菜呢？他在《月下独酌（其四）》里说："蟹螯即金液，糟丘是蓬莱。"意思是，蟹螯即仙家的金液仙丹，糟丘即仙家的蓬莱仙山，以蟹佐酒，就进入了一种快乐似神仙般的生活境界。李白是我国西部边陲人，那里不产蟹，可是到了中东部之后，发现了蟹，一吃，无比鲜美，无比解馋，于是就以蟹过酒，格外钟爱，"蟹螯即金液"，给了蟹高度的赞誉。可以说，李白是继毕卓之后早先而重要的主张酒与蟹在餐桌上联结的人物，经过了他的影响，饮酒食蟹的风气才得以发扬光大。

特别要提到，李白在《送当涂赵少府赴长芦》里说："摇扇对

清 任伯年《把酒持螯》图
（局部）

酒楼，持袂把蟹螯。"意思是，我在酒楼上摇着扇子与客应答对话，捋起袖子的手里捏着蟹螯，悠闲地边饮酒边吃蟹。这句诗反映了什么？一方面有意反映了诗人对蟹的喜爱，一方面无意反映了即使在夏天酒楼仍然以蟹供客。照例说尤其自晋代毕卓之后常有人提到吃蟹，在哪里吃呢？除了在自己或别人的家里之外，一定还有在酒楼吃的，可是典籍里偏偏缺漏了此种记载，于是老天冥冥然眷顾李白，让这位酒仙担当了拉开记录酒楼售蟹的帷幕。

宋代，酒楼售蟹供客佐酒勃然兴起。据孟元老《东京梦华录》，当时北宋京城开封，饮食业堪称最为发达的行业，酒楼饭店鳞次栉比，大型正店即有七十二家，一家家朝向大街，门口绣旗招展，门内陈设豪华，至于小酒店（当时称为脚店）更是遍布大街小巷，难以计数。大小酒家供应着南北风味的食品，其中包括螃蟹，例如炒蟹、煠蟹、洗手蟹、酒蟹之类。据吴自牧《梦粱录》，当时南宋都城临安（今杭州），食店众多，食次名件如枨醋赤蟹、白蟹辣羹、蝤蛑签、酒泼蟹等一二十种，满足了顾客的各种口味。除了京都之外，许多地方店家都风行以蟹招徕顾客，杨万里《糟蟹》"横行湖蟹浪生花，糟粕招邀到酒家"，风味胜绝的糟蟹，诱使诗人下馆子；据洪迈《夷坚志》载"平江（今苏州）细民张氏，以煮蟹出售自给，所杀不可亿计"，可见酒楼售蟹生意的红红火火。

这一态势始终延续，例如元马致远《吕洞宾三醉岳阳楼》第一折，秋天，菊开，"正是鸡肥蟹壮之时"，吕洞宾在岳阳楼上"发付团脐蟹一包黄"；例如明吴学礼《湖边会饮》"林价平平易索醪，西风野店快持螯"；例如清陈三立《瞻园食蟹》"只解持螯对酒杯，那问聚炬喧村店"……此类记录，不一而足。

"酒楼把蟹螯"，这酒楼是承接着捕捞业的，它拓宽了蟹的销售渠道，促进了蟹业的发展。而本身作为饮食业，为吸引顾客，便开发出种种肴馔，促进了蟹品的丰富，李白无意间拉开的记录酒楼售蟹的帷幕，迎来的却是越来越热闹而广阔的蟹业市场。

蟹画初展

蟹画，是传统绘画花鸟鱼虫题材之一，其出也晚，其兴也勃，其意也新，其艺也趣。而且，自有蟹画之后，画域显得更加广阔，从而给人们带来了更加丰富和独具魅力的艺术享受。

蟹之入画，始于唐代。北宋傅肱《蟹谱·画》："唐韩晋公滉善画，以张僧繇为之师，善状人物、异兽、水牛等外，后妙于旁蟹。"之后，南宋高似孙《蟹略·蟹图》跟进说："韩滉画，妙于螃蟹。"（云出《唐画断》，今传本未见，或为佚文，或为误记）《蟹谱》成书于宋仁宗嘉祐四年，即1059年，距唐未远，而此处记载，又为稍后《蟹略》确认，证明并非孤证，所以当属可信。故这处记载非常珍贵，因为它填补了向来画史之缺失。

韩滉（723—787），字太冲，长安（今陕西西安）人，唐代中期政治家、画家，天纵聪明，能干正直，年青时即入仕途，曾参与平定藩镇叛乱，官至节度使，封晋国公，镇守东南，名声显赫。他雅爱丹青，师法"画龙点睛，破壁而去"的南朝梁著名画家张僧繇。其纸本《五牛图》今存，五头牛的姿态各异，极其精细，形肖而灵性，被元代赵孟頫赞为"神气磊落，希世名笔"。可以推测，他落笔的螃蟹也一定妙绝过人，似应尊为中国蟹画的鼻祖。

唐后宋前的五代十国是一个藩镇割据的局面，然而在一度偏安的几个国家，包括花鸟画在内的很多艺术仍蔚然成风，其间涉及螃蟹题材的画家，主要是：

　　袁峤，河南登封人，五代后唐画家。据《宣和画谱》载，他"善画鱼，穷其变态，得噞喁游泳之状，非若世俗所画作庖中物，特使馋獠生涎耳"，并说"今御府所藏十有其九"，其中含《鱼蟹图》一、《蟹图》一。其《蟹图》，直至南宋末年，周密在《云烟过眼录》中仍提及，说"袁峤《蟹》，高宗题"。袁峤的鱼画得那么鲜活，蟹画得大概也是十分灵动的，故而被宋高宗所收藏或题签，受到了最高的褒赏。

　　黄筌（约903—965），成都（今属四川）人，历仕前蜀、后蜀，官至检校户部尚书兼御史大夫，入宋，任太子左赞善大夫。善画花鸟，自成一派。今台北故宫博物院藏黄筌画《刺绣芙蓉螃蟹图》，那只螃蟹大螯欲夹垂地芦茎，瞬间情态，又精细又灵动，整

五代后蜀 黄筌《刺绣芙蓉
螃蟹图》

159

个画面生趣盎然，色泽浓丽。

徐熙，江宁（今江苏南京）人，世为江南士族，南唐画家，"画草木虫鱼，妙夺造化"。据宋郭若虚《图画见闻志》载"有《鱼蟹草虫》"；据宋米芾《画史》载"雒阳张状元师德家多名画"，其中包括"徐熙鳊鱼、蟹"；据《宣和画谱》载：御府所藏中有《蓼岸龟蟹图》。徐熙画蟹颇多，且因他的画充满"野逸"之趣，形成了五代宋初花鸟画的两大流派之一。当年，南唐李后主爱重其作，后又被宋代皇帝藏之秘府，可见徐熙是一位著名的早期螃蟹画家。

黄居采（933—？），成都（今属四川）人，五代后蜀著名画家黄筌之子，传家学，精于勾勒，形象逼真，入宋后为翰林待诏，太宗命他搜罗并鉴定名画。据清姚际恒《好古堂家藏书画记》：方幅杂画四册一百帧中有"一为黄居采《莲房蟹》"，当是一幅别开生面之作。

李煜（937—978），南唐国主，世称李后主，能诗文、音乐、书画，尤以词名。南唐画院里人才济济，李煜自己也画得一手好画，据宋邓椿《画继》载："邵太史博公济家：李后主《蟹图》。"证实了螃蟹曾是李煜的绘画题材之一，而且是一件"铭心绝品"。

在中国美术史上，蟹画初展阶段，画家不多，作品也不多，可是画类之起必有所始，之后就逐渐增多和繁荣。

曾经的蟹舍

俗话说：渔有村蟹有舍。意思是渔民聚居而成村，他们为了捕捉鱼蟹，又各自分散在水滨搭出一个个蟹舍。现今，渔村更换成新貌仍然存在，蟹舍却已经随着蟹簖的消失而难觅踪影。

这种蟹舍，就地取材，树干、青竹、芦苇、稻草之类，选个水滨较高的地方，一脚二手就成，是原始、简陋、狭小的人字形窝棚，功能很多，可以作为捕捉鱼蟹的场所，可以存放渔具，可以躲风避雨，可以作为家中送饭递水和捕获鱼蟹外运的中转地方。它背靠渔村，面对水域，潮起潮落，波光水影，水草蒹葭，树木掩映，鸥雁鸳鹭，饮啄翔浮，远离了尘嚣，融进了自然。为什么叫它蟹舍？过去捕蟹用簖，称蟹簖，即用一根根竹子以绳子编成帘，插入水中，从此岸到彼岸，横亘而不妨水流（可以从竹间缝隙流过），不碍船行（俗话说"过簖船抓背"，竹梢柔韧，船底擦过蟹簖是两不损伤的），可是却阻断了鱼蟹通道，借以捕捉，省力高效。设簖之后，便在蟹簖的一端搭个窝棚，坐收鱼蟹之利，故名。

历史上最早提及蟹舍的是唐代诗人张志和。张志和（约730—约810），婺州（今浙江金华）人，肃宗时待诏翰林，后弃官归隐，自号"烟波钓徒"，作品多写隐居时的闲散生活。其诗《渔父》云："松江蟹舍主人欢，菰饭莼羹亦共餐。"意思是，松江岸边，蟹舍的主人（因捕获颇丰）好不欢喜，并与邻舍渔人共餐菰（古以为六谷之一）米饭、莼（水生植物，叶可作羹）菜羹。松江是太湖的支流，产蟹特多，渔业非常发达，以至流归大海的一段被称为"沪渎"（沪就是蟹簖，沪渎因两岸布满了蟹簖而得名，今上海简称"沪"应由此而来）。蟹多到什么程度？宋高似孙《松江蟹舍赋》里说："鼓勇而喧集，齐奔而并驱"，"其多也如涿野之兵，其聚也如太原之俘"。简直像古战场上拼杀的士兵，像古城池陷落后的俘虏。可以想见，布于江上的蟹簖，筑于江岸的蟹舍，是怎样一道令人瞩目的景象，过着简朴生活的松江渔民是怎样陶然自乐。

自此，历代诗歌里就频频有"蟹舍"闪现：

鸥沙草长连江暗，蟹舍潮回带雨腥。(宋·方岳诗句，转录自清·张廷玉等编《骈字类编》)

萧萧芦苇黄，蟹舍何潇洒。(宋·张徽之《松江》诗逸句，转录自宋·高似孙《蟹略》卷二)

鱼庄蟹舍一丛丛，湖上成村似画中。(明·沈周《水村图》)

蟹舍渔村两岸平，菱花十里棹歌声。(清·朱彝尊《鸳鸯湖棹歌》)

浪激鸥汀白，灯摇蟹舍青。(清·潘德舆《湖上》)

白洋湾里尽蒹葭，蟹舍萍床一半遮。(清·叶承桂《太湖竹枝词》)

类似的诗句不胜枚举，都谈到了蟹舍，或地理环境，或自然景色，或言其情趣，或抒发观感，使人觉得这仿佛是世外净土、安逸乐地。许多古代士人骨子里埋藏着老庄思想，把官场视为羁绊，甚至樊笼，向往自然，欲回归江湖，特别当他们在现实中碰到种种不如意的事情之后，羡慕渔翁的那一份平淡和悠闲，那一份无拘无束和自由自在，于是笔下便往往冒出"蟹舍"：宋苏庠说"东邻蟹舍肯著我，请办簑笠悬牛衣"(《赋王文儒癯庵》)，宋陆游说"数椽蟹舍尝初志，九陌尘衣洗旧痕"(《秋雨顿寒偶书》)，宋范成大说"我亦吴淞一钓舟，蟹舍飘摇几风雨"(《倪文举奉常将归东林出示绮川西溪二赋辄赋长句为谢且以赠行》)，清钱谦益说"稍待秋风到芦荻，共寻蟹舍到鱼舠"(《夏日偕朱子暇憩耦耕堂次子暇访孟阳韵三首》)，清吴伟业说"芒鞋藤杖将迎少，蟹舍渔庄生事微"(《和王太常西田杂兴韵》），等等。虽然诗人们或躬身实践，或灵光一闪，或矫然作态，但是不能否认的是他们头脑里确有超脱世俗生活的幽远怀想，不想被功名困扰的屏蔽愿望，如此，蟹舍作为渔业形态的一个实际标志，又兼而成了追求精神安慰和独善其身的一个文化符号。

丘丹《季冬》始见的"红蟹"

丘丹，嘉兴（今属浙江）人，约唐德宗建中前后在世，官诸暨令等，后隐居临平山，与韦应物诸人往还，唐代诗人。

十二位诗人，聚集赋诗，从一月写到十二月，一人一月，各状江南景物诗一首，总计十二首，合成《状江南十二月景十二首》，诸如《孟春》《仲春》《季春》……每首诗写了江南当月的时节性景物，例如《孟冬》写"黄金橘柚悬"，《仲冬》写"紫蔗节如鞭"。那么，丘丹的《季冬》，即农历十二月，作为组诗当中的最后一首写了什么呢？"江南季冬天，红蟹大如瓯。湖水龙为镜，炉峰气作烟。"这首诗说的是，江南冬天的第三个月，红蟹大得像瓯瓜，蛟龙把平静的湖水当作镜子，香炉峰将缭绕的云气当作香烟。其景不说，其物却点出了"红蟹大如瓯"，在蟹类史上始见"红蟹"，并且诗人认为这种如瓯瓜大的红蟹是季冬的时令食品。

自丘丹《季冬》始见红蟹，之后多有提及：

> 儋州出红蟹，大小壳上多作十二点深燕支色，亦如鲤之三十六鳞耳。其壳与虎蟹堪作叠子。（唐·段公路《北户录》卷一"红蟹壳"条）

红蟹，壳殷红色，巨者可以装为酒杯也。(唐·刘恂《岭表录异》卷中)

海中有红蟹，大而色红。(明·李时珍《本草纲目·介部·蟹》)

《海槎录》曰：儋州红蟹，壳形有十二点，堪作碟子。(《海槎录》不详，此见明·方以智《物理小识》卷八)

红蟹，壳殷红色，大如碗，螯巨而厚，可装为酒杯。(清·李元《蠕范》卷七)

提到红蟹的还有，清陆次云《译史纪馀·异物》、李调元《然犀志》卷上等。此外红蟹曾经又一次被写进了诗，清钱谦益《后秋兴之七》云："翘首南天频送喜，丹鱼红蟹亦争肥。"好几条记载都说红蟹出南方并且特别提到儋州（今属海南），可是，宋叶隆礼《辽志·螃蟹》云"渤海螃蟹，红色，大如碗，螯巨而厚，其脆如中国蟹螯"，产地不一，未详是否为一种。

红蟹是哪种蟹呢？今人解读不一。根据"红蟹大如瓯"，或说为蛙蟹的一种，头胸甲呈长方形，似蛙，螯足强大，步足为桨状，栖息于浅海里，经常埋藏于沙中，外壳呈鲜艳的橘红色，产于我国南海及台湾。根据"大小壳上多作十二点深燕支（即胭脂，红色的化妆品或颜料）色"，或说为扇蟹科里的红斑瓢蟹，头胸甲宽阔，状如展开的折扇，隆起、光滑，共有十二三个红色圆斑，产于我国台湾、海南岛南部以及西沙群岛。各有所据，也许虽说都叫"红蟹"，却分属两种蟹类，此待进一步考辨。

丘丹《季冬》始见的"红蟹"，使它多了一层蟹类史上的文献价值。

白居易涉蟹诗句反映的"余杭风俗"

白居易（772—846），字乐天，晚年自号香山居士，原籍太原（今属山西），后迁下邽（今陕西渭南北），曾任杭州、苏州刺史，官至刑部尚书，唐代大诗人。他虽未写过专题的咏蟹诗，但关注蟹况，多有涉蟹句，主要是：

其一，"亥日饶虾蟹，寅年足虎貙"。句出《东南行一百韵》。诗句说：每逢亥日，虾蟹丰饶，每到虎年，虎貙充足。

其二，"陆珍熊掌烂，海味蟹螯咸"。句出《奉和汴州令狐令公二十二韵》。诗句说：陆上最珍贵的食品是煮烂的熊掌，海里最鲜美的食品是略带咸味的蟹螯。熊掌向为珍馐，《孟子·告子上》："鱼，我所欲也；熊掌，亦我所欲也；二者不可得兼，舍鱼而取熊掌者也。"白居易以"蟹螯"取代"鱼"与"熊掌"并提，认为分别是陆上和海里最为珍贵的食品，这是一种突破性的评价，也是一种历史性的识见，说明了对螃蟹的推重。

其三，"乡味珍彭越，时鲜贵鹧鸪"。句出《和微之春日投简阳明洞天五十韵》。诗句说：乡人以彭越为珍贵的美味，以鹧鸪为珍贵的时鲜。鹧鸪，一种鸟类，据明李时珍《本草纲目》说，"肉白而脆，味胜鸡雉"。彭越是一种小蟹，据宋傅肱《蟹谱》说，"吴俗犹所嗜尚"，白居易诗句说明了彭越是越地间的美味。

白居易

清 招子庸《十蟹图》

特别要提到如下涉蟹诗句及其一条自注：

其四，"春雨星攒寻蟹火，秋风霞飑弄涛旗"。句出《重题别东楼》。诗句意思是：春大雨后，田野上寻蟹人的烛火犹如聚集的星星，秋天在波涛里的弄水者，举着飘动的旗帜犹如彩霞。此句，白居易自注："余杭风俗，每寒食雨后夜凉，家家持烛寻蟹，动盈万人。每岁八月，迎涛弄水者，悉举旗帜焉。"每岁八月在杭州钱塘江上迎涛弄水举旗，古籍多载，不去说它；春天寒食之夜，"持烛寻蟹"，而且"动盈万人"，犹如"星攒"，仅见于此，这是怎么回事呢？

唐苏鹗（僖宗光启二年即886年进士），在笔记小说集《苏氏演义》卷下里说："彭越子，似蟹而小，扬楚间每遇寒食，其俗竞取而食之。"宋傅肱《蟹谱·总论》（成书于1059年）里说："蟛蚏者，二月三月之盛出于海涂，吴俗犹所嗜尚，岁或不至，则指目禁烟，谓非佳节也。"这两条距白居易时代不远的记载，解开了"持烛寻蟹"之谜：原来所寻之蟹是二三月、尤其是寒食（清明前一天）间盛出的小蟹彭越子（蟛蚏），寻蟹是为了"取而食之"，不吃它"谓非佳节"，因为这是一种由来已久的风俗，所以自发的（即自愿自动的）、群体的（即倾巢倾城的）"家家持烛寻蟹，动盈万人"。当然，这两条记载也补充反映了这不只是"余杭（余姚和杭州一带）风俗"，"扬楚间（今扬州和淮安一带）""吴（今苏州一带）"同样存在，范围相当广泛。这种风俗的痕迹，至清代仍见于今江苏南通地区：姜长卿《崇川竹枝词》"菜花天气捉蟛蚏"，自注"蟛蚏，蟹之小者，菜花时出者最佳"；周应雷《渔湾竹枝词》"莫羡团脐霜后好，菜花黄有好蟛蚏"；李琪《崇川竹枝词》"蟛蚏只买菜花黄"，自注"蟛蚏名菜花黄"……这些诗句虽称蟛蚏而非彭越、蟛蚏，但所指当为一种，因为时令一致。寒食时节，菜花正黄，蟛蚏应时肥美，当地人甚至认为其味道不比霜降后的稻蟹差，所以捉的、卖的、买的、吃的人很多，成了风俗。

　　什么是风俗？是某地方相沿积久而成的风尚和习俗。每年春天寒食下雨之后的那夜，余杭人家，大人小孩，冒着夜凉，携烛到江边海滩寻蟹，出动的居民超过万人，灯火的聚集犹如星星，那规模多么宏大，那氛围多么热烈，那场景多么动人！而且，寻蟹是为了捉蟹，捉蟹是为了食蟹，那么第二天，一定是家家炊烟，围桌而坐，掰蟹享用，大家心里又是多么多么温暖，多么快乐！

　　据考，此诗作于长庆四年（824），时白居易任杭州刺史，故其诗句自注为亲见亲历的实录。于是寥寥几笔不仅把早先长期存在又早就隐然消失的"余杭风俗"记录了下来，不仅追溯到了"杭人嗜蟹"（宋欧阳修《归田录》）的源头，而且留下了一份弥足珍贵的蟹史文献。

蟹到强时橙也黄

中国是柑、橘、橙类植物的起源中心，人工栽培已经有了四五千年历史。它为芸香科常绿小乔木，树冠呈圆形或半圆形，春末夏初，开白色小花，皓洁如散雪，清香宜人，秋后果实成熟，初作绿色，逐渐变成橙色或橙红色，挂果满树如悬金，鲜艳悦目。

柑、橘、橙类在我国南方栽种非常普遍，房前屋后、田间地头、山地河滩都可生长，成熟的季节又正值螃蟹强壮的时候，于是，就像"稻熟蟹正肥"那样，成了向人们报告蟹汛来临的季候信息：唐杜牧《新转南朝未叙朝散初秋暑退出守吴兴书此篇以自见志》："越浦黄柑嫩，吴溪紫蟹肥。"意思是，越地的水边有嫩嫩的黄柑，吴地的溪中有肥肥的紫蟹，两者是同时成熟的好吃的东西。接着，唐皮日休《寒夜文宴得泉字》："蟹因霜重金膏溢，橘为风多玉脑鲜。"意思是，蟹因为霜浓，腹内如金的黄膏就满得要溢出似的，橘因为风多，皮内如玉的瓤瓣就更加鲜美，再次说明了橘、蟹是一起应时的食物。

唐朝之后，柑橘橙便进一步与蟹联系到一起：

露染黄柑熟，霜添紫蟹肥。（宋·彭汝砺《次德甫韵》）

轮囷新蟹黄欲满，磊落香橙绿堪摘。（宋·陆游《雨三日歌》）

人间宁有几松江，蟹到强时橙也黄。（宋·高似孙《同父送松江蟹》）

送客归山天正霜，吴江蟹美橘初黄。（元·马祖常《送胡古愚还越二首》）

炉头酒美劝人尝，紫蟹初肥绿橘香。（明·瞿佑《看潮》）

开樽长啸，池边紫蟹，墙头橘绿。（清·张逸《桂枝香·寄友人村居》）

自屈原《橘颂》称橘为嘉树后，文人墨客无不爱橘，后人发现，"蟹到强时橙也黄"，于是，一拍即合，就以橙黄为标志，判断此时蟹也强壮，两者就这样被联系起来。此类诗句，不胜枚举，"橙蟹肥日霜满天"（宋卢祖皋《沁园春·双溪狎鸥》），很多人甚至称蟹为"橙蟹"。不仅如此，其中橙更被认为是食蟹时的伴物：

味尤堪荐酒，香美最宜橙。（宋·刘攽《蟹》）

解缚华堂一座倾，忍堪支解见姜橙。（宋·黄庭坚《秋冬之间鄂渚绝市无蟹今日偶得数枚吐沫相濡乃可悯笑戏成小诗三首》）

樽前风味若无敌，芼以橙橘尤芬芳。（宋·李纲《食蟹》）

炉红酒绿足闲暇，橙黄蟹紫穷芳鲜。（宋·陆游《醉眠曲》）

叶浮嫩绿酒初熟，橙切香黄蟹正肥。（宋·刘克庄《初冬》）

类似诗句还有，"新橙宜蟹螯"（宋陆游《风雨》），"酒边遣汝伴橙香"（金元好问《送蟹与兄》），"算渠只合伴香橙"（宋杨公远《次兰皋擘蟹》）……为什么蟹、橙可以搭配呢？因为橙香香的，汁甜甜的，可以增添一种鲜美感。此外医书上记载，例如明李时珍《本草纲目》说橙可"解酒"，例如清张璐《本经逢原》说橙可"杀鱼蟹毒"等。应该说，蟹强之时，各种秋果也纷然应市，梨、枣、菱、藕之类，然而，古人独独选择橙作为吃蟹的伴物，这是极有识见的。

苏轼说："一年好景君须记，正是橙黄橘绿时。"橙黄橘绿是一年中令人难忘的美景，那么，在这美好的季节，饮新酒，吃强蟹，并且以柑、橘、橙作为伴物，不是一种更加使人难忘的享受吗？

段成式《酉阳杂俎》始见的"数丸"和"千人捏"及"平原贡蟹"

段成式（约803—863），山东临淄邹平（今属滨州）人，历任尚书、刺史，官至太常少卿，博闻强记，研精苦学，秘阁书籍，披阅皆遍，撰有笔记《酉阳杂俎》，所涉既广，遂多珍异，是唐代著名文学家。

《酉阳杂俎》涉蟹内容颇多，大致是以下三类。

第一类，抄录旧籍。《前集》卷七"何胤侈于味，食必方丈，后稍欲去其甚者，犹食白鱼、鲔脯、糖蟹"，抄录自唐李延寿《南史》。卷十七"善苑国出百足蟹"云云，抄录自西汉郭宪《汉武帝别国洞冥记》。又，"蟚蜞，大者长尺余，两螯至强。八月能与虎斗，虎不如。随大潮退壳，一退一长"，抄录自唐陈藏器《本草拾遗》。虽说抄录内容未注出处，但也起到了传播作用。

第二类，根据旧籍而有所展开。《前集》卷十七"蟹，八月腹中有芒，芒真稻芒也，长寸许，向东输与海神，未输不可食"，根据唐孟诜《食疗本草》而有所申述。又，"拥剑，一螯极小，以大者斗，小者食"，根据汉杨孚《异物志》而有所补充。又，"寄居，壳似螺，一头小蟹，一头螺蛤也。寄在壳间，常候螺开出食，螺欲合，遽入壳中"，根据晋张华《博物志》等而有所丰富。《续集》卷八"寄居之虫，如螺而有脚，形似蜘蛛。本无壳，入空螺壳中，载以行。触之缩足，如螺闭户也。火炙之乃出走，始知其寄居也"，根据三国吴万震《南州异物志》而有所发挥。凡此种种，亦属对蟹学的发展。

第三类，自出新记。就蟹类而言有两种：一是数丸，二是千人捏。

先说数丸。《前集》卷十七"广动植之二·鳞介篇"曰："数丸，形似蟛蜞，竞取土各作丸，丸数满三百而潮至。一曰沙丸。"在中国蟹类史上始见"数丸"的名称，并勾勒了它的形貌和行为。

之后涉此者有，唐段公路《北户录》，宋罗愿《尔雅翼》，明叶子奇《草木子》、冯时可《雨航杂录》、张自烈《正字通》，清李元《蠕范》、方旭《虫荟》等皆依段说。有所申述者：

> 蟹属名彭蚏，以螯取土作丸，从潮来至潮去或三百丸，因名三百九大彭蚏。（宋·李昉等《太平广记》卷四六四"水族·彭蚏"，云"出《感应经》"；明·胡世安《异鱼图赞补》卷下亦录；《感应经》不详）
>
> 介虫数丸，形亦似蜞，丸土三百，潮信与期。《杂俎》："数丸生海边，形似蟛蜞，取土作丸，数满三百而潮至，人以为候，因名。常在海沙中，一曰沙丸。有青脚、白脚二种。"（明·胡世安《异鱼图赞补》卷下"数丸"；《杂

俎》当为《酉阳杂俎》，语稍出入，并有展开）

数丸，今称股窗蟹，因螯足和步足的长节上都有长卵形的鼓膜，好像在腿上开了窗孔，故名。它头胸甲前方窄，近球形，穴居于潮间带的沙滩上，涨潮入穴，退潮出穴，摄食穴孔周围的有机沉积物，以两螯的匙形指将泥沙送入口中，细沙吞下，粗沙吐出，边走边吃边吐，吐出的食渣经颚足搓成沙丸，米粒一般，一粒一粒，布满洞穴周围，因此称数丸是抓住了它的行为特点的，极为形象。我国的股窗蟹有近十种之多，常见的有圆球股窗蟹和双扇股窗蟹。古人所记，多未及种类，唯其中提及"青脚"与"白脚"，对应何种，乃待考辨。

再说千人捏。《前集》卷十七"广动植之二·鳞介篇"在讲了"数丸"之后接着说："千人捏，形似蟹，大如钱，壳甚固，壮夫极力捏之不死，俗言千人捏不死，因名焉。"在中国蟹类史上始见"千人捏"的名称并勾勒了它的形貌和特点。

此名"千人捏"，被明杨慎《升庵集》卷八一、清方旭《虫荟》卷五等引述。需要补充说明的是，之后又有"千人擘"之称，例如宋梁克家《（淳熙）三山志》卷四："千人擘状如小蟹，壮者擘之不能开，故名。"大概因为称名相似，含义相近，古人往往视其为一种，例如清郭柏苍在《海错百一录》卷三里说："千人擘状如小蟹，壳坚难擘，《酉阳杂俎》谓之千人捏。"以今视之，千人擘属菱蟹类，与千人捏并非一类。

千人捏，今称拳蟹，头胸甲球形或长卵圆形，壳厚而坚实，因形似拳，故称，分布于我国辽东半岛至海南沿海浅水和低潮线泥沙滩与河口。现在看来，先人把这种蟹起名"千人捏"，虽说极度夸张，却也极为生动。

除了数丸和千人捏之外，《酉阳杂俎》出于自记的还有两种珍秘：一为飞头僚子，一为平原贡蟹。

先说飞头僚子。《前集》卷四："岭南溪洞中，往往有飞头者，故有飞头僚子之号。头将飞前一日，颈有痕，匝项如红缕，妻子遂看守之。其人及夜状如病，头忽生翼，脱身而去，乃于岸泥寻蟹蚓之类食，将晓飞还，如梦觉，其腹实矣。"头颅离开身躯，长出双翅，飞翔而去，做什么呢？"乃于岸泥寻蟹蚓之类食"，到河流岸边的泥洞里找点螃蟹或蚯蚓来吃，之后，头飞还复为常人，"其腹实也"，肚子就饱饱的了。这里的记载，让人觉得匪夷所思。明李云鹄在此书序言里说，读《酉阳杂俎》能使人"愕眙而不能禁"，即惊愕得目瞪口呆。此记载，经过明魏濬《岭南琐记》卷下，郑露《赤雅》卷上转述，扩大了影响。明许仲琳《封神演义》里的申公豹，把剑在颈上一抹，头便盘盘旋旋飞向天空，之后又能复植颈上，依旧还原归本，也许是受此启发而写出的。

再说平原贡蟹。《前集》卷十七有：

> 平原郡贡糖蟹，采于河间（今河北省黄河与永定河之间的河间县）界。每年生贡（以活蟹进贡）。斫冰，火照，悬老犬肉，蟹觉老犬肉即浮，因取之。一枚直百金。以毡密束于驿马，驰至于京（长安，今西安）。

时值隆冬，何来螃蟹？可是为了进贡，当地人"斫冰，火照，悬老犬肉"，在塘里凿开冰层，用火把的光亮照水，用狗肉的香味诱蟹，得到"一枚直（值）百金"之蟹后，"以毡密束于驿马，驰至于京"，用毛毡密密包裹，束于驿马，昼夜兼程，飞速运抵京城。唐杜牧《过华清宫》："长安回望绣成堆，山顶千门次第开。一骑红尘妃子笑，无人知是荔枝来。"相传杨贵妃喜欢吃荔枝，荔枝容易变质腐烂，唐玄宗便命人快马从驿道由远方运来，致使"人马僵毙"。比较起来，荔枝好采，冬蟹难得，至于运送则一样艰辛、劳顿、困苦，一路上还不知要跑死几多人马。因此，这则纪实的"平原贡蟹"之文与臆想的"华清荔枝"之诗，共同地从各自侧面揭露了封建统治者的骄奢淫逸给平民百姓带来的痛苦。

段成式《西阳杂俎》所记的三类蟹况都有各自的意义，尤其是第三类的自出新记，在历史上始见"数丸"和"千人捏"两种蟹类。书中记载的"平原贡蟹"又揭露了封建社会不合理不平等的一角，所以价值更大，是中华蟹文化史的一份闪光记录。

段公路《北户录》始见的"虎蟹"

段公路，临淄（今山东淄博）人，生活在唐懿宗（859—873）时，官京兆万年县尉，在广州时作《北户录》，记岭南风土物产，是唐代重要的风土志作家。

《北户录》卷一"红蟹壳"条涉蟹颇多，红蟹、蝤蛑、拥剑、蟛蜞等等，皆前人已经言及，但因该书一一注明出处，故对已佚的著作起到了保存的作用。例如三国吴沈莹《临海水土志》，宋前亡佚，该书引录其倚望、竭朴、沙狗、芦虎等，后人得以据此读到或辑佚。始见于《北户录》而前人未言及者是虎蟹。

该书"红蟹壳"条说："虎蟹，赤黄色，文如虎首斑。"在中国蟹类史上始见虎蟹之名，并说明了称虎蟹之由：因为它的背壳的颜色是赤黄的，斑纹犹如虎头。虎是中国人熟悉的动物，"赤黄色，文如虎首斑"，称虎蟹，直观，形象，把虎蟹的外貌给人的第一印象鲜明地勾勒了出来。稍后，唐刘恂《岭表录异》卷下"虎蟹，壳上有虎斑，可装为酒器，与红蟹皆产琼岸海边"，进一步说明了虎蟹的用途和产地。之后，宋吕亢《临海蟹图》(见宋洪迈《容斋随笔·四笔》)等也有提及。

宋曾慥《类说》卷六引《海物异名记·蟹名虎蟳》曰："海蟹之大者有虎斑纹蟹，谓之蟳者，以其随波湮沦。"(《海物异名记》作者不详，《类说》注"本书未见著录")自此，虎蟹又称虎蟳，而且虎蟳一名被更多人称说。明王世懋《闽部疏》进一步描绘了它的形貌："海中蟳有冬春间生者，蝤蛑类也，而色玛瑙，斗壳作狰狞斑斓，尽似虎头，土人名之曰虎蟳。"至明清虎蟹又称虎狮，明屠本畯《闽中海错疏》卷下"虎狮，形如虎头，有红赤斑点，螯扁，与爪皆有毛"；林日瑞《渔书》"虎狮蟳，状如狮头"；清黄叔璥《台海使槎录》卷二"虎狮蟹，遍身红点"。他们都认为它的背壳如虎似狮一般。此外，清周亮工在《闽小记》里还称它为关公蟹。其实，虎蟳、虎狮、关公蟹等皆由段公路《北户录》所记"虎蟹"衍变而来。

虎蟹，今称中华虎头蟹，为虎头蟹科的一种，头胸甲近圆形，赤黄色，满布斑纹，左右两侧各有一个深紫乳斑，犹如眼球，俨然似虎头，故称。因其第五对步足末端呈桨状，与蝤蛑类同，故先人又称它为虎蟳。此种中华虎头蟹，栖息于浅海泥沙底上，我国从南海到渤海湾都有分布，在拖网中常见渔获，可供食用。

天雨虾蟹

南宋罗泌《路史》记三皇至夏桀之事，多不经之谈，然而，卷三十三："历观前载，天雨之事盖非一矣。如螽，如鱼，如虾蛤、蠃蟹、蚤、鳖……"概括了天上随雨而降下的蝗虫和各种水族动物，却并不荒诞，比如天雨虾蟹，历史上就有多条记录。

唐皇甫枚（陕西邠州人，官汝州鲁山县令）《三水小牍》卷下：

广明庚子岁，余在汝坟温泉之别业。夏四月朔旦，

齐白石《虾蟹》

　　云物暴起于西北隅，瞬息间浓云四塞，大风坏屋拔木，
雨且雹，雹有如杯棬者，鸟兽尽殪，被于山泽中。至午
方霁，观行潦之内，虾蟹甚众。

事件发生的时间在广明庚子岁（公元880年）夏四月初一早晨，地点在汝州（今河南临汝县，以境内有汝水而名）汝水堤防边温泉别墅里，这天，此间自旦至午，风大雨大，天色放晴后，"观行潦之内，虾蟹甚众"。意思是，作者看见雨水蓄积的地方，满是虾蟹。

　　明朱国祯（1557—1632，浙江乌程［今湖州］人，万历进士，官至首辅）《涌幢小品》卷三十一：

　　温州府乐清县岭店驿，居民至七月二十日，皆闭户
不敢出。其日必有风雨，满街积有虾蟹。

浙江温州府乐清县，是个靠海的地方，外侧为东海，内侧为乐清湾，境内河渠纵横。为什么会有如此异象呢？当地居民的解释是："相传百年前，有女汲于河，龙神见而悦之，化为男，与交，遂有娠，后生二小龙，剖腹而出，龙神即摄女尸，葬于山顶，盖七月之二十日。至今小龙以其日至，若祭墓然，时刻不爽。"虽然给出的是一个神话的说明，可是，却真实地反映了"其日必有风雨"并带来"满街积有虾蟹"的情景。

　　清黄安涛（1777—1848，浙江嘉兴人，曾官广州高州、潮州知府）《贤己编》卷二：

　　嘉庆某年六月间，不记日矣。是日雷雨交作，广州

> 靖海门内总督署箭道前，有枯柳一株，为霹雳轰击，地
> 上郭索横行以千万计，近侧居人聚观逐捕，一无所获，
> 转瞬倏无踪迹矣！不知此蟹从何而来，莫可诘也。章澂
> 河幼时自塾归亲见之。

此为当事人回忆的转述，说"逐捕无获""倏无踪迹"，乃神秘之言；说"地上郭索横行以千万计"，或有夸大，但当有其事；说"不知此蟹从何而来"，则是受到时代和认识的局限。

以上反映的天雨虾蟹，以今视之，或是暴风，或是龙卷风，把本在水里的虾蟹裹挟到高空之后，跟着风力向前推进，随雨而降落到陆地的现象。因为异常和罕见，被古人记录了下来，与汉刘安《淮南子》卷八"昔者苍颉作书而天雨粟"等等一起，成了现今研究天象学的历史参考资料。

"石蟹（蟹化石）"的种种记录

这里所说的石蟹，指的是在地壳变动中，蟹沉入了地层，经过矿物质的充填和交替等作用，形成了保持有原来形状的蟹化石，是一种极为古久而稀见的化石。

唐段公路在《北户录》卷一"红蟹壳"条说："今恩州（今广东恩平、阳江一带）又出石蟹，其类则零陵燕、湘乡鱼、建宁虾、绵谷鳌也。"并自注零陵石燕、湘乡石鱼、建宁石虾、绵谷石鳌各自的历史记载。不说其遍读群籍、随手拈来、联类而及，成了古生物学中最早搜集化石类的材料，单就石蟹而言，也是比较早先的，并将其与石燕、石鱼、石鳌并列，所以这一补充，很是引人注意。

稍后，五代十国时期前蜀国李珣（xún，约855—约930，四川梓州[今三台]人）在《海药本草》里说：

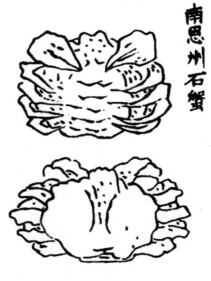

南恩州石蟹

石蟹，案《广州记》云："出南海，只是寻常蟹，年深岁久，日被水沫相把，因兹化成石蟹，每遇海潮即飘出。又有一般者，入洞穴年深，亦成石蟹。"味咸，寒，有毒，主消青盲眼，浮翳，又主眼涩。皆细研水飞，入药相佐，用以点目。（见宋傅肱《蟹谱》上篇"药证"条）

《海药本草》已佚，其所引《广州记》，同名者系晋宋间裴渊、顾微所著，亦佚，不详所出。可是，此处引录却说明了早在三四世纪，中国人就已经记录了石蟹并探讨了它的成因。李珣慧眼独具，把石蟹写进本草，说可以疗目，这又是开创性的。自此，中国本草类的医药著作便添进了石蟹，包括明李时珍的《本草纲目》，并且常常引述李珣的记录。

宋后（含宋），石蟹的记录频频出现于方志、医书、笔记等，或说明产地，或说明成因，或说明功效。

就产地而言。继《广州记》"出南海"后，宋范大成《桂海虞衡志》、周去非《岭外代答》，明李中立《本草原始》，清张璐《本经逢原》、汪昂《增订本草备要》等皆依循；泛泛而谈外具体的说明，如明李贤等《大明一统志》"临川水在崖州东一百三十里，唐以水名县，中产石蟹，渔人采之初颇软，出水坚硬如石"，如清屈大均《广东新语》"环琼水咸，独崖州三亚港水淡，故产石蟹"，如清李调元《然犀志》"石蟹生崖州之榆林港"等。继《北户录》"今恩州又出石蟹"后，宋姚宽《西溪丛语》"王治知南恩州，其子苤云：'海边有石山觜，每蟹过之，则化为石，蛇亦然'"。除恩州（或称南恩州）之外，广东其他地方亦产石蟹，如明黎久《未斋杂言》"肇庆濒海处，有石蛇石蟹之属，首足尾皆具"，如清李调元《粤东笔记》"徐闻之西，每天霁，海水清澈见底，浑然砥平皆石也"，如"石赢、石蟹、石燕"等。南海和广东之外，我国许多地方都出石蟹：宋沈括《梦溪笔谈》谈到婺州（今浙江金华）金华山，如"鱼蟹之类，皆有成石者"，施宿《嘉泰会稽志》"诸暨县两三里为灵泉乡，有石蟹里"，明李贤等《大明一统志》"凤翔湃阳县（今属安徽）西有山鱼陇，掘地破石得蟹，云可辟蠹也"，《大清一统志》载汉中府土产"石燕、石蟹"等。此外，还有概括而言的，例如宋苏颂《本草图经》说，石蟹"近海州郡皆有之，体质石也，而都与蟹相似，但有泥与粗石相着尔"。

就成因而言。《广州记》所说的"寻常蟹，年深岁久，日被水沫相把，因兹化成石蟹"，被宋范大成《桂海虞衡志》、周去非《岭外代答》、黄震《黄氏日抄》，明陈嘉谟《本草蒙筌》、李中立《本草原始》等所采用。它说亦多：宋沈括《梦溪笔谈》"盖蛇蜃所化，如石蟹之类"，认为是蛇蜃（传说中的一种似蛇并具有鳞甲的动物）

所化成的；明顾玠《海槎余录》"石蟹生于崖州榆林港内半里许，土极细腻，最寒，蟹入则不能运动，片刻则成石矣"，认为是寒冷冻成的，此说被清张璐《本经逢原》、李元《蠕范》，近人徐珂《可言》等所采用；清屈大均《广东新语》记载，三亚港"石上有脂如饴膏，蟹食之粘螯濡足而死，辄化为石，是为石蟹，取时以长钩出之，故螯足不全"，认为是蟹吃了石脂死后化成的，此说被清杨复吉《梦兰琐笔》等所采用；此外，有认为蟹出水即化成石的，例如，清陆次元《峒溪纤志》："石蟹，溪中所生，出水，每化为石"，程秉钊《琼州杂事诗》注"石蟹，生崖州榆林港，潜深穴中，本动物也，捕者携出水，即化为石"，等等。不过，虽有种种成因说，但许多人仍然认为"理不可诘"。然有一点比较统一，宋寇宗奭《本草衍义》："石蟹，直是今生蟹，更无异处，但有泥与粗石相着，凡用，须去其泥并粗石，止用蟹，磨合他药点目中，须水飞"；明陈嘉谟《本草蒙筌》：石蟹"多夹粗石污泥，凡用，去净"。

就功效而言。自《海药本草》说了石蟹可以治目疾后便被许多本草类著作沿袭，药用范围也不断扩大。举例来说：宋日华子《本草》"催生，血晕，天行热疾"；明陈嘉谟《本草蒙筌》"解腹内中毒蛊胀，平痈扫疹"，李中立《本草原始》"热水磨服解金石毒"，倪朱谟《本草汇言》"化蛊毒、丹毒、喉痹"；清严西亭《得配本草》"敷痈肿，消胬肉"等。也有一概沿袭李珣之说，其主要功效还是用来疗目疾：如宋唐慎微《证类本草》"点目，良"，赵希鹄《调燮类编》"置之几上能明目"；明张宁《方洲杂言》"家藏石蟹一枚，具体如生，以水磨之，腥气如蟹，病目者稍涂两眦，颇能定痛"；清杨复吉《梦兰琐笔》"治眼有神效"等。不过清末民初的徐珂在《可言》里以亲身经历说："花农兄督学粤东曾得石蟹，知予目患颗粒性结膜炎，以一寄予试之，未效。癸亥夏秋之交，赠林重夫，重夫之目患内障也，磨汁敷二日，但觉泱然而色黄"。现今石蟹罕见，一般也不会以此当药物，其功效也就恐难验证了。

最后作点补充。石蟹曾经入诗，清刘熙载《昨非集·琼州杂诗八首》之一："我观海南文，雅驯亦可嘉。不似物产怪，石蟹与飞蛇。"石蟹曾经被演绎成民间故事，明钱希言《狯园·石中蟹》："平昌黄家，营室于文里山下，遇一石础，可高二三寸，工不忍锯，欲截其柱辏之。主人曰：宁断石而薄，无斫木而短。趣令工锯焉。锯开，则中有一玉蟹走出，不知所至，而石之上下宛然具蟹形在。"石蟹曾经被写进小说，明古吴金木散人《鼓掌绝尘》第十一至二十回讲了娄祝获石蟹而发迹的故事，这只叫"温凉蟹"的石蟹，"比如夏天，取了一杯滚热的酒，把这石蟹放进去，霎时间就冰冷了。及至冬天，取了一杯冰窨的酒，把这石蟹放将进去，霎时间又火热了"，后来，娄祝把石蟹献给皇帝，龙颜大悦，他就当上了官。

石蟹（蟹化石）是古生物研究的对象之一，可以通过它了解地球上动物的早期状况，我国古代的种种石蟹记录，有着不可忽视的科研价值。

皮日休：诗人咏蟹第一人

皮日休（约834—约883），字袭美，号鹿门子，晚唐文学家，襄阳（今属湖北）人，咸通进士，曾为苏州刺史军事判官，与陆龟蒙唱和，入朝任著作郎、太常博士。黄巢入长安，皮日休任大齐政权翰林学士。

咏蟹诗产生于唐代，第一首是《鲁城民歌》，之后，李白、杜甫、元稹、白居易等都有涉蟹诗句。至晚唐，经济重心南移，南方盛产和南人喜食的螃蟹更多进入了诗人的视野，经过孕育，于是自皮日休开始了诗人的专题咏蟹。皮日休的咏蟹诗共有二首：

其一《病中有人惠海蟹转寄鲁望》。南方海岛渔民赠送我"绀甲青筐染著衣"的海蟹，即盔甲青青的、背壳青青的、衣裳青青的青蟹，于是扑动联想的翅膀，"离居定有石帆觉，失伴唯应海月知"，螃蟹离开曾经居住地方的时候，石帆（生海屿石上，其形如扇，海浪袭来，飘动如帆）一定察觉，失去伙伴的海月（海中生物，大如镜，白色正圆，犹如圆月）也一定知晓，"族类分明连琐，形容好个似蟛蜞"，它和琐琚（今称豆蟹，寄居蚌中）是一个族类，它的样子好似蟛蜞，最后诗人复归眼前的状况，收到青蟹，当然

《皮日休诗意图》（采自《画学简明》）

喜出望外，可是自己正在生病，不能享用，就"寄与夫君左手持"，即转寄给你——陆龟蒙（字鲁望）先生品尝吧！诗写得严谨而活泼，真实而颇具神思，对仗工整，用语精当，不失为一首咏蟹诗中的力作。

其二《咏螃蟹呈浙西从事》，抄录于下：

> 未游沧海早知名，有骨还从肉上生。
> 莫道无心畏雷电，海龙王处也横行。

晚唐是一个特殊的时代，吏治败坏，赋税、差役繁重，爆发了此起彼伏的农民反抗和起义，特别是冲天大将军黄巢的起义队伍，纪律严明，声势浩大，深得民心。作者是一个特殊的诗人，虽在唐政权任职，却深知农民疾苦，故对农民起义关注、同情，转而成为黄巢大齐国的翰林学士。《咏螃蟹》是一首特殊的诗篇，表面咏蟹，实质上是寄寓着对农民起义队伍的赞扬。"沧海"是说那个起义蜂起、沧海横流的时代，"有骨"是说那支有骨有肉披上甲胄的起义农民队伍，"雷电"是说超出了农民忍耐和畏惧限度的王法，"龙王"是说无上权威、主宰一切、生杀予夺的最高统治者，"横行"是说敢把皇帝拉下马的造反精神……原来螃蟹是一群不堪剥削和压迫、铤而走险的勇士，是一伙曾经畏雷怕电、心地善良的好汉，是一批虽然卑贱却敢作敢为英雄！结句"海龙王处也横行"，尽显豪迈的气概。

除了以上二首咏蟹诗之外，他还有几个涉蟹句：例如"蟹奴晴上临潮槛"，句出《送李明府之任海南》，诗句说的是每到晴天，蟹奴（寄居于蚌内的豆蟹，旧说此小蟹为蚌出食，故呼为蟹奴）就爬上临近潮水涌向岸边的地方；"蟹因霜重金膏满"，句出《寒夜文宴得泉字》，诗句说的是蟹因为霜重，腹内如金般的黄膏就饱满了。这些诗句，观察入微，描摹形象。

自皮日休开始文人咏蟹后，陆龟蒙、唐彦谦、朱贞白等相继接续，到了宋代就像泉水一样喷涌出来，至清尤为昌盛，成了咏物诗里一支异军突起的劲旅。

蟹因霜重金膏溢

《月令七十二候集解》："九月中，气肃而凝，露结为霜矣。"意思是，九月里，气温降至冰点，于是，在晴朗无风的夜间或清晨，水气便凝结成如雪般的霜。就在霜降节气，稻蟹已经长足，已经成熟，俗话说，"秋风响，蟹脚痒"，"寒露发脚，霜降捉着"，它要从沟渠、湖泊等栖息地，向江河直至浅海去交配繁殖了，渔人便趁机捕捉，开始进入了蟹汛期。

如此，霜降成了蟹肥的节气标志。唐皮日休"蟹因霜重金膏溢"（《寒夜文宴得泉字》），意思是，蟹到了天降浓霜的时候，腹内如金子般的黄膏饱满得几乎要涨溢出来。他在另一首诗中又说"病中无用霜螯处"（《病中有人惠海蟹转寄鲁望》），干脆以"霜螯"称"金膏溢"的霜蟹，认为霜蟹是应时的肥美食品。之后，"霜"与"蟹"便牵手，便结缘：

露夕梨津饱，霜天蟹甲肥。（宋·宋庠诗逸句，录自宋·高似孙《蟹略·甲壳斗》）
风高熊正白，霜落蟹初肥。（宋·苏辙《送王延老朝

185

清 庄恕一《芦蟹图轴》

散知虢州》）

霜蟹丰两螯，磊落登盘盂。
（宋·刘跂《王升之绝句以诗成有
共赋酒熟无孤斟为韵因次其韵》）

啄黍黄鸡嫩，迎霜紫蟹肥。
（宋·陆游《新秋》）

露深花气冷，霜降蟹膏肥。
（明·王冕《舟中杂记》）

肉中具五味，无过是霜蟹。
（清·张岱《咏河蟹》）

此类诗句，不胜枚举，一致反映了秋天霜落之后，螃蟹开始肥美，肥得金膏满溢，肥得两螯丰盈，肥得美味可口，并且因此称此时肥美的稻蟹为"霜蟹"或"霜螯"。大概为了保护和等待，甚至说"霜降后方可食蟹（宋赵希鹄《调燮类编》卷一）"。

什么时节吃蟹好？北魏贾思勰《齐民要术》说"九月内，取母蟹"，唐唐彦谦《蟹》诗说"湖田十月清霜堕，晚稻初香蟹如虎"，两人先后指出了要在九十月间，可是不大容易把握，现在与霜联系，人们一看见天降清霜就知道，噢，吃蟹的最佳节令到了！

又形象又好记。

陆龟蒙：推开了一扇稻蟹洄游的探索之窗

稻蟹（或名河蟹、湖蟹、大闸蟹等，动物学名中华绒螯蟹）是洄游的。每年八九十月间，在内陆水泽地带长大成熟了，就要离开栖息的地方，洄游到浅海的淡水和海水相汇区域，交配繁殖，称"生殖洄游"；每年三四五月间，幼体离开生育的地方，逆水而上，到内陆水泽地带觅取丰足的饵料，称"索饵洄游"。这种定期定向的往返移动，就是稻蟹的洄游。

对此，中国先民早就察觉，例如战国时期的庄子在《列御寇》里提到的"纬萧"，南朝梁顾野王在《舆地志》里提到的"扈"，就是后人所称的"蟹簖"，即以竹编帘，插入水中，成栅而拦，顺着稻蟹向江海洄游的水路，阻断它，截其去路，借此捕捉。这种渔具的使用，间接地透露了先民已经把握了稻蟹洄游的信息。

历史上最早直接指出了稻蟹洄游的是唐代孟诜（621—713，今河南临汝人，曾举进士，官光禄大夫，医药学家），他在《食疗本草》(已佚)里说："蟹至八月，即咯芒两茎，长

陆龟蒙

寸许，东向至海，输送蟹王之所"（见宋傅肱《蟹谱》"输芒"条）。虽然记载比较简略，且带有神秘色彩，不过已经开启了探索稻蟹洄游之窗的缝隙，而把这扇窗完全推开的则是陆龟蒙。

陆龟蒙（？—约881）字鲁望，号甫里先生，吴郡（今江苏苏州）人，晚唐文学家。举进士，不第，辟为湖、苏二州从事，后退隐松江甫里，自耕自适，多所论撰，与皮日休唱和，世称"皮陆"。他是一个喜爱吃蟹和关注蟹况的人。诗友皮日休（字袭美）惠海蟹并诗，陆龟蒙收到后精神一振，欢喜不已，"夜来偷醉早梅旁"，躲开家人，独自于夜间在早早开放的梅树旁边又喝酒又吃蟹，潇洒、风雅、忘情享用之后，回以《酬袭美见寄海蟹》诗致谢，诗说"自是扬雄知郭索，且非何胤敢饳馄"，意思是，你赠给我的海蟹，就是扬雄笔下的郭索，就是何胤桌上的糖蟹，好吃着呢！又说"骨清犹似含春霭，沫白还疑带海霜"，意思是，蟹壳清清净净犹如春天的云气一般，蟹沫白白亮亮仿佛带着海霜一般，鲜活着呢！诗写得淋漓深切，笔饱墨浓，与皮日休的《病中有人惠海蟹转寄鲁望》是早期咏蟹诗的双璧。陆龟蒙退隐松江甫里后，成了一个江湖散人，其《钓侣二首》里的一首说："一艇轻舟看晚涛，接䍦抛下漉春醪。相逢便倚蒹葭泊，更唱菱歌擘蟹螯。"意思是，我轻轻地划着小艇在水上荡漾，观看傍晚时分的波光水色，忽然，兴致上来了，就摘下头巾来滤酒喝，碰巧，渔翁驶着小船过来，于是一块儿停泊到芦苇丛边，好快活呀，一边喝酒，一边吃蟹，一边唱起了菱歌。这首诗轻盈欢快，情景交融，反映了诗人闲适的生活和当地淳朴的民风食俗。此外，因为陆龟蒙"渔于海山之颜有年矣，矢鱼之具，莫不穷极其趣"，于是写下了《渔具诗》十五题，其中诗序说"网罟之流曰罛、曰罾"，"横川曰梁，承虚曰笱"，"列竹于海澨曰沪（吴之沪渎是也）"，等等，都与捕蟹相关，并一一写下了《鱼梁》《沪（吴人今谓之簖）》等诗，在渔业史和捕蟹史上也是难得一见的重要文献，极具价值。

陆龟蒙所撰散文《蟹志》共三段，首段概述"水族之微者"的蟹在古籍里的记载，末段阐发蟹"舍沮洳而求渎，由渎而至于海"对今之学者的启示，中间一段说：

> 蟹始窟穴于沮洳中，秋冬交必大出，江东人曰："稻之登也，率执一穗以朝其魁，然后从其所之。"早夜霚沸，指江而奔。渔者纬萧承其流而障之曰蟹断，断其入江之道焉尔，然后板越逸遁而去者十六七。既入于江，则形质寝大于旧。自江复趋于海，如江之状，渔者又簖而求之，其越逸遁去者又加多焉。既入于海，形质益大，海人亦异其称谓矣。呜呼！执穗而朝其魁，不近于义耶？舍沮洳而之江海，自微而务著，不近于智耶？

这段文字，一是记录了江东（长江东部地区）群众有关稻蟹洄游的神话传说，并揭示出先前孟诜所言的来源；二是说明了渔者以簖捕蟹的原理及其使用状况；三是以儒家的观念赞扬蟹的"义"和"智"；特别是四，"蟹始窟穴于沮洳中，秋冬交必大出"，意思是，居住在内陆水域低湿狭小洞穴里的蟹，每到秋冬之交，必定纷纷爬出，"早夜霚（bì）沸，指江而奔"，意思是，早早夜夜像泉水般涌出，向江奔去，路上一次次越过渔人设置的蟹簖，先"入于江"，最终由江而"入于海"，到了洄游的目的地。那时候没有洄游的概念，可是实际上已经把蟹洄游的时间、出发地、路径、目的地一一准确而生动地记录了下来。陆龟蒙是继孟诜之后第二个记录稻蟹洄游的人,他的《蟹志》记载更全面具体,也更生动,经《蟹谱》题录和《蟹略》引载后,影响也更深远。因此可以说,至陆龟蒙才把稻蟹洄游的探索之窗完全推开了。

陆龟蒙之后,宋傅肱《蟹谱·总论》"秋冬之交,稻粱已足,各腹芒走江","嗜欲已足,舍陂港而之江海";元谢应芳"潮渠通海蟹输芒"(《刘旭斋过娄江客舍作诗赠之》);明沈明臣"秋高郭索输稻芒"(《邬氏山斋食烧蟹歌》);清江藩"年年芒稻输东海"(《食蟹有感》);等等,都提及稻蟹洄游。明李时珍说:"所谓入海输芒者,亦谬说也。"(《本草纲目·介部·蟹》)这个观点其实是又谬又不谬:说它谬,因为东海哪里有蟹王?谁又见过螃蟹啥着稻穗去朝见蟹王的情景?说它不谬,因为那时还没有洄游的概念,于是古人从自身社会经验推测,以一种玄想方式,给稻蟹洄游现象包裹了一层神秘外衣,可是透过它,却真实地反映了稻蟹每到秋冬之交的稻熟季节要东向至海洄游的客观状况。

稻蟹东向洄游至海后怎样?陆龟蒙在《蟹志》里说:"既入于海,形质益大,海人亦异其称谓矣。"显然是失察。对此,明人包括李时珍、徐献忠、朱国祯等方揭示真相,其中顾清(1460—1528)说得早而明确:"蟹入海,至春即散子,既散子,即枯瘠死矣。"(《松江府志·土产·水族之属》)此说已经为今人所验证:雌雌雄雄的稻蟹,满怀激情,到了海口浅滩的咸淡水域,便发情交配,完毕,雄蟹精力耗尽而死,雌蟹受精抱卵,至来年春天孵化,完成"散子"的生育任务后死亡,而一群小生命也就开始了独立生活的历程。

如果说,"输芒至海"是稻蟹的生殖洄游,那么,古籍里有没

明 徐渭《题蟹》

有提到索饵洄游呢？南朝梁陶弘景（456—536）说："今开蟹腹中，犹有海水。"（转录自宋傅肱《蟹谱·输芒》）似乎透露了一个约略的信息：蟹腹中的海水哪里来的？只能是海里带来的，不正是从浅海到内陆索饵的证据么？不过到了明清，许多记载是直接提及的：例如上引顾清《松江府志》在说了蟹"散子"后又说"梅月乘潮而来，皆其子也"；清俞樾《（同治）上海县志》"虮蟹，蟹类，细如豆，春初随潮群集海滩……春深即无"。特别在清代，常见提到虮蟹，说它"小如豆粒"，说它"春初化生"，说它"多至不可思议"，说它"清明即绝"……这里的虮蟹实际上就是稻蟹从浅海向内陆水泽地带索饵洄游的幼苗。为什么"清明即绝"？旧说"闻纸钱灰气则死"，实际上是幼苗已经蜕壳变形分散四方，继续逆流而上了。

以长江而言，稻蟹的索饵洄游最远可到达什么地方呢？元末明初的叶子奇在《草木子·观物篇》"江蟹至浔阳则少"，浔阳即今江西九江，距长江口要有几千里；宋徐似道《游庐山得蟹》"不到庐山辜负目，不食螃蟹辜负腹。亦知二者古难并，到得九江吾事足"；宋陆游《醉中歌》"浔阳糟蟹径三尺"；清王其淦《鄱阳湖棹歌》"霜天月夜擘双螯"（自注：沿湖产蟹甚巨）……这些记载，都说明了江西浔阳及其南面的鄱阳湖是有稻蟹洄游的，甚至浔阳以西的湖北、湖南都有它的踪迹。叶子奇说"江蟹至浔阳则少"，用了一个"少"字，极见分寸，比起苏皖来，这些地方毕竟离长江口远了，稻蟹索饵洄游到此的毕竟稀少了。

对于水生动物中鱼类的洄游，中国人是察知很早的，比如曹操说：鳣（zhān）鱼（鲟类）"常三月中从河上，常于孟津（今河南孟县南）捕之"（《四时食制》；见《初学记》卷三〇）；比如晋郭璞说："鰀（zōng，石首鱼）鲚（jì，刀鱼）顺时而往还"（《江赋》）……可是，与稻蟹洄游的记载相比较，这些记述就显得简略了。出于对稻蟹的喜爱和关注，中国人自唐代的孟诜、尤其是陆龟蒙开始了对它的洄游的探索之旅后，探索稻蟹洄游者代不乏人，这些探索丰富了人们对稻蟹洄游及其种种情况的认知和把握，并为人们自觉依据稻蟹洄游的特点，用蟹簖捕捉提供了理论指导。因此，这是一份独特且弥足珍贵的历史遗产，充分彰显了中国人在渔业发展史上的聪明才智。

唐彦谦《蟹》：艺术与史料价值兼备的诗篇

唐彦谦，字茂业，自号鹿门居士，并州晋阳（今山西太原）人。

咸通进士，曾任绛、阆等地刺史。博学多艺，晚唐诗人，著有《鹿门集》。

他的《蟹》诗是一首七言长律，共二十四句。抄录于下：

湖田十月清霜堕，晚稻初香蟹如虎。
扳罾拖网取赛多，篾篓挑将水边货。
纵横连爪一尺长，秀凝铁色含湖光。
螃蜞石蟹已曾食，使我一见惊非常。
买之最厌黄髯老，偿价十钱尚嫌少。
漫夸风味过蝤蛑，尖脐犹胜团脐好。
充盘煮熟堆琳琅，橙膏酱渫调堪尝。
一斗擘开红玉满，双螯嗍出琼酥香。
岸头沽得泥封酒，细嚼频斟弗停手。
西风张翰苦思鲈，如斯风味能知否？
物之可爱尤可憎，尝闻取刺于青蝇。
无肠公子固称美，弗使当道禁横行。

清代蟹篓

193

这首诗涉及蟹的成熟时间、捕捉、形态、买卖、吃法、风味等，具体生动，流畅明白，既有艺术价值又有史料价值。

说《蟹》诗有艺术价值，是因为它诗意的形象化。例如"湖田十月清霜堕，晚稻初香蟹如虎"，农历十月，天降清霜，晚稻初香，这时候，蟹长足、饱满、成熟，一只只从湖田里爬出来，矫健如虎；"纵横连爪一尺长，秀凝铁色含湖光"，蟹的躯体加上两边伸展开来的脚爪，足足有尺把长，整个身子呈铁青色，仿佛凝聚着秀丽的水色湖光；"一斗擘开红玉满，双螯嗍出琼酥香"，用手掰开蟹斗，只见充盈其间红的蟹黄，白的蟹膏，从一双大螯里可以吮吸出的螯肉又白又嫩又肥又香。全诗把环境、时节、大小、颜色、诱人的黄膏、酥香的螯肉等，一一以鲜明的形象、精当的比拟、诗意的语言描摹出来，使人读来有一种美感和艺术的愉悦。

说《蟹》诗有史料价值，是因为它提及蟹况的首开记录、承前启后，试举数例。

其一，"扳罾拖网取赛多"。什么是扳罾？四四方方的网，用十字交叉的竹竿撑开，沉入水中，拉起放下，是借以捕蟹的渔具。什么是拖网？用篙引小舟，沉铁脚网于水底而拖，为借以捕蟹的渔法。就捕蟹而言，此前未及，此后常及，在捕蟹史上留下了开创性的记录，而且说"取赛多"，相互比赛，看谁捕得多，反映了其时用此种渔具和渔法捕蟹已为渔民普遍使用。

其二，"篾篓挑将水边货"。篾篓就是用劈成条的竹片编成的篓子。渔民将捕捉到的蟹装进竹篓，挑到水边岸上叫卖。又云："买之最厌黄髯老，偿价十钱尚嫌少。"买蟹的人最倾倒的是黄髯老蟹，一只蟹还价十枚钱，卖蟹的人还嫌给得少。在蟹史上第一次提及渔民就地就近卖蟹，第一次提及一只"纵横连爪一尺长"老蟹的价值，蟹的买卖开始有了直接的真实记录。

其三，"橙膏酱渫调堪尝"。面对着煮熟的堆在盘子里琳琳琅琅的蟹，怎么吃呢？以橙膏或酱渫为调料，蘸着，是很好吃的。在诗，这是客观的反映；在史，这是首见的记录。而且从记载看是延续下来的，例如宋刘攽《蟹》诗说"味尤堪荐酒，香美最宜橙"，宋李纲《食蟹》诗说"樽前风味若无敌，笔以橙橘尤芬芳"，橙、蟹搭配曾经被推崇而流行。

其四，"尖脐犹胜团脐好"。三国魏张揖《广雅》先及蟹的雄雌，北魏贾思勰《齐民要术》又以蟹脐辨雄雌，"母蟹脐大圆，竟腹下，公蟹狭而长"。唐彦谦则称雄蟹为"尖脐"，雌蟹为"团脐"，这是承前启后的。因为概括准确，简单明了，从此"尖团"之称被广泛使用，例如宋苏轼说"一诗换得两尖团"（《丁公默送蝤蛑》），例如清翁同龢说"入手尖团快老饕"（《食蟹》）。这里为什么说"尖脐犹胜团脐好"呢？结合诗篇首句"湖田十月清霜堕"看，农历十月，雄蟹继雌蟹九月而成熟，是格外肥美的，它成了后来谚语"九月团脐十月尖"的先声。

此外，"西风张翰苦思鲈，如斯风味能知否"句，也许给了宋代诗人黄庭坚以启发，使他写下了"东归却为鲈鱼美，未敢知言许季鹰"；至于"无肠公子固称美，弗使当道禁横行"句，更在后来派生出种种类似的说法。

唐彦谦是山西人，据地方志载，山西产蟹，可是小而少，不堪充馔，从《蟹》诗看，他先前吃过螃蜞、石蟹，然而，哪里见到过热火朝天的捕蟹场面？哪里见到过"纵横连爪一尺长"的湖蟹？于是觉得新鲜惊喜，便买蟹，便食蟹，记录了所见所历，抒发了所思所感，凭着敏感，凭着才情，成就了早期咏蟹诗中的佳作，并且因其如实记录和客观描述，使它成了一首艺术性和史料性兼备的诗篇。

扳罾拖网赛取蟹

原始时期，捕捞是先民获取食物的来源之一。《尸子》云："燧人之世，天下多水，故教民以渔。"《周易·系辞下》云："古者包牺氏之王天下也，……作结绳为网罟，以佃以渔……"种种记载，反映了渔业起始之早。此"渔"当是一个宽泛的概念，包括了捕捉鱼类及虾蟹等一切水产品。可是说不清什么原因，捕蟹尤其是以网罟捕蟹的文字记录，却一直处于空白，直到晚唐诗人唐彦谦《蟹》诗"扳罾拖网取赛多"才被点及。应该说，扳罾和拖网先秦就有，先民以此捕鱼的时候，一定捕到过螃蟹，于是当螃蟹有了销路和市场情况下，蟹汛期间，又以此捕蟹，从此扳罾和拖网成了捕鱼兼捕蟹的双用渔具。

先说扳罾。屈原《九歌·湘夫人》："罾何为兮木上。"可见"罾"这种渔具在南方水乡泽国早就使用了，而且历经两千多年流传至今仍在广泛使用。什么是罾？罾俗称扳罾，是四四方方的网，用十字交叉的竿撑开，沉入水底，鱼蟹上网，拉起捕捉。罾有大有小，大的有五六张桌子那么大，置于河流中间，四周系上铁石，让其沉水，用长毛竹固定在河边，便于升降；小的只有砧板大，限于小河小沟捕捉，一个人可以管十几口乃至几十口。以小而言，网里放小杂鱼、河蚌肉之类做食饵，沉入水底后再用一根细绳与水面上的浮漂相连，每隔一定时间，就用长竹竿钩住浮漂起网，快速举起，一旦出了水面，蟹就无法逃逸。俗话说，"懒张簖，勤扳罾”，“十网九网空，捞住一网就中”。

自唐彦谦《蟹》诗里提到以扳罾捕蟹，之后时见记录：

> 稻熟水波老，霜螯已上罾。（宋·刘攽《蟹》）
>
> 震泽渔者陆氏子，举网得蟹，其大如升，以螯剪其网皆断。（宋·傅肱《蟹谱·殊类》）
>
> 闲则扳罾把钓，将鱼篮一个，背月而挑。（明·施绍莘《泖上新居》套曲）
>
> 晨罾当闸口，夜火点江边。（清·钱澄之《同秦公梅士舍弟食蟹有感》）
>
> 罾船几个沿塘去，摇到张泾一曲中。（清·王鸣韶《练川杂咏和韵》）
>
> 虾蟹无逃罾簖稠，夜深篝火小棚幽。（清·姚文起《支川竹枝词》）

种种记录都反映了扳罾始终是捕蟹的渔具之一，长久被使用。

再说拖网。唐彦谦《蟹》诗里所说的拖网是怎样的渔具和渔法？宋傅肱《蟹谱·荡浦摇江》条说：“吴人于港浦间，用篙引小船，沉铁脚网以取之，谓之荡浦。于江侧，相对两舟，中间施网，摇小舟徐行，谓之摇江。”虽称名不一，但都属拖网，并且大致做出了说明。这种拖网如长形口袋，网口的上缘用绳系在一根竹竿上，网口里悬挂一张盖网，网口下缘用小铁块作沉子，如此，船在前面摇着，网在后面拖着，由于沉子的作用，网的腹面贴着水底张开，将蟹拖入网内，定时将网拉起，便可获蟹。无论单船拖网或双船拖网，只要在秋冬时段，即蟹向浅海洄游的时段，是可以有

扳罾（采自《三才图会》）

丰厚收获的。

　　顺及，还有以栏网捕蟹的。明张纲孙《宿迁岸见捕蟹者》："下相城边已夕辉，高滩风起浪花飞；土人结网横流处，八月黄河紫蟹肥。"下相是宿迁的旧名，该县在江苏北部，先前曾经是黄河流经之地。其中说"土人结网横流处"，当属栏网，即一种栏河式的长条网，作业时，选择河道狭窄、水不太深、有一定流速的地方，拦河布放，让网直立成垣墙状着底，截断螃蟹的通路，并被缠络于网衣内，从而捕获。其原理如同以籪捕蟹，不过蟹籪是固定的，它是机动的，可以摇着船到螃蟹洄游的密集河段去布网，极为灵便。

实际上，民间还有很多先前流传下来的以网捕蟹的手段，只是缺少记载而已。宋黄庭坚说"谁怜一网尽，大去河伯民"（《次韵师厚食蟹》），明叶小鸾说"渔人网得霜螯蟹"（《竹枝词》），清阎循规说"网丝牵动芙蓉叶，鲜螯出水大如盘"（《青县竹枝词》）……可见，以网捕蟹为历代所常见。

就地销售与远途贩运

自唐代起，随着捕捞业的发展、经济的繁荣，蟹的买卖，包括就地销售和远途贩运，开始有了直接的记录，反映出蟹业逐步趋向兴旺的景象。

先说就地销售。中国长期处于农耕社会，农民守着一方土地，日出而耕，日落而息，身不离乡，捕蟹者也是守着一方水域，人不离船，晚出而早归，把夜间捕得的螃蟹就地销售，以此换薪易米，养家糊口。

早先涉此者为晚唐诗人唐彦谦《蟹》，诗的开头说："湖田十月清霜堕，晚稻初香蟹如虎。扳罾拖网取赛多，篾篓挑将水边货。"意思是农历十月，天降清霜，晚稻初香，蟹健如虎，渔民以扳罾和拖网，争着赛着在湖田捕蟹，捕到后放进竹篓，挑了到水岸上就地出卖。

梳理古籍，这种由捕蟹者不经过中间商而直接出卖的，情况各种各样：明宋讷《直沽舟中》"夕阳野饭烹鱼釜，秋水蒲帆卖蟹船",意思是傍晚用餐的时候,张着蒲帆的卖蟹船,便在群集的客船中间穿梭,兜售螃蟹;清黄霆《松江竹枝词》"横泾小蟹号金钱,较似清溪味更鲜。细切橙丝携橘酒,常来三泖问渔船",意思是被味道更加鲜美的金钱蟹吸引,顾客是带着橘酒之类,径直到三泖渔船上买了就近而食的;清顾禄《清嘉录·煠蟹》"湖蟹乘潮上簖,渔者捕得之,担入城市,居人买以相馈贶,或宴客佐酒";清翁同龢《题蒋文肃得甲图卷》"姜橙已老菊花黄,日日街头唤卖忙",讲的是捕蟹人挑着担子到城市里沿街叫卖;明方尚祖《沐阳》"晓市多鱼蟹,村庄足稻粱";清王省山《有馈蟹者书此记之》"江乡九月,尖团入市卖",意思是捕蟹人捕到蟹后就在附近乡间的集市上出售,他们出售的螃蟹多的挑筐压肩,少的贯芦手持。

此类交易,对卖蟹人而言,就近就便,不妨碍继续捕蟹,对买蟹人而言,唾手可得且鲜活价廉,因此始终是买卖螃蟹的原始而主要的方式。

再说远途贩运。自唐开始,蟹的买卖逐步兴盛,标志是出现了中间商,他们凭借资本、实力和对商情的了解,收购螃蟹后以舟车贩运,或近或远行销各地,成了捕蟹者和消费者之间的桥梁,促进了蟹业的繁荣。

唐张读(835—约886),深州陆泽(今河北深州市)人,进士,官至吏部侍郎。在他的神怪小说集《宣室志》卷四里记录了发生于天宝十三年(754)的一件奇事,船舱中的万鱼跳跃而呼"阿弥陀佛",因而带出了如此一笔:"宣城当涂民有刘成、李晖者,俱不识农事,常以巨舫载鱼蟹,鬻于吴越间。"这一笔在蟹史上极为重要:一则说明了唐代时吴越间捕捞业的发达,二则说明了吴越间鱼蟹消费的普遍,三则揭开了贩鱼特别是贩蟹的序幕,说明了

营业写真

俗名三百六十行

卖蟹

螃蟹横行道或无，
载水兼能渡，
无几时到，绝被渔人
掏。九雄十雌卖弗讠
迟到终被渔人掏。九雄十雌卖弗迟。
食时袛隐隐扒床。

营业写真（采自《图画日报》）

当时这类商业活动已经开始兴旺。一条巨舫大船，或装上万条鱼，或装上万只蟹，而且都是鲜蹦活跳的，往来于今江苏浙江一带，从收购经路上再到卖出，还不要十天半月？然而，贩运者却解决了包括保活保鲜等在内的一系列难题，在那个时候可以说是非同寻常的。

唐后，多有涉此者，例如北宋傅肱《蟹谱》"贡评"条说："旁蟹盛育于济郓，商人辇负，轨迹相继，所聚之多，不减于江淮，奚烦远贡哉？"意思是济（济州，今山东巨野）、郓（郓州，今山东东平）是盛产螃蟹的地方，于是贩卖的商人，车载肩挑，络绎不绝，一天到晚，源源不断地把多不胜数的螃蟹运到开封供应着上至皇室下至百姓的需求，何烦江淮远贡呢？南宋吴自牧《梦粱录》"江海船舰"条，在讲到通江渡海津道的浙江，有着形形色色、大大小小的船舰及其航行的时候说，"明、越、温、台海鲜鱼蟹鲞腊等货，亦上通于江浙"，即这些地方靠着船运把沿海一带产出的螃蟹之类，辗转销往江苏和浙江各地。明黄晔《蓬窗类记·商贩记》载，有个江南子弟叫周仲明的，迫于家计，遂听亲戚"江北贩蟹，风便必获厚利"，到江北宝应得蟹而归，过江遇风浪，船覆人几淹死。清纪昀《乌鲁木齐杂诗·物产》："不重山肴重海鲜，北商一到早相传。蟹黄虾汁银鱼鲞，行箧新开不计钱。"自注："一切海鲜，皆由京贩至归化城，北套客转贩而至。"讲到商贩把北京的螃蟹，先长途跋涉贩到归化（今内蒙古呼和浩特），再由河套客商路途遥遥转运到新疆的乌鲁木齐，竟横穿整个中国北境。

除了贩运鲜活的螃蟹之外，还有贩卖酒蟹、腌蟹的，清魏标《湖墅杂诗》卷上："秋晚牙湾贩海鲜，蟹舟衔尾泊淮船。团脐紫爱香浮甑，酒瓮藏留醉隔年。"在清代嘉庆和道光年间，杭州牙湾螃蟹交易十分兴旺，每到秋天，装在瓮里腌了或醉了的淮蟹，一船一船，首尾相接，停泊而满，被贩运来，搬进一家一家蟹行，转而销售到浙江各地。这种情况延续到清末，绍兴籍作家周作人在《吃蟹》里回忆说："腌蟹则到时候满街满店，有俯拾即是之概"，"腌蟹通称淮蟹"。淮船或淮蟹的称呼，表明了是从今江苏淮安一带贩运到杭州或绍兴的。

清焦循《北湖小志》卷一：扬州地方"每蟹时，簎户积蟹于仓，或以簿（bó，通"箔"，竹席）围之，困（曲折回旋）于野（田野），狼戾（lì，散乱）满地，不少惜。日以蟹为粮，家人厌之，市侩引贩者就其家，架大衡（即秤）秤之，载以船，多往京口（今镇江），京口人能辨其为湖蟹也"。此载，一方面反映了产区蟹多、人以为厌的情况，一方面证实了贩蟹人低价进高价出，有利可图甚至大发其财。

总的说来，螃蟹作为一种商品，贩者获利，买者获需，适应了市场，调节了盈缺，它一头拉动了渔民的捕捉，一头又满足了大众的口腹。

吴中稻蟹美 张翰误忆鲈

鲈鱼，尤其是松江四腮（左右两个腮膜上各有两条橙红色的斜纹，仿佛是四个腮叶）鲈鱼，巨口细鳞，肉白如雪，曹操称它为"珍馐"，隋炀帝称它为"东南佳味"，历史上包括范成大、杨万里等等都馋它。因为大家"但爱鲈鱼美"，范仲淹《江上渔者》里说"君看一叶舟，出没风波里"，以满足各人口腹。

最馋鲈鱼的当数西晋的张翰。张翰，字季鹰，吴郡吴（今属苏州）人，清才善文，纵任不拘，在洛阳为官念念不忘的是家乡的鲈鱼，"秋风起兮木叶飞，吴江水兮鲈正肥"（《思吴江歌》），想着念着盼着馋着。某日，"翰因见秋风起，乃思吴中菰菜、莼羹、鲈鱼脍，曰：'人生贵得适志，何能羁宦数千里以要名爵乎！'遂命驾而归"（《晋书·张翰传》）。乡物撬动了乡情，乡味涌出了乡愁，为了吃到魂牵梦绕的鲈鱼等吴中三昧，张翰当机立断，竟拍拍屁股，立马辞官，返回江东。从此，"莼鲈之思"成了千古佳话，鲈鱼也成了怀忆家乡的文化标志之一。

进入东晋，吏部郎毕卓发现了一款更可口更鲜美的食品——稻蟹，说："右手持酒杯，左手持蟹螯，拍浮酒船中，便足了一生矣。"（《晋书·毕卓传》）此后便被众所认同，隋炀帝称它为"食品第一"，清李渔说它"薄诸般之海错，鄙一切之山珍，特生一甲，横扫千军"。历史上嗜此者如张旭、苏轼、陆游、徐渭等等不可胜数，有的甚至到了啖蟹无厌的地步。北宋苏舜钦流寓苏州，筑沧浪亭以自适，他在《答范资政书》里说："不得已，遂沿南河，且来吴中，既至，则有江山之胜，稻蟹之美。"苏舜钦把吴中江山和稻蟹并提，可见他对稻蟹的喜爱。

在如此抬爱稻蟹的氛围里，许多诗人一吃稻蟹，果然"甘腴虽八珍不及"，于是便联想到了张翰当年在洛阳的"莼鲈之思"，写出了如下诗句：

　　　西风张翰苦思鲈，如斯风味能知否？（唐·唐彦谦《蟹》）

　　东归却为鲈鱼脍，未敢知言许季鹰。（宋·黄庭坚《秋冬之间鄂渚绝市无蟹今日偶得数枚吐沫相濡乃可悯笑戏

清 边寿民《蟹图》

成小诗三首》）

却笑思鲈脍，应须持蟹螯。（宋·李彭诗逸句，引自宋·高似孙《蟹略》卷二）

张翰思归兴，当年误忆鲈。（元·马臻《蟹》）

江上莼鲈不用思，秋风吹破绿荷衣。何妨夜压黄花酒，笑擘霜螯紫蟹肥。（明·钱宰《画蟹》）

若使季鹰知此味，秋风应不忆鲈鱼。（清·郎葆辰《画蟹诗》）

虽说萝卜青菜各有所爱，可是仍能以口舌比较品鉴，出于对稻蟹的赏识、推重和倾倒，这些诗句都认为张翰思鲈是一个令人遗憾的失误。应该说，从客观逻辑上看不无道理，吴地产蟹而多且特肥大鲜美，"吴中郭索（按：蟹的别名）声价高"（宋高鹏飞《食蟹》），"稻蟹独吴中之最"（《平江府志》），堪称卓绝，何况与鲈鱼一样，稻蟹亦在秋风里成熟，张翰为吴郡吴人，却没有在霜天里思而及此乡物，只提"忆鲈"，确实是个疏漏。可是换一个历史角度来看，中国人吃蟹虽然已经3000多年，先前只是果腹之需，"人莫不饮食也，鲜能知味也"（《中庸》），直到东晋毕卓才以蟹为鲜为美，怎么能够超越历史去要求张翰呢？于是，不妨如此判定：张翰只是一个乡味的执着怀恋者，而不是一个乡物的开创发现者。"张翰思归兴，当年误忆鲈"，然而，失之东隅收之桑榆，在中国，张翰算得上是一个最早揭示乡物乡味能够触发家园之恋的人，扩大而言，游子思乡是人类的一个普遍与永恒的现象。

各地贡蟹与唐帝赐蟹

唐代的李姓帝王及其眷属，住在长安的宫廷里主宰独尊，"普天之下莫非王土，率土之滨莫非王臣"，接受着各地的进贡，享用着四方的美味。

各地进贡的是什么呢？吃穿玩用，形形色色，什么都有，其中包括螃蟹。据欧阳修、宋祁《新唐书》载：

> 河北道沧州景城郡。土贡：丝布、柳箱、苇簟、糖蟹、鳢鲊。（卷三十九"地理三"）

山南道江陵府江陵郡，本荆州南郡，天宝元年更郡名。土贡：方纹绫、贵布、柑、橙、橘、椑、白鱼、糖蟹、栀子、贝母、覆盆、乌梅、石龙芮。（卷四十"地理四"）

淮南道扬州广陵郡。土贡：……鱼脐、鱼鲊、糖蟹、蜜姜、藕……（卷四十一"地理五"）

为了满足帝后宫眷的食蟹需求，著名产蟹区的地方官纷纷进献，景城郡（今属河北）、江陵郡（今属湖北）、广陵郡（今属江苏）等地方都有贡蟹的记录。宋黄庭坚云："吾评扬州贡，此物真绝伦！"（《次韵师厚食蟹》）他认为蟹是一种"夸说齿生津""风味极可人"的食品，用来进贡，超常绝伦，无物可及。

唐段成式《酉阳杂俎》更有具体记述："平原郡贡糖蟹，采于河间界。每年生贡。斫冰，火照，悬老犬肉，蟹觉老犬肉即浮，因取之。一枚直百金。以毡密束于驿马，驰至于京。"河间县，在今河北省黄河和永定河之间，当地长官，为了进贡，即使在天寒地冻的隆冬，仍驱使百姓于夜间举火凿开冰层，以老犬肉诱蟹上浮而得，再赶快用毛毡包裹，通过驿道，快马加鞭，送至长安。这一记述，一方面反映了唐代帝室的骄奢淫逸，一方面揭示了因贡蟹而给地方带来的沉重负担。

唐玄宗李隆基（685—762）常常以食物赐臣，杜甫《丽人行》"黄门飞鞚不动尘，御厨络绎送八珍"，便是真实的写照。所赐食物各种各样，其中包括生蟹，即鲜活的螃蟹。大臣获蟹后，诚惶诚恐，便命人具状（陈之于朝的文书）谢恩：

　　　　右，内官赵承晖至。奉宣圣旨，赐臣车螯、蛤蜊等

一盘。仍令便造。赵承忠至，又赐生蟹一盘。高如琼至，
又赐白鱼两个。伏以衡门之下，频降王人。箪食之中，
累承天馔。适口之异，无时不露。骇目之珍，每日幸遇。
顾循涯分，何以克当。徘徊宠私，罔知攸答。（苑咸《为
李林甫谢赐食物状》）

右，中使焦庭望。奉宣恩旨，赐臣生蟹一盘。便令
造食……（苑咸《为晋公谢赐蟹状》）

李林甫（？—752），玄宗时宰相，封晋国公，专政自恣，朝野
侧目，为人往往阳示和好而阴谋中伤，是历史上以"口蜜腹剑"著
称的奸臣。可是他深得宠信，李隆基两次"赐生蟹一盘"，他两次
以状叩谢，不仅反映了唐代宫廷的饮食及其赠例，而且也透露了
唐帝视蟹为珍馐，并以蟹赐臣，予以笼络。

唐诗里的涉蟹句选释

这里的涉蟹句指的是非咏蟹诗里的涉蟹诗句，所选或有欣赏、
或有实用、或有文献价值。录出之后，注明出处、介绍诗人并简
要注释，译成白话再加以解读。唐代产生了蟹诗，涉蟹诗句亦多，
"木欣欣以向荣，泉涓涓而细流"，由此开始，蟹诗逐步繁荣，而
对后世产生了深远影响。

"左手持蟹螯，右手执丹经。"句出李颀《赠张旭》。李颀
（690—751），东川（今四川三台）人，开元进士，曾任新乡县尉，
唐代诗人。张旭，唐代书法家，尤善草书。丹经，神仙家的秘籍，
用丹笔书写的经书，或说讲炼丹的。诗句意思是，张旭左手持着

蟹螯，右手拿着丹经，一边吃蟹，一边读经。把张旭以蟹助读的
情状形象地写了出来，反映了他嗜蟹的程度。

"炊粳蟹螯熟，下箸鲈鱼鲜。"句出李颀《送马录事赴永嘉》。
永嘉，县名，属浙江省。粳为粳米，米粒粗短，涨性小，黏性较
强。箸为筷子。诗句说，烧火煮粳米饭的同时螃蟹也熟了，下筷
又可以吃到鲜美的鲈鱼。写出了永嘉是鱼米之乡，螃蟹也是当地
人爱吃的食物。

"二螯或把持。"为杜甫诗逸句。杜甫（712—770），其先代由
原籍襄阳（今属湖北）迁居巩县（今属河南），官左拾遗、检校工部
员外郎等，唐代诗人。此句见宋傅肱《蟹谱》下篇"纪赋咏"，宋
高似孙《蟹略》卷三"把蟹"条作"二螯堪把持"，清《古今图书
集成》又作"二螯或把持"，《全唐诗》及其补遗未见收录。诗句
说，有时候，手持两只蟹螯，品尝螃蟹。此为杜诗中的唯一涉蟹
句，可见杜甫有机会的时候也以食蟹为乐。

"鹤舫闲吟把蟹螯。"句出羊士谔《忆江南旧游二首》（其二）。
羊士谔，泰山人，曾拜监察御史，唐代诗人。诗句说，在鹤形的
游船上，悠闲自在地吃着螃蟹，吟着诗歌。诗人的美好回忆，反
映了唐代时江南已经有了食蟹风气，连乘坐的游船上都供应螃蟹。

"獠羞螺蟹并。"句出《城南联句》。此联句为和孟郊联句的韩
愈句。韩愈（768—824），河南河阳（今孟县）人，贞元进士，官至
吏部侍郎，唐代文学家。獠，泛指南方少数民族。"羞"同"馐"，
指美味食品。诗句说，南方獠人把螺与蟹一起当作珍馐。反映了
除汉族之外，南方其他民族亦视蟹为美食。

"朵颐进芰实，擢手持蟹螯。"句出柳宗元《游南亭夜还叙志
七十韵》。柳宗元（773—819），河东解县（今山西运城）人，贞元

209

进士，官柳州刺史等，唐代文学家。朵颐，鼓动腮颊，嚼食的样子。芰（jì）实，菱角。擢，抽。诗句说，鼓起了腮帮进食菱角，腾出手来持蟹而吃，反映了诗人对螃蟹的钟爱。

"池清漉螃蟹。"句出元稹《江边四十韵》。元稹（779—831），洛阳（今属河南）人，曾为越州刺史等，唐代诗人，与白居易唱和，世称"元白"。漉，清洗。诗句说，清清的池水，洗净了螃蟹。先前称"蟹"，至隋唐方称"螃蟹"，元稹是第一个把"螃蟹"写入诗句的诗人。

"越浦黄柑嫩，吴溪紫蟹肥。"句出杜牧《新转南朝未叙朝散初秋暑退出守吴兴书此篇以自见志》。杜牧（803—852），京兆万年（今陕西西安）人，太和进士，曾为湖州刺史等，唐代诗人。诗句说，越地的水边有嫩嫩的黄柑，吴地的溪中有肥肥的紫蟹。这句诗指出了吴地（以今苏州为中心的一带）出产肥美的螃蟹。之后，宋高似孙《蟹略》据此和其他诗句，列出了"吴蟹"条目，吴蟹就此享誉至今。

"盈盘紫蟹千卮酒。"句出罗隐《东归》。罗隐（833—910），新登（今浙江桐庐）人，投镇海军节度使钱镠，任钱塘令等，唐代诗人。卮（zhī），酒器。诗句说，盘子里堆满了紫蟹，酒喝了一杯又一杯，要喝千杯之多。反映出蟹是最好的下酒之物。

"漫把樽中物，无人啄蟹匡。"句出钱珝（xǔ）《江行无题一百首》第五十一首。钱珝，钱起曾孙，吴兴（今属浙江）人，乾符进士，官太常博士等，唐代诗人。诗人写这首诗的时候，是在江西北部与湖北南部交界的地方。诗句说：这里的人，端起酒杯喝酒，却不见有人啄食蟹匡。反映出楚地不一的饮食风俗。什么是啄？原指鸟类用嘴取食，现在借来，说人把嘴凑上去吮吸，并发出"啄啄"的声音，贴切而形象，又反证了吴乡是"人人啄蟹匡"的。

"肌肤未解黄金甲，骨髓常留白玉香。"为罗邺诗逸句。罗邺，余杭（今属浙江）人，唐代诗人，在咸通、乾符中，与罗隐、罗虬合称"三罗"。此句见明胡世安《异鱼图赞补》卷下"蟹"条，后又见清张炎等辑《渊鉴类函》蟹三"黄金甲"条，然清孙之𫘤《晴川后蟹录》卷一"蟹甲流膏"条作"黄金解甲肌肤实，白玉流膏骨髓香"，《全唐诗》及其补遗未见收录。诗句说，煮熟的螃蟹，它的肌肤就像没有解脱的黄金般的铠甲，它骨髓里的蟹肉犹如白玉一般，常常留有一股芳香。比喻贴切，描摹形象，对仗工整，用词准确，是咏蟹诗中对作为美食的螃蟹的生动刻画。

朱贞白《咏蟹》善嘲

杨亿（974—1020），建州浦城（今属福建）人，宋初文学家，兼长史学，才高学博，见多识广，门下记其平日所谈，成《杨文公谈苑》，其间云："朱贞白，江南人，不仕，号处士"，"贞白善嘲咏，曲尽其妙，人多传诵"，"建帅陈晦之子德诚，罢管沿江水军，掌禁卫，颇患拘束。方宴客，贞白在坐，食螃蟹，德诚顾贞白曰：'请处士咏之。'贞白题曰：'蝉眼龟形脚似蛛，未曾正面向人趋。如今钉在盘筵上，得似江湖乱走无？'众客皆笑绝"。

此诗被《全唐诗》收录，题《咏蟹》并以《谈苑》所记为诗序，说明背景，不过，诗人之名作"李贞白"，后《全宋诗》亦录，题《咏螃蟹》，诗人之名更正为"朱贞白"，不过又云"或作李贞白"。其实，朱贞白其人其诗仅见《谈苑》，《诗话总龟》《宋朝事实类苑》等皆据此引录，故当以朱贞白为是。

齐白石画蟹

　　诗说：你这螃蟹呀，眼睛像蝉，体形像龟，腿脚像蜘蛛，从来不曾在人面前直行过，如今被煮熟了，一只只堆在盘子里，放在筵席上，还能像从前那样在江湖里横行乱走吗？这首诗比喻迭出，贴切形象，描绘逼真，情趣诙谐，而且流露了在享用螃蟹之前，心理上的一种得意的、快慰的、满足的甚至是带有骄傲和胜利的情绪。这次宴会的主人是南唐将领陈德诚，宾客是其统领的校尉，他们担负着御敌戡乱的任务，因此，透过表层，朱贞白对螃蟹的揶揄和嘲讽，"你这不伦不类的家伙，你这横行乱走的家伙，如今被捉被煮被装进了盘子，还能逞现昔日的威风吗？"实际上是借蟹恭维主客，说他们取得了御敌戡乱的胜利。为什么"众客皆笑绝"？一方面是诗歌曲尽其妙，一方面是诗歌迎合了他们的心理诉求。

　　当然，如果跳脱出产生这首善嘲咏蟹诗的特殊背景，蟹的横行霸道又为许多人所厌恶，那么，"得似江湖乱走无"，就可被借用来讥诮所有的坏人和恶人，如此，诗句就散发出一种永久的魅力，故而至今人多传诵。

江文蔚《蟹赋(残文)》

文莹，钱塘人，尝居西湖菩提寺，后隐荆州金銮寺，宋僧，主要活动于北宋仁宗、英宗、神宗朝，工诗，喜藏书，尤潜心野史，著有《湘山野录》，卷下一则云：

> 严仆射续以位高寡学，为时所鄙。又江文蔚尝作《蟹赋》讥续，略曰："外视多足，中无寸肠。"又有"口里雌黄，每失途于相沫；胸中戈甲，尝聚众以横行"之句。续深衔之，强自激昂。

《蟹赋》的作者江文蔚（900—952），建安（今福建建瓯）人，进士，后仕南唐，为中书舍人，迁御史中丞，终翰林学士，在朝廷中颇得人望，有"高才"，而且不避权势，敢于直言。那么，被《蟹赋》所讥的严续是何等人物呢？史载"父子为相者，严可求、严续"（宋郑文宝《江表志》卷下），严续得到父亲的荫庇，十多岁就当官，并且娶了皇帝女儿为妻子，很受重用，官至仆射（相当于宰相），可是少贵倦学，知识不多，官高而不称职。

江文蔚以蟹讥严续是够辛辣的："外视多足，中无寸肠"，从外表上看，蟹脚很多，一副干练利索的样子，实际上肚子里连一寸肠子都没有，腹中空空，毫无文墨；"口里雌黄，每失途于相沫"，

清代竹雕摆件

可是它却要装成饱学之士，好发议论，信口雌黄，哪知道往往出错，结果只好直吐泡沫；"胸中戈甲，尝聚众以横行"，只是凭借着披坚执锐，铁甲长戈，结党拉派，聚众横行。句句说蟹，字字喻人，旁敲侧击，指桑骂槐，把严续贬到了极点。

不过从《南唐书》看，严续算是一个正派的人，待人谦恭，做事谨慎，晚年更加屈身下士，辨别善恶。也许因为南唐元宗皇帝说他"才能短缺"的缘故，也许受了"中无寸肠"刺激的缘故，也许自己感到位高而"不能胜任"的缘故，总之，严续吃了"寡学"之亏，得到了教训，于是，"命群从子弟皆砺以儒业"，儿子和孙子辈竟有十多人考中了进士。文莹在引述了《蟹赋》句后说"续深赧（因惭愧而脸红）之，强自激昂"，这是符合历史事实的。因此，实事求是地说，作为隐射和讥讽严续的《蟹赋》是有夸大而失实之处的，可是跳出具体对象，江文蔚《蟹赋》写得确实精彩，全文扣住了蟹的特点，把位高寡学、信口雌黄、聚众横行之徒，讥讽得痛快淋漓！

赋是中国古代的一种常见文体，源远流长，就其形式而言，具有诗歌音乐性的特点，押韵，四言六言句式，对偶，辞藻华丽；就其内容而言，具有散文功能性的特点，铺陈事物，体物写志，都城、畋猎、游览、宫殿、江海、鸟兽……都可入赋。可是以蟹入赋，江文蔚《蟹赋》虽然只存残文，却是最早的，是开了风气的，之后经过不断发展，至清则蔚为大观。

蟹的褒称"含黄伯"、贬称"笑舌虫"及其他

陶谷（903—970），邠州新平（今陕西彬县）人，历官后晋、后汉、后周，入宋官至户部尚书，是一个阅历多、见识广的文翰人士，他在采撷唐至五代流传掌故的《清异录》卷上里有一条记载说：

> 卢绛从弟纯以蟹肉为一品膏，尝曰："四方之味，当许含黄伯为第一。"后因食二螯笑伤其舌，血流盈襟。绛自是戏纯蟹为笑舌虫。

卢绛（937—975），宜春（今属江西）人，好纵横、兵家言，仕南唐，宋师入金陵，久之始降，被宋太祖斩杀。他的堂弟卢纯，名不见经传，可是因为嗜蟹，说了蟹为"含黄伯"，被陶谷记载下来，人们才知有一个对蟹有如此品第的人。

"四方之味"，意为东西南北，天下各地的食品；"当许含黄伯为第一"，意为当推"含黄伯"为第一美味。"含黄伯"什么意思？"含黄"指的是蟹壳内蕴含丰富的黄膏，"伯"是一种爵位，公、侯、伯、子、男之一的"伯"，结合卢纯把蟹肉比喻为职官九品制的"一品膏"，"含黄伯"把蟹在食品中的地位抬得极高，也就是四方之味中的"第一"。客观地说，视蟹为"食品第一"，隋炀帝杨广早就说过，不是首创，可是称蟹为"含黄伯"却是从卢纯开始

笑舌蟲

盧絳從弟紃以蟹肉為一品膏嘗曰四方之味當許

含黄伯為第一後因食二螯笑傷其舌血流盈襟絳

自是戲紃蟹為笑舌蟲

《清异录》(《四库全书》本)

褒称的,并相沿不辍:

从来叹赏内黄侯,风味尊前第一流。(宋·曾几《谢路宪送蟹》)

郭索蟹围功独秀,中书君拟内黄侯。(宋·方岳《雨后持螯》)

相逢握手须前席,爱尔侯封得内黄。(明·钱宰《和友人咏蟹》)

既含黄称伯,公论如何。(清·赵华恩《稻蟹赋》)

含黄久封伯,娇白胜垂奶。(清·叶名沣《食蟹用九蟹全韵同王少鹤同年作》)

这样的例子还有不少,其中"内黄侯"乃是从"含黄伯"派生出来的。显然,含黄伯是从蟹作为食品的角度命名的,不但又庄重又俏皮,为饮食王国增添了一个独特而闪亮的名称,而且在卢纯那个时代,人们普遍看重的是蟹的螯肉,他称蟹为含黄伯,则表示了对黄膏的看重,对相沿成习的饮食风气起着纠偏的作用。

不知什么原因,一次,卢纯吃蟹的时候舌头被夹伤了,血淌到了衣裳前幅，于是卢绛把卢纯爱吃的蟹戏称为"笑舌虫"。称名缘于事实，然出偶然，百不遇一，故而卢绛这个突发而机巧的贬称没有流传开来。

《清异录》卷上还有一条记载说，有个叫毛胜的，晋陵（今江苏常州）人，仕吴越国，钱俶时为功德判官。浙江是个水国，水族动物众多，他遍尝尽享，于是以其诙谐雅谑的天性，撰《水族加恩簿》，假以龙王之命根据材德形容——号令封赏，其中包括蟹类：一、蟥，"截然居海，天付巨材，宜授黄城监远珍侯"；二、蝤蛑，"素称蟥副，众许蟹师，宜授爽国公圆珍巨美功臣"；三、蟹，"足材腴妙，螯德充盈，宜授糟丘常侍兼美"；四、彭越，"形质肖祖，风味专门，咀嚼漫陈，当置下列，宜授尔郎黄少相"。种种封号，虽然别出心裁，非陈言烂说，虽然品叙精奇，非泛泛空言，可是，毕竟冷僻，毕竟古奥，所以实际上只是"木乃伊"而僵卧在古籍里。

意味深长的旷世蟹宴

说起历史上的宴会，人们往往会联想到烧尾宴、千叟宴之类，风光，热闹，可是历史上还有一次宴会一直被遗忘，它人数很少，只有主客二人；它规格颇高，一为天朝来使，一为地方国主；它菜肴极丰，先进水族数百器，次进蟹类十余种，最后进葫芦羹；它蕴籍也深，主客各以菜肴为由，互讥对方，含蓄尖刻，称得上是别开生面、旷世未闻的宴会。

宋初王君玉（建昌南城人，号夷门隐叟）《国老谈苑》卷二载：

陶谷以翰林学士奉使吴越，忠懿王宴之。因食蝤蛑，询其名类。忠懿命自蝤蛑至螃蚏，凡罗列十余种以进。

谷视之，笑谓忠懿曰："此谓一代不如一代也。"

陶谷这次奉宋太祖赵匡胤之命，以翰林学士和特使的身份，趾高气扬地从京城开封来到吴越国首府杭州。吴越国创自钱镠，为唐后宋前割据今江苏南、浙江、福建北一带的小邦，已历三世五主经营，国泰境安，物阜民康。钱俶（929—988）是它最后一个国主（卒谥忠懿），他是一个聪颖干练而且能审势量力的人，闻陶谷来，虽平日俭素，食不重味，却接遇勤厚，竭尽所能，破天荒地办了一次豪华以至奢靡的以蟹为主的宴会。

对这次国宴，钱俶开动脑筋亲自策划，考虑到本邦临海怀水，是个得天独厚、无与伦比的水产之国；考虑到家族先人出身田渔

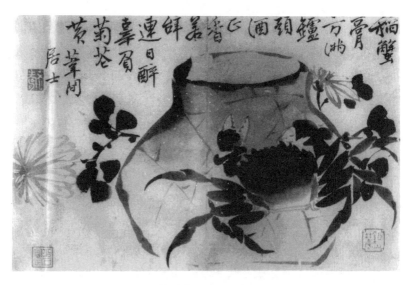

清 边寿民《酒蟹图》

人家，自建国以来又重视渔业生产，"钱氏间，置渔户蟹户，专掌捕鱼蟹"（宋傅肱《蟹谱》），自己对各种水产品十分熟悉和喜爱；考虑到来使是北方人，平常多吃牛羊等陆畜，于水产各物少见识罕品尝，于是决定办一个扬己之长、富于地方特色的尽显水产品美味的宴会，并让庖人广泛采购、精心准备。

据清代钱载补充说：首先在宴会上陈列的是"水族数百器"（《十国词笺略》）。种类繁多，鱼、鳖、虾、蛤，说"数百"，此虽属后人的推测，可能有所夸张，却是符合情理的。"水族数百器"里，属蟹类的只有"蝤蛑"（海中大蟹，其大如升，身呈梭形，长尺余，两螯至强，为蟹类中巨而异者），这种大蟹，生活在中原地区的人何曾见过吃过？故陶谷"因食蝤蛑，询其名类"。于是，钱俶就命人摆出了"自蝤蛑至蟛蜞（今称蟛蜞，小蟹，身略呈方形，长二寸许，穴居于通海河道的泥滩或田埂上），凡罗列十余种以进"。这是一个叫人惊诧得瞠目结舌的罗列，中国人从先秦开始识蟹，之后逐步辨别蟹类，自秦至唐，稻蟹、蟛蜞、竭扑、沙狗、招潮、石蜠、山蟹、蝤蛑、红蟹、数丸、千人捏、虎蟹……其时辨识的各种蟹类统统加起来也不过二三十种，"十余种"即占其半，而且一一以实物摆放在餐桌上，真的是非比寻常，真的是独特众多，真的是旷世未见。现今也有蟹宴，那是仅以大闸蟹为食材，烧制出的炒蟹块、炒蟹粉、雪花蟹斗、芙蓉套蟹之类，哪能与钱俶摆出的各种蟹类的蟹宴相比？当这"十余种"蟹类，按着大小，"自蝤蛑至蟛蜞"依次分别端上宴席间，主人钱俶便热情地一一说明各自的称名，照例是会令作为陕西人的陶谷大开眼界，要赞叹一番的，哪知他竟在看到和听到之后笑着对钱俶冷不丁地冒出一句："这可谓一代不如一代呵！"

"一代不如一代"（后来大概受此启示，苏轼在《艾子杂说》里编出了一个《一蟹不如一蟹》故事，于是反过来，有的版本亦采苏说），表面看说的是蟹，一只不如一只大，亦即越后越小，越差劲，越没出息，实质上却语含讥讽，指的是钱镠开国，钱元瓘守成，而到了你钱俶这一代，将要丧国，败家之子呵！显然，陶谷倚老卖老，摆出一副对钱俶的不屑口气。应该承认，到了宋太宗赵光义的时候，钱俶审时度势，度德量力，按照祖训，将"三千里锦绣山川"和"十三郡鱼盐世界"，悉数纳献给了赵氏政权，北宋得以和平统一。这是一桩中华历史上罕见的卓识和果断的选择，是明智的大仁大义之举，避免了兵革，避免了血刃，给吴越居民带来了平安和福祉，给苏杭经济带来了发展和繁荣，以至苏杭地区后来成了中国最富足之地。当然，钱氏家族也获得了礼遇和子孙富贵，并生息繁衍为江浙名门望族，可以说是不辱祖上的荣光。元代脱脱等在《宋史》里说"善始令终，穷极富贵，福履之盛，近代无比"，这个评论十分客观，之后史家更莫不称钱俶为和平统一的"英雄"，他的功绩是盖世的，是永垂史册的，决非"一代不如一代"。道理不再多说，举一个带有巧合色彩的实例，宋代何薳《春渚纪闻·蟛蜞见梦》："余杭尉范达夜梦介胄而拜于庭者七人，云：'某等皆钱氏时归顺人，今海行失道，死于君手，幸见贷也。'既觉，有人以蟛蜞七枚为献，因遣人纵之于江。"透过偶然可以看到必然，钱俶纳土归宋之后，连他麾下的士卒，在宋帝优抚的大政策之下，也一一安身乐居，即使化为蟛蜞，被人逮到，只要说出自己是"钱氏时归顺人"，仍然受到了照顾和爱护，被"纵之于江"，继续生存，吴越军民受到的恩惠可见一斑。

大概出于对陶谷信口胡言的不满和对钱俶仁义之举的敬崇，

明代苏州人冯梦龙在《笑史·陶谷使吴越》里便举重若轻，以反讽和嘲笑之笔补足了这个故事（因合民意，后来清代潘永因《宋稗类钞》卷六据此而载）：

> 宴将毕，或进葫芦羹相劝。谷不举箸。忠懿笑曰："先王时，庖人善制此羹，今依样馔来者。"谷嘿然。

这个补笔是有历史依据的。据宋魏泰《东轩笔录》等载：陶谷思量，自己久在翰苑，于文宣上出力颇多，理当升迁，进一步得到重用，可是似乎被朝廷忘记了，便托人向宋太祖荐引。太祖笑曰："颇闻翰林草制，皆检前人旧本，改换词语，此乃俗所谓依样画葫芦耳！何宣力之有？"陶谷知道之后，心中悒郁，便题诗翰林院玉堂之壁发泄说："堪笑翰林陶学士，年年依样画葫芦。"（今天仍在沿用的成语"依样画葫芦"即源出于此）此事为宋太祖得知，非常不悦，虽未怪罪和报复，却决意不再提拔他。显然，这一笔补得好极了，移花接木地称赞了钱俶随机应变，在蟹宴上最后端出"葫芦羹"，并借口说是"先王时，庖人善制此羹"，今天才特意烹制给你尝尝的，委婉，含蓄，可是话中有话，包含着反唇相讥之意：你是个什么样的翰林学士呢？你只是一个在写作上只会模仿不会创造、依样画葫芦的没有出息的文人！对此，陶谷心知肚明，故先"不举箸"，后听了钱俶别有一番的说明后却只能"嘿然"，自觉没趣，隐忍了。

至此，钱俶设旷世蟹宴招待陶谷的故事画上了圆满的历史句号，读了让人觉得闪烁古今，觉得意味深长。

两宋 辽金 元

概　述

　　两宋，即北宋（960—1127）和南宋（1127—1279），与北宋和南宋先后对峙的主要是北方的辽（907—1125）和金（1115—1234），后被元朝（1271—1368）统一。在这四百多年里，尤其在两宋的三百多年里，虽然外患始终存在，而内部民变相对较少，南方地区的开发和随之带来的经济繁荣，众多文人记录了蟹事蟹况，于是中华蟹史的河流顺着唐朝开阔、浩瀚的势头而下，更加激荡，更加奔腾，浪花飞溅，气象万千，进入了一个全面高涨时期。

　　宋朝，版图比唐小，经济活力比唐强，社会风气比唐奢靡，文人比唐多，反映在蟹史上便呈现出如下情形：

　　对蟹认知的继续推进。就蟹类而言，北宋傅肱《蟹谱》始见"鬼状"蟹的记录，"得背壳若鬼状者，眉目口鼻，分布明白"，继而，南宋洪迈《夷坚志》又及，"蟹卷内刻一鬼，毛发森立，怪恶可怖"，这鬼状蟹就是今称的关公蟹。就蟹的器官而言，《蟹谱》始见"风虫"的记录，"蟹之腹有风虫，状如木鳖子而小，色白，大发风毒。食者宜去之"。这风虫就是今称的螃蟹心脏，它极其微小，古人竟能敏锐察觉，并根据经验说明了不可食用的缘由，令人叫绝。此外，李石《续博物志》"蟹斗精上有孔，其中有子有泥，食之杀人"，模糊地始及了蟹胃；赵希鹄《调燮类编》"九月食蟹，肠有稻芒"，始及螃蟹有肠。

据南宋洪迈《容斋随笔·临海蟹图》载：山东文登人吕亢，在浙江台州临海为官的时候，"命工作《蟹图》，凡十二种"，有蝤蛑、拨棹子、拥剑、蟛蜞等，并一一依据前人所述作出文字说明。此图虽然未及新种，可是图文并茂，临摹多本，流传广远，在普及蟹类知识方面产生了历史性影响。

就蟹性而言，根据蟹的穴居习性而探洞捉蟹，梅尧臣《褐山矶上港中泊》"篙师知蟹窟，取以助清樽"，傅肱《蟹谱》"（蟹）于陂塘小沟港处，则皆穴沮洳而居，居人盘黑金作钩状，置之竿首，自探之"。根据蟹要取食的习性而以竿钓蟹，梅尧臣不但有"霜蟹肥可钓"（《周仲章通判润州》）句，而且写了《钓蟹》诗。根据蟹有附明即趋光的习性而火照捕蟹，王禹偁《忆旧游寄致仕上偁寺丞》"草没潮泥上，沙明蟹火然"，傅肱《蟹谱》"夜则燃火以照，（蟹）咸附明而至焉"。此类捕蟹法皆据蟹性而采用，补充了早先根据蟹的洄游习性而采用的簖蟹法和依水习性而采用的网捕法。这些都彰显了中国先民的智慧。

螃蟹市场的全面形成。唐朝已见渔民捕蟹后就地销售和经中间商远途贩运到外地出售的记载，宋朝蟹业继续发展，并且除了鱼市之外，杜子民《扬州》"人穿鱼蟹市"，一定是蟹的摊位数量众多，可与鱼的摊位平分秋色，才以"鱼蟹市"相称。尤其在南宋佚名著《西湖老人繁胜录》和周密《武林旧事》里开始有了"蟹行"的记录，蟹行，即一手从捕蟹者和贩蟹者买进来，一手再卖给居民、酒家的商行，专业经营螃蟹买卖，有相当的资本和规模，它的出现给蟹的买卖补上了最后一块短板，标志着蟹的交换进入了一个完整的商业化运作阶段。

商品经济的发达，宋朝开始有了蟹价的记录，因为供求关系情况不一：或说蟹价贱如土，苏轼说"紫蟹鲈鱼贱如土，得钱相付何曾数"（《泛舟城南会者五人分韵赋诗得"人皆苦炎"字四首》），彭乘《续墨客挥犀》说"螃蟹一文两个"。或说蟹价贵似金，邵博《邵氏闻见后录》说，仁宗皇帝内宴，进新蟹二十八枚，一枚"直一千"，"一千"即白银一两，二十八枚价值白银二十八两。一般而言，受市场调节，蟹价都在合理范围，范致明《岳阳风土记》说，"十年前土人也不甚食"的时候，渔人以得蟹"为厌"，后来吃的人多了，"近差珍贵"。

食蟹风气的普遍高涨。继唐开始形成食蟹风气后，至宋此风气普遍高涨，不但帝王、文人、平民食蟹，连妇女也卷了进来：傅肱《蟹谱·孝报》载：杭州农夫田彦升，"其母嗜蟹"；元脱脱等《宋史·张根传》载："母嗜河豚及蟹"；洪迈《夷坚志》载："洪庆善从叔母好食蟹"，又"湖州医者沙助教之母嗜食蟹"……更有女性厨艺家浦江吴氏在《中馈录》里讲了蟹生、醉蟹等制法。宋人嗜蟹到什么程度？有个叫钱昆的，想到州郡去为官，人家问他想去哪州，他答"但得有螃蟹无通判处则可也"（见欧阳修《归田录》），对任官地方的选择以是否出产螃蟹为首要条件。诗人黄庭坚"信佛甚笃，而晚年酷好食蟹"，"是岂爱物之仁不能胜口腹之欲耶？"（见阮阅《诗话总龟后集》）顶不住蟹的诱惑，违背儒家仁爱和佛教戒杀，仍然食蟹。有个叫杜相的，人家见他咳咳喘喘，痰又多，劝阻食蟹，他却说"痰咳发犹有时，螃蟹过却便没"（见江休复《杂志》），仍然食蟹不止。此风江南尤盛，洪迈《夷坚志》："平江（今

227

苏州）细民张氏，以煮蟹出售自给，所杀不可亿计。"一个摊位就供应如此之多，其时当是个倾城食蟹的景象。

在整只螃蟹的吃法上，宋朝又增添了酒蟹和酱蟹二种。傅肱《蟹谱》早先提及了"酒蟹"（或称醉蟹）的名称及制法。经醉之蟹，肉质嫩，淡而鲜，酒香扑鼻，风味殊隽，故宋人喜爱，流传至今。苏轼《格物粗谈》早先提及了"酱蟹"的名称及制法，经酱之蟹，可以久藏，且不沙涩，后经不断改进，曾经风行。明李时珍《本草纲目·蟹》："凡蟹生烹、盐藏、糟收、酒浸、酱汁浸，皆为佳品"，五种吃法，至宋齐备。

继唐点起了蟹的肴馔薪火，蟹肴至宋勃然兴旺，傅肱《蟹谱》的"洗手蟹"，孟云老《东京梦华录》的"炒蟹"，陆游《与村邻聚饮》的"牢丸"和高似孙《蟹略》的"蟹黄包"，陈世崇《随隐漫录》的"蝤蛑枨瓮"和"蝤蛑馄饨"，吴自牧《梦粱录》一口气点出了"赤蟹假炙鲎、枨醋赤蟹、白蟹辣羹、蝤蛑签"等十三种蟹肴，尤其林洪《山家清供》的"蟹酿橙"，是一款奇思妙想、新颖独特、适口好吃的艺术化菜肴，不但宋人青睐，而且长久流传，被赞叹不已。

郑獬《觥记注》："蟹杯以金银为之，饮不得其法，则双螯钳其唇，必尽乃脱，其制甚巧。"蟹杯不仅成了形制独特的实用品，金银打制的工艺品，而且还成了神奇的机巧品，在餐桌上食蟹，以此蟹杯斟酒，陡然增添了情调和趣味。

螃蟹文化的空前繁荣。首先，医药方面，掌禹锡《嘉祐本草》、苏颂《本草图经》、唐慎微《大观本草》等都涉蟹，记载丰富而实用，为祖国本草类医药的宝贵遗产。著名医案，如张耒《食蟹》诗对"过食风乃乘"的辩解，苏轼《论漆》和洪迈《夷坚志》记述的蟹能解漆实例，顾文荐《船窗夜话》记述的食蟹多而患痢的疗方。此外，傅肱《蟹谱》早先提出了"（蟹）亦不可与柿子同食，发霍泻"。

其次，咏蟹作品，诗歌如泉涌出，梅尧臣、苏轼、黄庭坚、陆游等都写出过咏蟹名篇，整个宋代，就有一百多位诗人写过咏蟹诗或涉蟹诗，很多人一写就是几首乃至十多首，在咏物诗中异军突起，蔚为大观。涉蟹名句更多，例如黄庭坚"形模虽入妇人笑，风味可解壮士颜"（《谢何十三送蟹》），常某"水清讵免双螯黑，秋老难逃一背红"（《蟹诗》），徐似道"不到庐山辜负目，不食螃蟹辜负腹"（《游庐山得蟹》）……类似的诗句非常多，如雪纷飞。散文亦时有佳作，苏轼《一蟹不如一蟹》、杨万里《糟蟹赋》、高似孙《松江蟹舍赋》、姚镕《江淮之蜂蟹》等，或寓意深切，或纵情神思。此外，还产生了很多故事性质的螃蟹诗话和螃蟹琐闻。

第三，以蟹为主题的绘画骤然增多，蟹画呈现出兴盛的景象。著名的有阎士安，"爱作墨蟹蒲藻，等闲而成，为人所重"（宋郭若虚《图画见闻志》）；钱谏议，或为钱昆，他在刘敞家厅壁上画的墨蟹，受到梅尧臣、韩维、强至三位诗人以诗赞赏，"谁夺造化功，生成归笔力"（强至《墨蟹》）；寇君玉曾画《大蟹》和《小蟹》二图，受到著名画家文同称扬，"伊人得之妙，郭索不能已"；苏轼，据"苏门四学士"之一晁补之《跋翰林东坡公画》"翰林东坡公画蟹……此画，水虫琐屑，毛阶曲隈，芒缕具备"，后被视为"神品"；赵佶，即宋徽宗，据《南宋馆阁续录》"鸭蟹一，三幅，御书'鸭雏鸭蟹'四字"，据明汪砢玉《汪氏珊瑚网法书题跋》，他还在绢上画过《双蟹图》，曾被刘辰翁、瞿佑等收藏人题跋。整个宋代，或被画史提及，或被宋诗提及，或未见载录而有蟹画存世而佚名的，统计共要有二十多人。

第四，字书方面，陈彭年等《广韵》、司马光《类篇》、戴侗《六书故》等都涉蟹，对传播蟹文化厥功至伟。尤其是陆佃《埤雅》的释"蟹"条和罗愿《尔雅翼》的释"蟹"和释"蛣"二条，其博考、深察、新见，在蟹史上留下了璀璨的一页。

蟹谱名人的纷然涌现。宋朝有了蟹的谱录，并涌现出许多名人，突出的是：

梅尧臣（1002—1060），宣城（今属安徽）人，累迁至尚书都官员外郎，以诗名重于世，是一位反映蟹况卓然多新的诗人。其诗《送鄞宰王殿丞》中间四句"一寸明月腹，中有小碧蟹。生意各臑臑，黔角容夬夬"，是对历史上所称"埼鲒"，即寄居蟹的第一次诗意描述，形象生动。尤其在诗里提到了探洞捉蟹和以竿钓蟹，就文字记录而言，此为梅尧臣首及。

傅肱，会稽（今浙江绍兴）人，于嘉祐四年（1059）著成《蟹谱》，除自序外，分总论、上篇、下篇及纪赋咏四个部分。上篇摭拾旧文四十二条，录自经史子集，为中华蟹文化的第一次历史钩稽。下篇自记见闻二十三条，广集蟹类、产地、捕捉、食法等，林林总总，在当时是鲜活的记录，在现今是珍贵的史料，它创下了许多蟹史上的最早，比如"郁州"条最早提到了今江苏昆山"生郁州吴塘者，又特肥大"，昆山至今仍是著名的产蟹地；比如"食品"条最早讲到了"洗手蟹"，即今称蟹生的食蟹法；等等。傅肱《蟹谱》是中国螃蟹谱录的开山之作，影响广泛而深远。

苏轼（1037—1101），眉州眉山（今属四川）人，嘉祐进士，官至礼部尚书，是一位博学多才的人物。其性嗜蟹，他的《丁公默送蝤蛑》诗"堪笑吴兴馋太守，一诗换得两尖团"，是为绝唱。其诗文涉蟹，评论涉蟹，绘画涉蟹，喻说涉蟹，都为生花妙笔。尤其是在《格物粗谈》里说"落蟹怕雾"，为历史上最早揭示了螃蟹怕雾的现象；此书又首及"酱蟹"的名称和制法，开创了蟹的又一吃法；在《仇池笔记》里记漆工昏迷，"急以蟹黄食之，乃苏"，成了把蟹"败漆"的原理用于实践的第一人；此书又记"墨入漆最善，然以少蟹黄败之乃可"，宣示了一个独门秘法。凡此种种，使苏轼成了一个名副其实的开拓蟹文化的大家。

洪迈（1123—1202），鄱阳（今属江西）人，绍兴进士，官至端明殿学士，知识渊博，阅历广泛。其《容斋随笔》记吕亢命画工作《蟹图》十二种，留下珍贵史料。他尤其在《夷坚志》里记录了或现实或志怪之类的十多个螃蟹故事：其《蟹治漆》被明代李时珍述其梗概而写进《本草纲目》；其《上竺观音》被明代田汝成一字不漏抄进《西湖游览志余》；其《龙溪巨蟹》记录了福州长溪久旱不雨，乡民至龙溪迎蟹而归，才动足，"雨已倾注"；其《西湖判官》记录了一个军官捉到一只大蟹送至家里，结果烹制分食的家人"相继病死"……如此多的记载，使此书成了记录螃蟹故事最多的古籍，反映了当时社会的种种蟹况。

高似孙（1158—1231），鄞县（今浙江宁波市鄞州区）人，淳熙进士，官处州知州等，著《蟹略》四卷，分十二门，统领一百三十三个条目，不仅纲举目张，脉络井然，尤其广搜博引，材料丰赡，经统计，共引录（提及）八十三种典籍的语录，七十六位诗人的诗作，其中很多今已失传，赖以存留，使它成了一次对宋前中国蟹文化的集中检阅。书里又有作者的作品，计散文两篇，咏蟹诗十六首，咏蟹句五十一个，虽说大多平平，可是由此可见，他是中国文学史上咏蟹最多的人。高似孙《蟹略》在传播蟹学、文学开掘、保存古籍等方面，做出了重要贡献。

与北宋对峙的北方契丹族建立的辽国，涉蟹记录稀少，主要是南宋叶隆礼奉诏撰成的《辽志》提及的"渤海螃蟹，红色，大如碗，螯巨而厚，其跪如中国蟹螯"，和辽国文字学家释行均《龙龛手鉴》的释"蟹"字条。和南宋对峙的北方女真族建立的金国，主要是奉宋命使金而以知名被扣留的吴激，写下了《岁暮江南四忆（其四）》，怀念在故国钓蟹和食蟹；再就是金国著名文学家元好问，他不但有诗《送蟹与兄》，而且在《续夷坚志》里记录了道士杨洞微有"以手指之，蟹即正行（直行）"的能耐和"介虫之变"的故事。稀少的记录反映了北方的蟹况蟹事。

元朝是蒙古族建立的大一统朝代，疆域辽阔，民族众多，经济上互相调剂，文化上互相交流，会通融合，蟹史的河流并不澎湃，却依然向前流淌。

就诗歌而言，马臻的《蟹》、艾性夫的《悯蟹》、杜本的《题小景》、杨维桢的《食蟹》等都称得上是佳作。薛昂夫，西域回鹘人，作有小令《庆东原·西皋亭适兴》；马祖常，雍古部之后，作有绝句《宋徽宗画蟹》。他们也加入了咏蟹诗人的队伍，写出了不同凡响的豪迈诗篇。此外，张可久等散曲家也多有涉蟹句。就散文而言，李祁的《讯蟹说》写了一个恶蟹客审讯蟹，历数蟹的罪状，蟹辩解和反驳，辩得振振有词，驳得对方俯首失辞，最后以客纵蟹归江了结；这篇答辩的论说文设想奇特、逻辑严密、入情入理，为匠心独具的好文章。就传说而言，陈芬《玄池说林》写了金陵的一只巨蟹，深夜化作美男子诱贞女，贞女触石而死，明日化作大雾，人见巨蟹死于道。这只精怪巨蟹不仅成了地方上为非作歹的土豪恶霸的符号，而且把"落蟹怕雾"形象化、故事化、神奇化了。就实录而言，尤玘《万柳溪边旧话》记下了人、犬、鱼因吃了湖岸大垂杨下蛇洞里捉到的大蟹而皆毙的故事，令人惊愕，教训惨痛。就史料而言，高德基《平江记事》："大德丁末，吴中蟹厄如蝗，平田皆满，稻谷荡尽。"记载了江苏苏州在公元1307年发生的一次蟹灾。就绘画而言，不但诗里提到了蟹画，而且有今存卫九鼎的绢本水墨《河蟹图》，画得浓淡得宜，活灵活现。

饮食方面有两部著作极为著名。一部是倪瓒的《云林堂饮食制度集》，涉蟹五款，其《煮蟹法》第一次揭示了源起早、采用广的煮蟹的诸种讲究，为煮蟹的经典说明；其《蜜酿蝤蛑》讲了将蝤蛑略煮出肉，放在背壳里，浇进蜂蜜和蛋液蒸成，构思新颖，别具风味，成了今天苏式名菜"雪花蟹斗"的先导，它反映了江南厨艺的精湛。另一部是佚名的《居家必用事类全集》，含酒蟹、法蟹、酱醋蟹、酱蟹、糟蟹、螃蟹羹、油沸蟹、蟹黄兜子等多条，此著不仅在中国产生了历史性的影响，而且在东邻日本被奉为食经。此外，陶宗仪《南村辍耕录》所记的上海和杭州人把喜食的蝤蛑螯称"鹦哥嘴"，此名称沿至民国。

还应说明，元朝的很多记载提到了重阳佳节吃螃蟹：散曲大家马致远在《夜行船套·秋思》里说："爱秋来那些：和露摘黄花，带霜烹紫蟹，煮酒烧红叶。人生有限杯，几个登高节？"无名氏在《中吕·喜春来·四节》里说："紫萸荐酒人怀旧，红叶经霜蟹正秋。乐登高闲眺望醉风流。九月九，莫负少年游。"郑光祖《王粲登楼》、贾仲明《吕洞宾桃柳升仙梦》等杂剧里都提到了重阳食蟹……这个节日习俗肇始于唐，经宋至元，基本已经形成。

傅肱《蟹谱》

傅肱，字子翼，自署怪山。宋陈振孙《直斋书录解题》"怪山者，越之飞来山也"，飞来山在今浙江绍兴市区西北隅，一名龟山，又名怪山。据此，《四库全书·蟹谱·提要》说"则会稽人也"。他是北宋人，书前有"神宋嘉祐四年冬序"，"嘉祐"为宋仁宗（赵祯）年号，"嘉祐四年"即1059年。

傅肱为什么要著《蟹谱》呢？其书前自序说：

> 蟹之为物，虽非登俎之贵，然见于经，引于传，著于子史，志于隐逸，歌咏于诗人，杂出于小说，皆有意谓焉。故因益以今之所见闻，次而谱之……聊亦以补博览者所阙也。

一方面，他看到螃蟹已经融入历史文化的方方面面，有许多"旧文"，自己也积累了许多"见闻"；另一方面，他又看到各种谱录相继涌现，如《禽经》《茶经》《竹谱》《食谱》等，逐渐遍及社会生活当中的各个事物。于是要为蟹著谱，为谱补缺。

《蟹谱》共六千字左右，分总论、上篇、下篇及纪赋咏四个部分。

总论先讲了蟹的名称、形貌和性躁，接着讲了几种蟹类及其区分，蟹的繁育及其生长过程，蟹的肥美及其受人推崇等，最后讲了螃蟹不但"滋味饮食，适人口腹"，而且具有美德。讲得言简意赅而又生动形象，是一篇可圈可点的散文，更是一篇继唐陆龟蒙《蟹志》之后记录蟹况的重要文献。

上篇摭拾旧文四十二条。录自经史子集，视野甚为广阔，为

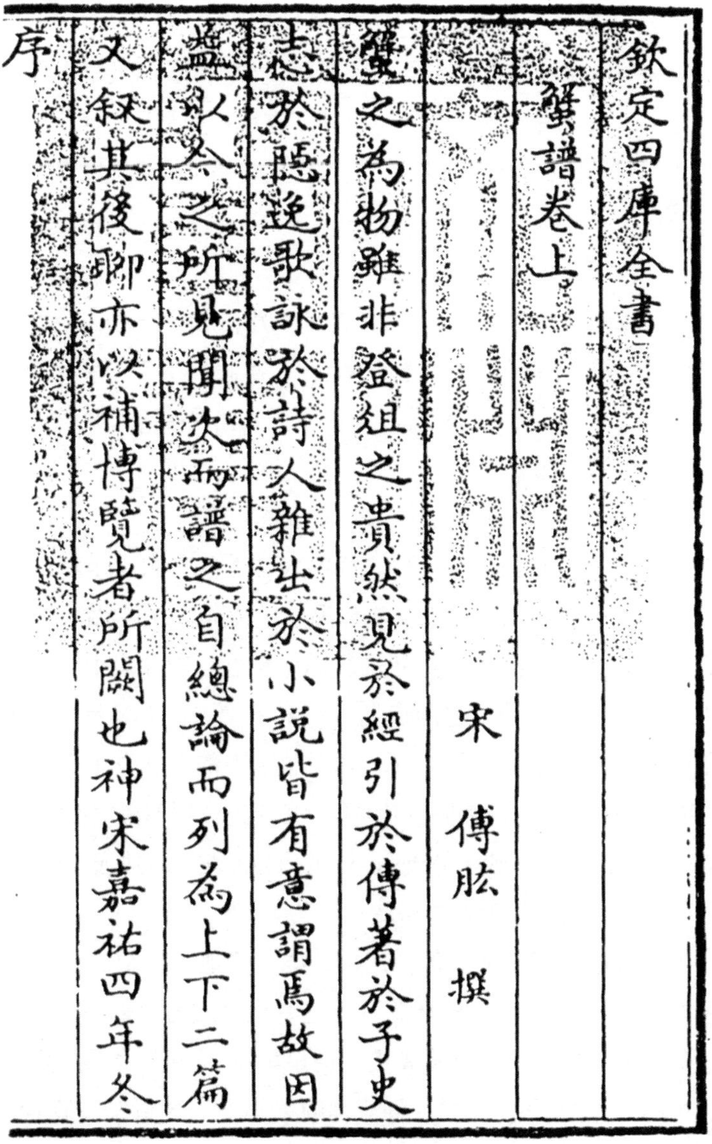

钦定四库全书

蟹谱卷上

宋 傅肱 撰

蟹之為物雖非登俎之貴然見於經引於傳著於子史志於隐逸歌詠於詩人雜出於小説皆有意謂焉故因益以余之所見閒於火而譜之自總論而列為上下二篇又叙其後聊亦以補博覽者所闕也神宋嘉祐四年冬

序

宋 傅肱《蟹谱》

中华蟹文化的第一次历史钩稽，现今看来，远不充分，然而筚路蓝缕，当属难得。其中蟹又称"郭索""无肠公子"，中国最早记录的蟹灾——春秋时期吴国的"稻蟹不遗种"，中国最早倡导酒蟹匹配者——东晋毕卓的"右手持酒杯，左手持蟹螯"，等等，一一从典籍被挖出，更加引人瞩目，成了后人常提及的话题。其中"输芒"条：

> 孟诜《食疗本草》云："蟹至八月，即啖芒两茎，长寸许，东向至海，输送蟹王之所。"陶隐居亦云"今开蟹腹中，犹有海水"，乃是其证。予谓，陆鲁望云"执穗以朝其魁"者也。

所谓"输芒"，那是先人对稻蟹每到八月之后必东向至海的观察和解释，带有神秘色彩，却真实地揭示了稻蟹洄游的习性。此条，把最早涉此信息的孟诜、陶弘景、陆龟蒙之言归并集中。不但是梳理，而且也是一种卓越的识见，彰显了中国古人早就已经把握了稻蟹洄游的规律。此外，所引唐孙愐《唐韵》涉蟹十七条，后因《唐韵》失传，足备考证。其"画"条所记：唐韩滉"善状人物、异兽、水牛等外，后妙于旁蟹"。然虽列为旧文，却独独未标出处，故扑朔迷离，至今仍为人忽略。

下篇自记见闻二十三条。广集蟹类、产地、捕捉、食法、风俗民情、掌故奇闻等，林林总总，这些记录成为《蟹谱》中最有价值的部分。它创下了许多蟹史上的最早："怪状"条最早涉及了蟹类中的"背壳若鬼状者"，即今称的关公蟹；"风虫"条最早涉及了蟹腹有"状如木鳖子而小，色白"的风虫，今天知道是螃蟹的心

清代青玉雕菊蟹摆件

脏；"酒蟹"条最早涉及了酒蟹（又称醉蟹）名称及其制法；"食品"条最早涉及了"北人以蟹生析之，酤以盐梅，芼以椒橙，盥手毕，即可食"的洗手蟹……凡此种种记载，都说明了傅肱关注和研究螃蟹及其创获之多。其"采捕"条：

> 今之采捕者，于大江浦间，承峻流，环纬帘而障之，其名曰断。于陂塘小沟港处，则皆穴沮洳而居。居人盘黑金作钩状，置之竿首，自探之。夜则燃火以照，咸附明而至焉。

此条讲了三种捕蟹法：一是根据蟹的洄游习性，采用簖蟹法；二是根据蟹的穴居习性，采用探穴法；三是根据蟹的附明习性，采用火照法。——显示了中国渔民的聪明才智，合并成"采捕"又带有总结的意味。

纪赋咏最短，抄录了唐代诗人皮日休和陆龟蒙一赠一答的两首咏蟹诗，提及或摘引了皮、陆、杜（甫）、白（居易）的诗赋句和文名，显得偏枯，使人有行色匆匆的感觉。

通观《蟹谱》还存在着某些失判或失当的地方，例如总论里说蟛蜞"毒不可食"，例如上篇"鲎类"条列入了不属于蟹类的"鲎"，例如下篇"螺化"条将信将疑地叙述了"蟹化为蝉"等，显然受到了传统的影响和时代的局限。

傅肱对螃蟹倾注了热情，推原历史，排比现状，纵横开掘，汇合信息，使《蟹谱》成了开山之作，其影响是深远的，不仅之后南宋高似孙《蟹略》、清孙之𫘧《蟹录》等都受到了它的引领，而且《蟹谱》为历代许多丛书收录，为鲁迅从头到尾抄录，其零星的影响也随处可见：明吴承恩《西游记》中孙大圣变作螃蟹闯进龙宫，被拿下后说我官授"横行介士"，这"横行介士"就源出《蟹谱》；明李时珍《本草纲目·蟹·释名》，把"螃蟹"的命名权给了《蟹谱》，此说虽不合事实，可是不能否认的是《蟹谱》宣扬了"螃蟹"之名；今人食蟹都知道要去其风虫，最早指出风虫的就是《蟹谱》，《蟹谱》还说明了"大发风毒"；今人食蟹都知道"不可与柿子同食"，而此语即出自《蟹谱》……《蟹谱》的影响，已点点滴滴地融入了人们的文化生活里。

傅肱《蟹谱》始见的"鬼状"蟹

宋傅肱《蟹谱》下篇"怪状"条："吴沈氏子食蟹，得背壳若鬼状者，眉目口鼻，分布明白，常宝玩之。"意思是，吴地姓沈的男子，以这只蟹的背壳犹如鬼状，怪异罕见，于是特意保存下来，当作珍宝般地常常拿出来欣赏。其间一定也出示显摆。傅肱一看，背壳"眉目口鼻"都有，而且"分布明白"，为前所未见，就此记录下来，这样，在中华蟹史上便始见"鬼状"蟹。

宋洪迈（1123—1202）《夷坚志》景卷第六"楚阳龙窝"条：郑伯膺监楚州（今江苏淮安）盐场，与海绝近，常睹龙掛，一天，平地忽现一穴，场众往视，"满穴皆龟鳖螺蚌"，其中，"蟹卷内刻一鬼，毛发森立，怪恶可怖"，郑取数物藏贮，间以示客。所言如盂背壳内"刻一鬼"，亦即鬼状蟹，不过又有补充："毛发森立"，给人"怪恶可怖"的感觉。及清又见提及鬼状蟹。王瑛曾《（乾隆）重修凤山县志》卷十一，陈淑均、李祺生《（咸丰）台湾府噶玛兰厅志》卷六均云"鬼蟹状如傀儡"。姚光发《（光绪）松江府志续志》卷五："又有壳皱若老妪面皮者曰婆蟹，一名鬼面蟹，并产海中。"以上记载所称不一，描述各异，亦当为鬼状蟹。

清又见新名。沈炳巽（乾隆年间浙江归安人）《权齐老人笔记》卷四："海族中有一种小蟹名关王蟹，大不过盈寸，而须眉目鼻及

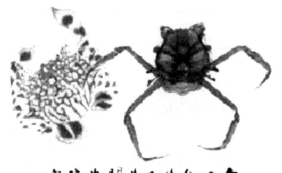

清 赵之谦《异鱼图》

包巾裹额之类，无不酷肖世所绘关壮缪像者。"姚光发《（光绪）松江府续志》卷五《华亭志》："出卫城者曰关王蟹，蚕眉，凤眼，刻划天然。"孙家振《退醒庐笔记》"关帝蟹"条：光绪间，"仙居县（浙江东南，灵江上游）东北六七里，见是处水滨所生之蟹，其壳作殷红色者，八足二螯则与常蟹无异，唯壳上有长髯飘拂之人面，其状类剧场中所饰之关壮缪，土人即以'关帝蟹'名之"。此蟹称名不一，实则相同，三国时期的关羽，在蜀汉景耀三年（260）被追谥为"壮缪侯"，在清顺治九年（1652）被勅封为"忠义神武关圣大帝"，故有"关王蟹"和"关帝蟹"之称。这三个材料可以互为补充，说明了它是海族中的小蟹，特别是背壳刻划天然，酷肖关羽头像。

这种背壳图案或说"鬼状"或说肖"关壮缪"的是什么蟹呢？今统称关公蟹，是一种小型蟹类。头胸甲近梯形，表面凹痕，有鼻有眼，怒目斜视，并有发须，一如鬼面或关公脸。后两对步足退化，短小，位于背部，而且末节像个弯钩，经常抓住贝壳、海葵之类来掩护。常栖息在泥沙或带贝壳的浅海底上。我国沿海约有三十种，例如华北近海的日本关公蟹和端正关公蟹、华南近海的伪装关公蟹和背足关公蟹等。

风虫等内脏的揭示

螃蟹的外形，二螯八足、匡、脐之类，仔细看看便能把握，螃蟹的内脏则要通过解剖才能把握，好在它是一种鲜美的食物，于是先民边吃边解剖，以实践的经验，在唐人揭示了可吃的黄膏之后，宋人又继而揭示了不可吃的风虫等。

风虫 傅肱《蟹谱》下篇"风虫"条："蟹之腹有风虫，状如木鳖子而小，色白，大发风毒。食者宜去之。"把风虫的位置、形状、颜色勾勒了出来，而且特别指出吃了之后会"大发风毒"，故"食者宜去之"。风虫是螃蟹体内极微小的器官，傅肱竟敏锐地察觉了它，而且根据经验说明了不可食用的缘由，简直精细得令人惊叹叫绝！之后为历代人认同：

> 食蟹……黄下有风虫，去之不妨。(元·李鹏飞《三元参赞延寿书》)
>
> 蟹腹中有虫如小木鳖子而白者，不可食，大能发风也。(明·李时珍《本草纲目·蟹》)
>
> 蟹鳖。煮蟹，食时擘开，于红盍之外，黑白翳内，有鳖大小如瓜仁，尖棱六出，似红杞楞叶，良可怕人，即以蟹爪挑开取出，若食之，腹痛，盖其毒全在此也。(清·顾仲《养小录·蟹》)

此外，提及风虫者还有宋林洪《山家清供》、元贾铭《饮食须知》等。这"风虫"或"蟹鳖"是什么？即螃蟹的心脏，它在背甲之下，头胸部中央偏后，又薄又白，六角六边，如小木鳖子，如瓜仁，形态独特。蟹煮熟后，被黑膜和黄膏覆盖，需挑开才能发现。为什么不能吃？螃蟹吃了腐败食物，它能消释，故含毒素。

孔 李石（1108—1181，四川资中人，宋高宗绍兴年间进士，任太学博士、成都学官等，博学多识）《续博物志》卷九："蟹斗精上有孔，其中有子有泥，食之杀人。"这孔在"蟹斗精上"，即在蟹匡前方弯转合缝的额区地方。孔里有什么？"有子有泥"，有子当为失察，有泥却属真实。它是不能吃的，"食之杀人"。说得有点模糊，实际上触及了蟹胃。螃蟹口后的食道又直又短，末端通入膨大的胃，胃的外观为一圆锥形囊状物，被灰白色的薄膜包裹，里面有吃进的食物，包括死鱼烂虾和泥土，断不能食。因此，这"孔"当指从蟹口通及的胃。

之后，古人对此把握逐步深入。明高濂《遵生八笺》卷五：《本草》云：蟹盖中膏内有脑骨，当去勿食，有毒。"薛兆选《异识资谐》："蟹黄中有小骨如猴，俗称蟹和尚。"清秦荣光《上海县竹枝词》"无肠牵挂成和尚"，自注："蟹匡中有袋泥软壳，俗呼蟹和尚。"继而，鲁迅《论雷峰塔的倒掉》：揭开背壳，先将黄膏吃完，"即一定露出一个圆锥形的薄膜，再用小刀小心地沿着锥底切下，取出，翻转，使里面向外，只要不破，便变成一个罗汉模样的东西，有头脸、身子，是坐着的，我们那里的小孩子都称他'蟹和尚'，就是躲在里面避难的法海。"这"脑骨"或"蟹和尚"是什么呢？它是长在蟹胃里角质化的咀嚼器，俗称胃磨，在肌肉的伸缩下可以转动，把囫囵吞枣装到胃里的食物咀嚼或磨碎成小颗粒，因为呈黄褐色，顶上发黑，样子像一个打坐的和尚，于是就称这"脑骨"为"蟹和尚"。自鲁迅说它是"法海"后，现代以来，大家在食蟹的时候都饶有兴趣地去"捉拿法海"。从孔中有泥到筐中有泥袋，从脑骨到蟹和尚到法海，中国人一步一步地把蟹胃的状态完整地揭示了出来。

🩸 周去非（1135—1189，浙江温州人，宋孝宗隆兴元年[1163]进士，仕至绍兴府通判）《岭外代答》："钦人亲死，不食鱼肉，而食螃蟹、车螯、蠔螺之属，谓之斋素，以其无血也。"实际上，螃蟹的血液无色，被误判了。

肠 赵希鹄（宋宗室，家于袁州，理宗时人）《调燮类编》卷三："九月食蟹，肠有稻芒。"在众人都称蟹为"无肠公子"的环境下，他是历史上较早并且是少数几个指出了蟹是有肠的人。

流传广远的《临海蟹图》

洪迈是南宋知名学者，著述丰富，仅笔记就有《容斋随笔》《夷坚志》，内容广泛，博大精深。

《容斋随笔·四笔》卷六《临海蟹图》开头云："文登（今山东东部文登市）吕亢，多识草木虫鱼。守官台州临海（今浙江东部、灵江下游靠海的临海市），命工（画工）作《蟹图》，凡十二种。"交代了《蟹图》的源出，接着，就引录吕亢对《蟹图》十二种的文字说明：

> 一曰蝤蛑，乃蟹之巨者，两螯大而有细毛如苔，八足皆有微毛。二曰拨棹子，状如蝤蛑，螯足无毛，后两小足薄而微阔，其大如升，南人皆呼为蟹，八月间盛出，人采之，与人斗，其螯甚巨，往往能害人。三曰拥剑，状如蟹而色黄，其一螯偏长三寸余，有光。四曰蟛蜞，螯微毛，足无毛，以盐藏而货于市，吴人呼为彭越。《搜神记》言，此物尝通梦于人，自称长卿。今临海人多以长卿呼之。五曰竭朴，大于蟛蜞，黑壳，斑有文章，螯正赤，常以大螯障目，小螯取食。六曰沙狗，似蟛蜞，壤沙为穴，见人则走，屈折易道，不可得。七曰望潮，壳白色，居则背坎向外，潮欲来，皆出坎，举螯如望，不失常期。八曰倚望，亦大如蟛蜞，居常东西顾睨，行

不四五，又举两螯，以足起望，惟入穴乃止。九日石蜠，
大于常蟹，八足，壳通赤，状如鹅卵。十日蜂江，如蟹，
两螯足极小，坚如石，不可食。十一曰芦虎。十二曰蟛
蜞，大于蟹，小于常蟹。

应该说，这十二种蟹的文字说明除少数外一一都是依据前人所述：
一蟳蜱、二拨棹子依据的是唐刘恂《岭表录异》；三拥剑，据汉杨
孚《异物记》"拥剑，状如蟹，但一螯偏大尔"，吕亢据此而有所
申述；四蟛蜞依据的是唐刘恂《临表录异》和注出的晋干宝《搜神
记》（改《搜神记》"蟛蚏"为蟛蜞）；五竭朴、六沙狗、七望潮、
八倚望、九石蜠、十蜂江、十一芦虎，依据的是三国吴沈莹《临
海水土志》（改《水土志》"招潮"为"望潮"，各种文字亦小有
差异）；十二蟛蜞依据的是南朝梁陶弘景语（见明李时珍《本草纲
目·蟹》引录）。虽然如此，意义不能低估，因为：一、汇集十二
种蟹类并逐一引录说明，有着半总结的意味；二、《蟹图》是吕亢
命画工依实物而画的，文字说明是吕亢据图而写的，于是可以看
图读文，两者相辅，类似今天的科普挂图，是一种创新的行为；
三、据洪迈说"李履中（即李复，长安人）得其一本"可知，当时
吕亢命画工作图并文，当临为多本，一定流传颇广，起了普及的
作用；四、据明马愈《马氏日抄》、陈全之《蓬窗日录》卷一、杨
慎《升庵集》卷八十一等可知，他们都见到过《临海蟹图》，说明
流传久远，产生了历史影响。因此可以说，它是蟹类研究史上的
重要文献。

　　《容斋随笔》在引录了《临海蟹图》十二种蟹类说明后，接着
又说：

　　　　吕君云：此皆常所见者，北人罕见，故绘以为图。
　　又海商言，海中鲳鼊（qúbì）岛之东，一岛多蟹，种类甚
　　异。有虎头者，有翅能飞者，有能捕鱼者，有壳大兼尺
　　者，以非亲见，故不画。

此当是吕亢在题写了十二种蟹类后的跋语，一是说明了绘图的目的，是因为"北人罕见"，故以此相示；二是说明了绘图的原则，以"亲见"为范围，听说的"不画"。这个为了让人也"多识草木虫鱼"的吕亢，用心是善良的，态度是严肃的。那么，他听海商所言的几种蟹类存在否？"有虎头者"，当为虎蟹，唐段公路《北户录》"虎蟹，赤黄色，文如虎首斑"。"有翅能飞者"，此为首及，据此，后人有"飞蟹"之称，实际是螃蟹在海面上难得一见的顺着风浪的滑翔状况。"有能捕鱼者"，应该说蟹的捕捉鱼虾而食是一种常态。"有壳大兼尺者"，则晋孔晁就有"海水之阳，一蟹盈车"之说，事实上也是存在的。

　　最后，洪迈说：

　　　　予家楚，宦游二浙、闽、广，所识蟹属多矣，亦不
　　悉与前说同。而所谓黄甲、白蟹、蚚、蠘诸种，吕图不
　　载，岂名谓或殊乎？

　　其云十二种蟹的记述"不悉与前说同"，是客观的，任何一种事物，观察角度不一，记述亦往往相异。例如蟛蜞，唐陈藏器《本草拾遗》里说："大者长尺余，两螯至强，八月能与虎斗，虎不如。

随大潮退壳，一退一长。"着眼于它的大小、两螯至强和随潮退壳而长，与吕亢引唐刘恂言不同。那么，黄甲等诸种，"吕图不载"，是否"名谓或殊"呢？黄甲，据宋姜屿《明越风物志》，蝤蛑"小者曰黄甲"；白蟹，据《海物志》，蝤（或作蟚）"无膏曰白蟹"；蜅，宋苏颂《本草图经》，"蝤蛑一名蜅"；蟹，南朝梁陶弘景云"阔壳而多黄者名蟹，其螯最锐，断物如芟刈焉"（见明胡世安《异鱼图赞补》），亦属蝤蛑。吕亢也许并没有意识到，黄甲诸种虽未画图而录，却基本已经涵盖了洪迈所言的"名谓或殊"的"诸种"。吕亢有没有漏画漏记？不少，例如海镜（璅蛣）、寄居虫、石蟹、红蟹、数丸、千人捏等。可是，一则吕亢已经说明以"亲见"为准则，二则吕亢已经识得多种蟹类，说明他对此的关注，但他毕竟是出于兴趣，所以不能苛求于他。

负篾道人

周密（1232—1298），祖籍济南，后为吴兴（今浙江湖州）人，宋末曾任义乌令等，宋亡不仕，广交游，工诗词，著述甚丰。他在《癸辛杂识后集·故都戏事》里回忆道：

> 尝随先子（已死的祖父或父亲）观潮。有道人负一篾（竹篓），自随，启而视之，皆枯蟹也，多至百余种，如惠文冠，如皮弁（帽），如箕（簸箕），如瓢（老熟匏瓜对半剖开而成的半球形器具），如虎，如龟，如蚁，如猬，或赤，或黑，或绀（黑里透红），或斑如玳瑁，或粲如茜锦（深红色的锦缎），其一上有金银丝，皆平日所未睹。

信海涵万类，无所不有。昔闻有好事者居海滨为蟹图，
未知视此为何如也。

我国从先秦至宋，有文字记录的螃蟹，不管大小，不论形态，
不问产自海里或是陆泽，七七八八，累计叠加，总共也就几十种，
可是宋代的这位负篓道人，他的背篓里竟装有"多至百余种"的枯
蟹，简直是一个奇迹！

周密回忆说，这是他跟随先子，一次在浙江杭州观潮的时候，
打开道人的背篓亲自见到的，从一连八个"如"字，大致勾勒了
状貌；一连五个"或"字和"其一上有金银丝"，大致描述了颜色。
形态也许有所混淆：例如惠文冠，为古代武官之帽，相传战国赵
惠文王效胡服时始用，此喻通常用于鲎，如《吴录·地理志》"鲎
形如惠文冠"，晋刘欣期《交州记》"鲎，如惠文王冠"，唐韩愈《初
南食贻元十八协律诗》"鲎实如惠文"，等等，而北宋傅肱《蟹谱·鲎
类》条说"似蟹"，可能因此混淆。种数也许有所夸大：文末言及
"好事者居海滨为蟹图"，即北宋山东人吕亢，在浙江临海为官的
时候，让画工画出蟹图，总共也就十二种，此言"多至百余种"，
相比悬殊。可是从《癸辛杂识》叙述的翔实、周密的启篓亲见和作
者所言"平日所未睹"等判断，记忆也许有误，种类必定很多，其
中更有珍稀罕见的。可惜的是，这位负篓道人没有碰到"好事者"
吕亢式的官员，给以识别，请人画出，于是连一个蟹类的名称都
没有留下。

负篓道人是谁，哪里人，为什么要采集各种螃蟹，跋涉了哪
些地方，花费了多少时间，怎样制成了枯蟹，经历了多少艰辛……
这些问题的答案都被时光的波涛冲刷了，都被历史的烟云遮住了，

凭着这段文字，后人只能看到神秘道人孤独而坚毅、遥远而模糊的背影：他是一位无与伦比的蟹类标本采集者，是一位独一无二的螃蟹种类汇集者，或许还是一位卓绝于世的螃蟹形态的研究者！进一步还使人知道，自古以来，民间有着专注于螃蟹的观察、采集、保护和研究的人，他们的智慧和实践，默默地推动着人们对蟹类的认知。

大雾中蟹多僵者

宋朝人最早提及螃蟹怕雾，苏轼说"落蟹怕雾"(《格物粗谈》)，接着，赵希鹄说"蟹畏雾"(《调燮类编》卷一)，林洪说"蟹所恶，恶朝雾"(《山家清供》)，陈造说"(蟹)性喜霜而恶雾"(《无长叟传》)，等等，一致指出了这一现象。

螃蟹为什么怕雾？螃蟹长的是复眼，即由许多小眼构成，每只小眼摄入图像的一点，许多小眼摄入的一点又一点，点点合拢，才拼成图像整体，这种复眼是格外怕雾的，雾迷蒙了眼睛，不辨方向和路径，于是只能僵卧原地，不敢爬行。

元陈芬《玄池说林》(见《说郛》卷三十一)记录了一个由此而演化出的传说：

> 金陵极多蟹。古传有巨蟹，背圆五尺，足长倍之，深夜每出啮人。其地有贞女，三十不嫁，夜遇盗逃出，遇巨蟹横道，忽化作美男子诱之。贞女怒曰："汝何等精怪，乃敢辱我！我死当作毒雾以杀汝！"遂自触石而死。明日，大雾中，人见巨蟹死于道，于是行人无复虑矣。

　　至今，大雾中蟹多僵者。

　　这个传说被《格致镜原》《渊鉴类函》《古今图书集成》《蟹录》
等引录，流传久广，颇具影响。传说中的精怪巨蟹可以看作一个
地方土豪恶霸的符号，它啮人诱人，为非作歹，最终为毒雾杀死，
得到了应有的下场。传说在荒诞不经的外衣之内，包裹着一个客
观现象，即"大雾中蟹多僵者"。传说把蟹的怕雾形象化、故事化、
神奇化了，使其深深地烙印在了人们的心间。

　　明清时期，仍沿袭宋人和元人的"落蟹怕雾"之说。明徐充
"蟹畏雾露，死"(《暖姝由笔》卷一)，李日华"雾瀹而蟹螯枯"(《紫
桃轩又缀》卷三)，徐渭"(蟹)雾重死淮南"(《蟹六首》)；清李彣
"(蟹)见雾则死"(《金匮要略广注》卷下)，李元"蟹躲雾"(《蠕
范》)，佚名"蟹，七月瘦，深秋膏满，见雾即死"(《调鼎集》卷
五)……最有意思的是清初李渔，李渔嗜蟹成癖，在《蟹头鱼尾
韵》诗里说"化作迷蒙三日雾，可怜诸蟹尽销亡"，如此便吃不到
蟹了；在《咏蟹词》里便进一步说，"霜雾连朝，菊残蟹毙，不胜
惆怅"，"嗜蟹因仇雾，怜花复怒霜"，结句曰造物主"不许蛰无
肠"！必须补充说明的是，蟹夜出觅食，天亮返穴，若遇雾，说
"怕""畏""僵""恶""蛰""躲"是符合事实的，说"死""枯""销
亡""毙"是夸大了，雾散之后，螃蟹仍会爬回洞穴的。

　　最后，顺便指出，当代作家王充闾在散文《捕蟹者说》里写了
一个流传于辽宁盘山的红罗女斗蟹王的民间传说：一只"背壳赛过
大笸箩"的蟹王，每当星月不明的暗夜，常常出来伤人。某年秋
天，"身披红罗，手持双剑的卖艺女郎"与它鏖战三天三夜，终被
蟹王吞掉。此后，"连续数日，大雾弥天。天晴后，人们发现蟹王

死在岸边"。这个故事与《玄池说林》所记，同工而异曲，一样凄楚动人。散文最后说："老辈人口耳相传，清代道光年间中秋节过后，一个浓雾弥漫的晚上，突然，河里'刷刷刷'响成一片，螃蟹成群结队急急下海，顿时，河面上黑鸦鸦一片铺开，有的小渔船都被撞翻了"。虽为传言，不无来由，真实而生动地说出了螃蟹怕雾而躲的景象。

岁旱迎蟹即雨

谁都知道，在中国的传说里，龙司雨职，神通广大得很，可以统领风伯、雷公、云童、电母，兴云播雨，给大家带来甘霖。

古籍里却还有好些讲到迎蟹即雨的。宋彭乘《墨客挥犀》(辑撰于北宋末年，稍前，福建沙县人陈正敏《遁斋闲览》有"蟹泉"条，比此简略)说：

> 蒲阳壶公山有蟹泉，在嵌岩之侧，一穴大可容臂，其源常竭，求涓滴不可得。州县遇旱暵(hàn，干旱)，即遣吏斋沐，置净器于前，以茅接之，泉乃徐徐引出，满器而止。有一蟹，大如钱，色红可爱，缘茅入器中戏泳，俄顷，乃去。若遇蟹出，雨必沾足。

蒲阳为今福建莆田。莆田壶公山的蟹泉十分蹊跷，平常干枯得连涓滴之水都没有，可是州县一遇大旱，只要有人虔诚求雨，就有泉水流注，就有螃蟹爬出，"若遇蟹出，雨必沾足"，丰沛的雨水解除了旱象。这只"大如钱，色红可爱"的蟹，简直成了有求

明代白瓷蟹形洗

必应的雨神。

更神异的当数宋洪迈《夷坚志》丁卷第二《龙溪巨蟹》的记述：

> 福州长溪之东二百里，有湫渊（深潭）曰龙溪，与温州平阳接境，上为龙井山，其下有大井，相传神龙居之。淳熙初年七八月之交，不雨五十日，民间焦熬不聊生。罄（尽，均）祈祷请皆莫应。土人刘盈之者，一乡称善良，急义好施予。倡率道士僧巫，具旗鼓幡铙，农俗三百辈，用鸡鸣初时诣井投牒（文书）请水。到彼处，天已晓。僧道四方环诵经咒，将掬水于潭。见一巨蟹，游泳水面，一钳绝大，背上七星，状如斗，大如丸弹，光彩殊焕烂。遽（仓促）涤净器迎挹（舀）之，蟹随之以舆（杠，抬）者，才动足，云雾滃然乱兴，未达龙溪，雨已倾注。明日，遍迎往乡间，观者拥塞，忽失蟹所在。甘泽沾足，众议送之归，彷徨访寻，乃在刘后园池内。又明日，始备礼供谢，复致井中。自后有所祈必应。

时间，宋孝宗淳熙初年七八月之交；地点，福建龙溪一带；前因，这段时间这个地方已经五十天没有下雨，又热又旱，民不聊生，怎么祈祷都无用。最后刘盈之领头，带了道士、和尚、巫祝及三百多个农夫，扛了旗幡，敲着鼓铙，到神龙居住的大井投下文书，请求降雨；结果，看见一只巨蟹，形态光彩而且鲜亮，于是置于净器，抬着回来，才离开大井就风起云涌，还未到龙溪就倾盆大雨，旱情解除，甘泽沾足。这个故事说得有鼻有眼，具体详尽，煞有其事。这只巨蟹，不但解除了一次大旱，而且"自后有所祈必应"，也就是说解除了一次又一次干旱，简直成了百求百应的神龙化身。

类似记载颇多。江西《玉山县志》说，华山山背有古井，"岁旱，乡人祷之，得蟹而雨随之"；福建《建宁县志》说，南兴上里山谷中，水极清冽，产蟹，"遇水旱，乡人入谷，以盆贮之，迎而归，即雨"；四川《江津县志》说，巨蟹泉在江津县北石佛寺山下，"邑人祷旱于此，取水得蟹辄雨"……可见，许多地方都有此类情形。

大家知道，传说中的龙掌握行云播雨的大权，人间或风调雨顺，或干旱雨涝，都是由龙来调度的。可是，龙常常云游四方，飘忽不定，"升则飞腾于宇宙之间，隐则潜伏于波涛之内"，而且谁也没有见过。相反，大凡有水的地方就有蟹，蟹是龙王手下的一员干将，如此，在干旱得受不了的时候，就有了退而求其次、向蟹求雨的情形，它也真灵，一求就应。这种作为龙主云雨补充的螃蟹司雨的现象，向来被忽略，然而又是一个挺有意思的话题：你可以说蟹也耕云播雨，可以说蟹越俎代庖，还可以说蟹只是充当了龙的信息员角色，可以说蟹在前台表演龙在后台操纵，甚至可以像宋刘屏山《祷雨蟹泉》诗里所说的，"仿佛小双螯，控御蛟龙随"，即蟹有着指挥蛟龙的能耐……不管怎么说，这类"迎蟹即雨"的故事，一概颂赞了蟹，它察民之意，它急公好义，给人们带来了雨露和甘霖。

以螃蟹为怪物

螃蟹模样丑陋：没头没尾，两只眼睛突柄怒视；似方若圆的身体两侧伸出四对步足，偏不直走，却要横行；静着的时候，脚仍要郭索郭索，嘴里吐着泡泡；动着的时候，四足踮起，悬空着身子，两只似钳如剪的大螯在前方摆动着，露出一副争斗的凶相……因此，古人或说它"可恶"（晋司马伦），或说它"不类"（元李祁），或说它"可厌"（清况周颐）。

更有以螃蟹为可怖怪物的。北宋沈括（1031—1095），钱塘（今浙江杭州）人，博学善文，是位奇才通才，晚年著《梦溪笔谈》，在许多科技领域都有创获，被英国科学史家李约瑟称赞为"中国科学史上的座标"。他关注螃蟹，在此书《潴水为塞》提到"鱼蟹之利"，在《欧阳修评林逋诗》里说"郭索，蟹行貌也"，在《蛇唇化石》里提及"石蟹"，而卷二十五"杂志二"里则有《干螃蟹》：

> 关中（今陕西关中盆地，并包括甘肃、宁夏的部分地区）无螃蟹。元丰（宋神宗赵顼的年号，1078—1085）中，予在陕西，闻秦州（今甘肃天水）人家收得一干蟹，土人怖其形状，以为怪物。每人家有病虐者，则借去挂门户上，往往遂差（同"瘥"，病愈）。不但人不识，鬼也不识也。

一只风干了的螃蟹，大家都不认识，因其形状可怖，竟"以为怪物"，进而，谁家有人得了疟疾，就借了挂在门户上，连鬼也不认识，被吓退，病人由此痊愈。这个记录真实地记录了非产蟹区人见到螃蟹后的心理状态和以此驱逐病魔的行为。

事有凑巧，清朝初年，黎士宏（约1620—约1705）在《仁恕堂笔记》里继而记述说：

> 甘无鱼……乡堡中有老死未经见鱼者。传一悍妇，数笞（用杖抽打）其夫，他日，夫偶持一鱼至门，妇望见惶恐叩头，夫因绐（欺骗）之，若不更所为且为厉（恶鬼）收若魂魄。妇自誓改过，遂为善良。癸丑夏，予遣役郑璜伴儿辈入都门（京都城门），见市蟹，郭索满筐，郑役惶怖，睥睨（斜着眼睛看）不敢正视。继至五凉（即甘肃之地），与客话其事，有画士李邝在座，曰："是水里大蜘蛛也，那得不怕！"一座哄堂绝倒。

引文说到一个甘肃籍的差役郑璜，到了北京，第一次见到市场上装在筐里的螃蟹，竟然"惶怖"得"不敢正视"。后，清陈其元《庸闲斋笔记》以"甘肃人不识蟹，疑为水底大蜘蛛"概述，可见流传之广。此与沈括所记，可以前后互证是真实的。说它真实，直至民初徐珂在《清稗类钞》里仍说"甘肃无蟹，土人终身不知有蟹也"，直至今天，甘肃某些地方仍有一种螃蟹香包的挂饰，妇女做了给孩子佩戴，认为可以驱灾避邪。

其实以螃蟹为怪物又何止甘肃？

丁厚祥《门户挂干蟹》

　　家梅亭方伯（家族之长），任四川打箭炉同知（地方官称谓），彼处人偶见蟹，称为瘟神，打鼓鸣锣而送之郊外。方伯取而食之，人皆大惊，谓官能食瘟神，四境耸服。（清·陈其元《庸闲斋笔记》"少见多怪"条）

　　……亦不识螃蟹，间有自关内带来者，群目为怪物，不敢食。（清·长白西清《黑龙江外纪》）

　　以上所记，也许特殊，也许极端，然而却反映了历史上非产蟹区的人初见螃蟹时的印象，可恶、可厌之外，还是可怖。鲁迅说："第一次吃螃蟹的人是很可佩服的，不是勇士谁敢去吃它呢。"

（《今春的两种感想》）了解了始自沈括《干螃蟹》以螃蟹为怪物至清朝的很多记录，对"佩服""勇士"的用语，我们一定会觉得恰当之至。

探洞捉蟹·以竿钓蟹·火照捕蟹

先说探洞捉蟹。稻蟹是穴居的，夜里出来寻食，白天躲进洞窟，如若秋天没有洄游至海，那么到了冬天也就蛰伏在洞窟里。据此，先民发明了探洞捉蟹。

早在先秦，荀子《劝学》已经触及了稻蟹的穴居习性，可以推断，便捷的探洞捉蟹大概也早已采用，然而，直至宋代才见诸文字。梅尧臣（1002—1060），宣城（今属安徽）人，是一位接触群众、了解实际的北宋著名诗人，他在《褐山矶上港中泊》诗里说："篙师知蟹窟，取以助清樽。"意思是，长期在水上撑船的人，一眼就能认出螃蟹的洞窟，于是就探洞捉蟹，捉了就煮，当下酒的菜肴。之后，宋张镃《行次季村》有"船人探蟹室"。当可想见，宋朝时期的船上人，在行船途中，看见泥岸的蟹洞，就要停下来去掏，是比较普遍的。

怎么捉螃蟹呢？宋傅肱《蟹谱》"采捕"条作出了具体说明："（蟹）于陂塘小沟港处，则皆穴沮洳而居。居人盘黑金作钩状，置之竿首，自探之。"意思是，螃蟹都居住在低湿的池塘、小沟、港湾的洞穴里，当地的居民，用铁丝盘曲成钓钩，绑在竹竿头上，握着探洞。如此探洞，当不致被蟹的大螯钳伤手指。应该说，这是事先有备的。否则，"春二三月，蟹居穴，沿水滨以手探穴取之，必有得"（清焦循《北湖小志》卷一），可见徒手亦可，只是要小心被钳。

　　清屈大均《广东新语》卷二十三"蟹"条又进一步说明了如何在稻田里探寻蟹穴："蟹从稻田求食，其行有迹，迹之得其穴，一穴辄一辈，然新穴有蟹，旧穴则否。"根据螃蟹爬行时留下的痕迹来探寻蟹穴，根据穴口的干湿度来判断旧穴或新穴，一个新穴里往往是一只螃蟹。屈大均以自己的经验，丰富了探洞捉蟹的实践。

　　再说以竿钓蟹。西周姜尚钓鱼于磻溪，西汉韩信钓鱼于淮河，东汉严光钓鱼于富春江，乃至唐柳宗元《江雪》"孤舟蓑笠翁，独钓寒江雪"，钓鱼为大家熟知。推测起来，钓鱼的人一定也钓到了蟹，并且受此启示，从宋朝开始便有了以竿钓蟹的文字记录。梅尧臣不但有"霜蟹肥可钓"（《周仲章通判润州》）句，而且写下了一首《钓蟹》诗：

> 老蟹饱经霜，紫螯青石壳。
> 肥大窟深渊，曷虞遭食啄。
> 香饵与长丝，下沉宁自觉。
> 未免利者求，潜潭不为邈。

诗说，这只老蟹，饱经风霜，紫色的螯，青石般的壳，极其肥大，住在深渊的洞窟里，怎么会担虑被捕而给人啄食呢？然而，钓蟹的人，用了长丝，缚着香饵，沉到水里，一点儿也没有把握，它会不会上钩。哪知道这只又老又大的蟹，竟被小小的香饵诱惑了，钳住不放，一提，就把它从深潭里钓了上来。诗是有寓意的，讽刺那些有贪欲的人，为了蝇头之利，最后上钩而被"食啄"。《钓蟹》中写到"香饵"与"长丝"，证明至少在宋朝，也就是1000多年前，便借鉴了钓鱼的方法来钓蟹了。

与钓鱼一样，钓蟹也是一种悠闲和风雅的活动，为文人墨客所喜爱：

> （蟹）若鱼以饵而钓之。（宋·傅肱《蟹谱》"采捕"条）
>
> 平生把螯手，遮日负垂竿。（金·吴激《岁暮江南四忆》）
>
> 何时把钓梁溪上，醉嚼蟹螯余罢休。（宋·李纲《次韵叔易四绝》）
>
> 堪怜妄出缘香饵，尚想横行向草泥。（宋·陆游《偶得长鱼巨蟹命酒小饮盖久无此举也》）
>
> 舴艋舟行容钓蟹。（宋·方岳诗句，题未详；录自清·孙之騄《晴川后蟹录》卷二"摘句"）

种种记载表明了宋朝文人广泛参与了钓蟹，钓蟹过程是一种充满希望的守候，从中可以获得享受，自得其乐。此后，元、明两朝都有载及钓蟹的记录，清焦循《北湖小志》卷一，总结各种取蟹的方法，其"三曰钓"说"以长竹曲其首，垂向水，置饵于末，所得蟹必肥"，不仅延续了之前的钓蟹记录，而且视其为一种重要的取蟹法。

钓蟹不仅是一种功利与消闲兼具的活动，古人还注入其他因素：比如宋傅肱《蟹谱》"贪化"条载，宋仁宗让宫廷艺人在一次宴会上装扮成钓者，"一人持竿而至，遂于盘中引一蟹"，"惊曰，好手脚长"，以此寓意，警戒大臣手脚勿多勿长。比如据《三洞群仙录》载，高阆等三人在贵池喝酒，高取钓竿曰："各钓一鱼，以资语笑，然不得取蟹。"一人钓了一只蟹，高阆笑曰："始钓鱼，今得蟹，可罚也。"相约以钓蟹为罚酒的依据。（见清孙之骤《晴川续蟹录》）比如明祝允明《志怪录》载：

> 吴县贺解元（旧时科举，乡试第一名称解元）恩，戊子岁，与二人同身赴试，途次见钓者。贺谓二士曰："吾三人借钓竿各卜（占卜，用以预测）之，钓得蟹者为解元，鱼虾杂物者与中，引空饵者下第（考试中者称及第，不中者称落第或下第）。"二士先之，一得鱼，一无获，贺一钓而得两蟹。后果如卜。二士忘为谁。

三个学子以钓为卜，独贺恩钓得两蟹，后果中解元，把钓蟹当作了预测功名的手段。

最后说火照捕蟹。旧时，濒临水泽的人家，有时候会碰到如此景况：秋天，夜晚，水涨，厨房灶前烧着水，忽然听到身后窸窸窣窣的声音，一回头，只见一只螃蟹钳住了靠在墙根的瘪谷稻穗，于是，便可以像夏天抓知了那样随手抓住它；门缝里透出油灯的光亮，夜阑人静，螃蟹顺着台阶爬来了，撞着门板，一开，一只突眼怒目、吐着白沫的螃蟹，一个筋斗从门槛上翻到屋内，于是，便可以像白天捡个铜板那样随手捡取它……螃蟹的趋光性，也许就是先民在如此景况下被无意感知的，以后用以捕捉。嗬，还真灵！

唐段成式《酉阳杂俎》说，河间（县名，今属河北）人在冬天夜里，凿开坚冰，"火照"，即用火把光亮引蟹，已经透露了火照捕蟹的最初信息。不过，到了宋朝方更加自觉，运用也更加普遍，王禹偁（954—1001）"草没潮泥上，沙明蟹火然"（《忆旧游寄致仕了倩寺丞》），梅尧臣"照蟹屡爇（ruò，引燃）薪"（《宿矶上港》）。说出了其中缘由的是傅肱，他在《蟹谱》"采捕"条说，"夜则燃火以照，（蟹）咸附明而至焉"，历史上第一次直接而明白地指出了蟹有"附明"也就是趋光的习性，他又在"蟹浪"条说，"济郓居人，夜则执火于水滨，纷然而集，谓之蟹浪"，意思是山东济郓一带，居民在夜间执火水滨，众多的螃蟹，见火而来，纷然而集，竟致在水面翻滚起一片浪花，形象地描绘了螃蟹"附明"而群集的现象。其后，宋人及此者颇多：

> 忆观淮南夜，火攻不及晨。（黄庭坚《次韵师厚食蟹》）
>
> （蟹）夜则以灯火照捕。（寇宗奭《本草衍义》卷十七）
>
> 端然秉炬可攻取，束缚健者归庖厨。（李纲《食蟹》）
>
> 吴人取鱼，执火而攻之，蟹则易集。（高似孙《蟹略·蟹火》）
>
> 蟹处蒲苇间，一灯水浒，莫不郭索而来，悉可俯拾。（姚镕《江淮之蜂蟹》）
>
> 夜灯争聚微光，挂影误投帘隙。（唐珏《桂枝香·天柱山房拟赋蟹》）

如此等等，说明了宋人已经清楚而自觉把握了螃蟹在白天蛰伏洞穴、夜间出来觅食，于是，捕蟹者根据它的"附明"习性，以火照诱捕。

这种捕蟹法一直被沿用：元马臻"郭索趋舡火，爬沙出岸庐"（《蟹》），明高启"稻蟹灯前聚"（《郊墅杂赋》），清孙之𫘦"渔人捕蟹，率执火以前，蟹见火咸附光至，至就系焉"（《晴川蟹录》卷

三 "蟹说")、徐宝善 "爬沙往复回，投火后或先"(《瀛社分咏得蟹
簖》)、焦循《北湖小志》卷一 "秋末蟹肥，夜吹沫飞空中，性喜
火，见光则就，三更以火照之，诱其坠而拾焉"……此法简便灵验，
不断被人验证而沿用不绝。

江苏有一个民间故事：阳澄湖西岸有个村子叫西斜宅，山水
旖旎，风光无限，明朝大画家沈周小时候就在这里画画。他很勤
奋，晚上还点着纱灯画呀画的，哪知，螃蟹便迤逦而来，一次一
次又一次，村民见到后就都点起了灯，哎呀，真还不少，一捉许
多。从此，每到秋天，家家灯诱捕蟹，村上的人生活更富足了。

专捕蟹的 "蟹户" 和专营蟹的 "蟹市" "蟹行"

宋傅肱《蟹谱》下篇 "蟹户" 条：

> 钱氏间，置鱼户、蟹户，专掌捕鱼、蟹，若今台之
> 药户、畦户，睦之漆户比也。

钱氏间，指的是907年钱镠创建吴越国（疆域在今江苏、浙江、福
建，都城为杭州），经三世五主经营，至978年，钱俶放弃割据，
将 "三千里锦绣山河" 和 "十二郡鱼盐世界"，悉数献纳给北宋赵
氏政权。这期间，就像台州（今浙江临海）专事种药和园艺的人
家，就像睦州（今浙江淳安）专事栽漆的人家一样，还设置了鱼
户和蟹户。

应该说，鱼户，就是捕鱼人家，早已存在；而蟹户，就是捕
蟹人家，捕蟹专业户，以捕蟹为生计主要来源的渔民，却独见于

此。这反映了什么？以渔佃起家的钱氏家族对渔业、特别是捕蟹业的重视，其时市场的需求刺激了捕蟹业，使得部分渔民专掌捕蟹，一年四季捕捉各种螃蟹。

宋代，社会上的食蟹风气极为兴盛。于是，不仅促进了捕捞和贩运的发达，而且开始出现了"蟹市"和"蟹行"的记录，螃蟹的销售环节更加畅通完整了。

宋杜子民（元丰元年，即1078年，为详断官）《扬州》诗云"人穿鱼蟹市，路入斗牛天"，透露了其时的扬州已经有了专门买卖鱼蟹的市场。"鱼市"先见于唐代，例如张籍《泗水行》"城边鱼市人早行"，张祜《钟陵旅泊》"鱼市月中人静过"等，所称"鱼市"，恐怕包括虾、蟹之类水产品的，只是以"鱼"为多，而杜子民所称的"鱼蟹市"，一定是蟹的摊位数量众多，可与鱼的摊位平分秋色，给人印象深刻，才如此相称的。市场的形成是买卖双方在交易地点上的约定，你到这里买蟹，我到这里卖蟹，久而久之，逐渐形成，各自都方便。扬州是鱼蟹丰饶的地方，因此"鱼蟹市"的形成为一个必然的现象。不过，鱼类常年都有，螃蟹却是有季节性的，所以水产市场仍以鱼为代表，尽管包括虾蟹之类，习惯上都以"鱼市"相称，虽说如此，自宋之后，历史上还是时时闪出"鱼蟹市"或"蟹市"的记录。明宋濂《元史》卷八十五"鱼蟹市，设大使一人，副史一人，至大元年开始设置"，明江盈科《京口舟次中秋》"虾蟹有钱随意市"；清王煦《虞江竹枝词》"入市休嫌物价腾，蟹连草缚螯连绳"，倪伟人《新安竹枝词》"螃蟹如箕上市时"，华鼎元《津门征迹诗》"秋约黄花来蟹市"，夏家镛《忆昔口占》"灯火黄昏经蟹市，持螯先醉北门桥"……各地长久而自然形成的星罗棋布的"鱼蟹市"或"蟹市"，使销售者与顾客之间实现了最终的交易。

尤其要提到的是，宋代开始有了"蟹行"的记录。南宋佚名撰《西湖老人繁胜录》载："诸行市……海鲜行、纸扇行、麻线行、蟹行、鱼行、木行、竹行、果行、笋行。京都有四百四十行，略而言之。"周密《武林旧事》(武林即南宋都城临安，今杭州)卷六"诸市"条："蟹行，新门外南上门。"蟹行，顾名思义，当是一手从捕蟹者和贩蟹者买进来，一手再卖给居民、酒家的商行，专业经营螃蟹买卖，有相当的资本和规模。它的出现是蟹业史上的重要事件之一，标志着蟹的捕捉、贩运、销售已经环环相接和配套成龙，标志着蟹的买卖已经进入了一个完整的商业化的运作阶段，标志着蟹业的兴旺已经补上了最后一块短板构成了产业链。

因为历史记载的缺失，宋后稀见关于蟹行的记录，明沈朝宣纂修《(嘉靖)仁和县志》(仁和即今杭州)："宋南渡都杭，百凡俱仿汴京立市，药市、花市、米市、菜市、鲜鱼行、南猪行、北猪行、蟹行(原注：昔在南上门，今在衙湾)、花团、青果团、书房，皆在仁和境内。"此记载系怀古而述，不过从"蟹行"所注，知其仍存，"今在衙湾"。清魏标《湖墅杂诗》卷上：

> 秋晚牙湾贩海鲜，蟹舟衔尾泊淮船。团脐紫爱香浮屑，酒瓮藏留醉隔年。《仁和县志》：衙湾在通市桥东，内有香罗巷，北通大兜小兜，俗称牙湾。蟹行在牙湾。《湖墅志略》：今衙湾有蟹舟弄。

算是弥补了缺失，说明了杭州至清仍有蟹行，不过，经营的却是装在瓮里的或腌或醉的淮蟹，这装着淮蟹的淮船，一船一船，首尾相接，以至在通市桥东形成了一条蟹舟弄，而衙湾蟹行成了它的中转站。

此外，清李斗《扬州画舫录》卷一："坝上设八鲜行，八鲜者，菱、藕、芋、柿、虾、蟹、蛼螯、萝卜。鱼另有行在城内。"八鲜行中包括了蟹行。贾祖璋在1934年写的著名科学小品《蟹》里说："秋风起了以后，上海已经满街都是蟹。不仅小菜场里有，大街小弄的蟹摊，沿街叫卖的蟹担，更是多到不可计数。假如到南市去，看那一件件装满蟹的木桶，从码头上扛到鱼行去，更会使你吃惊，蟹怎么会这样多。"就像包括了蟹的称"鱼市"那样，包括了蟹的亦称"鱼行"，"蟹市""蟹行"都被掩盖了。

蟹价贵贱的记录和轶事

螃蟹作为一种商品是早就存在的，但到了宋代，随着城市的繁荣、商品经济的发达、文化的进步、人的观念转变等，才正式开始了对它的价格和轶事的记录。因供求关系的情况不一，或说蟹价贱如土，或说蟹价贵如金，自此历代都有零星分散的记录，成了中国经济史上的一个小小的侧影。

先说蟹价贱如土。宋王安石"人间鱼蟹不论钱"（《予求守江阴未得酬昌叔忆江阴见及之作》），苏轼"紫蟹鲈鱼贱如土，得钱相付何曾数"（《泛舟城南会者五人分韵赋诗得"人皆苦炎"字四首》），苏辙"蒲莲自可供腹，鱼蟹何尝要钱"（《答文与可以六言诗相示因道济南事作十首》），陆游"既畜鸡鹜群，复利鱼蟹贱"（《戒杀》）……宋彭乘在《续墨客挥犀》卷五里说"螃蟹之一文两个，真是不虚"，难怪诗人都说"不论钱""贱如土"了。缘此，便有了

清 华品《蟹图》

宋何薳《春渚纪闻》卷三里的记述：

> 河朔雄、霸与沧、棣，皆边塘泺，霜蟹当时不论钱
> 也。每岁，诸郡公厨糟淹，分给郡僚与转饷中都贵人，
> 无虑杀数十万命。

河北的雄州（宋庞元英《文昌杂录》卷四："雄州城南，陂塘数十
里"，"四时有蟹，暑月亦甚肥"）、霸州（历史上，特别在晚清时
期闻名于北京的"胜芳蟹"，即产于霸州附近）、沧州、棣州一带，
湖塘水泊多，每年霜降时节，蟹多而肥，价格特别低廉，于是，
诸郡的公厨就糟的糟、淹的淹，数十万只蟹被装进了瓮，除分给
群僚外，主事长官还远赠京都的贵人，螃蟹成了一件像样的礼品。
　　之后，蟹价贱如土的记载历代都有：元张雨"鳊鱼紫蟹不论

钱"(《寄吴兴赵承旨》)，明王世贞"紫蟹湖头不论钱"(《访子舆长
兴道中》)，清吴之振"湖头郭索盈筐买，恨不同兄把巨螯"(自注：
"湖中蟹殊贱，十钱可得数十。"《食蟹怀晚村》）……为什么蟹价
如此低贱？我国是一个产蟹的大国，有的年份甚至蟹多成灾，因
此蟹汛时节，在蟹的产地，直接从渔民手中购买，价格自是低贱。

再说蟹价贵似金。最早提及这点的是唐段成式《酉阳杂俎》，
说河间（今属河北）为了向朝廷贡蟹，于隆冬季节，"斫冰，火照，
悬老犬肉，蟹觉老犬肉即浮，因取之，一枚直百金"。应该说，这
是一个特例，螃蟹在这里是作为贡品而非商品，而"一枚直百金"
也只是约估，并不是实际的货币价格。螃蟹作为商品的货币价格
至宋方见。

宋邵博（？—1158）《邵氏闻见后录》卷一：

> 仁宗皇帝内宴，十门各进馔，有新蟹一品，二十八
> 枚。帝曰："吾尚未尝，枚直几钱？"左右对："直一千。"
> 帝不悦，曰："数戒汝辈无侈靡，一下箸为钱二十八千，
> 吾不忍也。"置不食。

仁宗赵祯，北宋第四个皇帝，1023—1063年在位。某次宫内设宴，
饭菜点心是从十个宫门分别端进去的，可见丰盛和皇家气派，其
中的一道是才上市的新蟹，每只价值"一千"，即白银一两，何等
奢侈！仁宗自小喜爱吃蟹，据司马光《涑水纪闻》卷八记述，大娘
章献太后，见其"多苦风疾"，便下令"虾蟹海物不得进御"，而
小娘章惠则说，"太后何苦虐吾儿"，便偷偷藏了蟹给他吃，后来
大娘死了，小娘被尊为太后，"奉事曲尽恩意"。可是，其时，仁

宗正在推行俭朴新政，故表示了"不悦""不忍""不食"。事实上，不仅宫廷宴饮极度侈靡，官僚也多以侈靡为尚，据宋曾敏行《独醒杂志》卷九：权相蔡京，"一日集僚属会议，因留饮，命作蟹黄馒头。饮罢，吏略计其费，馒头一味为钱一千三百余缗"。缗是穿钱用的绳子，按一缗穿一千铜钱计算，折合白银一千三百多两。"蟹黄馒头"的主要用料是蟹，可见蟹价极为昂贵。为什么？情况特殊，推测起来，或者因见是皇室和权臣所购，蟹商抬价；或者是属下觉得皇室和权臣财丰，从中做了手脚而饱私囊。

之后，蟹价贵似金的记载历代都有：元范梈"厚价得两螯，持之比琳球"（《九日报熊敬舆》），明屠勋"长安市者比金玉，一品十千宁计钱"（《和李世贤斫蟹韵》）。清人刘熙载，江苏兴化人，一次在山西太原盆地东南的太谷县接受招待，席间有"山邻饷蟹盘才满，价抵吾乡五十斤"（《太谷把酒持螯》）……下面两则材料记录蟹价之贵甚详：

> 蜀中无蟹，有南货客者，多越人，贩南中食品至，以一陶器盎（大腹敛口之盆）贮一蟹，直白金二流（汉代王莽时的银两单位，银重八两为一流）。至成都，官吏争买以宴客，一看即费数金。其实远至失真味，大无谓也。先大父尝作《瘦蟹行》以风之，其结句曰"姜新酢醈（醋浓）一杯羹，价抵贫家三月粥"，蔼然仁者之言也。（清·吴庆坻《蕉廊脞录》卷八）
>
> 贵州……惟水产物则极不易得，鱼虾之属，非上筵不得见。光绪某岁，有百川通银行某，宴客于集秀楼，酒半，出蟹一筐（圆形大口有两耳的器皿），则谓一蟹值

银一两有奇，座客皆惊。（徐珂《清稗类钞·饮食类·黔人之饮食》）

螃蟹之所以价值不菲，那是因为本地不产或少产，物以稀为贵，若长途贩运而得，加上酒家的利润，自然就价贵似金了。

不过，贱如土或贵似金，只是蟹价的两极，一般而言，蟹汛期间，产蟹地区，受市场调节，蟹价都在合理范围。宋范致明（？—1119）《岳阳风土记》说："江蟹大而肥实，第壳软，渔人以为厌，自云：'网中得蟹，无鱼可卖。'十年前土人也不甚食，近差珍贵。"吃的人少了，蟹价低贱，捕蟹者也就没有了积极性，后来吃的人多了，能卖个好价钱，捕蟹者便有了积极性，市场供应随之充足。清宋至"百钱取蟹三十余"（《持螯歌》），清吴翌凤"百钱买得四五辈"（《谢陈良征惠蟹》），如此等等，说明了蟹的价格是随行就市有所波动的，各地各时的价格都被市场那只看不见的手支配和调节着。

清曹雪芹《红楼梦》第三十九回：

周瑞家的说道："早起我就看见那螃蟹了。一斤只好秤了两个三个。这么两三大篓，想是有七八十斤呢。"刘姥姥道："这样螃蟹，今年就值五分一斤。十斤五钱，五五二十五，三五一十五，再搭上酒菜，一共倒有二十多两银子，阿弥陀佛！这一顿的钱，够我们庄稼人过一年的了。"

这是《红楼梦》中最著名的经济账之一。此账核心的部分是螃蟹价格。那么，一斤两个三个的螃蟹"五分一斤"是贵是贱？刘姥姥作为局外而了解市场的人，一听人说起螃蟹，就算出了螃蟹账："五分一斤，十斤五钱，五五二十五,三五一十五。"两三大篓七八十斤螃蟹，总共三两五钱到四两银子。应该说，这笔螃蟹账算得是精准的。螃蟹的价格贵贱因地因时而异，《红楼梦》所写大观园人吃的螃蟹，一则离产地近，"我们当铺里有一个伙计，他家田上出的好螃蟹"；二则正当吃蟹时，"赏桂花吃螃蟹"。因此"一斤只要秤了两个三个"的极大极肥螃蟹"五分一斤"，价格属于正常。当初薛宝钗为史湘云策划螃蟹宴的时候，确定了一个"便宜"，即节约、省钱的原则，从算螃蟹账看是落实了的，参加了这次螃蟹宴或沾光的，小说点名道姓的为二十六人，加上答应的婆子和小丫头等约十人，总共当为三四十人，就中单以螃蟹而言，三四十人平均每人吃了四至六只(事实上有多有少，而且从总体上说，七八十斤，一斤两个三个，二百只上下的螃蟹，恐怕是吃不了的，当有较多剩余)，只花费一钱多点，而且大家都吃得开开心心，的确划算。那么，刘姥姥为什么要念"阿弥陀佛"，说"这一顿的钱，够我们庄稼人过一年的了"？那是因为"再搭上酒菜，一共倒有二十多两银子"，按《红楼梦》时期的米价，二十多两银子可以买到二十多石粮食，就是"富家一顿酒，穷家一年粮"了。

风味殊隽的酒蟹

酒蟹，或称醉蟹（主要是稻蟹，此外包括蟛蜞、蟛螖等），自宋至今，始终流行。

北宋傅肱《蟹谱》下篇"酒蟹"条，在文字记载里，早先提及了名称及制法：

> 酒蟹，须十二月间作。于酒瓮间撇（由液体表面舀取）清酒，不得近槽（酒糟），和盐浸蟹，一宿却取出。于厣（蟹腹下）中去其粪秽，重实（充实填塞）椒盐讫，叠净器中。取前所浸盐酒，更入少新撇者，同煎一沸，以别器盛之。隔宿候冷，倾蟹中，须令满。蟛蚏亦可依此法。二三月间，止用生干煮酒。

把酒蟹制作的时间、过程、要求、用料等一一都讲清楚了。其中说，要一只一只"于厣中去其粪秽"，要整体"叠净器中"，表示了极为讲究清洁卫生。其中说，"须十二月间作"，直至清佚名《调鼎集》卷五仍言"醉蟹，须于团脐，更须于大雪节令后醉之，味始佳"，其中说"重实椒盐"（椒可去寒，盐可防腐），直至清顾仲《养小录》仍言"入椒盐一撮"，曾懿《中馈录》仍言"实以椒盐"，可见长期遵循。这是早期酒蟹制作的经验总结，明宋诩《宋氏养生部》卷四讲到"酒蟹三制"，其中第三种制法，仍然直接引载了《蟹谱》"酒蟹"条文字，表明已经成了制作酒蟹的经典方法。之后，南宋吴氏（女，浙西浦江人，厨艺家）在《中馈录》"醉蟹"条说"用酒七碗，醋三碗，盐二碗，醉蟹亦妙"，说得比较简单，制作相对易便，称"醉蟹"却为最早，并用一个"妙"字做出了评价。

元佚名《居家必用事类全集》己集"酒蟹"条（后为明刘基《多能鄙事》、朱权《神隐志》，清孙之𫘝《晴川后蟹录》等转录）：

> 于九月间拣肥壮者十斤，用炒盐一斤四两，好明白

清 杨晋《酒蟹图》

矾末一两五钱。先将蟹净洗，用稀篾篮封贮，悬之当风，半日或一日，以蟹干为度。好醅酒五斤，拌和盐矾，令蟹入酒内，良久取出。每蟹一只，花椒一颗，斡（掰）开脐纳入，磁瓶实捺收贮，更用花椒糁（小碎粒）其上，了，包瓶，纸花上用韶粉一粒如小豆大，箬（竹叶）扎泥固。取时不许见灯。

此处说"九月间"，破除了傅肱《蟹谱》"酒蟹，须十二月间作"的定规，尤其说要用好的"明白矾末"，是因为明矾中的白矾有解蟹毒、免吐止泻等功效。凡此种种，在醉蟹做法上有了突破和发展。为什么要"箬扎泥固"？明冯梦龙《古今谭概》里回答说："入酒未深者，皆走出盘外。"为什么"取时不许见灯"？清李渔回答说："瓮中取醉蟹，最忌用灯，灯光一照，则满瓮俱沙。"

明宋诩（华亭县人，即今上海松江人）《宋氏养生部》（成书于1504年）卷四"酒蟹三制"："一用团脐者，从脐尽实腹中以捣蒜泥、盐。一实以坋花、椒屑、葱。俱以白酒醅，同盐、花椒、葱渍之。宜醋。"（第三种制法则引录傅肱《蟹谱》"酒蟹"条）主要讲了蟹脐内的填物，以营造不一的口感。

清代讲酒蟹制法的主要有：

醉蟹。以甜三白酒注盆内，将蟹拭净投入。有顷，醉透不动，取起，将脐内泥沙去净，入椒盐一撮，茱萸一粒（置此可经年不沙），反纳罐内。酒椒粒以原酒浇下，酒与蟹平，封好。每日将蟹转动一次，半月可供。（顾仲《养小录》卷之下"蟹"）

醉螃蟹法。用好甜酒与清酱配合，酒七分，清酱三分，先入坛内。次取活蟹（已死者不可用），用小刀于背甲当中处扎一下，随用盐少许填入，乘其未死即投入坛中。蟹下完后将坛口封固，三五日可吃矣。（李化楠《醒园录》卷上）

制醉蟹法。九十月间，霜蟹正肥，择团脐之大小合中者，洗净擦干。用花椒炒细盐，将脐板开，实以椒盐，用麻皮周扎，贮坛内。坛底置皂角一段，加酒三成、酱油一成、醋半成，浸蟹于内，卤须齐蟹之最上层。每层加饴糖二匙，盐少许，俟盛满，再加饴糖。然后以胶泥紧闭坛口，半月后即入味矣。（曾懿《中馈录》第八节）

从以上几段引文可以窥知，清代的醉蟹制作，用酒不一，辅料不一，方法不一，过程不一，对之前的制作方法既有继承又有创新，一体而多元，加工技术更加先进。必须补充的是，除此之外，特别是佚名《调鼎集》卷五，涉及醉蟹制法八种以及各种注意事项，或先前已及，或仅此而见，洋洋洒洒、琳琳琅琅一大篇，可以视为带有总结性的文献，在醉蟹加工史上是无法绕过的。这些记载，反映了清人对醉蟹的钟情，清夏曾传在《随园食单补正》里说："腌蟹以淮上为佳，故名淮蟹，或以好酒、花椒醉者，曰醉蟹，黄变紫，油味淡而鲜，远出淮蟹之上。"不仅简要点出了醉蟹的制作及特色，而且给了醉蟹以高度评价。此外，徐谦芳在《扬州风土纪略·物产》里说"兴化中堡庄以产醉蟹著名"，《续修盐城县志》第四卷"产殖志"里说"伍佑之醉螺、醉蟹、虾油……尤远近所称焉"，淮上成了清朝产醉蟹闻名远近的地方。

因为醉蟹肉质嫩，淡而鲜，酒香扑鼻，宋高似孙诗"介甲尽为香玉软，脂膏犹作紫霞坚"（《酏蟹》），所以自宋以来受到文人墨客的喜爱，宋宋祁"宴密酒螯香"（《送静海勾稽高洎》），陆游"满贮醇醪渍黄甲"（《偶得海错侑酒戏作》），明张如兰"是为醉蟹，解我宿醪"（《醉蟹赞》），清王锦云"醉蟹擘团脐"（《调寄望江南·扬州忆》）……风味殊隽的酒蟹受到了众人的一致赏识。

曾经风行的酱蟹

酱萝卜、酱黄瓜之类是大家熟知的，洗净之后，丢进酱缸，让太阳暴晒，过些时间就成了。酱蟹，恐怕大家都很陌生，可是明李时珍在《本草纲目·蟹》里，把"酱汁浸"与生烹、盐藏、糟收、酒浸并列，认为这几种吃蟹法"皆为佳品"，可见曾经风行过，受到人们的喜爱。

北宋苏轼在《格物粗谈》卷下"饮馔"里最早提到酱蟹，他说："香油熬熟，入酱内，以之酱蟹，可以久留，且不沙涩。凡糟、酱蟹，瓶口上盖皂荚四五大片，即不沙。"虽说简略，已经把酱蟹的制作要诀讲清楚了。之后，南宋吴氏（女，浙西浦江人，厨艺家）在《中馈录·治食有法》里补充说："酱蟹、糟蟹忌：灯照则沙。"沙就是酱出的蟹松散乏味。从这二条记载可以看到，宋朝时，酱蟹已经开始流行，并且在不断摸索防沙经验。

元佚名《居家必用事类全集》己集"酱蟹"条（后为明朱权《神隐志》卷下引载）进一步说明了酱蟹的制作：

团脐百枚，洗净，控干，逐个脐内满填盐，用线缚定，仰叠磁器中。法酱二斤，研浑椒一两，好酒一斗，伴酱椒匀，浇浸令过蟹一指，酒少再添，密封泥固。冬，二十日可食。

为什么只用"团脐百枚"？据清顾仲《养小录》"蟹"条说，酱蟹的要诀之一是"雌不犯雄，雄不犯雌，则久不沙"，也就是说团脐和尖脐不能相杂，相杂则不久而沙（顾仲又说："酒不犯酱，酱不犯酒，则久不沙。酒酱合用，止供旦夕，数日便沙，易红。"与此处引文相左，当以顾仲所言为是）。这则记载说明了酱蟹不但要用按规格制作的酱，还要用盐、椒等，而且要把装了酱蟹的容器口用泥密封，不使透气，冬天，满二十日方可食用。该书己集还有"酱醋蟹"条：

　　团脐大者，麻皮扎定，于温暖锅内，令吐出泛沫了。每斤用盐七钱半，醋半升，香油二两，葱白五握，炒作熟葱油。榆仁酱半两，面酱半两，茴香、椒末、姜丝、橘丝各一钱，与酒醋同伴匀。将蟹排在净器内，倾入酒醋浸之，半月可食。底下安皂角一寸许。

因为制作材料用了榆仁酱、面酱、醋等，故名酱醋蟹。制法记载更具体，用料更多，当是别有风味的。

　　明宋诩（华亭县人，即今上海松江人）《宋氏养生部》（成书于1504年）卷四"酱蟹二制"："一熟蟹去脐，以原汁俟冷，调酱渍之。一生蟹团脐者惟以酱油渍之，可留经年，宜醋。《墨娥小录》云：'熬香油酱中，可久留不沙涩。'"第一种是酱蟹即食的制法，第二种是酱蟹久留的制法，简便易制，用料单一。

清顾仲（浙江嘉兴人）《养小录》（成书于1698年）卷下"上品酱蟹"条（后为清佚名《调鼎集》卷五申述）：

> 上好极厚甜酱，取鲜活大蟹，每个以麻丝缚定，用手捞酱，搵蟹如团泥，装入罐内封固。两月开，脐壳易脱，可供。如未易脱，再封好候之。食时以淡酒洗下酱来，仍可供厨，且愈鲜矣。

这又是一种简便易制的酱蟹，既酱出了更加鲜美的具有酱味的蟹，而且酱蟹的酱也因为酱过了蟹，更加鲜美。

自宋至清，曾经风行过的酱蟹都要用酱，不管是法酱、榆仁酱、面酱、酱油、甜酱之类，此为酱蟹得名的原因及其主要特色，可是制作方法不一，或繁或简，辅助物或多或少，并且口味各异，显示了古人的摸索和探寻。除了酱萝卜、酱黄瓜之外，这份历史上的酱蟹遗录，似可承继，使其成为现时的"佳品"。

林洪《山家清供》的"蟹酿橙"

翻读南宋林洪《山家清供》，薄薄上下两卷，记载了102种肴馔，梅粥、蓬糕、蟠桃饭、百合面、莲房鱼包、牡丹生菜……梅粥是粥将成再放梅英同煮而成，蟠桃饭是先熟蟠桃去核再与米饭同煮而成，莲房鱼包是切鳜鱼肉块填入挖瓤留孔的嫩莲房中蒸煮而成，如此等等，一个个新奇名称和一种种新奇制法映入眼帘，令人不禁心动而且垂涎。

最令人啧啧称奇的是"蟹酿橙":

橙用黄熟大者，截顶，剜去瓤，留少液，以蟹膏肉实其内，仍以戴枝顶覆之，入小甑，用酒醋水蒸熟，用醋盐供食，香而鲜，使人有新酒、菊花、香橙、螃蟹之兴。因记危巽斋积赞蟹云："黄中通理，美在其中，畅于四肢，美之至也。此本诸《易》，而于蟹得之矣。"今于橙蟹又得之矣。

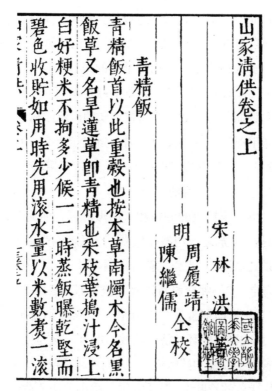

《山家清供》（《夷门广牍》本）

从食材、制法、过程、成品特点和效果的交代上看，可谓是一款奇思妙想的、新颖独特的、适口好吃的艺术化菜肴。

迨至宋代，螃蟹的至鲜至美已为人所同嗜。"把蟹行看乐事全"（苏轼），"风味可解壮士颜"（黄庭坚），"不食螃蟹辜负腹"（徐似道），"古来把酒持螯者，便作风流一世人"（罗愿），就连曾在福建为官被林洪推许的危稹（号巽斋，江西临川人）也称赞说，吃蟹前觉得"美在其中"，吃蟹后觉得"美之至也"。

可是能否换一种吃法，既能吃到蟹的鲜美又能免于手剥牙咬之劳呢？林洪便开创和推出了"蟹酿橙"。它的最大特色是把蟹和橙结合起来而"酿"（杂合，拌和）成的。秋天，霜降，稻熟，菊开，此时，我国东南沿海各地，蟹已壮健，橙也黄熟，人们便造新酒，持螯赏菊。古人以为橙是饮酒食蟹时的最佳伴物，"味尤堪荐酒，香美最宜橙"（宋刘攽《蟹》），"炉红酒绿足闲暇，橙黄蟹紫穷芳鲜"（宋陆游《醉眠曲》）……也许受这些诗句的启示或林洪自身的体验，于是才选择用橙配蟹，剥壳出蟹肉，剜瓤留橙囊，以肉实囊，入瓯（陶制炊具，底部有透气小孔）而蒸，供饮酒时不必烦劳地畅快食用，给人舌尖上最愉悦的享受。

这一"酿"便把橙的芳香和蟹的嫩鲜复合而充分地释放了出来，"香而鲜"，加之"用醋盐供食"，可以说达到了五味调和的程度。联系到饮酒，"半壳含黄宜点酒"（苏轼），一见了蟹就产生了喝酒的需求，"一呷橙齑酒如瀣"（高似孙），一呷了橙汁酒就变淡变稀，"相忆樽前把蟹螯"（黄庭坚），一喝了酒就想到了要吃蟹，"蟹酿橙"就起到了循环互济的功效。况且，蟹与橙是一种美妙的结合，当餐桌上端出"蟹酿橙"，人们提起褐色的橙枝（或许枝上还有一二片绿色的橙叶），揭开橙顶，用小匙从金黄色的橙囊里舀出锦绣般的蟹肉而吃时，不免心为之动，眼为之亮，鼻为之敞，口为之爽，便收获了那份好奇，那份情趣，那份兴致，那份满足。可以说，"蟹酿橙"是对中国菜肴的一种异乎寻常的丰富，是对中国食谱的一大发展。因此，它一推出，便深受宋人包括民间、士人和宫廷的喜爱，到了民国，徐珂《清稗类钞》仍载有它，时至今日，像香港宋城、杭州仿宋菜里仍将这款传统名菜奉客品尝，引得顾客食指大动，赞叹不已。

林洪，福建泉州人，史载在南宋淳祐间（1241—1252）以诗名。作为诗人，今存诗十三首被《全宋诗》收录，读来平平而已。但作为厨艺家，他却天才涌动，想象超拔，其《山家清供》在中国饮食史上开创了一个崭新的食艺境界，给后人留下了一部宝贵的诗意食典。

吴自牧《梦粱录》里的种种蟹肴

吴自牧，钱塘（属今浙江杭州）人，南宋方志作家，著有《梦粱录》二十卷，记南宋都城临安（今杭州）的城市面貌、节令风俗、店铺商家、饮食菜肴等，烹饪资料相当丰富，反映了厨事的精细和菜肴的繁多。

该书卷十六"分茶酒店"条：

> 杭城食店，多是效学京师（此指北宋京城开封）人，开张亦效御厨体式……食次名件甚多，姑以述于后……赤蟹假炙肾、枨醋赤蟹、白蟹辣羹、蝤蛑签、蝤蛑辣羹、溪蟹奈香盒、蟹辣羹、蟹签糊、斋蟹、枨醋洗手蟹、枨

酿蟹、五味酒酱蟹、酒泼蟹……

林林总总，一口气点出了十三种蟹肴，虽未及制作，然而，其赤蟹、白蟹、蝤蛑、溪蟹等为各种蟹类，其醋、辣、酒、酱等为各种调味品，其羹、糊等为剔肉而制的成品，其炙为烤，其枨为木签，其签为竹签，其虀为捣碎，其酿为酒浸，据此，可以大致推知各为何种蟹肴。"赤蟹假炙鲎"，当是以赤蟹烧烤后冒充为鲎（一种似蟹的满身披甲的海洋动物）的菜肴，唯"溪蟹柰香盒"难以猜度，或许是以"柰"（花红，或称沙果）为辅料，取其香味，最后是装盒的。这里的种种蟹肴，宋人多有提及，例如蟹羹，高似孙诗《誊蟹羹》提及；蝤蛑签，司膳内人《玉食批》提及；枨酿蟹，周密《武林旧事》提及；等等。可见如此吃法在宋朝颇为流行，民间、官府、宫廷都采用。除此以外，又有仅见于此的，例如"赤蟹假炙鲎""溪蟹柰香盒""五味酒酱蟹"等，反映了那个时代蟹肴的丰富，创制之多。

该书卷十六"鲞铺"条："（杭州）城内外鲞铺，不下一二百家……铺中亦兼卖大鱼鲊、鲟鱼鲊、银鱼鲊、饭鲊、蟹鲊、淮鱼干、蝤蛑……"鲞铺即卖干腊鱼之类的店铺，蟹鲊即腌制加工的蟹类。

除了上述这条之外，《梦粱录》还有多处涉蟹：卷十二"江海船舰"条，"明、越、温、台海鲜鱼蟹鲞腊等货，亦上滩于江浙"，反映了浙江沿海一带盛产鱼蟹，并以船舰销往各地；卷十三"诸色杂货"条，又有挑担抬盘架，买卖"白蟹、河蟹"等物，反映了螃蟹买卖已经深入到了街头巷尾；卷十八"虫鱼之品"条，"西湖旧多葑（茭白）田，蟹螯产之。今湖中官司开坼荡地，艰得也"，反映了西湖产蟹状况因人为原因的变化。

吴自牧是杭州人，《梦粱录》所记是杭州事，身居其中，耳闻目见，故而能够涉及各方面的蟹况。他大概还是一个喜欢吃蟹的人，故而能够把种种蟹肴开列详尽，不经意间留下了一份珍贵的史料。

倪瓒《云林堂饮食制度集》里的蟹肴

倪瓒（1301—1374），字元镇，号云林，无锡（今属江苏）人。家豪富，筑云林堂，为收藏图书、吟诗作画之所。元末，疏散家财，浪迹太湖、泖湖。画家，"元四家"之一；诗人，有《清秘阁集》；厨艺美食家，著有《云林堂饮食制度集》。

《饮食制度集》为烹饪专著，汇集五十多种，多为水乡之物，以菜品命题，逐款而记，各款除记原料、配料之外，一一说明制作过程和方法等，涉蟹五款，独有创意，各有特色，十分讲究，反映了元朝时期江南的饮食状况。

其《煮蟹法》（后为明顾云庆《云林遗事》、清佚名《调鼎集》等引录）云：

> 用生姜、紫苏、橘皮、盐同煮，才大沸透便翻，再一大沸便啖。凡煮蟹，旋煮旋啖则佳。以一人为率，只可煮二只，啖已再煮。捣橙齑、醋供。

据《隋书·经籍志》载：《四时御食经》，一卷，不著撰人。据宋高似孙《蟹略》"煮蟹"条：《御食经》有煮蟹法。然而，其书已佚，其法不详，只是透露了源起早、流传久的煮蟹先前已经形成了相应而独特的方法。究竟什么方法？倪瓒《煮蟹法》早先解开了谜。讲究有四：一、"用生姜、紫苏、橘皮、盐同煮"，生姜去寒，紫苏戒毒，橘皮增香，盐能避淡，堪称绝配；二、要二次"大沸透"，即要煮熟煮透（以现代观点看，符合了饮食科学，如此才能把病毒和细菌杀灭）；三、要"旋煮旋啖"，因为冷了要腥，并失其鲜；四、要"捣橙齑（捣碎成汁）、醋供"，蘸着橙齑和醋来吃。此四条，构成了完整的套路，把要领逐一讲清楚了，为煮蟹经典之法。之后这四条都产生了影响，以"旋煮旋啖"而言，比如明末清初的张岱在《蟹会》里说："煮蟹食之，人六只，恐冷腥，迭番煮之。"清曹雪芹在《红楼梦》里说："凤姐分付：'螃蟹不可多拿来，仍旧放在蒸笼里，拿十个来，吃了再拿。'"

其《蜜酿蝤蛑》（后为明顾云庆《云林遗事》、清佚名《调鼎集》等引录）云：

蜜酿蝤蛑临水略煮，才色变便捞起，擘开留全壳，螯脚出肉，股剁作小块先将上件排在壳内以蜜少许入鸡蛋内搅匀浇遍次以膏腴铺鸡蛋上蒸之鸡蛋缠乾凝便啖不可蒸过橙齑醋供

《云林堂饮食制度集》
（《芋园丛书》本）

初用盐水略煮，才色变便捞起，擘开，留全壳，螯脚出肉，股（当指躯体）剁作小块。先将

上件排在壳（背壳）内，以蜜少许入鸡蛋内，搅匀，浇遍，次以膏腴（当是猪油）铺鸡蛋上，蒸之。鸡蛋才干凝便啖。不可蒸过。橙齑、醋供。

它是将蝤蛑（梭子蟹）略煮出肉，放在背壳里，浇进蜂蜜和蛋液，铺上猪油，最后蒸成的。构思新颖，甜香鲜嫩，别具风味，而且标示自然鲜明，一看其壳，就知道为何种菜肴。后来，清袁枚《随园食单·江鲜单·剥壳蒸蟹》予以肯定，认为"比炒蟹粉觉得有新色"。到了当代，受此启示，创制出了苏式名菜——"芙蓉蟹斗"（或名"雪花蟹斗"），色泽艳丽，美味适口，一人一斗，营养卫生。

其《新法蟹》（后《调鼎集》述其意改进称《脍蟹》）说，拆开活蟹，"作指大寸许块子"，先用"生蜜淹"，又以"葱、椒、酒少许拌过"后放"鸡汁内余"，最后蒸成。其《酒煮蟹法》（后《调鼎集》引述称《酒炖蟹》）说，先把活蟹洗净后带壳剁两段，接着，擘开壳剁作小块，最后"葱、椒、纯酒，入盐少许，于沙锅器中重汤顿（炖）熟"。其《蟹鳖》（后《调鼎集》引述称《蟹糕》）说：

以熟蟹剔肉，用花椒少许搅匀。先以粉皮铺笼底干荷叶上，却，铺蟹肉粉皮上，次以鸡子（鸡蛋）或兔（野鸭）蛋入盐少许搅匀浇之，以蟹膏铺上，蒸。鸡子干（蛋液熟凝）为度，取起。待冷，去粉皮，切象眼块，以蟹壳熬汁，用姜浓捣（以鲜姜捣成浓汁），入花椒末，微著真粉（绿豆淀粉）牵和（勾芡搅匀），入前汁或菠菜铺底供之。甚佳。

"甚佳"，表示了倪瓒对此款蟹肴的自我赏识，蟹肉、蛋液、蟹膏三层，切成象眼块后仍是层次分明的，构思精巧，引人垂涎。以上三款均流传了下来。

倪瓒善画，未见蟹图；善诗，唯见"世事蟹登斛"（《次韵别郑明德》）、"紫蟹顷筐也可怜"（《吴门赋谢陆继之黄柑紫蟹之贶》）句，而作为厨艺美食家，却在《云林堂饮食制度集》创制了五款蟹肴，创意迭出，机智巧慧，令人赞叹。

佚名《居家必用事类全集》里的蟹肴

元佚名《居家必用事类全集》为一种家庭日用通书，包括教育子女、孝敬长辈、冠婚丧祭、摄生疗病等，含"饮食类"。介绍饮食四百余种，以汉族的饮食为主，兼及回族、女真族的饮食，内容极为丰富。

该书庚集"螃蟹羹"条（后为明朱权《神隐志》卷下引录）云：

> 大者十只，削去毛，净，控干。剁去小脚，稍并肚屑（去除肚内脏物及脐），生拆开，再剁作四段，用干面蘸过下锅煮。候滚（水沸），入盐、酱、胡椒调和供。与冬瓜煮，其味更佳。

宋人，例如吴自牧《梦粱录》提及"蝤蛑辣羹""蟹辣羹"，例如高似孙诗《誓蟹羹》提及"年年作誓蟹为羹"等，可是都未及制法，此条补出，算是为"螃蟹羹"的制法提供了一个参考材料。

该书庚集"蟹黄兜子"条云：

熟蟹大者三十只，斫开，取净肉。生猪肉半斤，细切，香油炒。碎（打碎）鸭卵五个，用细料末一两，川椒、胡椒共半两，擂姜、橘丝少许，香油炒。碎葱十五茎，面酱二两、盐一两，面牵同打拌匀，尝味咸淡，再添盐。每粉皮一个，切作四片，每盏先铺一片，放馅折掩盖定，笼内蒸熟供。

这"蟹黄兜子"是以馅包在粉皮里经笼蒸而成的，其馅有蟹黄、蟹肉、细切的猪肉、鸭蛋液，用香油、川椒、胡椒、姜、葱、橘丝、面、酱、盐等炒后调和，味道独特鲜美，为此仅见。

据清孙之骐《晴川后蟹录》卷三载，该书有"油沸蟹"条：

诸暨则有油沸蟹。用生蟹劈开，亟以椒末、葱丝和面裹之，以油沸之，入盐花少许，微酒略烹，一沸熟，面黄为度，其味甚美。

此条说，诸暨"五六月间"蟹"肥美独早他处"，而杭州"六月亦有蟹，然大者壳空而瘦，不中食"，"其小者时有人用此法制食，谓之拖面煎蟹"。可见，这是浙江诸暨和杭州一带居民夏天的吃蟹方法。对此，清代浙江兰溪人李渔大不以为然，抨击说："更可厌者，断为两截，和以油、盐、豆粉而煎之，使蟹之色、蟹之香与蟹之真味俱失。"（《闲情偶寄·蟹》）可是，蟹的吃法不是固定的，需要多样化，因时因地因具体情况而定，以满足各种需要。故而，这种特别在夏天的吃蟹法，在江、浙、沪一带始终流行，特别是价格便宜，制作方便，色泽金黄，口味鲜醇，蟹肉嫩香，面糊可口，过酒下饭都很相宜，可以称得上是一款平民的肴馔。

此外，该书涉蟹条目还有酒蟹、酱醋蟹、法蟹、糟蟹、酱蟹等条。据清孙之騄《晴川后蟹录》卷三说，该书另有"晒蟹"条："白子蟹出宁波镇海，满壳皆子而无肉，子即其肉也。土人取生蟹晒干以馈客，名曰干蟹子。临食用麻油好醋浇之，鲜盐有佳味。但藏久则味变，不中食。"这是一份记录了地方土产及其食用的珍贵史料。

佚名《居家必用事类全集》"饮食类"的涉蟹条目产生了历史性的影响，例如明刘基《多能鄙事》引录其"酒蟹"条，朱权《神隐志》引录其"酱醋蟹""酱蟹""法蟹""酒蟹"等多条，清孙之騄《晴川后蟹录》不但引录"糟蟹"多条，还补出"油沸蟹""晒蟹"条。据载，在日本曾经将该书的"饮食类"和元忽思慧《饮膳正要》合编为《食经》，那么该书还影响到了东邻。

肴馔薪火的勃然兴旺

继隋唐时期点起了蟹的肴馔薪火后，到了宋元时期蟹肴勃然兴旺，品种大为增多，现略述于下。

洗手蟹 宋傅肱《蟹谱》"食品"条："北人以蟹生析（分拆）之，酤以盐梅，芼（搀杂）以椒橙，盥（洗）手毕，即可食，目为洗手蟹。"把鲜活的螃蟹劈开和分拆之后，以酒和盐、梅、椒、橙搅匀，洗了手就可食用。这种现做即食的蟹肴，在宋朝非常流行，孟元老《东京梦华录》、吴自牧《梦粱录》、周密《武林旧事》卷九载高宗幸清河郡王张俊府第的筵席的菜单上均及洗手蟹，陆游《醉中作》

"斫雪双螯洗手供"，说的也是。可见不但北人，后来南人也喜食洗手蟹。

炒蟹 北宋时曾居汴京（今河南开封）的孟元老在南渡后写成《东京梦华录》，其卷二"饮食果子"条先及"炒蟹"，之后南宋周密《武林旧事》卷六亦及"炒螃蟹"，可见为宋朝的市食之一，但未及制法。明宋诩《宋氏养生部·油炒蟹》："用蟹解开，入熬油中炒熟，盐、花椒、葱调和。"清孙之骙《晴川续蟹录》："河渚，夏间小蟹，以酱连壳炒之，可下酒。"又，《晴川后蟹录》：杭城二月，"或有卖活彭越者，人家买归，用油酱炒食，曰酱炒彭越，可以下酒"。这些记录，不仅可作宋朝炒蟹制法的参考，而且说明炒蟹自宋之后始终流行，连螃蜞这样的小蟹亦可炒食。

蟹黄馒头 宋曾敏行在《独醒杂志》卷九里说：蔡京为相，"一日集僚属会议，因留饮，命作蟹黄馒头"。馒头是一种用面粉发酵蒸成的食品，据传，诸葛亮南征孟获，用面裹牛羊猪肉，从此始有馒头（《事物纪原》），而以蟹黄为馅制作的蟹黄馒头，则最早见于此。

蟹黄包、牢丸 宋高似孙《蟹略》卷三"蟹黄"条："《游京录》云：'京师买蟹黄包，绝胜。'"《游京录》，不详，此为蟹黄包的最早记录。接着，高似孙在《蟹略》卷三"蟹包"条写进自己的《蟹包》诗："妙手能夸薄样梢，桂香分入蟹为包。"包子的皮薄薄的，外形小小的，吃起来香香的，称"绝胜"毫不为过。宋陆游《与村邻聚饮》："蟹馔牢丸美。"这"牢丸"是什么呢？此名源自西晋束皙《饼赋》，今人推测，或为蒸饼，或为汤饼等，不过陆游自注"今包子是"。因此"蟹馔牢丸"即蟹肉包子，陆游以"美"字称赏。

江蟹肉 宋佚名撰《西湖老人繁胜录》"食店"条有"江蟹肉"，

清 陈乔森《秋蟹图》

郑樵《通志》有"蟹如升大，颇似蝤蛑而壳锐"，今称蟹为梭子蟹。都未及制法，可是从名称看，这是一款剔肉而烹饪的蟹肴。

糟蟹㸐子和蜌蜅馄饨 宋周密《癸辛杂识别集》:"《轩渠录》载，有人以糟蟹㸐子同荐酒者，或笑曰:'则是家中没物事，然此二味作一处怎生吃？'近传溆浦富家杨氏尝宴客作蜌蜅馄饨，真可作对也。"《轩渠录》，不详。从所引看，称"糟蟹㸐子"为"二味"，那么，这是一种"糟蟹"和"㸐子"并作一起的吃法，"蜌蜅馄饨"呢？或是以"蜌蜅"为馅包的馄饨，可是从"真可作对"看，当是一种"蜌蜅"和"馄饨"并作一起的吃法。周密对二者都感到稀罕，便记载了下来，后人便知道了还有如此宴客者。

蟹黄 宋周密《武林旧事》卷六"市食"条提到"蟹黄"。此当为一种专门剔出"蟹黄"供客的食品，制法未及。

蝤蛑枨瓮和馄饨 据宋陈世崇《随隐漫录》卷二，司内膳人（宫中掌管膳食的女官）所书的《玉食批》中有"蝤蛑枨瓮"和"蝤蛑馄饨"。从所记"止取两螯"言，蝤蛑枨瓮或是一种在瓮内腌糟后食时串在棒上的蝤蛑螯肉，而蝤蛑馄饨就是以蝤蛑螯肉作馅的馄饨。

蟹生 宋吴氏（旧本题为浙江"浦江吴氏"，女性）《中馈录》"蟹生"条:"用生蟹剁碎，以麻油先熬熟，冷，并草果、茴香、砂仁、花椒末、水姜、胡椒俱为末，再加葱、盐、醋共十味，入蟹内，拌匀，即时可食。"这种吃法，犹如洗手蟹一般，是一种现制即食的蟹肴，不过调味更多，更加好吃。此款，后又载明高濂《遵生八笺》卷十一、清徐珂《清稗类钞·饮食类》等，直至今日，浙闽沿海一带居民仍称"蟹生"，仍有此食法。

蟹黄饼 元戴表元《次韵答贵白》"谁家盛设蟹黄饼"，此所言

“蟹黄饼”指的是以蟹黄做成馅的饼，抑或指的是外表如蟹黄颜色后称“蟹壳黄”的烧饼，确切情况未详。

鹦哥嘴 元陶宗仪《南村辍耕录》“食品有名”条：“松江之上海，杭州之海宁人，皆喜食蟛蜞螯，名曰鹦哥嘴，以有极红者似之故也。”最早触及蟹肴名款“鹦哥嘴”。之后，清屈大均《广东新语·蟹》：“有拥剑，五色相错，螯长如拥剑然，新安人以献嘉客，名曰进剑，为敬之至。”叶世熊《蒸里志略》：蜎“取其螯，可以供馔”。《光绪江阴县志》：“春夏秋三季，江边芦苇塘里盛产蟛蜞，捕捉专取两螯，江阴人特嗜之，为绝妙下酒物。”现代松江籍作家施蛰存《云间语小录·蟛蜞螯》回忆说：“农村小儿露胫涉水捉之，摘其两螯，仍放回洞。筠篮既满，盖以鲜荷叶，入城呼卖，瞬息即售。人家以白水煮之，微下盐豉。有色转娇红者，谓之鹦哥嘴，佐酒最佳。”认为“其肉粲然圆颗，如江瑶柱，如田鸡腿，然值亦不昂，故为小民富室所同赏”。

以上所举名目已经很多，如果再把《山家清供》《梦粱录》《云林堂饮食制度集》《居家必用事类全集》等记载的也加进去，则将更加琳琳琅琅，反映了宋元时期肴馔薪火的勃然兴旺，端出了丰富多彩的蟹肴。

重蟹螯与重黄膏及二者兼重

螃蟹，被我国知味者从隋炀帝到清代李渔等美食大家一致推崇为“食品第一”，用尽各种美好语言赞赏和歌咏它。

螃蟹的构件甚多：足、螯、脐（主要是雌蟹圆脐里含有微量的黄）、筐、胸（有着一仓一仓的蟹肉）、黄（雌蟹的卵巢）、膏（雄蟹的精巢）等皆可食且味美。那么，什么最好吃呢？

第一种认为是蟹螯好吃。蟹螯就是螃蟹前方的第一对胸足，它是分节的，尤其是它的掌部，那垛蟹螯肉圆圆白白、嫩嫩鲜鲜、香香甜甜，惹得人味蕾因此而贲张，口舌因此而舒坦。唐代诗人唐彦谦《蟹》诗里说，"双螯唰出琼酥香"，怎么"唰"？先把掌部断下来；接着，一手捏住它前方的一个固定指节，一手捏住另一个可动指节顺势掰出像蝴蝶一翼的骨片；最后，撮嘴，对着掌部断口处，用唇舌吸食。于是，一垛囫囵的蟹螯肉便进入了口腔里。比起蟹足里的条条蟹肉和胸腔里的仓仓蟹肉，尤其是雄蟹的螯肉，是堆叠的一垛，鼓鼓凸凸，丰丰满满，确是至味。因此，自晋毕卓说了"右手持酒杯，左手持蟹螯"后，历代文人都对蟹螯格外喜好：唐李白"蟹螯即金液"（《月下独酌》），宋张耒"螯肥白玉香"（《寄文刚求蟹》），元杨维桢"两螯盛贮白琼瑶"（《蟹》），明宋讷"两螯白雪堆盘重"（《盐蟹数枚寄段摄中谊斋》），清曹雪芹"螯封嫩玉双双满"（《螃蟹咏》）……此类记载不胜枚举。

宋陈世崇曾随父入宫禁，充东宫讲堂说书，兼两宫撰述，父卒，自放山水间，入元不仕。他在《随隐漫录》卷二的一条里说："偶败箧（破旧的小箱子）中，得上每日赐太子《玉食批》数纸，司膳内人（宫中掌管膳食的女官）所书也。"其中记载着各种各样肴馔，包括：

> 以蟛蜅为签，为馄饨，为桢瓮，止取两螯，余悉弃之地，谓非贵人食。有取之，则曰："若辈真狗子也。"

或以蟹肉插在竹签上，或以蟹肉包馄饨，或以蟹肉放在瓮中腌制，这么多肴馔，一概只用螃蟹两螯里的肉，其余部分都丢弃于地，说非贵人所食，谁要是取用，谁就被骂作狗子。陈世崇记下后，感慨说，这是"暴殄"，"噫，其可一日不知菜味哉！"螯肉好吃，竟在宫廷里被推到了极端。

明陆容（1436—1494），江苏太仓（今属苏州）人，成化进士，曾授南京主事，终居浙江参政，他在记述朝野故事的《菽园杂记》卷十四的一则里说：

> 陈某者，常熟涂松人。家富饶，然夸饰无节，每设广席，肴饤如鸡鹅之类，每一人前，必欲具头尾。尝泊苏城沙盆潭，买蟹作蟹螯汤，以螯小不堪，尽弃之水。

一蟹二螯，仅取其螯作汤，何等奢侈！后因螯小，尽弃之于水，又何等糟蹋！这则记载，一方面反映了晚明时期社会吃喝上讲排场、摆阔气的风尚，一方面也说明了历来许多人重蟹螯的观念。

第二种认为是黄膏好吃。掰开雌蟹背壳，它的卵巢与肝脏系统呈酱紫色或金黄色，这是"黄"；掰开雄蟹的背壳，它的精巢、射精管、副性腺系统呈乳白色或水晶色，这是"膏"。黄膏甜甜腻腻，黏黏稠稠，色彩诱人，味甘而馥，营养丰富，鲜美珍贵，给人一种独有的口腹享受。因此，历代文人都对黄膏格外推重：唐唐彦谦"一手擘开红玉满"（《蟹》），宋梅尧臣"满腹红膏肥似髓"（《二月十日吴正仲遗活蟹》），元张宪"红膏溢齿嫩乳滑"（《中秋碧云师送蟹》），明王叔承"雄者白肪白于玉，圆脐剖出黄金脂"（《上巳日吴野人烹蟹及吴化父兄弟宴集》），清曹雪芹"壳凸红脂块块香"（《螃蟹咏》）……甚至宋李彭在《寄珍首座》诗里说，像"食鱼先腹腴"那样，"食蟹贵抱黄"。

宋陶谷《清异录》卷上：

> 伪德昌宫使刘承勋嗜蟹，但取圆壳而已。亲友中有
> 言："古重二螯。"承勋曰："十万白八，敌一个黄大不得。"
> 谓蟹有八足，故云。

刘承勋，五代时后汉高祖刘知远的幼子，后仕南唐，为德昌宫使，盗用金帛财货，挥霍无度。他特别爱吃螃蟹，而且只吃圆壳中的黄膏，而弃其余，亲友见此，进言曰："自古以来，大家吃蟹都是看重两只大螯的呵！"哪知这个刘承勋却是个有头脑的吃蟹精，回答说："就是十万只白白的蟹脚肉，也抵不上一个大大的黄膏。"意思是，二螯岂能与黄膏匹敌？不说其他，他在吃蟹上却是一个敢于打破陈规的人。黄膏好吃，不过又走到了另一个极端。

第三种认为蟹螯与黄膏可以兼重。从苏轼"半壳含黄宜点酒，两螯斫雪劝加餐"（《丁公默送蝤蛑》），直到曹雪芹"螯封嫩玉双双满，壳凸红脂块块香"，甚至进一步说"多肉更怜卿八足，助情谁劝我千觞"（《螃蟹咏》），都以蟹螯与黄膏相提并论，可以看出他们兼重二者的态度。不过最有代表性的，说得最彻底的要数清代美食家李渔，他在著名的《蟹赋》里写道：

> 至于锦绣填胸，珠玑满腹；未餍人心，先饱予目。
> 无异黄卷之初开，若有赤文之可读。油腻而甜，味甘而
> 馥。含之如饮琼膏，嚼之似餐金粟。……二螯更美，留
> 以待终。

对蟹的黄膏,李渔不仅说它给人"油腻而甜,味甘而馥"的美好食觉味道,而且以"锦绣""珠玑""黄卷""赤文""琼膏""金粟"加以比喻,流露出对黄膏的由衷赞美。然而,他又肯定"二螯",认为"二螯"是"更美"的东西,可以"留以待终"。即一样一样吃下来,最后要以双螯为总结,画上一个圆满的食蟹句号。

怎么来看待或评判蟹螯与黄膏的高下之争呢?现代人是更为看重黄膏的,认为它更有营养,然而食觉又是一回事,可以各随其便,各随其好,不过,不要以自己的偏好而糟蹋其他。

蟹眼茶汤

今人喝茶为冲泡,茶壶或茶杯里放了一撮茶叶,提起热水瓶注水,一冲一泡,简单方便,即时可喝。古人则为煎煮,容器里先放茶叶再舀进冷水,顿上风炉,添柴点火扇旺,又煎又煮,到得一定火候,才倾出而饮。比较起来,煎煮费时间,麻烦,可是从唐陆羽《茶经》到清曹雪芹《红楼梦》始终采用此法,而一般不先烧水再冲泡,为什么呢?因为经过煎煮,茶汤更甘更香更得茶味和茶效,进一步说,自任其劳,由劳致乐,还享受了一份淡定的闲趣。

饮茶除了讲究茶、讲究水之外,还要讲究煮,煮有三沸,《茶经》说:"其沸如鱼目,微有声,为一沸。缘边如涌泉连珠,为二沸。腾波鼓浪,为三沸。"陆羽对煎煮茶汤的观察何等细微,描摹何等形象!接着,他又说:"已上水老,不可食也。"后人解释,未熟未滚的盲汤不可饮(茶味未出),过熟过滚的老汤不好饮(茶乏而苦），已熟初滚的嫩汤才是可供饮用的绝佳茶汤（甘滑香冽）。

那么，嫩汤的标志是什么？经过摸索，晚唐诗人皮日休《煎茶》提出"时看蟹目溅，乍见鱼鳞起"。随后，被北宋蔡襄（1012—1067，福建仙游人，进士，官至端明殿学士，工书，谙茶）敏锐地注意到，以此精微把握和逼真比喻，解开了煮茶的关键，他在《茶录》里说："候汤最难，未熟则沫浮，过熟则茶沉。前世谓之蟹眼者，固熟汤也。"又在《试茶》诗里说："兔毫紫瓯新，蟹眼青泉煮。""蟹眼"之说由此形成，这是对茶学一环的丰富和发展。蟹眼的形态是小而细，突而圆，比起鱼目的大而粗，扁而平，它才是水熟而滚的初始情状，才是水熟而未老的嫩汤的表现。继蔡襄，苏轼"蟹眼翻波汤已作"（《次韵周穜惠石铫》），苏辙"蟹眼煎成声未老"（《次韵李公泽以惠泉答章子厚新茶二首》），黄庭坚"蟹眼试官茶"（《次韵张仲谋过酺池寺斋》），叶涛"煮出人间蟹与虾"（《试茶》），曾季狸"朝来蟹眼方新试"（逸句，见宋高似孙《蟹略·蟹眼茶汤》），陆游"一试风炉蟹眼汤"（《效蜀人煎茶戏作长句》）……一致认同蔡襄等人的看法。从此，"汤作蟹眼煮"一直为后代遵循，例如明谢肇淛说"须汤如蟹眼，茶味方中"（《五杂俎》），清吴之振说"活水盛来活火煮，花瓷蟹眼溅珠圆"（《绝句》）。在旧时，"山童解烹蟹眼汤"，成了一般人的常识。

在古人看来，同样的茶，同样的水，能否沏得一杯好茶，就要看煎煮，"汤嫩则茶味甘，老则过苦矣"。清陆廷灿《续茶经》引《荆南列传》云："文了，吴僧也，雅善烹茗，擅绝一时。武信王时来游荆南，延住紫云禅院，日试其艺，王大加欣赏，呼为汤神，奏授华亭水大师。"茶为寺院的必备之物，礼客和清修都得喝茶，东吴华亭人文了和尚便在煎煮上下功夫，经过琢磨，掌握了专门的烹茗技艺，好喝，独绝，遂名声大噪，最终竟被称为"汤神""水大师"，故事充分说明了煎煮技艺在茶艺中的重要作用。文了是怎样煎煮的？记载未曾言及，估摸包括：采用什么干净容器，放多少茶注多少水，采用什么茶炉，以什么炭或柴烧出持续的火头及均匀的活火、文火等。其间一定极为留心的是茶汤的变化，将沸之时，揭开盖子，目不转睛，见汤面溅出蟹眼的片刻，为防止瞬间转化为鱼眼，赶紧把容器从风炉上端下来，以蟹眼茶汤斟与品尝。

某种情况下，喝茶是一种清闲，一种雅趣，邀二三友人，于微雨窗前，薄寒夜间，自烧炉子，自煮茶汤，等到蟹眼冒出，倾而装杯，徐徐品饮，闻着茶的清香，咂着茶的甘冽，说点东拉西扯的话，聊点天南海北的事，昏俗尘劳，一啜而散，那惬意，那情调，当非今天的冲泡可及。回过头说，好茶好水并非人人所能得到，可是只要愿意，摒弃心浮气躁，蟹眼茶汤却就在自家的炉子上，于闲暇之时，小饮一杯，岂不抒怀？

张耒作诗为自己的嗜蟹之癖辩解

张耒（1054—1114），字文潜，号柯山，楚州淮阴（今江苏淮安）人，熙宁进士，曾任太常少卿等职，与黄庭坚、秦观、晁补之并称为"苏门四学士"。一枝妙笔，写出了又多又好的诗文，被苏轼称赞为"汪洋淡泊，有一唱三叹之声"，因其状貌与僧相似，大腹便便，黄庭坚说他"形模弥勒一布袋，文字江河万古流"，是北宋晚期的重要诗人。

淮上多蟹，养成了他一生嗜蟹的习性。张耒在散文《思淮亭

张耒

记》里说："予淮南人也，自幼至壮，习于淮而乐之。"乐什么呢？
"长鱼美蟹。"淮河下游，与汴、泗诸水汇合，河网交叉纵横、湖
泊星罗棋布，更有洪水泽国的洪泽大湖，旁沾远溉，丰田沃野，
水草茂密，所产"淮蟹"就是一款天厨仙供的美食。美在哪里？张
耒在《寄文刚求蟹》诗里有个说明："匡实黄金重，螯肥白玉香。"
淮蟹一到九十月间，霜降前后，就进入了成熟期，这时节，蟹匡
饱满充实，匡里的蟹黄犹如黄金一般厚重，大螯长足肥大，螯里
的肉犹如白玉一般嫩香，张耒这两句诗把淮蟹匡实、螯肥、肉香、
味美的特点诗意地表达了出来。

自幼及壮，年年吃着淮蟹的张耒，吃出了滋味，吃出了乐趣，也吃出了瘾头。而且这位嗜酒的诗人常常以蟹佐酒："早蟹肥堪荐，村醪浊可斟"（《舟行即事》），蟹刚应市，舟行途中，就买了村里的浊酒，边饮边食；"紫蟹双螯荐客盘，倾来无觉酒壶干"（《自海至楚途次寄马全玉八首》其八），吃着盘子里紫红的蟹，不知不觉之间把酒壶里的酒喝得光光的；"东南近腊风烟好，美酒千钟鱼蟹肥"（《泊楚州锁外六首》其一），时近腊月，东南郊外的景致宜人，吃着肥美的鱼蟹，便一杯又一杯地饮酒，要饮它千钟百觞；"西来新味饶乡思，淮蟹湖鱼几日回"（《寄蔡彦规兼谢惠酥梨二首》其一），友人寄来酥梨，嚼着嚼着，忽然牵动了乡思，不知哪天能返回家乡吃淮蟹和湖鱼……张耒见了蟹，酒兴就来了，情绪就高了，惬意，满足，吃不到，便想着、念着，甚至请求家乡亲人捎"淮蟹"来。

张耒嗜蟹是终其一生的。宋费衮（江苏无锡人，大观三年[1109]进士，博学能文）《梁溪漫志》有一则记叙张耒的遗闻轶事：

> 张文潜好食蟹，晚苦风痹，然嗜蟹如故，至剔其肉，满贮存巨杯而食之。尝作诗云："世言蟹毒甚，过食风乃乘。风淫为末疾，能败股与肱。我读《本草》书，美恶未有凭。筋绝不可理，蟹续牢如絚。骨萎用蟹补，可使无骞崩。凡风待火出，热甚风乃腾。中炎若遇蟹，其快如霜冰。俗传未必妄，但恐殊爱憎。《本草》起东汉，要之出贤能。虽失谅不远，尧跖终殊称。书生自信书，俚说徒营营。"文潜为此诗，殆嗜蟹之癖而为之辩耶，抑真信《本草》也？

张耒直到晚年，患着使其痛苦不堪的风痹病症，仍如年轻健康的时候一样，嗜蟹不已，把蟹黄蟹肉剥出来，装满大杯子再吃。这种充满童真童意童趣的吃法，反映了他对蟹的深爱和饕餮。有人劝他说：不宜再吃了，多吃了风痹要加重的。于是，张耒写下了《食蟹》诗，为自己的嗜蟹之癖辩解。

诗的开头说："世言蟹毒甚，过食风乃乘。风淫为末疾，能败股与肱。"意思是：世人都说蟹是很毒的东西，一吃多，风寒、风热、风湿、风燥之类的疾病就会乘机而来，这些外感的风疾，虽然不算什么大病，可是也能败坏人的大腿和胳膊。实际上，"世言"并非空穴来风，而是载之于医书的。例如南朝梁陶弘景《别录》说蟹"有毒"；五代吴越日华子《本草》说蟹"凉，微毒"；宋寇宗奭《本草衍义》说"此物极动风，体有风疾人，不可食"。从现代医学的眼光来看，说蟹"毒甚"或"微毒"，不合实际，说蟹"凉"或"寒"，却是对的。至于说"过食风乃乘"或"体有风疾人不可食"，应该说不无道理，而说"能败股与肱"，显然是耸人听闻之词。

接着，张耒笔锋一转："我读《本草》书，美恶未有凭。"《本草》是我国历史上记载中药的著作的通用名称，这里当指约成书于秦汉间的现存最早的药物学专著《神农本草》，那上面却未就蟹好蟹坏有所说明。于是，张耒就谈起了蟹的药用价值："筋绝不可理，蟹续牢如绲。骨萎用蟹补，可使无骞崩。凡风待火出，热甚风乃腾。中炎若遇蟹，其快如霜冰。"意思是：人的筋骨断了，难于治疗，但可以用蟹接上，牢得犹如绳子；人的筋骨萎了，用蟹进补，便可以不再受损致塌；凡患风疾的人，一旦上火，发热，就要升腾发作，其间若进用螃蟹，那么就像施霜敷冰一般，能够快捷地止火消热。应该说，这并非张耒的一己之见，在他之前和之后很多医书上也如此记载：

> （蟹）散诸热，治胃气，理经脉，消食。以醋食之，利肢节，去五脏中烦闷气，益人。(唐·孟诜《孟氏必效方》)
>
> （蟹）能续断筋骨，去壳同黄捣烂，微炒，纳入疮中，筋即连也。(唐·陈藏器《本草拾遗》)
>
> 筋骨折伤者，生捣炒罯之。(五代吴越·日华子《本草》)
>
> 骨节离脱，生蟹捣烂，以热酒倾入，连饮数碗，其渣涂之，半日内，骨内谷谷有声，即好。干蟹烧灰，酒服亦好。(《唐瑶经验方》，转引自明·李时珍《本草纲目》)
>
> 治跌打骨折筋断。螃蟹，焙干研末，每次三至四钱，酒送服。(《泉州本草》)

可见张耒所谈不妄，为医家之共识。那么是否如此呢？由江苏医学院编纂、上海人民出版社1977年出版的《中药大辞典》上说：螃蟹"清热，散血，续绝伤，治筋骨损伤"，也肯定了螃蟹如此疗效。

诗的最后说："俗传未必妄，但恐殊爱憎。《本草》起东汉，要之出贤能。虽失谅不远，尧跖终殊称。书生自信书，俚说徒营营。"意思是：民间的传言未必就是瞎说，但因或爱或憎的缘故，难免有夸大失实的地方。起于东汉年间的《本草》出于贤能者之手，虽说也有失误，终究不会把唐尧与盗跖相互颠倒，因此我宁信《本草》，不信俚说。张耒是诗人，这个大家都知道。但张耒是医家，恐怕知道的人很少，其实，他还习医通医，曾著《治风方》等。一个对风痹之症有研究的人，是清楚吃蟹有害或有益的，或者可以进一步说，他正是因为患了风痹才更加嗜蟹的，绝不是拿自己生命开玩笑，而是想借此减轻风痹之苦呢！

费衮在这则笔记的最后说：张文潜写《食蟹》诗，是为自己嗜蟹之癖辩护呢，还是真正相信《本草》呢？其实，答案不是非此即彼，而是既此又彼，既是辩护也是信奉，为他的嗜蟹辩护，以他的医学修养信奉。不妨说，张文潜的《食蟹》诗，破除了世俗的食蟹有毒、风痹不食的误解，所以在医学史上要给他写上一笔。

食蟹腹痛吐痢医方

蟹性寒，由此，或者因贪图蟹的鲜美饕餮而食，或者因不去剔除蟹的肠、胃、腮、心囫囵而食，如此等等，导致腹痛吐痢，中国本草类的医书上称之为食蟹中毒。

食蟹中毒后怎么办？南朝梁陶弘景"（蟹毒）冬瓜汁、紫苏汁、蒜汁、豉汁、芦根汁，皆可解之"（见明李时珍《本草纲目·蟹》）；唐孙思邈"食中鱼毒及中鲈鱼毒，剉芦根，舂取汁，多饮，良，亦可取芦苇汁饮之。蟹毒，方同上。又，冬瓜汁服二升，亦可食冬瓜"（《千金宝要》卷一"饮食中毒第四"）。

宋代顾文荐，江苏昆山人，身世不详，在《船窗夜话·赐金杵臼》里讲了一个著名医案（南宋末年赵溍《养疴漫笔》亦载，除结句外文字相同）：

> 孝宗尝患痢，众医不效，德寿忧之。过宫，偶见小
> 药局，遣中使（帝王宫廷中的使者，多由宦官充任）询之

曰："汝能治痢否?"对曰："专科。"遂宣之至，请问得病
之由。语以食湖蟹多，故致此疾。遂令诊脉。医曰："此
冷痢也。其法用新采藕节，细研，以热酒调服。"如其法
杵细，酒调数服而瘥。德寿乃大喜，就以金杵臼（捣药用
的器具，圆形，中间凹）赐之，乃命以官。至今呼为金杵
臼，严防御家，可谓不世（罕有，非常）之遇。

孝宗，即赵眘（shèn），活了68岁，在位27年的南宋第二任皇帝。
德寿，即宋高宗赵构，禅位于孝宗后，移居新宫——德寿宫，颐
养天年。孝宗因"食湖蟹多"，故患"冷痢"，在"众医不效"的
情况下，高宗无意间为他寻访到民间医者，经确诊而治愈。医方
简单，"用新采藕节，研细，以热酒调服"；灵验得很，"数服而
瘥"。此事被明焦竑《焦氏笔乘续集》卷六、清王士禛《香祖笔记》
卷八等辗转相录，产生了影响。

应该说，以藕节细研而解，前所未及，后又常见，例如：

食蟹中毒，饮紫苏汁或冬瓜汁或生藕汁解之，干蒜
汁、芦根汁亦可。（元·忽思慧《饮膳正要》卷二"食物
中毒"）

解中螃蟹毒。生藕，捣汁服。干蒜蒲，捣汁服。紫
苏，浓煎汤服。又一方，食冬瓜亦妙。（明·高濂《遵生
八笺》卷十八）

蟹毒，以冬瓜汁，或生藕汁，或干蒜汁，芦根或紫
苏汤解之。（明·胡文焕《寿阳丛书·山居四要》卷二"解
饮食毒"）

蟹毒，紫苏或藕汁。（明·孙志宏《简明医彀》卷三"解诸毒"）

如此等等记载，把藕节研细成汁与紫苏、冬瓜等都视为解除蟹毒的良方。

清曹雪芹《红楼梦》第三十八回，林黛玉说道："我吃了一点子螃蟹，觉得心口微微的疼，须得热热的吃口烧酒。"宝玉忙道："有烧酒。"便命将那合欢花浸的酒烫一壶来。黛玉也只吃了一口便放下了。效果怎样？从林黛玉接着"魁夺菊花诗"看，当是"只吃了一口"而立即见效的。曹雪芹是个通晓医药的人，他把吃了螃蟹而略有不适的医方写进了小说。

以蟹解漆的故事

报端时有所载，新房装修，购进家具，匆匆入住，结果在窄小的空间里，污染叠加，分外严重，常有人害漆疮、中漆毒，导致入院治疗。这种状况，古已有之，那么古人是怎样治疗漆病的呢？

《神农本草经》说蟹能"败漆"，汉刘安《淮南子·览冥训》说"蟹之败漆"。什么意思呢？"以蟹置漆中，则败坏不燥，不任用也"（汉高诱《淮南子注》），"蟹漆相合成水"（晋张华《博物志》）。即蟹使漆化解了，稀释了，乃至变成了水。漆是我国名产，其产生和运用的历史非常悠久，蟹能"败漆"一定是个偶然的发现，其中当有被淹没的故事。之后，南朝梁陶弘景依据蟹能"败漆"进一步用于治疗，在《名医别录》里说，蟹可以"愈漆疮"。自此，在我国历代本草类的医药著作中，例如宋苏颂《本草图经》、明宁原《食鉴本草》、清张璐《本经逢原》等，就每每见到蟹能败漆和愈漆疮、解漆毒的记载。

宋苏轼在《仇池笔记·论漆》里讲了一个亲身经历的以蟹解除漆毒的故事："予尝使工作漆器，工以蒸饼洁手而食之，婉转如中毒状，亟以蟹食之，乃苏。"漆工以漆涂饰器具，干这行当的人，知漆有毒，故小心地洗了手才吃蒸饼。可是，这一吃却引毒发作，幸亏主人苏轼是个博见广识的人，赶快让其吃蟹，方才苏醒过来。

宋洪迈在《夷坚丙志》里记录了一个他妹婿亲见的以蟹败漆的故事：襄阳有个劫盗，受刑后发配，为防复为人害，"又以生漆涂其两眼"，让其"盲不见物"。押解途中，寄禁长林县狱，正巧，当地有个里正（乡间小吏）以事在狱中，怜而语之曰："汝去时，倩（请人代做）防送者往蒙泉侧，寻石蟹（一种生溪涧石穴中的小蟹），捣碎之，滤汁滴眼内，漆当随汁流散，疮亦愈矣。"后此盗赂卒，得蟹，用其法，"经二日，目睛如初，略无少损"。这个故事被明李时珍述其梗概而写进了《本草纲目·蟹》里，用以证明蟹能败漆，可以说是一个典型的案例。

我国医书里说，漆疮是由漆污身，或接触新近的漆器而感其气所得的一种疾病，症状为面身肿热而痛痒。旧题元李杲编辑后经明姚可成补辑的《食物本草》卷十一"蟹"里讲了一个患漆疮并以蟹治愈的案例："有一富室新娶，其妇忽身热不食，面目肿胀焦紫，势甚危险，人莫能措。延医诊视间，见床椅衾具之类，皆金彩炫耀，知其为漆所中也，必矣。潜用生蟹、青黛（中药名，功能清热泻火，凉血解毒，主治热毒发斑、疮疡等）同捣敷之，立愈。"

清刘献廷在《广阳杂记》卷四里更详尽地记录了一个治疗漆疮的故事："有一少年新娶，未几发疹，遍身皆肿，头面如斗"，附近诸医皆不识而拱手，不得已，用轿子从远方延请"其医多神验"的崔默庵前来诊治。开始，崔默庵见此少年，"六脉平和，惟少虚"，沉思良久，不得其故。这时，崔默庵已经饥饿，就在病榻前用餐，只见少年"以手擘目（用手扳开眼皮），看其饮啖，盖目眶尽肿，不可开合"。崔默庵问："想吃么？"答："想吃。奈何前之医者皆戒我勿食。"崔默庵说："不妨。"而少年饮啖甚健，这就让他更加迷茫了，难解其故。"久之，视其室中床橱桌椅，举室皆新，漆气熏人。"此刻，崔默庵忽然大悟说："予得之也。"他知道少年得病的缘故了，乃是因漆所致，害的是漆疮！于是，赶快让家人把得病少年迁居另室，并"以螃蟹数斤，生捣遍敷体上"，不到两日，肿消疹失，一切如常。这个案例又一次证实了以蟹消解漆疮的奇效。

需要说明的是，我国古人虽然发现了蟹能败漆并由此不断地以蟹治愈了漆毒和漆疮，显示了在医疗上的聪明才智，可是对此中的缘由却"弗能然也"，"莫能究其义也"，又显示了时代的局限。

人、犬、鱼食之皆毙的蛇蟹

蟹与蛇多数是穴居的，而且都喜欢在捕食方便、隐蔽良好的水边打洞，昼伏夜出，于是也就有了共处一穴、同居一洞的状况。

尤玘（qǐ），常州（今属江苏）人，号守元，才略过人，他在《万柳溪边旧话》里讲了一个蛇蟹是不能吃的、谁吃谁死的故事。文字稍长，枝蔓亦多，梗概如下：

有个兵部侍郎爱吃螃蟹，秋风蟹肥的时候，日日把酒持螯，与客笑傲。一次，与客饮云海亭上，渔人网得八只大蟹，其中两只，几近一斤。侍郎甚喜，赏以数百文。过了一会儿，朱朗卿与朱遂卿兄弟俩到来，催庖人治蟹。那朱朗卿还走到厨房里，揭开锅盖，"睹一落足甚巨，取而尝之，顷刻眩倒"。众人奔视，已死，赶快请医生，"至暮遂不能救"。有人便把这一锅蟹倒到湖边，不慎，有一二只蟹脚掉落岸上，"一犬食之立毙，而湖滨大小鱼之死者不可以数计"。兵部侍郎召进蟹的渔人，问哪里捕得的？答："得于湖岸大垂杨下。"便令仆夫持锹挖掘，"得赤首巨蛇数十"。原来蟹久餐了蛇的毒气，也染上了毒。最后，兵部侍郎厚葬朱朗卿，自己也终身戒不食蟹。

对于人、犬、鱼食之皆毙的原因：故事说"蟹之大者以久餐（蛇）毒气也"。这个判断大概是可信的，有的毒蛇一旦咬到人，此人便会麻木，头晕目眩，四肢无力，呼吸紧张，或几小时或几十分钟就会死亡，与蛇长久共处一穴的蟹，当然会被蛇的毒气侵染的。尤玘《万柳溪边旧话》里讲的这个状况，令人惊愕，教训惨痛。

沈周（1427—1509），长洲（今属江苏苏州）人，终生不仕，从事绘画和诗文创作，名重明代中叶画坛，他在《石田翁客座新闻》卷第九"蟹异"里讲了一个类似的故事：

州同戴某，苏州人，任山西霍州。其皂人（衙门差役）山行，见一蟹钻入石下缝，忽揭石，尚有七只，捕归。以戴吴人，好食，持以献之。戴令急煮，但其色如故，不红。异之，投饲犬，犬食之即毙，遂不敢食。却

问皂人，乃言从石下得之。因往发石，掘其下，有毒蛇
数条盘结其下。蟹水族也，山中岂有哉？其异物欤？

实际上，山中溪边石下是往往有蟹的，此蟹之"异"在于它生存的
石下还有"毒蛇数条盘结"，在于煮蟹后"其色如故不红"，在于
将煮后之蟹"投饲犬，犬食之即毙"。故事从另一侧面揭示了蛇蟹
是不能吃的，幸亏这个戴某警惕性高，才幸免于难。

钱昆嗜蟹的故事

钱昆，钱塘（今浙江杭州）人。五代十国吴越王钱倧之子。吴
越国创自钱镠，为唐后宋前割据江苏以南、浙江、福建以北的小
邦，历三世五主，至钱俶（钱昆之叔，卒谥忠懿）归宋。钱昆随钱
俶归宋后，举宋太宗淳化三年（992）进士，做过多地知州，为政
宽简，官至右谏议大夫，以秘书监致仕。能诗赋，善草隶，有《谏
议诗文集》十卷，已佚。

宋欧阳修《归田录》里说："往时有钱昆少卿者，家世余杭人
也。杭人嗜蟹，昆尝求补外郡，人问其所欲何州，昆曰：但得有
螃蟹无通判处则可也。至今士人以为口实。"通判或称监州，就是
州郡的监察官吏，既非知州（一州之长）的副手，又非知州的下属，
故而常常与知州争权，常说："吾是监郡，朝廷使我监汝。"一副盛
气凌人的派头！钱昆曾经当过知州，碰到并讨厌这种人，所以当
他想要离开北宋都城开封到其他地方为官的时候，人家问他愿到
哪个州郡，就率直地回答说：只要那个州郡出产螃蟹又不设通判
的，我就到那里当知州。

钱昆

显然，钱昆把任官地方的选择以出产螃蟹为首要条件。为什么呢？欧阳修的解释是他是余杭人，而"杭人嗜蟹"的缘故。倘若再刨根究底，当与钱氏家族的嗜蟹传统有关。创建了吴越国的钱镠（钱昆的曾祖父），出身于田渔之家，成为国主后，极为重视渔业开发，据宋傅肱《蟹谱》载："钱氏间，置鱼户蟹户，专掌捕鱼蟹。"除了历史上已有的鱼户之外，竟然还破天荒地设置了"蟹户"——捕蟹专业户，显露了倡导人的喜好。据宋王君玉《国老谈苑》载："陶谷以翰林学士奉使吴越，忠懿王宴之。因食蝤蛑，询其名类。忠懿命蝤蛑至蟛蜞，凡罗列十余种以进。"钱俶宴请北宋政权派来的特使陶谷，陶谷是陕西人，见席上有一款其大如升的蝤蛑（梭子蟹），不免惊诧，便询问它的名称种类，钱俶竟让侍者一下子端上了"自蝤蛑至蟛蜞（蟛蜞）"大大小小"凡十余种"饷客。可以说真正的非比寻常，真正的独特丰盛，说明了什么？说明了吴越所产蟹类的丰富，说明了吴越国捕蟹业的发达，能捕捉各种螃蟹以满足大众消费的需要，也说明钱氏家族对各种螃蟹的钟情和嗜好，是养着腌着糟着醉着储着备着以供随时享用的。钱昆是吴越王钱氏家族的后裔，自然受到熏陶，也许自小就是一个痴迷螃蟹的人。

钱昆后来是否得到皇帝许准，如愿以偿，带着符竹（派往州郡为官的凭证）到产蟹之地当知州？历史没有记载，推测起来当是落空的，因为东南沿海产蟹的州郡虽多，可是不管哪个州郡都有朝廷派驻的通判，他仍是不愿去的。尽管如此，中国历史上却留下了独此一个因为嗜蟹而要去产蟹州郡当官的故事。

钱昆嗜蟹的故事，欧阳修说"至今士人以为口实"，成了读书或做官人的谈资，在当年广为流播，而且自苏东坡诗里说了"欲向君王乞符竹，但忧无蟹有监州"（《金门寺中见李西台与二钱（惟演、易）唱和四绝句戏用其韵跋之》）。之后，自宋至清，或说"喜有螃蟹无监州"（宋方回《松江使君张周卿致泖口蟹四十辈》），或说"管甚有监州，不可无螃蟹"（元薛昂夫《庆东原·西皋亭适兴》），或说"若教无此物，宁使有监州"（明徐渭《蟹六首》），或说"监州与蟹别憎爱，符竹那许横行求"（清阮元《武陵舟中食蟹》）……钱昆故事被历代文人炒来炒去，好不热闹，他们各抒其情，各述其见。最有意思的是，明末文坛盟主钱谦益，这位吴越王钱镠的第二十五世子孙，竟引钱昆故事说，"自笑吾家传嗜蟹"（《重阳次日徐二尔从馈糕蟹》），欣喜幽默的背后，以炫耀家世来注解自己嗜蟹的缘由。

清费锡璜《持螯歌》云："钱昆补郡愿就蟹，一官但为齿舌移。"把钱昆嗜蟹到了逐蟹为官的程度凸现了出来。清凌鹏飞《有蟹无监州赋》云："迄今读欧公采录之文，诵坡老赠遗之句，逸事争传，豪情毕露，一言虽近于滑稽，千古共深其倾慕。"对钱昆因嗜蟹而率性的言行，对钱昆因嗜蟹而潇洒的风度，作了历史的肯定和赞扬。

螃蟹琐闻十二则

螃蟹进入社会生活后，便在方方面面产生了形形色色的琐屑故事，由于特殊，由于非常，当事者奇，闻听者趣，故而被史书或笔记记录而传播。此类琐闻，大多真实，充满生活气息，又烙上时代印记，既给人启示，又给人增添谈资。

曹翰：蟹者解也

宋僧文莹《玉壶新话》卷七：

> （曹翰）从征幽州（今北京），率以部分攻城，忽得一蟹，翰曰："蟹水物向陆，失依据也，而足多有救。又蟹者解也。其将班师乎？"已而果然。

曹翰（924—992），大名（今属河北）人，北宋将领，他在跟从宋太宗征伐幽州时，士卒掘土得蟹以献，于是说了"蟹者解也"的预测之语，以后应验，宋军班师。此事后被《宋史·曹翰传》增补载入，得到了确认。为什么说"蟹者解也"？"蟹"字上下结构，上半部"解"（xiè）是它的读音，下半部"虫"标出了它是鳞介类动物。"解"又读jiě，意思是消除，使不存在，例如解除、解围、解放。于是，在特殊情况下，便以"解"（jiě）来释它，认为是冥冥之中出现的一种征兆。曹翰所言"蟹者解（jiě）也"就是如此释读的。

孝报

傅肱《蟹谱》（成书于1059年）下篇"孝报"条：

> 初，杭（杭州）俗嗜螫（jǐng）蟆（即蛤蟆、青蛙）而

鄙食蟹。时有农夫田彦升者，家于半道（半路，此指距离杭州尚有一定路程），幼性至孝，其母嗜蟹，彦升虑其邻比（邻居）窥笑，常远市（买）于苏湖（今江苏苏州和浙江湖州一带）间，熟之，以布囊负归。俄（不久）而杨行密（唐末起兵，后封吴王，割据淮南、江东一带）将田颎(jūn)兵暴至，乡人皆窜避于山谷，粮道不接，或多馁死，独彦升挈（提）囊负母，竟以解免。时人以为纯孝之报焉。

种因而得果曰报。农夫田彦升的母亲嗜蟹，当地人却鄙视食蟹，怕乡邻见笑，彦升就远至苏湖买蟹，煮熟后用布囊背回家，好让母亲在家里慢慢吃。母亲是一个啖蟹成癖之人，儿子是一个敬长至孝之人。因此，母子二人躲开了兵暴，没有像那些流窜山谷的乡人一样饿死，获得了因孝而免灾的善报之果。故事亦透露了"五代十国"时期动乱给人民带来的灾难。顺便指出，"杭俗嗜蟹蟆"，即爱吃青蛙，据《周礼》载，早在周代，它就和羔兔同珍，唐尉迟枢《南楚新闻》"百越人以虾蟆为上味"，宋范镇《东斋纪事》"沈文通以龙图侍讲知杭州，州人好食虾蟆"，宋彭乘《墨客挥犀》"浙人喜食蛙"等，可见古来有据。不过，宋欧阳修《归田录》又说"杭人嗜蟹"……何以解释？也许杭州很大，十里不同俗，百里不同风的缘故，因此各有所见。

殊类

傅肱《蟹谱》下篇"殊类"条：

震泽（今属江苏苏州）渔者陆氏子，举网得蟹，其大如斗，以螯剪其网皆断。陆氏子怒欲烹之。其侣老于渔

者遽（立刻，马上）进曰："不可！吾尝闻龟鳖之殊类甚
者，必江湖之使（龙王派遣来管理江湖的使者）也，烹之
不祥。"乃从而释之。蟹至水面，横行里许方没（沉没水
中）。

殊类，指同类中老而大者。这只螃蟹，老得"其大如斗"，非
比寻常，人们往往敬畏，视若"江湖之使"的神灵，即使偶然获得，
也要放生予以保护，谓之善举。故事结语"蟹至水面，横行里许
方没"，用以证实"殊类"是有灵性的，知道感恩。

沈遘：昨夜食蟹，美乎？

元脱脱等《宋史·沈遘传》：

（沈）遘知杭州，闾巷长短，纤悉必知，事来立断。
禁捕西湖鱼鳖。故人居湖上，蟹夜入其篱间，适（恰好）
有客会宿，相与食之。旦，诣（至）府，遘迎语曰："昨夜
食蟹，美乎？"客笑而谢之。

沈遘（约1028—1067），字文通，杭州人，历通判，迁龙图阁
直学士，明于吏治，令行禁止。《宋史》用这个故事来说明沈遘知
杭州时的"神明之政"，连友人违反他的禁捕令"昨夜食蟹"的琐
事都能洞察，以证"闾巷长短，纤悉必知"。可是无意间也反映了
北宋的时候，杭州西湖的螃蟹极多，到了夜晚，会迎着光亮，郭
索郭索地爬到湖上人家的篱笆间，随手可捉，而且肥美。

落汤螃蟹

宋张知甫《可书》：

苏庠养直居句、金日，与仆（谦称，自己）游常（常州，今属江苏，与句容、金坛邻近），内子（妻）不容为挠。有小鬟（丫鬟），亦田舍儿也。仆戏云："既云阁（家）中不容，安得有此？"养直曰："初未尝使令，况手脚如落汤螃蟹，又何足取？此亦见长者之不纯。"满座为之大笑，目其小鬟为落汤螃蟹。

张知甫，襄阳（今属湖北）人，宋徽宗宣和初尝官于汴京，南渡后，与苏庠有交往。苏庠（1065—1147），字养直，丹阳（今属江苏）人，以目病，自号眚翁，宋诗人，著有《后湖集》。

此记文人轶事、世情趣闻。什么是"落汤螃蟹"？"汤"是热水，把螃蟹放进热水，它的手脚就要忙乱，继而，手脚就要僵直，以此比喻丫鬟的笨手笨脚，乱躁躁，不灵活，通俗、形象、新鲜，所以引得"满座为之大笑"。丁传靖《宋人轶事汇编》引录了这个故事，使其得到进一步流传。

顺便再说说"落汤螃蟹"。宋释普济《五灯会元》："落汤螃蟹，手脚忙乱。"可见在宋朝的时候，此语颇多使用。后被清翟灏在方言俗语辞典《通俗编》收录，于是在中国语言宝库里增添了一个耳熟能详的成语。

邹浩：得蟹书喜

邹浩在《道乡集》卷三十三"书喜"中写道：

使役者浚（jùn，深挖，疏通）感应泉，一二尺许，乃于乱石之下得蟹一枚。予自放湖湘以至逾岭，不睹此物四年矣！乱石之下又非所宜穴处也，何从而出邪？《易》不云乎，物不可以终难，故受之以解。蟹者，解也，天实告之矣，蒙恩归侍立可待也。于是乎书。

邹浩（1060—1111），晋陵（今江苏常州）人，元丰进士，为襄州教授，著有《论语解义》《孟子解义》，累迁兵部侍郎等，为权臣蔡京所忌，被外放，谪居于五岭之外的昭州（今广西平乐）。四年后，某次，浚泉得蟹，喜出望外，据《易经》"物不可以终难"和"蟹者解也"推测，老天已经告知，自己即将从磨难中解脱了，离回归京城、侍奉皇上的日子不远了。这个喜兆是否应验？应验了！故明朱国祯《涌幢小品》卷二十三"石蟹"条在引录了《书喜》后补足："未几，泉忽涸，疑之。有人至门，厉声呼曰：'侍郎归矣！'求之不可见。次日，果拜赦命。"说得有点神奇，可是"果拜赦命"却是客观事实。邹浩《书喜》后来又被《(雍正)广西通志》卷一二七载入，感应泉也成了一个有历史意蕴的地方。

应声名对

宋阮阅《诗话总龟》卷四十一"诙谐门"：

王伸知永州（今属湖南），为人耽于酒色，其宴乐往往自朝至暮不之止。忧（父母丧事）制素冠。有素患六指者嘲之云："鸳鸯未老头先白。"应声曰："螃蟹才生足便多。"时人以为名对。

阮阅，舒城（今属安徽）人，元丰八年（1085）进士，官知府等，宋诗人，致仕后定居宜春，荟萃繁富的《诗话总龟》。此对，上联是针对王伸为人、打扮的嘲讽，贴切而且辛辣，下联把六指者比喻为螃蟹足多，挖苦得也够刻毒。再说，从对子的角度看，上下联两两相对，无可挑剔，称"名对"为确评。

蝤蛑见梦

宋何薳《春渚纪闻》卷三"蝤蛑见梦"条：

> 余杭尉（军尉）范达夜梦介胄（披甲戴盔）而拜于庭者七人，云："某等皆钱氏（指吴越王钱俶，他审时度势，放弃割据，归顺北宋赵氏政权）时归顺人，今海行失道，死在君手，幸见贷（宽恕）也。"既觉，有人以蝤蛑七枚为献，因遣人纵之于江。

何薳（1077—1145），建安浦城（今属福建）人，博学多闻，隐居未仕，优游山林。故事讲军尉范达夜梦介胄者七人，醒后，有人以蝤蛑七枚为献，也许可以说是偶然，是巧合。然而，介胄者自称是钱氏时归顺人，范达遣人将蝤蛑纵之于江，却是必然，是正常。为什么呢？自吴越王钱俶把十一万带甲将士悉数交付北宋中央政权指挥后，由于和平统一，吴越国军民无一死伤，而且受到少有的礼遇。据载，钱俶被封为王，部下的文官武将小吏士卒一一各得其所，对归顺人都是照顾甚至敬重的。范达受到了宋王朝大政策的影响，大气候的熏染，就把献上的蝤蛑，当作了钱氏归顺人，纵之于江了。一则小小的琐闻，透过它迷信、荒诞、戒杀或巧合的表层，实际上，它是有着深刻的象征意义，象征着钱氏家族及其麾下得到了宋王朝的关照、爱护和恩惠，即使变成了蝤蛑也要放归于江。

杨洞微：指蟹正行

元好问《续夷坚志》卷三"杨洞微"：

> （杨洞微）尝与客游嵩山（五岳之一，在河南登封县北）白龟泉上，见一石蟹出。客曰："蟹横行，殆（大概）天性乎！"洞微曰："此物固横行，恨不值（面对，对着）正人耳。"随以手指之，蟹即正行（直行）。

元好问（1190—1257），秀容（今山西忻州）人，工诗文，金文学家。所记杨洞微为仪观秀伟、道行卓绝的道士，他神通广大到用手一指，那只横行的石蟹随即向人直行过来。虽说荒诞，可是也说出了一个许多人心里偶然闪出的幻想：能否让蟹直行呢？这故事被明彭大翼《山堂肆考》抄录，可见引起过共鸣。顺便指出，据今所知，我国南海沿岸有一种蟹，它的头胸甲背面隆起而光滑，带粉红和浅蓝色，状似和尚头，就称它和尚蟹，这种蟹常常成群结队，排列成阵，徘徊在潮间带的沙滩上觅食，雄蟹横行，雌蟹直爬。

介虫之变

元好问《续夷坚志》卷四"介虫之变"：

> 东平（今属山东）薛价，阜昌初进士，尝令鱼台（今属山东），嗜食糟蟹。凡造蟹，厨人生揭蟹脐，纳椒一粒，盐一捻，复以绳十字束之，填入糟瓮，上以盆合之，旋取食。薛一日梦昨所获强寇劫狱而去，夜半惊寤，索烛召吏将问之，烛至，乃见糟蟹蹒跚满前，不知何从出也。

薛自此不食蟹。

此事蹊跷在哪里？蟹是糟了的，用绳子十字束缚了的，放在瓮里之后又用盆盖好的，"不知何从出也"，怎么会爬出来？特别是鱼台县令夜梦"强寇劫狱"，惊醒后却"见糟蟹蹒跚满前"，怎么这样凑巧奇异？标题《介虫之变》，指的是现实中瓮中糟蟹变成满地乱爬的地上糟蟹，抑或，指的是虚幻的梦中"强寇劫狱而去"变成眼前"糟蟹蹒跚满前"，令人遐想。

陈藏一：此卿出将入相

宋陈世崇《随隐漫录》卷三：

> 姑苏守臣进蟹。应制（应皇帝之命而拟文的官员）程奎草批答云："新酒菊天，惟其时矣。"上曰："茅店酒旗语，岂王言耶？"令陈藏一拟闻。先臣援笔立成，略曰："内则黄中通理，外则戈甲森然，此卿出将入相，文在中而横行匈奴之象也。"上乃悦。

陈世崇祖籍抚州崇仁县，父陈郁，字仲文，号藏一，理宗时充东宫讲堂掌书，又充缉熙堂应制，他随父入宫，对南宋宫廷掌故了解甚详。这则掌故说，姑苏贡蟹，按制，要给以批答，皇上看了程奎的拟文，认为村俗，便让陈藏一重拟。陈藏一摸透了皇上心思，便迎合圣意，才思敏捷地援笔立成，拍了一个高级马屁，于是赢得了"上乃悦"的效果。陈藏一的拟文夸了螃蟹，夸它内德外威，夸它可出将入相，夸它有横行之象，把内质外貌、行为特征、非凡能耐，一一夸到了，一一夸够了，可以说是一种高度赞扬！挺有意思，许多人厌恶螃蟹丑陋，憎恨螃蟹横行，陈藏一却说它形德兼美、文武皆备、出将入相、横扫敌人，这是为螃蟹翻了案的，在中华蟹史上仅此一例。

西域奇术

元陶宗仪《南村辍耕录》卷二十二"西域奇术"：

> 任子昭云：向寓都下时，邻家儿患头痛，不可忍。有回回（即回族）医官，用刀划开额上，取一小蟹，坚硬如石，尚能活动，顷（顷刻）焉方死，疼亦遄（快，迅速）止。当求得蟹，至今藏之。

陶宗仪（1329—约1410），黄岩（今属浙江）人，二十岁左右举进士不第，后以著述为事，汇辑历代文献成丛书《说郛》。《南村辍耕录》作于元末，时隐居松江，辍耕树荫，遇事摘叶书之，贮一破盎，前后十载，积数十盎，因编录成书。《西域奇术》为听闻，京都乡下邻家儿得的是奇疾，额内竟爬进小蟹而痛不可忍，回族医官施的是奇术，竟用刀划开额头取出小蟹，患儿疼亦遄止，说真实，匪夷所思，说魔幻，此蟹"至今藏之"。

洪迈《夷坚志》：记录螃蟹故事最多的书籍

洪迈（1123—1202），饶州鄱阳（今属江西）人，幼而强记，博览群书，任朝廷命官，阅历广泛，晚年把往日所记种种见闻汇集而成《夷坚志》，卷帙浩繁，为宋人笔记中篇幅最大并是中国古代笔记中记录螃蟹故事最多的书籍。

《夷坚志》记录和展示的螃蟹故事形形色色：

或记现实。《食蟹报》："洪庆善从叔母好食蟹，率以糟治之。一日正食，见几上生蟹散走，大恐，呼婢撤去。婢无知，复取食，为一螯钤（夹）其颊（腮帮），尽力不可取，颊为之穿，自是不敢食蟹。"这个真实故事，一方面反映了糟蟹好吃，故被许多人食用，一方面反映了不糟透，等不及，即糟即食，是要出纰漏的。

或记巧合。《上竺观音》："绍兴二年，两浙进士类试于临安（今杭州）。湖州谈谊与乡友七人，谒上竺观音祈梦。……惟徐扬梦食巨蟹甚美。迨（等到）旦，同舍聚坐，一客语及海物黄甲者，扬问其状，曰：视蟛蜞差小，而比螃蟹为大。扬窃喜，乃以梦告人，以为必中黄甲之兆。洎（及）榜出，六人皆不利，扬独登科。"徐扬梦中吃的黄甲，是一种海蟹，为蟛蜞的一种，徐扬必中的黄甲，

明代德化窑白瓷盏油灯

是因为科举甲科及第者的名单用黄纸书写，两者同称黄甲，故而如此解梦。湖州乡友七人，考前进庙祈梦，独徐扬梦食黄甲，后六人不中，独徐扬登科，梦与实际相符，其巧合如此！后来，这个故事被明田汝成一字不漏地写进《西湖游览志余》，于是广为传播，上竺观音庙成了游众祈梦之地。此外，《梦读异书》说：钱塘人沈濬梦读异书，有"食蟹大可笑"之语，梦醒，难寻致梦之由。久之，忽然想起半年前寓慧通寺，友人陆维之至，曰："恰沿河来，见舟中妇人作洗手蟹，偶得一诗。"诗为七言律诗，其中有句："痴禅受生无此味，一箸菜根饱欲死。"沈濬方悟异书所言，"自是不食蟹"。

或记迷信。此类故事包括《西湖判官》《张氏煮蟹》《沈十九》等，现抄录《夷坚乙志》卷第一《蟹山》于下：

> 湖州医者沙助教之母嗜食蟹。每岁蟹盛时，日市数
> 十枚置大瓮中，与儿孙环视，欲食，则择付鼎镬（锅）。
> 绍兴十七年死，其子设醮（僧道设坛祈祷）于天庆观，家
> 人皆往。有十岁孙，独见媪（上了年纪的妇女，此指沙母）

民间吉祥图案：二甲传胪

立观门外，遍体皆流血。媪语孙曰："我坐食蟹业，才死即驱入蟹山受报。蟹如山积，狱吏又我立其上，群蟹争以螯爪剌我，不得顷刻止，苦痛不可具道。适冥吏押我至此受供，而里城司（当地长官，土地爷）又不许入。"孙具告乃父，泣祷于里城神。顷之，媪至设位所，曰："痛岂可复忍！为我印九天生神章（镂刻着神像和文字的印纸）焚之，分给群蟹，令持以受生，庶得免。"遂隐不见。其家即日镂神章板，每夕焚百纸，终丧乃罢。

沙母因为生前嗜蟹，才死即在阴间遭报应，被驱入蟹山，群蟹以螯爪钳剌，遍体流血。这个故事非常恐怖，令人颤栗，充满了迷信色彩。清俞樾《茶香室续抄》卷二十四抄录了《蟹山》并加按语说"蟹以味美，人争嗜之，然其性寒，不宜多食。余不食蟹，十多年矣！偶见此则，遂录之，以告世之持螯者"，可见这个故事的影响。不过，故事却客观地反映了宋朝时期江南风行食蟹，以至"平江（今苏州）细民张氏，以煮蟹出售自给，所杀不可亿计"（《张氏煮蟹》），以至"昆山（今属苏州地区）民沈十九，能与人装治书画，而其家又以煮蟹自给"（《沈十九》），出现了以前未见记载的专门煮蟹出售的店家。就是在此背景下，佛教的因果报应和戒杀思想便渗透进来，宣扬天地间以杀生罪孽为最重的教义。

或记妖怪。其《邵昱水厄》写到邵昱（yù）落水，见同溺人乍出乍没，其形已变，"或蟹首人身"，或人首鱼身，或如江豚龟鳖状，又见两个大神，从云端下，"其一亦蟹首"，一如鬼。怪异之极！其《夷坚志》甲卷第二《王德柔枯蟹》：

青州益都人王德柔，营新第（大宅子）于北郭。既成，百怪交兴，白昼出没，烟氛蓊蓊（wěng，弥漫）之中，神形鸟面，见人纷纭往来，偃肆（或卧倒，或纵姿）自若。邀唤道术者施法摄治，历数辈皆无效。不可宁居，于是还旧舍，而揭榜于市，访胆智者就验之。狗屠范五，素以凶悍著，诣（到）德柔求酒馔，独往宿。夜且半，西庑（wǔ，正房西侧的房子）砉（huā，象声字）然大声起，一人从地踊出，短身缩项，着朱衣，形貌充腯（tú，肥胖），似年三十许，两手相击，歌舞庭下。范握刀逐之，至东南隅失所在，范记其处。明旦发土，获一枯蟹，大而赤，棰碎投诸水。其后帖然（安定）。王厚谢范屠，遂得安处。

一只埋在土里已久的"大而赤"的枯蟹，居然幻变成人形，"短身缩项，着赤衣，形貌充腯"，"两手相击，歌舞庭下"，闹得满庭不安。此是蟹怪，就像中国笔记小说里虚构的多不胜数的花妖、狐魅、树精、兽怪一样，只要害人，便不会有好下场，结果被"棰碎投诸水"。故事生动，描摹形象，不失为志怪佳作，后被《古今图书集成·蟹部》载录，成了此书的最后一则，为人乐道。

或记风俗。《龙溪巨蟹》说，福州长溪一带，不雨五十日，民间焦熬，于是，道士、和尚、巫师、乡民至龙溪，诵经念咒祈祷，忽见巨蟹，游泳水面，便迎而归，接着，雨便倾注。放还后，自后有所祈必应。它记录了一个地方曾经的民俗故事，而且在中国古代类似记载中最为详尽具体，精彩之极。

洪迈《夷坚志》记录了如此多的螃蟹故事（常常在故事末尾注明谁说谁见，以示不妄），就像一面镜子一样，反映出了当时社会的种种情态，反映出了螃蟹进入社会生活后所带来的种种影像，清晰、鲜明，这是又一种采风，当可视为正史的民间状况补充。

诗注里源自印度的故事

郑清之（1176—1251），鄞（今浙江宁波）人，进士，官至丞相，南宋诗人，有《安晚堂集》。其诗《再和且答索饮语》结句"主人鹳鹤真耐痛，笑许子彭如水白"，注云：

> 谚语：有鹳鹤日至水滨，群蟹相与捕鱼虾饲之以为常。一日，鹳鹤语蟹曰："施而不报非礼也，吾乔木巢成，亦可延客，能从我乎？"蟹以无翼辞。鹳鹤曰："此易耳！子以双距钳我足，我尔身也。"蟹悦从之。一飞戾空，蟹惧，钳益力，鹳鹤痛，怒骂之。蟹笑曰："作主人乃尔痛耶？"

所谓"谚语"，这里指的是一个流传已久的故事。那么，这故事是从哪里来的呢？它并非出自中土，而是从印度随着佛教传到中国的。

据人民文学出版社 2001 年版《佛本生故事选》季羡林译《苍鹭本生》（季译《五卷书》中的第六个故事与此大同小异）：释迦牟尼如来佛只是一个菩萨的时候，曾降生在一棵长在荷花池边上的树上当树神，于此亲自见到：一只狡猾的苍鹭欺骗池子里的鱼儿说，这池小水少，食物难找，我带你们到一个挤满荷花的大池塘去。鱼儿上当，一条一条被叼走吃光。苍鹭又骗剩下的一只螃蟹。

螃蟹说，你叼不牢我，不如我用双螯抓住你的脖子跟着去。苍鹭答应，就飞向那棵婆罗树，只见树底下一堆鱼骨头，螃蟹明白了阴谋，便用力钳住不放，苍鹭痛得眼里充满眼泪，无奈，把螃蟹放在池塘边的泥上。此刻，螃蟹钳断了苍鹭的脖子，像是用剪子剪断荷花梗一样，然而钻到水里去。树神惊奇，赞美了螃蟹的行为。

这个源于生活的故事，想象超拔，生动有趣，极富思想和艺术魅力，因此现代以来在中国广为流传，版本也很多，举例而言：碧真《鹤与智蟹》(《儿童世界》1926年第17卷第21号)、魏冰心《鹭鸶、小鱼和螃蟹》(20世纪30年代《世界书局国语读本》第141—142课)、傣族民间故事《螃蟹与鹭鸶》、汉族民间故事《螃蟹夹弯了白鹭的脖子》等，藏族《鹭鸶和小鱼》只是把青蛙替代了螃蟹，蒙古族《苍鹭与乌龟》只是把乌龟替代了螃蟹……这些故事，尽管描述不一，可是其情节却如出一辙，都是鹤鹭欺骗鱼虾，都是蟹或蛙或龟惩罚鹤鹭。这说明了什么？大家都喜欢民间故事，但在流播的过程中，同一个故事通常又存在着雷同和变异、移植和改造的现象。

假使以今译《苍鹭本生》为标本，以现代流传的种种版本为参照，与宋人郑清之诗注"谚语"比较，那么就会发现，"谚语"的变异最大，改动最多：不但以"鹳鹤"替代了"苍鹭"，更主要的群蟹是捕了鱼虾给鹳鹤吃的，而且成了常态，鹳鹤不好意思了，为报答，以"乔木巢成"而邀蟹作客，蟹钳其足被劲疾地带飞到空中，因害怕才"钳益力"的，于是鹳鹤因痛而骂，蟹因骂而笑，至此，戛然而止，留给人悬念。显然，不仅改头换面，几乎是脱胎换骨，对立改成了友情，欺骗改成了善意，主题思想产生了颠覆性的变动。为何如此？推测起来，或许是宋朝时期僧侣说法的时候，也只是道听途说了这个佛本生故事，经过口耳相传，于是变异，中国化或本土化了，或许是记录者郑清之因人"索饮"，故而拿来这个现成故事又为自己将要"延客"之需而改动了它，以博一笑，适时化或个性化了。撇开猜测不说，这个印度佛本生故事之一的《苍鹭本生》，在宋朝已经流传，成了它在中国最早而唯一的古代版本。这个从原有框架变异而成的故事，虽然面貌殊异，仍让人觉得生动有趣，可以说是一个独具特色的版本。

梅尧臣：反映蟹况卓然多新的诗人

梅尧臣（1002—1060），字圣俞，宣城（今属安徽）人，世称宛陵（宣城古名）先生。先前以荫补，做过主簿、县令等，皇祐三年（1051）赐同进士出身，任国子监直讲，累迁至尚书都官员外郎。以诗名重于世，与欧阳修同为北宋前期诗文革新运动的领袖，著有《宛陵先生文集》。

梅尧臣的家乡是个产蟹丰饶的地方，"淮南秋物盛，稻熟蟹正肥"（《送徐秘校庐州监酒》），"淮南到时何所逢，秋叶萧萧蟹应老"（《送弟禹臣》），"淮境秋传蟹螯美，郡斋凉爱蚁醅醇"（《送陆子履学士通判宿州》），他常常以诗向人宣示，流露了对家乡多蟹的爱重和自豪，直至晚年，在《思归赋》里仍说，他的家乡有"清江之膏蟹，寒水之鲜鳞"，蟹成了他的乡愁之一。他是个喜好吃蟹的人，"宴盘紫蟹方多味"（《送润州通判李屯田》），"可以持蟹螯，逍遥此居室"（《凝碧堂》），"前日扬州去，酒熟美蟹蜊"（《前日》），"得意美鱼蟹，白酒问沙头"（《送张唐民》）……以蟹为美味，以食蟹为快乐，据他的乡后辈郭祥正在《哭梅直讲圣俞》诗里回忆说，

梅尧臣

"邀我采石渡，烂醉霜蟹肥"，老少二人，在安徽当涂采石渡边，以蟹佐酒，吃得烂醉如泥。他的《二月十日吴正仲遗活蟹》诗：

> 年年收稻卖江蟹，二月得从何处来？
> 满腹红膏肥似髓，贮盘青壳大于杯。
> 定知有口能嘘沫，休信无心便畏雷。
> 幸与陆机还往熟，每分吴味不嫌猜。

先前，梅尧臣见到或吃到的都是秋天霜降前后，收稻之际的螃蟹，这次竟在春天的二月十日意外获赠"活蟹"，所以喜不自禁，煮了就吃。诗人诗兴勃发地说：把蟹放在盘子里，它青色的甲壳

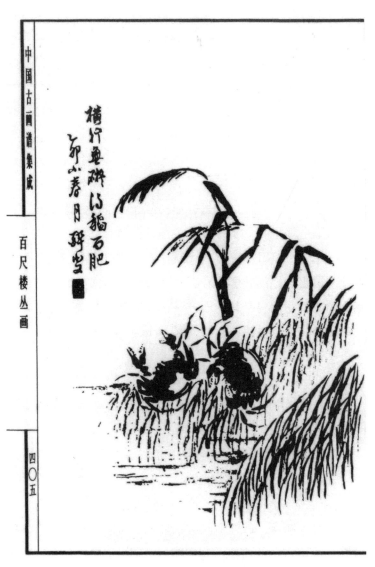

《稻蟹》（采自《百尺楼丛画》）

比杯子还大，掰开背壳，它满腹的红膏肥美得好似骨髓。在赞美
了螃蟹之大之肥后又展开联想说：说它有口能吐出泡沫是看得见
的，说它因无心便害怕雷电就难以叫人相信了（唐皮日休《咏螃蟹
呈浙西从事》有"莫道无心畏雷电"句）。最后，诗人笔锋一转，
把赠蟹之人比喻为西晋吴人文学家陆机，说彼此往还，有幸相熟，
故而每每送吴味给我品尝。这首答谢赠活蟹诗，写得情真意切，
酣畅淋漓，充分显露了诗人喜好吃蟹的情态。

因为家乡产蟹、自己喜蟹，梅尧臣对各地和各种蟹况都很关
注和熟悉：诗友苏舜钦（字子美）流寓苏州，筑沧浪亭，他在《寄
题苏子美沧浪亭》诗里说："竹树种已合，鱼蟹时可缗（mín，将鱼
蟹穿而成串的绳子）。"苏子美真的激赏此地有"江山之胜，稻蟹
之美"，于是"二螯时把蟹"。他在《送谢寺丞知余姚》诗里说，"秋
来鱼蟹不知数，日日举案将无穷"，把浙江余姚盛产鱼蟹可供天天
置案大嚼告诉了即将赴任的朋友……他的许多首送行诗里都提到
了鱼蟹，在梅尧臣看来，这似乎是一个地方物阜民安的标志。他
的《送鄞宰王殿丞》诗：

> 君行问埼鮚，殊物可讲解。
> 一寸明目腹，中有小碧蟹。
> 生意各臑臑，黔角容央央。
> 愿言宽赋刑，越俗久疲瘵。

鄞，汉置鄞县，即今浙江省宁波市鄞州区，杭州湾南端靠东
海的地方，《汉书·地理志·会稽郡》："鄞，有镇亭，有埼鮚亭。"
唐颜师古为《汉书》作注曰："鮚，蚌也，长一寸，广二分，有一

小蟹在其腹中。埼，曲岸也，其中多鲒，故以名亭。"《说文解字》云："汉律：会稽郡献鲒酱。"王殿丞读过《汉书》，将去鄞县当县官，问起"埼鲒"是什么？梅尧臣以诗回答：这是一种特殊的动物，在一寸长犹如明月般光洁的蚌腹中，寄居着碧绿的小蟹，它们各有肢体，各自鲜活，其间近于黑色外壳的小蟹还能独自出来寻找食物。越地以此为酱向朝廷进献已久，民众疲乏，要减赋宽刑呵！诗人的丰富学识和爱民思想流淌于诗句里，中间的四句则是历史上对寄居蟹的第一次诗意描述，形象生动。

尤其要指出的，梅尧臣在《褐山矶上港中泊》诗里说"篙师知蟹窟，取以助清樽"，在《周仲章通判润州》诗里说"霜蟹肥可钓"。他还写了《钓蟹》诗，中有"香饵与长丝，下沉宁自觉"，探洞捉蟹和以竿钓蟹，推测起来早已有之，可是就文字记录而言，梅尧臣却是第一人。

梅尧臣的二十首咏蟹和涉蟹诗，琢句精巧，不落陈套，题材新颖，能够突破藩篱。他是一位反映蟹况卓然多新的诗人，在宋代是开了风气的，在中华蟹史上也是功不可没的。

苏轼：开拓蟹文化的大家

苏轼钟情于蟹，在蟹史上是一位无与伦比的开拓了蟹文化的大家。

嗜蟹 苏轼自己坦言"性嗜蟹蛤"（《东坡志林》卷八，《仇池笔记》亦载）。有诗为证："把蟹行看乐事全"（《和周正孺坠马伤手》），"蟹螯何不左手持"（《偶与客饮孔常父见访设席延请忽上马驰去已而有诗戏用其韵答之》），"赤鱼白蟹箸屡下"（《次韵正辅同游白水

苏轼

山》）……在贬谪广东惠州的时候，苏轼接到广州太守章质夫送酒六壶的书信，他高兴极了，备好了蟹，作为佐酒之物，哪知等空了，"空烦左手持新蟹，漫绕东篱嗅落英"（《章质夫送酒六壶书至而酒不达戏作小诗问之》）。有《别子开》的留条为证：与友人子开留饮数盏后送别，见案上有纸，便草书云：你归来的时候，"则又春矣，当为我置酒、蟹、山药、桃、杏，是时当复从公饮也"（《东坡志林》卷下）。有自述为证："予少不喜杀生，时未能断也。近年始能不杀猪羊，然性嗜蟹蛤，故不免杀"（《东坡志林》卷八）；"吾久戒杀，到惠州忽破戒，数食蛤蟹"（《东坡志林》卷六）；为了戒杀，"有见饷蟹蛤者，皆放入江中"。可是顶不住蟹蛤的诱惑，不能忘味，有时候仍然破戒。

330

诗文 苏轼在诗歌里常常提到蟹，诸如：

> 红叶黄花秋正乱，白鱼紫蟹君须忆。（《台头寺雨中送李邦直赴史馆分韵得忆字人字兼寄孙巨源二首》）
>
> 紫蟹鲈鱼贱如土，得钱相付何曾数。（《泛舟城南会者五人分韵赋诗得"人皆苦炎"字四首》）
>
> 诗成自一笑，故疾逢虾蟹。（《孙莘老寄墨四首》）
>
> 紫蟹应已肥，白酒谁能劝。（《和穆父新凉》）

特别是苏轼写出了《丁公默送蝤蛑》，成为对此种蟹类的绝唱，结句"堪笑吴兴馋太守，一诗换得两尖团"，嗜蟹之情，跃然而现。苏轼的散文里也提到蟹，比如《中山松醪赋》说，"酌以癭滕之纹樽，荐以石蟹之霜螯"，他到了中山（战国时的中山国，今河北定州、唐县一带），这里有一种以松针、松果、松枝等为原料酿造的松醪，就以有花纹的癭瘤杯装进犹如琼浆玉液的松醪美酒，以经霜的石蟹作为下酒的美味佳肴；《老饕赋》说，"嚼霜前之两螯"，下霜前后的蟹，两只大钳子里的肉，又嫩又鲜，是最好吃的，"蟹微生而带糟"，蟹糟了之后，酥片凝玉，腹中瓤金，是别有风味的，老饕是苏轼谐趣的自称，赋中二次提到了蟹，可见对蟹的喜爱和推重。

寓言 苏轼在其《艾子杂说》中有一篇《一蟹不如一蟹》的寓言，于下：

> 艾子行于海上，见一物圆而扁，且多足，问居人曰："此何物也？"曰："蝤蛑也。"既，又见一物圆扁多足，问

居人曰："此何物也?"曰："螃蟹也。"又于后得一物，状
貌皆若前所见而极小，问居人曰："此何物也?"曰："蟛蚏
也。"艾子喟然叹曰："何一蟹不如一蟹也!"

艾子是《艾子杂说》中的主人公，为苏轼虚构的人物，诙谐幽
默，滑稽多智。这个故事很简单：艾子在海边上行走，先见一圆
扁而多足之大者，次见中者，后见小者，逐一问了居住在当地的
人，得到的答复是：大者叫蟹蚏，中者叫螃蟹，小者叫蟛蚏。于
是艾子长长地叹了一口气说：怎么一种螃蟹不如一种螃蟹呵！因
为有了这个寓言，中国就多了一个成语："一蟹不如一蟹。"它可以
理解为：一代不如一代，一家不如一家，一人不如一人，一地不
如一地，一物不如一物……适用的范围非常广泛。一个寓言，百把
字，三见三问三答，回环复沓，言简意长，蕴含讽喻，堪称杰作。

评论 苏轼不但是个文学家，而且是个评论家，他的文学评论
睿智剀切，独具风采。其《读孟郊诗》一连用了四个比喻谈了自己
的感受："孤芳擢荒秽"，意思是孤零零的花挺立在一片杂乱的荒草
丛中；"水清石凿凿，湍激不受篙"，意思是水清而石多，水浅而
流急，行不得船，撑不得篙；"初如食小鱼，所得不偿劳"，意思
是初读的时候好像在吃小鱼，吃到嘴里的还抵不上所花费的劳动；
"又似煮蟛蚏，竟日持空螯"，意思是好像煮那种小螃蟹来吃，它
没有多少肉，整日里只能嚼嚼空螯。孟郊是唐代诗人，一生困窘，
穷愁潦倒，诗以苦吟而著名，虽说有"慈母手中线，游子身上衣"
之类的诗感人至深，可也有好多诗内容上庸俗艺术上生涩，因此，
说他的诗"又似煮蟛蚏，竟日持空螯"，虽有可取而好处不多，应
该说是确评。苏轼《仇池笔记》卷上（之后宋曾慥《类说》、魏庆

之《诗人玉屑》载录》):

> 东坡尝云:"黄鲁直诗文如蝤蛑、江珧柱,格韵高绝,
> 食馔尽废。然不可多食,多食则发风动气。"

黄鲁直就是黄庭坚,北宋著名文学家,年龄比苏轼小八岁,可与苏轼齐名,世称"苏黄",他还是江西诗派的宗师。苏东坡说他的"诗文如蝤蛑、江珧柱",蝤蛑即梭子蟹,江珧柱亦作"江瑶柱",即海产贝类的闭壳肌。两者均为鲜美的珍品,格韵高绝,谁见了都要把盘子里装的这两款食品吃得光光的,一点儿也舍不得废弃。那么,为什么又说"不可多食,多食则发风动气"呢?宋王楙《野客丛书》里有个解释:"谓其言有味,或不免讥评时病,使人动不平之气,乃所以深美之而非讥之也。"苏轼评孟郊的诗用了"竟日持空螯",评黄庭坚则说"诗文如蝤蛑",均以蟹类为喻,褒贬自见,给人深刻的印象。顺便提及,以后也有以蟹喻诗文的,最著名的例子是庚辰本《石头记》脂批(第五十四回):"一部大观园之文,皆若食肥蟹。"这个比喻胜过了千言万语的赞赏,而且人人都能感受到,引人共鸣。

图画 苏轼是书画家,画论有"论画以形似,见与儿童邻"的卓见,他擅画墨竹、古木,存世画迹有《潇湘竹石图卷》《古木怪石图》,因此,美术史都要提到。实际上,螃蟹亦为苏轼题材之一,他在《画鱼歌》里说:"一鱼中刃百鱼惊,虾蟹奔忙误跳掷。"可能是画鱼带到了画虾蟹。据"苏门四学士"之一晁补之(字无咎)《无咎题跋·跋翰林东坡公画》:"翰林东坡公画蟹,兰陵胡世将得于开封,夏大韶以示补之……此画,水虫琐屑,毛阶曲隈,芒缕具备。"

据清戴熙题《蟹鲤图》:"东坡画蟹,南宫画鲤,皆工致诣极,而二公或以赭汁作画,固知此道不当以一格拘也。"苏轼画蟹,甚至被人推崇为"已入神品"(见清孙之骙《晴川续蟹录·坡仙集》)。对此,美术史似可补笔。

喻说 苏轼《仇池笔记》卷下"众狗不悦"里说,他谪居惠州的时候,市场寥落,每日只杀一羊,为不与在官者争买,"时嘱屠者买其脊,骨间亦有微肉","终日摘剔,得微肉于綮间,如食蟹螯","率三五日一食,甚觉有补",最后说,"用此法,则众狗不悦矣"。一个极为贴切形象的"如食蟹螯"的比喻,表达了苏轼面对困境时乐观旷达的态度。苏轼是一个爱喝茶的人,种茶、煎茶、品茶样样在行,而且尝过各种名茶,"戏作小诗君莫笑,从来佳茗似佳人"。他煎茶是很讲究火候的,说"蟹眼翻波汤已作"(《次韵周穜惠石铫》),"响松风于蟹眼"(《老饕赋》)等,认为煎茶到汤中冒出如"蟹眼"般水泡的时候最好喝。应该说"蟹眼"茶汤的比喻并非从苏轼始,但经过他的实践鉴定,产生了广泛的影响。其《杂说》云:

> 闽越人高荔子而下龙眼,吾为评之。荔枝如食蝤蛑,大蟹斫雪,流膏一噉可饱。龙眼如食彭越、石蟹,嚼啮久之,了无所得,然酒阑口爽餍饱之余,则哑嗽之味,石蟹有时胜蝤蛑也。戏书此纸,为饮流一笑。

对福建、浙江人高看荔子、低看龙眼的评说,苏轼不是说道理,而是打比喻,说"荔子如食蝤蛑","龙眼如食彭越、石蟹",在某种情况下,"石蟹有时胜蝤蛑",比得恰当贴切,说得掌握了分寸，符合情理，谁读了都会含笑点头的。用生活的经验，以物喻物，通达而智慧。

格物 苏轼《格物粗谈》卷上："落蟹怕雾。"历史上最早揭示了螃蟹怕雾的现象，之后陆续被人认同，元陈芬《玄池说林》还记录了一个"大雾中蟹多僵者"的传说。该书卷下："香油熬熟，入酱内，以之酱蟹，可以久留，且不沙涩。凡糟、酱蟹，瓶口上盖皂荚四五大片，即不沙。"明李时珍《本草纲目·蟹》里，把"酱汁浸"与生烹、盐藏、糟收、酒浸并列，认为是几种主要吃蟹法之一，"皆为佳品"。酱蟹之称及制法的文字记录却首见于此，因此世间除了有东坡肉、东坡饼之类外，不妨增添"东坡酱蟹"。此外，该书一条条记下了许多日常生活中的小经验，涉蟹的如"死蟹抛坑内，取其粪浇菜，虫自灭"，"吃蟹了，以蟹须洗手，则不腥"，"糟、酒、酱蟹，入香白芷则黄不散"，"蟹黄污衣，将蟹须搓洗，自去"，等等。必须补充的是，相传苏轼又著《物类相感志》，后人以为假托，其中涉蟹条目亦多，有的出自《格物粗谈》，反证了在大家心目中苏轼的热爱生活和关注螃蟹。

带动 苏轼的很多追随者嗜蟹，例如苏辙"无限黄花簇短篱，浊醪霜蟹正堪持"（《次韵张恕九日寄子瞻》）；黄庭坚"趋跄虽入笑，风味极可人"（《次韵师厚食蟹》）；秦观"左手持蟹螯，举觞属云天"（《饮酒诗四首》）；张耒"紫蟹双螯荐客盘，倾来不觉酒壶干"（《自海至楚途次寄马全玉八首》其八）……嗜好是各各有别的，又是相互影响的，苏轼嗜蟹，仿佛在他带动下，以他为中心，周围形成了一个食蟹部落，齐奏共唱食蟹曲，连苏轼的好友，出家为僧的道潜也关注起蟹况："日出岸沙多细穴，白虾青蟹走无穷。"（《淮上》）

苏轼是四川人，那里不产稻蟹和蝤蛑，可是到了中原和沿海，一吃，便不能忘味，以致嗜好，进而关注。他在各个领域里反映它，赞赏它，或开荒拓土，或发扬光大，业绩至伟，影响至大，使他成了蟹史上杰出的文化大家。

黄庭坚：笃信佛教而酷爱食蟹的诗人

黄庭坚（1045—1105），字鲁直，号山谷道人，分宁（今江西修水）人。治平进士，曾为国子监教授、国史编修官等，北宋著名诗人，出苏轼门下，而诗与苏轼齐名，世称"苏黄"，并开创了江西诗派，为此派宗师，影响很大，著有《山谷集》。兼擅书法，自成风格，为"宋四家"之一。

黄庭坚

在饮食上黄庭坚喜好食蟹，试读：

> 形模虽入妇人笑，风味可解壮士颜。寒蒲束缚十六辈，已觉酒兴生江山。（《谢何十三送蟹》）

前两句凝练地写出了螃蟹的形模和风味之间的反差，准确，概括，鲜明，说出了人人共有的心理感受，后两句生动地写出了自己特殊的喜好，一看见送来的用蒲草缚着的十六只螃蟹，不由自主，馋涎顿生，就已经引发出了如江似山的酒兴。喜好到了什么程度？"每恨腹未厌，夸说齿生津"（《次韵师厚食蟹》），总觉得吃不够，即使向人夸说的时候，齿舌之间都要流淌出馋涎；"想见霜脐当大嚼，梦回雪压摩围山"（《又借前韵见意》），往日被贬摩围山（今四川彭水县西），白雪皑皑，因梦而醒，忽然想起来霜后肥美的螃蟹，觉得那是一定要大嚼特嚼的东西。为什么如此喜好？黄庭坚诗里常常出现"风味"一词："不比二螯风味好"（《代二螯解嘲》），"风味极可人"（《次韵师厚食蟹》）等。风味就是某种食物特别的滋味。螃蟹的风味一言以蔽之就是鲜。汉字以"鱼"和"羊"为"鲜"。晋代吴郡吴人张翰（字季鹰）在洛阳为官，见秋风起，因思吴中鲈鱼脍，便命驾而归，可是黄庭坚却说"东归却为鲈鱼脍，未敢知言许季鹰"，认为吴中的螃蟹风味更美，张季鹰所言所忆是不敢苟同的。至于羊，黄庭坚说"蟹胥与竹萌，乃不美羊腔"（《奉答谢公静与荣子邕论狄元规孙少述诗长韵》），认为蟹酱与竹笋都是超过了羊腔之鲜的。先人以"鱼"以"羊"为"鲜"的经验，在黄庭坚看来，其鲜都比不过蟹，蟹才是至鲜至美的食物。黄庭坚喜好蟹的什么？他爱吃蟹螯，说"秋醪荐二螯"（《题燕邸养川公养浩堂画二首》），更爱吃蟹黄，说"蟹擘鹅子黄"（《薛乐道自南阳来入都留宿会饮作诗饯行》），他把"蟹黄"与"熊白"（熊背上的白脂，为珍贵美味）并列，说"蟹黄熊有白"（《次韵稚川得寂字》），说"饭香猎户分熊白，酒熟渔家擘蟹黄"（《戏咏江南土风》）。由上可知，黄庭坚是一位对饮食有独立见解的人，对自己喜好食蟹有着充足的理由，用他自己的一句话概括"此物真绝伦"（《次韵师厚食蟹》），即绝对好吃，无与伦比。

不过，黄庭坚尽管喜好食蟹，心理上却是矛盾的，纠结的。试读《秋冬之间鄂渚绝市无蟹今日偶得数枚吐沫相濡乃可悯笑戏成小诗三首》：

> 怒目横行与虎争，寒沙奔火祸胎成。虽为天上三辰次，未免人间五鼎烹。
> 勃窣媻姗烝涉波，草泥出没尚横戈。也知觳觫元无罪，奈此尊前风味何？
> 解缚华堂一座倾，忍堪支解见姜橙。东归却为鲈鱼脍，未敢知言许季鹰。

第一首写螃蟹被烹的自身原因。怒目横行，敢与虎争的螃蟹，因其在寒沙里向有光亮的地方奔去，尽管为天上的星宿之一（三辰指日、月、星，据《释典》云"十二星宫有巨蟹焉"），也免不了被人们逮住、放进锅里烹煮的结局。第二首写螃蟹被烹的人为原因。螃蟹从洞穴里矫健地钻出来，匍匐于地，蹒跚而行，纷纷跋涉于波浪之中，出没于草泥之间，横戈自卫，自由自在，一旦被捉，则颤抖恐惧，尽管无罪，但是人们要以它作为佐酒之物，还是要捉了烹它。第三首写螃蟹的风味。在华堂里，解开被捆扎而煮红的螃蟹，满座的人都为之倾倒，七手八脚，肢解了醮着姜橙，兴高采烈地大嚼起来，先前许季鹰为了鲈鱼脍东归故里，实际上，还有比鲈鱼更加鲜美的螃蟹呢！三首诗炼字锤句的准确，意境形象的鲜活，喜好态度的明朗，使人读来叫好叫绝。那么，诗题中的"可悯"和诗中的"祸胎""未免""无罪""忍堪"是什么意思呢？那是因为黄庭坚有着一颗慈善之心，加之归心释氏，佛教有不杀生的戒律。宋阮阅说："山谷信佛甚笃，而晚年酷好食蟹，所谓'寒蒲束缚十六辈，已觉酒兴生江山'，又云'虽为天上三辰次，未免人间五鼎烹'，乃果于杀如此，何哉？""是岂爱物之仁不能胜口腹之欲耶？"（《诗话总龟后集》卷二十七"咏物门"）信佛甚笃与酷好食蟹、戒杀与果杀是矛盾的，可是黄庭坚讲求实际，他在爱物之仁与口腹之欲上，顶不住螃蟹的诱惑，勉强而无奈地违背仁爱和佛教戒律杀蟹而食，让原本"无罪"的螃蟹做了自己"忍堪"的食物，来享受人间的至味。

黄庭坚一生写下了十多首咏蟹和涉蟹诗，又多又好，精彩之极，他是写作这一题材的大师，从诗里可以读出他对蟹的情有独钟，对蟹的关注喜好，对蟹的倾倒迷恋。

陆游：广阔地反映蟹况的诗人

陆游（1125—1210），字务观，号放翁，越州山阴（今浙江绍兴）人，赐进士出身，曾任通判，一度投身军旅生活，后官朝议大夫、礼部郎中等，晚年在家度过，年八十五。他是南宋著名诗人，存诗九千多首，或抒爱国情怀，或写日常生活，著有《剑南诗稿》等。

陆游

　　翻开陆游的集子，便可发现，他是一位关注并广阔地反映了
蟹况的诗人。

　　产地　陆游的家乡是个物产丰饶的地方，蟹又多又好，大家对
蟹非常熟悉，"潮壮知多蟹"。酒店有卖蟹的，"新蟹登盘大盈尺"。
你到哪家做客，"溪女留新蟹"，尤其是镜湖，自己所居之地，湖
光山色，碧波荡漾，"尚无千里莼，敢觅镜湖蟹"（《病酒戏作》），
家乡的镜湖蟹是遐迩闻名的。他特别赏识杭州的西湖蟹，在四川
成都时，于《记梦二首》里说"塞月征尘身万里，梦魂也复醉西
湖"，自注云"西湖蟹称天下第一"。陆游提到涉蟹产地的还有家
乡之外的吴蟹："巨螯斫雪出东吴"（《龟堂偶题》），"团脐磊落吴江
蟹"（《小酌》）。特别要提到的是，他在《冬日》里说"山暖已无

梅可折，江清犹有蟹堪持"，自注云"蜀中惟嘉州有蟹"。他留心四川的产蟹情况，经过考察，发现唯有嘉州，即今之乐山在冬天仍有蟹可供。对此，清王培荀仍认同，"蜀地少蟹，嘉州独有"（《听雨楼随笔》卷六《嘉州竹枝词》诗注）。应该说陆游笔下涉蟹产地不多，但也说明了陆游对蟹是比较关注的，并留下了历史遗痕。

蟹舍 蟹舍就是搭在水滨的小窝棚，就地取材，狭小简陋，为看守捉蟹之用。唐张志和《渔父》"松江蟹舍主人欢"，松江蟹舍就此著名，其实，这种蟹舍各地都有，陆游家乡就有很多，故而他的诗里常常提到：

旗亭浊酒典衣沽，蟹舍老翁折简呼。（《夜从父老饮酒村店作》）

蟹舍丛芦外，菱舟薄霭间。（《暮归舟中》）

水宿依蟹舍，泥行没牛骻。（《秋郊有怀四首》）

小聚鸥沙北，横林蟹舍东。（《舍北摇落景物殊佳偶作》）

出郭并湖无十里，我归蟹舍过鱼梁。（《湖堤暮归》）

未能容蟹舍，聊得寄鱼竿。（《步至湖上寓小舟还舍》）

侧船篷，使江风，蟹舍参差鱼市东，到时闻暮钟。（《长相思》）

这些记载，不仅反映了捕蟹业的发达，而且反映了蟹舍的地理位置、周边的风光、诗人与蟹舍主人的亲近关系。陆游又说："数椽蟹舍偿初志，九陌尘衣洗旧痕"（《秋雨顿寒偶书》），他羡慕渔翁的那份平静和悠闲，他向往蟹舍的那种与自然融为一体的环境和氛围，他愿意在此休憩而隐身世外。此外，陆游还说："洞庭四万八千顷，蟹舍正对芦花洲"（《客谈荆渚武昌慨然有作》），可见他到哪里对蟹舍都不能忘情。

捕蟹 陆游诗里提到了钓蟹，"堪怜妄出缘香饵，尚想横行向草泥"（《偶得长鱼巨蟹命酒小饮盖久无此举也》）；提到了以籪捕蟹，"村村作蟹椴，处处起鱼梁"（《稽山行》），"水落枯萍黏蟹椴，云开寒日上鱼梁"，自注"乡人植竹以取蟹，谓之曰椴"（"蟹椴"是"蟹籪"的另一种写法）；他还有一首《秋日杂咏》诗：

> 菰蒲风起暮萧萧，烟敛林疏见断桥。
> 白蟹蟹鱼初上市，轻舟无数去乘潮。

白蟹又称蝤或蟹，今称梭子蟹；蟹（zhì）鱼又称鲚（jì）鱼，两者都生长在浅海地带。诗说，薄暮，西风起于菰蒲，萧萧瑟瑟，树林稀稀拉拉，烟雾收敛，可以看见远处的断桥；一年一度白蟹和蟹鱼刚刚上市的时节，无数的轻舟就乘潮而去捕捉。这首诗意境辽阔，情景交融，格调明快，充满活力。反映了当地渔民除了以籪捕捉稻蟹外，为了满足市场需要，秋天，还成群结队，驾着小舟，冒着风险，到近海潮壮的地方捕捉白蟹和蟹鱼。陆游当年真实而诗意的记录，成了当今渔业史上罕见而生动的材料。

时物 中国人讲求不时不食、顺时而食，比如"桃花流水鳜鱼肥""黄梅过后白鱼跳""清明螺蛳谷雨虾""小暑黄鳝赛人参"等都是对时物的经验总结。那么，什么时候吃螃蟹呢？陆游依据家乡越地的实际情况，在诗里提到了九月霜风、重九菊花等，不过更多的却是橙和菰，举例而言：

橙黄蟹紫穷芬鲜。(《醉眠曲》)

轮囷新蟹黄欲满，磊落香橙绿堪摘。(《雨三日歌》)

菰正堪炊蟹正肥。(《若耶溪上二首》)

香甑炊菰白，醇醪点蟹黄。(《舟中晓赋》)

柑、橘、橙成熟之时也正是螃蟹肥美之日，前人已及，陆游以自身的经验加以证实和丰富，而"菰正堪炊蟹正肥"却是陆游的补充和发展。菰（gū）是一种浅水植物，其嫩茎基部膨大成茭白，可以作蔬菜，果实叫菰米或雕胡米，可以煮食，都在秋天收获。越地产菰，陆游喜食，因此常常把菰可供食当作物候的参照，由此把握螃蟹正肥。

吃法 陆游诗里提到过各种蟹的吃法：糖蟹，"磊落金盘荐糖蟹"（《夜饮即事》）；酒蟹，"满贮醇醪渍黄甲"（《偶得海错侑酒戏作》，黄甲为海蟹蝤蛑）；洗手蟹，"斫雪双螯洗手供"（《醉中作》；洗手蟹是以蟹生析，以酒和盐、梅、椒、橙搅匀，洗了手就可食用的蟹肴）；蟹包，"蟹供牢丸美"（《与村邻聚饮二首》；牢丸，其自注"今包子是"；牢丸一名始见于西晋束皙《饼赋》，它是何种食物，历来众说纷纭，争论至今，陆游的这条自注提供了答案，极具价值）；煮蟹，"未尝脍喁噞（yóng yǎn，鱼在水面呼吸的样子，此指鱼），况敢烹郭索"（《道中病疡久不饮酒至鱼梁小酌因赋长句》）。他还写了《糟蟹》诗：

旧交髯簿久相忘，公子相从独味长。

醉死糟丘终不悔，看来端的是无肠。

髯簿是指吴越国功德判官毛胜的《水族加恩簿》，此簿将可口的鱼虾海物，各扬乃德，各叙所材，最后给以封号，例如蟹，"足材腴妙，螯德充盈，宜授糟丘常侍兼美"。诗说：先前读过髯簿上记载的水族各物早已忘记，唯蟹常吃，风味独绝，长久地留在记忆里。此蟹即使醉死于酒糟也不后悔，看来端的是无肠公子呵！绝句揣摩遐想，诙谐有趣，不仅写出了糟蟹的制作，而且写出了诗人对螃蟹的钟爱。

嗜蟹 陆游嗜好吃蟹喝酒。在外的时候，"思归更向文书懒，此手惟堪把蟹螯"（《初秋书怀》）。老了的时候，"残年更何事，持螯酌松醪"（《寒夜》）。甚至说，"有口但可读《离骚》，有手但可持蟹螯"（《悲歌行》），意思是《离骚》是他最爱的诗篇，有口就为了读它，螃蟹是他最爱的食物，有手就为了持它，一个精神陶冶，一个物质享受，一样重要，一样必需。陆游诗里充满着对蟹和酒的喜爱，喜爱到了什么地步？"蟹黄旋擘馋涎堕，酒渌初倾老眼明"（《病愈》），就像清酒才从瓮里倒出来老眼就发亮一般，手里刚擘着蟹黄，口水就滴滴嗒嗒地淌了出来。他的《霜夜》诗：

黄甘磊落围三寸，赤蟹轮囷可一斤。
更唤东阳曲道士，与君霜夜策奇勋。

陆游这天晚上可高兴了：果实累累的黄柑，一个硕大到周圆要有三寸来长，赤红的螃蟹，堆在盘里，蟠曲着，一只差不多要有斤把重；东阳的曲道士正巧来送酒，于是，我就唤他一起喝酒吃蟹剥柑，在这秋天的霜夜里，共同来立下一个奇异的功勋。他把这夜大快朵颐的餐饮，比喻为去打个大胜仗，立了个大功勋，诗人欢快的情绪，溢于言表。

如果说，陆游的整部诗集是南宋社会的一面镜子，那么缩小而言，他的六七十首咏蟹和涉蟹诗，就是一面反映南宋社会蟹况的镜子。

杨万里：以诗以赋赞糟蟹的作家

杨万里（1127—1206），字廷秀，号诚斋，吉水（今属江西）人，绍兴进士，曾任秘书监等，力主抗金，反对苟安，奸相当政，居家十五年不出，以忧愤国事致疾而卒，南宋诗人，诗为"南宋四大家"之一，文亦新巧，著有《诚斋集》。

经隋唐至宋，糟蟹流行，大家喜食，杨万里尤其爱好，他的几首咏蟹诗写的都是糟蟹，"霜前不落第二，糟余也复无双"（《糟蟹六言二首》)，给了糟蟹特高的评价。其《糟蟹》诗更有具体描写：

> 横行湖海浪生花，糟粕招邀到酒家。
> 酥片满螯凝作玉，金穰镕腹未成沙。

诗说：在湖海里横行，搅得浪花飞溅的蟹，酒家买来糟了，成了招牌菜，我因此而被招邀进店食用。两只大螯里的肉，满满、白白、酥酥、片片，凝结得如玉一般，腹腔里的蟹黄油亮亮的，不松散，不乏味，简直像熔化了的金子似的。"酥片满螯"，写得精微，"金穰镕腹"，写得精彩，写出了人人都见过而又常常忽略的情状，如"玉"似"金"，不但表示了色彩，更隐含着评价，糟蟹是一款多么可口的佳肴，一款多么诱人的珍馐！

　　某年，"江西赵漕子直饷糟蟹，风味胜绝"，于是，杨万里便写了《糟蟹赋》答谢，如下：

　　　　杨子畴昔之夜，梦有异物入我茅屋：其背规而黝，其脐小而白；以为龟又无尾，以为蚌又有足；八趾而只形，端立而旁行；唾杂下而成珠，臂双怒而成兵。寤而惊焉，曰："是何祥也？"

　　　　召巫咸卦之，遇坤之解曰："黄中通理，彼其韫者欤？雷雨作解，彼其名者欤？盖海若之黔首，冯夷之黄丁者欤？今日之获，不羽不鳞，奏刀而玉明，剖腹而金生，使营糟丘，义不独醒，是能纳夫子于醉乡，脱夫子于愁城，夫子能亲释其堂阜之缚，俎豆于仪狄之朋乎？"

　　　　言未既，有自豫章来者，部署其徒，趋跄而至矣。谒入视之，郭其姓，索其字也。杨子迎劳之曰："汝二浙之裔耶？九江之系耶？松江震泽之珍异，海门西湖之风味，汝故无恙耶？小之为彭越之族，大之为子牟之类，尚与汝相忘于江湖之上耶？"

　　　　于是延以上客，酌以大白，曰："微吾天上之故人，谁遣汝慰我之孤寂？"客复酌我，我复酌客，忽乎天高地下之不知，又焉知二豪之在侧。

　　赋为四段。第一段写杨子夜梦。杨子是作家的自称。梦见什么？梦见一个"异物"进入了我的茅屋。此物"异"在哪里？一是有背有脐，"其背规而黝，其脐小而白"，这是很罕见的。二是非龟非蚌，"以为龟又无尾，以为蚌又有足"，这是很特殊的。三是以脚横行，"八趾而只形，端正而旁行"，这个动物，有八只脚，踮起来，端端正正的，爬起来，却不是正面向人，而是横走旁行，这就很蹊跷了。四是唾珠臂兵，"唾杂下而成珠，臂双怒而成兵"，这么个怪物，唾液乱喷，喷出的是颗颗珍珠，臂膀挥动的是双双兵器，这就很稀奇了。这又罕见又特殊又蹊跷又稀奇的"异物"，这怪模怪样怪形怪态的"异物"，是什么呢？杨子被惊醒了，并思考着：梦见"异物"，主凶还是主吉？

第二段写巫咸解梦。巫咸即占卜者，他卜了卦，做出了说明。说些什么呢？一是说这"怪物"为蕴含丰美的螃蟹。"黄中通理，彼其韫者欤？雷雨作解，彼其名者欤？"这东西样子虽怪，内里却是丰美的，名字则叫作蟹。二是说这螃蟹乃是非凡的神物。"盖海若之黔首，冯夷之黄丁者欤？"这海神的子民，水神的子女，大有来头，并非凡物。三是说这糟蟹为夫子的佳肴。虽说不羽不鳞，不像飞鸟有翅膀，不像游鱼有鳞片，然而，"奏刀而玉明，剖腹而金生"，你一动刀，它的肉犹如亮亮的玉，你一剖腹，它的黄犹如灿灿的金，这种糟蟹，"能纳夫子于醉乡，脱夫子于愁城"，即把你引入醉乡，使你脱离愁城，实在是一种难得而独特的佳肴。四是说这佳肴可供夫子的酒筵。"夫子能亲释其堂阜之缚，俎豆于仪狄之朋乎？"把糟蟹从瓮中取出，置于器具，端上筵席，不是最好的下酒菜吗？

第三段写郭索来访。郭索者，螃蟹也。它带着一群弟子，步履齐整而有节奏地来到了杨子的茅屋。杨子一见，不正是梦境里见到的"异物"螃蟹吗？于是一面延入，一面叨絮：你这一群，是浙东、浙西的后裔呢？抑或是江西九江的支脉？是松江、震泽的珍异呢？还是海门、西湖的风味？你好吗？记得你家族里，还有小的彭越，大的蟛蜞，大概已经相忘于江湖了吧？

第四段写主客共酌。杨子夜梦"异物"，巫咸说此乃螃蟹，为吉物，现在螃蟹又率徒来访，主人杨子自然喜出望外，延为上宾，以大酒杯款待说："我们恐怕是天上的旧友，否则，谁能指派你来安慰我的孤单与寂寞呢？"于是，"客复酌我，我复酌客"，主客都开怀畅饮，不一会儿，杨子就不知道天高地下，更不知道客人在身边了。

这是一篇浮想联翩而又着想超拔的赋。赵子直赠糟蟹，因其风味胜绝，作者竟扑动起想象的翅膀，腾飞翱翔，而至于奇绝。杨万里何尝不识得螃蟹？却偏偏说是夜梦"异物"。杨万里何尝不知道螃蟹是一种佳肴？却偏偏要召来一个巫咸，让他说出螃蟹是一款神品，一款美味，食蟹是一种享受，一种快乐。最后，杨万里竟然又让螃蟹以一个快活的、令人陶醉的天使来访，"部署其徒趋跄而至"，使杨万里感到自己仿佛是"天上的故人"，高兴得与客相酌而醉。浮想一个接着一个，犹如攀登一座峻岭，越攀越高，而风光也越加奇伟瑰怪，旖旎迷人。

这是一篇细察而又博识的赋。杨万里梦见的"异物"如何模样？"其背规而黝，其脐小而白；以为龟又无尾，以为蚌又有足；八趾而只形，端立而旁行；唾杂下而成珠，臂双怒而成兵"。一连用了八个排句，每两句一组，分别写了螃蟹的背、脐、唾、臂，写了色彩、形状、多足和横行，并与龟、蚌加以比较。这种螃蟹风味如何？"奏刀而玉明，剖腹而金生"，写了工具、动作以及它呈现出的令人馋涎欲滴的色彩。这些或铺开或提要的描绘，都是仔细观察而抓出了特征的结果。杨万里对螃蟹的知识又极为渊博，他借巫咸以《易经》、神话、历史、传说等，多侧面地写出了它的蕴含，它的名称，它的来历以及食用的功能和方法，并且以自己的口吻直接点出了螃蟹的种类以及诸多著名的产地——浙江、江西、松江、震泽、海门、西湖。这些历史的和现实的、书本的和生活的知识，纷至沓来，汇集于笔尖，流淌于纸上，纵横自如，畅达明白，一点儿没有斧凿痕，一点儿没有卖弄味。这种细察与博识，构成了一幅幅多姿多彩的螃蟹风光。

这是一篇文采斐然而又神采飞扬的赋。整篇文章简练紧凑，一气呵成，由梦而召，由召而解，言未既而郭索至，由至而迎、而劳、而延以上客、而酌以大白、而醉，是一条环环相扣而无断裂的链子。每个链扣又熠熠闪光：比如形容螃蟹的模样，两句一组，两句一组，构成四对，每对句式又加以变化，仿佛扑腾腾地飞出一对对面貌各异的比翼鸟；比如巫咸对螃蟹的说明，"黄中通理，彼其韫者欤？雷雨作解，彼其名者欤？盖海若之黔首，冯夷之黄丁者欤？"螃蟹的蕴含、名称、来历，通过三个"欤"字，看似疑问，实是肯定，犹如剥笋，壳一层一层剥掉，肉一层一层露出，最终点得一清二楚。"奏刀而玉明，剖腹而金生"，"是能纳夫子于醉乡，脱夫子于愁城"……这些闪光的佳句，描绘切实，感情充沛，语言优美，声调铿锵，使人眼前一亮。

清代李渔对此赋有个评价，说：属游戏神通。本意为贬，说它不像篇赋。现在看来，恰恰是这篇赋，打破了传统的模式，写得情趣盎然，写得神采飞扬，写得引人入胜，写得酣畅淋漓，应该说是一篇不落陈套的奇文、妙文！

继《糟蟹赋》杨万里又写了《生蟹赋》（或题《后蟹赋》），亦属游戏神通而独标一格，可是掉进了书袋，相对粗率，逊色甚多。

杨万里以《糟蟹》诗、尤其以文苑中仅见的《糟蟹赋》，于题材上拾漏补遗，添砖加瓦，于艺术上构思新颖，熠熠生辉，使他在中华蟹文化的史册上占有了一席之地。

高似孙《蟹略》

高似孙（1158—1231），字续古，号疎寮，鄞县（今浙江宁波市鄞州区）人。淳熙进士，官处州知州等。南宋学者，博雅好古，词章敏赡，一生著作甚多，《蟹略》为其一种。

《蟹略》约两万字，共四卷：卷一为郭索传、蟹原、蟹象；卷二为蟹乡、蟹具、蟹品、蟹占；卷三为蟹贡、蟹馔、蟹牒；卷四为蟹雅、蟹志、赋咏。除郭索传外为十二门，每门之下分条记载，多取蟹字为条目名称，系以典籍语录和诗人诗句。这是宋代距傅肱《蟹谱》一百多年后的又一部螃蟹谱录，它篇幅更大，分条更细，材料更为丰富，涉及面更为广阔，为中华螃蟹文化史上的又一力作。《蟹略》有三个主要特点：

首先，体例比较合理。就宏观而言，十二门是纲，由原而象而乡而具而品……不仅提纲挈领，概括了方方面面，而且排列有序，顺次展开，合计统领了一百三十三条目（不包括蟹志和赋咏），使其各就各位，整个体例纲举目张，条分缕析，显得脉络井然。就微观而言，例如卷一"蟹象"，即蟹的形态和使人感知的现象，包括：匡箱、甲壳斗、膏、脐、二螯、爪、目、无肠、心躁、香、沫、肥、性味、风味、仄行、走、朝魁、治疗、治瘕、食忌、毒。共二十一条目，完整而系统，细微而具体，缜密到了接近现代科学的地步。又如卷二"蟹品"，涉及蟹的众多流品，包括了洛蟹、

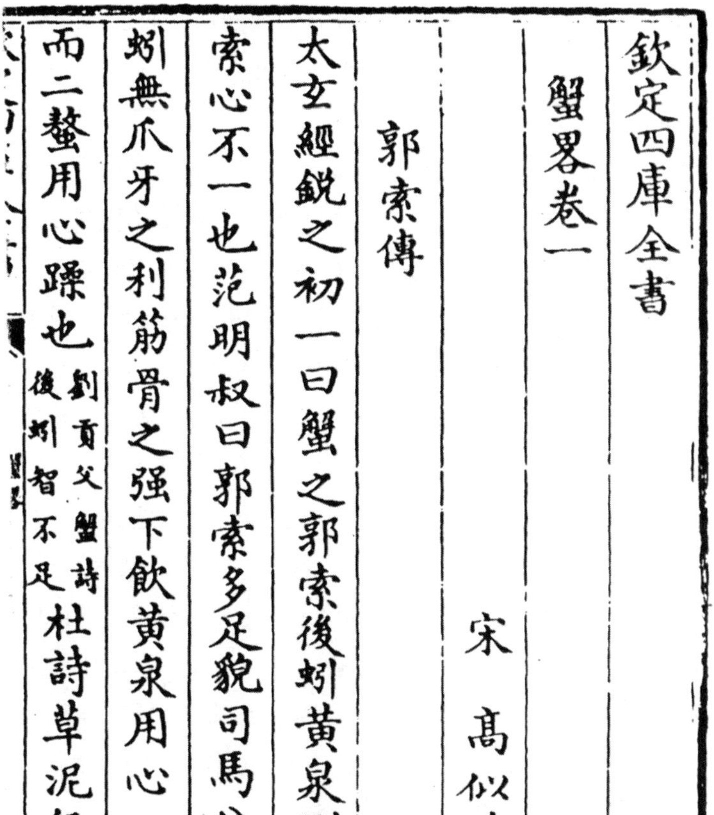

钦定四库全书

蟹畧卷一

宋　高似孙　撰

郭索传

太玄經鋭之初一曰蟹之郭索後蚓黄泉測曰蟹之郭
索心不一也范明叔曰郭索多足貌司馬公曰荀子曰
蚓無爪牙之利筋骨之强下飲黄泉用心一也蟹六跪
而二螯用心躁也　劉貢父蟹詩　後蚓智不足　杜詩草泥行郭索陸龜

宋 高似孙《蟹略》（《四库全书》本）

351

吴蟹、越蟹、楚蟹、淮蟹、江蟹、湖蟹、溪蟹、潭蟹、渚蟹、泖蟹等二十八个条目，按产地、水域、季节、大小等划分子目，把形形色色的螃蟹品类逐一道来，并且按部就班，便于人提纲挈领。博物类的谱录，容易犯东一榔头西一棒槌的毛病，而《蟹略》体例的严谨性和逻辑性却是出类拔萃的。

不过仍需指出，它的条目有的过细，例如蟹穴与蟹窟，蟹簖、蟹帘与蟹篷，遗蟹与送蟹，烹蟹与煮蟹等，把实质相同而仅因用字差异而分列条目，显得烦琐；有的重复，例如"蟹品"门中的江蟹与水中蟹和"蟹牒"门中的江蟹与水蟹，前后两用（其实"蟹牒"中的江蟹，从所引诗文看是可以更名为"璅蛣"或"蟹奴"的)，失于粗疏；有的欠妥，例如"蟹牒"门中把海蟹、缸蟹、母蟹之类都列为子目，有违常理。这些都说明了还有斟酌不足的地方。

其次，材料比较丰富。《蟹略》广搜博引，征古述今，包括经史子集，包括诗歌、小说、地志、医书、字典、杂著，经统计，共引录（提及）了八十三种典籍的语录，七十六位诗人的诗作，不能说搜罗殆尽，也可以说大体观止，使它成了一次对宋前中国蟹文化的集中检阅。从浩瀚的书海中掏挖出来的材料，经过梳理，分置于各个条目之中，各得其所。因此，《蟹略》的许多条目使人读来也有厚实之感，例如"匡箱"条：

《礼记》曰："蚕则绩而蟹有匡。"祖冲之《述异录》曰："出海口北行六十里，至腾屿之南溪，有淡水，清澈照底，有蟹焉，筐（匡）大如笠，脚长三尺。"皮日休《蟹》诗："绀甲青匡染苔衣，岛夷初寄北人时。"钱起诗："漫把樽中物，无人啄蟹匡。"张文潜诗："匡实黄金重，螯肥白玉香。"齐唐诗:"岁贵波熬素,时珍蟹有箱。"箱即匡也。

《礼记》最早把蟹的背壳称"匡",之后一直沿用,高似孙所举一个南朝宋齐间笔记小说语录,两个唐人诗句,两个宋人诗句,相当丰赡。

高似孙锐意搜集,采摭繁富,使他的《蟹略》获得了一个保存古籍的意外效果。例如《事始》,今有《说郛》本,《类说》亦有引录,可是未见其中"世传汉醢彭越赐诸侯,英布不忍视之,覆江中化此,故曰彭越"的故事,就因《蟹略》"蟛蜞"条的采用而存留了下来。例如《三国典略》,宋已阙卷,后被《说郛》收录,却未见"齐王禁取蟹蛤之类,惟许捕鱼"的史述,就因《蟹略》"禁蟹、取蟹"条的采用而存留了下来。《蟹略》采诗众多,涉及唐宋诗人七十六位,诗篇三百零六首(句),仅见于此的包括刘攽、曾几等的逸诗达二十六首,包括晏殊、汪藻等逸句达一百一十四个。它独具的文献价值,早先就被厉鹗和钱钟书注意,在《宋诗纪事》及其《补正》中搜辑颇多,到了傅璇琮等主编《全宋诗》时更全面采录,其中金嘉谟仅因《蟹略》采用的一首逸诗,其中邵迎、张佑、陈璶仅因《蟹略》采用了一个逸句,而使他们各自在今本《全宋诗》中占了一席之地(顺便说一句,像赵善潼、陈祐等诗人仍为《全宋诗》所遗漏,像齐唐、章甫等的逸句仍为《全宋诗》所失收)。

《四库全书总目提要》之《蟹略》提要说:"草泥行郭索,云木叫钩辀"本是林逋的诗句,《蟹略》却误以为是杜甫的诗句,"殊为失于详核"。类似的例子还有,比如崔骃《七依》"酢以越裳之梅"句误以为是枚乘《七发》句,苏东坡《老饕赋》"蟹微生而带糟"句误以为是黄庭坚《赋》句,毕卓"左手持蟹螯,右手持酒杯"误以为郭澄之也说过而重复引录等。又有误读的，例如黄庭坚《寄老庵赋》中本指茅屋篱笆的"纬竹"误读为陆龟蒙《蟹志》中捕蟹的"纬萧"，例如谢景初《粤俗》诗中的"粤俗嗜海物"误读为"越俗嗜海物"并列入"越蟹"条等。此外还有诗篇被破句引录的现象。此类"疏舛"计一二十处，说明作者治学是不够严谨的。

最后，作者比较张扬。推测起来，高似孙一爱吃螃蟹，二爱作诗文，三少有俊声，后又被视为时彦，因而颇自负，也就在《蟹略》里显示了张扬的性格。统观《蟹略》，作者塞进了不少自己的作品，卷首的《郭索传》，卷四的《松江蟹舍赋》，卷一、卷二、卷三里的五十一个咏蟹句，卷三、卷四里的十六首咏蟹诗，可以说一箩筐。不止如此，他唯恐读者不识货，在"健蟹"条里还对自己的诗作自评自议、自称自赞：引黄庭坚诗用的形容词是"强"，陆放翁诗用的是"壮"，自己则用"健"、用"遒"、用"豪"、用"逸"、用"遨"，说一个比一个形容得好，一个比一个形容得准，以此说明自己诗句炼字的脱俗、求新和精当、传神。反过来说，因其张扬，使人通过他的作品了解了他对蟹的识见、情志和当时的蟹事蟹况，比如其咏蟹逸句：

> 有桂丛生须让菊，为鲈归去也输螯。（卷一"二螯"条）
>
> 菊报酒初熟，橙催蟹又肥。（卷一"肥"条）
>
> 有鱼有蟹美如玉，胡不醉呼黄鹤楼。（卷一"风味"条）
>
> 水生奔蟹篰，树杂荫鱼床。（卷二"蟹篰"条）
>
> 不是桂菊蟹，如何能好秋。（卷二"秋蟹"条）

此外，他的十六首咏蟹诗中竟有十三首是答谢友人送蟹的，反映了当时文人间以螃蟹当作礼物的普遍。

我们由《蟹略》得知，高似孙当是中国文学史上咏蟹最多的文人，不过实事求是地说，这些诗文大都平平，其《郭索传》怪涩，其《松江蟹舍赋》虽有真切和动人之处，整篇却显得隐僻，诗歌的佳篇警句也很少。不管说好说差，他的张扬构成了《蟹略》的一大特色，添进了属于自己的东西，使它和同类书区别了开来。

《四库全书总目提要》之《蟹略》提要说："特其采摭繁富，究为博雅，遗篇佚句，所载尤多。"评价比较客观；至于结论"视傅《谱》终为胜之"，恐怕并不公允。不说傅肱《蟹谱》引领了高似孙《蟹略》，傅肱《蟹谱》所及的旧籍和自记多半为高似孙《蟹略》采纳（对此高似孙《蟹略》一概隐去），就两者比较而言，傅肱《蟹谱》对蟹况的考察和研究是高似孙《蟹略》所不及的，高似孙《蟹略》体例周密、材料丰富、文学开掘又是傅肱《蟹谱》所不及的，故而结论当是各有所长，前后辉映。

苏轼《丁公默送蝤蛑》

苏轼的味觉特别敏锐。他喝到了黄庭坚馈赠的双井茶，就以"奇茗"品定，并声称"明年我欲东南去，画舫何妨宿太湖"，意思是要到产茶之地去。他初到黄州，一下子就察觉"长江绕郭知鱼美，好竹连山觉笋香"，于是，为口而忙，以美鱼、香笋作佐酒菜肴。他初食荔枝，就称之为尤物，为果王，为倾城姝，为颒虬珠，认为荔枝厚味、高格两绝，果中无敌，杨梅、卢橘、山楂、梨子都不能跟它媲美，并说"日啖荔枝三百颗，不辞长作岭南人"。他吃到了螃蟹，就留下了《丁公默送蝤蛑》这首绝唱：

溪边石蟹小如钱，喜见轮囷赤玉盘。

半壳含黄宜点酒，两螯斫雪劝加餐。

蛮珍海错闻名久，怪雨腥风入坐寒。

堪笑吴兴馋太守，一诗换得两尖团。

诗题中的丁公默，即丁骘（zhì），晋陵（今江苏常州）人，嘉祐二年（1057）进士，除太常博士，由仪曹（礼部郎官）出知处州（今浙江丽水）。蝤蛑，今称梭子蟹，为海蟹的一种。当时，苏轼为吴兴（今浙江湖州）太守，与丁公默任官之地不算遥远，故互有赠诗赠物，此诗就是在此背景下写的。

　　首联"溪边石蟹小如钱，喜见轮囷赤玉盘"，写蝤蛑之大。梭子蟹是蟹类中之大者，比石蟹大得多。小溪小沟里的石蟹，是路

明 沈周《蝤蛑》

356

人常常见到的，它形体很小，小得像一枚钱币。然而，蝤蛑呢？煮熟了，端上桌，它屈曲着，犹如一只赤玉的盘子。"赤玉"喻其色，"盘"喻其大，因为是"轮囷"蟠屈着的，故以圆"盘"来比喻就显得十分贴切。又对照又比喻又描绘，把"喜见"的感情色彩凸显了出来。哇，多大的蝤蛑呵，它团缩着，好像一只赤色的玉盘。

颔联"半壳含黄宜点酒，两螯斫雪劝加餐"，写蝤蛑之美。打开蝤蛑的背壳，澄黄澄黄的，此时酒兴就来了；斫出大螯的肉，雪白雪白的，此时饭量就增加了。"半壳含黄"，即蟹黄占满背壳；"两螯斫雪"，即螯肉斫下如雪。这一联里的"雪"字，是从语言矿藏里提炼出来的绝妙字眼，历来的咏蟹诗，常常比喻为"玉"，苏轼则喻为"雪"，而且与"斫"字结合，更显一种动态的意境，美到什么地步？似乎在催人喝酒、劝人加餐！

颈联"蛮珍海错闻名久，怪雨腥风入坐寒"，是写蝤蛑之名。南蛮之地，沿海一带，海汇万类，品种繁多，然而，对于蝤蛑这一款，诗人却早就知道了，它是一种珍品，是一种佳肴，如今品尝，果然名不虚传，的确为一款美味。这一天吃蝤蛑，下着怪雨，刮着腥风，入坐的时候感到了一种寒意，在如此季节和气候里，对这一餐留下了尤其难忘的印象。主观感受是：以前闻名久，现在印象深。

尾联"堪笑吴兴馋太守，一诗换得两尖团"，写诗人之馋。诗人苏轼与丁公默，同科进士，友谊甚笃，又沾亲带故，交情更深，诗作往还本是平常之事。这次，苏轼寄诗丁公默，丁却送来了蝤蛑，于是，诙谐幽默的苏轼竟说成了由于自己的"馋"，是用"诗"换来了"蝤蛑"。苏轼走南闯北、奔东跑西，吃过不少方物，比如江瑶柱、河豚鱼之类，却从未用过"馋"字，唯对蝤蛑，竟自称

357

馋太守、以诗换螃蟹，可见，苏轼对螃蟹之大、之美，食螃蟹之乐、之趣，倍加青睐。

苏轼反复说过，"我生涉世本为口"，"自笑生平为口忙"，当然，他不是一个糊口充饥的人，而是一个口感如尺、舌灵如秤的美食家。因此，世间才有所谓东坡肉、东坡饼、东坡菜，而经过他品评的螃蟹，自此，也和稻蟹一般，有了在食界不可动摇的地位。

以宋徽宗画蟹为题材的两首咏史诗

宋徽宗赵佶（1082—1135），北宋皇帝，昏庸无能，享乐腐败，靖康二年（1127），东京汴梁（今河南开封）为金兵攻下，北宋灭亡，他自己（还有即位不久的儿子宋钦宗）也被俘虏，后在囚禁中死于五国城（今黑龙江依兰）。可是他能书善画，画蟹也很有一手。于是后人马祖常和张昱便撷取这个题材，各自写下咏史诗。

马祖常（1279—1338），字伯庸，号石田，光州（今河南潢川）人。雍古部之后，因其高祖任凤翔兵马判官，子孙便以马为氏。仕至翰林待制、礼部尚书、御史中丞、枢密副史。元代少数民族著名诗文家，有《石田集》。他的《宋徽宗画蟹》：

秋橙黄后洞庭霜，郭索横行自有匡。

十里女真鸣铁骑，宫中长昼画无肠。

诗说：秋天，橙子黄熟之后，洞庭湖降下了寒霜，那身披铠甲的螃蟹便"郭索郭索"地躁动，乘机横行；这个时候，女真的金戈铁马，浩浩荡荡，呼啸而下，渡过黄河，直逼北宋首都开封，宋徽宗却在皇宫里仍一天到晚画他的无肠公子。作为画家，宋徽宗才华横溢，孜孜不倦，可是作为一个君主，却极不称职，因艺废政，昏庸误国，最后导致国破人俘的历史悲剧。诗歌的讽刺是辛辣的，鞭挞是无情的，小小的历史题材开挖出了惨痛的教训。《宋徽宗画蟹》构思精妙：以"郭索横行"暗喻"女真铁骑"，不但形象，而且寄寓了诗人贬斥之意；以"女真鸣铁骑"对照"长昼画无肠"，不但鲜明，而且表达了诗人痛心之慨；细细品味，觉得蕴藉丰富，耐人寻味。它一扫许多咏蟹诗的柔曼之习，具有一种不受羁勒的矫健之气。

张昱，字光弼，庐陵（今江西吉安）人。元末历官江浙行省左、右司员外郎、行枢密院判官。晚居西湖寿安坊，屋破无力修理。明太祖征至京，厚赐遣还。卒年八十三。诗文家，有《庐陵集》。他的《题徽庙螃蟹图》（两首，录其一）：

> 阅画虫鱼尔雅篇，闲将藤素染苍烟。
> 不知画得招潮后，艮岳从教变海田。

诗中所说的招潮，为一种海边的小蟹，潮欲来，举二螯仰而迎之；所说的艮岳，为宋徽宗于汴梁堆筑土山，并把从江南搜刮来的怪石奇花等装点其间的皇家园林，因在艮方（东北方），故名艮岳，后在靖康之乱中毁败。诗说：宋徽宗雅爱翻阅虫鱼之类的图册，自己闲来也常在洁白的藤纸上渲染苍茫的烟水；他哪知画了招潮后，艮岳从此变成了海田。宋徽宗画蟹是有历史依据的，然而画的是"招潮"却是诗人的设想，于是"招潮"不仅是蟹，还象征着招致金兵潮水般涌来，招致家毁国亡、桑田沧海，"艮岳从教变海田"，连宋徽宗经营多年、景物如画的艮岳也被淹没，化为潮涨潮落的海田。张昱超拔的想象，并顺此拈出的典型事物开拓的情境，不但使人惊绝，而且揭示了历史教训的惨痛。

　　肇端于东汉的咏史诗，历代延绵不绝，马祖常和张昱各自的亦蟹亦史诗，别开生面，探究深切，在咏蟹诗里是空谷足音，在咏史诗里也是独树一帜。

咏蟹诗作二十首及涉蟹句

　　宋代，咏蟹诗就像泉水一样喷涌出来，翻翻《全宋诗》，就有一百多位诗人写过咏蟹诗或涉蟹诗，很多诗人一写就是几首乃至十余首，比起早出的咏橘、马、鼠、雁之类的咏物诗，诗人咏蟹

明 顾麟《稻蟹图》

诗作之多，一下子超过了它们，成了咏物诗领域里的领头羊之一，异军突起，蔚为大观。金元时期，咏蟹诗或涉蟹诗的创作相对寥落，然仍有可圈可点之作。除了前面已述咏蟹诗作之外，现再选介咏蟹诗（含涉蟹诗）二十首以及若干涉蟹句。

苏舜钦《小酌》

苏舜钦（1008—1049），字子美，开封（今属河南）人，景祐进士，任县令、集贤殿校理、监进奏院等，因支持范仲淹政治改革，被借事倾陷，削职后流寓苏州，筑沧浪亭，读书写作以寄愤闷，北宋著名诗人，有《苏舜卿集》。他一到苏州便钟情于蟹，说"既至，则有江山之胜，稻蟹之美"（《答范资政书》），吴中"渚茶、野酝足以销忧，莼鲈、稻蟹足以适口"（《答韩持国书》），其诗《小酌》：

> 寒雀喧喧满竹枝，惊风渐沥玉花飞。
> 霜柑糖蟹新醅美，醉觉人生万事非。

先写小酌的时间和环境：天气寒冷，竹枝上躲满了麻雀，喧喧鸣叫，突然北风刮来，雪花飘飞，渐沥降落。后写小酌的食物和感受：吃了经霜的柑、糖酿的蟹和未滤的酒，只觉得美不可言，醉醺醺的，简直感到人生万事都比不上如此的享受和快慰。此诗的取景反衬出诗人的寂寞和内心的悲凉，于是格外觉得小酌以柑、蟹佐酒生发的喜悦，情景交融，清绝可爱。

韩琦《九日水阁》

韩琦（1008—1075），相州安阳（今属河南）人，天圣进士，西夏事起，为陕西安抚使，久在兵间，功绩卓著，与范仲淹并称"韩范"，后人为相，北宋诗人，有《安阳集》。其诗《九日水阁》：

> 池馆隳摧古榭荒，此延嘉客会重阳。
> 虽惭老圃秋容淡，且看黄花晚节香。
> 酒味已醇新过熟，蟹螯先实不须霜。
> 年来饮兴衰难强，漫有高吟力尚狂。

诗说：池水上馆舍房屋因久远而败落荒凉，在此延请嘉客一起过个重阳，我虽惭愧老园子里没有什么点缀秋天的花木，可是还有晚放的菊花散发芳香；新酿出的酒醇厚有味，蟹已饱满却未曾经霜；近年来我饮兴已衰难以逞强，唯有放纵高吟的劲头还算奔放。这是韩琦的代表作之一，环境的"荒"和"淡"衬托出诗人的"老"和"衰"，可是仍然好客，仍然亲和，其"且看黄花晚节香"句，为后人激赏，既是韩琦始终正直清廉的自我写照，又是对人们要保持晚节的希冀，语言形象，含蓄蕴藉，境界高远。诗仅"蟹螯先实不须霜"句有蟹，可是写到了重阳、延客、池馆、赏花、饮

清 边寿民《篓蟹》

酒、吟诗，或许可以视作重阳佳节吃螃蟹的缘起，嘉宾雅集把酒持螯赏菊花的发端，《红楼梦》藕香榭吃蟹咏诗的先举。

刘攽《蟹》

刘攽（1022—1088），临江新喻（今江西新余）人。庆历进士，为州县官二十年，迁国子监直讲，官至中书舍人，曾协助司马光修《资治通鉴》汉代部分，北宋诗人，有《彭城集》等。其诗《蟹》：

> 稻熟水波老，霜螯已上罾。
> 味尤堪荐酒，香美最宜橙。
> 壳薄胭脂染，膏腴琥珀凝。
> 情知烹大鼎，何似莫横行。

此诗晓畅明白，写了蟹是秋天稻熟时节的一款美食，中间两联，写了蟹的鲜香和诱人色彩，真切生动，为咏蟹名句。除了此诗外，刘攽还有《画蟹》诗和逸句"霜蟹人人得，春醪盎盎浮"，他的两首半咏蟹诗，可以说都是精品。

释道潜《淮上》

释道潜（1043—约1106），杭州於潜（今浙江临安）人，俗姓何，号参寥子，自幼出家，于内外典无所不窥，能文工诗，与苏轼、秦观友善，唱酬甚多，为北宋著名诗僧，有《参寥子集》。其诗《淮上》：

> 芦梢向晓战秋风，浦口寒潮尚未通。
> 日出岸沙多细穴，白虾青蟹走无穷。

此诗写了淮上多虾蟹：黎明时分，芦梢在秋风里摆动，寒冷的潮水还没有涌流到河口水滨，过了一会儿，东方日出，只见岸边沙滩上密布着细小的洞穴，无穷无尽的白虾青蟹满地乱爬。把淮上所见众多虾蟹的时间、地点、环境、情状，敏锐捕捉而形象定格，色彩斑斓，生机勃勃，犹如一幅写意的图画。

黄裳《游吴有作》

黄裳（1044—1130），南剑州剑浦县（今属福建南平）人。元丰进士，曾知青州、福州等，北宋诗人。其诗《游吴有作》：

> 且刺扁舟入荭荷，香风中听采莲歌。
>
> 秋来最好樽前物，霜满江天蟹二螯。

诗人在吴地游览，乘着小舟，直插到种植菱莲的湖水深处，香风袭来，采莲女歌声悠扬，现在正是深秋，经霜的螃蟹已经饱满，它的两只大螯是最好的下酒之物呵！诗人的兴致和喜好，吴地的风光和物产，都被写了出来，情景生动，俊逸明快。

秦观《饮酒诗》

秦观（1049—1100），字少游，扬州高邮（今属江苏）人。元丰进士，曾任秘书省正字兼国史院编修等，坐元祐党籍，累遭贬谪，为"苏门四学士"之一，能诗工词，有《淮海集》。其《饮酒诗》：

> 左手持蟹螯，举觞属云汉。
>
> 天生此神物，为我洗忧患。
>
> 川山同恍惚，鱼鸟共萧散。
>
> 客至壶自倾，欲去不容间。

秦观一贬再贬最后被贬到广东雷州半岛，感到忧闷极了，就写下这首《饮酒诗》：夜晚，持螯举杯，眼望云汉，醉醺醺的，看山川恍恍惚惚，视鱼鸟萧萧散散，客人来了随他自己酾酒，走了也不挽留片刻。他把深重的愁伤和醉酒的情态，真实生动又细致入微地描述了出来，诗说"天生此神物"，把蟹和酒当作了神奇的可以浇愁的食物。

张耒《寄文刚求蟹》

张耒（1054—1114），楚州淮阴（今属江苏淮安）人，熙宁进士，曾任太常少卿等职。"苏门四学士"之一，北宋晚期诗人。其《寄文刚求蟹》诗：

> 遥知涟水蟹，九月已经霜。
>
> 匡实黄金重，螯肥白玉香。
>
> 尘埃离故国，诗酒寄他乡。
>
> 若乏西来使，何缘致洛阳。

清 招子庸《墨蟹》

张耒在洛阳为官，对于家乡邻县涟水出产的螃蟹，仍然难以忘怀，一往情深，忆蟹甚至寄诗求蟹，期盼使者捎来。其中"匡实黄金重，螯肥白玉香"，形式工整，写出了蟹的诱人，令人馋煞，放在历代咏蟹诗里看，只有《红楼梦·螃蟹咏》的"壳凸红脂块块香，螯封嫩玉双双满"可以与之媲美。

李纲《食蟹》

李纲（1083—1140），无锡（今属江苏）人，政和进士，官监察御史、兵部侍郎等，一度曾为相，著名抗金志士，诗人，有《梁溪集》。其诗《食蟹》：

> 秋风萧萧芦苇苍，野岸郭索纷成行。
> 持螯被甲正雄健，意气正欲行无旁。
> 朝魁执穗似有礼，拥剑敌虎何其强。
> 野人篝火夜采掇，束缚赴鼎如驱羊。
> 樽前风味若无敌，芼以橙橘尤芬芳。
> 流膏研雪快一饱，咀嚼海错皆寻常。
> 丹枫夜落吴天霜，秅秠欲熟千畦黄。
> 梁溪白蟹正可钓，雏鸡浊酒肥且香。
> 先生归去营口腹，老饕未许他人当。
> 家山渐近意渐适，思归岂独鲈鱼乡。

李纲力主抗金，被媾和馋臣排挤，为相七十天后罢相，在返回家乡无锡途中作《食蟹》。诗分三段：先写秋蟹雄健，它持螯披甲，意气横行，它执穗东向朝魁，拥剑堪与虎斗，可是渔民夜间燃起篝火，它就成队成行纷至沓来，就像驱赶羊群一般，被束缚着进入了汤锅。次写蟹味无敌，用它佐酒，风味无可匹敌，配以橙、橘，吃起来格外芳香，吃了它的黄膏和螯肉，再吃一切海物，都觉得都普通寻常。后写回乡钓蟹，霜落枫丹稻黄，正是钓蟹时光，我要独当老饕，我要赶快回乡。全诗写出了诗人对蟹的观察、认知和深情，形象生动，给人一种一气呵成又高亢嘹亮的感觉。必须补充的是，除此之外，李纲还写了多首咏蟹和涉蟹诗，其《九月八日渡淮》中的"蟹螯菊蕊风味酒，且须为尽黄金舟。世间种种如梦电，此物能消万古愁"，亦为名句。

曾几《谢路宪送蟹》

曾几（1084—1166），河南洛阳人，曾授秘书少监，擢礼部侍郎，诗人，陆游的老师，有《茶山集》。其诗《谢路宪送蟹》：

> 从来叹赏内黄侯，风味尊前第一流。
> 只合蹒跚赴汤鼎，不须辛苦上糟丘。

前两句评价了蟹的风味，不但叹赏，而且认为是第一流的下酒之物。后两句谈论了蟹的吃法，认为只宜用汤煮，不须用酒糟。整首小诗，化枯燥为生动，化理性为具体，灵动，巧妙，颇具情趣。

吴激《岁暮江南四忆（其四）》

吴激（约1090—1142），建州（今福建建瓯）人，宋宰相吴栻之子，书画家米芾之婿，奉宋命使金，以知名被留，任金朝翰林侍制等，工诗能文，字画俊逸，元好问以之为"自当国朝第一手"，为著名诗人。其诗《岁暮江南四忆（其四）》：

> 平生把螯手，遮日负垂竿。
>
> 浩渺渚田熟，青荧渔火寒。
>
> 忆看霜菊艳，不放酒杯干。
>
> 此老垂涎处，糟脐个个团。

吴激被留北国，却怀念江南，岁暮时刻，忆起了震泽、吴淞、四腮鲈、江上橘……诗先说：在秋季的一个好天里，肩扛着垂竿，以手遮日，到庄稼已经成熟的小岛上，在浩浩渺渺的水边钓蟹，直钓到远远近近闪烁着渔火，寒露降下的时候。接着说：在菊花姹紫嫣红之际，把螯饮酒，那一个个团脐的糟蟹，令我不停饮酒，馋涎欲滴。它反映了诗人在江南的悠闲活动，凸显了个人嗜好，以曲笔抒写了失落的感慨。

陈与义《咏蟹》

陈与义（1090—1138），河南洛阳人。南渡后，拜翰林学士、知制诰等，北宋与南宋之交诗人，有《简斋集》。其诗《咏蟹》：

> 量才不数蜯鱼额，四海神交顾建康。
>
> 但见横行疑是躁，不知公子实无肠。

蜯（zhi）鱼，生活在浅海地带，炙食甘美，其美在额，谚云：宁去累世宅，不去蜯鱼额。顾建康即顾宪之，南朝宋仕建康令，执法严正，为人清俭，深得民心，当地人称他像好酒一样"清而美"，此以"顾建康"指代醇酒。诗说：不要见了蟹的横行便疑为躁动，实际上，它是无肠的，好着呢，鲜美的程度超出了蜯鱼额，是大家用来佐酒的最佳食品。全诗词句明净，音调响亮，从一个独有的角度赞扬了蟹。

元好问《送蟹与兄》

元好问（1190—1257），秀容（今山西忻州）人，兴定进士，官至尚书省左司员外郎，金亡不仕，在金、元之际颇负重望，工诗文，编《中州集》，著《续夷坚志》等。其诗《送蟹与兄》：

> 横行公子本无肠，惯耐江湖十月霜。
> 君见雁行烦寄语，酒边遣汝伴橙香。

金秋十月，天降寒霜，雁飞南行，橙子已香，这正是食蟹时节，于是送蟹，"酒边遣汝伴橙香"，让兄美美地尝一尝。一份礼物，寄托了一份兄弟间的情意。

张九成《子集弟寄江蟹》

张九成（1092—1159），海宁（今属浙江）人。绍兴状元，累官礼部侍郎兼侍讲，以忤秦桧，谪安南军（今江西大余），桧死，起知温州。其学混杂儒佛两家之说，称横浦学派，有《横浦集》。其诗《子集弟寄江蟹》：

> 吾乡十月间，海错贱如土。
> 尤思盐白蟹，满壳红初吐。
> 荐酒欺空尊，侑饭馋如虎。
> 别来九年矣，食物那可睹。
> 蛮烟瘴雨中，滋味更荼苦。
> 池鱼腥彻骨，江鱼骨无数。
> 每食辄呕哕，无辞知罪罟。

> 新年庚运通，此物登盘俎。
> 先以供祖先，次以宴宾侣。
> 其余及妻子，咀嚼话江浦。
> 骨滓不敢掷，念带烟江雨。
> 手足义可量，封寄无辞屡。

先写自己喜食螃蟹：打开背壳，脂满膏红，用来佐酒，不一会儿，就把尊里的酒喝光了，用来下饭，馋如老虎一般，不一会儿，就把碗里的饭吃完了。次写现今无蟹的苦衷：这里是蛮烟瘴雨，食物无滋无味，比苦菜还苦，池鱼腥气，江鱼刺多，每次用餐，总要呕吐，无话可说啊，谁让我落入了罗网之中？又写获蟹后的喜悦：我新年里碰到了好运气，家乡杭州的螃蟹被装进盘子里，先祭祖先，再宴宾朋，然后与妻子享用，连蟹壳都舍不得丢掉，以勾起对烟雨江南的思念。最后写对同胞手足子集弟寄赠江蟹的感激。此诗朴实无华，却真切地写出了诗人对螃蟹的钟爱和对家乡的怀恋，感人至深。

高似孙《酢蟹》

高似孙（1158—1231），鄞县（今浙江宁波市鄞州区）人。淳熙进士，曾任处州知州等，南宋诗人，有《疏寮小集》《蟹略》等。其诗《酢蟹》：

> 西风送冷出湖田，一梦酣春落酒泉。
> 介甲尽为香玉软，脂膏犹作紫霞坚。
> 魂迷杨柳滩头月，身老松花瓮里天。
> 不是无肠贪鞠蘖，要将风味与人传。

酏蟹，即用酒醉蟹。诗的前四句说：刮起了西风，送来了寒冷，螃蟹从湖田里爬出来，刚从酣睡的美梦苏醒，却又落到酒泉里，于是，它的甲壳变软，肉又白又香，似玉一般，脂膏又紫又硬，似霞一般。后四句说：当螃蟹被滩头的杨柳、天上的月亮迷得勾魂失魄的时候，就一头栽进了装着松花酒的瓮罐里，这并非无肠公子贪图佳酿，只是为了要让人们传扬醉蟹胜绝的风味。此诗以拟人手法写了由蟹而成酏蟹，以比喻的手法写了酏蟹的特色，颇为传神，颇为逼真，不失为咏蟹诗中的力作。

方岳《擘蟹四言》

方岳（1199—1262），字巨山，号秋崖，歙州祁门（今属安徽）人，绍定进士，历知饶、抚、袁三州，加朝散大夫，南宋诗人，有《秋崖集》。其诗《擘蟹四言》：

> 明月满江，秋风满舫。
> 菰菜初叶，芦花半霜。
> 佳哉公子，玉质金相。
> 惠而好我，挽予醉乡。
> 嚼雪两螯，漱露一觞。
> 是亦足矣，吾乐未央。
> 悲秋则那，敢问鸣榔。

诗的前四句写食蟹的环境：天上的明月照亮了整个江面，秋风把航帆吹得鼓鼓张张，这时节，菰菜刚刚膨大，芦花已经半白像是染上了寒霜。中间六句写食蟹的情景：这无肠公子真是个好东西，煮了之后，外壳似金，内瓤似玉，我嚼着两只大螯里如雪般的肉，喝着酒杯里如露般的酒，享受着口福之惠，仿佛挽着我进入醉乡。最后四句写食蟹的快乐：今晚，食蟹饮酒，使我无限满足，无限快乐，哪里还会去悲秋，我要乘着船，敲击舷，和而歌唱。整首诗情景交融，直白通俗，笔饱墨浓，酣畅淋漓，使人感受到了秋天的美好和饮酒食蟹的快乐。

方回《九月十二日得蟹小酌》

方回（1227—1307），字万里，自号虚谷，徽州歙县（今属安徽）人。景定进士，知严州，以城降元，为建德路总管，不久罢官，遂肆意于诗，宋末元初诗人，有《桐江集》。其诗《九月十二日得蟹小酌》：

> 莫欺虚谷太凄凉，短发频搔意自长。
> 万古江山宜晚景，一番宇宙更秋光。
> 东篱把菊非尘世，左手持螯可醉乡。
> 二物于吾犹莫逆，达人何日不重阳。

方回曾说"菊花与汝作生日，螃蟹唤我入醉乡"，他像陶潜那样爱菊，又像毕卓那样嗜蟹。这天得蟹饮酒，一扫年已老、岁已秋的凄凉心境，频频搔着稀疏短发，竟生发出无限意趣，觉得江山晚景更好，宇宙秋光更美，东篱把菊，左手持螯，情投意合，相契莫逆，在豁达的人看来，每一天都是重阳。此诗写出了方回"得蟹小酌"时的快乐，也透露了宋元之际已经形成了重阳食蟹的信息。

杨公远《次兰皋擘蟹》

杨公远（约1227—？），徽州歙县人，终生未仕，善诗工画，有《野趣有声画》。其诗《次兰皋擘蟹》：

> 江湖郭索草泥行，不料遭人入鼎烹。
> 勇恃甲戈身莫卫，富藏金玉味还清。
> 持螯细咀仍三咏，把酒高歌快一生。
> 鲈脍侯鲭应退舍，算渠只合伴香橙。

在江湖草泥里"郭索"爬行的螃蟹，被捉被烹后就成了大家的美食。《擘蟹》从三个方面给以赞扬螃蟹：一味道，"富藏金玉味还清"，如金的黄膏，如玉的蟹肉，清鲜可口；二快感，"把酒高歌快一生"，持螯饮酒，品咂吟咏，是一生中最快乐的时光；三评价，"鲈脍侯鲭应退舍"，面对螃蟹，被人啧啧称道的鲈脍（把鲈鱼切细做成的菜）和侯鲭（精美的肉食）都要退避三舍，难以与之争锋。一层进一层，把螃蟹是一种至美至佳的食品写了出来。

马臻《蟹》

马臻（1254—?），钱塘（今属浙江）人，原为士子，宋亡，出家为道士，元初诗人，诗与画都有时名，有《霞外诗集》。其诗《蟹》：

> 最怜生沮洳，画手亦曾摹。
> 郭索趋舡火，爬沙出岸芦。
> 傍行知性躁，实腹任肠无。
> 张翰思归兴，当年误忆鲈。

诗写了蟹的生息环境、行为、性状，诗写得清新、自然。结句"张翰思归兴，当年误忆鲈"，比黄庭坚"东归却为鲈鱼脍，未敢知言许季鹰"更进了一步，说西晋的张翰（字季鹰）由"忆鲈"而"思归"，是"误"，即错误，因为吴中更有比鲈鱼好吃的螃蟹。一个"误"字，透示了诗人的读史心得和对蟹的特别推崇。

艾性夫《悯蟹》

艾性夫（约1255—约1325），临川（今江西抚州）人，南宋未曾中乡试，入元为江浙道提举，不久浪游各地，元初以诗知名，有《剩语》《弧山晚稿》。其诗《悯蟹》：

> 落阱都缘奔火明，林然多足不支倾。
> 是谁贻怒到公等，怜汝无肠受鼎烹。
> 支解肯供浮白醉，壳空竟弃外黄城。
> 江湖好是横行处，草浅泥污过一生。

为什么要怜悯螃蟹？它本来可以在江湖里自由自在地爬行，在水草污泥里快快乐乐地度过一生，然而，它却偏偏要奔向火光，尽管多足还是跌进了陷阱，结果被捉被烹被食被弃，下场悲惨。显然，题旨是以蟹为喻，告诫人们不要趋炎附势，应该安分。此诗描摹贴切，言简意长，包含着诗人自己的感悟。

杜本《题小景》

杜本（1276—1350），祖籍京兆（今陕西西安），久在江南活动，晚移居清江（今属江西），博学多识，元代隐士诗人，有《清江碧嶂集》，并编录宋代遗民诗集《谷音》。其诗《题小景》：

> 秋云满地夕阳微，黄叶萧萧雁正飞。

最是江南好天气，村醪初熟蟹螯肥。

此诗清浅，写了江南秋天的景象，"村醪初熟蟹螯肥"，把水乡村民生活和自己喜好，轻灵地点了出来。

以下选介涉蟹句。

把酒狂歌忆蟹螯。句出王禹偁《仲咸借予海鱼图观罢有诗因和》。王禹偁（954—1001），济州钜野（今山东巨野）人，进士，任翰林学士等，北宋诗人。诗句说：喝着酒，纵情地唱着歌，想念着螃蟹。因为《海鱼图》里画了蟹，因为蟹是最好的下酒之物，可是自己把酒的时候桌上无蟹，于是"狂歌"而"忆"，疯了似的"忆"，反映了诗人是一个嗜蟹之徒。

席客咏持蟹，女倡歌采菱。句出蒋堂《和梅挚北池十咏》。蒋堂（980—1054），本宜兴（今属江苏）人，家于苏州，进士，以尚书礼部侍郎致仕，北宋诗人。诗句说：宴席上的客人吟咏着持蟹的诗，水乡姑娘弹唱着采菱的歌。写出了在江南秋天里池上宴会时欢乐的情景。

黄鸡跖跖美，紫蟹螯螯香。句出宋祁《宴集》。宋祁（998—1061），开封雍丘（今河南杞县）人，后徙安州之安陆（今属湖北），进士，官终翰林学士承旨，北宋诗人。诗句说：黄鸡的脚爪，爪爪都好吃；紫蟹的蟹螯，螯螯都喷香。对仗工整，独有会意。

越蟹丹螯美。句出宋祁《抒怀呈同舍》。诗句说：越地（今浙江）的螃蟹，其螯为朱红色，吃起来鲜美极了。今江苏苏州阳澄湖蟹，称"青背白肚金爪黄毛"，以此为特色品牌，那么，浙产之蟹拟广告词的话，"越蟹丹螯美"最为相宜，这句诗包含了产地、形态特色和滋味，又全面又凝练又有历史底蕴。

是时新秋蟹正肥，恨不一醉与君别。句出欧阳修《病中代书奉寄圣俞二十五兄》。欧阳修（1007—1072），庐陵（今江西吉安）人，进士，仕途坎坷，以太子少师致仕，北宋文学家。诗句说：（去年）那时候，正是初秋蟹肥当口，我恨不能与你一起饮酒持螯，醉后告别。不但透露了诗人与梅尧臣（字圣俞）之间的深厚友谊，也透露了他俩共同的饮食旨趣。

玉版淡鱼千片白，金膏盐蟹一团红。此为陶弼诗逸句（见高似孙《蟹略·盐蟹》，《全宋诗》未录）。陶弼（1015—1078），永州祁阳（今属湖南）人，曾为阳朔令等，北宋诗人。玉版，鳢鱼别名，《本草纲目》说，鱼大者二三丈，玉版言其肉色也。诗句说：鳢鱼味淡，千片之肉皆呈白色，盐蟹味咸，一团黄膏为金红色。诗句最早以盐蟹入诗，对仗工整，形象鲜明，内容具体、真实。

稻肥初断蟹，桑密不通鸦。句出司马光《君倚示诗有归吴之兴为诗三十二韵以赠》。司马光（1019—1086），陕州夏县（今属山西）人，进士，曾主国政，主编《资治通鉴》，北宋文学家、史学家。自注："断蟹事，见《笠泽丛书》"，"秦人谓桑密，有鸦飞不过之语"。断，亦作籪，横向列竹水上，断蟹通道，借以捕捉，唐陆龟蒙《笠泽丛书·蟹志》言之颇详。诗句说：水稻颗粒饱满了的时候便开始用籪捕蟹，桑树种得密匝匝的连乌鸦也飞不过去。它写出了吴人捕蟹的时间和捕法。

海外珠犀常入市，人间鱼蟹不论钱。句出王安石《予求守江阴未得酬昌叔忆江阴及见之作》。王安石（1021—1086），抚州临川（今属江西）人，进士，曾主持推行新法，北宋文学家。犀，犀牛，此指犀牛角的制品。诗句说：海外的珠宝犀角常常罗列于市场，人与人之间的鱼蟹交易便宜得不谈价钱。江阴是长江入海口的一座城市，诗句写出了彼时景况，珠犀昂贵，鱼蟹低贱，对照鲜明。

无限黄花簇短篱，浊醪霜蟹正堪持。 句出苏辙《次韵张恕九日寄子瞻》。苏辙（1039—1112），眉州眉山（今属四川）人，进士，曾任大中大夫等，与父洵、兄轼同以文学知名，世称"三苏"。诗句说：短篱旁，盛开着一簇簇菊花，风光无限，此时，浊醪已酿，霜蟹已肥，正好可以持螯饮酒赏菊花了。诗句写出了秋天特有的生活享受。

露染黄柑熟，霜添紫蟹肥。 句出彭汝砺《次德甫韵》。彭汝砺（1042—1095），饶州鄱阳（今江西鄱阳）人，进士，任吏部尚书等。诗句说：黄柑经露染而熟，紫蟹经霜添而肥。诗句写出了黄柑和紫蟹与季节的关联，一前一后，相继成熟、肥美。

蟹肥无复羡鱼虾。 句出李新《重阳舟次高邮》。李新（1062—？），仙井（今四川仁寿）人，官南郑县丞等，北宋诗人。诗句说：吃到了肥美的螃蟹就不再羡慕鱼虾了。诗句写出了许多人的共有感受。

寒无蟹螯持，犹觉非故园。 句出汪藻逸句（见高似孙《蟹略》"持蟹"条）。汪藻（1079—1154），饶州德兴（今属江西）人，曾为兵部侍郎等，南宋诗人。诗句说：天气寒冷了，吃不到螃蟹，便察觉了自己不在家乡。诗句写出了螃蟹是触动诗人思乡的食品。

古来把酒持螯者，便作风流一世人。 句出罗愿《闻寺簿宴客以醉蟹送并有诗见及次韵》。罗愿（1136—1184），歙县（今属安徽）人，进士，曾在赣州、鄂州等地为官，博学好古，有《尔雅翼》《鄂州小集》。这位敦厚谨严的南宋学者竟说出如此浪漫的话，凸显了蟹的魅力。

郭索能令酒禁开。 句出辛弃疾《和赵晋臣送糟蟹》。辛弃疾（1140—1207），齐州历城（今山东济南）人，曾任浙东安抚使等，

377

南宋词人。诗句说：螃蟹这食物，能引诱得戒了酒的人重新开禁。诗句写出了蟹的诱惑力，也写出了有蟹不能无酒。

不如从此扁舟去，江上秋高蟹正肥。句出蔡戡《思归》。蔡戡（1141—？），仙游（今属福建）人，居武进（今属江苏），进士，知静江府兼广西经略安抚使等，南宋诗人。诗句说：不如从此乘坐小船归去，那里正是秋高气爽的时节，江上的螃蟹肥着呢！诗句反映了诗人倦于仕宦，思念着家乡的螃蟹。

叶浮嫩绿酒初熟，橙切香黄蟹正肥。句出刘克庄《初冬》。刘克庄（1187—1269），莆田（今属福建）人，官至工部尚书兼侍读，南宋诗人。诗句说：新酿出的酒，像有树叶浮着般的嫩绿，刚切开的橙子又香又黄，这时节，螃蟹正肥。诗句写出了螃蟹是初冬给人享受的食物。

吴中郭索声价高，草泥足上生青毛。句出高鹏飞《次静海令盖晞之食蟹》。高鹏飞，余姚（今属浙江）人，孝宗时人，仕履不详，南宋诗人。此诗句写出了吴中螃蟹足生青毛的特色，并反映了彼时吴蟹已经享有盛誉，为人所重。

螃蟹诗话六则

诗话，多数是以资闲谈、体兼说部的记事作品，包含诗坛掌故、诗人轶事等，也有批评、鉴赏、考辨之类。下面几则螃蟹诗话，或有关咏蟹诗作，或录自诗话专著，或摘自笔记小说，不但可以使人了解诗人诗篇，而且也能让人看到螃蟹曾经给了诗人以灵感，让他们获得了一个抒发才情和感怀的载体。

清代犀角雕杯

欧阳修称赏林逋的诗句

欧阳修（1007—1072），吉水（今属江西）人，天圣进士，曾任枢密副史、参知政事，北宋著名文学家、史学家。他在《归田录》卷二的一则说：

> 处士（不官于朝而居家者）林逋，居于杭州西湖之孤山。逋工笔画，善为诗，如"草泥行郭索，云木叫钩辀"，颇为士大夫所称。

林逋（967—1028），钱塘（今浙江杭州）人，隐居西湖孤山，赏梅养鹤，终生不仕，亦未婚娶，旧时称其"梅妻鹤子"，北宋诗人。为欧阳修和当时士大夫所称赏的林逋这两句诗为逸句，因《归田录》的记载而存世，也因欧阳修的称赏而成名句，被后人道及。

首先道及这两句诗的是宋沈括《梦溪笔谈》卷十四《欧阳修评林逋诗》，说此句为欧阳修所"常爱"，"以谓语新而属对亲切"，并引书证注解："钩辀，鹧鸪声也"，"郭索，蟹行貌也"。接着，宋阮阅《诗话总龟》卷二、明俞弁《山樵暇语》卷四等亦及，都认为是绝佳妙句。

把"草泥行郭索，云木叫钩辀"译成白话：螃蟹在草泥里郭索爬行，鹧鸪在云木里钩辀鸣叫。说它"语新而属对亲切"，确为的评。

沈偕与贾收以蟹诗互诋

周密（1232—1298），先世济南人，流寓吴兴（今浙江湖州），当过义乌令等，宋亡不仕，居杭州，专事著述。其《齐东野语》记述了种种宋代朝野史料，为长期留意积累之作，卷十一"沈君与"条，写了一个沈偕与贾收互以蟹诗诋毁和嘲戏对方的故事。

据《嘉泰吴兴志》卷十七：贾收，字耘老，乌程（今浙江湖州）人，曾与苏轼等交游；沈偕，字君与，吴兴（今浙江湖州）人，神宗元丰二年（1079）进士，少入上庠，好狎游，继而擢第，尽卖国子监书以归。可知，他俩实际上是同乡，贾收年长，沈偕为后辈。

据宋章炳文《搜神秘览》卷上：沈偕父，晚年自号东老，"好延宾客，多酿美酒以供肴馔，苟有至者，无问贵贱，悉皆纳之，尽欢而去"。受家风影响，出于对同乡前辈的尊敬和推崇，沈偕寄蟹给贾收并赋诗说：西风起稻谷黄，十月的江南，螃蟹又肥又壮，雄的螯满，雌的斗红，正是吃蟹的好时候，"持螯莫放酒杯空！"哪知贾收得之不乐，认为是一个素不相识的后辈晚生轻薄了自己，又听说沈偕放荡不羁，就和韵诋毁：夏季伏天，小蟹彭越，哪在大蟹蝤蛑的眼里？纵然膏腴黄多，最终还是要被放到锅里，煮得通红。这只是被俊俏女子劈了给吴儿吃的东西，我可"独怜盘内秋脐实，不比溪边夏壳空"。显然，贾收倚老卖老，摆出一副居高临下的架势，称沈偕为"彭越"，为"吴儿"，说他不过是一只"溪边夏壳空"的小蟹，一个徒有其表、轻浮不实、没有内涵的人物。沈偕本是好意，却碰了一鼻子灰，以他的风流倜傥而又年轻气盛的性格，如何咽得下这口气呢？于是复用韵回敬："虫腹无端苦动风，团雌还却胜尖雄。"意思是这只雄蟹还比不上家里的那只雌蟹，鸡肠鼠肚，动不动就毁谤人。"水寒且弄双钳利，汤老难逃一背红。"说水已经寒冷了，它还要舞动双钳，显示锋利，可是哪里能逃脱得了被煮红的结局呢？沈偕听说贾收"多与郡将往还预政，言人短长，曾为人所讼"。于是结句说，"好收心躁潜蛇穴，毋使雷惊族类空"，改改心躁的脾气，赶快躲进蛇洞里去，免得一声惊雷，把整个族类扫空了！《齐东野语》说，贾收晚年娶了一个姓真的女子做老婆，大家笑说"贾（假）秀才娶真县君（妇女封号）"，沈偕诗里的"团雌还却胜尖雄"就隐含此意。这只是点出了一个不为外人所知的事实，其实，沈偕的每句诗都含沙射影，语带讥讽，简直把贾收骂了个狗血喷头。

贾收与沈偕都是在写诗咏蟹，然而骨子里又都是在贬斥、诅咒、嘲笑、辱骂对方，而且贴船下篙，句句可以落实，戳到对方的心窝上，喻说之妙，堪称一绝，

顺便指出，因为周密《齐东野语》的记录，使《全宋诗》里增添了沈偕和贾收二人的三首咏蟹诗，并给了后人解读的钥匙。

以蟹句讥朱勔父子

张邦基，淮海（今江苏高邮）人，约生活于两宋之间，性喜藏书，题所寓曰"墨庄"，著笔记小说《墨庄漫录》。其卷一的一条云：

毗陵（今江苏常州）一士人姓常，为《蟹》诗云："水

清诇（何，岂）免双螯黑，秋老难逃一背红。"盖讥朱勔
父子。

朱勔，苏州人，本是巨商，与其父杀人抵罪，以贿得免死，
混迹京师，谄事蔡京、童贯，父子均得官，以至通显。宋徽宗垂
意花石，他取浙中奇石异卉进献。后在苏州设置应奉局，勒取花
石，以船由淮、汴转运京城，号"花石纲"。声势煊赫，拍马者
即得官，睚眦者辄杀害，时称东南小朝廷。豪夺渔取，凌辱百姓，
达二十年。据宋陆游《老学庵笔记》说：宣和年间，亲王公主及近
属戚里，入宫能得到金腰带，而朱勔家奴则有数十根这样的带子，
故而流传的民谣说，"金腰带，银腰带，赵家世界朱家坏"。宋曾
敏行《独醒杂志》更说："东南之人欲食其肉。"可见民怨沸腾。方
腊起义，即以诛朱勔为名。直到宋钦宗即位，先削官放归，后编
管循州（今广东龙川），遣使杀之。

面对如此一个横行霸道、十恶不赦的乱臣贼子，常州人常某
看在眼里，恨在心里，于是就借蟹抨击："水清诇免双螯黑。"螃蟹
的两个大螯是黑色的，本性难移，即使在清水里也是如此，双螯
似钳如剪，张牙舞爪，歹毒凶狠，犹如黑色的魔掌。"秋老难逃一
背红"，一到秋冬之交，这个凶恶的东西难以逃脱被抓了，放在锅
里，由青变红，落得个被人宰割的下场！对朱勔父子的讥讽，何
等痛快，何等解恨！

最后还要补充说明，常某此句源出沈偕《报贾耘老诗仍次韵》
"水寒且弄双钳利，汤老难逃一背红"，经化用而已。清褚人获《坚
瓠录》二集卷一在引载后说，"惜其全诗不载"，实际上恐怕就此
一联。不过，因张邦基在《墨庄漫录》里点出了"盖讥朱勔父子"

后，就使它从私人间的恩怨转化和升华为对民贼的诅咒，更有意义了，而且更被广为传诵，明沈德符《万历野获编》卷二十六"借蟹讥权贵"条，就引录了此句。

徐似道《游庐山得蟹》

张端义，郑州（今属河南）人，寓居苏州，少时勤学苦读，兼习武艺，后因直言得罪，被放逐到广南韶州，著有笔记小说《贵耳集》，记录两宋朝野杂事。其卷上一则云：

> 竹隐徐渊子似道，天台人，韵度清雅。……《游庐山得蟹》诗云："不到庐山辜负目，不食螃蟹辜负腹。亦知二者古难并，到得九江吾事足。庐山偓㑊（高耸）坐吾前，螃蟹郭索来酒边。持螯把酒与山对，世无此乐三百年。时人爱画陶靖节（即陶渊明，江西九江人），菊绕东篱手亲折。何如更画我持蟹，共对庐山作三绝。"渊子为小篷，朝闻弹疏（弹劾的奏章），坐以小舟，载菖蒲数盆，翩然而去，道间争望，若神仙然。

徐似道，字渊子，号竹隐，天台（今属浙江）人，少负才名，孝宗乾道二年（1166）进士，为吴江尉，受知范成大，后官秘书少监等，南宋诗人，有《竹隐集》（已佚）。

庐山，在江西九江南部，耸立于鄱阳湖、长江之滨，群峰林立，飞瀑流泉，树木葱茂，云海迷漫，集雄奇秀丽于一体，自古就有"匡庐奇秀甲天下"之誉。螃蟹，原产我国，白脂红膏，肉嫩味鲜，故向有"四方之味，当许含黄伯（螃蟹）为第一"之说。诗人徐似道见到了名山，恰恰又在九江尝到了自己最爱吃的螃蟹，于是喜不自禁，唱出了"不到庐山辜负目，不食螃蟹辜负腹"，认为长了眼睛，要看一看庐山之美，有个肚皮，要吃一吃螃蟹之鲜，否则就对不住"目"和"腹"。这两句话精到至极，道出了人们共有的感受和体验，并使人感到一种并不奢侈的追求和享受。晋代的毕卓有言："右手持酒杯，左手持蟹螯，拍浮酒船中，便足了一生矣。"还是晋代的陶渊明诗云："采菊东篱下，悠然见南山。"两者都是人生乐事、快事、逸事。然而，比起"持螯把酒与山对"这"三绝"齐备来，却显得逊色了，故而徐似道分外高兴，分外满足，"世无此乐"，"何如画我"，活生生写出了他的得意劲！

张端义《贵耳集》的记录，既使人大致了解了"韵度清雅"的徐似道其人，又保存了其诗《游庐山得蟹》。

尤（袤）杨（万里）雅谑

罗大经，庐陵（今江西吉水）人，约生于南宋宁宗庆元（1195—1200）初年，宝庆进士，官抚州军事推官等，罢官后，闲居成《鹤林玉露》，多有美誉。其丙编卷六所记"尤杨雅谑"条云：

> 诚斋戏呼延之为"蟛蜞"，延之戏呼诚斋为"羊"。一日，食羊白肠。延之曰："秘监锦心绣肠，亦为人所食乎？"诚斋笑吟曰："有肠可食何须恨，犹胜无肠可食人。"盖蟛蜞无肠也。一坐大笑。厥后闲居，书问往来，延之则曰："羔儿无恙？"诚斋则曰："彭越安在？"诚斋寄诗曰："文戈却日玉无价，宝气蟠胸金欲流。"亦以蟛蜞戏之也。

杨万里（1127—1206），字廷秀，号诚斋，吉水（今属江西）人，绍兴进士，曾任秘书监。尤袤（1127—1194），字延之，号遂初居士，无锡（今属江苏）人，绍兴进士，曾任太常卿。他俩的诗与范成大、陆游齐名，称南宋四大家。

因为"尤袤"与"蝤蛑"音近，杨万里便戏称尤袤为"蝤蛑"，蝤蛑为蟹类，蟹又称无肠公子，于是就有了"有肠"与"无肠"的戏谑，蟹包括了蟛蜞（彭越），一种水滨常见的小蟹，故而又有了"彭越安在"的书问。因为诚斋姓"杨"，"杨"与"羊"音同，尤袤便戏称杨万里为食草动物的"羊"，于是就有了"秘监锦心绣肠，亦为人所食乎"和"羔儿（小羊）无恙"之类的戏谑。他俩同庚，同是绍兴进士，同在朝廷为官，同样博洽工文，同为性格开朗喜开玩笑的人，因此成了金石之交，无日不嬉嬉闹闹，说说笑笑。

这里要注意的是，杨万里寄尤袤的诗"文戈却日玉无价"，意思是两只蟹螯，颜色驳杂，如一对兵器的舞动，使太阳为之退却，而其间的螯肉犹同白玉一般珍贵无比；"宝气蟠胸金欲流"，意思是蝤蛑的胸腔里充满着宝气，金色的蟹黄简直快要淌出来了。貌似说的是蟹，实际上杨万里却是在由衷地夸赞他的挚友尤袤：时间推移，留下的是如玉一般的文字；满腹学问，才华横溢的尤袤写出似金一般的篇章！借蟹骂人，太多太多，借蟹夸人，又太少太少，因此，杨万里这二句夸赞蝤蛑——尤袤的诗，又准确又形象，是独树一帜和拓宽境界的。

顺便指出，杨万里的诗句出自其诗《和尤延之见戏"触藩"之韵以寄之》，今本后句作"器宝罗胸金欲流"，比较起来，罗大经《鹤林玉露》所记似更合背景原意。

杨铁崖援笔立成食蟹诗

何良俊（1506—1573），松江华亭（今上海）人，嘉靖时曾任南京翰林院孔目，后归隐，侨居苏州，明代作家，其《四友斋丛说》

卷二十五（明都穆《都公谭纂》卷上亦载，语稍异）：

　　杨铁崖将访倪云林（即倪瓒，江苏无锡人，元末画家），值天晚，泊舟于滕氏之门。滕乃宋学士元发（滕元发，北宋时曾以龙图阁学士知扬州）之后，富而礼贤，知为铁崖，延请至家。铁崖曰："有紫蟹、醇醪（酒）则可。"主人曰："有。"铁崖入门，主人设盛馔，出二妓侑觞（以歌舞助酒兴），且命妓索诗。铁崖援笔立成，曰："飒飒西风秋渐老，郭索肥时香晚稻。两螯盛贮白琼瑶，半壳微含红玛瑙。忆昔当年苏子瞻，较脐咄咄论团尖（指苏轼诗"一诗换得两尖团"）。我今大嚼不知数，况有醇醪如蜜甜。"此诗颇豪宕可爱。

　　杨维祯（1296—1370），字廉夫，号铁崖，会稽（今浙江绍兴）人，泰定进士，官至建德路总管府推官，入明不仕，晚年居松江，元末文学家、书法家。《丛说》追记了杨铁崖食蟹诗的写作背景，他当时为江南诗坛盟主，遐迩闻名，所以主人"延请至家"并索诗。他毫不推辞，才气风发，援笔立成，而且写出的诗篇，明快流畅，豪宕可爱，尤其是"两螯盛贮白琼瑶，半壳微含红玛瑙"，用词准确，不失为神来之笔，尤为绝妙。

清 招子庸《苇塘螃蟹》

四首同调同题的咏蟹词

宋元易代之际的词人，身逢国变，忧患余生，相互结社，咏物填词，以浇心中郁结的块垒。其中，以同一词牌——《桂枝香》，同一题目——《天柱山房拟赋蟹》（天柱山，在今浙江绍兴境内；天柱山房或为词人王沂孙家）写出了咏蟹词者，凡四人。

唐艺孙，字英发，有《瑶翠山房集》。《赋蟹》词上半阕写捕蟹，"认远岸夜篝，松炬如昼"；下半阕写食蟹，"欢风味尊前，潇洒如归"。情景宛妙。

吕同老，字和甫，济南人。《赋蟹》词上半阕写先前的捕蟹和食蟹，"犹记灯寒暗聚，篴疏轻入"，"休嫌郭索尊前笑，且开颜、共倾芳液"；下半阕写现今的怀恋和感慨，"常是篱边草菊，慰渠岑寂"，"但将身世，浮沉醉乡，旧游休忆"。苍茫深沉。

唐钰（1247—?），字玉潜，号菊山，越州（今浙江绍兴）人。南宋败亡，帝后陵墓被盗，他与人以采药为由，"潜瘗诸陵遗骨，树以冬青"，被称为"义士"。其《赋蟹》词：

> 松江舍北，正水落晚汀，霜老枯荻。还见青匡似绣，绀螯如戟。西风有恨无肠断，恨东流、几番潮汐。夜灯争聚微光，挂影误投帘隙。　更喜荐、新篘玉液。正半壳含黄，一醉秋色。纤手香橙风味，有人相忆。江湖岁晚听飞雪，但沙痕，空记行迹。至今茶鼎，时时犹认，眼波愁碧。

上半阕写捕蟹：松江北岸蟹舍，深秋，夜晚，渔人在江上布着帘，帘旁点着灯，只见螃蟹争先恐后地向着有光亮的地方爬来，误投到帘间。下半阕写食蟹：这时节，有新酿的酒，有才黄的橙，更有煮熟了的半壳含黄的蟹，使人陶醉在秋天方能享受到的饮食里。整首词情景兼融；"水落晚汀，霜老枯荻"，写出了自然环境；"青匡似绣，绀螯似戟"，写出了螃蟹形态；"更喜荐、新篘（chōu，用竹编成的滤酒器）玉液"，写出了喜见佳酿；"正半壳含黄，一醉秋色"，写出了食蟹兴味……用词准确，比喻恰当，描绘形象，意境真切。那么，"西风有恨无肠断，恨东流、几番潮汐"，"江湖岁晚听飞雪，但沙痕、空见行迹"，表达了什么意绪？表面上仍在赋蟹，写蟹在西风里、潮汐中成了无肠公子，写蟹在江湖上、飞雪里已无行迹，实际上含蓄地写出了自己的亡国之恨，时光流逝，改朝换代，宋亡元兴，景象已变，渗透进失去了故国的末世悲凉，尤其结句，"至今茶鼎，时时犹认，眼波愁碧"，见到煎茶的器具里，水面泛出犹如蟹眼的泡沫，我的眼波也愁得都要发绿了，仍然赋蟹，却深刻地揭示了词人内心时时泛出的悲凉。可见这又蕴含着南宋的遗民意绪。

陈恕可，字行之，固始（今属河南）人。《赋蟹》词上半阕写捕蟹，"草汀篝火，芦洲纬箔，早寒渔屋"；下半阕写食蟹，"叙旧别、芳荔荐玉"。整首词意幽思远。

咏蟹诗词，一般而言，都涌溢着"喜"的感情，而唐艺孙、吕同老、唐钰、陈恕可四人四首同题同调的咏蟹词，除了"喜"之外，还有"恨"和"愁"，可以说悲喜交集，这是很特殊的，不仅打上了易代之际的印痕，而且使词作也显得迷离惝恍，甚至难于索解，夏承焘先生《乐府补题考·事考》云"大抵蟹以指宋帝"，使人有犹如"猜谜"的感觉。必须补充说明的是，他们集体以"赋蟹"为题各自的吟唱是开了先河的，而所用"桂枝香"词牌又影响久远。到清代，以"桂枝香"咏蟹者有尤侗、朱彝尊、厉鹗、钱大昕等二十多人，这一词牌成了大家喜爱沿用的形式。

咏蟹（涉蟹）词曲述要

宋词波澜壮阔，咏蟹词也随潮涌现；元曲里的散曲横空出世，咏蟹散曲也闪现身影。词曲咏蟹，各显情怀，现将咏蟹（涉蟹）词曲述要于下。

李曾伯（1198—1268），怀州（今河南沁阳）人，居浙江嘉兴，宝祐进士，官湖南安抚使等，南宋词人。其词《满庭芳·壬子谢吕马帅送蟹》："族类横行草地，今骈首、鼎镬连连"，写了得蟹后一只只放进锅里；"持螯了，老饕作赋，佳话楚乡传"，写了吃蟹后快慰赋蟹成为楚乡佳话。词写得一般，可是比较早。

方岳，祁门（今属安徽）人，绍定进士，曾知南康军等，南宋词人。其词《满庭芳·擘蟹醉题》："草泥行郭索，横戈曾怒，张翰浮夸。笑鲈鱼虽好，风味争些。"意思是，螃蟹横着一双大钳愤怒了，你张翰好浮夸啊，吴中的鲈鱼虽然好吃，可比起我螃蟹来还差着点儿，真该笑你怎么只为鲈鱼而在洛阳辞官返乡！"停杯问，余其负腹，是腹负余耶？"意思是，吃了螃蟹，停下酒杯，问问自己：是我辜负了肚皮呢，还是肚皮辜负了我呢？看似醉话连篇，实际谐趣横生，是在由衷地赞美螃蟹的鲜美，酣畅地流露了自得的快意。

马致远（1250—1321），号东篱，大都（今北京）人，曾任江浙行省提举，晚年归隐杭州西湖，著有杂剧《汉宫秋》等，"元曲四大家"之一。散曲有辑本《东篱乐府》，被誉为"元人第一"。其散曲《夜行船·秋思》："爱秋来那些：和露摘黄花，带霜烹紫蟹，煮酒烧红叶。人生有限杯，几个登高节？嘱咐俺顽童记者：便北海探吾来，道东篱醉了也。"此为套曲第七支"离亭宴煞"里的最后三句，堪称绝唱，写了自己的秋思所在，流露了悠闲的隐逸情怀，"带霜烹紫蟹"云云潜移默化地浸润了以后许多文人墨客，他们心向往之，视其为秋天独有的雅兴。需要补充说明的是，马致远在《四块玉·恬退》里说，"紫蟹肥，黄菊开，归去来"；在《归隐》里说，自己之所以归隐杭州，原因之一是这里有"西湖蟹"。都反映了散曲大家有着持螯赏菊的爱好。

王实甫（1260—1336），大都（今北京）人，熟悉勾栏生活，创作杂剧《西厢记》，天下夺魁，元代著名戏曲作家。其散曲《集

清 陈鸿寿《美酒秋蟹》

贤宾套》："到秋来醉丹霞树抱霜，绽金钱篱菊秋，半山残照挂城头，老菱香蟹肥堪佐酒。正值着登高时候，染霜毫乘醉赋归休。"把秋景写得极为美丽，而秋物包括肥蟹又如此可口，抒写了自己归休后的惬意。

薛昂夫，西域回鹘人，出身世家，官太平路总管，三衢路达鲁花赤（掌印官）等，晚年退隐杭县皋亭山附近，元代散曲家。其散曲《庆东原·西皋亭适兴》："兴为催租败，欢因送酒来。酒酣时诗兴依然在。黄花又开，朱颜未衰，正好忘怀。管甚有监州，不可无螃蟹。"这首小令说，饮酒赏菊，诗兴勃发，这时候是不能没有螃蟹的。"监州"，用了一个宋初文人钱昆欲到有螃蟹无监州当地方官的典故，而他却说，"管甚有监州，不可无螃蟹"，直率，豪迈，有着为吃螃蟹而不怕避监州的气概。

张可久，庆元路（路治今浙江宁波）人，仕途不得志，只做过路史、典史、幕僚、监税等小官，漫游各地，致力散曲，是作品传世数量最多的元代散曲家。其散曲《南吕·金字经·环绿亭上》"水冷溪鱼贵，酒香霜螯肥"，《双调·清江引·张子坚运判席上》"清霜紫蟹肥，细雨黄花瘦，床头一壶新糯酒"，《南吕·一枝花·秋景》"银盘馔满，宝鼎香拈，黄橙味美，紫蟹肥酣"，《双调·水仙子·秋思》"醉白酒眠牛背，对黄花持蟹螯，散诞逍遥"等，螃蟹不仅是曲中意象，也透示了曲家的乐趣所在。

无名氏。元代有三位无名氏的散曲涉蟹。第一位无名氏《中吕·喜春来·四节》（四节，指三月三、五月五、七月七、九月九。此录九月九）两首。其一："香橙肥蟹家家酒，红叶黄花处处秋，极追寻高眺望绝风流。九月九，莫负少年游。"其二："紫萸荐酒人怀旧，红叶经霜蟹正秋，乐登高闲眺望醉风流。九月九，莫负少年游。"第二位无名氏《双调·清江引·九日》:"萧萧五株门外柳,屈指重阳又。霜清紫蟹肥,露冷黄花瘦,白衣不来琴当酒。"第三位无名氏《双调·水仙子·秋》:"萧萧红叶带霜飞,黄菊东篱雨后肥。想人生莫负登高会,且携壶上翠微,写秋容雁字行稀。烹紫蟹香橙醋,荐金英绿酿醅,尽醉方归。"这三人四首小令,各各写了九月初九重阳节的景物和风俗,其中共同的节目就是烹蟹而食。重阳食蟹肇始于唐,经宋而至元,此俗已经约定俗成,无名氏的散曲就透露了这个信息。

高似孙《松江蟹舍赋》

高似孙(1158—1231),鄞县(今浙江宁波市鄞州区)人,南宋螃蟹题材的写作专家,除著《蟹略》、写蟹诗外,又作蟹文二篇,一为《郭索传》,立意新颖却索然寡味,二为《松江蟹舍赋》,构思独特,描摹真切,亮点纷呈。

松江,即吴淞江,古称笠泽,为太湖支流三江之一,由江苏吴江东流与黄浦江合,再向北至吴淞口入海。这里自古产蟹,又多又好,为了捕蟹,沿江布满蟹舍,成为一景。

《松江蟹舍赋》假借鸱夷子皮(即范蠡,他知越王勾践不可以共安乐,因而在辅佐其灭吴之后去越,改名鸱夷子皮,朝三江去五湖,一去不回)来到笠泽,见此山清水秀,男耕女织,湖产丰富,渔民富足,并在与吴人蟹翁对答之后,情系于此,从而歌颂了一种无拘无束、自足自乐的江湖生涯。

赋中有几段涉蟹的文字,都很精彩,例如:"是皆舟子所乡,鱼郎所庐,葭菼分为域,蒮苇分为墟,鸿鹭分为邻,鹍鹕分为徒",

把船民和捕鱼郎构筑于水边芦苇丛里蟹舍的环境，寥寥数语，形象地勾勒了出来。例如："至于露老霜来，日月其徂，万螯生凉，含黄腴肤，其武郭索，其眥睢盱，其心易躁，其肠实枯，鼓勇而喧集，齐奔而并驱"，把随着时光逝去，秋霜降临的季节，螃蟹肥壮、矫健，四出活动的情景，寥寥数笔，生动地描绘了出来。例如：

> 方洞庭兮始霜熟，万稼兮丰腴，执一穗兮朝魁，目洪溟兮争趋。工纬萧兮承流，截䑾沸兮防遁，燎以干苇，槛以青筊，喧动凉螈，惊飞宿兔。其多也如涿野之兵，其聚也如太原之俘。蟹事卓荦，八荒所无。

这段文字译为白话，大意是：当洞庭湖降下寒霜的时候，农田里的庄稼也丰满了，于是，蟹们各各钳着一茎稻穗，争先恐后，向着浩浩渺渺的大海，去朝觐魁首。渔民就以蒿草或竹子编成帘子，插在河流中间，截住如泉水般涌来的螃蟹去路，防止其逃亡，又烧起干枯的芦苇，准备好捕捉的笼子，只见水上的浮子喧动，水边的宿鸟惊飞。此刻，螃蟹多得像古战场涿鹿原野上的士兵，聚得像古城池太原陷落时候的俘虏。蟹事的卓绝出众，为四海九州没有地方可以与此相比的。把太湖与松江一带，捕蟹的季节、方法、情景一一写了出来，具体而又壮观，逼真而又恢宏，气象浑厚，神韵飞动，让人读了之后被感染，被这境界吸引。

高似孙《松江蟹舍赋》是产生了历史影响的，清代的陈琮、朱鸿儒、沈登标等人就以此题各自为赋。

姚镕《江淮之蜂蟹》的寓意

宋周密《齐东野语》以拳拳之怀，收录了他的老师姚干父的几篇杂文。之前介绍说："姚镕，字干父，号秋圃，合沙老儒也，余幼尝师之。记诵甚精，著述不拘，潦倒馀六句，仅以晚科主天台黄岩学，期年而殂。余尝得其杂著数篇，议论皆有思致。今散亡之馀，仅存一二，惧复失坠，因录之以著余拳拳之怀。"仅存的杂文中有一篇《江淮之蜂蟹》，如下：

> 淮北蜂毒，尾能杀人；江南蟹雄，螯堪敌虎。然取蜂儿者不论斗（争斗），而捕蟹者未闻血指（使指头流血）也。
>
> 蜂窟于土或木石，人踪迹得其处，则夜持烈炬临之。蜂空群（成群结队，倾巢而出）赴焰，尽殪（死亡），然后连房剜（挖）取。蟹处蒲苇间，一灯水浒，莫不郭索而来，悉可俯拾。惟知趋炎而不能安其所，其殒（死亡）也固宜。

有个大家熟知的成语：趋炎附势。趋炎就是向有光的地方快跑，附势就是依附于有权有势的人，趋炎附势是指巴结、逢迎、投靠、效劳于显赫的权势。为什么要趋炎附势呢？说到底，无非是想因此捞点好处，沾光、借势、得点便宜。社会生活里，有不少人因为趋炎附势而获得了名利，可是《江淮之蜂蟹》说：比如江南的螃蟹，已经够凶了，举起两只大螯，可以与老虎争斗，然而捕蟹者的手指却从来不曾被夹住，钳出过血来。为什么呢？螃蟹居住在蒲草和芦苇里，到了晚上，人们只要在水边点一盏灯，螃蟹便急急忙忙地"郭索郭索"爬来，这时候，只要弯弯腰，就可以一只又一只地捕捉，"惟知趋炎而不能安其所，其殒也固宜"，螃蟹只知道爬向火光，不能安安分分地留守在自己居住的地方，那么，其死亡也就难以避免了。

这篇杂文以蟹的趋光被捉为喻，向一切趋炎附势者发出一个警告：这是要自取灭亡的呵！因其形象，因其事实，使人觉得明白生动，鞭辟入里。

李祁《讯蟹说》

李祁（1299—约1370），字一初，号希蘧，茶陵（今属湖南）人，元统进士，任江浙儒学副提举等，元代作家，入明不仕，隐逸以终，有《云阳集》。他的《讯蟹说》去其蛇足，摘录于下：

> 客有恶蟹者得而束之，以蒲坐于庭而讯之曰："尔之生也微，为形也不类，尔之臂虽长而攘不加奋，足虽多而走不加疾，而徒欲恣睢睢眦，甃甓庋契，以横行于世，尔果何恃而为此？吾将加尔乎炽炭之上，投尔乎鼎烹之中，刳尔形，剖尔腹，解尔肢体，以偿尔横行之罪。尔有说则可，无说则死。"

> 蟹于是怒目突瞳，掣足露胸，喘息既定，乃逡巡而有言曰："噫！子何昏惑眩瞀而昧于天地之性乎？子之于物也何见其外而不察其内乎？子何深于责物而不为人之责乎？吾之生也微，吾之形也不类，吾又长臂而多足，凡吾之所以为此者天也。吾任吾性，则吾行虽横亦何莫而非天哉？吾任性而居，吾循天而行，而子欲以是

责我，是不知天也。又吾行虽横，而吾实无肠，无肠则无藏，无藏则于物无伤也。今子徒见吾外而不察乎吾之内，是不知物也。世之人固有外狠而中恶者，此其内外交暴，又非若吾之悾悾乎中也，子何不是之责而唯我之求乎？又有厚貌而深情者，其容色君子也，辞气君子也，衣服、趋进、折旋、唯诺皆君子也，而其中实嵌岩深幽，不可窥测，此又大可罪也，而吾子之不之责也何居？且吾之生也微，故吾之欲也易足，吾嚼啮稿秸，适可而止，饱则偃休乎蛇鳝之穴而无营焉，吾又何求者？吾之行虽横，不过延缘涉猎乎沙草之上，于物无损也，于类无竞也，而吾又何罪哉？吾任吾性，吾循吾天，而子欲加我乎炽炭之上，投我乎鼎烹之中，是亦天而已矣，而吾又

丁厚祥《讯蟹》

397

何辞焉?"

　　客于是俯首失辞，遽解其束，而纵之江。

　　这是一篇辩驳性质的论说文。客审讯蟹，说它有什么什么罪状，罪该鼎烹支解，蟹于是乎进行辩解和反驳，辩得振振有词，驳得对方俯首失辞，最后以客纵蟹归江了结。

　　客是一个恶蟹者，对螃蟹有一种天生的厌恶，客又是一个审讯者，把逮到的螃蟹捆绑起来作临死前的审判，为了让螃蟹死得明白，就历数了它的罪状：你这螃蟹是极为微小的动物，形状又不伦不类，算是个什么东西？你的臂膀虽然很长却不知道出力，脚虽然很多却不知道快走，可是偏偏放纵暴烈，龇牙咧嘴，乖张凶狠，横行霸道，你依仗的是什么？接着就宣判了它的死刑，"吾将加尔乎炽炭之上，投尔乎鼎烹之中，刳尔形，剖尔腹，解尔肢体"，表示要处以极刑。最后又问螃蟹服罪不服罪？"有说则可，无说则死"，算是给螃蟹一个说话的机会。

　　螃蟹的大祸即将临头，灾难即将到来，虽说委屈得"怒目突瞳"，却也惊吓得"掣足露胸"，喘息着，犹豫着，与其不说而死不如说了再死，于是"噫"的长叹一声，——辩驳：

　　一曰：您是不知天吗？天就是自然的、客观的、非自己能决定的、非自己能改变的，"吾之生也微，吾之形也不类，吾又长臂而多足，凡吾之所以为此者天也"，哪里是我要怎样就怎样的？我只能顺乎天性，包括我的横爬也只是循天而行，"子欲以是责我，是不知天也"。

　　二曰：您是不知物吗？意思说，您并不了解螃蟹。不了解螃蟹的什么呢？"吾行虽横，而吾实无肠，无肠则无藏，无藏则于物无伤"，肚子里没有什么花花肠子，什么花头点子都没有，如此，对其他事物有什么伤害呢？"今子徒见吾外而不察乎吾之内，是不知物也"。

三曰：您是不知人吗？世上有一种"外狠而中恶"的"内外交暴"的人，他们外表凶狠内里恶毒，是一种从内到外都坏的人，比起他们来，吾外形虽"恣睢睅眦，鼇躄戾契"，可内里却是诚恳的，好心的，"无藏"的，"于物无伤"的，您为什么不责备这种人而独独责备我螃蟹呢？世上还有一种"厚貌而深情"的人，看他们的容貌一副君子模样，看他们的谈吐一副君子模样，看他们衣服、态度、交际、应答莫不都是一副君子模样，实际上呢，却是皮里阳秋，城府极深，阴谋诡计，不可窥测，这种人更有两面性、欺骗性，可以说是大坏大罪之徒，而您倒不去责备他们，这是什么用意呢？

四曰：吾无所求。我螃蟹是一种微不足道的动物，因为微小所以欲望也就容易满足，只不过嚼咬点草茎之类，而且一吃就饱，饱了就躺在蛇呀、蚯蚓呀的洞穴里休息，再无别的谋算，"吾又何求者？"

五曰：吾无所罪。我是横行的，但我只是横行在沙滩草丛里，于物无损，于类无竞，"吾又何罪哉？"

六曰：吾无所辞。我顺着我的本性，我依着我的天性，就是这副样子，就是这种行为，而您却据此要放我在炽炭上，置我在烧锅里，这亦是天命而已，"吾又何辞焉？"

客听了螃蟹的这番辩解，低下了头再也说不出话来，自知理亏，加在螃蟹身上的罪名不能成立，于是就来了个一百八十度大转弯，赶快为螃蟹松绑，并将其放归江河。

　　这是一篇代蟹辩解的翻案文章。客代表了许许多多厌恶螃蟹的人。这种厌恶是从哪来来的？说来说去，无非是"生也微""形也不类""恣睢睅眦""横行"之类，凭表面、凭现象、凭外观、凭形态。对不对呢？谁也不去思考、分析，人云亦云，几成口碑。作者觉得这不公平不合理，于是就假设了一个客审讯蟹、蟹答辩客的场面，让螃蟹回答人们对它的指责。螃蟹的答辩，有理有据，入情入理，且步步扣紧，头头是道。首先，拎出了一个总纲："子何昏惑眩瞀而昧于天地之性乎？子之于物也何见其外而不察其内乎？子何深于责物而不为人之责乎？"接着就以客不知天、不知物、不知人逐一阐述，说得鞭辟入里、十分精彩，尤其是不知人，简直是对某些"内外交暴""厚貌深情"者的无情鞭挞。最后，意犹未足，又以吾无求、无罪、无辞开脱，特别是说"子欲加我乎炽炭之上，投我乎鼎烹之中，是亦天而已矣，而吾又何辞焉"，更表达了螃蟹对自己落得个如此下场的坦然。作者为蟹代作的这篇答辩辞，既哀婉动人又据理力争，既摆事实又讲道理，既有逐步推进的逻辑性又有逐步加快的节奏性，既体物察性又谋章布局，可以说煞费苦心。站在螃蟹立场上说话的作者，当然要给螃蟹一个公道的结局，"客于是俯首失辞，遽解其束，而纵之江"，就是一种宣示：螃蟹赢得了这场辩论！

　　这是一篇性质特殊的论说文。论辩的双方，一是"客"，即人；一是"蟹"，即物。这就决定了它的假想性，假想"客"审讯螃蟹，假想"蟹"自我辩护，而且从假想出发，一切围绕螃蟹做文章，包括它的简洁的叙述语言："客有恶蟹者得而束之，以蒲坐于庭而讯之"，"蟹于是怒目突瞳，掣足露胸，喘息既定，乃逡巡而有言"，"客于是俯首失辞，遽解其束，而纵之江"。论说而假想，假想而扣住事物的特征，特征而要正说反说形成对立双方，双方要一一设计说词，说词要围绕螃蟹这一个中心，中心要逐步展开构成严密的逻辑……写作难度比一般论说文要大，而却写得这么自然，这么真切，实在是很难得的。

翻案，表示了一种不从众的识见；特殊，表示了一种独特的创造。无论从哪方面来说，这篇文章都是出类拔萃的！

赋蟹散文提要

宋元时期，以蟹为主题的散文比之前有所增多，除了已述之外，现将几篇提要于下。

孙觌《与秀才方学士帖》。孙觌（dí，1081—1169），晋陵（今江苏常州）人，大观进士，官户部尚书等，宋代作家。其《与秀才方学士帖》云："蝤蛑珍烹，出于暑中，未尝至晋陵境内。远蒙分饷，小舟晨夜兼驰，二十枚皆无恙。拜贶，荷顾存之厚。"蝤蛑为海蟹，常州离海尚远，况时在"暑中"，不易保鲜，可是运抵后"二十枚皆无恙"，这是不易做到的，除了"小舟晨夜兼驰"之外，一定还采取了其他办法。此《帖》反映了当时常州人以蝤蛑为珍品，故远道赠送。

范浚《蟹赋》。范浚（1102—1150），兰溪（今属浙江）人。绝意仕进，讲学授徒，潜心学问。其《蟹赋》云："横行蠹稻，雄称斗虎。贪得无厌，化作田鼠。吾将斫尔螯，折尔股，以除农殃兮酣我醑。""蠹（害）稻"之说源自《国语》"今其稻蟹不遗种"，"斗虎"之说源自《本草拾遗》"八月能与虎斗"，"化鼠"之说源自《搜神记》"会稽郡彭蜞及蟹皆化为鼠"。此赋典雅简短，为"酣我醑（美酒）"而找出了一个食蟹的理由——"除农殃"。

陈造《无长曳传》。陈造，高邮（今属江苏）人。淳熙进士，官淮安西路安抚司参议等，宋代作家。陈造的家乡是个蟹多成灾的地方，自己又喜欢食蟹，写过多首食蟹诗，现在他又为蟹立传，称其为"无长曳"，写了蟹的籍贯、姓氏、得名、性格、功劳及其子孙等一生事迹，其中特别写到了自告奋勇，为越王内奸，把吴国的水稻剪得无存，从而使越国灭了吴国。此《传》想象丰富却生拉硬扯、古奥强解。其中说，蟹"郭索盘姗，健武好勇"，"性喜霜而畏雾"，"常假穴为居"等，符合实际。

王逢《走菜对》。王逢，江阴（今属江苏）人，后避乱上海乡间，筑草堂以居，元末作家。走菜是什么？"渔者市蟛蜞而号曰走菜。"为什么叫蟛蜞为走菜呢？王逢很奇怪，于是就与渔者问答对话，终于明白，原来蟛蜞"虽披坚执锐，不过据地则贪而肆暴，遇敌则走以幸生"，因可助餐，故号走菜。说的是蟛蜞，实际上是暗喻动乱岁月中割据一方为非作歹的势力，一股股色厉内荏、遇敌则走的地方势力，蕴含着讥讽。需要补充说明的是，许多书上，特别是医书上常常说，蟛蜞毒不可食，可是这篇散文却说蟛蜞是走菜，渔者在集市上卖，大家也吃它，以事实纠正了一种向来的说法。

以蟹为喻的活剧

傅肱《蟹谱》下篇讲了一个"贪化"故事：

> 神宋（对宋王朝的敬称）朝有大臣赵氏者名某，虽于

国功高，然其性贪墨（贪财好贿），私门子弟（谓赵某门下的学生）苞苴（行贿财物），上特优容之。一日，因锡（通"赐"）宴，上召伶官（宫廷中管理艺人的乐官），使谕（告诉）己意。伶者乃变易为十五郎，姓旁，因命钓者。俄（一会儿）一人持竿而至，遂于盘中引一蟹。十五郎见而惊曰："好手脚长！我欲烹汝，又念汝是同姓，且释汝。"翌日（次日），赵果出镇近辅（京畿）。

这是一篇绝妙的戏剧小品。有策划——北宋某个皇帝，他看到大臣赵某，虽为国家立过大功，却贪婪地受贿敛财，就指使伶官变个法儿给以警戒。有演员——宫廷艺人，他极聪明机灵，能够迅即把皇上的政治意图化为形象的艺术表演，而且表演之前经过了化装和易服，"变易"角色，成了"十五郎"。有舞台——一日，皇上亲自举办的御宴上，非同寻常的宫中宴会。有故事——那个伶官，突然来到宴会席间，自称姓旁，叫七手八脚的十五郎，装模作样，用钓竿在盘子里钓得一只螃蟹（这不仅是道具，一定还融进了魔术或特技），并故作惊愕地说："哇，你的手脚竟如此之长，一定是个贪得无厌的家伙！真该把你放到锅里烹煮才是，顾念你是姓旁，我也姓旁，算是本家，罢、罢、罢，暂且放你一马吧。"有观众——包括参加御宴的众多皇亲国戚、文武大臣，特别是那个姓赵的大臣，他目睹了这个表演，自然心知肚明，当时想必脸白身颤。演出之后的效果怎样呢？第二天，皇帝让大臣赵某出镇京畿，他乖乖地接受了。

以蟹为喻，指出大臣赵某"好手脚长"，暗示他的"贪墨"，旁敲侧击，机智诙谐，精彩极了。并由此演出了一幕活剧，又贴切又有力，有趣极了。

《四库全书总目提要》之《蟹谱》提要："考《宋史》惟神宗熙宁初，枢密使参知政事赵概尝出知徐州，似即其事"，"而赵概为北宋名臣，亦不容著贪墨声"。想以史坐实，结论却似是而非，意属虚构。其实，真实也罢，虚构也好，并不重要，重要的是以蟹为喻讽刺了贪墨之人，尤其是以活剧形式警戒了贪墨之人，这可以说是空谷足音了。

跳脱出就事论事的框架，把这幕活剧置放到戏曲史的角度观照，更能显示其价值。中国戏曲的诞生经过了一个长长的孕育阶段：汉朝的《东海黄公》(东海地方的黄公与白虎相斗结果被白虎咬死)，唐朝的《兰陵王入阵曲》(兰陵王极有勇胆，然面貌清秀，上阵打仗便戴假面具，以使敌人惧怕)、《踏谣娘》(夫丑而好酒，回家殴妻，妻美而善歌，便向邻里且步且歌，称冤诉苦)……戏曲经过了一个个剧目的积累，一次次演出的经验，才在元朝异军突起，成为有元一代的代表，流光溢彩，独绝于世。细细考察起来，《贪化》就是孕育阶段的一环，可视为中国戏曲发展史上雏形期的一个范例。

元杂剧涉蟹琐记

元代在中国文学史上是个"杂剧"时代，"元剧之作，遂为千古独绝之文字"(王国维《宋元戏曲考》)，然而，涉蟹者极为稀少，而且只是在人物故事中言及，在插科打诨里带出，现聊备一格，琐记于下。

马致远《吕洞宾三醉岳阳楼》。第一折提到蟹："（酒保云）师父，你看这边景致。(正末唱)浪淘淘临着汉江。(酒保云)不要说汉江，连洞庭湖、鄱阳湖、青草湖都看见了。(正末云)正是鸡肥蟹壮之时。(唱)正菊花秋不醉倒陶元亮？(酒保云)师父，你来迟了。我这酒都卖尽，了无酒也。(正末云)你道是无酒呵，(唱)怎发付团脐蟹一包黄。"这段台词反映了湖南东北水泽地带盛产螃蟹，岳阳楼其时卖酒卖蟹，写出了吕洞宾好酒嗜蟹，对"团脐蟹一包黄"尤其喜爱。

杨显之《临江驿潇湘秋夜雨》。杨显之，大都（今北京）人，与关汉卿为"莫逆之交"，关写了作品常同杨商酌修改，因有"杨补丁"之称，元戏曲家。其杂剧《潇湘夜雨》第四折提到蟹："(张天觉云)快开了枷锁者。那厮这等无理，左右那里，速去秦川县与我拿将崔通来。(正旦云)爹爹，他在秦川为理，若差人拿他，也出不的孩儿这口气。须是我领着祗从人，亲自拿他走一遭去。正是常将冷眼看螃蟹，看你横行得几时？"要拿办的崔通，是一个负心毒辣的汉子。他和张翠鸾结婚时，曾许下誓愿，"小生若负了你呵，天不盖，地不载，日月不照临"，但当他中了状元，试官欲招为女婿时，他又"宁可瞒昧神祇，不可坐失良机"，竟说"实未娶妻"，和试官女儿结婚。先妻张翠鸾找上门来，崔通诬陷她是偷了东西逃跑的奴婢，判罪解往沙门岛，并阴谋从路上害死她。最后，张翠鸾与父亲张天觉在临江驿相逢，当官的父亲便要拿办崔通。张翠鸾所言"常将冷眼看螃蟹，看你横行得几时"，意思是你崔通横行不法、肆意妄为的日子不长了，我张翠鸾要亲自带着差役拿办你了！后来，这句俗语跳出家庭恩怨的范畴，矛头直指历代各类权奸坏人，乃至民族敌人。明代京师人以此语诅咒陷害忠良、贪婪聚敛的严嵩（明朱国祯《涌幢小品》）。抗日战争期间多位画家画蟹并以此语期盼蹂躏中华、血腥屠杀的日寇早日覆亡，产生了广泛和深刻的影响。

郑光祖《醉思乡王粲登楼》。郑光祖，平阳（今山西临汾）人，曾以儒补杭州路史，元戏曲家。其杂剧《王粲登楼》第三折提到蟹：荆州酒楼主人，在重阳登高时节，安排酒菜，宴请王粲，云："俺这里鲈鱼正美，新酒初香。橙黄橘绿可开樽，紫蟹黄鸡宜宴赏。"王粲是山东邹县人，汉末著名文学家，"建安七子"之一，因战乱避难荆州，所作《登楼赋》是抒情小赋中的名篇，抒写怀乡之情和壮志难伸的沉痛，真切动人。《王粲登楼》据此虚构成剧。剧中菜肴中加进"紫蟹"，反映了元代登高宴会，它已成了必备的一款菜肴。

贾仲明《吕洞宾桃柳升仙梦》。贾仲明（1343—1422），淄川（今山东淄博）人，元戏曲家。其杂剧《升仙梦》第二折提到蟹："（末唱）（醉春风）你看那北苑柳添黄，东篱菊放蕊，橙黄橘绿蟹初肥，端的美美。"剧中又写了一个小插曲：一个姓刘的老汉，在重阳那天，硬是撞进财主家，吃肉喝酒后，还抢了一包食品，包括"螃蟹约有三十个"带回家。它透示了重阳食蟹已成民间习俗。

无名氏《刘千病打独角牛》。此杂剧第三折里，威凛凛的独角牛说："我则一拳，我就打做他一个螃蟹。"旁边人则说："休提那螃蟹，俺孩儿动起手来，打的他七手八脚一迷里横行，则怕打破你那盖。"此剧语言通俗，比喻形象。

无名氏《陶渊明东篱赏菊》。此剧第一折："（正末唱）凝秋霜紫蟹肥，出新醅酒满篘，到大来千自在，百自由。"第二折："（正末唱）绿水青山景物饶，稚子山妻任欢笑。趁紫蟹红虾时正遭，赏红叶黄花绕四郊。"第三折："（正末唱）摆红虾碧藕件件齐，见放着黄鸡嫩，紫蟹肥，则这莼鱼脍。咱剖金橙真味美，漉新酒不惜巾帻，一任他红日西山坠。"陶渊明是今江西九江人，他是东晋著名诗人，四十一岁任彭泽令，任期仅八十余日，因不愿与士族社会合作，毅然归隐。《东篱赏菊》以此为题材，敷衍成剧。陶渊明今存诗一百二十余首，文十多篇，没有一字涉蟹，杂剧却三处提到了蟹，应该说，如此添加是符合东篱赏菊时令的，是并不违背历史可能的，相反，还突出了主题，拓宽了陶渊明的秋兴，并显现了时代色彩。

无名氏《刘希必金钗记》。此剧第十三出：两个秀才进入试场，出题，一咏飞禽，一咏走兽，一秀才以蟹为走兽，"（丑念）蟹生双眼硬叮叮，十脚爬沙慢慢行，将来油酒锅中煮，嘬肉吞吃□谷声"。诗同打油，故而"不中"，却反映了其时读书人好为咏蟹诗的风气。

戏曲剧本可供读者阅读，搬上舞台可供观众观看，元杂剧涉蟹虽则零星触及，片言只语，却是扩散螃蟹文化的一个不可忽略的独特渠道。

蟹画的兴盛与衰落

赵宋一朝，宫廷里画家云集，士族绘画成风，民间绘画活跃，一大批职业或业余的画家及画工，推动了绘画潮流，促进了题材和风格多样化，以螃蟹为主题的绘画也顺势骤然增多，呈现出一片兴盛的景象。

这个时期留下蟹画记录的有：郭忠恕（？—977），河南洛阳人，"善画楼观、木石，皆极精妙"，简直可以当施工用图，宋刘道醇《本朝名画评》记载：郭忠恕有"蟹图"。易元吉（约1001—约1084），湖南长沙人，"写动植之状，无出其右者"，《本朝名画评》记载：易元吉有"蟹图"。李德柔，山西太原人，幼而善画，长读老庄，遂为道士，《本朝名画评》记载："又有金门羽客李德柔《郭索钩辀图》。"宋永锡，蜀人，据《宣和画谱》说，"画花竹禽鸟鱼蟹"，御府藏着他二幅《鱼蟹图》。刘寀，文臣，据《宣和画谱》说，"善画鱼"，御府藏着他一幅《鱼蟹图》。李延之，武臣，官至左班值殿，据《宣和画谱》说，"善画虫鱼草本"，御府藏着他一幅《双蟹图》，宋末，周密《云烟过眼录》还说见到过"李延之《双蟹》"。王君授，据《南宋馆阁续录》："王君授《蟹》二。"冯靖，据《南宋馆阁续录》："冯靖《芦蟹》二。"

这一时期因蟹画而被宋诗提及的有：王禹偁《仲咸借予海鱼图观罢有诗因和》，诗中提及鱼、蟹、鲳鲊、锯鲨等，"把酒狂歌忆蟹螯"，每一个都画得极为逼真，以至使人产生用铁网捞取的欲念。刘攽《画蟹》诗"一为丹青录，能使万目顾"，意思是以丹青画了螃蟹，千万人能欣赏。黄庭坚《题燕邸洋川公养浩堂画》，诗中提及"秋醪荐二螯"，表明画面上当有酒和蟹等。

这时期存世的蟹画而佚名并不见载录的有：《荷蟹图》，画面左侧伸出一枝荷叶倒覆着地，一只团脐雌蟹依偎其旁，被荷叶遮盖小半，一螯上竖张钳，一螯弯曲贴脐，画面稍显模糊，然而叶梗叶脉以及螯上绒毛一一清晰可见。《萍藻鱼蟹图》，背景为萍藻，上方二条小鱼，摆尾游动，右方一条大鱼，正从萍藻里游出，左方一只螃蟹，全身郭索爬行。整个画面，用笔工巧，细致写实，鲜活灵动。《晚荷郭索图》，画面上，一只螃蟹爬在压断了的残枝荷叶上，荷叶脉络清晰，螃蟹张钳伸足，一侧莲蓬弯曲上翘，上

宋 佚名《荷蟹图》

方芦荻稀疏，显得冷寂萧瑟。

这个时期著名的或比较有影响的蟹画作家有：

阎士安，宛丘（今河南淮阳）人，家世业医，他以医术为助教，嗜酒，疏荡，好作俳优语，为豪贵所昵。宋刘道醇《本朝名画评》卷三："善为墨竹，及草树、荆棘、土石、蜞蟹、燕子等，皆不用彩绘，为时辈所推。"宋郭若虚《图画见闻志》卷四："复爱作墨蟹蒲藻，等闲而成，为人所重也。"元夏文彦《图绘宝鉴》卷三："性喜作墨戏，荆榾枳棘，荒崖断岸，蟹燕蒲藻，皆极精妙。"阎士安被宋元多部画论提及，他的墨蟹为时辈所推重。

钱谏议，真名待考，或为钱昆，钱塘（今浙江杭州）人，北宋初曾官右谏议大夫（宋人《诗话总龟》《方舆胜揽》《舆地纪胜》

《锦绣万花谷续集》等均称他为钱谏议），能诗赋，善书画，而且特别嗜蟹。他在刘原甫（即刘敞，1019—1068，江西新喻人）家厅壁上画的墨蟹受到三位著名诗人的称赞：第一位是梅尧臣（1002—1060，安徽宣城人），在《依韵和原甫厅壁钱谏议画蟹》里说"浓淡一以墨，螯壳自有度"，意思是浓浓淡淡的用墨，把螃蟹大螯和外壳的风貌画了出来，以形写神，"不减南朝顾"，即成就不在东晋画家顾恺之之下；第二位是韩维（1017—1098，河南许昌人），在《又和原甫省壁画蟹（依韵，钱谏议笔）》里说"钱侯扫墨笔，螯跪生指顾，如依石穴出，尚想秋江度"，意思是钱谏议画的蟹形态逼真，栩栩如生，以至"真伪本相夺"，即难辨真伪；第三位是强至（1022—1076，浙江杭州人），在《墨蟹》里说，"骨眼惊自然，熟视审精墨"，乍一看，骨眼画得跟真的一样，仔细观察，才发现是用精墨画出来的，"谁夺造化功，生成归笔力"，笔力可谓巧夺造化。尤其要注意，这幅蟹画不是画在绢上或纸上，而且画在大臣刘原甫家的厅壁上，这是有开创性的，而且那么生动，那么逼真，被三位诗人交口称赞，影响不小，就此而言，应该在画史上添上一笔，避免再留空白。

寇君玉，郎中，其余不详，曾画《大蟹》和《小蟹》二图。文同（1018—1079），梓州永泰（今四川盐亭东）人，善诗文书画，尤擅墨竹，主张画竹必先"胸有成竹"，苏轼画竹受他影响，其后画竹者学他的很多，有"湖州竹派"之称。他的《寇君玉郎中大蟹》诗说："蟹性最难图，生意在螯跪；伊人得之妙，郭索不能已。"《小蟹》诗说："骨甲与支节，解络尤精研；手足虽尔多，能使如一钱。"不仅赞扬了画家蟹图的生动传神，而且指出了画蟹的关键和途径，为中国美术史上唯一的以诗意表达的画蟹理论且有独到精辟之见。

经过文同题咏，元夏文彦《图绘宝鉴》特别记下了一笔："寇君玉，工蟹。"

苏轼。他在《画鱼歌》里说"一鱼中刃百鱼惊，虾蟹奔忙误跳掷"，可能是画鱼而带到了画虾蟹。据"苏门四学士"之一晁补之（字无咎）《无咎题跋·跋翰林东坡公画》："翰林东坡公画蟹，兰陵胡世将得于开封，夏大韶以示补之……此画，水虫琐屑，毛阶曲隈，芒缕具备。"据清戴熙题《蟹鲤图》："东坡画蟹，南宫画鲤，皆工致诣极，而二公或以赭汁作画，固知此道不当以一格拘也。"苏东坡"性嗜蟹蛤"，诗文里常常及蟹，由此得知，他不仅"寒林墨竹"画得好，而且画过蟹，还是一位被人推崇的"已入神品"（见清孙之𫘧《晴川续蟹录·坡仙集》）的螃蟹画家。

赵佶（1082—1135），北宋皇帝，就是历史上所称的宋徽宗，他享乐腐败，昏庸无能，可是在绘画艺术上却是一个极有成就的人物，倡建画院，使人编辑《宣和画谱》，自己的"御画"也甚多，存世画作精工逼真。据《南宋馆阁录》卷三"储藏"条所列"徽宗御画十四轴，一册"载："鸭蟹一，三幅，御书'鸭雏鸭蟹'四字"，可见螃蟹曾是赵佶的绘画题材之一，而且画过多幅，显示了兴趣。据明汪砢玉《汪氏珊瑚网法书题跋》卷三，他还在绢上画过《双蟹图》，且被多位收藏人如刘辰翁、瞿佑、项笃寿、千顷生题跋。因为赵佶是亡国之君，元马祖常撷取了这个历史题材，在《宋徽宗画蟹》诗里说："十里女真鸣铁骑，宫中长昼画无肠。"对徽宗的讽刺是辛辣的，鞭挞是无情的，开掘了深切而惨痛的教训。元张昱《题徽庙螃蟹图》诗说："不知画得招潮（一种小蟹的名称）后，艮岳（宋徽宗搜括江南奇花怪石，筑园名艮岳）从教变海田。"更直接指出了赵佶以艺废政，导致了国破人俘的历史悲剧。

画工，民间以画为生的艺人。据洪迈（1123—1202，今江西鄱阳人）《容斋随笔·临海蟹图》：有个山东文登人吕亢，在浙江临海为官的时候，命画工作《蟹画》，凡蟳蚏、拨棹子、拥剑、彭蜞等十二种。吕亢说："此皆所常见者，北人罕见，故绘以为图。"并一一用文字说明。这十二种蟹图，推断起来，当是画工面对实物一一写生而成，类似现今的蟹类示意图，具有教科书性质。此图，被明马愈《马氏日抄》、李日华《味水斋日记》卷五、陈全之《蓬窗日录》卷五、杨慎《升庵集》卷八十一等提及，可见流传颇久颇广，对传播蟹类知识发挥过不可替代的作用。

元朝蟹画不见著录，可是在题画诗里仍可以寻觅到踪影。由宋入元并遁入道庵的马臻《蟹》"最怜生沮洳，画手亦曾摹"，透露了这位画家兼诗人在山水画之外曾摹绘过螃蟹图。在杭州隐居的诗人杜本（1276—1350）《题小景》："秋云满地夕阳微，黄叶萧萧雁正飞。最是江南好天气，村醪初熟蟹螯肥。"不但形象地描绘了一幅江南深秋的景象，而且写了水乡村民的生活和自己的喜好。辞官漫游的温州诗人陈高（1315—1367）《题蟹》："昔年作客到淮阳，饱食霜螯一尺长。几度淮西橙子熟，樽前空对菊花香。"面对蟹画，诗人回忆了过去食蟹的快活和现今无蟹的怅然。在至正间曾为太常博士的东阳老人胡助《群鱼龟蟹图》："风味独倾郭索，凶吉莫问波臣。便当拍浮湖海，长作龟鱼主人。"诗画结合，流露了自己的情志。

此外，据湖南美术出版社《海外藏中国历代名画》（第四卷）收有卫九鼎（字明铉，天台人，善界画、山水）《河蟹图》。图轴为绢本，水墨。螃蟹一螯伸张，一螯屈前，两侧八足似在郭索爬动。整只螃蟹画得细致入微，而且浓淡得宜，极富立体感，活灵活现。

可见，元代蟹画虽则寥落，却未曾中断，仍然曲折地延续着。

《埤雅》《尔雅翼》等字书的释"蟹"

蟹是客观存在的事物之一，于是先民给以称呼，给以造字，于是字书给以收录，给以解释。自《尔雅》《说文解字》等之后，这时期的字书继承传统，并因时代发展和认知扩大，释"蟹"也有了突破，有了新见。现对几部字书涉蟹之释管窥略述于下。

《龙龛手鉴》作者释行均是僧人，俗姓于，字广济，辽代文字学家。其《龙龛手鉴》（成书于997年）于蟹并无增益，然而注重文字形体的辨正，如"蛛或作蛒，今音牟。蟳蛒，似蟹而大"，所释简明。尤其是"蛛或作蛒"，解开了唐陈藏器《本草拾遗》"蟳蝶，大者长尺余，两螯至强"所称"蟳蝶"的疑窦。有没有根据呢？陈藏器所称的"蟳蝶"之说被唐段成式《酉阳杂俎》抄录，就已经把"蟳蝶"改成了"蟳蛒"，现被《龙龛手鉴》确认，当可视为定论。此外，如"螃蟚，音彭。螃谓似蟹而小也。二同"等，对于传播文字知识有一定价值。

《广韵》陈彭年（961—1017），南城（今属江西）人，宋代音韵学家。他与丘雍等奉诏重修的《广韵》（成书于1011年）以平、上、去、入分部收字释义，于蟹并无增益，可是把先前字书中的字大致备载：例如"蛫，蟹也"，源自《说文解字》；例如"螁，螁蝎，似蟹而小"，"蝎，螁蝎，似蟹而小"，源自《玉篇》；例如"螃，螃蟹，本只名蟹，俗加螃字"，源自《唐韵》等。宋代曾把《广韵》作为通用字书，故不仅保存了先前的读音释义，而且传播了蟹类知识。

《类篇》司马光（1019—1086），陕州夏县（今属山西）人，北宋史学家。这部最后由他纂成的《类篇》（1066年成书）涉蟹类之字颇多，注重音义，释义不失简明，例如"蝘，昨结切，虫名，海蟹也"。其中有独见于《类篇》的，例如"鲋，似绝切，鮂鲋，鱼名，似蟠蛑，生海中"，先前《唐韵》云"鲋魟，下音功，江虫也，形似蟹，可食"，所称不一，或为一种。尤其是冒出了一个读音为"锄衔切"释义为"蟹属"的"蟹"字（后又见宋·丁度等《集韵》和《康熙字典》等），莫知所由。

《埤雅》陆佃（1042—1102），越州山阴（今浙江绍兴）人，北宋文字学家。此书卷二释"蟹"条的特点有三：一是博考。征引诸书，仅注出的就有《周礼》《周易》《劝学》《太玄集》《神农本草》《淮南子》《礼记》《造化权舆》等八种，此外还暗含《世说新语》等，广泛吸收了历史成果。二是新解。例如，这种动物为什么叫"蟹"呢？《埤雅》说："漆见之而辄解，名之曰蟹，似出于此。"并引《淮南子》"漆见蟹而不干"予以证实。又说："一曰蟹解壳，故曰蟹。"从"蟹"的字源角度给以说明，别出心裁，思而有得，自成一说。又如"拥剑一名桀步，岂非以其横行，故谓之桀步欤？"桀就是夏代最后一个横行暴君，两者挂钩，联想而解。三是深察。例如"蟹皆八跪二敖（螯），盖敖（螯）其兵也，所以自卫"，把蟹首二螯的功能之一——"自卫"揭示了出来。尤其"彭蜞有毛，海人亦食之"，短短九字，却真实地记录了一个客观情况。因此，陆佃《埤雅》在蟹史上留下了浓墨重彩的一笔。

《尔雅翼》罗愿（1136—1184），歙县（今属安徽）人，南宋训诂学家。他的《尔雅翼》卷三十一有释"蟹"、释"蛄"二条，征引旧籍，博而详，补充解说，简而实，涉及了各种蟹类和璖蛄的形态、性状和行为等，给人以比较完整的知识。其释"蟹"条，逐一述说了蟛蜞、拥剑等十二种蟹类，其中虎蟳、蟛涂二种，北宋方见称名，《尔雅翼》就写了进去，可见其广采博纳，与时俱进。其释"蛣"条，在说了"蛣，蚌也，长一寸，广二分，大者长二三寸，腹中有蟹子如榆荚，合体共生，时出取食，复入壳中"之后，征引《江赋》《抱朴子》《汉书》《南越志》《海物异名记》《北户录》《酉阳杂俎》等予以证实"微物之相为用"的共生现象，几乎把历史上的记录一网打尽，可见用力之勤，本末靡遗。此外还有独特的解释，例如"蟹，八跪而二敖（螯），八足折而容俯，故谓之跪，两敖（螯）倨而容仰，故谓之敖（螯）"，把当初荀子《劝学》里的"跪"与"螯"的称名缘由解释了出来，因为符合实际，合情合理，后来被大家接受。又如"附蛣者名蛎奴，附蟹者名蟹奴，皆附物而为之役，故以奴名之"，言之有理有据，洞察入微，把寄居蟹称谓之别的缘由讲清楚了。因此，罗愿《尔雅翼》不但可以当作蟹类知识的读本，也在蟹史上留下了一份丰厚的遗产。

《六书故》戴侗，永嘉（今属浙江）人，淳祐进士，宋末文字学家。历来对《六书故》的分部（方以类聚、物以群分）、排序（每部中的文字按指事、象形、会意等六书分别排序）、采字（用钟鼎文字等古体）等多有批评，然而就释"蟹"条目而言，戴侗的解释颇为妥贴，例如"胥，相居切。盐渍鱼蟹之属曰胥"。其"蟳"曰"青蟳也，敖（螯）似蟹。壳青，海滨谓之蟳蟹"，却是现今常称的"青蟳"（或称"青蟹"）一名的早先出处之一，此称刚刚出现，就被戴侗写进了《六书故》，而且他的解释抓住了青蟹的特征，又简洁妥帖。

明清

概　述

　　明清是我国历史上的最后两个封建王朝。在前后五百多年里，国家统一，民族融合，商品经济四通八达，文化景象辉煌灿烂。至此，中华蟹史这条动态行进的长河，潮平两岸阔，风正一帆悬，比以前遍及万象的气势，比以前更加矫健向前的姿态，流淌到一个不断拓宽深入并带有总结性质的时期。

　　蟹况考察更加展开。就蟹的种类而言，玉蟹、沙钻蟹、金钱蟹、和尚蟹、花蟹、卤、山寄居螺等陆续进入先民视野，被提及而记录了下来。其中还记录了多种无名大蟹，例如清冯一鹏《塞外杂识》所记在今辽宁省丹东市西靠近朝鲜的地方，"海蟹随潮而上，大者横长丈许，小者亦径数尺"，虽然未及名称，恐怕就是今称的勘察加蟹。其中还记录了多种不详之蟹，例如清郁永河《采硫日记》所记在今澎湖列岛，"见渔者持蟹二枚，赤质白文，厥状甚异"，留下了有待今人去考实为何种蟹的线索。这类记载，七七八八加起来，总共要有二十多种，这一时期可以说是考察到螃蟹种类最多的历史时期。

　　就蟹的性状而言，这时期在认知上有所深化。明沈周《客座新闻》和陆容《菽园杂记》，不约而同，或记录了"俄见一巨蟹，八足俱脱，止以两螯钳两蟹，凭借而上（竹箪）"，或记录了"一蟹八跪皆脱，不能行，二蟹舆（抬）以过箪"，真实而罕见地记录了螃蟹之间存在着相互扶持、见义而为的状况。唐陆龟蒙《蟹志》已及稻蟹洄游，可是又说："既入于海，形质益大，海人亦异其称谓矣。"所述不确。明顾清《松江府志》："蟹入海至春即散子，既散子，即枯瘠死矣。梅月乘潮而来，皆其子也。"较早反映了稻蟹入海散子及其子乘潮返回内陆水域的又一洄游现象。这"蟹子"后被江苏一带称为随潮群集的"虱蟹"，被浙江一带称为团结成球于岸埼间的"膏蟹"，现今视之，当是稻蟹的幼体。此外，清李渔《蟹赋》里说，稻蟹的洞穴"位居燥湿之通津"，即通常在潮水涨落的高低水位之间；屈大均《广东新语》里说，稻蟹"其匡初蜕，柔弱如棉絮，通体脂凝，红黄杂糅，结为石榴子粒，四角充满，手触不濡，是名软蟹"，记录了蜕壳软蟹的体状、色泽、手感等情状；焦循《北湖小志》里说，取蟹之法有熏索，"用大索，粗如盂盏，熏以秽草，斜缒于湖，蟹恶秽，不肯过索，乃沿索行至端，有网陷入，不得出"，不仅指出了"蟹恶秽"的性状，而且依此熏索取蟹。凡此种种，皆前人所未及，深化了对螃蟹性状的认知。

食蟹风气更加普遍。我国产蟹，尤其稻蟹，最受群众喜爱，可是东南部有西北部无。据清纪昀《乌鲁木齐杂诗·物产》注："一切海鲜（按：诗中提及了螃蟹），皆由京贩至归化城，北套客转贩而至。"即商贩把北京的螃蟹，先长途跋涉贩到归化（今内蒙古呼和浩特），再由河套客商长途转运到乌鲁木齐，竟横行了整个北中国的境地，原因是当地人"不重山肴重海鲜"，"行箧新开不计钱"，可见螃蟹已经风靡到了不产稻蟹的新疆。据清无名氏《螃蟹段儿》，东北一个满族小伙从集市上买回了一种稀奇古怪的东西，因此和他的妻子汉族姑娘发生了冲突，最后一吃，才知道螃蟹的鲜美，说"亲丈夫，再去买，千万的莫惜钱"，态度一下子转了一百八十度，俘虏了没有吃过它的人的胃口。满族人的菜肴以猪羊等肉食为大宗，极少吃蟹，可是饮食是有交融性的，特别在入关之后，受到汉族文化的渗透和影响，乾隆皇帝、慈禧太后等都喜爱食蟹，满汉全席里就有各种各样螃蟹菜式。

多半喜爱食蟹的汉族人里更涌现了一大批吃蟹达人：明代画家徐渭将画换蟹来吃，清代名士李渔嗜蟹一生，诗人张问陶是蜀人却因蟹而客居中原，教育家李瑞清餐食百蟹被人称为"李百蟹"……这样的吃蟹达人形形色色，不一而足。这一时期还出现了以蟹相款待而聚集共食的"蟹会"：据明刘若愚《酌中志》，晚明皇家的"宫眷蟹会"是极为快乐的，"五六成群，攒助共食，嬉嬉笑笑"；据明末清初张岱《蟹会》说，"一到十月，余与友人兄弟辈立蟹会"，各人轮流当会主，从东家吃到西家，不致虚度蟹季；据清曹雪芹《红楼梦》，大观园里的少男少女举办的蟹会极为热闹，并引发了诗兴；据海圃主人《续红楼梦新编》，重阳时节，贾政与诸友结会，饮酒吃蟹，并各各讲说历史上的螃蟹故事。种种以蟹为主的聚餐会，随意，不拘，亲和，欢洽，显示了蟹的独特魅力和大家对它的格外赏识。此外，重阳佳节吃螃蟹，在长三角地区的许多城镇已经成了某些行业的俗例，"紫蟹居然一市空，买来声价重青铜。东翁为劝茱萸酒，过却明朝上夜工"（孔庆镕《扬州竹枝词》）。商店和作坊的主人，在重阳节的晚上要宴请店员和劳工，相约"吃了螃蟹酒，夜作不离手"。

这一时期饮食著作里对蟹的肴馔给予了更多的关注，明宋诩

《宋氏养生部》、清朱彝尊《食宪鸿秘》、顾仲《养小录》、袁枚《随园食单》等就是。特别是佚名《调鼎集》汇集了七十多款，林林总总，达到了无与伦比的地步，可以视为一部蟹肴的半总结性质著作，在中国烹饪史上留下了光辉印记。除了饮食著作之外，其他文献亦零星涉及许多，丰富琳琅，蔚为大观。必须补充的是，蟹的吃法虽然众多，但要吃出它的鲜甜嫩香的原味，还得整只蒸煮，以全螃蟹装盘，对此，以前都是手剥牙咬，清代中期，陈少海在《红楼复梦》里首及"蟹八件"："每人一副银丝儿的帚子、银钩子、银扒子、银千子、银刀子、银锤子、银镩子、银勺子，每副八件"；这八件食蟹工具都是以银打制的，称名中尾缀"子"字，那么一定闪亮光泽，小巧玲珑，受人喜爱，用它辅助吃蟹，就不但可以吃得干干净净，而且平添了一份雅兴，推动了螃蟹的消费。

螃蟹文化更加多彩。文学方面，更多诗人加入了咏蟹队伍，钱宰、刘基、高启、王世贞、陆次云、朱彝尊、翁同龢、秦荣光等，多得难以数计，题材广泛，形式丰富，风格摇曳。明徐子熙《蟹》："瀚海潮生万派浑，鱼虾随势尽惊奔。雄戈老甲瞪双眼，独立寒秋捍禹门。"歌颂了老蟹凛然的英雄气概，具有象征意义。清陆次云《减字木兰花·蟹》："半藏半露，窄穴容身穿浅渡。如寂如喧，吹沫成珠个个圆。　不齐不正，遥睨青空双眼硬。时疾时徐，郭索横行何所须。"描摹逼真，活脱传神，句式整齐而对偶，给人一种形式的美感。更多作家加入了赋蟹的队伍，夏树芳、郑明选、张九嵕、尤侗等，清鸿宝斋主人编《赋海大观》收录的蟹赋即达五十多篇，加上其他散文体裁，数量更大，明袁翼《湖蟹说》是一篇美丽的渔光曲，又是一篇记录今苏州阳澄湖蟹的历史文献，清陈其元《蓄鸭之利弊》反映了今上海南汇海滨乡民"蓄鸭以食螃蜞，鸭既肥而稻不害"，显示了以物制物、化弊为利、生态平衡、鸭稻两丰的智慧。戏曲里继续保留着螃蟹的踪迹。明清的小说洋洋乎为一代之文学，吴承恩《西游记》写了孙大圣摇身变成大螃蟹爬进龙宫，兰陵笑笑生《金瓶梅》写了螃蟹和田鸡赌赛及酥脆好吃的"螃蟹鲜"，金木散人《鼓掌绝尘》写了能使热酒变凉、凉酒变热的"温凉（石）蟹"，蒲松龄《聊斋志异·三仙》写了一只螃蟹幻化为一个叫"介秋衡"的秀才……尤其是曹雪芹《红楼梦》笔饱墨浓地写了大观园里的一群人赏桂花吃螃蟹，一一都成了艺术经典。此外，这时期的蟹联特别兴旺，例如明郎瑛《七修类稿》等所记的《神童对》、徐充《暖姝由笔》所记的《巧对绝怪》等，形象贴切，工整精巧，为千古名联。

　　艺术方面，更多的画家加入了画蟹的队伍，沈周、陈淳、徐渭、郎葆辰、招子庸、任颐等，几乎形成了一个画家无不画蟹的趋势（例如清代扬州八怪多数画过螃蟹），是蟹画繁荣的黄金时期。据明祝允明《祝子志怪》载，有个佯狂奇谲人李秀，竟在南京一座寺庙新垩的寺壁上，先以瓠蘸墨印壁，再以笔在下画沙滩，最后，"瓠迹旁一一加以螯足悉成蟹，俯仰倾倒，态状各异，望之蠕动如生焉"，这幅沙滩群蟹图引起轰动。据清陆滶《冷庐杂识》等载，浙江安吉人、嘉靖进士郎葆辰，"画蟹入神品，人皆宝贵之，称为郎蟹"，"凡士大夫得其一帧半幅者，无不珍如拱璧"，传说他奏请妇女听剧，被人用诗嘲讽，"卓午香车巷口多，珠帘高卷听笙歌。无端撞着郎螃蟹，惹得团脐闹一窝"，侧面反映了他卓绝的蟹画为妇孺皆知。种种蟹画，风格不一，生动有逸致，到了晚清又开始融进了人物画，题材更加广阔。更多的工匠加入了螃蟹工艺品制作的队伍，例如明代后期金陵竹雕大家濮仲谦所制的竹蟹，"情态毕肖，置之几上，蠕蠕欲动"，为工艺瑰宝。此外，玉蟹、蟹灯、蟹书滴、螃蟹风筝，包括流传于世的各种各样蟹饰工艺品，精彩纷呈。

著述方面，或出现了填补空白的记载，据明祝允明《祝子志怪》，吴县贺恩与二士同舟赴试，途中见钓者，三人相约，借钓竿而卜，"钓得蟹者为解元（乡试第一名）"，后独贺恩"一钓而得两蟹"，如卜，果中解元，此类书生因蟹而中榜的故事有好几个，反映了以蟹为兆的观念。据清汪启淑《水曹清暇录》，江都居民某尝得一蟹，不忍煮吃，"听其郭索于砌下"，后某被其妻与所私者杀，埋于床下，此蟹竟爬到县里，"援阶而上"，县令命卒随侦，"蟹直入床下，卒发地得尸"，遂破案，"蟹竟不复之所往"，此类故事也有好几个，反映了放蟹报德的观念。据明陈士达《梦林玄解》，其中包括梦到螃蟹的种种凶吉说法，例如黄甲蟹，"士人梦之名登金榜，武将梦之威著虏庭，若疾病、词讼梦之，必主解散，交易、婚姻梦之，必主难成"，反映了以梦附会人事的观念。或出现了总结性的编著，清陈梦雷、蒋廷锡等纂集的《古今图书集成》，其"蟹部"分类汇编了自先秦至元明的经史子集所载的各种材料，虽存疏漏，却颇为精当，成了类书中带总结性的蟹部文献集成。清张玉书《佩文韵府》，张玉书、陈廷敬等《康熙字典》，张廷玉《骈字类编》的涉蟹字条，用足功夫，广搜博采，罗列有序，交代简明，为字书类中各有专长的带总结性的著述，流传广泛，影响很大。

蟹史人物更加彪炳。主要有：

李时珍（1518—1593），蕲州（今湖北蕲春）人，明代医药学家。他继承家学，博览群籍，深入实践，辨别考证，经二十七年著成《本草纲目》，载药物1518种，其中的"蟹"包括了释名、集解、修治、气味、主治、发明、附方，既有历代医书及其他共三十六种典籍的引录，又揉进了自己的认识和经验，例如主治，除了引录《神农本草经》等可主治"胸中邪气，热结痛，喎僻面肿"等之外，又补充说"杀莨菪毒，解鳝鱼毒、漆毒，治虐及黄疸。捣膏涂疥疮、癣疮。捣汁，滴耳聋"，逐一点出了蟹能主治的种种疾病。整个蟹条广集博取，发明阐述，丰富详赡，切合实用，成了全书中最见功力和智慧的部分之一。因此，仅以蟹而言，李时珍的《本草纲目》不只是总结性的，更是开拓性的最权威的医药文献。

徐渭（1521—1593），字文长，号青藤道士，山阴（今浙江绍兴）人，明代书画家、文学家。其嗜蟹，尝说"百年生死鸬鹚杓，一壳玄黄玳瑁膏"，意思是一生中只要天天能喝到鸬鹚器皿里的酒，吃到黄黑相间犹如玳瑁般的蟹膏，就不算虚度了。他认为"水族良多美，惟侬美独优"，即螃蟹才是水族中最好吃的食物。徐渭画蟹，据题画诗与今存画，共有十多幅，笔墨洒脱，天趣灿发，"花果鱼蟹，虽点钩三二笔，自与凡俗不同"（清蓝瑛《图绘宝鉴续纂》），把写意之蟹推向了一个新的境界。咏蟹，包括题画诗在内共存咏蟹诗二十多首（句），很多蕴含寓意，格外深切。例如有一首《题画蟹》诗说"饱却黄云归穴去，付君甲胄欲何为"，意思是一片如云般黄澄澄的稻谷尽你吃，可是你吃饱了就爬进自己的洞穴，那么，老天给你的一身盔甲究竟是为了什么呢？表达了东南沿海将士对倭寇骚扰蜷伏不出的愤慨。这类题画诗每一首都是诗书画"三绝"。

李渔（1611—1680），字谪凡，号笠翁，浙江兰溪人，清初多才多艺的大名士。他嗜蟹到了"一生殆相始终""无论终身一日皆不能忘之"的地步。经过比较，李渔认为"以是知南方之蟹，合山珍海错而较之，当居第一"，因此，"薄诸般之海错，鄙一切之山珍"，因为他的推崇，进一步确定了螃蟹在食界不可动摇的突出地位。他还首次总结出了一套食蟹经：螃蟹宜蒸食，方可保留其美质；食蟹必须自任其劳，旋剥旋食则有味；剖食螃蟹应剖一筐食一筐，折一螯食一螯，则气与味丝毫不漏……尤其在著名的《蟹赋》里提出了先食筐、再食瓤、最后食螯足的先后程序，描摹生动，合理而符合了科学。这一切可视为食蟹的经典总结。

屈大均（1630—1696），广东番禺人。清初学者、诗人。他写过十四首咏蟹诗，诗风清新刚健。特别在《广东新语》里记录和探索了各种蟹况，例如"凡春正二月，南风起，海中无雾，则公蟛蜞出。夏四五月，大禾既莳，则母蟛蜞出"，为历史上首次触及了公母蟛蜞分别而出的时间；"蟹一月一解，自十八以后月黑，蟹乘暗出而取食，食至初二三而肥，肥则壳解。月皎时不敢出，则瘠矣"，对历史上常被人提及的蟹"与月盛衰"，"月明则瘦，月晦则肥"的原因作出了说明。诸如此类者甚多，可以说，屈大均是一位丰富和深化了蟹况认知的大家。

孙之𫘤，字子骏，号晴川，浙江仁和（今杭州）人，清代作家。丙申年（1716）三秋偶暇，坐拥群集，杜门却扫，辑成《晴川蟹录》，后兴之所至，又辑《后蟹录》《续蟹录》，三书相加，约近八万字。孙著最大的特点是繁富，除了收录自己的蟹诗、蟹文共十八条外，引录的上千个条目，上至先秦下至清初，涉及方方面面，经史子集，渔业、饮食、医药、习俗、诗歌、散文等等，不遗余力，穷搜博采，饾饤掇拾，求全求备，虽说仍有缺漏，而且冗杂无绪，却是一份中华蟹史文献的最为详尽的总结。

曹雪芹（1715—1763），清代小说家。《红楼梦》第三十七至三十九回写了大观园人吃螃蟹，笔饱墨浓，酣畅淋漓，是小说里最精彩的文字之一，透过这些文字，展示了曹雪芹的食蟹观：吃蟹是一种雅事，要到环境优美的藕香榭赏桂花吃螃蟹；吃蟹有一套讲究，包括要吃一斤只有两三个的螃蟹，要蒸了趁热吃，要自己剥着吃才香甜，要多倒些姜醋，要烫酒和煮茶，要散坐随意，要在吃前和吃后洗手等；吃蟹是一种省事便宜的行为，头天议定交办，次日中午即能吃到，七八十斤的大蟹，五分一斤，花银三两五或四两，几十个人吃，在贵族、皇商家庭成员看来，不算昂贵。如此种种，使得《红楼梦》也成了一份中国人历来吃螃蟹的形象而鲜活的总结。此外，小说中三首《螃蟹咏》和一笔螃蟹账，历来为人称道和评论，随着《红楼梦》的广泛流传，产生了极大影响。

玉蟹与沙钻蟹

先说玉蟹。

周密《武林旧事》卷三"社会"条里提到：庙会上有各种"动心骇目"的珍奇，其中包括"奇禽则红鹦白雀，水族则银蟹金龟"。之后，明高濂《遵生八笺》卷三"三月社会"条引录改"银蟹"为"玉蟹"，清孙之骧《晴川蟹录》卷二又以"玉蟹"为条目名称引录《遵生八笺》语。"银蟹"是否就是"玉蟹"？未详，可是反映出时至明代人们已经提及玉蟹了。

明朱季美《桐下听然》：

> 支硎山有细泉，自石面罅中流出，虽大旱不竭，俗呼为马婆溺，相传支道人养马迹也。万历庚子，忽见干燥，

清代白玉双蟹

　山中人云：有贾胡每夜烛光，凡半月，取一玉蟹而去。

　　支硎山，在今江苏苏州西；支道人，晋代名僧，号支硎，家世佛事，深思道行，曾隐居此山养马。此记玉蟹，能使山中细泉虽干旱仍然流淌，后被胡姓商人取走，则泉水因而干燥。这个神奇的传说，后来被清徐树丕《识小录》卷一、孙之𫘬《晴川续蟹录》、褚人获《续蟹谱》、汪士禛《香祖笔记》卷三等引录或转述，产生了影响，玉蟹就更加广为人知了。

　　清朝继续有玉蟹故事的记载：毛祥麟《墨馀录》卷二：高行镇北隅，有"玉蟹桥，有玉蟹穴其下也。尝闻之里老云：每当风清月朗时，澄观水际，果见蟹自穴中出浮，游波面，其白如脂。村人多方取之，终不可得。后凡数月始一见，今已久不复见，而行人过此者，犹手探其穴云"。程趾祥《此中人语》："离筲溪三里遥，有玉蟹桥，其下有玉蟹洞，中有一玉蟹，大几盈尺，恒于夜半放光，与星月斗彩，虽频见之，然终不能获也。"后乡人以金田螺钓玉蟹，果得活宝，江西人以银数千两觅去，乡人得其资，遂成小康。故事除提及大家视玉蟹为珍宝外，还提到了玉蟹的形态："其白如脂"，"大几盈尺"，"夜半放光"等。

玉蟹之名，现代蟹著中仍见，属尖口蟹类，有多种，其斜方玉蟹，全身光滑、整洁、状如玉雕，色彩鲜明，头胸甲长度大于宽度，呈斜方形，背面隆起，螯足长大，步足细小，生活在浅海泥沙底上，我国东海、南海均有分布。上述所记，庶几近之。

再说沙钻蟹。

清黄叔璥（1666—1742）《台海使槎录》卷三："沙钻蟹，色黄，遍身有刺，遇人即伏沙底。"后又见蒋师辙《（光绪）台湾通志·物产》："海中则有沙钻蟹，色黄，遍身有刺，遇人即伏沙底。"

这沙钻蟹是哪一类蟹呢？即今称栗壳蟹（属玉蟹科），它的头胸甲表面具刺或颗粒，周围也具刺，状如栗壳，生活在近海泥沙底上，我国东海和南海均有分布。

金钱蟹

明清时期的竹枝词里往往闪出金钱蟹的名称：明曹重《云间竹枝词》"今年不醉金钱蟹，只醉盈罈沙里狗"，释仲光《渔家竹枝》"鳑皮钱蟹漾沙盆，小篮挑入涌金门"；清黄霆《松江竹枝词》"横泾小蟹号金钱，较似清溪味更鲜"，朱文治《消寒竹枝词》"寒潮初落西风紧，出网金钱蟹亦肥"……这些诗句大致使人知道，金钱蟹可醉食，受人欢迎，肥而鲜。

对此，古人勾勒说：

金钱蟹，形如大钱，中最饱，酒之味佳。（明·屠本畯《闽中海错疏》卷下，徐𤊹《补疏》）

稍大（按：比沙狗），长二三寸者，名金钱蟹。（明·谭贞默《谭子雕虫》卷下）

金钱蟹，身扁，赤黑色。（清·黄叔璥《台海使槎录》卷三）

金钱蟹，产于夏，壳薄，膏黄。醃食，加姜，胜长跤蟹。（清·郭柏苍《海错百一录》卷三）

金钱蟹，小蟹也，以其形如钱，故名。产咸淡水间，有墨膏，可腌食。（徐珂《清稗类钞·动物类·金钱蟹》）

清王韬《瀛壖杂志》说"金钱蟹即虮蟹也"，此当为误。今人或言，金钱蟹乃尖口蟹属的黎明蟹，它头胸甲近似圆形，背面呈浅黄色，步足的指节呈柠檬色，身子凸起像馒头，伏居于浅海泥沙底上，拖网中常可捕获，我国南北都有分布。此说庶几近之，然亦有人言为弓蟹的，待考实。

和尚蟹·花蟹·卤·山寄居螺

和尚蟹 清《（雍正）象山县志》卷十二："石蜠，小如指，一名和尚蟹。"清姚光发《（光绪）松江府志·续志》卷五："壳高突寸许，若髡僧者，曰和尚蟹。"

石蜠之名，早先见于三国沈莹《临海水土志》："石蜠，大于蟹，八足，壳通赤，状鸭卵。"《象山县志》说它"小如指"，两者显然不一，当为编纂者误记，而"一名和尚蟹"则属实。和尚蟹，今蟹著中仍见，它的头胸甲背面隆起而光滑，状似"髡（剃去头发）僧"之头，带粉红和浅蓝色，常群集于潮间带的沙滩上，雄蟹横行，雌蟹直爬，为我国东海和南海常见。

花蟹 清李调元（1734—？），绵州（今四川绵阳）人，乾隆进士，曾任广东学政等，他在《犀然志》卷上里说："花蟹，八跪二螯，与诸蟹同，但跪小而螯大，几与筐等。筐与螯有斑文，如湘竹，如贝锦。其敛螯足之时，又如龟之藏六，无罅隙可窥。"

此花蟹，当为今称的馒头蟹，头胸甲宽，背面隆起，犹如馒头，色呈浅褐，螯大足小，亦具褐色斑点，常伏居于浅海沙土中，并且用螯足紧贴前额，似无缝隙，我国东南沿海均有分布。

卤 清郭柏苍《海错百一录》（成书于光绪丙戌，即1886年）卷三："卤，产于夏，似金钱蟹，壳方而薄，味次于金钱蟹，腌食，加姜醋。"

这卤是哪种蟹呢？今人或言，为狭颚绒螯蟹，稻蟹（即中华绒螯蟹）的近亲，都为绒螯蟹属，但形体小，额部较窄，其螯的掌部仅内面有绒毛，而外部光滑，栖息于积有海水的泥坑中或在河口的泥滩上，并不到内河里来。

山寄居螺 清屠继善《（光绪）恒春县志》卷九："山寄居螺。山龟仔角山下。毒不可食。大者四五斤。昔有食其肉者即毙。恒邑人多招徕，不知，以为海之寄生螺也，而误食之。"

恒春，在今台湾屏东县南部恒春半岛西侧，因气候终年暖热得名。这山寄居螺是什么？今人或言，为陆寄生蟹类的椰子蟹。它除了在春夏繁殖季节回到海里产卵，发育成幼体，大部分时间都是逗留在陆地上的，它的鳃腔内壁有一丛丛血管，可以充分吸收空气中的氧气来呼吸。它体型很大，大的重达四五斤，却善于攀爬，常常爬上椰子树，以强壮有力的两螯，打开椰壳，取食椰肉。

顺及，晚清画家吴友如（1837—1893）的《吴友如画宝·贼蟹说》以文字佐图画云：印度洋中的下加剌岛产椰，居民以为利，而有一种"长大于常蟹数倍或数十倍"的蟹，能"缘木也如飞，及至树巅钳椰实蒂断而堕之地"而食，因名之曰"贼蟹"。此虽非本土所产，亦可作椰子蟹的参考。

虱蟹与膏蟹

先说虱蟹。明顾清（1460—1528）《松江府志》："蟹入海至春即散子，既散子，即枯瘵死矣。梅月乘潮而来，皆其子也。"为历史上最早察觉并记录了稻蟹之子乘潮返回内陆水域的现象。明宋诩《竹屿山房杂部》卷四"涩蟹至小而色白，性柔而肥"，已经对其子命名并描述。到了清代，更为形象的"虱蟹"就替代了"涩蟹"，

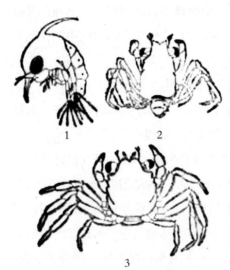

河蟹的幼体: 1.潘状幼体; 2.大眼幼体; 3.第一幼蟹期

（采自沈嘉瑞、刘瑞玉《我国的虾蟹》）

广为称引，例如褚人获《续蟹谱》"苏州嘉定县近海产虱蟹，大如豆，味甚佳"；王鸣韶《练川杂咏和韵》"又烹虱蟹慰儿童"，自注"海滨有虱蟹，小如豆，取之捣汁为腐，最鲜美"；等等。

这虱蟹是什么？先引数条有代表性的记载：

> 虱蟹，类望潮，随潮信为盛衰。春初一网数千，清明即绝，味极鲜美，然一杯羹戕千百命矣。(清·杨光辅《淞南乐府》"春浦渔船捞虱蟹"注)

> 虱蟹，其名无典，蟹类而细如豆。春初化生，随潮群集水滩，捣汁和蛋为衣，味甚鲜美，春深即无。(清·俞樾《(同治)上海县志》)

> 海人云：每获必聚结成团，散则无从捞捉也。(清·祝德麟《虱蟹》诗注)

现今我们已经知道，雌性稻蟹在浅海咸淡水域交配后怀卵，第二年春天，便在通海的江口孵化，一只中等大小的雌蟹能孵化20万—90万的幼体，先是与水溞相似的溞状幼体，经过多次蜕皮变态成大致近似蟹形的大眼幼体，密密麻麻，至小而色白，黑眼睛乌溜溜转动，沿江随潮溯上，再蜕皮后就成为幼蟹，俨然蟹形，继续洄游到淡水区域觅食，最后又经多次蜕皮，方为成蟹。对照前引记载：从地点看，都在近海长江段，从时间看，都在春初随潮涌来至清明而绝，从大小看，其小如豆如虱，从数量看，聚结成团，一网数千。可以判断，它就是成群结队从江口顺潮洄游的稻蟹幼体，或是大眼幼体，或是幼蟹。为什么都在近海江段？因为在这一江段洄游的时间正是它幼体三变态所需的阶段。为什么清明即绝？其实是幼蟹变态为成蟹了，是继续溯江洄游或分散四方了。

应该说，这个判断早为清人所及。《（康熙）嘉定县志》卷四载佚名《虮蟹赋·序》："虮蟹，大如豆，二螯八跪，细娟可爱，海塘之民捕之捣浆为腐，奇鲜，非人间口实。或曰：海蟹有子，随潮而入内河，大者食田中稻，至秋末必执一穗，以朝其魁。"郑光祖《醒世一斑录》卷八：道光三年，常熟"蟹秧小如豆粒，来自江海。闰四月二十日前后，海口各港，随潮涌入，多至不可思议。入内地，易长且大，三夏至秋，串串入市，至后愈肥"。先后都指出了虮蟹是稻蟹的幼体，它长大了食稻而肥，或被捕捉后入市而卖，或至秋末执穗洄游至海。不过，清王韬《瀛壖杂志》卷一说"虮蟹较蟛蜞更小，每二三月间随潮而至，近清明即无，俗谓怕纸钱灰也"，与众言一致。接着却说"金钱蟹即虮蟹也"，判断当误，金钱蟹是一种独立的蟹种，显然并非"即虮蟹"。

稻蟹是我国称名最早的蟹种，也是我国分布最广、产量最多、群众最爱吃的蟹种，可是长久以来蟹史对它的幼体却未涉及，因此，"蟹入海至春即散子"、乘潮而来的其子称"虮蟹"及种种情状的记述，是填补了空白的，从而使人们对稻蟹有了更为完整而全面的把握，意义重大。

再说膏蟹。清全祖望（1705—1755）《句余土音·赋四明土物·膏蟹》诗注："膏蟹大如鹅眼钱，满腹皆膏。正二月间出江北，梅墟一带皆有之。潮过，团结成球于岸埼间，渔人取而售于市。用姜醋生嚼极脆嫩隽爽，或有人用鸡鸭子加葱以蒸者，或有用腐渣生炒者，味亦清美。过时则足脚生毛，腹裂而死，不中食也。是蟹能吐光。"钱大昕《（乾隆）鄞县志》卷二十八："膏蟹，蟹之至小者，有膏，夜有光，唯正月间有之。"徐兆昺《四明谈助》卷二十八："膏蟹出甬江北浦地，一名交蟹，以其交连不断也。入馔不待烹调，少渍以醯，活取入口中咀嚼，去其渣，鲜活异于常蟹。"

四明，即今浙江省宁波市（鄞为其属县），其境内有流入东海的甬江，这里出产的膏蟹是什么？从大小看，或言"如鹅眼钱"，或言"蟹之至小者"；从时间看，或言"正二月出"，或言"唯正月间有之"；从所出时的情态看，或言"潮过，团结成球于岸埼间"，或言"一名交蟹，以其交连不断也"。所指或许也是稻蟹的幼体。全祖望所言"过时则足脚生毛，腹裂而死"，当为幼体蜕皮未遂而死，钱大昕所言"夜有光"，当为幼体群集于水面时其壳的闪光现象。凡此种种推测，有待考定。如果推论正确，则可与虭蟹相互补充，同是宝贵的史料。

待考之蟹

先人所记之蟹，多数为今人考实或大致考实，可是有的因为所记简略等原因，难知其实。现录下多种待考之蟹。

节蟹 明方承训《复初集》卷十四：《淮海中三月产节蟹，味与江湖季秋蟹同佳，而中膏丰隆，形差殊焉，色彩刺锋亦略异，第时暖气蒸，不可淹醉》，此为诗题，诗中则有"更羡甲锋丹耀目"之句。

烹后壳如朱砂，中有石青填嵌蟹 清许旭《闽中纪略》："蟹有一二十种，形各不同，其味尽佳。有一种烹后壳如朱砂，中有石青填嵌处，最奇。"

赤质白文蟹 清郁沧浪《采硫日记》："澎湖凡六十四岛，断续

435

不相联……人居沙上，潮至辄入室中，官署不免归舟，见渔者持蟹二枚，赤质白文，厥状甚异。”

方棺蟹 清孙之騄《晴川后蟹录》卷四：“遂儿往宁郡，拾一小蟹归，背方狭，隆然如棺形，土人名曰方棺蟹，一螯偏大，类拥剑，即止观。辅行云：举螯等者，蟹类也。”

独鹿 清郝懿行（1755—1823）《记海错 · 蟹》：“文登海中有蟹，大小如钱，厚逾寸半，宜炒炙连骨啖之，彼人所谓独鹿者也。海人读鹿为栗。”

田蟢 清郭钟岳《瓯江竹枝词》“田蟢纤螯未可持”，自注“田蟢似蟹而小”。此为稻蟹之小者或蟛蜞或其他，不详。

种种无名大蟹

这里录下的大蟹，并非是《山海经》所说的“千里之蟹”，或有夸大，却应该是实际存在的，只是没有名称而已。

壳如矮屋的大蟹 明艾儒略（1582—1649，意大利传教士）《职方外记 · 海族》：“有蟹大逾丈许，其螯以钳人首，人首立断，钳人

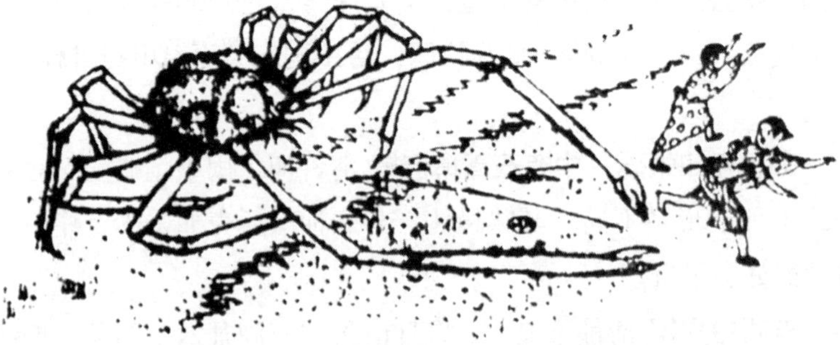

大蟹

胘，人胘立断。以其壳覆地，如矮屋然，可容人卧。"

形如车轮的大蟹 清董含（1624—？）《三冈识略》卷二："夏公允彝尝言：宦闽中，被邀至海滨，见一物，形如车轮，螯若巨斧，当道而立。众聚击之，熟视乃蟹也。烹之，得数十人馔。乃知海鱼吞舟，巴蛇食象，无足怪者。"

竟丈的大蟹 清黎士弘《仁恕堂笔记》："戊戌，一海州估客附舟东下，云：'海上逢闰年，必有一大鱼随潮至，潮退，鱼留，大者长竟里，小者亦数十丈，谓之天刑鱼……鱼至时，必有一押者俱来，或巨虾大蟹，人谓之解鱼。'使客曾见一蟹大竟丈，一螯为鱼尾所压，不得出，后潮来乃与鱼俱去。"

横长丈许的大蟹 清冯一鹏《塞外杂识》："红旗街（在宁古塔西北五六百里，江沿之际，水亦清浅，江北乃朝鲜界，并望见其城）已接海岛，海蟹随潮而上，大者横长丈许，小者亦径数尺，与犬獐等物遇，则张螯夹之，必折其股。居人素不识其为何物，见其来，则群走而避之。余知其为蟹，令人以石击之，盖碎膏流。煮食之，味至美。至今为居人添一食品云。"

圆径二尺余的大蟹《（光绪）吉林通志》卷三十四引《采访册》云：蟹"今出珲春海中，其大者圆径可二尺余"。

足长四五尺的大蟹 近人徐珂《清稗类钞》："延吉产蟹，其壳径不过二寸，而足长至四五尺，每一足之肌肉足供一二人之食，其肉之美，亦逾于常蟹。"

以上种种无名大蟹，使人颇费猜想。其中，冯一鹏、《吉林通志》、徐珂等所记的大蟹，恐怕就是今称的堪察加蟹，它状如蜘蛛，若将螯足左右展开，足足有三米多长，肉质洁白，口味佳美，分布于太平洋北部寒冷的海区中，以勘察加最多，我国东北辽宁和

437

吉林亦曾有其踪迹。

顺及，清檀萃《滇海虞衡志》卷八："迤南（今云南普洱一带）有巨蟹，大盈数亩，其土沮洳，四时不干，流出细蟹无数。每起瘴，谓之螃蟹瘴，土人聚火器攻之，蟹死而地干，瘴不起，可居可种，成乐土也。"所记"大盈数亩"的"巨蟹"，未及数量，若是群集，或属真实，若是一只，显然为神话。

明清涉及蟹类的博物著作掠影

择要简介于下：

杨慎《异鱼图赞》杨慎（1488—1559），四川新都人。正德六年（1511）一甲第一名进士（即状元），授翰林修撰。学问渊博，著作等身，明代大家。《异鱼图赞》四卷，录凡鱼八十七种、海错三十五种，图已失传，仅存赞语，其中涉及海镜、大蟹、彭蜞、沙狗、拥剑、招潮、倚望、石蜠、蜂江、芦虎等蟹类十种，例如"沙狗"图赞："蟹有沙狗，亦似彭蜞；穿沙为穴，见人则蛰；曲径易通，了不可得。"说明了沙狗的形态、生长环境、行为。每赞六句，每句四字，扼要、押韵、朗朗上口，好读易记，对于普及蟹类知识极有价值。

胡世安《异鱼图赞补》胡世安（？—1663），四川井研人，明崇祯元年（1628）进士，官至少詹事，降清后累迁武英殿大学士，兼兵部尚书。《异鱼图赞补》据杨慎《异鱼图赞》类搜而补，两卷，补充了众多水生动物，其中涉及蟹、蝤蛑、虎蟳、蟚蜞、数丸、百足蟹、蟛、寄居等蟹类，例如"虎蟳"图赞："蟹有虎蟳，蹒跚而行；狰狞斑斓，遂冒虎名。"说明了虎蟳的形态、行为、得名，扼要而简明，尤其是在每种蟹类图赞之后备引他说，以"虎蟳"而言，便引录了《雨航杂录》(冯时可)、《岭表录异》(刘恂)、《闽部疏》(王世懋)、《五杂组》(谢肇淛)、《渔书》(林日瑞)等所说，繁富而博采，有助于人们更为完整地把握蟹类知识。

冯时可《雨航杂录》 冯时可，松江府华亭（今上海）人，隆庆五年（1571）进士，官至按察使，明代学者。《雨航杂录》卷下涉及蛗、蟛蜞、蟳、拥剑、虎蟳、招潮等十七种，多以自己的语言简要说明，例如"沙狗，穴沙中，见人则走，或曰沙钩，从沙中钩取之也，味甚美"，不但介绍了向有记载的沙狗，而且首及"沙钩"之称及其得名的缘由。此外，蟹何以称"蟹"？"是物以解结散血得名"，从医学角度给出解读，别具新见。

屠本畯《闽中海错疏》 屠本畯，浙江鄞县人。以门荫入仕，官至福建盐运司同知。读书至老不倦，明朝万历二十四年（1596）成《闽中海错疏》三卷，记福建所见海产二百五十七种，其中涉及蟹、毛蟹、金钱蟹、石蟹等蟹类十五种，例如"虎狮，形似虎头，有红赤斑点，螯扁，与爪皆有毛"，不但最早记录了一个福建人呼为"虎狮"的名称，而且简要勾勒了它的形态。

聂璜《海错图》 聂璜，钱塘（今浙江杭州）人，曾"客台瓯（今浙江台州、温州一带）几二十载"，后又云游各地考察，最后在福建于康熙三十七年（1698）成《海错图》。此为图册，共四册，前三册今藏故宫博物院，现以《清宫海错图》为书名出版（文金祥主编，故宫出版社2014年版），共画海错二百三十六种，每种各系说赞，其"蟳虎鱼"兼及石蟳，其"绿蚌化红蟹"云："螺之化蟹，比比皆是，蚌之化蟹则仅见也。闽海有一种小蚌，绿色而壳有瘤，剖之无肉而红蟹栖焉。以螺而类推之亦化生也，然亦偶见不多。

蟹类（采自《三才图会》）

绿蚨化红蟹赞：看绿衣郎，拥红袖女；你便是我，我便是你。"据此书"物种考证"言，此图和说赞含绿紫蛤和豆蟹两种动物。《海错图》第四册现藏于台北故宫博物院。从《清宫海错图·前言》所转录的名目看，该册为介类，涉蟹众多，除了先前已载的金钱蟹、蟛蜞、沙蟹、蝤蛑等十九种和以地名称呼的台州溪蟹、云南紫蟹等六种之外，又及化生的响螺化蟹、火香螺化蟹、沙虮化生蟹三种，特别是前所未载、独见于此的鲎蟹、长眉蟹、镜蟹、竹节蟹、蒙蟹、狮球蟹、鲫蟹、长脚蟹、无名蟹、铁蟹、篆背蟹、崎蟹、拜天蟹、虾蟆蟹、虾公蟹、拖脐蟹等十六种，总共四十四种，不仅数量之多，前所未见，而且其十六种蟹名是土名、别名还是历史上缺失的新种更令人遐想。总之，聂璜《海错图》于蟹类学的贡献至伟至大，为中华古代的巅峰之作。

李元《蠕范》李元，湖北京山人。清乾隆嘉庆年间人，学问赅洽，著述甚丰，《蠕范》八卷，其卷七涉蟹十九种，例如"石盐，小于蜞，长不及寸，广仅半之"等。此书一大特点是，根据所读之书说明各种蟹的别称，"蟛蜞，螃也，蜻蟛也，蟛蚏也，彭越也"，"拥剑，桀步也，执火也，竭朴也"，"蝤蛑，青蚨也，拨棹也"，"蟳，倚望也，望潮也"……可资参考。

郭柏苍《海错百一录》郭柏苍，福建侯官人，据《序》"光绪丙戌秋日"，知成书于1886年。《海错百一录》五卷，记福建海产。该书卷三涉及蟳、蠘、寄生、千人擘、赤脚、石蟹、朱蟹、金钱蟹、长跤蟹、卤等二十多种蟹类，且逐一说明，例如"赤脚，拥剑之属，又名桀步，泉州、福州称赤脚，莆田谓之港蟹。《三山志》：揭捕子，一螯大，一螯小，穴于海滨，潮退而出，见人即匿，捣为酱有风味。《八闽通志》：拥剑螯大小不侔，以大者斗，小者食，一名执火，以其螯赤故也"。论述详尽而具体。

罕见的二则义蟹记录

根据今人观察，螃蟹生性好斗，而且贪食，即使是对受了伤的或刚蜕了壳的同类，也要争着吃。可是古人却曾经观察到与此相反的现象，螃蟹之间又是相互扶持的，见义而为的，此种记录有二则，虽说罕见，却说明了并非孤证，或可纠正今人认识的偏差，从而全面把握螃蟹的性状。

一则。沈周（1427—1509），长洲（今属江苏苏州）人，不应科举，专事绘画和诗文创作，名重画坛，为"明四家"之一。他在《客座新闻》卷第八"物类相扶持"里说：

> 弘治五年九月间，吾乡遭水，鳝多。邻周江编竹为簖，截流以取之……俄见一巨蟹，八足俱脱，止以螯钳两蟹，凭借而上，将及竹杪则难为转身，堕水中。少顷，复扶而上，上而复堕，如是者三。呜呼！一介虫之微，尚能扶持。人有见投井而挤之、复下石者，是蟹之罪人也。

二则。陆容（1436—1494），太仓（今属江苏苏州）人，成化进士，授南京吏部主事，官至浙江右参政。他在《菽园杂记》卷十三里说：

> 松江县簳山人沈宗正，每深秋设簖于塘，取蟹入馔。一日见二三蟹相附而起，近视之，一蟹八跪皆脱，不能

丰子恺作画、弘一法师题字《生的扶持》（采自《护生画集》）

行，二蟹舆以过簖。因叹曰："人为万物之灵，兄弟朋友
有相争相讼，至于乘人危困而挤陷之者。水族之微，乃
有义如此。"遂命拆簖，终生不复食蟹。

　　前一则说，一只八足俱脱的大蟹，用它的两只大螯，一螯钳
一蟹，一次次扶助同类翻过蟹簖。后一则说，一只八足皆脱的蟹，
被二只蟹舆（抬）以过簖。因此，沈周感叹：微小的甲壳动物，尚
且能够相互扶持，而人竟有落井下石者！沈宗正感叹：螃蟹这种
小动物，竟然这样讲义气，而人却有乘他人危困而挤陷者！
　　必须补充，陆容所记义蟹，后被写进《松江府志》，被明冯梦
龙《笑史》、清张潮《虞初新志》等引录，连同沈周所记"物类相
扶持"被今人弘一法师李叔同和丰子恺读到，以"生的扶持"在
《护生画集》里为题画出，这些影响，说明了大家的认可。

443

屈大均：记录和探索蟹况的作家

屈大均（1630—1696），初名绍隆，字介子，号翁山，广东番禺人。清兵入广州前后，他曾参加抗清队伍，晚年隐居著书，诗为"岭南三家"之一。其《广东新语》二十八卷，分类记载广东故实，包括天文、地理、山川、物产等，为一部无与伦比的地方志著作。

广东地势北高南低，南部面临南海，为泽乡水国，人多以舟楫为食，"弱龄男女崽，身手便利，即张罗竿首，画钓泥中，鳖、蟹、蜃、蛤之入，日给有余，不须衣食父母"。在如此环境里，耳濡目染，屈大均又勤学好思，尤其喜蟹，写出过十四首咏蟹诗，"捕蟹三沙与四沙，秋来乐事在渔家"，他常常到番禺菱塘附近的三沙与四沙一带去捕蟹，于此，对家乡的蟹况极为稔熟，并在《广东新语》里突出地记录了下来。

就蟹类而言，屈大均在《广东新语》里涉及了蟛蜞、拥剑、石

屈大钧

蟹、璅蛣等十多种，包括广东特有的小娘蟹、共命蠃、蝓螯、仙蟹等地方性称呼，虽说未及新种，可是有许多自己的描述，例如：

> 凡春正二月，南风起，海中无雾，则公蟛蜞出。夏四五月，大禾既莳，则母蟛蜞出，其白者曰白蟛蜞……生毛者曰毛蟛蜞。（卷二十三"蟛蜞"）
>
> 飞蟹，小者如钱，大者倍之，从海面飞越数尺，以螯为翼，网得之，味胜常蟹。（卷二十三"蟹"）
>
> 仙蟹，产罗浮阿耨池旁，形如钱大，色深红，明莹如琥珀，大小数十群行，见人弗畏。以泉水养之，可经数月，见他水则死。相传仙人掷钱所变。（卷二十三"仙蟹"）

其一，蟛蜞之称，早就已见，而把母蟛蜞分为白蟛蜞和毛蟛蜞，此却为首及，并且此处还说明了其出的时间，是在"夏四五月，大禾既莳"的当口。其二，飞蟹之称，早就已见，可是先前只是点及"飞蟹能飞"，为什么能飞以及怎么飞，却言之不详，此记载第一次作出了说明，"以螯为翼"，在海面上凭着风势和水涌，能滑翔"数尺"。其三，仙蟹为地方性称呼，"泉水养之"，或许只是先前已见的石蟹之一种，因色彩深红明莹，娇小可爱，"相传仙人掷钱所变"，反映了广东几代人的叫法，反映了大家对它的喜爱之情。

就蟹类性状而言，屈大均在《广东新语》里做了观察记录，例如：

其匡初蜕，柔弱如棉絮，通体脂凝，红黄杂糅，结为石榴子粒，四角充满，手触不濡，是名软蟹。（卷二十三"蟹"）

有蝓螯者，二螯四足似彭蜞，其尻柔脆蜿屈。则赢每窃枯赢以居，出则负壳，退则以螯足扞户。稍长，更择巨壳迁焉。（卷二十三"赢"）

其一软蟹，即刚刚蜕壳的蟹；所记把体状、色泽、手感等都

钓蟹鳝（采自《三才图会》）

具体而形象地写了出来。蜕壳的软蟹，只经一天，新壳就会变硬，时间短暂，常被一般人忽略，此记最早。其二蝓鳌，早先已及，今称寄居蟹，蠃通螺，即寄居于空螺壳里的蟹，所记完整而细致，可以说是对此最为简要的说明。

就捕蟹而言，屈大均在《广东新语》里涉及了以竿从泥穴中取蟹、乘船随潮上下到近海捕蟹、以蟹簖承流阻断取蟹、垂钓钓蟹、以罟捕蟹等，尤其说，"蟹从稻田求食，其行有迹，迹之得其穴，一穴辄一辈，然新穴有蟹，旧穴则否"（卷二十三"蟹"），把经过细致观察而获得的经验前所未见地记录了下来。

就食蟹而言，屈大均在《广东新语》里说：

> 有拥剑，五色相错，螯长如拥剑然，新安人以献嘉客，名曰进剑，为敬之至。（卷二十三"蟹"）
>
> （白蟛蜞）以盐酒腌之，置荼蘼花朵其中，晒以烈日，有香扑鼻。……（毛蟛蜞）潮人无日不食，以当园蔬。（卷二十三"蟛蜞"）
>
> （寄生蠃）以佳壳或以金银为壳，稍炙其尾，即出投佳壳中，海人名为借屋，以之行酒，行至某客前而驻则饮，故俗以为珍。（卷二十三"蠃"）

其一，不仅说明了拥剑的体色和特点，更说明了它是新安人的一款佳肴，他们以螯进献，名曰进剑，是对客人最为崇敬的一种表示。其二，广东人不仅创造了白蟛蜞的独特吃法，而且连毛蟛蜞也是天天都吃的，像吃园子里的蔬菜般离不开，屈大均用客观记录否定了流传已久的"蟛蜞毒不可食"的说法。其三，寄生蠃，即寄居蟹，广东人别出心裁，或以好看的螺壳，或以金银打造的螺壳，稍炙其尾，让它爬出原壳，进入新壳，大家喝酒的时候，置放桌上，任其爬行，爬到谁前面谁就喝酒，成了助兴的活宝。这些吃法兼及风俗的记录，具有鲜明的地方色彩，留下了鲜活的历史印痕。

就以物制物而言，屈大均在《广东新语》里说："广州濒海之田，多产蝤蛑，岁食谷芽为农害，惟鸭能食之。鸭在田间，春夏食蝤蛑，秋食遗稻，易以肥大，故乡落间多畜鸭。"（卷二十"鸭"）蝤蛑为农害到什么地步？"蝤蛑出则吾苗半去其穄"（卷十四"获"），它能吃掉或糟蹋掉一半的稻秧。怎么办呢？广东人摸索出了养鸭的化害为利的方法，让鸭"春夏食蝤蛑，秋食遗稻"，以物制物，从而达到稻丰鸭肥。屈大均的记录很早就揭示了群众的创造和智慧。

屈大均不但记录，而且还探索缘由，《广东新语》里写了很多经过观察从而把握到的解释，例如：

> 每月初九、二十三两日潮必干，潮干而蟹食泥则肥，潮满而蟹食水则瘠。（卷二十三"蟹"）

> 蟹一月一解，自十八以后月黑，蟹乘暗出而取食，食至初二三而肥，肥则壳解。月皎时不敢出，则瘠矣。（卷二十三"蟹"）

> 寻常以膏蟹为上，蟹之美在膏。而其容善于俯仰，俯以八足之折故曰跪，仰以二螯之倨故曰螯，螯者教也，以螯教人。故昔人食蟹上螯，今则上膏。（卷二十三"蟹"）

> 蟹以软者为贵，其字从解，言以甲解而美也。甲解者蜕也，蜕则软。（卷二十三"蟹"）

　　其一，解释了蟹的肥瘠原因之一，与潮的干满及所食相关。其二，揭示了先前常被人提及的蟹"与月盛衰""月明则瘦，月晦则肥"的原因，这原来是"蟹乘暗出而取食""月皎时不敢出"导致的。其三，解释了"昔人食蟹上螯，今则上膏"的原因，认为蟹的二只大螯是高高举起的，以此为傲，所以被昔人推崇，可是经过比较，大家觉得蟹的黄膏更好吃，故而今人则更推崇黄膏。其四，揭示了蟹之所以称蟹的原因，蟹是要甲解的，也就是说要蜕壳的，蜕了甲壳的蟹称为软蟹，吃起来更美，为人所共贵，所以"蟹"字从"解"。以上种种解释，都是屈大均自己的探索和领悟，深刻独到，别具灼见。

　　《广东新语》卷二十三"石蟹"条说："环琼水咸，独崖州三亚港水淡，故产石蟹。石上有脂如饴膏，蟹食之粘螯濡足而死，辄化为石，是为石蟹。取时以长钩出之，故螯足不全。"为石蟹（蟹化石）成因提供了一种新的说法，实际上却只是背离客观状况的想当然，可见受到了时代科学水准的局限。

　　此书甫出，其涉蟹所记，即被孙之𫘧《晴川蟹录》《晴川后蟹录》标示作者和书名引录，被范端昂《粤中见闻》、李调元《南越笔记》《然犀志》等写进自己著作，到了乾隆年间，因书中多有反清思想，被毁禁，流传中断。现今视之，《广东新语》是一部详备而具体的方志，屈大均是一位记录和探索、丰富和深化了蟹况的大家，在蟹文化史上是泯灭不了的，是熠熠闪光的。

焦循：总结了取蟹之法的作家

焦循（1763—1820），字里堂，江都（今属江苏扬州）人，嘉庆举人，淡于仕进，在家筑雕菰楼，读书著述，清代通儒，作家，其《北湖小志》为地方志，记述家乡的地理水道、人物古迹、风俗物产等。该书卷一：

> 取蟹之法有五。一曰簖：编竹为栈截水中，由南岸以及北岸，间三四步，曲其势作门，门内多岐，覆以箔，空一隅置竹匣，形圆而锐上，谓之老人头，高出簖上，天光透入，蟹阻于簖，遇门而入，渐狭且黑，不可退，见天光，上就之，遂困于匣。二曰薰索：用大索，粗如盂盖，薰以秽草，斜緪于湖，蟹恶秽，不肯过索，乃沿索行至端，有网陷入，不得出。三曰钓：以长竹曲其首，垂向水，置饵于末，所得蟹必肥。四曰探：春二三月，蟹穴居，沿水滨以手探穴取之，必有得。五曰拾：秋末蟹肥，夜吹沫飞空中，性喜火，见光则就，三更以火照之，诱其坠而拾焉。

蟹簖

　　其一簖。此种以簖取蟹法历史悠久而使用普遍，在古籍里有着不绝的记载，可是以焦循的《续蟹志》(见《雕菰集》卷七)和这段文字说得最为具体，讲了簖的材料、置放、格局以及蟹怎样被困等，其中"曲其势作门""覆以箽（qū，竹蓆）""老人头"为第一次涉及，反映了簖的形制已经被民众改进，更加成熟。

　　其二熏索。此法为最早的文字披露，结合之后的实践：先以稻草搓成小绳，后以一根根小绳绞成"粗如盂盏"的"大索"；"熏以秽草"即把大索盘成圆筒形，浸水后放在秽草或干牛粪堆里，用河泥封闭并在顶端留一小孔，以暗火"熏"；"斜绁于湖"，取出熏索，斜放湖面，两端隔岸固定并布网；因为"蟹恶秽，不肯过索，沿索行至端，有网陷入，不得出"，就此被捕捉。比起以簖取蟹，此法更为简单、节省而易行，是民众根据蟹性经过摸索后的发展，显示了古人创造性的智慧。

　　其三钓，其四探。以竿钓蟹和探洞捉蟹早在北宋已见，说明了这两种取蟹法始终在各地民间沿用。

　　其五拾。此法说，秋末的时候，蟹"夜吹沫飞空中"，这种状况，焦循诗《坐》云"启户凝月光，蟹飞半湖白"，散文《续蟹志》云"蟹有善飞者，吐其沫以为翼，昏时则翕翕然凭空中"，反复提及，实际上，当是一种凭借风势和水涌的滑翔现象。此法说，蟹"性喜火，见光则就"，应该说，蟹的趋光习性是早就被人认知的，例如宋寇宗奭《本草衍义》"取蟹以八九月蟹浪之时，伺其出水而拾之，夜则以火照捕之，时黄与白满壳也"，可见相习已久。此法最后说"三更以火照之，诱其坠而拾也"，点出了这是一种以火诱捕的取蟹法。

焦循的家乡扬州是个产蟹的地方，《北湖小志》里提到的高宝湖、黄子湖等都盛产螃蟹，"每蟹时，簖户积蟹于仓，或以簿围之，困于野，狼戾满地"，在《续蟹志》里又说"余湖居，谙蟹之性"，于此以亲见而记录的取蟹五法，虽说不上全面完备，却具体而详，带有历史总结性的意味。

宋诩《宋氏养生部》里的蟹肴

宋诩，字久夫，明弘治、正德年间华亭（今上海松江）人。其母朱太安人，随父"久处京师（北京）"，并在几个省会城市生活过，见多识广，多才多艺，特别是一位善主中馈的家庭妇女，宋诩在她的口传心授下，于明弘治甲子年（1504）成《宋氏养生部》六卷，以江南和北京为主，兼及数省一千三百余种肴馔，为我国饮食史上的丰碑之一。

该书卷四，涉蟹二十三种制法，它卷里又涉及用蟹黄、蟹肉做浇头的汤面，用蟹黄、蟹肉加猪肉泥、调料为馅心制作的馄饨、包子、汤角等，亦洋洋洒洒，蔚为大观。

《养生部》提到多种蟹类，例如望潮、黄甲、白蟹、蟛蜞、涩蟹等制法，其"望潮"条云："鲜宜微焊（xún，置放于开水使半熟），胡椒、醋浇。宜辣烹。宜为羹。宜糟用蒸。"望潮是一种海滩上的小蟹，前人言其可食，"味珍好，食品所贵重"，怎么个吃法呢？此处最早用四个"宜"字作出了说明。其"涩蟹"条云"宜生糟用醋"，"涩蟹"是什么呢？该条下注"至小而色白，性柔而肥"，至清，则称"虱蟹"，以今视之，是稻蟹幼体，涩蟹当为捕获时"聚结成团"涩漉漉而言，虱蟹就其单体"如豆如虱"而言，此条不仅在蟹史上首及"涩蟹"之称，而且首见"涩蟹"的吃法，都具有创记录的意义。

《养生部》提到了蒸蟹，例如"蒸黄甲"条云："取生者，裁竹针从脐内贯入腹，架锅中少水蒸熟，肉始嫩，刀解去须，抹去泥沙，宜姜醋。"该条下注黄甲"即蟳"。例如"蒸白蟹"条云："同黄甲，蒸不贯脐，宜姜醋。"该条下注白蟹"壳之两端皆锐。傅肱《蟹谱》谓之蝤"，即今称的梭子蟹。例如"烧蟹"条"蒸附"云："架锅蒸，俱宜姜醋、橙醋。"向来食蟹都是煮，并摸索着煮蟹的方法，此书一方面沿续传统，有"烹蟹"和"烧蟹"条，一方面突破传统，说蟳、蝤、蟹都可以蒸，这是开创性的（包括"裁竹针从脐内贯蟹腹"，此可使蟹脚不脱落），并且流传至今，几乎成了吃整螃蟹的主流方法，意义非凡。

《养生部》提到了蟹胥、酒蟹、糟蟹、酱蟹等传统的吃蟹法，虽说是继承，有些却记述了独有的经验，例如"酱蟹二制"条："一熟蟹去脐，以原汁俟冷，调酱渍之。一生蟹团脐者，惟以酱油渍之，可留经年，宜醋。"第一种是酱蟹即食的制法，第二种是酱蟹久留的制法，都简便易制，用料单一，酱蟹而可熟可生，仅见于此。

特别要提到，《养生部》涉及诸种蟹肴的制法：

> 芙蓉蟹。用蟹解之，筐中去秽，布银锡砂锣中，调白酒、醋水、花椒、葱姜、甘草蒸熟。
>
> 玛瑙蟹三制。一用蟹烹，解脱其黄、肉。水调绿豆粉少许，烦揉以鲜乳饼。同蒸熟，块界之。以原汁、姜汁、酒、醋、甘草、花椒、葱调和浇用。一倪云林惟调鸡子、蜜蒸之。一用辣糊。

　　五味蟹。用蟹团脐者，每六斤，入瓮，一层叠葱、川椒，一层取酱一斤，醋一斤，盐一斤，糟一斤，酒不拘美薄，调渍，没蟹为度。熟宜醋。

　　油炒蟹。用蟹解开，入熬油中炒熟，盐、花椒、葱调和。

　　其一，芙蓉蟹，此是将整只蟹分解之后加作料蒸熟的，色如荷花，故称芙蓉蟹。其二，玛瑙蟹，有三种制法，此第一种是先将蟹煮熟，剔出蟹黄和蟹肉，接着用绿豆粉和鲜乳饼（即新鲜的干奶酪）调和反复揉搓，最后把两者拌合放在笼上蒸熟后切成块状，浇上佐料而成，形态和色泽犹如玛瑙，故称。其三，五味蟹，此为以团脐蟹入瓮腌渍的食品，用料多种，形成了食蟹时的多种味觉感受，故称五味蟹。其四，油炒蟹，此是将整只蟹分解成块之后放在熬热的油锅中翻炒而成的，可以作为宋孟元老《东京梦华录》里"炒蟹"制法的说明。四种蟹肴，有的名称优美，有的制法独特，有的形态新颖，有的味道杂陈，皆堪称名品。

　　由上可知，宋诩《宋氏养生部》仅就蟹肴而言，也是丰富的，非凡的。为什么会有如此成果？推测起来，一是因为宋诩的家乡在长江入海口的松江，这里是我国最著名的产蟹地方，食蟹早就形成风气；二是因为宋氏家族关注螃蟹及其吃法，其母善烹饪，本人亦喜好，包括其子宋公望也编过《宋氏尊生部》，一个烹饪世家定然会就蟹的种种肴馔切磋交流；三是宋诩为文化人，读过傅肱《蟹谱》、倪瓒《云林堂饮食制度集》及《本草》之类，汲取营养，开拓思路，发扬传统，继承创新。这些因素综合造就了宋诩《宋氏养生部》，该书在中国蟹馔史上占有重要的地位。

朱彝尊《食宪鸿秘》里的蟹肴

朱彝尊（1629—1709），字锡鬯（chàng），号竹垞，浙江秀水（今嘉兴）人。康熙时举博学鸿词科，授检讨，曾参加纂修《明史》。通经史，能诗词古文，为浙西词派的创始者，著述甚多，清初文学家。

《食宪鸿秘》二卷，为饮食类著作，所收食品及其加工制法，以浙江为主，兼及其他地方，共四百多种，相当丰富。其卷下涉蟹数条：

> 凡蟹炖蛋，肉必沉下。须先将零星肉和蛋炖半碗，再将大蟹肉、黄、脂另和蛋，盖而重炖为得法也。
>
> 蟹丸。将竹截断，长寸许。剥蟹肉，和以姜末、蛋清，入竹蒸熟，同汤放下。
>
> 素蟹。新核桃拣薄壳者，去碎，令勿散。菜油熬炒，用厚酱、白糖、砂仁、茴香、酒浆少许调和，入锅，烧滚。此尼僧所传下酒物也。

其蟹炖蛋，思虑细微，经验可采；其蟹丸，制法特别，颇有创意；其素蟹，尼僧所创，素而解馋。三款蟹肴的文字说明干净晓畅，制作方法易于操作，尤其是皆前人所未及，丰富了蟹肴的品种。

朱彝尊是一位著名的诗词和著作家，业余竟关注烹饪，成《食宪鸿秘》，讲了火腿的近十种食法和蟹的多款肴馔等，皆别有会意，所以还应该称他为厨艺家。

顾仲《养小录》早先提倡人道食蟹

顾仲，字咸山，号松壑，浙江嘉兴人。监生。善诗能画，约在康熙三十七年（1698）成书《养小录》上中下三卷，收录一百九十多种菜点，内容丰富，颇具特色，为烹饪史上的重要著作。

该书卷下涉蟹六条：一、酱蟹、糟蟹、醉蟹精妙秘诀。讲了"雌不犯雄，雄不犯雌""酒不犯酱，酱不犯酒""蟹必全活，螯足无伤"三个秘诀，对向来的制作经验做了归纳和补充，简明扼要。二、上品酱蟹。讲了先将蟹以麻丝缚定，之后"用手捞酱，搵蟹如团泥，装入罐内封固"，两个月后食用。为以往酱蟹制作增添了一种方法。三、糟蟹。先引录元明时期已经流传的《糟蟹法歌》，再说明"脐内每个入糟一撮，罐底铺糟，一层糟一层蟹，灌满包口"，继承以往的经验而在制法上又具体化了。四、醉蟹。讲了以

丰子恺漫画《倘使我是蟹》

甜三白酒醉蟹的程序和方法，为之前的醉蟹制作增添了一种用料和技艺。五、蟹鳖。讲了食蟹时"于红盖之外，黑白膋内，有鳖大小如爪仁"，要取出，"若食之，腹痛"。对傅肱《蟹谱·风虫》条作出了补充说明。凡此种种，皆融进了顾仲自己的领会和经验。

特别是第五条"松壑蒸蟹"，于下：

> 　　活蟹入锅，未免炮烙之惨。宜以淡酒入盆，略加水及椒盐、白糖、姜葱汁、菊叶汁，搅匀，入蟹，令其饮醉不动，方取入锅，既供饕腹，尤少寓不忍于万一云。蟹浸多，水煮则减味，法以稻草捶软挽匾髻，入锅平水面，置蟹蒸之，味足。

人有慈善之心，好生恶杀，见到蟹入锅后的挣扎爬噪，便不忍，便恻隐。可是，它又可口鲜美，特别想吃，于是许多古人都纠结过，比如苏轼，"性嗜蟹蛤"，说"把蟹行看乐事全"，认为持螯食蟹是人生不可或缺的快乐，然又恶杀，太喜好了又不免杀，元丰年间，他被捕下狱，就决心不复杀一物，后"有见饷蟹蛤者，皆放之水中"，哪知贬官岭南惠州，却又破戒，"数食蛤蟹"，还是挡不住蟹的诱惑，馋蟹导致仍然杀蟹。面对螃蟹，顾仲也感受到了，"活蟹入锅，未免炮烙之惨"，炮烙，相传是殷商的一种酷刑，用炭烧铜柱使热，令有罪者爬行其上，人堕入炭火中被烧死，凄惨至极。活蟹入锅如同人受炮烙，顾仲便替蟹着想，为免其临终痛苦，设计了一个两全的办法，即"令其饮醉不动，方取入锅，既供饕腹，尤少寓不忍于万一"，从办法看，自然合理，切实可行，从效果看，减轻了心理负担，而且以此蒸蟹吃起来更加"味足"，这确实是一个妙策，显示了他的智慧。

人类的大多数是离不开肉食的，为了生存不可能不杀生，可是人毕竟是人，是文明动物，对于同处于世界的包括螃蟹在内的生灵，应该由己及物，考虑其感受，在宰杀或食用的时候，要给以人道对待、人文关怀，使其免受惊忡，免受痛苦。于此，现今大家倡导人道屠宰，即先以电击猪牛之类动物，趁其昏迷未醒之际，迅速刺杀放血。这种借助科技善待动物的悲悯行为，是一种进步、一种文明。可是，早在三百多年前，顾仲《养小录·松壑蒸蟹》就已经有了推人及物给动物以临终关怀的思想，并以东方智慧施行于蟹，更加细微，更合情理，成了一个较早实践的方案范例。

袁枚《随园食单》里的蟹肴

袁枚（1716—1797），字子才，号简斋、随园老人，浙江钱塘（今杭州）人。乾隆进士，曾任多地知县，近四十岁辞官后侨居江宁（南京），筑园林于小仓山，称随园，交会友人，论文赋诗，主盟文坛，著作等身，为清代著名作家。

《随园食单》历四十年而成，全书分别为须知单、戒单、海鲜单、江鲜单等十四个部分，收录以江浙为多的肴馔三百二十六种，相当丰富。其中江鲜部分涉蟹肴四款：

> 假蟹。煮黄鱼二条，取肉去骨，加生盐蛋四个，调碎，不拌入鱼肉；起油锅炮，下鸡汤滚，将盐蛋搅匀，加香蕈、葱、姜汁、酒。吃时酌用醋。
>
> 蟹羹。剥蟹为羹，即用原汤煨之，不加鸡汁，独用

为妙。见俗厨从中加鸭舌，或鱼翅，或海参者，徒夺其味而惹其腥，恶劣极矣！

炒蟹粉。以现剥现炒之蟹为佳。过两个时辰，则肉干而味失。

剥壳蒸蟹。将蟹剥壳，取肉取黄，仍置壳中，放五六只在生鸡蛋上蒸之。上桌时完然一蟹，惟去爪脚，比炒蟹粉觉有新色。杨兰坡明府，以南瓜肉拌蟹，颇奇。

其一，假蟹，是以黄鱼和生盐蛋为主料而成，因口感如蟹，故称假蟹。此为首见，后被《清稗类钞·饮食类·假蟹肉》抄录。顺及，先前朱彝尊《食宪鸿秘》记庙里尼僧以核桃为主料而成素蟹，此又见假蟹，反映了清朝人以蟹为鲜美，大家都用冒充的蟹看解馋。其二，蟹羹，应该说，自宋元以来就有

清代竹雕荷蟹图臂搁

此款菜肴，但是在流传过程中俗厨加入了它物，袁枚认为"徒夺其味而惹其腥"，于是纠正，说"剥蟹为羹""独用为妙"，表达了一个美食家的识见。其三，炒蟹粉，此为首见，并且提出了要"现剥现炒为佳"的容易被忽略的时间性原则，这是实践的经验，亦见出用心细密。对此，《随园食单·须知单·搭配须知》又说："常见人置蟹粉于燕窝之中……毋乃唐尧与苏峻（按：晋代名将）对坐，

不太悖（按：违背与冲突）乎？"其四，剥壳蒸蟹，此款源出元倪瓒《云林堂饮食制度集》里的"蜜酿蝤蛑"，又经变通和发展，于此，现代人便创制了"雪花蟹斗"的苏式名菜。

此外，《随园食单补正》："腌蟹以淮上为佳，故名淮蟹。或以好酒、花椒醉者，曰醉蟹，黄变紫，油味淡而鲜，远出淮蟹之上。"不仅留下了当时人把腌蟹称淮蟹的史实，而且表示了袁枚更看重醉蟹的态度。尤其要提到的，《随园食单·江鲜单·蟹》条说："蟹宜独食，不宜搭配他食。最好以淡盐汤煮熟，自剥自食为妙。蒸者味虽全，而失之太淡。"其中"蟹宜独食""自剥自食为妙"的看法与先前李渔《闲情偶寄》所述完全一致。可是，"最好以淡盐汤煮熟"则又与李渔的"蒸而熟之"唱了反调，而且是与当时已经流行的蒸蟹风潮唱了反调，认为"蒸煮味虽全，而失之太淡"，用自己的体会作了比较，持论是有据的，可见袁枚的独立卓识，于此成了煮派的代表人物，之后煮蟹继续而不绝。

佚名《调鼎集》里汇集的蟹肴

《调鼎集》，不著撰者姓名，或说乾隆年间江南盐商童岳荐为最早撰辑者，因为还有对童后著作的引录，究竟最后成书于何时何人，尚待进一步考定。该书十卷，二十万字，共汇集菜点二千多种，内容极为丰富，灿然大备，是我国烹饪史上突出而重要的著作。

蟹肴主要见于《调鼎集》第五卷"江鲜部"，其中："鱼菜蟹菜二十款"含蟹菜四款；"车螯蟹菜十款"，含蟹菜四款；"小石蟹（沙里钩）"一款；"蟹"三十一款；"醉蟹"十三款；以上合计五十三款。

蟹纹器皿（罐盘盂）

此外，第八卷"汉席·满席·菜式"里又及蟹肴二十五款的名称。虽说有点杂乱重复，但不能不说洋洋洒洒、林林总总，为我国古代烹饪著作里汇集蟹肴最多的一部，达到了无与伦比的地步。

该书"蟹"条三十一款蟹肴之前有一个概述：

蟹以兴化、高宝、邵湖产者为上，淮蟹脚多毛，味腥。藏活蟹用大缸一只，底铺田泥纳蟹，上搭竹架，悬以糯谷稻草，谷头垂下，令其仰食。上复以盖，不透风，不见露，虽久不瘦。如法装坛，可以携远。食蟹手腥，用蟹须或酒洗即解，菊花叶次之，沙糖、豆腐又次之。蟹能治胃气，理经络。未经霜者有毒。与柿同食患霍乱，

服大黄、紫苏、冬瓜汁可解。但蟹性寒，胃弱者不宜多
食，故食蟹必多佐以姜醋。

涉及了产地（兴化、高邮、宝应、邵伯湖在今江苏长江之北）等。
其中的储藏活蟹的方法和食蟹后消解手腥的用物，言详而新；其
中蟹的医疗功能、蟹毒解法、多佐姜醋等，是汲取了前人说法，
言简而明。我们从中可以察知，著者对历史和现实蟹况的留心和
把握。另，该书又及醉蟹的七种制法、糟蟹的四种制法、酱蟹的
两种制法等，皆翔实扼要，可视为对以往经验的归纳和补充。

《调鼎集》的主要贡献是汇集了众多蟹肴：青菜烧蟹肉、螃蟹
白鱼羹、燕窝蟹、蟹肉干、蟹炒鱼翅、蟹肉面、拌蟹肉、鲜蟹鲊、
蟹松、蟹豆腐、胯醉蟹、炖醉蟹黄、蟹饼鱼翅、蟹肉炒菜苔、炸
蟹饼、蟹肉盒……多数讲了制法，现举例如下：

　　二色蟹肉圆。生蟹将股肉剔出，加蛋清、豆粉、姜
汁、盐、酒、醋，刮绒作圆。又，将蟹肉剔出，加蛋清、
藕粉、姜汁、盐、酒、醋，刮绒作圆，入鸡汤、笋片、蘑
菇、芫荽胯。
　　拌蟹酥。蟹股肉脂油炸酥，研碎，入姜、葱、椒盐
同刮，伴酒、醋。
　　蟹烧南瓜。老南瓜去皮、瓤，切块，同蟹煨烂，入
姜、酱、葱再烧。
　　馓子炒蟹肉。脆馓子拍碎，同蟹肉炒，加酒、盐、
姜汁、葱花。
　　蟹肉徽包。蟹肉配猪肉刮极细，加姜汁、味盐、酒烧

熟，拌肉皮汁为馅，作徽包蒸。

诸如此类，不一而足，逐款说明，制法便易，而且均为家常用料，反映了都是从群众中来的，为平民化吃法，著者只是搜集而已。

应该补充说明的是，某些蟹肴源自旧籍，例如煮蟹、脍蟹、酒炖蟹、蟹糕出自倪瓒《云林堂饮食制度集》（文字稍异）；例如蟹炖蛋出自朱彝尊《食宪鸿秘》；例如蟹羹、剥壳蒸蟹出自袁枚《随园食单》（文字相同）；例如蒸蟹"用稻草垂软衬锅底"之法出自顾仲《养小录》……说明著者读了许多旧籍，再吸纳进来，丰富了蟹肴的品类。

吸纳旧品，尤其是采集时代新品，使佚名《调鼎集》里的蟹肴格外丰富、格外充足，仅就这个角度而言，它是一部半总结性的著作，在中国烹饪史上留下了光辉印记，意义非凡。

肴馔薪火耀然喷发

自隋唐经宋元而至明清，蟹的肴馔薪火耀然喷发，除了《宋氏养生部》《食宪鸿秘》《随园食单》《调鼎集》等已及之外，再补充于下。

蟹螯汤　明陆容《菽园杂记》卷十四："陈某者，常熟涂松人，家颇饶，然夸饰无节"，"尝泊苏城沙盆潭，买蟹作蟹螯汤，以螯小不堪，尽弃于水"。中国人向来重螯，可是以螯作汤，此为仅见。一蟹二螯，只取螯作汤，汤虽鲜嫩，但昂贵可知。

蟹粉　清刘献廷《广阳杂记》卷一："以柿子涂蟹壳而蒸之，壳皆爆碎。以漆点蟹壳上，点处皆成穴，将蟹黄自穴流入滚汤中为

463

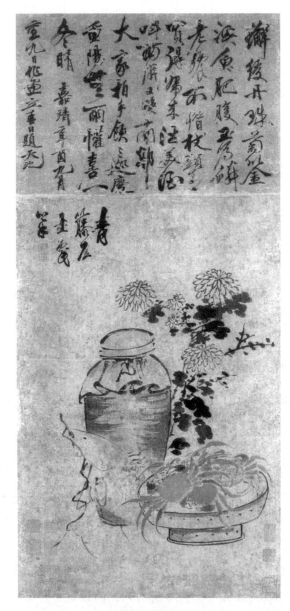

明 徐渭《菊酒蟹》

蟹粉。"常说的蟹粉为剥壳剔肉而成，此指蟹黄，而且制法特别，为摸索而得，如是，则制作简便，可供参用。

蟹吞蛋　清褚人获《坚瓠集·夸食品》："吴中一富翁，自夸食品之妙。人即以其言作诗嘲之，有云：'剃光黄蟹常吞蛋，渴极团鱼时饮醨。'盖云雄蟹剃去螯毛，以甜酒调蛋灌之，则蟹黄满腹，凝结如膏；置鳖鱼于温汤中，渴极伸头，则以葱椒酒浆饮之，味尤奇美。"此种加工方法，可谓别出心裁，效果应极好。现代作家梁实秋《蟹》：北京前门外正阳楼，"蟹到店中畜在大缸里，浇蛋白催肥，一两天后才应客"。便是采用了类似方法。

软雪龙　清孙之骐《晴川续蟹录》："周朝家仆杨承禄，尧（作"高"讲）脱骨蟹，独为魁冠，禁中（宫廷）时亦宣承禄进之，文其名曰软雪龙。"说得极为简略，或许是一种剥壳后仍呈全蟹状的绝技。1972年2月，美国总统尼克松访华，上海锦江饭店上清蒸螃蟹，其蟹脱壳，犹如真蟹，当是此法的传承。

酱炒小蟹　清孙之骐《晴川续蟹录》："河渚，夏间小蟹，以酱连壳炒之，可下酒。"触及了浙江乡间夏天里一种小蟹的吃法。

腌彭越、酱炒彭越　清孙之骐《晴川后蟹录》卷三："杭城二月，街市叫卖腌彭越。或有卖活彭越，人家买归，用油酱炒食，曰酱炒彭越，可以下酒。"触及了杭州二月间彭越的吃法。

玉蓑衣　清孙之骐《晴川后蟹录》卷三："吾乡食蟹去须勿食，以其性太凉，食之腹痛。吴下以须为美，名曰玉蓑衣，言其松脆而美也。"所记奇特，且有地方称名，此为仅见。

蟹面　清·孙之骐《晴川后续录》卷三"镇江有蟹面"；李斗《扬州画舫录》卷十一"孔切庵螃蟹面"，又"徐宁门问鹤楼以螃蟹面为胜"；陈少海《红楼复梦》第二十八回"紫萧道：'不用多说，叫莺儿快去对颜嫂子说，大爷没有吃面，叫他赶着下两碗蟹面来罢。'"这些记载说明了蟹面已成家常，甚至成了店家的品牌。

藏蟹肉法 清曾懿《中馈录》第九节："蟹肉满时，蒸熟，剥出肉黄，拌盐少许，用瓷器盛之。炼猪油，俟冷定倾入，以不见蟹肉为度。须冬间蒸留更妙。食时，刮去猪油，挖出蟹肉，随意烹调，皆如新鲜者。"此法曾经被广泛采用，且流传至今。

蟹粉汤等四种 清顾禄《桐桥倚棹录》卷十：所卖满汉大菜及汤炒小吃则有"蟹粉汤、炒蟹斑、汤蟹斑、鱼翅蟹粉"。所记仅为名目。

蟹肉烧麦 清杨静亭《都门纪略·杂咏·食品门·蟹肉烧麦》："小有余芳七月中，新添佳味趁秋风。玉盘擎出堆如雪，皮薄还应透蟹红。"烧麦，今亦称烧卖，是一种用很薄的面皮包馅，顶端捏成褶，然后蒸熟的食品。此诗写出了烧卖刚出笼，皮白如雪，透出了蟹黄的红色，诱人食欲。

油炸小蟹 清陈作霖（1837—1920）《金陵物产风土志·本境食物品考》："寻常下酒之物，市脯之外，有以油炸小蟹、细鱼者，或面裹虾炸之，为虾饼。"记录了晚清南京居民的一种风物。

菊花锅 清夏仁虎《旧京秋词》："昆明湖鲤出清波，紫蟹初肥荐白河。更摘寒英堆满案，招朋同试菊花锅。"自注："秋深湖鲤已肥，津沽紫蟹正上，摘菊花之白而微甜者并煮之曰菊花锅，此亦旧京食单中之最雅者。"记录了晚清北京城里文人的一种雅食。

红楼吃蟹琐记

曹雪芹(1715—1763)，名霑，字梦阮，号雪芹，清代小说家。

他出生在一个百年望族兼诗礼之家，自曾祖起，三代任江南织造，少年时，曾在南京过着一段"锦衣纨袴""饫甘餍肥"的生活，南京自古多螃蟹，推想起来，螃蟹当是这个家庭餐桌上不可或缺的，于此，他受到浸淫，对吃蟹懂行，对蟹文化已有了解。雍正初年，其父免职，家业被抄，十三岁的他遂随家迁居北京，尽管家道衰落，自小养成的饮食爱好，仍然使他钟情

曹雪芹

螃蟹，好酒、嗜蟹、喜茶、工诗、狷傲，统统被他写进了《红楼梦》。曹雪芹晚居京郊，年未及五十，贫病而卒。

《红楼梦》第三十七至三十九回写了吃螃蟹，笔饱墨浓，酣畅淋漓，是小说里最精彩的文字之一，不仅透露了作者曹雪芹的饮食爱好，更是一份中国人历来吃螃蟹观念的形象总结。可是因为读得下，看得懂，许多人就忽略了它所包含的历史文化意蕴。现琐记其中若干关节，试加申述。

赏桂花吃螃蟹

《红楼梦》里写了"赏桂花吃螃蟹"，地点是藕香榭，"那山坡下两颗桂花开的又好"，之后又在"山坡桂树底下"铺了花毡，让答应婆子和小丫头等坐了吃。贾宝玉咏唱"持螯更喜桂阴凉"，林黛玉咏唱"桂拂清香菊带霜"。大家赏桂闻香吃蟹吟诗，平添了一份雅兴。

然而自唐开始，诗文笔记乃至绘画里普遍见到的都是持螯赏菊，这里冒出的持螯赏桂有没有依据，是客观真实还是小说虚构？

答案是符合实际的，是北京人吃螃蟹的时令反映。试读：

> 八月……始造新酒。蟹始肥，凡宫眷内臣吃蟹……为盛会也。（明·刘若愚《酌中志》卷二十"饮食好尚纪略"）
>
> 禾黍登，秋蟹肥，苹婆果熟，虎嗽槟香。（清·潘荣陛《帝京岁时纪胜·七月·时品》）
>
> 秋夏之交快口频，横行公子最鲜新。重阳时节偏无蟹，馋煞登高载酒人。六七月间，满街卖蟹，新肥而价廉，八月渐稀。待到重阳，几乎物色不得矣。登高时节，馋煞老饕。（清·兰陵忧患生《京华百二竹枝词》）
>
> 笑尔横行何太早，尖团七八不逢霜。北方蟹早，曰七尖八团，南方则曰九月团脐十月尖，此南北之异也。（民初·夏仁虎《旧京秋词》）

直至现代，林语堂的小说《京华烟云》第十六章还写了"开蟹宴姚府庆中秋"，梁秋实的散文《蟹》里还说记得小时候在北平蟹肥季节，"七尖八团，七月里吃尖脐，八月里吃团脐"。以上举证说明了北京人在旧历七八月份吃螃蟹，以至后来有"七尖八团"之说。

那么《红楼梦》写的吃螃蟹在什么时候？细检小说，当在八月二十日（贾政点了学差出门）至九月初二（凤姐生日）中间的某天，进一步说，以八月下旬的某天为靠谱。于是合榫，八月里，北京地里的禾黍已经登场可造新酒，北京田间的螃蟹早已肥大可以持鳌，而且桂花已经飘香可以赏桂，故此，《红楼梦》所写的赏桂花吃螃蟹并非凌空蹈虚而是植根于现实生活的。

这种景况与长江中下游地区及淮河流域一带是不同的，因为气候的原因，南方要到九十月间才稻熟持螯赏菊花，并形成了"九月团脐十月尖"的谚语和"重阳佳节吃螃蟹"的习俗。南方是我国螃蟹的主产区，所产螃蟹极其丰盈，风雅文人的抒写也就充斥书画。《红楼梦》为尊重客观实际，摒弃了向来"持螯赏菊"的惯常话题，而以"赏桂花吃螃蟹"为替代，可以说是准确反映了北京人吃螃蟹的时令景况。

藕香榭已经摆下

贾母带了王夫人、凤姐，兼请薛姨妈等，一行人进入大观园吃蟹，贾母问："那一处好？"王夫人道："凭老太太爱在那一处，就在那一处。"凤姐道："藕香榭已经摆下了。"贾母听了说："这话很是。"

藕香榭是个什么样的处所？幽静，雅致，它"盖在池中，四面有窗，左右有曲廊可通，亦是跨水接岸，后面又有曲折竹桥暗接"；"那山坡下两颗桂花开的又好，河里水又碧清，坐在河当中亭子上岂不敞亮，看看水眼也清亮"。

先前，文人墨客邀友相聚，首先要选择一个绝尘脱俗、松竹泉石、窗明几净的地方，以获得天人合一的快乐。宋代，与范仲淹并称"韩范"的诗人韩琦《九日水阁》："池馆隳摧古榭荒，此延嘉客会重阳。虽惭老圃秋容淡，且看寒花晚节香。酒味已醇新过热，蟹黄先实不须霜。年来饮兴衰难强，漫有高吟力尚狂。"池馆，古榭，老圃，寒花，嘉宾雅集，共庆重阳，把酒，持螯，赏菊，吟诗，记录了人生难得的一次聚会。曹雪芹或许受到了此诗启示，才会给这次吃螃蟹设置了环境相似的藕香榭并在此安排了相似的活动。

吃螃蟹是一种悠闲的享受。凡世上的食品，大都是在厨房里做好的，端上餐桌，只待用筷夹到嘴里享用，至于螃蟹，要你自己去糟取精，剔壳食肉，揭脐，掀盖，剥胸骨，啃蟹足，开动十个手指和唇舌齿喉，要以一种闲静的心态，慢慢掰，悠悠吃，细细品，于此就更需要有一个相得益彰的幽雅环境。

众人闻着桂香，踏着"咯吱咯喳"的竹桥进入藕香榭，说说笑笑，吃吃闹闹。间隙，黛玉"拿着钓竿钓鱼"，宝钗"掐了桂蕊，掷向水面，引得游鱼浮上来唼喋"……环境优美，人与自然融合，《红楼梦》再次告诉人们，虽说吃螃蟹是件极寻常的事，可是若要讲究，吃出雅兴，吃出闲趣，选择一个与之匹配的接近自然的环境是断断不可忽略的。

多一半都是爱吃螃蟹的

大观园里的少男少女要结诗社，史湘云做东，薛宝钗为她出主意道："现在这里的人，从老太太起，连上园里的人，有多一半都是爱吃螃蟹的。""你如今且把诗社别提起，只管普通一请，等他们散了，咱们有多少诗做不得的？"

固然，普通一请便请来了贾母、薛姨妈、王夫人、凤姐等人，都高高兴兴来吃螃蟹。贾母老到，说螃蟹"好吃"，可是也不能"多吃"；薛姨妈内行，说"我自己掰着吃香甜"；王夫人知性，说"这里风大，才又吃了螃蟹，老太太还是回房歇歇罢了"；从不同侧面写出她们爱好吃螃蟹和自己的经验。其中凤姐爱吃到什么程度？因为当时忙着张罗没有好生吃得，事后竟让平儿特意回来索取，"要几个拿了家去吃"。

那么诗社中的人呢？宝玉说"兴欲狂"，黛玉说"喜先尝"，宝钗说"涎口盼"。就连各屋里的人，包括鸳鸯、彩霞、袭人、紫鹃等，以及支应婆子、小丫头也都一一沾光，各各一快朵颐。三四十人吃了螃蟹，却没有写到一个人不爱吃的。

中国人吃螃蟹的历史少说也有了3000多年，自东晋毕卓吃出了螃蟹特别鲜美，说"一手持蟹螯，一手持酒杯，拍浮酒池中，便足了一生"（南朝宋·刘义庆《世说新语·任诞》）后，被历代人所认同，持螯饮酒被视为最高的饮食享受。到了明清，徐渭云"水族良多美，惟侬美独优"（《蟹六首》），李渔云"薄诸般之海错，鄙一切之山珍"（《蟹赋》）……吃螃蟹的风气更加盛行，甚至形成了"重阳佳节吃螃蟹"的习俗。对此，《红楼梦》里也有触及，其中林黛玉说"对斯佳品酬佳节"，意思是享受着美味的螃蟹总算没有辜负重阳佳节，薛宝钗说"长安涎口盼重阳"，意思是都城里的人嘴里流着馋涎翘盼重阳的到来，都提到了重阳节要吃螃蟹。在这样的社会氛围中，自然而然就有许多人喜爱吃螃蟹了。

小说里提到了各种山珍海味、果蔬菜肴，鲟鱼、熊掌、野鸡、茄鲞等等，然各有所好，例如宝玉夸鸭信（按：鸭舌）、探春称鲜荔等，往往还只是点及，唯独于螃蟹，极尽铺叙渲染，更说"多一半都是爱吃"，说明了什么？这显示了曹雪芹对螃蟹的钟情，反映了众人对螃蟹的青睐，说明到了清代螃蟹已经是一种大受欢迎的食物。

烫酒和煮茶

贾母一行进入藕香榭中，只见"那边有两三个丫头扇风炉煮茶，这一边另外几个丫头也扇风炉烫酒呢"。贾母高兴地说："这茶想得到，且是地方，东西都干净"，并赞赏"凡事想的妥当"。

持螯把酒是中国人的传统，比如宋代，欧阳修"是时新秋蟹正肥，恨不一醉与君别"（《寄圣俞二十五兄》），苏舜钦"霜柑糖蟹新醅美，醉觉人生万事休"（《小酌》），苏轼"半壳含黄宜点酒，两螯斫雪劝加餐"（《丁公默送蝤蛑》），罗愿说"古来把酒持螯者，便作风流一世人"（《闻寺簿宴客以醉蟹送并有诗见及次韵》）……不胜枚举。

《红楼梦》写吃螃蟹，自然要写到吃酒，对此，宝钗是一并谋划的，"再往铺子里取上几坛好酒来"。那天吃螃蟹，凤姐"一扬脖子"就是一杯酒，平儿吃酒"眼圈儿都红了"。宝玉咏唱"饕餮王孙应有酒"，黛玉咏唱"助情谁劝我千觞"。吃蟹吃得热热闹闹，吃酒又吃得兴会淋漓。

吃螃蟹要匹配吃什么酒呢？一定得是热酒，凤姐说"把酒烫的滚热的拿来"，黛玉想"热热的吃口烧酒"。为什么？《红楼梦》第八回里宝钗有个说明："若热吃下去，发散的就快，若冷吃下去，便凝结在内，以五脏去暖他，岂不受害？"何况螃蟹性寒，更要用热酒冲它。那么，吃哪种酒，烧酒还是黄酒？虽说黛玉"吃了一点子螃蟹，觉得心口微微的疼"，后来便吃了一口烫过的合欢花浸的烧酒，这是一个因需的特例，大家吃的却都是滚热的黄酒，黛玉想吃酒，自己动手，"便斟了半盏，看时，却是黄酒"，就透露了信息，由此还可以推断，丫头"扇风炉烫酒"烫的也一定是黄酒。烧酒度数高，性烈，火热；黄酒度数低，醇厚，芳香。比较起来，吃螃蟹时喝黄酒，更具温胃舒腥的功效，不但对不胜酒力的大观园里的眷属适宜（小说中多处提到黄酒、黄汤、绍兴酒、惠泉酒等），而且也使饕餮酒徒更能吃出蟹的鲜味。如此细微末节，传达了《红楼梦》在饮食上的一种识见，对读者很有启示意义。

煎煮的茶汤，比较冲泡的而言，它更甘更香更得茶味更得茶效。这次在藕香榭吃螃蟹，其茶就是在风炉上煎煮的。众人进入亭子，便"献过茶"。吃蟹之后吃不吃茶呢？未见交代，不过从蟹宴散了，袭人让平儿到房里坐坐，"再吃一钟茶"看，补出了是吃茶的。

茶味苦而微甘，有解腻去腥、醒醉除垢、爽口消食等功效，因此，吃了螃蟹和酒之后再吃钟茶是必需的。尤其应特别注意的是，《红楼梦》第三回和第五十四回等还写到了"漱口茶"，即以茶漱口，清洁口腔。明李时珍《本草纲目》"茶"条引宋苏轼《茶说》："惟饮食后，浓茶漱口，既去烦腻，而脾胃不知，且苦能坚齿消蠹，深得饮茶之妙。"大凡饮食之后，口齿间必有饭菜的残渣碎屑和某种气味，以茶漱口便能一扫而除，并有了茶的甘冽清香，尤其吃了蟹和酒之后，更加必要。对此，《红楼梦》虽未直接提及，可是联系小说其他章回看，特别是贾母说的"这茶想得到"看，为什么要"扇风炉煮茶"，是必定包含了要让大家在吃蟹后以茶漱口的。

放在蒸笼里吃了再拿

众人在藕香榭桌边坐定，凤姐便吩咐："螃蟹不可多拿来，仍旧放在蒸笼里，拿十个来，吃了再拿。"这里包含着三层意思：

第一是要吃整螃蟹。螃蟹的吃法极多，举例而言，有蟹酿橙、螃蟹羹、面拖蟹、玛瑙蟹等，都是以蟹剖析而成的肴馔。可是要吃到螃蟹的本味原鲜，却要整只蒸煮，李渔说"凡食蟹者，只合全其故体"（《闲情偶寄·饮馔部·蟹》），袁枚说"蟹宜独食，不宜搭配他食"（《随园食单·江鲜单·蟹》），都表达了这个意思。这种吃法原始、悠久、常见，却又可口、鲜香、有情趣，保留了不折不扣的本味，不掺它物的原鲜，才能感受到它是"造色香味三者之至极"的食品，"合山珍海错而较之当居第一"的尤物。《红楼梦》

第四十一回涉及螃蟹馅小饺，可是却以最大的热情和最多的篇幅写了大观园里的各色人物掰吃整螃蟹，表达了对这种吃法毫无保留的肯定。

第二是要吃蒸螃蟹。吃整螃蟹，煮好还是蒸好？先前通行煮，宋高似孙《蟹略》"煮蟹"条录"《御食经》有煮蟹法"，元倪瓒《云林堂饮食制度集·煮蟹法》还具体说明了煮蟹方法。各种记载，包括诗词里也都用"煮"字，现今所称大闸蟹，一说源于"大煤蟹"，而"煤"就是放在水里"煮"的意思。到了明代才兴起蒸蟹，宋诩《宋氏养生部》里就说"蒸白蟹""蒸黄甲"，刘若愚《酌中志》就说"凡宫眷内臣吃蟹，活洗净，用蒲包蒸熟"。清初，李渔主张"蒸而熟之"，此为蒸派，袁枚主张"最好以淡盐汤煮熟"，认为"蒸者味虽全，而失之太淡"，此为煮派，应该说各有优长，可以各取所需。《红楼梦》说"仍旧放在蒸笼里"，表明是站在蒸派一边的，原因恐怕看中的是"味全"。那么"淡"怎么办？可以"多倒些姜醋"蘸着吃。也许受了小说影响，从以后趋势上看，采蒸者越来越占上风，"都人重九，喜食蒸蟹"（震钧《天咫偶闻》）等都是例子，直至今天仍然如此。

第三要吃热螃蟹。凤姐说，从蒸笼里"拿十个来，吃了再拿"。拿十个是因为上面一桌是贾母等五人、东边一桌是史湘云等五人，主宾共十人的缘故。"吃了再拿"是什么用意？就是把其余的螃蟹"仍旧放在蒸笼里"，避免冷掉，好吃热蟹。此事在海棠诗社中人各各写出了菊花诗之后再次交代：大家对诗又评了一回，"复又要了热蟹来"，在大圆桌子上吃了一回。蟹要热吃，这是许久以来的惯例，倪瓒云"凡煮蟹，旋煮旋啖则佳。以一人为率，只可煮二只，啖已再煮"（《云林堂饮食制度集·煮蟹法》），张岱云"余与友人兄弟辈立蟹会，期于午后至，煮蟹食之，人六只，恐冷腥，迭番煮之"(《蟹会》)，为了吃热蟹甚至要分批煮蟹。为什么螃蟹非得热吃呢？螃蟹凉了冷了就有腥味，吃热螃蟹，不但不腥，而且香喷，不易致疾。《红楼梦》写吃螃蟹特别点到要吃"热蟹"，用心是细微的。

自己掰着吃香甜

众人开始吃螃蟹，凤姐要水洗了手剥蟹肉，头次让薛姨妈，薛姨妈道："我自己掰着吃香甜，不用人让。"不要以为这只是薛姨妈的客气和谦让，实际上却是一句大实话，吃螃蟹要自掰自食才最香甜，并领略吃蟹的情趣。

对此，历代著述里多有涉及，特别是清初李渔在《闲情偶寄·饮馔部·蟹》里有直接而明确的说明：

> 凡食蟹者，只合全其故体，蒸而熟之，贮以冰盘，列之几上，听客自取自食。剖一筐，食一筐，断一螯，食一螯，则气与味纤毫不漏。出于蟹之躯壳者，即入于人之口腹，饮食之三昧，再有深入于此者？凡治他具，皆可人任其劳，我享其逸，独蟹与瓜子、菱角三种，必须自任其劳。旋剥旋食则有味，人剥而我食之，不特味同嚼蜡，且似不成其为蟹与瓜子、菱角，而别是一物者。此与好香必须自焚，好茶必须自斟，僮仆虽多，不能任其力者，同出一理。讲饮食清供之道者，皆不可不知也。

说得又在理又透辟。李渔是个有理论有实践的吃蟹行家专家大家，他在《蟹赋》里写了吃螃蟹胸腹的时候，"至其锦绣填胸，珠玑满腹。未餍人口，先饱予目。无异黄卷之初开，若有赤文之可读。油腻而甜，味甘而馥。含之如饮琼膏，嚼之似餐金粟"，把它的精美灿烂、色彩诱人，把吃它时感受到的香甜和愉悦，给形象生动地描摹了出来。显然，自掰自食，方能体验螃蟹美妙的娱目娱心和至极的色香味。

当然，现今还可以进一步生发，因为自己掰着吃，就得掌握程序，什么先吃什么后吃，就得具备知识，什么能吃什么不能吃，就得知道方法，吃到什么部位要怎么吃。这种自任其劳并由劳致乐的情趣，大概只有在吃螃蟹的时候才能获得。

《红楼梦》也写到了人剥我食，例如凤姐剥了蟹肉奉与贾母，平儿剔了一壳黄子送给凤姐，袭人剥了一壳肉递给宝玉等。贾母这年七十开外好多东西嚼不动了，凤姐忙着张罗忙着伺候，宝玉是个东一头西一头的人，由他人剥吃在情在理，况且一开头贾母和宝玉的桌前是各放了一只螃蟹的，想来也是自剥自食，凤姐宴间虽未吃囫囵螃蟹，可是之后却让平儿要了十个极大的，想来也是在家里自剥自食的。除此之外，大观园里上上下下的人，包括主子、各房的人、答应婆子和小丫头，绝大多数都自己掰着吃的，表明了《红楼梦》对此的充分肯定。

多倒些姜醋

凤姐伺候老的，张罗小的，忙忙碌碌，嘘嘘吵吵，一时出至廊上，鸳鸯等就斟酒给她吃，平儿早剔了一壳黄子送来，凤姐道："多倒些姜醋。"接着就吃了。贾宝玉咏唱："泼醋擂姜兴欲狂。"由此推知，大观园里的这次螃蟹宴，大家都是蘸了姜醋吃的。

吃螃蟹要蘸姜醋，是早在1500年前，北魏贾思勰在《齐民要术》里就已经提到："食（蟹）时下姜末调黄，盏盛姜酢。""酢"为

"醋"的本字。意思是，吃蟹时要加点姜末调和蟹黄，再用浅盘盛着姜醋蘸着吃。可是蘸姜醋并未定为一尊，后人还尝试着蘸酱、盐、糖、葱、蒜、梅、椒等，尤其是橙，唐唐彦谦"充盘煮熟堆琳琅，橙膏酱渫调堪尝"（《蟹》），宋黄庭坚"解缚华堂一座倾，忍堪支解见姜橙"（《秋冬之间鄂渚绝市无蟹今日偶得数枚吐沫相濡乃可悯笑戏成小诗三首》），宋杨公远"鲈脍侯鲭应退舍，算渠只合伴香橙"（《次兰皋擘蟹》）……在南方，橙一度被视为吃蟹的最佳伴物。蘸什么，虽说可以因地因时因人而异，不过在摸索中比较，到了明清时期，多数人还是肯定了姜醋，例如明李时珍说"鲜蟹和以姜醋"（《本草纲目·蟹》），清尤侗"饮或乞醯（xī，醋），食不彻姜"（《蟹赋》）等，历史绕了一个大圈子，又回到了原点，这中间，《红楼梦》写进"多倒些姜醋"，应该说对蘸料的最后定尊也起到了重要的指向效应，之后，例如清秦荣光"九十尖团膏满筐，老饕筵佐醋和姜"（《竹枝词》）等更趋一致，并延续至今。

螃蟹是整只蒸煮的，仅吃蟹肉和黄膏，虽鲜美而味必淡，食觉会大打折扣，所以要蘸点什么。那么为什么要选择姜醋呢？姜，尤其嫩姜，汁多，性温，其香芬芳，其味辛辣，可却蟹寒，可解蟹毒；醋，尤其陈醋，醇厚，酸香，可杀菌，可除腥。吃螃蟹蘸姜醋，能戒腥戒毒，去寒添热，增鲜添兴，口感更好。

用"菊花叶儿桂花蕊熏的绿豆面子"洗手

这次吃螃蟹，《红楼梦》频频写到洗手：吃之前，凤姐"要水洗了手"，吃了后，贾母离席，"大家方散，都洗了手"，平儿折回，为凤姐要螃蟹家去吃，被众人拉坐又吃，临走"便都洗了手"，贾宝玉提议咏蟹，说着"便忙洗了手"，第一个提笔写诗，诗里还咏唱道"指上沾腥洗尚香"。

吃螃蟹要自己掰自己剥，事先用水洗手是必须的，吃了后手上油腥，更必须洗手。那么吃了后用什么洗手呢？最早触及的是宋苏轼《物类相感志》："吃蟹了，以蟹须洗手，则不腥。"之后，宋赵希鹄《调燮类编》、明周履靖《群物奇制》等都相继附和，说明它曾经是长久而广泛地被采用。除此之外，周履靖还提到"油手以盐洗之，可代肥皂"，刘若愚在《酌中志》还提到明代宫眷内臣吃蟹毕"用苏叶等件洗手"。涉此最多的是清代佚名《调鼎集》："食蟹手腥，用蟹须或酒洗即解，菊花叶次之，沙糖、豆腐又次之。"今天看来是平常简单的小事，古人却不断摸索出了许多方法。

对此，《红楼梦》别出心裁地说：凤姐"命小丫头们去取菊花叶儿桂花蕊熏的绿豆面子来，预备洗手"。《红楼梦》第二十一、五十八回都提到过"香皂"（用皂荚捣烂去渣配以香料合成），可是要去除蟹的油腥却不用香皂而用绿豆面子，这不仅是小说唯一的一处，也是文献中仅见的一处。并且由此可以推知，这次在藕香榭吃螃蟹，事先只用水洗手，事后大家都是用绿豆面子洗手的，而且一定是早就熏好的，以此洗手大概已经成了贾府惯例。

可是细心考察一下历史记载，它或许只是一个合理的虚构。说它虚构，是因为在所有文献里找不到先例和后例；距《红楼梦》不远，晚明时期刘若愚说宫廷内眷吃蟹毕"用苏叶等件洗手"，秦征兰《天启宫词》说"玉筍苏汤轻盥罢"并自注"食已，瀹（yuè）紫苏草作汤濯手"，徐昂发《宫词》说"苏叶还倾洗手汤"，至尊的晚明皇帝眷属洗手还只用紫苏；况且绿豆面子以菊叶桂蕊来熏，无论从人工（采集和晒干）、操作（器具和熏法）、效果（增香）、数量（至少要满足主子和眷属及亲近者洗手）等方面来说都是难以想象的。说它合理，是因为从常识上讲，绿豆磨面后有一股清香，菊花叶儿、桂花蕊一熏自当更香，凡面皆能去油，香能解腥，以此作为吃蟹后的洗手剂，似属可能。为什么要如此合理虚构？无非为了显示贵族家庭用度的奢侈豪华而已。人们常说匠心，此"菊花叶儿桂花蕊熏的绿豆面子"就是《红楼梦》里最见作者匠心的东西之一。

煮蟹与蒸蟹

煮蟹就是把螃蟹放在水里煮，蒸蟹就是把螃蟹放在笼上隔水蒸，这是两种最常见而可口的吃蟹法。比起酱、腌、糟、醉，它是鲜食的，保留了不折不扣的原味，比起以蟹为原料而制成蟹丸、蟹豆腐、拖面煎蟹及蟹黄包子之类的肴馔，它是整只的，保留了不掺它物的本味。蟹宜即食，蟹宜独食，煮蟹或蒸蟹来吃，方能感受到蟹的鲜甜嫩香，为至极的美味。

煮蟹早先　从历史记载看，早先通行煮蟹。宋傅肱《蟹谱》："《御食经》中亦有煮蟹法。"据《隋书·经籍志》载：《四时御食经》一卷，不著撰人。或即此书，已佚，故而其法不详，可是透露出了源起早流传广的煮蟹，到了隋代宫廷里，已经有了相应而独特的讲究。要讲究哪些呢？根据后人的论述，包括：先要将活蟹"洗净"（清佚名《调鼎集·煮蟹》），吃蟹要手剥牙咬，忌讳不洁；次要"用生姜、紫苏、橘皮、盐同煮"（元倪瓒《云林堂饮食制度集·煮蟹法》），为的是去寒避腥添鲜增味；又要"冷水烹"（明宋诩《宋氏养生部·烹蟹》），逐步加热肉质更嫩；最后要经数次"大沸透"（明顾元庆《云林逸事》），火要旺，水要沸透数次（今人经验，时间要15—20分钟才能把蟹内的细菌和病毒杀灭）。大家知道，以苏

煮蟹

御食經有煮蟹法諺曰百無使解燒湯煮蟹謝幼槃詩

不使落湯頻下筋正此謂也陶商翁詩落成序嘉賓煮

欽定四庫全書　蟹畧　卷三　三

蟹膾溪鱸疎寮詩天差鶴管烹茶水風夾花吹煮蟹烟

宋代高似孙《蟹略》中记载的煮蟹法

州为中心的吴语区人，把煮蟹叫做"煠蟹"，"汤煠而食，谓之煠蟹"（清袁景澜《吴郡岁华纪丽·十月·煠蟹》），现今的"大闸（煠）蟹"之名应是由此演变来的，可见煮蟹或煠蟹始终广泛而普遍地被采用。

蒸蟹晚后　从历史记载看，明末方兴蒸蟹，至清后才逐步流行。明宋诩《宋氏养生部》里有"蒸白蟹（海蟹的一种）""蒸黄甲（海蟹的一种）"的条目；明刘若愚《酌中志》卷二十"凡宫眷内臣吃蟹，活洗净，用蒲包蒸熟"；清曹雪芹《红楼梦》第三十八回"螃蟹不可多拿来，仍旧放在蒸笼里，拿十个来，吃了再拿"；清震钧《天咫偶闻》卷六"都人重九，喜食蒸蟹"……怎么蒸呢？清顾仲《养小录·蟹》说："宜以淡酒入盆，略加水及椒盐、白糖、姜葱汁、菊叶汁，搅匀，入蟹，令其饮醉不动，方取入锅"，"法以稻草捶软，挽扁髻，入锅平水面，置蟹蒸之，味足"。至今，许多家庭特别是酒家往往以笼（笼屉代替了稻草扁髻）蒸蟹。

自从蒸蟹崛起之后，人们便以它与煮蟹比较，或说"蟹向用煮，不知何人以煮则黄易走漏，味不全，忽起巧思，用线缚入蒸笼蒸之，味更全美，斯足饫矣"（清瀛若氏《三风十愆记·记饮馔》），或说"煮之不如蒸之，煮之则膏黄外溢，水分内侵，味稍薄矣"（民国王梅璩《蟹杂俎》）……应该说各家所言在理。清初美食家李渔在《闲情偶寄·饮馔部·蟹》里说："凡食蟹者，只合全其故体，蒸而熟之"，就是蒸派的代表。可是稍晚的另一位大美食家袁枚却在《随园食单·江鲜单·蟹》里说："最好以淡盐汤煮熟"，"蒸者味虽全，而失之太淡"。独立特见，成了煮派的代表。实事求是地说，后起的蒸蟹比起早先的煮蟹来是进步的，即不渗水，不漏黄，味更全，味更足，更加原本，更加鲜美。那么，"失之太淡"怎么办？自古以来，包括《红楼梦》所说"多倒些姜醋"蘸着吃就解决了。不过煮蟹也有优点，例如"用生姜、紫苏、橘皮、盐同煮"，其去寒避腥添鲜增味的效果好；例如不需蒸笼和笼屉，不需以线缚蟹，操作相对简便；例如渗水之后，蟹黄不干燥，蟹脚肉可以吮吸而出等，故而仍为人乐于采用。鲁迅说"吴越间所多的是螃蟹，煮到通红之后"云云（《论雷峰塔的倒掉》）就是典型的反映。

或煮或蒸过的螃蟹放到盘子里，鲜红鲜红的，好像一块块红玛瑙闪着光泽，禁不住，你的眼也亮了；打开背壳，喷射出一股香气，只见凝脂如玉，黄膏若金，黑膜白肉，锦绣灿烂，禁不住，你的馋涎堕了；上口一尝，鲜而嫩，甘而腻，使人觉得是一种天厨仙供、八珍不及的至高至美的食品，禁不住，你的心迷醉了！

"蟹八件"考说

各种食物，大多在厨房里完成，端出来的已经只是用筷子夹到嘴里的菜肴，但螃蟹要吃出它鲜甜嫩香的原汁原味，还得整只蒸煮，以全螃蟹装盘。中国人吃螃蟹向来都是手剥牙咬，直至明末清初仍是如此，"自揭脐盖，细细用指甲挑剔"（明刘若愚《酌中志·宫眷蟹会》），"染醋忘双箸，横螯响一腮"（清周容《食蟹》）……仍是开动十个手指，开动唇舌齿喉，来享受至鲜至美的大闸蟹。

这种吃法到了清初才在某些地方开始慢慢改变，据瀛若氏《三风十愆记·记饮馔》载：

> 邑中兴食蟹会，始自漕书及运弁为之。每人各有食蟹具：小锤一，小刀一，小钳一。锤则击之，刀则划之，钳则搜之。以此便易，恣其贪饕，而士大夫亦染其风焉。

这是迄今所知以食具辅助吃蟹的最早记录：起初，常熟城里的漕书（掌管漕粮的胥吏）及运弁（押运漕粮的官兵）常常聚在一起举办蟹会。此辈入息颇丰，又酷嗜螃蟹，于是不知怎么一来，忽起巧思，创制出小锤、小刀、小钳三件食具，每人一副，"以此便易，恣其贪饕"。继而，当地官员和读书人也纷纷仿效在蟹会上使用食蟹的小工具了。应该说，这三件食蟹具，"锤则击之，刀则划之，钳则搜之"，各有功能，替代了手剥牙咬，避免了指疼舌碎，是很实用的，当为"蟹八件"的先导。

接着，至清代中期，"蟹八件"便悄然形成。此载陈少海（不详，据自序后署"嘉庆四年岁次己未"[1799]，和娜嬛斋"嘉庆十年"[1805]刻本，知为嘉庆时人）所著《红楼复梦》（书接《红楼梦》续说贾宝玉与林黛玉等人重生聚合故事）第三十二回：

　　周嫂子们端上蒸蟹……丫头、姑娘们送上，每位太太、奶奶、姑娘们面前是两个银碟子。一个碟子是姜醋，一个空碟子等着盛蟹肉。又有几个秀丽干净姑娘站在桌边剥蟹，每人一副银丝儿的帚子、银钩子、银扒子、银千子、银刀子、银锤子、银镦子、银勺子，每副八件。太太们一面饮酒，一面吃蟹。

书中说剥蟹工具"每副八件"就是今称"蟹八件"的来历，也是第一次所见的"蟹八件"完整的文字记录。特别重要的是，逐一写出了八件的名称，虽未及各自功能，然而就其名称约略可以推知：锤子用以敲击蟹螯及脚，放在哪里敲击呢，相应便有了镦子；刀子用以划，即把黏在螯或脚壳上的蟹肉刮离，并切开蟹砣，把一仓一仓的胸肉划出，帚子则用以扫，相应扫出其碎肉；千子，一头尖尖，代替指甲用以撬开紧贴的蟹脐与背壳；扒子用以扒出背壳里的黄膏，钩子用以钩出躯体和螯脚内角角落落里的蟹肉；蟹肉和黄膏都盛放在空碟里了，最后用勺子舀进姜醋，搅和而食。显然，设想周密，功能齐全，八件的交替使用，轮番发挥，就能把一只蒸出的整螃蟹吃得干干净净，壳无余肉，吃剩的蟹砣活像个空蜂窝，脚壳犹如一小堆花生屑。小说还说，这八件剥蟹工具，都是以银打制的，并且一概在称名中尾缀"子"字，那么一定是造型美观，闪亮光泽，小巧玲珑，特别受人喜爱的。

　　后来"蟹八件"逐步流行于三吴闺阁中，她们有空闲，有耐心，沉静，细致，以此吃蟹，自任其劳，吃出了雅兴，吃出了快乐，一度还曾经是某些富户家苏州女的嫁妆之一。根据记载，民国年间，侍妾姚冶诚曾经在苏州发送蒋介石一个精致的小木盒，内装铜质"蟹八件",学者郑振铎曾经定制几套铜质"蟹八件",给好吃螃蟹的上海夫人高君箴使用。(民国年间好多地方都制作"蟹八件"出售,例如苏州、杭州、福州、东台等地,包括北京。据1917年出版的《直隶省商品陈列所第一次实业调查记》:前门大街广顺昌、杨梅竹斜街宝源斋等皆制铜质"食蟹具"出售)1945年,日本人木村重《鳞雅》出版,以文字介绍中国蟹况时还刊有一幅"蟹八件"的插图:

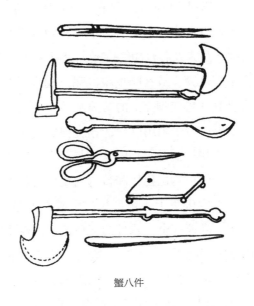

蟹八件

这是现在能见到的最初一幅直观而形象的"蟹八件"图录(未见有清朝和民国齐全的实物存藏,故亦属珍贵,它与今天民间流行的大同小异)。对照《红楼复梦》文字所记,它以镊子替代了帚子和钩子,镊取碎肉,它增添了剪子,剪子是给蟹脚开口用的,以便嘬嘴吮吸脚肉,铲子和斧子貌似不一,实质却依然起着扒子和刀子的功能，其余相同。由此图可见，"蟹八件"的形制并非一成不变，相反，是随着吃蟹的实践不断被调整的。

中国的大闸蟹，是多半中国人尤其是东南沿海一带的人最爱吃的，为此，他们又心灵手巧，创制出了"蟹八件"，天赐人造，总算没有辜负上苍。食具，中餐主要是筷和匙，西餐主要是刀和叉，而吃大闸蟹竟有八件之多，可以说达到了中国和世界食具文化的极致。大闸蟹至鲜至美，吃它用"蟹八件"或敲或剪或劈或铲或刮或镊或撬或舀，熟练地一件件轮番交换使用，那就像弹奏一首抑扬顿挫的食曲，又吃出了至雅至趣。

徐渭：将画换蟹吃的画家

徐渭（1521—1593），字文长，号青藤，又号天池，山阴（今浙江绍兴）人。他天才超逸，科举却屡试不中，中年当过浙江总督胡宗宪幕僚，出奇计，破倭寇，后胡得罪被杀，他也潦倒终身。他工书法，擅绘画，能诗文，长杂剧，多才多艺，特别是绘画，天趣灿发，水墨淋漓，对后来的大写意画很有影响，是明代著名的文学家、书画家。

徐渭是个钟情于蟹的画家和诗人，据题画诗与今存画，共绘蟹画十几幅，据今本《徐渭集》和今存画所题，共作蟹诗二十多首，是历史上唯一的"双多"大家。他画蟹并不追求酷肖逼真，"虽云似蟹不甚似，若云非

徐渭

485

蟹却亦非"(《题蟹》)，在似与不似之间，可是笔墨洒脱，灵性完足，"花果鱼蟹，虽点钩二三笔，自与凡俗不同"(清蓝瑛等《图绘宝鉴续纂》)，把写意之蟹推向了一个新的境界。他的题画蟹诗也使人叫绝，例如《黄甲传胪》"养就孤标人不识，时来黄甲独传胪"，表达了对肚子里没有点墨的富贵子弟却在科举考试中黄甲题名被金殿传胪的不满；例如《题画蟹》"饱却黄云归穴去，付与甲胄欲何为"，表达了对东南沿海将领在倭寇来犯的时候却缩头不出的不满，发扬了中国诗歌讽喻的传统，针砭时弊，抒发感慨，蕴藉良深，达到了诗、书、画的"三绝"。

他不但画蟹题蟹，而且好蟹嗜蟹，试读《蟹六首（之二）》：

> 水族良多美，惟侬美独优。
> 若教无此物，宁使有监州。
> 辟鬼秦关夜，输魁海稻秋。
> 河豚直一死，只好作苍头。

面对宋初钱昆要到无监州的外郡当官、关中秦州人家夜以逐鬼、秋天输稻东向至海献给魁首的螃蟹，徐渭说，它是各种各样水产品当中最为可口鲜美的食物，"双螯交雪挺，百品失风骚"(《蟹六首》之一)，在秋冬之际更是一款超过一切、独占鳌头的美味佳肴，甚至说，那被苏轼夸赞的"据其味，真是消得一死"(宋张耒《明道杂志》)的河豚，只配做它的奴仆，怎能与之媲美？

徐渭嗜蟹到什么程度？他说"金紫膏相蚀，尖团酒各酤"(《蟹六首》之五)，意思是打开背壳，只见金色和紫色的黄膏，交相侵蚀，令人馋涎欲滴，无论尖脐的雄蟹和团脐的雌蟹，都能催人酤饮；又说"百年生死鸬鹚杓，一壳玄黄玳瑁膏"（《钱王孙饷蟹不减陈君肥杰酒而剥之特旨》），意思是只要三万六千日的百年生活里，日日能饮着鸬鹚杓（刻为鸬鹚形的酒具）里的美酒，日日能吃到蟹壳里黄黑相间犹如玳瑁般的蟹膏，老饕如此经营自己的口腹才不算虚度！他甚至想到"那能亲箬笠，夜夜伴渔郎"（《蟹六首》之四），即戴上箬竹叶编的宽边帽，夜夜伴着渔郎去捉蟹，"不是老饕贪嚼食，臂枯难举笔如椽"（《鱼虾螺蟹》），说并非自己好吃螃蟹等物，不贪嚼的话，枯瘦的手臂怎能举得起如椽的画笔呢？徐渭把蟹类水族称为"宜觞物"，有时候吃到"酒乏诗穷更漏深"（《陈伯子守经致巨蟹三十继以浆鲈》）。

特别令人称奇的是，徐渭多次提及将画换蟹来吃。其诗《鱼蟹》说：

> 夜窗宾主话，秋浦蟹鱼肥。
> 配饮无钱买，思将画换归。

一个秋天的晚上，徐渭与客在窗前话及河流里的蟹鱼已肥，可是作为主人却无钱购买以助酒兴，竟动起了以画换鱼蟹来吃的念头。他以诗《某子旧以大蟹十个来索画，久之答墨蟹一脐、松根醉眠道士一幅》记述，吃了人家的蟹，就用画来答谢。此外，《题史甥画卷后》云："万历辛卯重九日，史甥携豆酒、河蟹换予手绘。时病起，初见无肠（按：蟹的别称），欲剥之剧，即煮酒以啖之。偶有旧纸在榻，泼墨数种，聊以塞责，殊不足观耳。"可见，徐渭或自己想以画换蟹，或人家想以蟹换画，他穷愁潦倒，却嗜蟹如此！东晋王羲之有以字换鹅的故事，北宋苏东坡有"一诗换得两尖团"

的诗句，明朝大画家徐文长则有以画换蟹的记录。

张岱：与友人兄弟辈立十月蟹会

张岱 (1597—约1684) 字宗子，号陶庵，山阴 (今浙江绍兴) 人，明末清初文学家。他出生在一个累世通显的官僚家庭，少壮时追求享乐，服食豪侈，在品茶、饮膳等方面是一个精致的鉴赏者。明亡后避居山中，从事著述，于往昔繁华，多所追忆，所著《陶庵梦忆》等，文笔清新，活泼流畅，又夹杂着怀旧和感伤的情绪，哀婉动人。

张岱尝说："越中清馋，无过余者，喜啖方物。"意思是：我是越中天字第一号的馋食精，特别喜欢吃各地的土产。张岱最喜爱的食物为三：一是牛乳酪，为此他自己养牛，自取乳汁，自制乳酪；二是兰雪茶，为此，他招募安徽茶人，炒之焙之，又选泉水，又择茶具，又研冲法；三是河蟹，他在《咏河蟹》诗里说"肉中具五味，无过是霜螯"，不仅认为蟹有"五味"，而且认为这具有"五味"之蟹在一切肉食里是拔尖的；"谁说江瑶柱，方堪厌老饕？"意思是有人说江瑶柱 (海产贝类的闭壳肌，肉柱鲜美) 方能满足老饕的口舌，其实哪里超得过螃蟹呢？

山阴即产蟹，就近可

张岱

得，张岱《陶庵梦忆》里有一篇《蟹会》说，每到十月，则呼亲引友，举办蟹会，今天我当会主，明天你当会主，吃过来，吃过去，不但热闹有趣，而且不虚度蟹节。对河蟹作了这样的描述："壳如盘大，坟起，而紫螯巨如拳，小脚肉出，油油如蟆蜒（即蛐蜒），掀起壳，膏腻堆积，如玉脂珀屑，团结不散。"四个比喻，把外形、内蕴描绘得极为传神；对河蟹作出如下评价："食物不加盐醋而五味全者"，"甘腴虽八珍不及"。两句话说出了螃蟹的至鲜至美。对河蟹的吃法也作了叙述："人六只，恐冷腥，迭番煮之。"十个字就点出了行家食蟹的经验。对蟹会的组织作了说明："一到十月，余与友人兄弟辈立蟹会。"一笔就交代了立蟹会的原则……由此可以看到，在张岱的周围聚集着一批嗜蟹者，他们彼此亲近，住地靠近，招之即来，来者均好此物，自午后至晚上，以螃蟹为主，匹配其他酒食，边剥边喝边吃边谈，"天厨仙供"，快哉快哉。

明代的宫眷，一到食蟹季节，便"五六成群，攒坐共食，嬉嬉笑笑"，视作"盛会"，这篇《蟹会》又反映了明末的官僚家庭也有亲朋聚食的蟹会。清代，曹雪芹在《红楼梦》里也写了大观园里一次充满着雅兴的赏花吟诗的蟹会。民国年间，据郑逸梅在《蟹》一文里说："吴中星社尝有持螯会之举行，篱菊绽黄，湖蟹初紫，发醅恣饮，即席联吟。"直至今天，如香港还有"大闸蟹俱乐部"，无论富豪或市民，只要交钱就可加入，以一起品尝螃蟹为"盛会"。如此相承相续，不仅在饮食文化中独树一帜，而且也说明了螃蟹的魅力是永不消褪的，它的意蕴是永不减弱的。

蟹仙李渔

李渔（1611—1680），原名仙侣，字谪凡，号天徒，又号笠翁，浙江兰溪人，自幼生长在江苏如皋，是清初文坛上的一位大名士，多才多艺，在诗词歌赋、戏曲小说、编辑出版乃至园林建筑、器物珍玩等领域都很出色、当行，留下了数量惊人的作品，名满天下。

他是个怪才，非工非商，不宦不农，然而却极其讲究享受，吃喝玩乐，样样都精，对于吃则更精。有一年夏天，他到一座山庙里避暑，主僧以非饭即饼饷客，自己却吃家常俭食的菜糊。这菜糊是什么呢？李渔仔细一看：嘿，多香、多美的苋羹啊！这苋羹里，包含着或红或绿的苋菜，黄色的萱花，紫色的茄子，白色的扁豆，碧色的菌子、竹笋，青色的豇豆、丝瓜，经过膏曲，加上酱、姜一煨，色可目，味可口，好吃着呢！于是李渔宁可不吃专门款待他的白米饭、白面饼，而换吃主僧不敢进客的菜糊（即李渔起名的苋羹），每食必苋，每羹必饱，吃得哼哼吟吟，快乐得像个神仙似的。李渔还像猿猴一般酷于嗜果，桃杏李梅，龙眼橄榄，均入口腹。经过品尝，他认为果中至尊无上者为荔枝。他将公侯伯子男的爵位依次授予杨梅、福橘、燕京葡萄、苹果和真定梨。荔枝为什么是果中之圣呢？它外若麟肝，

李渔

内如凤卵；它风味独特，不像杏浊腻喉，不像梅酸溅齿，不像枣过甜，不像莲失旨，不像李带涩，不像桃欠松，不像蜂黄有余气，不像藕有微腥，味道较梨为浓，较橘为淡；吃它的时候，不待尝而味先在口，无烦嚼而汁已投胸，美妙之极。他的《闲情偶寄·饮馔部》里，谈到了蔬食、谷食、肉食等，涉及了三十多款饮食，每一种都别有会意，充分证明了李渔是一个大食家。

这个大食家最爱的是什么？螃蟹。爱到什么程度？痴情。且看李渔在六十一岁写成的《闲情偶寄·饮馔部·肉食第三》的"蟹"款所说：

> 予嗜此一生，每岁于蟹之未出时，则储钱以待；因家人笑予以蟹为命，即自呼其钱为"买命钱"。自初出之日始，至告竣之日止，未尝虚负一夕、缺陷一时。同人知予癖蟹，招者饷者，皆于此日，予因呼九月十月为"蟹秋"。虑其易尽而难继，又命家人涤瓮酿酒以备糟之醉之之用。糟名"蟹糟"，酒名"蟹酿"，瓮名"蟹瓮"，向有一婢勤于事蟹，即易其名为"蟹奴"。

他与蟹"一生殆相始终"，"无论终身一日皆不能忘之"。常说"啖蟹犹之食胡饼""如卷手不释""蟹在腹中营海屋""此腹当名郭索居"之类的话。李渔六十二岁那年游楚，没有吃到螃蟹，想得不得了，便写《忆蟹》诗，"蟹时不得归，归时蟹已没"，表示了极大的遗憾，觉得辜负了这个"蟹秋"。六十七岁那年游湖州，喜食湖州蟹，便大作啖蟹诗，觉得"今岁秋光幸不虚"。

李渔一生的主要活动地点在吴越之间，此处是最为著名的螃

清 朱耷《菊蟹图》

蟹产地，养成了他终生嗜蟹的习性。那么，这是否为一种私癖呢？不，是经过了比较和鉴别的。他负笈四方，浪游各地，到过京、冀、陕、甘、豫、皖、赣、鄂、粤、闽、湘等地，用李渔自己的话说，"予担簦二十年，履迹几遍天下，四海历其三，三江五湖则俱未尝遗一"，而且，每到一地，都是达官贵人的座上客，丰盛的菜肴，供其饕餮，加之他好吃，土著之物，无一不尝，什么雏雁鸠鸽、獐鹿熊虎、鲥鱼河豚、笋蕈莼韭没有吃过？过去，他听人说，江瑶柱和西施舌（海产贝类之肉，白而洁，光而滑，俨然如美女西施之舌，为珍品）要比螃蟹更鲜美更珍贵，可是他到了福建一吃，觉得没有什么奇特，与螃蟹相比要差多了，"悉淮阴之绛、灌，求为侪伍而不屑者也"，就像淮阴侯韩信，不屑与绛侯周勃、颍阴侯灌婴同列为伍一般，哪里赶得上螃蟹呢？李渔有一种超乎常人的食觉，经他的品评，仍然认为螃蟹是天地间的尤物。且看他在《蟹赋》里对螃蟹的评价：

> 以是知南方之蟹，合山珍海错而较之，当居第一，不独冠乎水族、甲于介虫而已也。
>
> 食当秋暮，惟蟹是务；至美难名，不容不赋。才举笔以涎流，甫经思而目注；俨八跪之当前，擎双螯以待哺。不知造物于人，何旧何亲？视同爱子，款若嘉宾。千方饫其口腹，百计悦乃心神。薄诸般之海错，鄙一切之山珍。特生一甲，横扫千军。

他认为天下食物之美无过于螃蟹，吃了螃蟹，什么海错，什么山珍，都可以看轻了，都可以鄙夷了；他甚至天马行空地想到，造物主为什么造出了螃蟹来厚爱款待于人？这个体天之意、察物之味的论断，是振聋发聩的，进一步奠定了螃蟹在饮馔席上独占鳌头的地位。

说李渔是"蟹仙"，那么对吃蟹精到什么地步？他首次总结出了一整套"吃蟹经"：螃蟹宜蒸食，方可保留其美质，如脍如煎，则蟹之色香味俱失；犹如好香必须自焚，好茶必须自斟一样，吃蟹必须自任其劳，旋剥旋食则有味，人剥我食则味同嚼蜡；剖食螃蟹，应剖一筐食一筐，断一螯食一螯，则气与味丝毫不漏……尤其是在著名的《蟹赋》里提出了一个先吃什么后吃什么的吃蟹程序：

> 漫夸乃腹，先美其筐。视黄金兮太贱，觑白璧兮如常。剖腹藏珠，宜乎满肚；持金赠客，不合盈筐。揭而易开，初若无底之橐；铲之不竭，知为有底之囊。至其锦绣填胸，珠玑满腹；未餍人心，先饱予目。无异黄卷之初开，若有赤文之可读。油腻而甜，味甘而馥。含之如饮琼膏，嚼之似餐金粟。胸膛数叠，叠叠皆脂；旁列众仓，仓仓是肉。既尽其瓢，始及其足；一折两开，势同截竹。人但知其四双，谁能辨为十六？二螯更美，留以待终。

先吃筐。筐就是螃蟹的背壳，它是揭而易开的，一揭开，就发现里面仿佛是藏着珠子、贮着黄金，满满的，足足的，这时候，便会产生一种"视黄金兮太贱，觑白璧兮如常"的心理状态，黄金白璧固然贵重，是财富的标志，可不能拿过来解馋欲、美口腹，比较起来，蟹筐里的东西，色彩诱人，鲜美可口，多么实在实惠！

再吃瓤。这瓤，好像是揭开了的百宝箱，黄的赤的白的，如金如宝如玉，像珠玑一样精美，像锦绣一样灿烂，还没有吃就饱了眼福。"无异黄卷之初开，若有赤文之可读"，俗话说"书中自有黄金屋，书中自有颜如玉"，读书人对书籍的迷恋犹如人们对黄金、情人的痴迷一般，而面对螃蟹的瓤，就像读书人见到了书籍（黄卷），见到了文献（赤文），这喜悦、这兴奋是不可言传的。那么，瓤的滋味如何呢？"油腻而甜，味甘而馥"，油油的，腻腻的，甜甜的，香香的，像尝了琼膏，像吃了金粟。这瓤包括胸，"胸腾数叠，叠叠皆脂；旁列众仓，仓仓是肉"，胸部被一道一道"屏门"间隔着，胸部两侧对称的屏门与屏门之间，犹如一个挨着一个仓库，凸凸的，鼓鼓的，里面贮积着白脂般的蟹肉。最后吃螯足。吃蟹脚可以像折断竹子一般地折断它，四对蟹脚，可以分为十六节，它的长节和前节的肉是不少的。"二螯更美，留以待终"，两只大钳子，又肥又嫩，最有吃头，因此，要留到最后吃它，为食蟹画上一个圆满的句号。《蟹赋》里的这段文字，不仅由衷地赞美了螃蟹是一款佳肴、一款美味，糅进了李渔的观察、心理、评价、颂扬，是难得的美文，更重要的是抒写了食蟹要先筐、再瓤、次足、后螯的先后次序，糅进了李渔食蟹的经验和心得，是经典的总结。

李渔是个才人慧人，口能言，笔生花，他在诗里说，"大受无肠公子益"，"越餐胸次越玲珑"，吃了螃蟹，更聪明了，更锦心绣口了。有一年秋冬之季，"霜雾连朝，菊残蟹毙，不胜怅惘"，便写了如下词句，"赋此解嘲"：

嗜蟹因仇雾，怜花复怒霜。无穷好事为天荒，一度

掷秋光。　造物将侬负，还令造物偿。急开梅蕊续秋芳，
不许蛰无肠。

因嗜蟹而仇雾，因蟹毙而向造物主索赔，因爱蟹而责令梅花早开、
秋菊快芳、霜雪迟来、寒冬慢至，不许螃蟹蛰居！这口气俨然是一
位可以向大自然发号施令的蟹仙，一位威严而又具有神通的蟹仙。
这种蟹仙式的描写，在他的另一首诗里则构成了神话：李渔等的
爱蟹、嗜蟹，遭到了某些人的妒嫉，被诬告上天，上天震怒，使
彤云密布，大雾三天，诸蟹尽亡，螃蟹向龙王诉冤，哪知龙王也
是个嗜蟹者，让螃蟹还魂，报答知己。

据传，李渔七十岁那年，忽患奇疾，口中甚痒，因自嚼其舌，
片片而堕，不食不言，舌本俱尽而死。于是便有了如此仙话：李
渔本是天上散仙，龙王见螃蟹这一至鲜至美之物不为世人所重，
心中颇为不平，就趁虾荒蟹乱之际，托其下凡。临下凡前，龙王
向猫、狗、兔、猿各借一块舌片，与原舌联缀成一个新舌，安在
他口中，好让他到了人间遍尝包括鱼蟹、肉食、菜蔬、果品在内
的百物百味，辨识妍媸香臭、鲜腥膻臊、咸淡涩腻、酸甜苦辣，
品评优劣，昭示人间，以扬水族之长，宣螃蟹之美。这个散仙到
了世上，即名为渔、为笠翁、为仙侣、为谪凡、为天徒，由明末
至清初，一生中经历了许多次奇祸大难，都能化险为夷，绝处逢
生，尽管托钵四方而生活优裕，未入仕林却聪慧过人，奇服闲适，
掀髯耸袂，几度被人疑非凡人。六十岁以后，李渔的《蟹赋》《闲
情偶寄》等都传世了，龙王见其使命已成，便促他嚼舌片片，分
别归还猫狗兔猿，复羽化返仙。

嗜酒好蟹边寿民

边寿民（1684—1752），名维祺，字寿民，自号苇间居士，山阳（今江苏淮安市淮安区）人，清代康乾时期的布衣画家，"扬州八怪"之一。

作为画家，边寿民是特立独行的，其家竟营造于浅渚芦苇丛里，与渔家为邻，与鸟类为伴，画作亦多以周围寻常事物为题材，菖蒲、莲藕、菱角、荸荠、斗笠、蓑衣、鱼竿、竹篮、河蚌、蚬子、螃蟹、鳜鱼……每一种都很逼真，带着泥土和泽水的气息。他尤好画雁，对那在苇间出没、饮啄、飞鸣和栖息，背羽棕黑腿脚橙黄的吉祥之鸟，由喜爱而注意而观察而熟稔，以泼墨的技法形诸笔端，画了一幅又一幅姿态各异兼得性情的《芦雁图》，当时，他的挚友著名画家郑燮见了便在怀人绝句《边维祺》里赞叹说"画雁分明见雁鸣，缣缃飒飒荻芦声"。稍后，著名画史学家蒋宝龄在《墨林今话》里评价说山阳高士"善泼墨，写芦雁，创前古所未有"，这些称赏使他获得了"边芦雁"的声誉，在中国美术史上放出了一道异彩。

边寿民以画著名，又常常在画上题诗写跋，字古劲恣纵，诗本色天真，老友汪

边寿民

枚说他"海内称其才，画诗字三绝"。读诗及跋，给人印象深刻的是边寿民对酒的嗜好，题画藕诗里提到酒，题画菜诗里提到酒，题画菊诗里提到酒，题画蟹诗里更提到酒，他视饮酒为"享清福"，称自己为"醉乡侯"。他画过一幅《酒瓮图》，酒瓮是早先民间常用的那种大口突肚、鼻儿系绳的陶皿，跋云"此种器具宜贮村醪，于夕阳芳草明月芦洲间，偕樵夫渔父酤歌痛饮，有世外风味"，写出了他作为一个以饮酒为乐的社会底层人的形象。直至辞世的前一年，边寿民仍在《盆菊图》上题诗说：黄菊已开，天已傍晚，儿子啊，邻家已经无酒，你到远村给我赊沽，"老夫强健如平日，醉过三更不要扶"。

除了画雁之外，边寿民还好画蟹，或独蟹，或双蟹，或芦蟹，或菊蟹，或篓蟹，或酒蟹，形形色色，多姿多态，今存其蟹画十

边寿民《蟹》

多幅。重庆博物馆珍藏的《螃蟹图》：一只螃蟹在草丛中"郭索"爬行，它身体扁圆，双眼突出，一螯张开，一螯闭锁，八只脚或屈或伸，呈行进姿态，用墨浓淡得宜，极富立体感，显得生意勃勃，活脱矫健。可以说，他的蟹画能与其雁画媲美，他的蟹画之多之好，不仅在"扬州八怪"中可称翘楚，也可与明代徐渭的媲美，是画史上难得的佳作精品。

边寿民为什么好画螃蟹？一方面因为螃蟹在苇间多的是，到了霜落稻熟菊放季节，满地乱爬，是他最熟悉不过的，更为重要的一方面是他好食此物，许多题画诗里透露了这个信息："一只蟹，一瓮酒，借问东篱菊放否"，"水国传霜信，沿堤市蟹肥；天涯谋一醉，风雨不思归"，"稻蟹膏方满，垆头酒正香"……还有一首《题蟹》诗："姜米醯盐共浊醪，欹斜乌帽任酕醄。饶君自负双钳健，篱菊秋风餍老饕。"意思是，切姜成米，倒醋放盐，持螯饮酒，我高兴得乌帽都歪斜了，痛饮得要酕醄大醉了，尽管你螃蟹自负有一对健壮有力的大螯，可是到了秋风起篱菊开的时候，仍然成了满足我老饕的食物！一个嗜酒好蟹、无拘无束、欢快谐趣的形象跃然纸上。

边寿民是一个深情而真挚的热爱自己家乡的画家兼诗人，某年游杭州西湖，将归山阳，"图紫蟹、白雁，啜以菊、酒"，赠给结识不久的朋友，告诉说：这些就是我家乡的事物和自己的乐趣呵！朋友来山阳造访，如若正值霜秋，"及此双螯来共擘，棹声怕逐雁声回"，便邀了登船，划桨水上，边饮酒边食蟹，一起欣赏自己住地周边的芦花、水荡以及从中惊飞而出嘎嘎鸣叫的大雁，告诉说：这里是一个可享口福、可娱耳目、可畅心神的好地方呵！

一介布衣而又安贫乐道的边寿民，曾经两次书写宋代学者邵雍的《烧香诗》，一次在家书录于纸，"粘之斋壁"；一次在广陵寓斋画所见《香炉图》，又题写图上，诗云："每日清晨一炷香，谢天谢地谢三光。但祈处处田禾熟，惟愿人人寿命长。朝有贤臣扶社稷，家无逆子恼爷娘。四方平定干戈息，我纵贫些也不妨。"并在跋语中说："书以当铭，非徒题画，为耳目玩也。"借人家诗抒自己情，透露了他在画画写写、持螯饮酒之外，和扬州画派其他人一样，是一个胸次阔大的画家，一位内心深处有着国泰民安愿景的诗人。

张问陶：蜀人因蟹而客中原

张问陶（1764—1814），字仲冶，号船山，四川遂宁人。乾隆进士，授检讨，改御史，再改吏部郎中，出知山东莱州府，以忤上官，称病去职，卒于苏州。他能诗能文能书能画，尤其是诗，反对模拟，主张性情，是一位颇有影响的清代诗人，有《船山诗草》。

翻开《船山诗草》，统计一下，共有咏蟹和涉蟹诗近二十首，突出的是多数写了食蟹，其《食蟹谢熊式之（之一）》云：

> 举酒能忘九陌尘，双螯入手自丰神。
> 莫将醉饱谈容易，饮食尤难索解人。

一举酒杯就忘了身在尘世，一持双螯自觉精神倍增，一醉一饱大家都说非常容易，可是要找到领悟饮食快乐的人却是很难的呵！显然，他以"解人"自居，并且认为只有持螯饮酒者才算是通达饮食意趣的人。

张问陶自言"我醉持螯原有癖"(《食蟹谢熊式之(之四)》),他好蟹嗜蟹到了积习成癖的地步。"紫蟹黄花秋绚烂,画屏红烛夜分明"(《即日得句》)。在秋天菊花盛开的时候,常常在室内秉烛食蟹。"墙角聚空螯,秋冬酒兴豪"(《冬日即事》),一个秋冬饮酒食蟹下来,墙角里堆满了蟹壳。"不必堆盘红磊落,想君风致亦开颜"(《病中食蟹》),即使没有见到堆叠在盘子里煮得通红的螃蟹,可是想见了这个情景都

张问陶

是要开颜而笑的……一次,友人送他二十六只团脐蟹和一百又九枝菊花,凭空增添了逸兴,就"擘螯细饮千钟酒,绕迳分栽五色霞"。他高兴透了,畅快极了,以致醉酒,以致忘形,舞之蹈之,把帽子都戴歪了,而且在歪戴的帽檐上插满了菊花(《八月二十六日徐寿征送蟹菊》)。

尤其要提到的是,张问陶的故乡是四川,一个令他梦绕魂牵的地方,饮酒吃饭的时候,"坐看汤鼎动乡愁"(《忆家居时下酒物惟虾蟹最不易得客窗无事戏用东坡欧公白战体随意赋之(之二)》);重阳登高的时候,"怕有遥山似故乡"(《九月九日画菊数枝蟹数辈漫题一绝》)……可就是这样一位挚爱故乡的人,却为了想吃螃蟹而愿意客居中原,其《病中与椒畦莳堂补之旗樵食蟹乡思少宽蜀

501

无蟹故也（之三）》说：

> 秋风吹梦绕乡园，最好琴樽闭小轩。
>
> 未免以身投嗜好，年年因汝客中原。

意思是，秋风吹起，梦里常常回到了家乡，最快乐的是关了窗户，弹琴饮酒；我这个人呵，为了自己嗜好的螃蟹，连身子也迎合它，年年客居中原的产蟹之地。为什么呢？"蜀无蟹故也"，"家山也有菊花开，螯跪偏无入手缘"（出处同上，之二）。张问陶最后侨寓苏州虎丘而卒，可能有各种原因，其中之一当是因为苏州是著名的螃蟹产地，这样一来，他不但是"年年因汝客中原"，还是"终年因汝客中原"了。

之前，宋初钱昆，要到"有螃蟹无通判处"做官；之后，民初章太炎夫人汤国梨说："不是阳澄湖蟹好，人生何必住苏州？"他们都是嗜蟹成癖的人，也说明了螃蟹这款美食无与伦比的魅力。

李瑞清：餐食百蟹被称为"李百蟹"

李瑞清（1867—1920），字仲麟，号梅庵，晚号清道人，江西临川（今属抚州）人。光绪进士，改道员，分江苏，摄江宁提学使，兼两江师范学堂监督，勤职开拓，在我国大学首设美术专业，民初隐居上海，节义孤标，着道士装，鬻书画自活，为著名的教育家、书画家。

此人躯干奇伟，皤腹健啖，饮酒吃肉，食量过人，尤其于蟹，酷嗜而饕餮，哄传一时：

道士高名百蟹传（李道士往官金陵，尝食蟹百枚，时呼李百蟹），只疑白下蟹如钱。欲看涎滴胡侯坐，风味参差话昔年。（陈三立《谢琴初惠湖蟹》）

（江西李梅庵方伯瑞清）性嗜蟹，一日能罄其百，故当时有人戏锡以"李百蟹"之号。（孙家振《退醒庐笔记·清道人轶事》）

李瑞清

清道人爱食蟹，一餐能尽百蟹，人称"李百蟹"，这是上下五千年，纵横九万里，第一个好胃口的吃蟹人。（汪仲贤《上海俗语图说·叫化子吃死蟹》）

他喜欢吃蟹，每吃必定要百只之多，所以人人称他做"李百蟹"。蟹吃多了是能中毒的，但是他吃了之后若无其事，实在是一种特异的体质。（陈邦贤《自勉斋笔记·李百蟹》）

类此的传闻，使"李百蟹"简直成了人们茶余饭后喜谈的话题。惊奇赞叹之余，也有怀疑的，说这是"耸人听闻的编造"，说这是"小有天的故事"，说"李之所啖者，只蟹之膏黄，余悉委弃，否则决无此健量也"……事实呢？李瑞清友人徐珂（1869—1928）在《可言》卷十二里说：

> 李梅庵之食蟹也，豪。梅庵名瑞清，临川人，尝权
> 江宁布政，有"李百蟹"之称。乙卯中华民国四年秋，予
> 与之会餐，见其食五十二蟹。自谓最多时曾啖七十六辈
> 而口痛三日。

这可是亲见亲闻，确确凿凿，"见其食五十二蟹，自谓最多时曾啖七十六辈而口痛三日"，并非泛言，不容置疑，故而号称他为"李百蟹"，虽说稍微有夸大的成分，却是名不虚传的。可以说，李瑞清当是一个仅凭个人癖好而至今无人能够挑战的吃螃蟹吉尼斯纪录的创造者！

蟹味之美，人所同嗜。中国人有喜好吃蟹的传统，嗜蟹者的记录不绝于史，可是吃到了癫狂饕餮的地步，吃到了数量惊人的地步，却并不多见。唐朝有个叫鹿宜生的，吃蝤蛑（梭子蟹）"炙于寿阳瓮中，顿进数器"（唐冯贽《云仙杂记》卷五）。这瓮多大，一瓮能煮几只，总共吃了多少，不得而知。清初有个叫黄子云的，一次食蟹"从酉至亥始罢席"（《横泾外舅席上食蟹歌》），从下午五六点吃到夜里九十点才歇手，总共吃了多少只，也不得而知。比较起来，李瑞清的吃蟹只数却是精准的，最多达七十六只大闸蟹，以一只三四两计，亦当非"数器"才能煮成，吃的时候，揭脐掀盖剜砣唶足，手剥牙咬舌舔喉咽，一只一只，接连不断，亦当非"从酉至亥"才能吃完，估摸还远远超过，为鹿、黄不及。因此，称李瑞清为天下第一吃蟹人是一点儿也不过分的。

李瑞清的嗜蟹，还有一个被郑逸梅《清道人以画易蟹》记录下来的故事：

> 偶忆清道人嗜蟹成癖，有“李百蟹”之号。时道人踢处海上，秋风劲，紫蟹初肥，欲快朵颐，苦于囊涩。无已，乃绘蟹百小幅，聊以解馋。蟹均染墨为之，不加色泽，然韵味酣足，神来之笔也，且加跋语，颇隽趣。被其友冯秋白所睹，大为赏识，乃特赴苏购阳澄湖金毛团脐蟹三大筐贻之，用以换画。清道人得蟹欣然，竟割爱与以百幅。秋白遂榜其书室曰“百蟹斋”以示珍异。……

有了这个故事，那么把李瑞清称为“李百蟹”，就更加名副其实了，他也就更加当之无愧了，这个绰号也就更加含意深邃和丰满了。

形形色色的吃蟹达人

蟹味之美，人所同嗜，嗜此者史不绝书，时至明清，除了前述的徐渭、李渔、张问陶、李瑞清等之外，现再举例若干形形色色的吃蟹达人，以示有此一族。

钱宰（1302—1394），会稽（今浙江绍兴）人，吴越王钱镠十四世孙，生活于元明间，博学，世称宿儒。他在《画蟹》诗里说“江上莼鲈不用思，秋风吹老绿荷衣”，意思是西晋吴郡人张翰，在洛阳为官，见秋风起，因思念家乡的莼羹、鲈鱼脍，遂辞官返回江东，其实，那是不值得怀恋的；“何妨夜压黄花酒，笑擘霜螯紫蟹肥”，说只有霜螯紫蟹才是最鲜美的，才是下酒的最好食物。

袁凯，华亭（今上海松江）人，明初洪武年间以举人荐授监察

清 汤贻汾《菊蟹图》

御史，后放浪山水，是一个博学有才辩的诗人。他有诗说"近市酒浆浑易得，傍溪鱼蟹亦须来"（《喜洪山人恕复至》），说以鱼蟹下酒最为相宜；在《携酒之泖滨》诗里说"八月风高鸿雁飞，三江潮落蟹螯肥"，说家乡三泖（大泖、长泖、圆泖三个湖荡）所产螃蟹又大又肥，为了吃到鲜美的"泖蟹"，竟自带醇酒，跋涉至泖滨，买蟹饮酒；在《浦口竹枝词》里更说"更将荷叶包鱼蟹，老死江南不怨天"，说有鲜鱼和活蟹吃，就不怨天怨地，自己愿意开开心心老死在江南！

沈明臣，浙江鄞县（今属宁波）人，诸生，曾与徐渭同为总督胡宗宪幕僚，有诗名，存《丰对楼诗选》。他在《邬氏山斋食烧蟹歌》里说，当邬家厨房里烧螃蟹的时候，就闻到了异香，当玉盘端出高垒螃蟹的时候，就流出了馋涎，接着卷起衣袖，剥壳大嚼，无奈人众手多，须臾盘子空空，"世间快事那如此，何不封我淮南王"，仍然觉得畅快到了极点。

昔人。清孙之骒《晴川后蟹录》卷一："昔人有过嗜蟹者，以寒致疾，其友戒之，遂发愿云：愿我来世，蟹也不生，我亦不食。"意思是，今既生我，今既生蟹，我怎么可以不吃蟹呢？即使到了来世，那世如果不生蟹，我方可不吃。这位连姓名都没有留下来的昔人，不顾自己身体，不听别人劝告，固执地要活一天就吃一天蟹，以至想要来世仍是，可谓世无二人了。

黄子云，江苏昆山人，清雍正朝前后人，布衣诗人，袁枚称他"卓然为一邑之冠"，沈德潜称他为"天赋俊才"。他在七言长诗《横泾外舅席上食蟹歌》里说，往昔吃过许多华筵，只觉得腻味，什么都不能与蟹的甘美比匹，所以"品馔独此平生求"。他吃起来十分内行，一上手便"素然擘落轮囷兜"；极其投入，"细理剔抉情绸缪"；极其快捷，"肌雪入口无停留"；极其仔细，"毫锐不肯轻弃投"；极其饕餮，"从酉至亥始罢席"；极其霸道，"食我多者同寇仇"。他听人说，皇天厌恶戕害生物的人，可是全然不顾，说古代的伯夷、叔齐采薇蕨（野菜）而食，颜回只简单地吃点饭饮点水，"未闻寿考封公侯"，所以自己照吃不误。

剧盗。清纪昀（1724—1805，字晓岚）在《阅微草堂笔记》卷八里讲了一个从外叔祖那里听来的故事：十七八岁时，与数友月夜小集，时霜蟹初肥，新酒已熟，忽然一人站在席前，头戴草笠，身穿蓝衫，脚登云靴，拱手云："仆虽鄙陋，然颇爱把酒持螯，请附末座可乎？"众错愕不测，姑揖之坐，此人便痛饮大嚼，醉饱后，耸身一跃，屋瓦无声，已莫知所在。大家见椅子上有个东西发亮，原来是白金一饼，约略与今夜这顿花费相当。当时猜度，此人或是仙，或是术士，或为剧盗。纪晓岚则说："余为剧盗之说近之。"

不管其真实的身份是什么，此人为一个见酒蟹而馋之徒，一个为此不顾风险的豪侠之辈。

洪亮吉（1746—1809），江苏阳湖（今常州）人，乾隆进士，授编修，清代经学家、文学家。他嗜蟹成癖："读书一两卷，食蟹七八个""右手留校书，持螯还左手"，读书校书的时候都要吃蟹；"僧厨不足餍老饕，归漉新酒持双螯""钱塘潮已不及期，归路却喜霜螯肥"，随时随地都忘不了要吃蟹……甚至豪言："万羊太尉唐代，万鸭词林本朝，若许各从所好，愿烹十万霜螯。"（《有馈蟹者戏答》）意思是唐代李德裕要食万羊，本朝朱彝尊要食万鸭，我洪亮吉"愿烹十万霜螯"，一生要吃它十万只螃蟹！虽属夸张，虽属戏说，可是对螃蟹的喜爱和饕餮却是真实的。

江藩（1761—1831），甘泉（今江苏扬州）人，清代学者、作家，虽为布衣，却知名于世，曾入阮元幕中主纂《广东通志》，著作颇丰。他在《持螯次墨翁韵》里说，自己以蟹为"甘味"，每天都吃，特别在"九雌并十雄"的时节，"此时不食此，其痴亦可骇"，认为佛门有戒杀之说，提倡放生，这是欺骗人的；"食羊便为羊，愿受为蟹罪"，世说吃羊的人来世要投胎为羊，那么吃蟹的人来世便要投胎为蟹了，即使如此，我亦甘愿为此遭罪！诗句有一种只顾现世享受不顾来世为蟹的气概。

何采，字若霞，山阴（今浙江绍兴）人，清代道光年间女诗人，著《绣佛阁集》。她在《食蟹》诗里说，自己最欣赏的是毕卓"右手持酒杯，左手持蟹螯"的话。为了防止像蔡谟那样误吃蟛蜞，便在烛光里检读蟹著。吃蟹要饮酒，一开就是双瓶，屡浮大白。当雕盘里堆叠着的螃蟹端上餐桌，闻到香味便压抑不住兴奋，一只接着一只，吃得干干净净，按拍歌唱，失态忘形。作者是"从来嗜此已成癖"，故而"年年秋至鱼市闹，便须饱啖终我龄"，是要终生买蟹来饱尝的。可以说，何采是中国历史上最爱吃蟹的才女了。

李鸿章（1823—1901），安徽合肥人，清末淮军和洋务派首领。他一向嗜蟹，在津、京为官时期，仍想念着南方"鲜肥之至"的蟹。在《致刘瑞芬（上海道台）》信里说："芜湖、扬州一带圩蟹绝佳，向颇嗜之，沪上能觅得否？九十月团尖肥美，望采购二三千只，分批搭交轮船寄津，应如何包裹收拾，不致困毙，并乞与洋船商询妥办。"在《致李经方（其子）》信里说："十月朔日，通永镇专弁送到蟹二千只，多而且旨。"……购蟹之多，令人瞩目，因远途运输，又交代甚细，反映了他及其周围一帮人对持螯的浓浓兴致。

陆少葵及其师。据黄钧宰（1826—1876？）《金壶戏墨·蟹卦》载："蟹味之美，人所同嗜，独金华陆少葵嗜之尤甚，且食且赞，而先生玉山颓矣。同人或笑之。少葵曰：吾之嗜蟹犹未也，不及吾师。吾师食之不盥手，则纳之袖中，曰：留此余香，以待衾窝臭玩也。"这对师生，平日里也许正儿八经的，一旦面对螃蟹，或"玉山颓矣"，品德举止之美顿失，或"食之不盥手"，连手都顾不上洗，抓起来就吃，临了还要装几只在袖筒里，"以待衾窝臭玩"，等睡到被窝里的时候，再闻它的余香，再尝它的美味。难怪当时同人要笑，今天谁读也都会发笑的。

唐景崧（1841—1903），字维卿，广西灌阳人，同治进士，累官至巡抚。据小横室主人《清朝野史大观》卷八：唐景崧在京师任吏部主事时，脱略不羁，好与博徒游，家里极其贫穷。"一日，有友过谈，公曰：'秋菊始花，霜螯正肥，愿留君一醉。'"遂呼仆去买蟹。仆人皱着眉头说："厨中正乏米，安所得蟹乎？"他就"入室攫小儿帽上银饰易钱市蟹，与友人痛饮歌呼为笑乐"。没钱买蟹，却硬是把小儿帽子上的银饰品摘下来后换钱买蟹，与友人持螯饮酒，歌呼笑乐，其嗜蟹如此，其豪迈如此！

张佩纶（1848—1903），直隶丰润（今属河北唐山）人，同治进士，署都察院左副都御史，与同僚评议朝政，号称清流。他的《涧于日记》里多有吃蟹记载："刘子进送蟹，颇肥，小酌取醉"，"与内人煮酒持螯，甚乐"，"傍晚，饮酒一升，食蟹八辈，醉卧凉榻上，快甚"，"晚持螯取醉，醒则夜已半矣"……他以食蟹为快乐为享受。

叶镶，吴江（今属江苏苏州）人，清代作家。他在《散花庵丛话》里说，某年重阳节前，乘船自娄江返家，见一卖蟹人挑着四五篓肥实的霜蟹，便倾囊而购，煮了，一路上边饮酒边食蟹边赏景，"叩舷大笑，螯已尽而瓶亦罄矣"，快慰至极。他称这次百里行程的经历为"开一韵事"。

杨挺生，不知何许人也。据清雷瑨《楹联新话》，四川一孝廉《挽杨挺生》联云："著书已近十万言，具文武才，上马杀贼，下马作露布；仕宦不过二千石，为风月生，左手持螯，右手执酒杯。"雷瑨录下此联后，一方面说联语"工妙"，一方面说"杨君何人，亦果能当此无愧否也"。不过，此联却反映了杨挺生能享受生活，好酒而嗜蟹。

李时珍《本草纲目》是以"蟹"为医药的集成文献

李时珍（1518—1593），蕲州（今湖北蕲春）人，明代医药学家。他继承家学，博览群籍，深入实践，辨别考证，经二十七年，著成《本草纲目》，载药物1518种，包括"蟹"与"石蟹"（蟹化石），收罗详备，解说通透，并且有着自己的补充发明，成了历代以"蟹"为医药的总结性和集成式的文献。

《本草纲目》第四十五卷介部的蟹，先以释名、集解、修治说明了关于蟹的一般知识，后以气味、主治、发明、附方说明了关于蟹的医疗功用。

李时珍

其"释名"梳理了蟹的各个名称来历和含意。说宋傅肱《蟹谱》叫它螃蟹和横行介士，汉杨雄《方言》叫它郭索，晋葛洪《抱朴子》叫它无肠公子，那么为什么叫它蟹呢？李时珍引宋寇宗奭《本草衍义》："此物每至夏末秋初，如蝉蜕解，名蟹之意，必取此义。"接着，李时珍解读了各个名称的含义：

> 按傅肱《蟹谱》云：蟹，水虫也，故字从虫；亦鱼属也，故古文从鱼。以其横行，则曰螃蟹；以其行声，则曰郭索；以其外骨，则曰介士；以其内空，则曰无肠。

除了螃蟹之名并非始自《蟹谱》，郭索之名则始自扬雄《太玄》，其余释名完整而准确，可以说是中华蟹史上最全面而深入的解读。

《本草纲目》中的蟹插图
（采自《四库全书》本）

荀子云"名定而实辨"，名称是事实研究的起点，李时珍由此而导入了对蟹的阐述。

其"集解"梳理了种种蟹类及其性状。在引录了梁陶弘景《名医别录》、宋苏颂《本草图经》等所及蟛蜞、拥剑、蟛螖、蟛、蟳等之外，李时珍又据旧籍补充了沙狗、望潮、蚌江、石蟹、红蟹、寄居蟹等。虽说仍有遗漏，可是在本草类医书里仍然居多，并一一说明其性状、是否可食等，反映了李时珍对此的博广把握。在"修治"中，李时珍说：

> 凡蟹生烹、盐藏、糟收、酒浸、酱汁浸，皆为佳品。
> 但久留易沙，见灯亦沙，得椒易胿，得皂荚或蒜及韶粉可
> 免沙胿。得白芷则黄不散。得葱及五味子同煮则色不变。
> 藏蟹名曰蝑蟹。

不但全面讲了历来整只螃蟹的几种吃法，而且讲了如何防沙防
腐等，言简意赅，可视为一个综合性质的概括，一个经典性质
的小结。

其"气味"，以"咸，寒，有小毒"定性，继承了自《神农本
草经》以来的观点。怎么解蟹毒？在引述陶弘景"冬瓜汁、紫苏
汁、蒜汁、豉汁、芦根汁皆可解之"后，李时珍补充说"不可与
柿及荆芥食，发霍乱动风，木香汁可解"。其"主治"，分别引录
历代医书，包括《神农本草经》、陶弘景《名医别录》、孟诜《食
疗本草》、日华子《日华子本草》、陈藏器《本草拾遗》、寇宗奭
《本草衍义》等，认为蟹可主治"胸中邪气，热结痛，喎僻面肿"
等，在此之外，李时珍又补充蟹可"杀莨菪毒，解鳝鱼毒、漆毒。
治疟及黄疸。捣膏涂疥疮、癣疮。捣汁，滴耳聋"。此外还讲到了
蟛蜞、蟛蚏、石蟹的气味和主治。可以说蟹能够主治的种种疾病，
《本草纲目》基本已逐一点出，成了医家必备的指南。

其"发明"，先后引录唐慎微《大观本草》、宋沈括《梦溪笔
谈》、洪迈《夷坚志》诸书，李时珍说：

> 诸蟹性皆冷，亦无甚毒，为蝑最良。鲜蟹和以姜、
> 醋，侑以醇酒，咀黄持螯，略赏风味，何毒之有？饕嗜

者乃顿食十许枚，兼以荤膻杂进，饮食自倍，肠胃乃伤，
腹痛吐利，亦所必致，而归咎于蟹，蟹亦何咎哉？

李时珍从一个医家角度，一方面说鲜蟹略赏风味，何毒之有？澄
清了向来鲜蟹有毒不可食的说法。一方面说饕餮贪食，荤膻杂进，
以致腹痛吐利（痢），蟹亦何咎？洗清了向来横加在螃蟹身上的罪
责。说得好极了，深刻极了，独到极了，精辟极了。又说鲜蟹蒸
煮后要"和以姜、醋，侑以醇酒"，指示了正确的食蟹方法，并一
直为后人所依循。

最后，其"附方"开列了种种流传于民间而不见于本草所载
的偏方，包括蟹爪、壳、盐蟹汁的偏方，如集简方、唐瑶经验方、
董炳验方、千金方等。对此，李时珍亦有补充：说蟹爪"堕生胎，
下死胎，辟邪魅"，说蟹壳"烧存性，蜜调，涂冻疮及蛀伤。酒服，
治妇人儿枕痛及血崩腹痛，消积"，说盐蟹汁主治"喉风肿痛，满
含细咽即消"。偏方是群众性的医疗经验和智慧，李时珍注意及此，
反映了他视野的开阔和对此的重视，他以自己的经验和智慧丰富
了医学宝库。

综观《本草纲目》介部之蟹，共引录各种典籍三十六种（含同
籍而述异，不含未标注的，如刘义庆《世说新语·纰漏》所记蔡谟
误食蟛蜞等），自记九条，继承开拓、总结发展、丰富详赡、切合
实用，其用力之勤、文字之多、涉面之广、见解之深，弥足珍贵。
如果从宏观上言之，《本草纲目》是一部博学大典；那么，从微观
上言之，其论蟹部分，无论从知识或医药层面上都可视为一篇小
百科、集成式的文献。

此书第十卷金石部还有"石蟹"（蟹化石），以集解、气味、主

治、附方说明，这是继五代前蜀李珣《海药本草》后的概括阐述，虽不丰满，却比较全面，而且简明扼要，有着不可忽视的价值。

明宫里的蟹事趣闻

明王朝的北京宫廷里，有三桩蟹事，微波涟漪，小小插曲，状况不一，却各见情趣。

神童蟹对

神童是程敏政和李东阳。程敏政（1445—1499），安徽休宁人，成化进士，官至礼部右侍郎，学问赅博，有《篁墩文集》，编《明文衡》等。李东阳（1447—1516），湖南茶陵人，天顺进士，官至吏部尚书，华盖殿大学士，主茶陵诗派，有《怀麓堂集》。他俩以神童齐名，声誉哄传，比如李东阳，四岁便能作诗文，六岁时就能讲解深奥艰深、佶屈聱牙的《尚书》，被皇帝喜欢，抱置膝上，赐上林珍果。一次皇帝召见他俩，过宫门，见幼小的李东阳跨不过高门槛，便说"书生脚短"，李脱口而应"天子门高"，接着面试，出"鹤鸣"两字，程对以"龙跃"，李对以"牛舞"。皇上问："牛如何会舞？"李答曰："尧舜在上，百兽率舞，牛何独不舞？"奉承得体，皇上大异，极为赞赏。可见他俩都是早慧不凡之人。

据董谷《碧理杂存》、郎瑛《七修类稿》等记载：那年，程敏政九岁，李东阳七岁，英宗皇帝召见他俩，刚交谈，太监进来报告说直隶进贡的螃蟹到了，英宗即出一对云："螃蟹浑身甲胄。"程对曰："凤凰遍体文章。"李尚伏在地，徐徐对曰："蜘蛛满腹经纶。"皇帝龙颜大悦，赐宝钞，让他俩进翰林院读书，并说"他日一个宰相，一个翰林"，群臣皆贺。

程、李的对句，都和"螃蟹浑身甲胄"两两相对，并列工整，连字义、协声、偏旁俱一一工对，可谓妙对，可谓神对，而且都是脱口而出的，都是各言情志的。英宗因联及人，小小年纪，你程敏政对"凤凰遍体文章"，那么将来当是个以文章名世的翰林之才，你李东阳对"蜘蛛满腹经纶"，那么将来当是个经济天下的宰相之器。后来果然应验，诚如郎瑛所言："然偶然一对，而终身事业见之也。"

回过头来说，程、李果然神童，聪慧机敏，而出对的英宗朱祁镇亦显示了才思敏捷，闻直隶贡蟹至，触景命题，即出句"螃蟹浑身甲胄"，不仅描绘了螃蟹的形貌，还含有凛凛不可侵犯之意，这上联也是英气勃勃的。

书名蟹背

李诩在《戒庵老人漫笔》卷二里，披露了一桩独家时事传闻：嘉靖帝一日见蟹行地，问何物，内臣以蟹对。取看，背有字曰"桂萼、张璁"。惊求其故。转相追究，乃太监崔文所书，因言二人横行故也。文谪南京。

嘉靖帝就是世宗朱厚熜，正德帝武宗朱厚照的隔房兄弟，先前藩地在湖北安陆。武宗瞑目晏驾，没有子嗣，众议于皇族侄辈中选一人承祧，皇太后与大学士杨廷和定策，以遗诏命使迎朱厚熜继统。因为非子承父位而是兄终弟及，便闹出种种礼数上的争执，为解决"非皇子"登极后的礼仪问题，朱厚熜又与众廷臣在本生父母的封号上多次激烈争执，朱厚熜要将自己的亡父称帝曰皇考，生母称太后曰圣母，诸臣极力谏阻，认为不合传统和礼制，乃至三百七十七个大小官吏，聚集到奉天门前，喊声喧天，大哭齐号，而站出来支持朱厚熜并助其达成意愿的便是张璁和桂萼。

张璁，浙江永嘉人。桂萼，江西安仁（今江西余江）人。当时他俩都是进士，当着闲官，见廷争沸沸扬扬，便相继上疏，以继统非继嗣、孝莫大乎尊亲的伦理驳斥众议。因为得此声援，朱厚熜就以雷霆铁腕将一批守旧而正直的谏阻者，或发配戍边或廷杖或贬职或夺俸，风潮才算镇压平息。之后，嘉靖帝眷倚张璁和桂萼，两人成了重臣。应该说，张、桂所见在情理上并无不妥，而且只是名义之事，可当时是少数派，十分孤立，被视为违反古训迎合帝意，为宵小之辈，群臣耻于与之为伍。实事求是地说，迎合是客观存在的，比如张璁，名字当中的"璁"与"朱厚熜"的"熜"，原本偏旁不一，却自认为犯帝嫌名，自请改易，嘉靖帝高兴，就亲自赐名张孚敬，就是阿谀之例。张、桂得宠之后，利用权势，报复打击，排斥异己，连老臣杨廷和等也被削籍，不过亦时进谠言，果断行事，有裨君德时政，像张璁还持身特廉，痛恶赃吏，一时以财物行贿的门路断绝。

太监崔文，是个引导嘉靖帝走上迷信道教可以禳祸避灾、长生不老的人，是个好打小报告陷害外臣的小人，这次又挖空心思，在蟹背上写下"桂萼、张璁"的姓名，让它满地乱爬。螃蟹是旁爬横行的，横行就霸道，"常将冷眼看螃蟹，看你横行到几时"，为人憎恨厌恶，崔文借此泄恨。这可是一张简洁明了、形象生动并鲜活的"大字报"，螃蟹爬到哪里，就等于张贴到哪里，可以自动送到人的面前给人看，以此激起大家的共愤。最后，嘉靖帝看到了，经过一番追究，知道为崔文所书及其用意，那时他宠信张璁、桂萼，于是便把身边的崔文贬到南京，一场小小的滑稽活剧就此落幕。

宫眷蟹会

宫眷，即皇帝后宫的亲属，包括皇后、嫔妃、公主、诸女等，这是一群美丽聪慧的女子，也是一群衣来伸手饭来张口养尊处优的女子，她们深锁宫廷，幽闭寂寞，平日里闲极无聊，靠读书写字、飞针走线之类打发时光，碰到端阳、七夕等也会凑到一处学着民间的方式度过。

她们最快乐的是什么时候？八月里的蟹会，即以蟹相招待而邀集共食的聚餐会。据宦官刘若愚在崇祯初年写成的《酌中志》卷二十说："（八月）始造新酒。蟹始肥。凡宫眷内臣吃蟹，活洗净，用蒲包蒸熟，五六成群，攒助共食，嘻嘻笑笑。自揭脐盖，细细用指甲挑剔，蘸醋蒜以佐酒。或剔胸骨，八路完整如蝴蝶式者，以示巧焉。食毕，饮苏叶汤，用苏叶等件洗手，为盛会也。"把宫眷蟹会的过程和食蟹的快乐写了出来。

蟹是一种充满情趣、滋味鲜美的食物，"形模虽入妇人笑，风味可解壮士颜"（宋黄庭坚语），"不到庐山辜负目，不食螃蟹辜负腹"（宋徐似道语），历来为人爱吃，宫眷尝尽天下美食，经过舌鉴，也认可这是至味。为什么说八月"蟹始肥"？因为气候的原因，北方蟹早，谚云七尖八团，比江南的九月团脐十月尖要早肥。为什么要"用蒲包蒸熟"？把活蟹装进蒲包再蒸，蟹就不会在受热过程中挣扎乱爬，以致掉螯掉脚，蒸熟取出才能完整。此蒸蟹为宫中首创，之前通行煮蟹，比较起来，蒸蟹是一种进步，不渗水，不漏黄，味更全更足，吃起来更加鲜美。为什么吃蟹要"蘸醋蒜以佐酒"（按："蒜"字或误，当作"姜"，然原字如此）？蒸蟹味淡，蘸蒜醋可以添鲜增味；以蟹佐酒，因为螃蟹不但是最好的下酒之物，而且螃蟹性寒，冷了又腥，需要用酒来解腥解寒。食毕，为什么要饮"苏叶汤"？苏叶就是紫苏的叶片，性温味辛，发表散寒，熬汤喝了，可以不致因食蟹过多或不当出现恶心、呕吐、腹痛等症状；"用苏叶洗手"，可解油腥。如此等等，表明了宫眷思虑周全、吃蟹在行。

蟹宜即食，蟹宜自食，于是这群百无聊赖的宫眷见了螃蟹，就一个个放下身份，赶快与内臣宫女一起，共同兴致勃勃地劳作，七手八脚洗蟹，忙忙碌碌蒸蟹，你争我抢斟酒，五六成群吃蟹，自揭自剔自蘸自食，享受着因亲自操作吃得尤为甘香的快乐，彼此还发明把吃蟹当成娱乐的游戏：看谁剔肉而尽的螃蟹胸骨，八路齐全，完完整整，像只蝴蝶的样子，以此显示食艺和心细灵巧。大家嘻嘻哈哈说说笑笑热热闹闹，又收获了一份相互竞技的欢快。

乾隆帝悠闲赋蟹及慈禧逃难食蟹

乾隆帝即清高宗爱新觉罗·弘历（1711—1799），他是满族人，在位六十年，太上皇近四年，享年八十九岁，为文治武功都有建树的长寿君主。他天资聪颖，勤奋好学，能书画，擅诗文，有《御制诗集》五集，存诗达4万首，是中国有史以来赋诗最多的人。

《御制诗集·三集》卷五十三，载《蟹》和《蟛蜞》二首，都引经据典掉书袋，虽说铺陈古雅，实际华而不实，只显示了诗人的蟹类历史知识颇为广博，以及诗人对诗艺的精熟而已。比较起来，卷六十一的《水乡稻蟹》尚堪一读：

水乡稻熟时，始得有肥蟹。
夜深出沙岸，啮稻彭亨乃。

渔者善谋取，纬萧断以采。

持向街头鬻，煎寒佐盘醢。

何如伏泥中，郭索常无悔。

诗说，螃蟹在稻熟的时候，夜深爬出沙岸啮稻，吃了个胀饱；就此被渔者以籗捕捉，带到街头叫卖，成了人家餐桌上盘子里的菜肴；那么，何不安分守己蛰伏泥中，以求自保而无悔呢？此诗清雅，并有新意。不过是否为乾隆所作，存疑，因为从题材上看，超出了诗人的生活经验，从思想上看，与一个要延揽人才的君主不符，况且在《御制诗初集·自序》里乾隆坦言"或出词臣之手"。

慈禧（1835—1908），以徽号称，又称西太后，满族人，叶赫那拉氏，咸丰帝妃，帝崩，子即位，被尊为太后，活了73岁，独揽清廷大权达47年。

1900年，八国联军侵入北京，慈禧挟光绪帝逃往西安，有个在内廷支应局当督办的，叫胡延，他在《长安宫词·长安少鱼蟹》里说："青苴昨自潼关入，小店秋灯访蟹胥。"自注："两圣在行在，膳房极为简率，又以生鱼难求，传单不用此品。八月中，闻贩活蟹自津门来者，延于市店访之，购得八头进呈。"次年秋，慈禧与光绪回京途经开

清代粉彩"二甲传胪"图鼻烟壶

封行宫，有个在内廷支应局当委员的，叫颜缉祜，他在《汴京宫词》里说："菊花占染深秋景，笑说团脐蟹子殷。"自注："入行宫见菊花，（太后）笑曰：'已九月矣，正食蟹之时。'翌晨，即进呈十篓。恩赏缉祜银锞二定。"时当国难之际，外敌入侵，时局混乱，百姓遭殃，大厦将倾，可是这位"老佛爷"喘息未定，就忘了在宫廷上的号啕大哭，就忘了穿上青布大褂混在百姓当中仓皇逃离北京，就忘了在路上睡在乡下人家硬炕上一夜未眠……立即又享受起来，要吃鱼吃蟹。吃螃蟹是一种消闲逸兴的行为，照例说，此时的慈禧当不会有这份闲情，实际恰恰相反，胡延千方百计"小店秋灯访蟹胥"，颜缉祜因慈禧说了"正食蟹之时"而于翌晨"即进呈十篓"，慈禧一点儿也没有因国事而忧愁的心态，一点儿也没有因时局而操心的思虑，事虽细微，却可以看出这样一个老妇当政，清朝如何不亡？

光绪皇帝查办"金爪蟹案"

在苏南的常熟、太仓、昆山一带，流传着一个清代光绪皇帝查办"金爪蟹案"的故事，故事概略如下：

有一年秋天，光绪和他的老师翁同龢弈棋聊天，谈起天下美食，翁说：美食无过于蟹，蟹以阳澄湖产最好。光绪就派钦差到江南采办。翁是常熟人，他关照钦差："我家乡潭塘的金爪蟹可与阳澄湖蟹媲美，请去办。"

哪知钦差未到，蟹价腾涨。回京，光绪吃了，咂嘴称赞，便随口问："蟹价几何？"一听，吓了一跳，怎么如此贵？认为其中必有弊端，就下令查办。翁经调查后启奏：路上遭到多日闷头大雨，蟹死去了七成，到宫只剩活蟹三成，因此价贵。

光绪又下旨勘查，获知昆山当时未曾下雨。如此，翁便有了包庇嫌疑，情急之中，翁把气象谚语抄录到奏本上："下雨隔丘田，牛背湿半边。昆山日炎炎，常熟雨涟涟。此乃江南天时也。"光绪看过，这才笑道："朕错怪钦差了。"于是，"金爪蟹案"便告平息。

金爪蟹之名首见于明莫旦《苏州赋》注："出常熟潭塘者曰潭塘蟹，壳软爪拳缩，俗呼金爪蟹。"之后，翁同龢《题蒋文肃得甲图卷》诗说："忽忆潭塘金爪味，不知何处是江乡？"并自注："吾乡金爪蟹最美。"对此，记载纷出，从史料看，它实际上就是阳澄湖蟹，阳澄湖是一个湖群，所产之蟹，青背，白肚，黄毛，尤以其爪呈金黄色为突出标志，故一度称为"金爪蟹"，它具有肥、鲜、甘、香的特色，风味卓绝。

这个故事，显然含有褒意：既褒赞了年轻光绪皇帝的节俭、办事的干练洞察和痛恨官员的中饱私囊，也褒赞了帝师翁同龢热爱家乡、保护受屈的同行和应对的睿智博识。故事曲折生动，包括常熟潭塘在内的阳澄湖群的金爪蟹，也因为清宫中如此一场沸沸扬扬的"蟹案"，更加遐迩闻名了。

书生因蟹而中榜

这类故事共有五个。

第一个。据明祝允明《志怪录》："吴县贺解元恩，戊子岁，与二士同舟赴试，途次见钓者。贺谓二士曰：'吾三人借钓竿各卜之，钓得蟹者为解元，鱼虾杂物者与中，列空饵者下第。'二士先之，一得鱼，一无获，贺一钓而得两蟹。后果如卜。二士忘为谁。"奇就奇在"后果如卜"，即一士空饵而"下第"，一士得鱼而"与中"，独贺恩"一钓而得两蟹"，乡试考了第一名，时称贺解元。

第二个。据明陈士元《梦林玄解》："一士人赴省应试，梦得蟹而去其足，以问占者，曰：'蟹去足，乃解字也，当为解元。'及榜出，果然第一。"此占者，以分拆字形、谐读字音并据士人应试而

清 边寿民《一甲传胪》

523

解梦，碰巧的是，"及榜出，果然第一"，此人考上了解元。因为解字贴切，此被清周亮工《字触》卷四等引录。

第三个。据明刘仲达《鸿书》："章礼，稽山人，始为诸生，后弃之走燕，仍得入试。主者甫阅其卷，有巨蟹鼓甲而前，主试者异之，遂置第一。"这个入学的生员章礼，真是吉星高照，碰到了相信物候的主考，不早不晚，主考刚阅其试卷时，忽然一只巨蟹鼓甲爬到前面，"遂置第一"，意外中榜，而且第一。后，清孙之骡《晴川蟹录》卷二、褚人获《坚瓠广集》卷二等亦载，故事被广为传闻。

第四个。据清孙之骡《晴川后蟹录》卷二："姚涞，字惟东，浙江慈溪人，初赴会试，出江遇蟹，船相触有声。涞问，故家人答曰：'断船摇来撞头。'众闻之，谓语谶之佳，相贺。吴音以'断然姚涞状头'，果大魁。"语谶，即将来要应验的预言。为什么说"佳"呢？因为"断船"，在吴方言与"断然"同音，"摇来"与"姚涞"同音，"撞头"与"状头"同音，一转换，"断船摇来撞头"成了"断然姚涞状头"，状头即考中第一，于是大家以此"相贺"。后来呢？真的应验，"果大魁"，成绩位居首位。姚涞乘船应试，碰到捕蟹的簖船，频频出声，家人答以原因语，竟成先兆。

第五个。据近人徐珂《清稗类钞·考试类》：吴兴郑祖琛，四五岁就识字数千，入私塾，读书过目成诵。年十四，应童子试，"学使某，南宫名宿也，试以《蟹簖赋》"。正巧，此题郑祖琛曾与亡兄某早先曾经写过，得两篇，均就业师某名士改正，遂录其一。"学使以童年得此，疑非己出"，便让其复试，"入场，复以《蟹簖赋》试之，郑又录其一，振笔疾书，须臾纳卷出。某叹赏不已，遂拔置第一入泮"。郑祖琛，一个年仅十四岁的童子，以先后两篇

《蟹籪赋》考中秀才，而且被学使名宿列为第一名。

向来，事有凑巧者，"无巧不成书"，所以，因蟹钓、蟹梦、蟹至、蟹谶、蟹籪等，书生因蟹而中榜，就为人津津乐道。不过，却反映了在人们的观念中，以蟹为兆，并非只主凶主祸，例如"虾荒蟹乱""蟹奸其民"等，很多时候也是主吉主福的。

顺及，先前有一甲传胪、二甲传胪的砚台、笔筒、茶壶、杯盘、插屏、剪纸等，为旧时文人案头常见之物，基本表现方式是一只或两只螃蟹的大螯夹着芦苇。"甲"就是蟹，芦与"胪"同音，意为相继传告，一甲为状元、榜眼、探花，二甲第一名俗称传胪，即金殿唱名，传于阶下，登第进士，都含有高中金榜的意思，故此为美好的象征。清冯桂芬（1809—1874，翰林院编修，先后主讲金陵、上海、苏州诸书院，被资产阶级改良派奉为先导），曾考中一甲第二名进士，后其苏州木渎镇上的故宅，屋脊中间为一只螃蟹、两朵菊花的堆塑，暗喻"一甲二名"，又"螃蟹"的谐音为"榜眼"。科举时代，这是读书人至高的荣耀。

藩司缘蟹而破案

藩司，为清时的布政使，主管一省的民政与财务等，别称方伯。清陆次云（浙江杭州人，康熙间官江阴知县等）《湖壖杂记》中记载了一则浙江杭州陈姓藩司缘蟹破案的故事：

> 藩司治前有百狮池，甚深广。
> 顺治八年季冬，群儿绕栏嬉戏，忽见赤蟹浮于池上，共讶：严冬，焉得有此？遂钩取之。有橐吞钩而起，举

之甚重。视之，一肢解人也。急报藩伯。

藩伯陈姓，曰："蟹具八足，此间岂有行八之人与名八之地乎？"一卒云："去司不远，八足子巷中，有丁八。"藩伯曰："速捕之。"至则遁矣。廉得巷中有皮匠妇，与丁八有私，而匠复数日不见，邻人疑而举之。捕匠妇，一讯而伏，诚与丁八成谋，以皮刀磔匠而沉之池，将偕奔，而未迨也。狱成，究不得八。

藩伯旋开府粤西，偶至一山寺，寺僧俱迎。随开府者一童子，忽执一僧曰："杀人丁八在是矣！"僧失色。开府曰："若安识之？"童子曰："余邻也！虽变服而貌不可变。"童子盖浙人，而挈之以适粤者也。既得八，械送之浙，同伏法。穷凶冤债，虽髡发万里之外，莫能避乎！

案情的发现并不离奇：尽管严冬腊月，蟹嗅到了腐物的气味，被引出而浮于池上，属于正常现象，一群孩子觉得蹊跷，用钩取蟹，却钩出一个口袋，口袋中竟装着一具被肢解了的尸体，也在情理之中。案情的告破也不离奇：原来是皮匠的女人与丁八通奸，为了一起私奔，经过策划，便用皮匠的刀分解了皮匠肢体，装入口袋，沉到了百狮池里。案情的结局也不算离奇：陈姓藩司从浙江调任粤西督抚，随身带了个童子，这童子刚好是丁八的邻居，一次，在山寺中认出了已经剃发当和尚的丁八，于是丁八被押送回浙，奸夫淫妇一起伏法。使人感到离奇的是，陈姓藩司接到举报后说："蟹有八只脚，这里有行八之人与名八之地吗？"一个士卒又答道："离开藩司衙门不远的地方，有个八足子巷，巷内住着一个人叫丁八。"派人搜捕，虽未逮到丁八，可查访到了一个与丁八私通的皮匠老婆，而且正是这个女人与丁八谋害了皮匠。陈姓藩司简直神极了，一个"蟹具八足"的联想，使得这个杀人碎尸的大案，没有周折，不费力气，一举破获。

此事又载徐芳《诺皋广志·蟹报冤》和李王逋《蚓庵琐语》，版本不一，情节稍异，而缘蟹破案却是一致的，言之凿凿，当属可信。由蟹而钩而囊而肢解人，由蟹之八足而八足子巷而丁八而案破，此案之破，蟹之功大焉。

放蟹报德的故事

与食蟹报应的故事相反，有放蟹报德。传统认为天地间一切生灵，包括螃蟹，化育劬劳，造物者都是心心爱念的，故而身为万物灵长的人类，要察天之意，以慈善情怀给予保护。

放蟹报德的故事主要有三个：

第一个。明成祖朱棣之后徐氏（徐达长女，谥仁孝皇后）所著《劝善书》卷十四：

> 宋平阳邑净明院有阇梨，有元者爱惜物命，尝作《劝放生文》，镂于板，邑人为之减杀。一夕，元忽梦与百余人俱立庭下，皆云"当就极刑"。元甚恐，念平生无恶，何乃至是？觉犹不乐，因出户外，见有挈筲篮鬻小蟹者，因买放之，其数百余。元乃悟，后竟坐化。

故事说，有个阇（shé）梨（梵语译音，僧徒之师；意译为规范师，谓能纠正弟子品行，为弟子规范）叫元的，不仅自己爱惜物命，而

527

且劝人放生。一天晚上，他梦见自己与百余人将就极刑，醒来走到户外，见有提着"筼篮"（竹篮）叫卖小蟹的，篮里有小蟹百余只，就买了放生，缘此，后竟坐化（佛教称和尚安坐如生而死）。

第二个。汪启淑，安徽歙县人，清乾隆时官工部郎中等，他在《水曹清暇录》卷四"江都螃蟹巷"里说：

> 巷之居民某尝得一蟹，不忍置诸汤镬，听其郭索于砌下。历月余，其妻与所私者杀某，瘗床下。诘朝，县令方据案判讼牍，蟹忽援阶而上。令素精察，疑此必有鬼凭之者，因谕之曰："如有冤，当命卒随侦之。"蟹下阶出，卒踵至其家。蟹直入床下，卒发地得尸。令鞫，论奸杀之。男妇如法，蟹竟不复之所往。

居人异其事，于是就在江都县四望亭北某所住小巷的墙壁上镌刻了一只螃蟹，从此大家都称此巷为"螃蟹巷"，结句说"今砖蟹宛在，虽岁久不少剥蚀"。

第三个。晚清申报馆主办《点石斋画报》，有图画有文字，存世十五年（1884—1898），其中有田英作画并文的《巨螯报德》说：浙江嘉兴北关蓝河湾人某甲，以捕蟹为业，每当霜高月黑、水静波平时，便驾扁舟，入芦苇深处，探手捉蟹：

> 一日检点箩中，有蟹一，头大逾恒，权之，得一斤有奇，疑为神，仍置之水滨，再拜而送之，曰："愿君韬戈戢甲，深自潜藏，若再误入罗网，恐碎骨粉身，不足餍赏菊者之大嚼耳。幸自为计。"祝毕，蟹婆娑去。越数

巨鳌报德（晚清申报馆主办《点石斋画报》）

日，甲仍从事水次，见一穴，黝而深，疑为蟹巢，手探之，忽出一蛇，绕臂三匝，甲骇而踣，突来一蟹，伸螯剪蛇颈，蛇负痛而遁。

结尾云："呜呼！莫谓公子无肠，而亦知所图报，胜于横行自大者多已。"

以上三个故事，情境不一，或附会，或编造，或巧合，虽说都带有迷信色彩，然而皆具体生动，与食蟹报应相辅互济，一正一反，都宣扬了佛教戒杀的思想，放蟹报德，甚至现世就能得到好报。应该说，比起抽象的说教，比如"放生功德，可进天国"的死后说，比如"食羊便为羊，食蟹便为蟹"的来世说，这几个故事更富有说服力，显示了古代累世相积的宗教舆论的广泛影响。

梦蟹玄解

人睡眠时会做梦，梦见各种各样的事物，古人便以此附会人事，认为梦中所见是一种或吉或凶的预兆，故而要占梦卜梦。

陈士元，湖北应城人，嘉靖二十三年（1544）进士，官至滦州知州，明代杂家，他写了一部《梦林玄解》，给人解梦，其中包括梦到螃蟹的种种吉凶说法，现引录于下：

食螃蟹，吉。占曰：梦此为甲胄之象，又为解散之兆。武将在军为解甲；举子应试登黄甲；乡试梦食其足作解元；其余病讼诸事皆主解散。（卷十七）

黄甲蟹，贞吉。占曰：黄色似金甲，有科甲、甲兵

二义：士人梦之名登金榜，武将梦之咸著虏庭。若疾病、词讼梦之，必主解散；交易、婚姻梦之，必主难成。（卷二十）

蟹满田原，贞吉。占曰：蟹为甲胄横行之象。蟹满田原者，乃众多之兆，梦此主兵戈扰攘，寇盗纵横；有国家者当修城廓，缮器械，严武备，以预防之。（同上）

蟛蟹一名蟛蜞，凶。占曰：似蟹而小，凡梦之者甚非吉兆：疾病梦此，主膨胀呕吐；词讼梦此，主越诳欺凌；若有兵权而作威福者梦此，当思萐醢之戒。（同上）

占卜解梦，极为古老，《周礼·春官》等已有记载，并有职官主此事，以卜人事吉凶，然而，梦蟹而占吉凶，却独见于此。它吸取了先前的某些事例，比如黄甲蟹条"士人梦之名登金榜"，源自宋洪迈《夷坚志·上竺观音》徐扬梦食黄甲之后登科；蟛蜞条"疾病梦此，主膨胀呕吐"，是受到了南朝宋刘义庆《世说新语·纰漏》蔡谟食蟛蜞吐下委顿的启示。可是，更多的则是陈士元以自己的知识和领悟的扩充、开拓，涉及多种梦境，给出了多种占卜。应该说，就其自身而言，是贴船下篙，且讲得头头是道的，例如食螃蟹条说，因蟹为"甲胄之象"（外壳披甲戴胄）故"武将在军为解甲，举子应试登黄甲"，因蟹"又为解散之兆"（由"蟹"字上端为"解"字而生发）故"病讼诸事皆主解散"，因"蟹"去其足（此是指"蟹"字下端的"虫"字）为"解"，故"乡试梦食其足作解元（乡试的第一名称解元）"，凡此种种，解释都是紧扣了蟹的特点，似乎都是圆通的。那么，准不准呢？《梦林玄解》载："一士人赴省应试，梦得蟹而去其足，以问占者，曰：'蟹去足，乃解字，当为解元。'及榜出，果然第一。"除了这种个别巧合之外，就客观实际情况而言，所占的主吉主凶，又应该说都是望文生义，都是穿凿附会，都是主观臆测，都是玄谈妄解。

刘基《题蟹二首》

刘基（1311—1375），字伯温，青田（今浙江温州文成）人。元末至顺进士，归隐，后应朱元璋召至南京，参与机要，筹划用兵，授弘文馆学士，封诚意伯。博学多才，为明初著名政治家、文学家。

他的题画诗《题蟹二首》说：

> 壳斗犀函手斗兵，沙堤潮落可横行。
> 稻根香软芦根美，未觉江山酒兴生。
>
> 拥剑横行气象豪，浑凝缣素是波涛。
> 能令吻角流馋沫，莫向窗前咤老饕。

其一说，蟹的外壳比得上军人穿的犀甲，大螯比得上军人用的兵器，潮水一落，满地横行，以堤外的芦根和堤内的稻根为食，此时尚未长足，引不起持螯饮酒的兴致。其二说，蟹摆动双螯，拥剑横行，气象英豪，好似白绢上涌动着波涛，于是，我嘴角的馋涎滴了下来，你不要呵斥窗前的老饕。

题画诗勾勒了蟹的形象、生长环境，鲜活而传神，既是对蟹画的赞美，也流露了诗人对蟹的雄健、勇武、豪气的喜爱，尤其是与自己的嗜好关联了起来，又别开生面，不要忘了，蟹还是一款能使老饕"吻角流馋沫"的美食呵！诗写得情景交融，神采飞扬。

高启《赋得蟹送人之官》

高启(1336—1373)，长洲(今江苏苏州)人，元末隐居吴淞青丘，自号青丘子，明洪武初年，召修《元史》，为翰林院国史编修，后授户部侍郎，他坚辞不受，仍归田里，朱元璋认为他不肯合作，借口将他腰斩于南京，死时年仅三十七岁。他才华横溢，为明代成就最高的诗人之一。

他的《赋得蟹送人之官》：

> 吐沫似珠流，无肠岂识愁。
> 香宜橙实晚，肥过稻花秋。
> 出罶来深浦，随灯聚远洲。
> 郡斋初退食，可怕有监州。

诗的前六句说：螃蟹嘴里吐出来的泡沫，圆圆的，亮亮的，好似无数的珠子不断地流出来，它是无肠的，因而无忧无虑，不知道什么叫犯愁；当橙子成熟的时候，散发出一股微微的香气，稍晚螃蟹也长足了，当秋高稻熟的时候，稍晚螃蟹也长肥了，个个硕大无比；这螃蟹越过蟹罶，来到入海口的深水里，渔人用灯诱引，它就随着光亮，聚集到远处的沙洲上，终归被人逮住。后两句说：人们把螃蟹献给官府，可是当即被退了回来，因为有可怕的监州严密地监视着啊！

高启是苏州人，又在吴淞隐居过，这些地方螃蟹又多又好，因此他对蟹况极为熟悉，把蟹的形态、性状、成熟季节、捕捉等，一一写得得心应手，一一写得形象逼真。结语两句，在诗人是感叹，一个"退"字，一个"怕"字，透露出诗人认为"监"得苛刻，不近情理，可是从另一方面看，即使在封建社会里也有一套防止地方官员腐败的制度，监控是很厉害的。

徐子熙《蟹》

徐子熙，字世昭，上虞（今属浙江）人。弘治进士，授兵部职方司主事，后应制直文华殿，晋少禄少卿。明代诗人，有《贻谷堂集》。

其诗《蟹》：

> 瀚海潮生万派浑，鱼虾随势尽惊奔。
> 雄戈老甲瞠双眼，独立秋风捍禹门。

诗说：浩瀚的北海潮涨水涌，使千万江河浑浊了，鱼虾见此势头都惊吓得赶快奔逃；只有那只老蟹披甲执戈，睁大双眼，怒视此状，独自在秋风里捍卫着龙门。从表面而言，赞美了一只老当益壮、器宇轩昂的雄蟹，实质上又把它人格化和象征化了，尽管"瀚海潮生"——北方的大兵像潮水一般涌来，尽管"万派浑"——中原各地都陷入了混乱之中，尽管"鱼虾随势尽惊奔"——中原的将士和百姓一概都被这来势汹汹的北方兵马惊吓得拔脚奔逃，可是，这位老英雄，一位保家卫国的悲剧英雄，却披着盔甲，执着双戈，怒睁双眼，直视敌人，独自在萧瑟秋风之中，临危不惧，勇敢坚毅，以一副凛然的气概，守卫着国门。

此诗用词准确，描画具体，意象生动，恢宏阔大，而且浑然一体，各有比拟和象征，尤其把螃蟹喻为英雄，构思超拔，别开生面，为咏蟹诗所仅见，让人读了眼为之亮、心为之振。

徐渭蕴含寓意的三首题画蟹诗

徐渭画得一手好画，写得一手好字，做得一手好诗，才华横溢，聪明绝顶。他哪方面都不是因袭摹拟，而是独出机杼，开拓出新的境界。他一生画蟹甚多，其中三首题画蟹诗，蕴含寓意，格外深切。

第一首《黄甲传胪》：

> 兀然有物气豪粗，莫问来年珠有无。
> 养就孤标人不识，时来黄甲独传胪。

此图今藏故宫博物院。黄甲，科举甲科进士及第者的名单用黄纸书写；传胪，登进士第后，金殿唱名，被卫士相继高呼，传于阶下。都意为高中金榜。诗说：这只粗笨的螃蟹，肚子空空，毫无货色，大家都不知道它有什么才能，然而恁着生长在官宦富贵人家，现今竟然黄甲题名，被金殿传唱。说的是蟹，矛头却直指腐败的科举制度，揭露有力，鞭辟入里，形象警策。徐渭所处的时代，奸臣严嵩当道，科举弊端丛生，他八次乡试，只因思想"不与时调合"，均皆不中，所以有感而发。

第二首《题画蟹》：

稻熟江村蟹正肥，双螯如戟挺青泥。
若教纸上翻身看，应见团团董卓脐。

诗说：秋高稻熟，江村蟹肥，双螯如戟，挺立在青泥之上，别看它一副威风凛凛、凶凶巴巴的样子，如果把它翻过身来，画到纸上，却见到了圆圆的、鼓鼓的像董卓肚脐一般的蟹脐，它是个坏透顶的家伙！董卓是东汉末年的一个豪强，发迹后位至太师，挟天子以令诸侯，凶逆残暴，骄奢淫逸，被杀后，据《后汉书》载："乃尸卓于市。天时始热，卓素充肥，脂流于地。守尸吏然火置卓脐中，光明达曙，如是积日。"把雌蟹的团脐称为"董卓脐"，不仅形似，更是对没有好下场的董卓之鄙夷。徐渭画蟹，一反常态，不画背面而翻身显其团脐，显然其画其诗有着现实的隐射：当时

明 徐渭《题画蟹》（今藏故宫博物院）

朝廷里有个奸臣巨贪严嵩，官少傅兼太子太师，揽权贪贿，专横跋扈，搞得政局乌烟瘴气，百姓苦不堪言，德性酷似董卓。可见，这是个用心良苦的指桑骂槐：别看你耀武扬威，你坏心坏肚，必将落得个与董卓一样的下场。

第三首《题画蟹》：

> 谁将画蟹托题诗，正是秋深稻熟时。
>
> 饱却黄云归穴去，付君甲胄欲何为？

此画今藏故宫博物院。诗说：深秋稻熟的时候，我画了蟹，有人托我题诗，题什么呢？螃蟹呀，你出来，一片如云般黄澄澄的稻谷尽被你吃光，可是你吃饱了却又爬回了洞穴。那么我要问你：老天给你的一身盔甲究竟是干什么的呢？谁都能品咂出诗人的弦外之音：你，披甲戴盔，威风凛凛，在外吃饱喝足，可只知道回家享乐，国家干嘛要养着你呢？结合徐渭的生平来看，他曾在浙江总督胡宗宪手下当过八年幕僚，为抗倭军事多所策划。其间，一方面他看到了东南沿海倭寇的骚扰，横行千里，搞得百姓不得安宁，一方面他也看到了很多防守将士，养尊处优，饱食终日，却不去为剿寇出力拼杀。于是，徐渭按捺不住，机敏地借着为蟹画题诗的机会，旁敲侧击，对那些面对倭寇蜷伏不出的将士讥讽鞭挞，其愤慨之情，溢于言表。

人们常说，徐渭的题画诗是诗书画"三绝"，那么，他的三首题画蟹诗便是最好的例证。

王世贞《蓼根蟹》

王世贞 (1526—1590)，字元美，太仓 (今属江苏) 人，明代文学家。嘉靖进士，官至刑部尚书，为"后七子"领袖，《明史》说他"才最高，地望最显，声华意气，笼盖海内，一时士大夫及山人词客、衲子羽流，莫不奔走门下"。这位才学富赡的明代大家，写过一首《蓼根蟹》：

> 唼喋红蓼根，双螯利于手。
>
> 横行能几时，终当堕人口。

这首五言绝句，写得明白晓畅，说：你这螃蟹啊，双螯比手还要锋利，掐断了红蓼的根，放在嘴里，唼喋唼喋，啃得好痛快！可是，你又能横行多久呢？最终肯定是逃脱不了被捉被煮被吃命运的。联系王世贞的身世看，诗中的螃蟹也许暗指奸臣严嵩，王的父亲为严构陷而杀，当时朝政也被严嵩父子弄得乌烟瘴气，民不聊生。不过，诗里的螃蟹，更可指代一切的凶人、坏人、恶人，"横行能几时，终当堕人口"，那是在刺奸、刺贪、刺虐，这类丑恶势力，尽管可以得意、骄纵、跋扈一时，最后肯定是不会有好下场的。

应该说明，其"横行能几时"句，是从元杨显之《潇湘雨》第四折"常将冷眼看螃蟹，看你横行得几时"转化而来，可是，添上了结句"终当堕人口"，又把横行螃蟹的结局点明了，既是顺理成章，也是点睛的神来之笔。1976年，王张江姚"四人帮"被粉碎，人民群众买来"三公一母"四只螃蟹，持螯佐酒，以示庆祝，同样表达了"终当堕人口"的快意。

咄咄夫《乡人不识蟹歌》

咄咄夫，明朝人，馀不详。据清噬嗤子《增订一夕话》卷二载，他写了《乡人不识蟹歌》，其文如下：

> 乡里人买螃蟹，买将来往廊檐下挂。妻子道："这样大肚皮的蜘蛛，你买他来作舍？"夫主道："你与我搠出一点血儿，将油盐来炒刮。"妻子道："这样没头没脑的东西，叫我怎生来宰杀？这几日没有油盐，且将白水来煮罢！"从清晨直煮到晚，看看还是一块瓦。妻子道："这样费柴费火的东西也把钱出，买将来作舍？从今而后，买什么东西也将指甲儿呷呷！"丈夫听罢心里懊恼，不管生熟拿来嚼。揭开锅盖跌了一足，起初是翠青的东西，也变作通红的壳甲。

一个非产蟹区域的乡下汉子，愣头愣脑，见了城里菜场用草绳扎了的一串一串的螃蟹，大家争着购买，出于好奇，不问三七二十一，就拎了一串回家，挂在廊檐下，接着便闹出了夫妻都不识螃蟹的笑话：不识它叫什么，称它是"大肚皮的蜘蛛""没头没脑的东西"；不识怎么吃法，以为像鸡鸭一样"搠出一点血儿，将油盐来炒刮"；不识它要煮多少时间，"从清晨煮到晚，看看还是一块瓦"；不识它煮了之后壳甲由翠青变得通红，"揭开锅盖跌了一足"。活活地写出了乡里人不识蟹的情状。夸张、通俗、诙谐，是一首题材稀

缺而别开生面的咏唱，是一首独具特色、自成喜剧风格的诗歌，
是一首口语化而又朗朗上口的叙事作品。

曹雪芹：各示人物性格的三首《螃蟹咏》

曹雪芹在《红楼梦》第三十八回里，分别为小说中的人物贾宝
玉、林黛玉、薛宝钗拟写了三首《螃蟹咏》，今录于下：

> 持螯更喜桂阴凉，泼醋擂姜兴欲狂。
> 饕餮王孙应有酒，横行公子竟无肠！
> 脐间积冷馋忘忌，指上沾腥洗尚香。
> 原为世人美口腹，坡仙曾笑一生忙。

> 铁甲长戈死未忘，堆盘色相喜先尝。
> 螯封嫩玉双双满，壳凸红脂块块香。
> 多肉更怜卿八足，助情谁劝我千觞？
> 对斯佳品酬佳节，桂拂清风菊带霜。

> 桂霭桐阴坐举觞，长安涎口盼重阳。
> 眼前道路无经纬，皮里春秋空黑黄。
> 酒未涤腥还用菊，性防积冷定须姜。
> 于今落釜成何益？月浦空余禾黍香。

第一首为贾宝玉的诗，写了持螯食蟹的欢快。这位自称为饕
餮王孙的宝玉，见到了螃蟹，一下子就被吊起了胃口，忙着泼醋、

杨柳青年画《薛蘅芜讽和螃蟹咏》

擂姜、斟酒、掰吃，几乎癫狂地满足着自己的口腹。其"脐间积冷馋忘忌，指上沾腥洗尚香"，可以说写尽了一切嗜蟹人的共同体验。

第二首为林黛玉的诗，写了重阳食蟹的喜悦。在桂花飘香、菊带微霜的秋天，在重阳佳节的日子，面对佳品螃蟹，这位苏州姑娘喜不自禁，按捺不住了，抢先从堆叠的盘子里抓了一只先尝，连八只蟹脚都舍不得丢弃，柔弱如她，竟勃发豪情，说要喝它个百杯千觞。其"螯封嫩玉双双满，壳凸红脂块块香"，描绘真切，对仗工整，可以说是咏蟹的千古佳句。

第三首为薛宝钗的诗，写了盼望重阳食蟹，又以蟹为喻骂了世人。她流着口水盼望重阳到来，好在桂花香里、梧桐树下举杯食蟹，以菊花酒涤腥，为去冷而用生姜。这螃蟹呀，爬起来无纵无横，不守规矩，肚子里黑衣黄膏，诡戾深藏，可是到头来，终成釜中之物，再也回不到月光下、稻谷香的溪水之旁。其"眼前道路无经纬，皮里春秋空黑黄"和"于今落釜成何益，月浦空余禾黍香"句，以蟹喻人，把哪种横行霸道、阴谋诡计的坏人、恶人、罪人，骂了个痛快，遂成"绝唱"。

这三首诗，首首精金，篇篇美玉，特别使人惊叹的是，三首《螃蟹咏》都是紧扣而不是游离、自然而不是硬凑地为刻画人物服务，宝玉作为贵族公子的率真，黛玉作为书香少女的精细，宝钗作为大户人家小姐的洞察，三人各自的性格，都由诗篇而得到了入木三分的显示。曹雪芹不仅是咏蟹的高手，而且是以咏蟹诗塑造人物形象的巨匠。

张士保《题画蟹》

张士保 (1805—1878)，字鞠如，掖县 (今山东莱州) 人，清代画家。他的《题画蟹》：

终日横行亦太痴，拖泥带水到何时？
许多河鲤登龙去，问尔努睛知不知？

这首《题画蟹》诗，张士保的构思是别出心裁的，说：你这螃蟹啊，太痴太傻了，每天只晓得横爬斜行，似乎不可一世，实际上，拖拖沓沓，磨磨蹭蹭，什么时候才能达到目的？看，许多黄河鲤鱼，逆流直上，奔向龙门，一跳，过去了，便化成了龙，问瞪着眼睛的你，看到了没有啊？鲤鱼跳龙门的故事是大家熟悉的，传说每年春天的第三个月，一条条鲤鱼经过跋涉，来到龙门，纵身一跃，凡跃过者，云雨就跟了过来，天火又烧去了它的尾巴，如此，便化为龙，腾云驾雾，飞上了天。诗人由河鲤联想到螃蟹，竟为螃蟹惋惜了起来，说它外表很"横"实质很"痴"，真是别开生面，饶有趣味。题画诗对螃蟹的刻画，"终日横行""拖泥带水""努睛"，准确到位，形象生动；对螃蟹的两个设问，"到何时""知不知"，读来又让人觉得充满童真，情趣盎然。

翁同龢《题蒋文肃得甲图卷（其二）》

翁同龢（1830—1904），江苏常熟人。咸丰六年（1856）状元，晚清政坛重臣，在朝四十余年，并先后为同治、光绪两帝之师，书法家、诗人。

他的《题蒋文肃得甲图卷》共三首（蒋文肃即蒋廷锡，1669—1732，常熟人，官至文华殿大学士，工诗，兼以画名，卒谥文肃）其二：

> 姜橙已老菊花黄，日日街头唤卖忙。
>
> 忽忆潭塘金爪味（吾乡金爪蟹最美），不知何处是江乡。

此诗因赏画而生感，又借题画而述怀：家乡常熟，到了收获姜橙和菊花黄的时节，街上日日有穿梭叫卖螃蟹的，其中最美的是潭塘金爪蟹，忽然回忆起这种种情状，就勾起了乡愁，这些画面现今觉得都模糊而遥远了。诗写得极为质朴而又情深意长，反映了

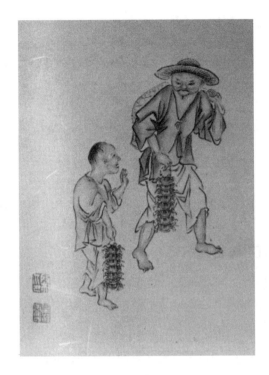

清 董棨《卖蟹》

家乡的蟹况和自己的怀念。

其"潭塘金爪"蟹，先见于明《（嘉靖）常熟县志》："出邑之潭塘湖乡，巨于常蟹，味腴美，叠于竹笼，其爪拳缩不露，土人云潭塘金爪蟹。"现经此诗，扩大了影响。潭塘湖为阳澄湖群当中的一个湖荡，潭塘蟹今统称为阳澄湖大闸蟹，经后人补充，以"金爪、黄毛、青背、白肚"为其整体形象的标志，鲜、嫩、甘、香，风味卓绝。

翁同龢是个生长于中国最著名蟹乡的诗人，在《食蟹》诗里说"入手尖团快老饕"，甚至说"便有监州兴亦豪"，以食蟹为快乐与享受，即使有监州也要吃个痛快，因此由画勾起的回忆，是美好的，又流露了他离乡后的惆怅。

秦荣光《上海县竹枝词（选一）》

秦荣光（1841—1904），上海陈行（今属闵行区）人，岁贡生，晚清学者，创建三林书院，讲学四十余年。其《上海县竹枝词》从建制至图学共三十六部分，咏唱了上海形胜、岁时、风俗、物产、人物等，琳琳琅琅，方方面面，可视为一部以竹枝词写地方志的独特而翔实的著作。该书"物产二十六"中的一首：

> 九十团尖膏满筐，老饕筵佐醋和姜。无肠牵挂成和尚，蝴蝶双粘壁上僵。案：蟹筐中有袋泥软壳，俗呼"蟹和尚"。螯内有片壳，白而透明，雄者较大，两片相合，粘贴壁上，俗呼"蟹蝴蝶"。又，蟹称"无肠公子"。

此诗前半部分写了食蟹的经验。九月团脐十月尖，农历九月吃雌

蟹蝴蝶

蟹，十月吃雄蟹，团尖先后成熟，满筐都是黄膏。剔壳而食的时候，要蘸"醋和姜"，戒腥戒毒，去寒添热，增鲜增味。人们长期积累的食蟹经验被概括地写了出来。

此诗的后半部分写了食蟹的乐趣。"蟹和尚"之说，先前已及，可是，指出它在"筐中有袋泥软壳"里，却准确而首见。鲁迅说，揭开蟹壳，"露出一个圆锥形薄膜"，取出，翻转，便见"一个罗汉模样的东西，有头脸，身子，是坐着的"，即"蟹和尚"，"就是躲在里面的法海"（《论雷锋塔的倒掉》）。食蟹者，特别是孩子，翻转"袋泥软壳"，去"捉拿法海"，是极有乐趣的。"蟹蝴蝶"之说，先前亦及，嘉庆进士吴清鹏《蟹蝶》"持螯散置酒灯后，接翅粘看粉壁余"就是，然未详，现经"蝴蝶双粘壁上僵"句的案说，我们终于弄清，以雄蟹螯内白而透明的片壳"两片相合"，靠着大螯绒毛的蓄水，"粘贴壁上"而成振翅飞翔的蝴蝶状。这种食蟹余兴，也是极有乐趣的。

秦荣光的这首竹枝词包括它的案，简练、准确、生动、亲切，特别是"蟹和尚"和"蟹蝴蝶"，具体指示了食蟹的余兴，在蟹史上留下了不可磨灭的印痕。

无名氏《螃蟹段儿》

在清代乾隆至光绪年间，北京及东北地区流行一种"子弟书"——满族曲艺，一个半世纪里涌现了很多作品，其中有以"满汉兼"（即满语和汉语两种文字）写成的《螃蟹段儿》（见关德栋、周中明编《子弟书丛钞》下编771页，上海古籍出版社1984年版），写一个屯居的汉族姑娘，嫁给了一个满族愣小伙子，因遭荒旱，他俩搬进了城里。某天，老实巴交、憨厚本分的丈夫，在集市上看到了一种稀奇古怪的东西，就不问青红皂白地买回了家，这可是他俩从未见过、从未吃过的，于是在这个和和美美的小家庭里，演出了一幕小小的生活喜剧，就此把螃蟹的形象刻画得又丰满又完整。

古怪的模样。跌婆见了螃蟹，便惊问："哎呀，这可是什么东西？"但见它，"圆古伦的身子团又扁，无有脑袋又无尾巴，这啐吐沫的猴儿真古怪，又不知该杀的叫什么？"一个初见螃蟹的跌婆，几句话就把它的形态给勾勒了出来。因为不知叫什么，这跌婆或称它为"猴儿"，或称它为"该杀的"，或称它为"鱼"，或称它为"怪物东西"。

厉害的钳子。螃蟹是放在盆子里的，小夫妻正讲话，这螃蟹就跳腾着爬了出来，跌婆眼尖，一看，着了急，挽了挽袖子就去抓，这可好了，手被螃蟹的大钳夹住，"娘的猴儿把我好夹"，"越拉越严疼得更紧"，她被夹得涕泪交流，信着嘴"村的拉的"骂了起来。此时，夫妻一齐动手，你用钿打，他用刀扎，你脱布衫去握，他摘凉帽去扣，一直折腾得头上冒热气、脸上汗拉拉才拿住，放进了锅里。螃蟹的矫健、双螯的厉害、满地的乱爬，在一阵乱乱哄哄、吵吵闹闹、骂骂咧咧中生动地表现了出来。

有趣的颜色。螃蟹被拢到锅里后，加了水，"酱棚盖来又着瓦盆扣，搬了块石头搁在上面压"，就此烧了起来。煮了多时，揭开一看，这跌婆又傻了眼："这宗鱼，实实的真有趣，叫人真真的稀罕杀；活的发青如靛染，煮了通红似朱砂。"把鲜活和煮熟后螃蟹颜色的变换形象地展现了出来。

独特的吃法。这对小夫妻从没有吃过螃蟹，以为已经煮熟了，可以放到嘴里就咬。"急急忙忙拿筷子夹，左一筷子，右一筷子，夹也夹不住，骂了声'怪物东西，怎么这样滑！'摞下了筷子堵了口气，衫袖挽袖撩衣用手抓。抓了一个咬了一口：'亲妈呀，猴儿好杠呀！但只光骨秃，哪里有肉？挺帮子老硬叫我怎么嚼他？'"这就把乍吃螃蟹的情景，通过"夹不住""光骨秃""挺帮子老硬"，逼真地描写了出来。

鲜美的滋味。折腾了半天，到嘴的东西又不会吃，跌婆沉不住气了，就骂她的丈夫："活王八！这样无用的东西拿钱买，可惜了钱财无故的花。蒸又蒸不熟，煮又煮不烂，把你的妈妈活活急躁杀。"夫妻因而红了脸。后经邻妇相教，去了脐子，掀了盖子，去了草牙，掰开吃到了黄儿，此时，跌婆心中乐，脸上笑，说："亲丈夫，再去买，千万的莫惜钱。"这样一百八十度的大转变，把螃蟹这种至鲜至美、有滋有味的食品深刻地揭示了出来。

初见乍吃螃蟹的人，大概都会对它的古怪的模样、厉害的钳子、有趣的颜色、独特的吃法、鲜美的滋味注视过、领教过、惊异过、犹豫过、体会过，那么，这篇《螃蟹段儿》虽然写得夸张了些，你难道不觉得它十分真实么？它真就真在把某些人羞于启齿的感觉坦露了出来，一点儿也不遮盖，一点儿也不掩饰，一点儿也不隐瞒，接触到过去从来没有接触过的题材，揭示了过去从来没有揭示过的体验，反映了过去从来没有反映过的生活。

当然，这篇《螃蟹段儿》的价值远不止此。从艺术上讲，它特别塑造了一个聪明、率直、敢说、敢骂、敢笑的女主人公；从语言上讲，它通俗、明快，尤其是保留了清代时期满汉语言兼用的历史痕迹；从文体上讲，它不是小说，不是戏曲，不是散文，而是曲艺，实质是一种叙事诗，在《孔雀东南飞》《木兰诗》后的文学中又放异彩；从风格上讲，它有独特的喜剧味，读来使人轻松，感到好笑，具有娱乐性，开辟出了叙事诗的一条新路；从内容上讲，它反映了当时各族人民之间的互相融合和日常生活，表现了民族团结友爱的主题……正因为如此，它在当时流传很广，它在现在被国内外学者重视，始终受到人们的喜爱。

咏蟹诗作十二首及涉蟹句

明清时期，尤其是清代，众多诗人加入了咏蟹的队伍，此起彼伏，热热闹闹，斑斓绚丽，缤纷多彩，形成了高潮，其数量之多不可胜数，除了前面已述之外，现再选介咏蟹诗十二首以及若干涉蟹句。

沈明德《咏蟹》

沈明德，号两山，仁和（今浙江杭州）人，天资聪颖，文辞赡富，早游庠序，不偶，明代布衣诗人，其诗《咏蟹》：

郭索横行逸气豪，秋来兴味满江皋。

玉缸十斛酴醾酒，不待先生赋老饕。

诗的前半部分说：秋天里，横行的螃蟹，脱俗安闲，兴致极为高扬，爬满了江边高地。后半部分说：在玉缸里装着十斛酴醾酒，任谁一看，是个嗜酒好蟹的人了。沈明德尽管在科场上屡试屡败，可是通达开朗，充满逸气，诗题咏蟹，实际是夫子自道，对自己形象的勾勒。明姜南《蓉塘诗话》在引述了这首诗后，用"豪俊可爱"四字评价。

黄淮《尝蟹》

黄淮（1367—1449），浙江永嘉人，洪武进士，官终户部尚书，明初诗人，有《省愆集》。其诗《尝蟹》：

> 紫蟹经秋后，输芒向远沙。
> 霜脐犹未饱，风味已堪夸。
> 香透橙初熟，樽空酒旋赊。
> 持螯供一醉，归兴绕天涯。

秋天，诗人吃着香橙，喝着美酒，特别是持着尚未长得饱满而风味已经鲜美的螃蟹，就勾起了浓浓的归乡之情。全诗意境开阔，语言通俗易懂，把人们尝蟹之后的感受抒写了出来。

李日华《江蟹》

李日华（1565—1635），浙江嘉兴人，万历进士，官至太仆少卿，明代晚期诗人，书画、诗文、鉴赏均能，世称博物君子。其诗《江蟹》：

> 渚寒霜影薄，江落草泥腥。
> 枫叶连螯紫，苔花染甲青。
> 明珠涎吐沫，丹砾脑藏灵。
> 左手烦持掇，还堪注酒经。

此诗从各个侧面写了江蟹：先写生长环境，江潮退落，草泥发腥，薄薄的寒霜降到江里的小洲上，蟹就跃动了；次写外貌，它的大螯仿佛受了枫叶的影响而呈紫色，它的背甲似乎被苔藓染成了青色；再写形质，它吐出的涎沫犹如一颗颗明珠，它脑里藏着的则是红色的灵石；最后写堪食，它是可以让人左手持着的佐酒佳品呵！质朴而不失巧思，真实而又生动，娓娓道来，层层递进，较为全面地描摹了江蟹的特点。

袁宏道《忆蟹》

袁宏道（1568—1610），字中郎，号石公，公安（今属湖北）人。万历进士，官吴江知县、礼部主事等，明代晚期诗人，与兄宗道、弟中道并称"三袁"，世称"公安派"，他为中坚，反对复古，倡"独抒性灵，不拘格套"，开了新风，有《袁中郎集》。其诗《忆蟹》：

> 鄂州为客处，紫蟹最堪怜。
>
> 朱邸争先买，青楼不计钱。
>
> 昔年桐乳下，今日菊花前。
>
> 咫尺晴川处，无由见尔鲜。

诗题《忆蟹》，为什么？在一江之隔的汉阳，菊花已经开放，竟然见不到鲜美的螃蟹。忆什么？昔年客居武昌（鄂州）的时候，那里无论豪门贵族或青楼女子，一概不计价钱，见到了螃蟹都争先恐后地购买，作者也酷嗜此物，在梧桐树下掰吃。诗信口而出，清新明快，把武昌居民的饮食风气和自己的饮食嗜好真切地反映了出来。

叶纨纨《竹枝词（选一）》

叶纨纨（1610—1632），女，吴江（今属江苏苏州）人。晚明诗人，兰心蕙质，雅善诗词，年二十三岁而卒，有《芳雪轩遗集》，历来备受称赏。其诗《竹枝词（选一）》：

> 霜染枫林叶半疏，碧天寥廓雁来初。
>
> 家家煮蟹沽村酒，遇得丰年乐有余。

这首诗把江南秋景的美丽和秋事的欢乐，图画一般地描写了出来。遇得丰年"家家煮蟹沽村酒"，一方面透露了年轻的女诗人并非足迹不出闺户，而是关心、了解、熟悉农村和农民的，与他们一起分享丰收的喜悦，一方面又透露了江南农家的饮食爱好，家家以持螯饮酒为享受、为快乐。

张纲孙《宿迁岸见捕蟹者》

张纲孙，钱塘（今浙江杭州）人。顺治时在世，"西泠十子"之一，明末清初诗人。其诗《宿迁岸见捕蟹者》：

> 下相城边已夕晖，高滩风起浪花中。
>
> 土人结网横流处，八月黄河紫蟹肥。

宿迁，旧名下相，位于今江苏北部，在徐州与淮安之间，先前曾经是黄河流经之地。张纲孙是杭州人，江南一带多以籪捕蟹，即拦河插竹成栅，阻断蟹路而捕，他在宿迁见到"结网横流"，即拦河布放长条网而捕，而且不是"九月团脐十月尖"，却是"八月黄河紫蟹肥"，八月里就已经长足肥美了，于是感到新鲜，以诗记述，反映了宿迁土人捕蟹的情景。

屈大均《捕蟹辞（其一）》

屈大均（1630—1696），广东番禺人。明诸生。清初隐居著书，述作甚富，诗尤负盛名，为"岭南三家"之一。《捕蟹辞》共四首，现选其一：

> 捕蟹三沙与四沙，秋来乐事在渔家。
>
> 随潮上下荿塘海，艇子归时月欲斜。

诗说，秋天渔家划着小船，在番禺濒海荿塘的三沙和四沙水面，随潮忽上忽下地捕蟹，直到月将西斜的时候才归来。如此捕蟹，是很辛苦的，但渔家以劳动为乐，以收获为乐。

郑燮《蟹》

郑燮（1693—1766），字克柔，号板桥，江苏兴化人。应科举为康熙秀才、雍正举人、乾隆进士，曾任山东范县、潍县知县，因得罪豪绅罢官，后在扬州卖画为生，是清代著名画家、文学家，为"扬州八怪"之一。其诗《蟹》：

> 八方横行四野惊，双螯舞动威风凌。
>
> 孰知腹内空无物，蘸取姜醋伴酒吟。

诗的前二句写蟹的横行和威风，后二句写蟹的腹空和被吃，前后对照，凸显了寓意：表面是凶狠强大的东西，实际上没有什么本领，甚至是可以捉来煮了当作下酒之物的。这首绝句对蟹的描绘极其真实形象，对蟹的蔑视也极其深刻具体，构思也是富有匠心的。

全祖望《拥剑》

全祖望（1705—1755），浙江鄞县人。乾隆进士，任翰林院庶吉士，辞官返乡后当书院山长，清代学者、作家。其诗《拥剑》：

　　欧冶仙去后，鱼肠不可招。

　　飞入鲛人宫，化为万霜螯。

拥剑，小蟹名，生海边，一螯偏大，如拥剑然；欧冶，春秋时铸
工，相传为越王铸鱼肠剑；鲛人，神话传说中居于海底的怪人，
"其眼能泣珠"，一次"泣而成珠满盘"。小诗说，铸造鱼肠剑的铸
工名匠欧冶离世后，飞到了鲛人的宫里，于是便化出了千千万万
的拥剑。诗人挥舞想象的翅膀，解释小蟹拥剑的由来，奇思异想，
趣味盎然。

陆遵书《练川杂咏（选一）》

　　陆遵书（约1720—约1787），嘉定（今属上海）人。乾隆举人，
以画钦取内廷侍直，后归主东昌书院，清代诗人、画家。《练川杂
咏》共六十首，现选一首：

　　朝来南郭赎青蓑，晚向杨泾一棹过。

　　个个鱼庄处处籪，风高月黑蟹偏多。

此诗反映了渔民的清苦和辛劳，早晨从典当里赎出了蓑衣，晚上
就摇着船到杨泾捕蟹；也反映了嘉定渔业的发达，杨泾河边分布
着一个个鱼庄，河道上是一个个蟹籪；结句"风高月黑蟹偏多"，
又反映了渔民捕蟹的经验，自农历十八后月黑，蟹乘暗出穴取食，
可以捕捉到更多的螃蟹。

张春华《沪城岁事衢歌（选一）》

　　张春华，上海人。诸生。清道光十九年（1839）著《沪城岁事
衢歌》百余首，现选一首：

轻匀芥酱入姜醯，兴到持螯日未西。

莫道山厨秋夜冷，家家邀客话团脐。

此歌反映了上海人吃蟹要蘸酱、姜、醯（醋），而且每到秋天夜晚，
寻常百姓人家的厨房都不冷落。"家家邀客话团脐"，"家家"言其
普遍，"邀客"为主客的共同爱好，"话团脐"，是说连话题都是团
脐、尖脐之类。常说上海是食蟹之都，上海人最爱吃螃蟹，这种
岁时习俗在清朝已成风气。

孔庆镕《扬州竹枝词（选一）》

孔庆镕（约1871—约1932），祖籍浙江衢州，幼随父居两淮，
父殁，贫不能归，奉母住扬州，遂为扬州人。诸生，通博儒雅，
尤善于诗，主冶春后社。《扬州竹枝词》共一百首，现选一首：

紫蟹居然一市空，买来声价重青铜。

东翁为劝茱萸酒，过却明朝上夜工。

农历九月九为重阳节，螃蟹价钱一下陡涨了许多，比青铜还贵，
可是市场上和蟹行里的螃蟹居然还是卖得空空的，什么原因呢？
店家和作坊的"东翁"，这夜要请员工喝酒吃蟹，接着日短夜长，
大家都要上夜工了。应该说，不仅扬州，长三角城镇都有这种习
俗：苏州丝织业是"职工一饮螃蟹酒，篝火鸣机夜夜忙"，镇江是
"吃了螃蟹酒，夜作不离手"，南京是"重九之夕，铺家沽酒剥蟹，
以犒店伙"，如东是"吃了螃蟹酒，才把夜作揪"……这是主人对
员工的犒劳，也是对员工开始夜作的预约，把重阳食蟹和行业规

清 虚谷《双蟹图》

矩结合了起来，成了约定俗成的风气。

以下选介涉蟹句。

蟹熟酒香随意饮，卧听风雨打蓬窗。句出唐桂芳《鄱阳湖阻风》。唐桂芳（1308—？），安徽歙县人，曾为教谕、学正等，元末明初诗人。诗句说：我躺在船舱里听着风雨拍打蓬窗的声音，饮着酒，吃着蟹，虽阻风羁栖，却闲雅而别有情趣。

夕阳野饭烹鱼釜，秋水蒲帆卖蟹船。句出宋讷《直沽舟中》。宋讷（1311—1390），滑县（今属河南）人，元至正进士，授盐山知县，旋即弃官，明初征为国子助教，官至文渊阁大学士，迁祭酒。诗句说：秋天，夕阳西下，正在野外舟中用锅烧饭煮鱼，这时候摇来了挂着蒲帆的卖蟹小船。反映了天津渤海湾附近蟹业的兴旺和食蟹的风气。

两螯白雪堆盘重，一壳黄金上箸轻。句出宋讷《盐蟹数枚寄段摄中谊斋》。诗句说：盐蟹堆放在盘子里沉沉的，两只大螯里面有着白雪般的螯肉，甲壳里的蟹黄夹到筷上轻轻的，有着黄金般的色彩。两句诗对仗工整、形容贴切。

地炉温却松花酒，刚是溪头拾蟹归。句出唐寅《题画》。唐寅（1470—1524），字伯虎，江苏吴县（今属苏州）人，自称"江南第一风流才子"，明代著名画家兼诗人。诗句说：在地炉上温热了松花酒的当口，恰恰碰到人在溪头捉蟹归来。诗句里洋溢着喜悦之情。

欲酬良会须沉醉，况有霜螯送酒卮。句出文征明《九日子畏北庄小集》。文征明（1470—1559），江苏吴县（今属苏州）人，曾任翰林院待诏，明代画家兼诗人。诗句说：为了庆祝好友集会，大家应该一醉方休，何况还有美蟹好酒！诗句反映了重阳佳节，文人雅集，持螯饮酒的画面。

雄者白肪白于玉，团脐剖出黄金脂。句出王叔承《上巳日吴野人烹蟹及吴化父兄弟宴集》。王叔承，江苏吴江（今属苏州）人，明代作家。诗句说：雄蟹的脂肪比玉还白，雌蟹的脂肪犹如黄金。诗人所说真实，比喻形象。

重阳蟹壮及时烹。句出吴承恩《西游记》第十回。吴承恩（1506—1582），山阳（今属江苏淮安）人，明代小说家。诗句说：重阳时节，蟹已肥壮，要勿失良辰，及时煮吃呵！正是在诗歌、词曲、小说、戏曲等文字记载里，世代重复积累，才形成了中国重阳佳节吃螃蟹的节日饮食风俗。

螯霜落吾手，杯百竟何辞。句出王世贞《得佳酪巨螯新菜》。诗句说：只要手持经霜的螃蟹，即使饮酒百杯又何必推辞！诗句把蟹助酒兴的意思高扬地表达了出来，与《红楼梦·螃蟹咏》"多肉更怜卿八足，助情谁劝我千觞"异曲同工。

笙箫处处商舶，鱼蟹家家酒船。句出谢肇淛《天津道中》。谢肇淛（1567—1624），福建长乐人，万历进士，官广西右布政史，明代文学家。此句写了天津河道中商舶林立、笙箫歌咏、家家酒船以鱼蟹为菜的繁华景象。

占尽江南味，玄黄一壳藏。句出孙永祚《赋蟹》。孙永祚，江苏常熟人，贡生，明末清初诗人。诗句说：江南的螃蟹，占尽各物，风味卓绝，背壳里蕴藏着天地灵秀。诗句赞美了螃蟹是压倒一切的食物。

自笑我家传嗜蟹。句出钱谦益《重阳次日徐二尔从馈糕蟹》。钱谦益（1582—1664），江苏常熟人，明末清初文学家、学者。在诗的自注里说，我的先祖钱昆要到"有螃蟹无通判"的地方当官。诗句说：我自笑钱家有嗜好吃螃蟹的传统。诗人以继续先祖的嗜蟹为荣。

油幢置酒莼鲈夜，画舫钩帘稻蟹秋。句出吴伟业《赠松江郡侯张升衢》。吴伟业（1609—1672），晚号梅村，江苏太仓人，明末清初诗人。诗句说：华丽的游船，张挂着油布帷幕，钩起了帘子，置放了醇酒、莼鲈和稻蟹，航行在秋天的夜间。诗句写出了江南士大夫惬意的夜生活。

此腹当名郭索居。句出李渔《丁巳小春啖蟹甚畅》。李渔（1611—1680），号笠翁，浙江兰溪人，清初名士、诗人。郭索，蟹的别名。诗句说：我的肚子应当叫作郭索居。为什么呢？诗人一生嗜蟹不已，这年在笤溪又终日吃蟹，怎么也吃不够，于是便有此戏语。

试问尖团谁最美，二者风味皆可人。句出汪琬《张六子不食蟹诗以戏之》。汪琬（1624—1691），江苏吴县（今属苏州）人，顺治进士，曾任户部主事等职，清初诗人。历史上有人喜食尖脐雄蟹，有人喜食团脐雌蟹，虽说可以各从所愿，其实"二者风味皆可人"，都是可口美味，此为公允之说。

膏似玄黄溢，香含兰桂鲜。句出屈大均《沉香蟹子》。诗句说：蟹的黑色和黄色的脂膏丰满得像要溢出似的，如兰似桂的香气吃起来透鲜。诗句生动形象地赞美了蟹是一款美食。

肪白直欲同砗磲，壳红更自媲珊瑚。句出宋至《持螯歌》。宋至，河南商丘人，康熙进士，曾提督浙江学政，清初诗人。诗句说：煮熟的螃蟹，它的脂肪白得如同砗磲（海中蚌类贝壳，壳内色白如玉），它的外壳比得上珊瑚。诗句比喻独特，给人以色彩的美感。

水陆珍味谁冠首？江淮之蟹为厥魁。句出费锡璜《持螯歌》。费锡璜，四川新繁人，豪放不羁，才华过人，清代诗人。诗句说：江淮地方所产的螃蟹，在所有水陆珍味里，它是独占冠首的。中国产蟹之地甚多，各说各好，可是江淮之蟹的品质是不容置疑的。

椎钳爬挖出雪片，破房缕剔纷银丝。句出费锡璜《持螯歌》。诗句说：用槌敲碎蟹的大螯可以爬挖出雪片般的螯肉，破开仓仓胸房可以缕剔出银丝般纷扬的胸肉。诗句用词准确、比喻形象、描摹细微，可称妙句。

二月河豚十月蟹，两般也合住津门。句出汪沆《津门杂事诗》。汪沆，浙江钱塘（今属杭州）人，诸生，乾隆元年（1736）丙辰荐试博学鸿词，清代诗人。原注：《天津卫志》"津门蟹，肥美甲天下"。诗句通俗明白，反映了天津的河豚与蟹，使一个南方的诗人都留连忘返，想要长久居住了。

九雌十雄语可谱，从此乐得深杯衔。句出孙晋灏《食蟹》。孙晋灏，江苏苏州人，嘉庆举人，曾任直隶州同知，清代诗人。诗句说：九月里雌蟹肥，十月里雄蟹壮，这总结性的经验是可以写进蟹谱的，知此，便可以挑吃这两个月里肥壮的螃蟹，快乐地饮酒了。"九雌十雄"的概括被最早写进了诗里，苏州一带至今流传。

菜花黄有好蟛蜞。句出周应雷《鱼湾竹枝词》。周应雷，江苏南通人，清嘉庆、道光间诗人。诗句说：农历三四月间，菜花黄的时候，蟛蜞最好吃。南通人的观察，丰富了人们的食蟹经验。

插脚软沙如木立，绳拖沙狗实腰筐。句出姚燮《西沪棹歌》。姚燮，浙江镇海人，道光举人，清代诗人。原注："有取沙蟹者，在滩涂中静立，俟沙蟹出洞，以绳鞭之，百发百中，土人称为绝技，能此者甚少，既得蟹，遂捉投腰筐中。"沙蟹一名沙狗。诗句说：双脚插进松软的沙滩里，人犹如直立的木桩，用绳鞭到沙狗后就投放进腰间的竹筐里。诗句及注写出了捕捉沙狗的一种绝技，具体又形象。

双戈嫩玉莹虚白，半壳凝脂凸硬黄。句出江妽《食蟹》。江妽，浙江钱塘（今杭州）人，清代女诗人。诗句说：两只大螯里的螯肉，柔柔的，晶莹嫩玉般洁白；背壳里的蟹黄，硬硬的、鼓鼓的，凝脂般金黄。两句诗写实、对称、优美，为《红楼梦·螃蟹咏》"螯封嫩玉双双满，壳凸红脂块块香"后的又一佳句。

传闻古语今才信，九月团脐十月尖。句出高权《黄姑竹枝词》。高权，浙江人，清道光间诗人，"九月团脐十月尖"是"九雌十雄"的又一种表述，看似简单的一句话，却是经历了一千多年孕育才得出的经验总结。

最是深秋簖蟹好，一斤仅买两筐圆。句出储树人《海陵竹枝词》。储树人，江苏泰兴人，清咸丰同治间诗人。原注："簖蟹之大者，一斤二口。"受此诗影响，至今泰兴蟹仍以"簖蟹"之称广为宣传。

笑尔横行何太早，尖团七八不逢霜。句出夏仁虎《旧京秋词》。夏仁虎，江宁（今江苏南京）人，清末官御史。原注：北方蟹早，曰"七尖八团"，南方则曰"九月团脐十月尖"，此南北之异也。此诗句及注反映了因气候等因素，北方蟹早，补出了前人未及的一笔。

陆次云《减字木兰花·蟹》

陆次云，钱塘（今浙江杭州）人。康熙间举博学鸿词，官江阴知县。清代文学家。他的词作《减字木兰花·蟹》如下：

稻蟹（采自《画谱采新》）

半藏半露，窄穴容身穿浅渡。如寂如喧，吹沫成珠个个圆。　不齐不正，遥睇青空双眼硬。时疾时徐，郭索横行何所须？

此词，从蟹的穴居、吹沫、遥睇、横行四个侧面，把它的形态和行藏描摹得极为逼真生动，尤其是句式，整齐而对偶，自然而贴切，给人一种语言形式上的美感。

夏言《大江东去·答李蒲汀惠蟹》

夏言（1482—1548），字公瑾，号桂洲，江西贵溪人。正德进士，官至首辅，后为严嵩陷害。明代文学家，以词曲擅名，有《桂洲集》。

他的《大江东去·答李蒲汀惠蟹》如下：

夜雨秋尊，新烹蟹，又见一年风物。秉烛西堂聊自酌，时听蛩吟四壁。满壳膏肥，双钳肉嫩，味胜经霜雪。遍尝海错，还输此种为杰。　芳鲜充溢雕盘，真堪咀嚼，清兴倏然发。却笑持螯人去后，风雅到今难灭。更待黄橙，也须紫菊，取醉娱华发。中秋在望，小楼酌共看月。

友人赠蟹，诗人得而食之，勃发清兴，写成此词。上阙由食蟹而赞蟹。秋天雨夜，我手持烛炬到西边堂屋，听着四壁蟋蟀的吟唱，自酌自饮，吃着今年初见的螃蟹。这蟹壳里满是肥膏，双螯里充斥着嫩肉，味道极为鲜美，"遍尝海错，还输此种为杰"，我曾经遍尝过各种海物，没有一种可以比得上螃蟹的！下阕由食蟹而盼蟹。雕盘里堆叠着芳鲜的螃蟹，吃着吃着，忽然引发了清兴，想起曾经共同风雅持螯的情景，现在我希冀等到橙黄了、菊紫了的时候，两个华发人再次欢娱，"中秋在望，小楼酌共看月"，一起来持螯饮酒赏月。

此词融进了诗人的行为、环境、感受、思绪，显得亲切；写出了螃蟹的膏肥、肉嫩、味胜、芳鲜，显得真实。全篇托物寄情，词风开朗、旷达、矫健、深沉。

朱彝尊《桂枝香·咏蟹》

朱彝尊（1629—1709），浙江嘉兴人，康熙时举博学鸿词科，授检讨，曾参加纂修《明史》，后归里专事著作，博学多才，辑《词综》，清初词家，为浙西词派的开创者。

他的《桂枝香·咏蟹》如下：

> 纬萧截水，见半漾湖波，半撑湖嘴。此际菱歌渐少，满塍香穗。渔师菰饭新炊后，任欹斜、掀头船舣。爬沙响处，连江露白，一灯红细。　便八跪、双螯都利，被寒蒲束缚，仄行无计。试放闲塘蓼岸，描成秋意。须愁解甲随潮去，添瘦苇、一枝扶起。履霜听遍，声声宛似，玉琴丝里。

此词描绘了一幅渔民捕蟹的图景：它写了捕蟹的渔具"纬萧截水"，即蟹簖把湖水截开，一分为二，阻蟹通道借以捕捉；它写了

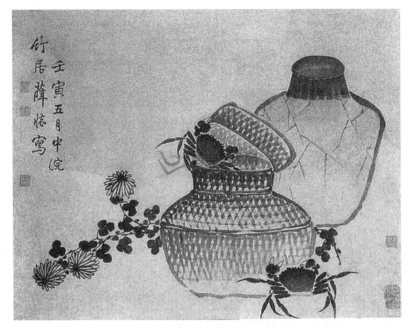

清 薛怀《秋蟹》

捕蟹的时节"满塍香穗",此时田野上稻穗飘香;它写了渔民的活动,吃了新炊的菰饭(多年生水边植物的种子,六谷之一)后"任欹斜、撅头船舣",即不管船的倾斜,就靠到岸边用缆绳系在了木桩;它写了广阔的背景,听见远处沙滩上蟹在爬动发出的细微响声,"江上露白,一灯红细",看见远处江面上弥漫着白露,衬托出一盏细小的红灯;它写了被捉到的蟹用蒲草扎了无法横行,未捉到的蟹还在蓼岸边、芦苇里爬行,"声声宛似,玉琴丝里",好像拨动丝弦弹奏着乐曲……这幅捕蟹图景,静谧而优美,细微而传神,开阔而生动,清雅而明畅,显示了词人对捕蟹情状的熟悉,也显示了词人驾驭词艺的才力,为后人留下了难以磨灭的历史印痕。

咏蟹词曲述要

明清时期的咏蟹词和咏蟹散曲，继宋元之后勃然兴起，数量众多，除了前面已及之外，现再述要于下：

康海（1475—1540），陕西武功人，弘治状元，任翰林院修撰，"前七子"之一，明代散曲家。其《四时行乐词》说暮秋之所以可人，在于"黄鸡嫩，紫蟹肥"，用螃蟹佐酒，促使人醉，抒写了自己的情致。

陈霆（约1480—约1552），浙江德清人，弘治进士，官至山西提学佥事，明代诗人。其词《行香子·题画蟹》写了蟹的捕捉、肥美等，结句"望江南路，天远远，水茫茫"，表达了对家乡蟹的怀恋。

焦竑（1540—1620），南京（今属江苏）人，万历十七年（1589）以殿试第一授翰林院修撰，明代作家，博极群书，精工诗文。其词《念奴娇·咏蟹·次东坡韵》笔调豪纵，书卷气十足，"樽前检点，海鲜君是魁杰"，认为蟹是最鲜美的海产食物。

尤侗（1618—1704），长洲（今属江苏苏州）人，顺治拔贡，康熙举博学鸿词科，授翰林院检讨，官至侍讲，清代作家。其词《桂枝香·咏蟹》写了苏州蟹多，"郭索盈野"；写了自己对螃蟹的喜爱，"最爱绀甲青匡，金膏雪炙"等。最后说，妻子亡故后，"香橙手劈吴盐细，欲持螯、谁传杯斝（酒器，圆口，三足）？"其境其情，深挚动人。

陈维崧（1626—1682），字其年，号迦陵，江苏宜兴人，早岁能文，补诸生，晚年举博学鸿词科，授检讨，清初词坛巨擘，填词多达一千六百余首，有《迦陵词》。其词《桂枝香·咏蟹》多侧面写了蟹况，其词《霜花腴·蟹》说"霜螯最是宜秋"，"笑人间万事鸿毛，知他何物是监州"，流露了对蟹的喜爱之情，词风开脱俊爽。

毛际可（1633—1708），遂安（今属浙江淳安）人，顺治进士，曾任知县等，以博雅见称，清代作家，有《浣雪词钞》等。其词《桂枝香·蟹》写了捕蟹和食蟹等，结句"中年自笑，持螯已足，浮名何有"，把食蟹当作人生最实在的享受。

曹贞吉（1634—1695），安丘（今属山东）人，康熙进士，官至礼部郎中，工诗文，词尤有名，有《珂雪词》。其词《桂枝香·蟹》仿佛展开一幅幅画卷，情景交融，结句"依稀记得，鱼庄设簖，夜分无寐"，把渔民捕蟹的辛劳写了出来。

宋荦（1634—1714），河南商丘人，曾为江苏巡抚、吏部尚书等，清代作家。其词《桂枝香·蟹》上阕写设簖捕蟹，"掩青筐、篓时皆满"；下阕写重阳食蟹，"老饕只爱持螯嚼"，洋溢着对蟹的喜爱之情。

李符（1639—1689），秀水（今属浙江嘉兴）人，以布衣客游四方，清初词人，有《耒边词》等。其词《桂枝香·蟹》，上阕写三泖捉蟹，"小艇呼灯寻觅"；下阕写重阳食蟹，"登高遍插茱萸罢，最思量、剩匡狼藉"，整首词情景刻画细腻。

沈岸登（1650—1702），平湖（今属浙江）人，不求闻达，有隐逸之风，擅诗、书、画，工词，有《黑蝶斋词》，清代"浙西六家"之一。其词《桂枝香·咏蟹》说自己"年年买得"，称蟹为"江乡隽味"，常常"和酒蚁经宵，玉盘沉醉"，表达了对蟹的嗜好。

龚翔麟（1658—1733），仁和（今属浙江杭州）人，康熙间中顺天乡试乙榜，由工部主事累迁御史，清代"浙西六家"之一，有

《红藕庄词》。其词《桂枝香·蟹》由忆蟹的"金瓢镕腹"而撩动了"归心",反映了蟹是能够引发乡愁的食物。

厉鹗(1692—1752),钱塘(今属浙江杭州)人,康熙举人,性嗜读书,能诗词,亦工曲,清代浙西词派主要作家。其词《桂枝香·蟹》写了杭州葑田所产之蟹"骨清沫白,葑湖秋好";其散曲《北仙吕醉中天·张龙威送醉蟹》写了螃蟹"只合糟丘葬",流露了诗人对蟹的喜爱。

郑燮,即郑板桥,清代书画家、诗人。其词《菩萨蛮·留秋》写了秋景、秋物、秋兴,"佳节入重阳,持螯切嫩姜",反映了民间向有的重阳节吃螃蟹的习俗。

蒋士铨(1725—1785),铅山(今属江西)人,乾隆进士,官翰林院编修,归后主讲蕺山、崇文、安定三书院,有《铜弦词》,清代文学家。其《桂枝香·蟹》,上阙写以籪捕蟹,"青筐满贮";下阙写持螯佐酒,"好胜似江瑶雪乳"。整首词描摹细腻,情景毕现。

钱大昕(1728—1804),嘉定(今属上海)人,乾隆进士,官至少詹事,清代著名学者,归田后主钟山、娄东、紫阳书院,时推为通儒。其《桂枝香·蟹》写了家乡盛产螃蟹,"束缚不论千辈",写了自己喜爱吃蟹,视为"故园风味"。全词情景并茂,生动典雅。

吴锡麒(1746—1818),钱塘(今属浙江杭州)人,乾隆进士,官祭酒等,后主讲扬州、安定等书院,清代作家。其词《桂枝香·蟹》写了吴淞蟹况,其词《惜黄花·看灯蟹》写了泖湖之蟹在元宵看灯时节仍能买到吃着,其散曲《北双调折桂令·题画蟹》写由画而引发的对蟹的联想,情调朗健。

严辰(1822—1893),浙江桐乡青镇(现乌镇)人,咸丰进士,任刑部主事等,清末诗人。其《忆京都词》中的一首说北京"秋早快持螯"，自注："都中蟹之尖脐者脂膏充塞，启其壳白如凝脂，团脐之黄软而甜。南蟹硬而无味，远不逮也。"反映了北方蟹早及其特色，留下了独特的历史记录。

黄鼎铭，江苏仪征籍，世居江苏扬州，清末诗人。其《望江南百调》之一说，扬州好，好在哪里？其一是重九访菊登高，"沽酒晚持螯"的快乐。小令反映了扬州吃蟹的节日风气。

袁翼《湖蟹说》

袁翼，字飞卿，吴县（今属江苏苏州）人，正德举人，好书与菊及酒蟹，优游六十余年而卒，明代作家。

《湖蟹说》为三个段落。第一段说："吴中蟹品，推昆山阳城湖中为第一，土名横泾蟹。然有东西之别，西湖即阳城湖，东湖即傀偏湖，东湖以尖脐胜，西湖以团脐胜。"交代了阳城湖（即阳澄湖）包含了东西二湖，所产之蟹，各擅其胜。吴中蟹品向来闻名，"沃壤平畴，稻蟹独吴中之最"（《平江府志》），"吴中郭索声价高"（高鹏飞《食蟹》）……这里又进一步说，"吴中蟹品，推昆山阳城湖中为第一"，开了直至今天阳澄湖蟹誉满天下的舆论先河。近代著名学者章太炎偕夫人汤国梨卜居吴中，啖食大闸蟹后，汤竟情不自禁吟出了"不是阳澄湖蟹好，人生何必住苏州？"

第二段说：

> 阳城弥漫数百里，分汇东湖，成千顷巨浸。凉秋八月，湖水既平，绝流设簖，划艇垂饵。夕阳西坠，渔篷云集，波心之灯影千点，沙觜之纬萧四奔，既而水气若

明 沈周《郭索图》

练，月华疑霜，榜人夜语于荻州，吴歌远答于菱荡。

这是一幅捕蟹图，一首渔光曲。在江南这片翠绿的原野上，阳澄湖方圆百里，碧波千顷。八月里，风静水平，湖面上，或见截断水流而捕蟹的蟹簖，或见人们划着小艇垂饵钓蟹。傍晚更加热闹，渔民出动了，群船云集，那船上的和簖边的渔灯，星星点点，影影绰绰，满湖璀璨，流光溢彩，水气中，月光下，听到了舟人在荻州的夜语，远处菱荡里传来的吴歌。文章描绘出了阳澄湖上捕蟹的动人景象，绘声绘影，美不胜收。现今，背景依然，可是因为生产方式和捕蟹工具的改变，这种景象已不复能见，靠着这段文字，留下了往昔阳澄湖的旖旎风光。

第三段说作者"来往西湖，虽非橙黄橘绿之时，常作浮白持螯之想"。一次，十月里，"舟泊真义，售数篓归家"，夜里不敢点灯，恐惊动而爪断，不敢久贮，月满后必煮食，恐蟹黄渐渐虚空。"郭索登盘"的时候，想到要像诗人黄庭坚般地大嚼一番。"醽（líng，美酒）醁开瓮"的时候，怕像潘大临刚吟咏"满城风雨近重阳"却来了催租人扫兴。把自己对阳澄湖蟹的痴情细致而形象地表露了出来。

袁翼《湖蟹说》语言朗畅，对蟹况的把握深入，是一篇记录今阳澄湖蟹的美文和重要历史文献。

夏树芳《放蟹赋》

夏树芳，字茂卿，号习池，明代江阴（今属江苏）人，以诸生教授乡里，造就甚多，万历举人，以母老不赴公车，养母之余，唯耽著作，隐居毗山东麓，不屑仕进。他学识宏博，著述丰富，为明代著名学者。

捉到了鸟或鱼，又将它放生，由来已久，自汉代起，传入了佛教，则成为赎罪、免灾、祈福的手段，便形成了一种持续不衰的风俗。唐代，江南各地曾经遍置放生池。宋代，四月初八为西湖放生会，这天，湖上舟楫如梭，竞买龟鱼螺蚌，热热闹闹地大

宋 佚名《萍藻鱼蟹》

搞放生活动。由此衍生，到了明代，江阴又有了放蟹会。

《放蟹赋》说，放蟹是在秋天，大家约好了一个日子，买了或多或少的螃蟹，乘船到江滨的岛上，高高兴兴地放蟹于水。为什么要放蟹呢？螃蟹原是一种活泼泼的动物，好事者把它捉来，好吃者尝它风味，传统认为戕物之命是要有报应的，故应转杀为生。有没有人反对呢？赋里设置了一个"客"，嘻笑说："我家就住在江边，家家户户都喜欢吃螃蟹，不让吃，岂非唐突？"历史上记载吃螃蟹的更是太多了，你可以让他们把到嘴的螃蟹都放了吗？对此的答复为"子但求之目前，庸暇计夫方外"，即你怎么可以只求眼前的贪馋，而不去考虑世俗之外的慈悲。最后，《放蟹赋》写道：

于是宰官居士，圆顶方袍，普发弘愿，竭蹶江皋，喜津梁之一启，竞辐辏于钱刀，或负担以趋，或携篚而招，载入芙蓉之舰，同上木兰之桡。脱而虫孳，解尔天弢。乍轮囷以偃蹇，顷勃窣而逍遥，忽泠然以御风，驾万顷之洪涛，任二螯之展舒，骋八足之游遨，永弗罹于梁笱，恣海阔兮任夫天高。

意思是：无论是官吏或士人，无论是世俗之徒或出家僧侣，为了一个共同的心愿，大家跌跌撞撞，奋力来到野外江边，在桥上高兴地打开口袋，纷纷地掏出钱币，买了螃蟹，或挑担，或提筐，前招后应，络绎不断，载入芙蓉大舰，登上木兰小舟，驶船而行，来到江上，解除束缚，纵蟹于水。那被放生的螃蟹，开始的时候，还蟠屈着，还困顿着，顷刻之间，便活泼，便逍遥，忽然，又乘着风，踩着浪，舒展二螯，驰骋八足，遨游了起来，从此，永远脱离了捕捉到竹篓里的灾难，在广阔的水域里过自由自在的日子了。这是赋中一段最为动人的文字，把人们自发而广泛参与的放蟹活动过程活龙活现地叙述了出来，把被放螃蟹的苏醒活跃过程栩栩如生地描绘了出来。

记载中，大多提及的是放生"龟鱼螺蚌"，偶尔也有提及放生"蟹蛤"的，例如宋代的苏东坡，他在四十四岁那年，卷入乌台诗案，被捕入狱，两度自杀未遂，既而释放，便发愿不复杀生，人家送来蟹蛤，他尽管嗜此，也辄得而放，那只是一种个别的随手行为，放蟹而相约结盟成会，仅见于此，补充了佛教法会中的一种独特状况。放生，放禽鸟或放鱼蟹，放出去的，是祝福，是希望。今天，抹去蒙在这类活动上的迷信色彩，则可以变为具有环保意义的举措，人们将误捕的属于需要保护的濒危禽鱼放归自然，就是历史上放生活动的合理延续。

郑明选《蟹赋》

郑明选，字候升，归安（今浙江湖州）人，万历十七年（1589）进士，官至南京刑科给事中，明代作家，有《鸣缶集》。他的《蟹赋》精彩的是中间部分，节引如下：

> 惟秋冬之交兮，稻粱菀以油油；循修阡与广陌兮，未敢遽为身谋；各执穗以朝其魁兮，然后奔走于江流；遂输芒于海神兮，若诸侯之宗周。于时矣，厥躯充盈，厥味旨嘉。
>
> 乃有王孙公子，豪侠之家，置酒华屋，水陆交加。薄脍鲤与炮鳖，羞炙鸦与胎虾。众四顾而踌躇，怅不饮而咨嗟。有渔者纬萧承流，捕而献之。宾客大笑，乐不可支。乃命和以紫苏，糁以山姜，捣以金斋，沃以琼浆。于是奉玉盘而出中厨，发皓手而剖圆筐。银丝缕解，紫液中藏。膏含丹以若火，肌散素以如霜。味穷鲜美，臭极芬芳。

郑明选的这篇赋，突出地写了螃蟹是人所公认、味压百菜的佳肴。

文章先写秋冬之交为食蟹的时节。这个时节，螃蟹蹒跚于田间的小路，活动于广阔的田野，稻粱熟了，穗子沉甸甸的，这里食饵丰足，螃蟹不仅自己吃饱了，还各各执着一个稻穗，从稻田而小溪、而河流、而江海，它以输芒表示虔诚，表示敬长，像诸侯进贡周天子那样，去朝拜它的魁首——海神。"于时矣，厥躯充盈，厥味旨嘉"，这个辰光，螃蟹的躯体长足了，丰满了，螃蟹也好吃了，有味了。

后写螃蟹是一款众所翘盼的佳肴。王孙公子，豪侠之家，钟鸣鼎食，奢侈铺张，个个是饕餮之辈，水里游的，陆地走的，天上飞的，什么都成了他们腹中之珍馐。然而，"薄脍鲤与炮鳖，羞炙鸮与胎虾"，却把脍鲤、炮鳖、炙鸮、胎虾这些山珍海味看得十分轻薄，甚至视这些菜肴被端上餐桌为羞辱。满桌的好菜引不起大家的食欲，满杯的佳酿勾不动大家的兴趣，他们茫然四顾，他们唉声叹气。正在此刻，打渔的人献上了螃蟹，"宾客大笑，乐不可支"，大家情绪为之一振，整个气氛为之一变，咨嗟变成了大笑，踌躇变成了快乐，一个个前仰后合，高兴得什么似的。"乃命和以紫苏，糁以山姜，捣以金齑，沃以琼浆"，一连四个排句，把这些吃精忙忙碌碌、七嘴八舌地指挥厨子如此这般地烹煮，传神地描绘了出来，气氛之活跃，情绪之欢乐，节奏之轻快，门槛之精通，一一毕现。等到玉盘里装上螃蟹，端放到桌子上的时候，人人伸出了又肥又白的手，掰吃了起来。解开捆缚在蟹身上的绳子，揭去螃蟹的背壳，呵，"膏含丹以若火，肌散素以如霜"，那红红的黄膏似火，那白白的蟹肉如霜，诱人的色彩就挑起了馋欲。一吃呢？"味穷鲜美，臭极芬芳"，味道好极了，好到什么地步，又鲜美又芬芳，到了"穷""极"的地步，简直什么都比不上，什么都超不过！

这篇赋用了抑扬之法——抑鲤、鳖、鸮、虾这些被常人捧得很美很鲜的山珍海味，扬螃蟹的味穷鲜美、臭极芬芳，写出了螃蟹为一种更佳更好的食品。用了烘托之法——当螃蟹没有端上来之前，大家情绪低沉，惆怅咨嗟，可是一见到渔者献蟹，气氛顿时活跃，大家好不快乐，这一烘托，便写出了螃蟹是一种众所看重看好的食品。要知道，这批宾客或是王孙公子或是豪侠之家，精于饮食，善于品鉴，他们竟如此看重看好螃蟹，把它视为更佳更好更美更鲜的食品，那么，这看似普通实则非凡的螃蟹，自然要身价十倍了。应该说，这批宾客是有识见的，有些不容易觅得的山珍海味，并不比自己身边常见的螃蟹更有营养、更加鲜美。

张九崏《醉蟹赞》

张九崏（zōng），明代作家。据屠本畯《海味索隐》说：他游闽，"食海味，随笔作赞、颂、铭、解十六品"。其《醉蟹赞》如下：

世人皆醉而我独醒者，灵均也；世人皆醒而我独醉者，伯伦也；不肯以我之察察而受物之汶汶，弃世者也；甘我之沉沉而任物之皎皎，涵世者也。以汝之醉，苏我之醒，以其昏昏，使人昭昭，再饮再醉，举杯持螯，是为醉

丰子恺漫画《醉人与醉蟹》

蟹，解我宿醪。

意思是，屈原（字灵均）"世人皆醉而我独醒"，是个不肯以我的明察而受世俗昏暗的弃世者；刘伶（字伯伦，西晋时人，"竹林七贤"之一，嗜酒）"世人皆醒而我独醉"，是个甘愿以我的昏沉而任世俗明亮的溷（hùn，混）世者。醉蟹则是"以汝之醉，苏我之醒，以其昏昏，使人昭昭"的食物，是能宽解我好酒的食物。

这篇赞词赞美醉蟹，角度独特，以"醉"及人，托物陈情，所言婉转，意蕴深刻，既评价了前人，又写了醉蟹特色并给以颂扬。

李渔《蟹赋·序》

李渔的《蟹赋》非常精彩，因已引录，故不重复。他为此赋所写的《序》也是一篇可供一读的小品，录于下：

天下食物之美，有过于螃蟹者乎？予昔误听人言，谓江瑶柱、西施舌二种，足居其右。迨游八闽，食荔枝而甘之，窃疑造物有私，胡独厚此一方而薄尽天下，既啖以佳果，复餍以美馔，闽人之暴珍天物，不太甚乎？及食所谓居蟹右者，悉淮阴之绛、灌，求为侪伍而不屑者也。但以皮相相之，则果觉瑰奇可爱，味实平平无奇。因而细绎其故，始知前人命名，其取义不过如此。宝中之瑶、屋中之柱，原只令人美观，并非可食之物；即舌在西施之口，亦岂供人咀嚼者哉！以是知南方之蟹，合山珍海错而较之，当居第一，不独冠乎水族、甲于介虫而已也。久欲赋之而未敢，以自古迄今，嗜之者众，则赋之者必多，空疏之臆，敢与便便其腹者较短长哉。及读杨廷秀之《糟蟹》《生蟹》二赋，皆属游戏神通，幻其形而为人，与之辩论酬酢，以作《郭索传》则可，谓之《蟹赋》，无乃名求而失其实乎？惟吾友尤子展成一作，竭尽中藏，贤于古人远矣。予欲藏拙，其奈无肠公子作祟，以如钳似剪之二螯，日挠予腹，不酬以文而不放何。不得已而为之。

这篇《序》说明了李渔写《蟹赋》的缘由，主要有二：

一是坚定了天下食物之美无过于螃蟹的认识。原先，听人家夸赞海产贝类江瑶柱和西施舌，便误以为是要超过螃蟹的东西，可是，到福建一吃，觉得"味实平平无奇"，打个比方，就像汉初功高的淮阴侯韩信，不屑与辅助刘邦被封为绛侯的周勃与颍阴侯的灌婴同列为伍一般，哪里能赶得上螃蟹的好吃呢？

二是久有为蟹写赋的欲念此时又躁动了起来。他开始不敢写，害怕自己空疏肤浅，难以与历史上的蟹赋匹敌，可是读了杨万里的赋，觉得是游戏神通，有名无实，读了好友尤侗的赋，觉得虽掏尽了肚子里的货色，写得比古人高强多了，却没有写出自己想说的。于是幽默一番，说螃蟹的两只大螯天天在肚子里抓挠，不写出来便不放过，实际上是他酝酿已久，心里痒痒的，要一吐为快。

李渔在《序》里断言："以是知南方之蟹，合山珍海错而较之，当居第一，不独冠乎水族、甲于介虫而已也。"意思是：南方的螃蟹，以琳琳山珍和琅琅海错与之比较，它是最好吃的，居第一位的，不仅在水族各类中独占鳌头，也不只在硬壳介虫中处于首席。

应该说，李渔下的这个断言不是盲目、随意的，不是出于个人的嗜好或私癖，而是经过比较、鉴别的。先前，他吃过许多山珍海错，认为比不上螃蟹，可是，众口赞誉的江瑶柱和西施舌怎么样呢？他没有底。等到吃了，方有如此断言。

这篇《序》有设问有解答有叙述有议论，通畅明白，诙谐风趣，交代了《蟹赋》写作的缘由，特别是提出了"天下食物之美无过于螃蟹"的论断，吊起了读者的胃口，把人引入《蟹赋》，故而是一篇很称职的《序》。

尤侗《蟹赋》

尤侗（1618—1704），字同人、展成，号悔庵、西堂老人，长洲（今江苏苏州）人，顺治拔贡，康熙举博学鸿词，授翰林院检讨，与修《明史》三年，告归，清代文学家，有《尤西堂全集》。

尤侗《蟹赋》在说明了蟹为水族的一类之后，便热情地歌颂了它的品质：

> 若夫新谷既升，芒负在体，朝于王所，有似乎礼；越陌度阡，获穋敛穧，迁归江河，有似乎智；进锐退速，屈曲逡巡，中无他肠，有似乎仁；执冰而踞，拥剑而动，气矜之隆，有似乎勇；蟹之时用大矣哉！

意思是：当稻谷成熟的时候，它就负载一穗，到蟹王那里去朝觐，有人一般的礼仪；它越过田间小路，获取幼苗和谷物，回归到江河里，有人一般的智慧；它进退快捷，又屈曲徘徊，行为没有心肠，有人一般的仁爱；它蛰伏冰窟，受到侵犯便摆动如剑的大螯，气概极为威武，有人一般的勇敢；蟹对人的启示意义多大啊！用人的道德品质观照蟹的自然属性，最早是唐陆龟蒙，说它"义"，说它"智"；之后是宋傅肱，说它"礼"，说它"智"，说它"正"；现在尤侗又前进了一步，说它"礼"，说它"智"，说它"仁"，说它"勇"。踵事增华，后来居上，可以说对螃蟹作了最高的褒奖。接着，《蟹赋》又酣畅地抒写了获蟹后的欢快：

> 尔乃秋风白露，野有稻粱；渔舟晚出，纬萧斯张；有物郭索，聚族跟跄；蛑蝤前驱，博带后行；术非游说，迹类连横；身披介胄，口含雌黄；精神满腹，脂肉盈匡；乱流而济，触藩而僵；一朝获十，献我公堂；老饕见之，惊喜欲狂；亟命厨娘，熟而先尝；饮或乞醯，食不彻姜；拍以毕卓之酒，和以何胤之糖；美似玉珧之柱，鲜如牡蛎之房；脆比西施之乳，肥胜右军之肪……对茱萸之弄色，把橘柚之浮香，饱金羹与玉斋，醉百斛分千觞。

大意：秋风响，寒霜降，田野的稻谷熟了，这时候，渔民驾船晚出，张开了竹编的罗网。成群结队的螃蟹，匆匆忙忙。雄蟹开路，雌蟹跟上，不是游说，迹如连横，一只只披甲戴盔，口吐泡沫雌黄，精神饱满，身体肥壮，乱哄哄地想要翻渡，结果落入藩篱被绑。一旦被捕，献到我的公堂，贪吃的老饕见了螃蟹，惊喜欲狂，赶快让厨娘蒸煮，熟了先尝，蘸醋蘸姜，饮酒放糖（毕卓，晋人，喜饮酒食蟹；何胤，南朝梁人，喜食糖蟹）。呵，它美得如江瑶之柱，鲜得如牡蛎之房，脆得比过西施之乳（或作西施舌，海产贝类之肉，白而洁，光而滑，俨如美女西施之乳或舌），肥得胜过右军之肪（这里指鹅；右军即晋人王羲之，他曾任右军将军，相传他爱鹅，后把"右军"作为"鹅"的别名）……时值重阳佳节，面对茱萸，掰着色彩斑斓的螃蟹，剥开橘柚，飘出浮香，吃着螃蟹若金之汁羹、若玉之碎肉，要饮美酒百斛千觞。螃蟹是一款美味，一款佳肴，人见人爱，人吃人赞，尤侗也加入了这个为螃蟹唱赞歌的队伍，并以他自己的口感，说它又美又鲜又脆又肥，如这如那超此胜彼，可以说对螃蟹作了最高的评价。

最后，《蟹赋》又写了螃蟹的其他品种以及制成醉蟹待客等。

李渔读了他好友尤侗的《蟹赋》后说："竭尽中藏，贤于古人远矣。""竭尽中藏"，如若是说赋中运用了许多典故（前之所引，略见一二，未引之处更多），那是赋体的一个特点，也是本赋的一个亮点，一个闪动着渊博知识、思想感情和艺术光彩的地方。至于说"贤于古人远矣"，纵然是带有私人之间情谊的过誉，可是也当承认，它的确算得上一篇典型的咏蟹好赋，铺采摘文，体物写志，词藻华丽，语言铿锵，如果弄懂了它的意思，读来是很带劲的。

陈其元《蓄鸭之利弊》

陈其元（1812—1882），浙江海宁人，曾任南汇县和青浦县（今均属上海市）代理县令，清代作家，著《庸闲斋笔记》，时人竞相传阅。

其《蓄鸭之利弊》如下：

南汇县海滨广斥，乡民围圩作田，收获颇丰。以近海故，螃蜞极多，时出噬稼，《国语》所谓"稻蟹不遗"也。其居民每蓄鸭以食螃蜞，鸭既肥而稻不害，诚两得其术也。此事余在南汇稔知之。

比宰青浦，则去海较远，湖中虽有螃蜞，渔人捕以入市，恒虑其少；而鸭蓄于湖，千百成群，阑入稻田，往往肆食一空。于是各乡农民来县具呈，请禁蓄鸭。时摄南汇令某君，方以蓄鸭食螃蜞为保稼善策，禀请通行各处。巡抚丁公，抄禀行知下县。余阅之不禁失笑。因以青浦请禁之件申覆，公见之一笑而止。

盖物土之宜，固不可一概论之。古人迎猫祭虎，今日虎讵可迎耶？

意思是：南汇县靠海，滩涂广阔，当地乡民就围造土堤，挡水为田，所种庄稼，收获颇丰。可是螃蜞极多，时常把水稻吃得颗粒

丁原祥《鸭食螃蟹》

不剩，于是居民养鸭，鸭吃蟛蜞，养得肥肥的，又保护了水稻，成了一举两得的办法。等我到青浦当知县，发现这里距海较远，蟛蜞很少，渔人是靠捕它卖钱的，可是当地人却养了成千成百的鸭群，闯入稻田把蟛蜞连同水稻吃个精光，于是乡民呈文告到县里，请禁蓄鸭。这当口，江苏巡抚丁日昌转发了南汇县令某君"蓄鸭食蟛蜞为保稼"的禀呈，要各县照此执行，我看了不禁失笑，便把青浦乡民"请禁蓄鸭"的呈文抄报了上去。

陈其元在讲了自己的亲身经历之后说："盖物土之宜，固不可一概论之。"意思是，南汇养鸭，青浦禁鸭，都是根据本地的实际情况而决定的，不能一刀切。又说："古人迎猫祭虎，今日虎讵可迎耶？"《礼记》里说："迎猫为其食田鼠也，迎虎为其食田豕也。"那时候，田鼠多，野猪多，糟蹋庄稼，故而每到春天，农民便备办猫和虎喜欢吃的食物"迎猫祭虎"，期盼它们来保护作物，如今，难道还要迎虎吗？意思是时间变了，对事物的态度也应随之而变，切忌生搬硬套。陈其元所说的这两层意思，用现代的话来归结，就是认识世界和处理问题，要具体事物具体对待，要因地因时对待，要从客观实际对待，要权衡利弊对待。

必须补充的是，本篇以及先前屈大均《广东新语》"广州濒海之田，多产蟛蜞，岁食谷芽为农害，唯鸭能食之"，都反映了先民在实践中摸索出了"蓄鸭以食蟛蜞，鸭既肥而稻不害"的办法，以物制物，化弊为利，鸭稻两丰，显示古人的创造力和智慧。

赋蟹散文提要

明清时期，尤其清朝，一下子涌现了许许多多赋蟹散文，清鸿宝斋主人编《赋海大观》所收录的蟹赋即达五十多篇，加上赋蟹散文的其他体裁，例如传、启、说、志等，其数量更大，虽说良莠不齐，却也洋洋大观。除了前面已述之外，现提要于下。

王立道《郭索传》王立道，江苏无锡人，嘉靖进士，选庶吉士，授编修，明代作家。传记设定郭索（蟹的别名）是汉初游侠郭解的遗孤，被将军卫青收养，"索短小青黑"，"性喜斗，小不快意，辄盛气勃怒，两目眈眈，唾沫流喷不已"，卫青死，郭索不知所往，"其子孙亦遂散处江湖间，或徙海上"，"时以侠闻"。此传，虚构郭索身世，描绘其形态，叙述其行踪，赞扬其侠义，虽说荒诞，不无意趣。

周履靖《蟹赋》周履靖，浙江嘉兴人，自幼多病，隐居不仕，喜拟作，好刻书，明代作家。其《蟹赋》短小，颇见佳句："匡实似金之重，螯肥如玉之堆。满腹红膏，浑凝琥珀；一身青壳，恍若琼杯"；"八足行兮驰捷，双眼露兮光辉；钳稻穗之玉粒，喷璃花之雪飞"。描绘形象。

曹宗璠《骂蟹文》曹宗璠，江苏金坛人，崇祯进士，任黄岩知县等，告归，明亡后隐居不仕，明末清初作家。他以愤懑之情嘲骂了蟹的形态、性状、作为等，一一数落，一一痛骂。曲折地表达了对"刚戾倾邪，纵意旁行"者的态度。

佚名《虮蟹赋》此赋载《（康熙）嘉定县续志》卷三。其序说："虮蟹大如豆，二螯八跪，细娟可爱，海塘之民捕之捣浆为腐奇鲜。"其文说："潮一涌而群鹜兮，乃散满于沮洳；有如蝇头之攒集兮，不啻蚁阵之前驱"，"无烦纬萧以断取兮，但持筐筥而可"。把虮蟹的形态、产地、群集、捕捉、吃法等一一如实而通俗地写了出来，既可赏读也是一篇研究虮蟹的文献。

孙枝蔚《谢王麟友惠蟹启》孙枝蔚，三原（今属陕西）人，流寓江都，初为盐商，后弃商习文，为清初作家，知名当世。此《启》答谢赠蟹，说"不持双螯，虚逢九月"，流露了自己的持螯之兴与酷好此物。

吴庄《说蟹》吴庄，嘉定（今属上海）人，庠生，以教读、行医为业，清初作家。此文云：天下之物，只有螃蟹"公然横行于外而称横行公子"。螃蟹中的一种名"黄甲"，而科举甲科进士及第者的名单用黄纸书写故亦名"黄甲"，于是结句说："呜呼！岂天下之黄甲亦有似此者乎？"其旨轻倩而跃然。

孙之骙《日蟹传》孙之骙，仁和（今浙江杭州）人，贡生，清初学者，博学好古，专于经学，兼擅诗文。日蟹之名，见于宋罗泌《路史》。此传写日蟹为黄帝元妃嫘祖感日之精而孕育诞生，又经次妃媒母抚育成长，力大喜斗，助黄帝斩蚩尤定天下，其子孙亦各有所长各有所为。此传，采仿史传结构，动用古籍记录，挥动想象的翅膀，展示了奇绝瑰怪的蟹况，写得神采飞扬、引人入胜。

全祖望《鲒酱赋》全祖望（1705—1755），浙江鄞县（今属宁波）人，乾隆进士，选翰林院庶吉士，后辞官归家，主讲书院，读书著述终老，为士林仰重，清代学者。鲒，今称有豆蟹寄居于腹的蚌，《汉书·地理志·会稽郡》鄞"有鲒埼亭"，《说文解字》"汉律：会稽郡献鲒酱三斗"。《鲒酱赋》先述出典，次述鲒况，后述鲒酱为水族中最美的食物，"虽四方玉食之云集，未如此三斗之独陈"，"其法最简，其格最清，其来最远，莫之与京（谓无与之比大）"，全赋征古、考察、比较、描述，深情地推介了家乡的特产鲒酱。

焦循《续蟹志》焦循（1763—1820），江都（今属江苏扬州）人，嘉庆举人，淡于仕进，闭门著书，清代作家。唐陆龟蒙著《蟹志》，焦循继之而作，故题《续蟹志》。此志，于簖说明详尽，于蟹阻簖而被捕说明具体，彰显了渔人智慧，为渔业史上的重要文献。

潘曾沂《冰蟹赋》潘曾沂，江苏吴县（今属苏州）人，嘉庆举人，官内阁中书，清代作家。赋文诘屈聱牙，了无新意。赋序说："北方寒时，以生蟹著水县（悬）风处，隔宿则二螯六跪皆类冰琢成者，洁白可玩，以馈客下酒，别见风味。"通俗明白地记录了当时北方的一种储蟹和吃蟹的方法。

陈本钦《蟹簖赋》陈本钦，湖南长沙人，道光进士，官营膳司员外郎等，清代作家，回籍后主讲书院，教人实学。此赋除了铺陈环境氛围等套话之外，涉及了蟹簖的材料、制作、特点、匠心，例如说它的长度，"连亘兮三里二里"；例如说它的妙处，"不碍兰桡"（不妨碍行船）；例如说它的功能，"早则鲋而晚则蟹"等。皆发前人所未及，可以作为此种渔具研究的历史参考材料。

徐时栋《鲦说》徐时栋（1814—1873），浙江鄞县（今属宁波）人，道光举人，官内阁中书，后家居不复出，清末学者，藏书甚丰，著述为事。《鲦说》先引经据典，再实际考察，后逐一辨说，对家乡盛产的此物给了用心的解释，为一篇博考目验、态度严谨之作。

吴承恩《西游记》

吴承恩（1506—1582），字汝忠，号射阳居士，先世涟水（今属江苏）人，约于明初徙家山阳（今属江苏淮安），明代小说家，科举中屡遭挫折，嘉靖年间补贡生，任浙江长兴县丞，后绝意仕进，著《西游记》。

《西游记》第六十回"牛魔王罢战赴华筵　孙行者二调芭蕉扇"

写道：孙大圣与牛魔王打得难分难解之际，突然，牛魔王撇下孙大圣，寂然不见，大圣寻看，找到乱石山碧波潭，判断老牛已经下水，于是：

好大圣，捻着诀，念个咒语，摇身一变，变作一个螃蟹，不大不小的，有三十六斤重。扑的跳在水中，径沉潭底。忽见一座玲珑剔透的牌楼，楼下拴着那个辟水金睛兽。进牌楼里面，却就没水。大圣爬进去，仔细看时，只见那壁厢一派音乐之声……长鲸鸣，巨蟹舞，鳖吹笙，鼍击鼓……吃的是天厨八宝珍羞味，饮的是紫府琼浆熟酝醪。那上面坐的是牛魔王，左右有三四个蛟精，前面坐着一个老龙精，两边乃龙子、龙孙、龙婆、龙女。

正在那里觥筹交错之际，孙大圣一直走将上去，被老龙看见，即命："拿下那个野蟹来！"龙子、龙孙一拥上前，把大圣拿住。大圣忽作人言，叫："饶命！饶命！"老龙道："你是哪里来的野蟹？怎么敢上厅堂，在尊客之前，横行乱走？快早供来，免汝死罪！"好大圣，假捏虚言，对众供道：

生自湖中为活，傍崖作窟权居。

盖因日久得身舒，官受横行介士。

踏草拖泥落索，从来未习行仪。

不知法度冒王威，伏望尊慈恕罪！

座上众精闻言，都拱身对老龙作礼道："蟹介士初入瑶宫，不知王礼，望尊公饶他去罢！"老龙称谢了。众精即教："放了那厮，且记打，外面伺候。"大圣应了一声，往外逃命。

相传，龙是水族之王，主宰一方水域，小说写了龙宫的堂皇、筵席的华奢、助兴的特色，更写了孙大圣的神通，摇身一变，变成一只"三十六斤重"的螃蟹，沉入水底，爬进龙宫，横行乱走，保持了"海龙王处也横行"的天性。尤其值得称道的是，"野蟹"被"拿下"后的供词：我是生活在山崖水边洞穴里的一只湖蟹，官授横行介士，日子过得挺舒畅，一天到晚踏着水草，踩着淤泥，自由自在，任意随便，从来也没有学习过进退行走的礼仪，因此不知法度，冒犯王威，恳请宽恕。把螃蟹生活的场所和环境，螃蟹日常的行为和习惯，说得又具体又形象，因为已被"拿下"，说

横行介士（采自《三希堂画谱分类大观》）

587

得又哀婉又恳切，读了之后，使人觉得孙大圣好机智，作者吴承恩好才情。其中说，"踏草拖泥落索，从来未习行仪"，又把螃蟹为什么横行作出了一个从未有过的人文说明，增添了谐趣。整个故事嵌入《西游记》里，虽然只是一个小小的插曲，却奇妙诙谐，熠熠闪光。

顺便说一下，《西游记》第六十三回"二僧荡怪闹龙宫　群圣除邪获宝贝"，又一次写了孙大圣变作一只螃蟹，爬进龙宫，见八戒绑在柱上，就用钳夹断绳索，这故事也颇动人。由此使人浮想：孙悟空为什么不变龟、不变鱼、不变虾，而要独独变只蟹？除了小说故事情节的需要之外，恐怕也包含着作者吴承恩对螃蟹"海龙王处也横行"的赞赏。

兰陵笑笑生《金瓶梅》

《金瓶梅》作者兰陵笑笑生的真实姓名和生平事迹都无可查考，有人推测为王世贞，或李开先、或赵南星等，因无确凿证据，都只能聊备一说。它大约成书于1568年至1602年之间，为明代小说中一部精华与糟粕都十分显明的作品，对后世产生了巨大影响。

小说涉蟹的地方颇多，主要是三类情况。

一是写了螃蟹笑话。第二十一回，应伯爵说：

> 一个螃蟹，与田鸡结为弟兄，赌跳过水沟儿去，便是大哥。田鸡几跳跳过去了。螃蟹方欲跳，撞遇两个女子来汲水，用草绳儿把它拴住，打了水带回家去。临行忘记了，不将去。田鸡见他不来，过来看他，说道："你

怎的就不过去了?"蟹云:"我过的去,倒不吃两个小淫妇掀得怎样了!"

"两个女子"指的是妓女李桂姐与李桂卿,笑话是借说故事骂她俩的,可是也包含着自己为女子所牵累,不能施展身手,只得沦为无用之辈的意思。笑话轻松幽默,妙趣横生,而且开了中国故事中螃蟹与其他动物赌赛的先河。此外,第五十四回:"一个吃素人见了阎王,要讨一个好人身。割开肚子一验,只见一肚子涎唾。原来平日见人吃荤,咽在那里的。"这是清游戏主人《笑林广记·罚变蟹》的前奏,《罚变蟹》只是添了"罚你去变一只蟹,依旧吐出了罢"而已。

二是写了螃蟹吃法。例如吃"腌螃蟹","吃螃蟹得些金华酒才好"等。第六十一回写重阳节的时候,西门庆等人在松墙下正看菊花,常时节把他娘子制造的"螃蟹鲜"用盒儿装了递进来,说:"别的东西儿来,恐怕哥不稀罕。"接着写道:

> 西门庆令左右打开盒儿观看,四十个大螃蟹,都是剔剥净了的,里边酿着肉,外用椒料、姜蒜米儿、团粉裹就,香油煤、酱油醋造过,香喷喷酥脆好吃。

重阳节赏菊持蟹是最优雅最快活的享受,这天,西门庆等人吃到的不是一般的螃蟹,而是"大螃蟹"剔壳剥肉并且用各种配料烹制成的"螃蟹鲜",更是一快朵颐了。谢希大吃了之后说:"有味,酥脆好吃。"大舅说:"我空痴长了五十二岁,并不知道螃蟹这般造作,委的好吃。"他们都是吃精,却如此赞美,可见非同一般,中国饮食史上是应该记上一笔的。

三是写了螃蟹俗语。例如"没脚蟹":"大娘子是没脚蟹","寡妇人没脚蟹"等。没脚蟹喻没有活动能力的人,是很贴切的,蟹全靠脚来活动,除去了脚,"无脚蟹砣砣",就一动都动不起来了。例如"腌螃蟹——劈得好腿儿",因为盐渍螃蟹时,螃蟹遇盐等,会伸开腿,这里隐指性交,隐指宋惠莲的淫荡,显得形象。

《金瓶梅》写蟹的细节和语言,一方面暴露了西门庆及其周围一帮人的丑恶行径,但也充溢着生活气息,另一方面也透露出兰陵笑笑生对蟹况的熟悉,他一定是个产蟹地区的人。

方汝浩《禅真后史》

方汝浩,据崇祯二年(1629)翠娱阁主人《序》,称其为"清溪道人",并知为明末人,余不详。《禅真后史》为《禅真逸史》续集,写高僧林澹然之徒薛举真人重降人世,是为瞿琰,挟神技异术,平暴灭妖、斩佞除奸的故事。

该书第二十回至二十五回插写了因玉蟹而引发的一桩官司。在建州东岳大帝庙会上,一个涿州的北方汉子关赤丁在众多香客面前展示宝物:

> 关赤丁于衣囊内取出方方一个西洋花布包袱,打开包袱,内中是一石匣,揭开匣盖,匣中乃一池碧绿之水,水中端端正正蹲着一只雪白的玉蟹。众人捱近细看,那玉蟹身围长不过三寸,八支脚,两支钳,细细纹缕,雕琢非常。关赤丁腰下葫芦里取出一茎草来,望匣上拂了

几拂，只见那玉蟹"郭郭索索"爬出匣来。关赤丁以手接
住，放于布袱之上周围爬转，举起两眼四面张望，众人
齐声喝彩。

这世上独一无二的宝物哪里来的呢？是他前年从西番泛海南回，
途遇飓风，困岛三月，以稻罩引诱而捉到的。它还有什么能耐？
另一持宝人有一只猴子，长不过五寸，双臂却长尺余，浑身赤色
细毛，两眼金光闪闪，说能擒捉鱼蟹，于是让其与之相斗，结果
玉蟹钳住猴子耳眼，直至被丢进水桶，玉蟹松钳，猴子才得获救。
此事被印星所见，其叔叔是个宦竖，当朝秉笔，很受皇帝恩宠，
过房为叔子后便依仗权势，在地方纵性横行，奸淫僭窃，无所不

明　王维烈《蟹图》

591

为，他说："这二件东西是我书房中玩弄之物，旧岁残冬忽然失去，已下失单于州县中查究，久无踪迹，原来是你二贼偷去！"不仅白白强夺了宝物，而且反诬宝主为盗贼，宝主被关进县牢追究。瞿琰见此情状，愤愤不平，归来后便与其兄建州路廉访使策划设计，终于辨明真相，洗雪冤案，物归原主关赤丁二人，而将印星下大狱中监禁。最后呢？关赤丁将玉蟹送给了瞿琰，第五十三回说，"忽一夕，骤风疾雨，雷电大作，那玉蟹从匣中跃出，乘云驾雾而去"。

这只是个轮廓，实际上，小说铺得很开，具体而曲折，动人而精彩。这反映了什么？明代后期，蔑称为阉人、俗称为太监的宦官，宦官们不仅自己坐大成势，气焰嚣张，而且其亲属和爪牙也飞扬跋扈，无法无天，明抢暗夺，为害一方，小说对这一社会状态的揭露是深刻而真实的。小说里塑造了一只玉蟹，说它"玉色华润，光彩夺目，十分可爱"，说它"受日月之精华，所以长生"，说它在"盛暑不涸，隆寒不冰，纵使烈火燎烹，止微热而不沸，任煎熬终日，不减纤毫，故能藏贮宝物，可经千年不坏"，说它"入他水，则盘旋不定，一居此水，则宁静自如"……这些描写美好、神奇，源自生活又想象超拔，充满了虚幻和浪漫的色彩。玉是中国人心目中的圣品，连类而及，玉蟹也成了中国人的珍宝，方汝浩在《禅真后史》里更进一步认为玉蟹是有非凡灵性的乃至是天上来到人间的动物。

古吴金木散人《鼓掌绝尘》

古吴金木散人，生平不详，据临海逸叟序，知是吴姓，据序和评校者推测，当是江浙一带人，《鼓掌绝尘》的编著和刊行为明末崇祯年间。全书分风、花、雪、月四集，每集十回，自成起讫，各演一个故事，属话本小说集一类。

《鼓掌绝尘》"花集"，即第十一回至二十回讲了娄公子获石蟹而发迹的故事。汴京（今河南开封）人娄祝，一次偶然获得一只石匣，石匣内藏着一只小小的石蟹，匣底上凿着"历土多年，一脚一钳，留与娄祝，献上金銮"字迹，他十分喜欢，便收好了。多年后进京，去参谒兵部尚书贾奎，贾奎告诉他：

> 你道这石蟹有甚好处？那西番进来，因为有些奇异，也当得一件宝贝。比如夏天，取了一杯滚热的酒，把这石蟹放将下去，霎时间就冰冷了。及至冬天，取了一杯冰窖的酒，把这只石蟹放将下去，霎时间又火热了。那西番原叫做"温凉蟹"。

后来，经贾奎引荐，娄祝在金銮殿上，把石蟹献给了皇帝，龙颜大悦，就让他做了兵部职方司主事，后又因战功得以迁升。

石蟹是什么？一为溪蟹的一种，宋苏轼诗云"溪边石蟹小如钱"就是，它是一种淡水蟹，可食。另指蟹的化石，蟹在地壳变动中沉入地层，经过矿物质

石蟹（采自《本草原始》）

的充填和交替等作用，形成保持原来形状的蟹化石。这部小说里讲的"石蟹"指的就是蟹化石，一种极为稀见珍贵的化石。

我国古籍中记载蟹化石的颇多，例如唐段公路《北户录》"恩州又出石蟹"，宋范成大《桂海虞衡志》"石蟹生海南"，明李时珍《本草纲目》"石蟹生南海"……石蟹是怎么形成的呢？或说"海沫所化"，或说"石上有脂如饴膏，蟹食之，沾螯濡足而死，辄为石"，或说"蟹入寒水则不能运动，片刻成石"等，各种石蟹成因的说法，都离科学认识甚远。它有什么用呢？大多数认为能消肿毒，能治目疾。《鼓掌绝尘》又提供了一种说法：它是西番所献，西番为旧时对西部地区少数民族的泛称，那里不靠海，那么一定是在地层中挖出来的，这为古生物和古地理的研究提供了一个新的线索。又说，它能使热酒变冷、冷酒变热，这也仅见于此，连同它能治目疾的说法，可供后人进一步的验证。

一种只留"一脚一钳"的蟹化石，却被认为宝贝，使皇帝见了"龙颜大喜"，可见其珍稀程度。以此为题材，构思谋篇，敷衍故事，也独《鼓掌绝尘》一家。

蒲松龄《聊斋志异》

蒲松龄（1640—1715），山东淄川（今淄博）人，清代作家，一生穷困潦倒，可他花了几十年时间写成的《聊斋志异》，却成为了我国古典文学的精品之一，是文言短篇小说的代表作。

《聊斋志异》涉蟹的仅《三仙》一篇，录于下：

士人某，赴试金陵，经由宿迁，会三秀才，谈言超旷，悦之。沽酒相欢，款洽间，各表姓字：一介秋衡，一常丰林，一麻西池。纵饮甚乐，不觉日暮。介曰："未修地主之仪，忽叨盛馔，于理未当。茅茨不远，可便下榻。"常、麻并起，捉襟唤仆，相将俱去。至邑北山，忽睹庭院，门绕清流。既入，舍宇精洁，呼僮张灯，又命安置从人。麻曰："昔日以文会友，今闱场伊迩，不可虚此良夜。请拟四题，命阄各拈其一，文成方饮。"众从之，各拟一题，写置几上，拾得者，就案构思。二更未尽，皆已脱稿，迭相传视。秀才读三作，深为倾倒，草录而怀藏之。主人进良酝，巨杯促釂，不觉醺醉。客兴辞。主人乃导客就别院寝，醉中不暇解履，着衣遂寝。既醒，红日已高，四顾并无院宇，惟主仆卧山谷中。大骇，呼仆亦起，见旁有一洞，水涓涓流溢。自讶迷惘，视怀中，则三作俱存。下山问土人，始知为"三仙洞"。中有蟹、蛇、虾蟆三物最灵，时出游，人往往见之。士人入闱，三题皆仙作，以是擢解。

在蒲松龄笔下，蟹、蛇和虾（蛤）蟆竟成了"三仙"，而且幻化成人，变作三个秀才，一个个文质彬彬，一个个锦心绣口，一个个才思敏捷，写出了令人倾倒的文章。他们不只儒雅，尤其讲究礼仪和人情，你款待我，我回报你，你以诚结交，我助你成功，三仙的三作，恰恰是某读书人路经宿迁（今属江苏，位于苏北北部，靠近山东）赴金陵入闱考试的三题，于是此人因此而高中。蟹、蛇和虾蟆精本是可厌、可恶和可怕的东西，读了《三仙》之后，你却感到了它们的可亲、可爱和可敬的气质。蒲松龄通过浪漫的超现实的故事，给这三种动物作了翻案文章，要人们认识其有用、有利和有益的一面，着意超拔，耐人寻味。

使人饶有兴味的，三仙各有姓名，比如蟹的姓名是"介秋衡"，把螃蟹属甲壳类动物，一到秋天便横行乱爬的天性概括了出来，虽说文绉绉的，却与故事中蟹是"秀才"的身份相匹配。向来的故事里，蟹都是赳赳武夫，然而也有一个"无肠公子"的称呼，蒲松龄大概受此启发，塑造了一只作为雅好诗文的"秀才""公子"的螃蟹形象，在中国螃蟹文化中独标一格。此外，又说"三仙洞"的环境是"门绕清流"，"旁有一洞，水涓涓流溢"。符合了蟹、蛇和虾蟆的生存环境，显示出蒲松龄用心的细密，也显示出故事的现实因素，使人感到又真实又奇幻。

白云外史散花居士《后红楼梦》

《红楼梦》出世以后，被"爱玩鼓掌""读而艳之"，并且有很多人来续《红楼梦》，其中第一部续书为《后红楼梦》，成书时间当不晚于1791年，署名"白云外史散花居士"，或说是常州人钱维乔(1739—1806)，尚需考证。这部小说写得不好，但产生过一定影响。

《后红楼梦》第二十九回写了吃螃蟹。店伙计送来一担大螃蟹，于是便议论起来，有主张放生的，有主张留下来吃的，有主张这样吃的，有主张那样吃的，最后决定留下交托给林黛玉，让她使巧劲变出一个新样来。于是各房姐妹和梨香院的一班女孩儿由她们蒸煮后剥了吃，那么，林黛玉为宝玉、薛姨妈等人弄出个什么"新样"呢？

原来黛玉吩咐柳嫂子将螃蟹分做五样分配，每上一样间一样精做素菜。第一是螃蟹黄，只将嫩鸡蛋鹅油拌炒。第二是螃蟹油，水晶球似的，只将嫩菠菜鸡油拌炒。第三是螃蟹肉，只将姜醋清蒸。第四是螃蟹腿，只将黄糟淡糟一遍，加寸芹香黑芝麻用糟油拌着。第五是螃蟹钳，只将蘑菇天花鸡汤加豆腐清炖。就算一个全蟹吃局。从薛姨妈以下，人人称赞。宝玉还说："快些载到食谱里去。"

先前吃螃蟹，有只吃大螯的，有只吃黄膏的，如若剥壳出肉，做羹做汤做馅之类，那也是把螯肉黄膏等混杂起来，一块制作的。小说里，把螃蟹壳剥去之后，黄是黄，膏是膏，胸肉是胸肉，腿肉是腿肉，螯肉是螯肉，分别置放，分别配料，或炒、或蒸、或糟拌、或清蒸，确实"新样"，也许是反映了江南人的一种"一蟹五吃"的食法，为前所无，是可以收录进《食谱》去的。

朱翊清《荷花公主》

朱翊清，字梅叔，别号红雪山庄外史，归安（今浙江吴兴）人，屡试不中，遂绝意科场，清代作家，著《埋忧集》，《荷花公主》为其中一篇文言小说。

此篇开头写道：

彭德孚，南昌才士也，性跌宕，貌尤颀秀，翩翩裙屐少年也。尝以访友至钱塘，寓昭庆寺。一日，偕其友

> 游南屏，归舟，见渔者网得一蟹，大如盘，心异之，买
> 而放诸湖。蟹入水，举双螯向船头作拱揖状者再而去。

后数日，彭德孚独行堤上，碰到了一个衣碧绡衣、光艳绝代的一个十七八女郎，乍见魂消，两相爱慕，女郎将他引进"四面临水，水中荷花方盛开"的水晶域里，告诉他"妾乃荷花之精"，愿以身相托，两人就此戴星私下往还。一夕共寝忘晓，为保姆所觉，告诉荷花公主之舅，其舅乃"蟹中之王，向以有功水府，敕封中黄伯，今为西湖判官"，抚育甥女，家法严厉。"舅命押生至，生仰望乌中绿袍坐堂上者，仪容怪伟"，见生，忽惊起离坐，下阶跪迎曰："郎君犹忆渔舟邂逅时耶？"原来彭德孚当日买而放归西湖的大蟹就是荷花公主的舅父。舅知生未娶，于是促成姻缘，选择吉日，与荷花公主完婚。一年后，彭德孚得知母病方危，离别时，西湖判官一方面宽慰他，"计太夫人此时当已愈矣"，一方面赠药一丸，"以与太夫人饵之，可以却老"，并嘱勿稽早归。居数月，彭德孚归来，荷花公主已生一子，可是瑶池王母因她已破色戒，谪使投生，就此诀别。后彭德孚更不复娶。

《荷花公主》写天上仙女和人间凡人的爱情故事，虽然忠贞不渝，然而终成悲剧，使人扼腕而叹。其中的次要人物，荷花公主的舅父——蟹王西湖判官，被塑造成一个知恩必报、通情达理、有家教而爱护外甥女、功水府而被封爵位的水族尊长，是志怪小说里独特的螃蟹形象。

顺及，小说里说，蟹称"中黄伯"，源自五代时卢纯所称的"含黄伯"，蟹称"西湖判官"，源自宋洪迈《夷坚志·西湖判官》。可见朱翙清研读过涉蟹著作，继承传统而创作，才在小说里塑造出

了富于人情味的螃蟹形象，这也透露了他的喜好。

涉蟹小说举隅

小说是一种生活真实和艺术虚构相统一的文学体裁，因此，被写进小说的螃蟹显得格外丰富多彩。明清阶段，小说奔腾而出，洋洋乎成了一代文学，其中涉蟹者甚多，除了前述之外，现再将若干占重较多且有特色的举隅于下。

纪振伦《杨家府演义》。纪振伦，字春华，号秦淮墨客，南京人，生平无考。《杨家府演义》序署"万历丙午（1606）"，为明代小说，共八卷，写杨业祖孙三代抗辽、西夏等国保卫北宋的英勇事迹。该书第八卷讲了一只不浮鸿毛的弱水蟹精，拐了八仙所炼仙丹，吃后"身长二丈，腰阔二十围，两颧突起，眼似金星，两胁生有八臂"，人号为八臂鬼王张奉国，力大无穷，神通广大，助西番新罗国侵犯宋境，被杨家宣娘捉住，借来太上老君的太乙炉一炼，露出原形，原来"八臂鬼王是个螃蟹"。故事虽说荒诞，却歌颂了杨家将的非凡神勇。

西周生《醒世姻缘传》。西周生，笔名，或说即蒲松龄，待考定。《醒世姻缘传》共一百回，写了一个冤仇相报的两世姻缘故事，

清代天然木蟹式印泥盒

为清初长篇小说。该书第五十八回，狄员外见"端上炒螃蟹"，便说道："这炒螃蟹只是他京里人炒的得法，咱这里人说他京里还把螃蟹外头的那壳儿都剥去了，全全的一个囫囵螃蟹肉，连小腿儿都有，做汤吃，一碗两个。"此种剥出"囫囵螃蟹肉"的绝技，后又见孙之𫘬《晴川续蟹录》"周朝家仆杨承禄，尧脱骨蟹，独为魁冠"，顾龙山人《十朝诗乘》"嘉兴城东奚家桥酒肆，有朱二娘者当垆，善剥蟹，能以手剥得全蟹"，虽说被反复提及，仍让人觉得不可思议。

中都逸叟《说唐三传》。中都逸叟，不详，如莲居士序署"乾隆癸酉（1753）"，作者或许是乾隆年间人。《说唐三传》共八十八回，叙述薛丁山、樊梨花夫妇征西，番王纳款降唐等事，远离史实，有民间口头传说的神魔倾向。该书第四十七回，写樊梨花攻沙江关，遇"面如黑漆，青须青发，连眼睛也是青的"黑脸仙长，此人能"口吐雾沫，将天遮满"，抢关受阻，后借了金刀圣母五灵旗，"将旗开展，只听得一声霹雳，雾散云开，众将一看，只见一只死蟹"。故事粗陋，却有着民间传说的泥土气息。

屠绅《蟫史》。屠绅，字贤书，号笏岩，江阴（今属江苏）人，乾隆进士，官广州通判等，清代小说家。《蟫史》共二十卷，写甘鼎等人征苗、平交趾事，为长篇文言神魔小说。该书第二十卷，交趾贼万赤不敌，跃入江中，"变为璩蛁，乘海蟹空腹入之"，捞蟹人刳其腹，"俨然盲僧"，"蟹腹自有仙人，一名和尚"，后被砍杀。所述淆乱，然而却是民间把蟹胃里的咀嚼器称为"蟹和尚"的源头，后来鲁迅又说，"他（指法海和尚）逃来逃去，终于逃在蟹壳里避祸"（《论雷锋塔的倒掉》）。

佚名《于公案》。不题撰人，其序署"嘉庆庚申（1800）"，当在此时成书，共八卷二百九十二回，叙清初于成龙听讼问供、断案析狱、惩治恶吏盗寇的故事，为通俗小说。该书第一一○至一二○回断续讲了冯通判赴任，雇船被匪人所害；于公打鱼，捕得"五爪"和"六爪"两只螃蟹，惊疑；逃出的通判妻尹氏向于公告状，知应；偶遇庞五庞六，经过审讯，原是杀害冯通判的盗匪，俱斩。由螃蟹而推断了案情迹象，颂赞了于公的神明。

　　海圃主人《续红楼梦新编》。海圃主人，不详。《续红楼梦新编》弁言署"嘉庆十年（1805）"，当在此时成书，共四十四回，为清代众多《红楼梦》续书之一。该书第二十回写了重九蟹壮鸡肥时节，贾政与诸友结会，饮酒吃蟹，并各各引经据典，掏出肚子里的货色，讲了螃蟹故事，如唐戴孚《广异记》所载的大蟹故事等；讲了螃蟹知识，如宋吕亢《临海蟹图》所记十二种蟹名等；讲了螃蟹诗歌，如黄庭坚句"一腹金相玉质，两螯明月秋江"等。大家情绪热烈，气氛活跃，说明中国丰富的蟹文化可以勾起人们浓浓的饮酒吃蟹的兴致。

　　嫏嬛山樵《补红楼梦》。嫏嬛山樵，不详。作者书叙"嘉庆甲戌（1814）"，刊行于嘉庆二十五年（1820），共四十八回，《红楼梦》续书之一。该书第三十四回提及各种花灯，其中包括蟹灯；第三十六回提及各种风筝，其中包括螃蟹；第四十三回写了重阳佳节赏菊吃螃蟹，正当此时传来了贾蕙中举的消息，王夫人笑道"好，这螃蟹就是联登黄甲的吉兆"，反映了科举时代人们视螃蟹为吉兆的观念。

　　张南庄《何典》。张南庄，化名过路人，清乾隆、嘉庆年间上海才子，余不详。《何典》是一部江南名士式的滑稽小说，今有鲁迅题记、刘半农校点本，共十回，写的是鬼域世界的种种。该书反复提到一个"蟹壳里仙人"，第六回还让其现身，一个"戴一顶缠头巾，生副吊蓬面孔，两只胡椒眼，一嘴仙人黄牙须"的道士。"蟹壳仙"先见孙之骦《晴川后续录》，后又在民间被称为"蟹和尚"，鲁迅发挥想象，在《论雷峰塔的倒掉》里说就是"法海和尚"。

佚名《施公案》。不题撰人。初，嘉庆二十五年（1820）版八卷九十七回，后，光绪二十九年（1903）版五十本五百二十八回，叙清初施世纶破案及翦除豪强恶霸的故事，为通俗小说。该书第二十七、二十八、三十五、三十六、四十回断续讲了施公乘坐的轿顶被风刮落河里，只摸出碗口大的一蟹，心生疑窦，为"解开螃蟹情弊，差人访拿凶犯"，认为"轿"字析开，乃"车"和"乔"二字，像是光棍之名，后来果然捉到车乔，就是谋财害命之徒。

范兴荣《龙宫闹考》。范兴荣，贵州盘县人，曾任山东文登、湖北黄冈等地知县，晚年在乡主讲凤山书院，清代作家，著《啖影集》，《龙宫闹考》为其中的一篇文言小说。此篇写一塾师谋馆心切，结而成梦，应聘为龙宫主考阅卷官，却因受贿循情，激起众愤，即被龙王驱逐出境，豁然醒来，原是一梦。故事揭露了科举考试的弊端，所写龙宫种种，生动传神。闹考为"无肠公子（蟹的别称）首发不平"，说：所取者皆世家大族，微贱如虾鳅尽在汰之列，这些心胸狭隘、腹无点墨之辈，是靠了钻营才被录取的，简直玷污了王榜！铮铮之言，掷地作声，而且就是在无肠公子带头闹考之下，龙王才取消此榜，最后，"蛙忘怒，蟹忘躁"。

俞万春《荡寇志》。俞万春，浙江山阴（今绍兴）人，著长篇小说《荡寇志》，继七十回本《水浒传》之后，写荡平梁山，将水泊人物一一诛灭的故事。该书第九十九回插写了归化庄都团练哈兰生，幼时有一次在二龙山下真武院玩耍睡熟于灵官殿内，"梦见灵官将一只玉蟹赐他"，只吃得右螯却被同伴摇撼唤醒，"所以至今右臂气力独大，使一柄独足铜人，重七十五斤，右手运动如飞，左手却使不得"。这个解释杳冥荒怪，有着宗教迷信色彩。

魏文忠《绣云阁》。魏文忠，字正庸，号拂尘子，余不详。《绣云阁》成书于咸丰三年（1853），共一百四十三回，叙述紫霞真人门徒虚无子下凡托生，是为李三缄，他擒妖除怪、修济渡人，为晚清神怪小说。该书第十一回，写"一大肚巨人，手执两钳"化作人形的蟹虎，入三缄寝所盗宝，被电光珠照耀，不能脱身，辗转化为原形，竟是一只"身大如筐"的蟹。大家纷纷猜测此蟹由来：或说为横行之徒所化，或说为醉汉所化，或说为淫子媳之翁所化，或说为假充医生而售药者所化。种种巧喻，各持理由，蕴含戒意，又诙谐好笑。

华琴珊《续镜花缘》。华琴珊，自号醉花生，沪上名士，科举考试中屡屡失意，就在诗酒文字中讨生活，于宣统二年（1910）撰《续镜花缘》。李汝珍的《镜花缘》是一部未竟小说，《续镜花缘》是它唯一的续作，共四十回，接原书情节，以女儿国君臣为主脑，续叙故事，最终以群芳同归真境、众仙圆聚昆仑作结。该书第十七回至二十九回写淑士国发兵侵略女儿国，一只在"无肠国八簏山无底洞修真已经千有余年"的"团脐老蟹"，化作道姑"郭索真人"，助淑士国攻打女儿国，先胜后败，并死于剑下，原来是一只"比那圆桌儿还大好几倍""那八只脚儿宛如八个大大的柴扒"的蟹精。郭索真人是以螃蟹的形态和性状来塑造的："一张青青的凹凸脸儿，矮矮胖胖的身子"，"头绾双丫"，"两柄钢叉"，"把口一张，喷出一天烟雾"，"那根捆仙绳，就是千余年缚蟹的一条草索"……这些描写颇为形象、贴切、生动。蟹精之毙、淑士国之降，反映了横行侵略者的必然下场。

螃蟹笑话六则

笑话，就是能令人发笑的故事。这里收录的以螃蟹为主题的笑话，或诙谐，或幽默，或风趣，或滑稽，有的使人莞尔，有的使人捧腹，有的令人会心而笑，有的则令人笑而酸涩，包含寓意，显示了古人的智慧。

借蟹寓姓名

明黄瑜《双槐岁钞》卷八"鹊仙桥"：

> 东莞方彦卿俊，敏才博学，最善戏谑，作诗文，走笔立成，座中屈服。……天顺癸未，与予同会试，寓新安俞君玉家。正月初六，贺予悬弧，邀往预赏花灯，擘糟蟹，荐酒，戏赠予词云："草头八足，一团大腹，持螯笑向俞君玉。花灯预赏为先生，生日是新正初六。今宵过了，七人八谷，又七日天官赐福。福如东海寿南山，愿岁岁春杯盈绿。"借蟹寓予姓名。

黄瑜，广东香山人，景泰七年（1456）举人，知长乐县，未几归老，植槐构亭，吟啸其间，自称双槐老人，明代作家。善于戏谑的方彦卿，即席触景贺黄瑜悬弧（古代风俗，生了男孩，便挂一张弓在大门左首，后称男子生日）词里说："草头八足，一团大腹。"不只描述了螃蟹的外形，又隐含了是个"黄"字；"持螯笑向俞君玉"，前两字写出了生日宴上的"擘糟蟹"，后三字不只是住家主人的姓名，又隐含着是个"瑜"字。故黄瑜结句说"借蟹寓予姓名"。方彦卿果然才思敏捷，其贺词不是泛泛的生日祝福，而是指名道姓只适用于一人的祝福，贴切、巧妙、俏皮。

种蟹

清袁枚《续子不语》卷十"种蟹"（后为徐珂《清稗类钞·动物类》以"动物可种"转录，语稍异）：

> 盛京将军某，驻扎关东地方，向无鳖蟹，惟将军署颇饶此物。有异之者，请于将军，将军笑曰："此非土产，乃予以人力种之。法用赤苋捣烂，以生鳖连甲剁细碎，和青泥包裹为丸，置日中晒干，投活水溪畔。七日后，俟出小鳖，取置池塘中养之。螃蟹亦如此做法。"按此法，《养鱼经》中载之，而不言能种螃蟹。据将军言，则凡介属，皆可以此法种之，则是赤苋固蛤介中之返魂丹也。

盛京（满族人入关前的旧都，即今辽宁沈阳）某将军说他这里的鳖和蟹"乃以人力种之"，而且把种法说得头头是道。据此，袁枚说，相传春秋末年范蠡著《养鱼经》，其中提到鳖（按：只提到在鱼池里放鳖后鱼就不致被蛟龙带走，未及某将军所言的种鳖之法），而没有讲到种螃蟹。显然，某将军不懂装懂，胡编乱造，结句"赤苋固蛤介中之返魂丹也"，话很含蓄，直白地说某将军讲的是一个子虚乌有的大笑话呵！

罚变蟹

清游戏主人《笑林广记·罚变蟹》：

> 一人见冥王，自陈一生吃素，要求个好轮回。王曰：
> "我那里查考，须剖腹验之。"既剖，但见一肚馋涎。因
> 曰："罚你去变一只蟹，依旧吐出了罢。"

戏游主人，不详，《笑林广记》刊行于清乾隆年间。螃蟹吐沫是人所共见的，可是这个一生吃素的人却蓄积着一肚子的馋涎，表明了实际上他是一直想吃荤的，于是冥王罚他变蟹吐出。不但联系得当，而且判罚得当，对一个有着非分之想、非分之欲、心口不一、口是心非的人，就该如此！必须补充说明的是，先前，明代兰陵笑笑生《金瓶梅》第五十四回已经写了这个故事，游戏主人《笑林广记》只是添了最后"罚变蟹"而已。然而，这却是神来的点睛之笔，精彩极了，不只令人捧腹，更使故事的意蕴得到了升华。

乌龟与蟹

清吴趼人《俏皮话·乌龟与蟹》：

> 乌龟有壳，蟹亦有壳，惟蟹壳薄而龟壳厚，故龟能负重，而蟹不禁敲剥，然蟹能拥钳自卫，龟惟能团缩避人而已。一日，蟹遇龟，将施其钳以为戏，龟急将头尾四足一齐缩入。蟹只钳其壳，格格有声，久之，丝毫无损。蟹笑曰："这个厚皮的东西，一点也吃他不动。"

吴趼人（1866—1910），广东南海（今广州）人，清末小说家，著《二十年目睹之怪现状》等，此出《俏皮话》。联系吴趼人所处的晚清时期，此则暗喻清廷面对"不禁敲剥"的外敌，忍受凌辱、"团

缩避人"，就是一只缩头乌龟。

金鱼

吴趼人《俏皮话·金鱼》：

金鱼游行水上，鲫鱼见之，急走避。告其同类曰："前之游行以来者，其贵官也耶？其身上之文采，何其显耀也！其面上之威仪，何其尊严也！双目怒视，若有所怒者，吾侪其避诸！"于是伏处一旁，寂不敢动。而金鱼游行水藻间，绝无去志。无何，蟛蜞来，伸螯以箝金鱼之尾，金鱼竭力摆脱，仓皇遁去。鲫鱼诧曰："不期这等一个威仪显赫之官，却怕这种横行不法的小么魔钳制。"

此则暗喻清廷这个外表显赫、威仪、尊严的"贵官"，却受横行不法的蟛蜞箝制，可见是徒有其表而无能耐的东西！

蟹语

清小石道人《嘻笑录·蟹语》：

捆起来螃蟹，在尽底下说话，与众蟹曰："我实在压的难受，捆的要死，你们轻之点压，让我到上头去松动松动。"众蟹笑之曰："你别妄想了，压之你，怕你横行，捆住你，虽然难受，却要不了命。若放了你，扔在蒸笼里，一撒欢儿，可就伸了腿了。"

刚糟的螃蟹，在瓮内说话，小蟹谓大蟹曰："我此时觉之酒气熏蒸，屁股底下又麻又辣，我要逃席，觅一无酒之处躲避躲避。"大蟹责之曰："你到底是小螃蟹，架不住酒。你那知吃麻了嘴，可就快醉了。"

> 刚蒸的螃蟹在笼内说话，老蟹谓小蟹曰："我心里热得很，我要爬在头一层去凉快凉快。"小蟹劝之曰："你老人家老不歇心，你那知道心里热得很，可就快红了。"

小石道人，清末人，余不详。捆起来的、刚糟的、刚蒸的螃蟹说出了当下处境，众蟹、大蟹、小蟹继而又说出了即将到来的结局。设身处地而构成的蟹语，虽属笑话，却使人酸涩：螃蟹也是有情感的生灵呵！

明清戏曲涉蟹觅踪

戏曲是搬演于舞台的人物故事，故而直至明清，涉蟹依然稀少，只是零星的触碰，点点滴滴，现寻觅踪迹如下。

《群音类选》胡文焕，钱塘（今浙江杭州）人，所编《群英类选》刊刻于万历年间，为明代折子戏曲词选集。其卷七《犀珮记·西湖结盟》："（山花子）橙黄橘绿秋时候，红虾紫蟹新蒭，茅屋下聊共劝酬，慢教醉倒方休。"其卷二十三《陶处士栗里致交游》："（二郎神）看菊绽东篱，秋熟西畴，蟹嫩鸡肥酿可蒭，况兼有文章不朽。"其《北腔》卷五《点绛唇一套·四季赏心》："（么篇）一任教西风里乌纱落，且喜得东篱下菊正黄，趁着这凝霜紫蟹偏肥壮……"

徐元《八义记》明毛晋（1599—1659，江苏常熟人）编《六十种曲》载徐元《八义记》，为南戏《赵氏孤儿》于明代改编的传奇本（之后，许多剧种的《八义图》或名《搜孤救孤》又据此改编），其第八出"宣子劝农"："村居乐，村居乐，撒发披襟赤子脚，箬笠拐杖任过眉，绫锦千箱无分着。闷板瞽，喜打鹊，爱吃螺蛳池内摸。红虾紫蟹锦鳞鱼，白酒青梨黄豆熟。"

无名氏《精忠记》《六十种曲》载无名氏《精忠记》，其第九出"临湖"里的一首山歌唱四季乐事："到秋来香橙黄蟹，新酒菊花天。"

谢谠《四喜记》谢谠，浙江上虞（今属绍兴）人，明代戏曲家。其《四喜记》（载《六十种曲》）第四十一出"寻乐江村"唱四季之乐："秋时节，紫蟹斗鲈鲜，密层层种黄花三径遍。"

阙名《贺万寿五龙朝圣》此剧载于《孤本元明杂剧》，写明朝嘉靖帝万寿之时，四海龙王和金脊龙王奉献稀奇宝物祝贺。东海龙王属下蛤蜊大夫提议"依着我，收拾海蜇五百块，螃蟹五百只，大鲤鱼一百双"等宝物进贡，后被否定，却透露了螃蟹为东海的一种珍馐。其间穿插众水怪，包括癞头鼋、鲇鱼精、龟精、蟹精等，以酒醉倒了守洞人，偷走了金牌之类。如此，"蟹精"成了剧中的一个小角色，穿着特殊的服饰，登台表演起来。

《缀白裘》玩花主人辑，钱德苍增辑，合集序作于"乾隆庚寅（1770）"，共十二集，辑录了当时流行剧目的单出四百八十九出，大都是舞台演出本，为清代重要的戏曲集。其四集卷四《荆钗记》"嗯个个朋友，像是蟹变个横走个了"，说走在路上，硬是被横行如蟹的朋友撞了。其七集卷二《雷峰塔》白蛇娘娘水漫金山，水族"蟹、虾、蚌、龟"都与护法神厮杀，以此渲染势众。其七集卷二《绣襦记》大家喝酒行令，"要说个水里介两样物事相像个"，有说斑鱼、泥鳅的，"（旦）螃蟹横行，恰与蟛蜞无异"，符合了行令要求。其十二集卷二《四节记》妓院墙壁上贴满字画，其中一幅写着"六月田中晒煞蟹，蟛蜞岸浪哭娃娃，虽然弗是同胞养，革里革搭盖只李光挑",插科打诨,煞是有趣。其他如阙名《若耶溪渔樵闲话》第四折:"(正末)今把鱼蟹虾菜,就设于矶石之上。"阙名《王文秀渭塘奇遇记》第二折"(南吕一枝花)俺受用些新酿醇醪,更和那鸡肥蟹壮"。

《盛明杂剧》明末沈泰编,分初、二两集,共收杂剧六十种。其初集,陈玉阳《袁氏义犬》第一折:"(生)若说得意,乞儿也有得意的,若说不得意,皇帝也有不得意的。叫化子残羹剩饭,便是铜斗家私,老庄家紫蟹黄鸡,便是庆成大宴,下了肚那知什么麦饭琼浆。"其初集,孟子若《死里逃生》第三出:"(生)俺可似没头虫谁行来撞,折脚蟹何方去闯,辜负我半世英雄,白茫茫,怨气有三千丈。"其二集,许时泉《武陵春》:"(梧叶儿)每日间,黄犬声,云中吠,白鸥群,池内戏,紫蟹嫩,赤鳞肥,四时有山林味,一生无城市迹。"其二集,袁令昭《双莺传》第四折:"(外)小子不要别味,素性止爱蟹螯。"接着是蟹螯被偷的插曲。

《鱼篮记》据清人《曲海总目提要》卷四十,该剧梗概:宋仁宗时,刘、金两家指腹为婚,后刘家生男名珍,金家生女名牡丹。"东海鲤鱼精,与三江口赤虾精、洞庭湖螃蟹精,结为姐弟。"一日,牡丹食酸梅,唾于水,鲤鱼精吸其津,遂变成牡丹形象蛊惑刘珍。两个牡丹如同一人,父母童婢皆不能辨,乃质之开封府尹包拯,"蟹精竟伪作包拯",包拯请张天师至,虾精又伪作天师,天师奏闻玉帝,鲤鱼精才被观音大士以鱼篮摄入。此剧流传颇广,清朝西周生《醒世姻缘传》第八十六回提及:"这日正唱到包龙图审问蟹精的时节,素姐就象着了风似的腾身一跃,跳上戏台……只等唱完《鱼篮》整戏省了转来。"据载,《鱼篮记》今存清钞本,存二至四本三十一出,今越剧《追鱼》等还在演此戏。

《度蓝关》永恩撰，作于乾隆年间，凡八出。据今人李修生主编《古本戏曲剧目提要》：韩湘子学道成仙后，叔祖韩愈寿诞，"便携带仙羊、仙蟹、仙桃、仙酒"庆贺，劝说早日修道。"仙蟹献诗：云横秦岭家何在，雪拥蓝关马不前。"之后，韩愈贬为潮州刺史，秋末冬初，一路千辛万苦，至秦岭蓝关，雪花纷飞，见茅庵食品，就是韩湘子贺寿之物，便有所醒悟。在潮州，韩愈息鳄害，传来官复原职消息，机缘已到，于是被太上老君召，皈依道门，终成正果。

《雷峰塔》黄图珌于乾隆间撰。据今人李修生主编《古本戏曲剧目提要》：白娘子与许宣（即许仙）成亲，"蟹、龟二精盗来周将仕典库中的财物献给白娘子"。承天寺开佛会，许宣前往游玩，白娘子给他一柄珊瑚坠扇子遮阳。此正是赃物，许宣被捕，"白娘子让龟、蟹二精将赃物送还"。最后，法海和尚用钵盂收进白娘子，用宝塔镇住，许宣削发为僧。

《两度梅》清初石琰撰，凡三十四出。据今人李修生主编《古本戏曲剧目提要》：吏部尚书陈国柱赏识梅魁，让女儿玉珍与其订婚，"玉珍将玉蟹金簪赠给梅魁，以为信物"。权相卢杞举陈玉珍出塞和番，玉珍投崖自尽，为河南巡抚陆贽救起收留，认为义女。梅魁上京赶考，与陆贽家眷同住会昌馆驿，梅魁之父神灵奉广寒宫月母法旨，来促成梅魁与陆贽女儿兰英的姻缘，"便将玉珍赠给梅魁的信物——玉蟹金簪——放到了兰英卧室"，于是结为百年之好。最后，梅魁中了状元，奸相卢杞削职为民，梅魁与兰英、玉珍奉旨成婚。

蟹联撷英

联语，又称对联，俗称对子，是上联与下联两两相对，由方块汉字构成的一种成双作对的精巧艺术。蟹联指的是涉蟹对子，明清时期尤为众多，最著名的为《神童对》(见《明宫里的蟹事趣闻》)，现再撷英于下。

巧对绝怪

明徐充《暖姝由笔》卷一：

明 陈淳《双蟹图》

旧一举子于旅店中，闻楼下一人出对云："鼠偷蚕茧
浑如狮子抛球。"思之不能对，至死。魂常往来楼中诵此
对，人不敢至。后一举子强欲上楼，夜中果有诵此对者，
乃答曰："蟹入鱼罾似蜘蛛结网。"怪遂绝。

徐充，江阴（今属江苏）人，年十三补诸生，有才思，工诗善
画，明代作家。此对以"球"比喻"蚕茧"，以"狮子"比喻"老
鼠"，以"鼠偷蚕茧"形容为"狮子抛球"，形象贴切。鱼罾是一
种捕鱼的网，以"鱼罾"比喻"蛛网"，以"蟹"比喻"蜘蛛"，
以"蟹入鱼罾"形容为"蜘蛛结网"，想象超拔，情景毕现。整副
对联工巧曼妙，虽无深文大义，却别出心裁、妙手天成。此联及
故事，因其慧思，因其奇异，曾经被明冯梦龙《古今谭概》、张岱
《快园道古》，清褚人获《坚瓠补集》、梁章钜《巧对录》等等引录，
流传甚广。

松江谑语
明徐充《暖姝由笔》卷一：

一御史巡按松江，与太守有旧，席间戏谓之曰："鲈
鱼四腮一尾，独占松江。"太守应曰："螃蟹八足二螯，横
行天下。"

今上海松江所产的鲈鱼，又叫四腮鲈鱼，它左右两个腮膜上
各有两条橙红色的斜条纹，仿佛是四个腮叶，因此得名。御史以
"独占松江"的鲈鱼比喻"松江太守"，松江太守以"横行天下"
的螃蟹比喻"巡按御史"，不仅说出了"鲈鱼"与"螃蟹"的形态

特征，而且暗喻了对方的官职和权力，一个是地方官"独占"，一个是皇帝派出的京官"横行"，属对工整、形象巧妙、诙谐通俗、寓意贴切，遂为传诵名联，明沈德符《万历野获编》，清梁章钜《巧对录》、雷瑨《文苑滑稽联话》、汪陛《评释巧对》等或直接引录，或改造引录。

互讧

明徐充《暖姝由笔》卷一：

> 常州府学教授陈旺先生，有学而戆，尝得银凿壁砖藏之，外朱书曰："此处并无银八钱。"后被人取去。每过生员家饮酒，无间。赵同知某喜出一对云："溪边螃蟹浑身脚。"陈号北溪故也。陈对曰："檐外蜘蛛一肚丝。"赵疑讧己，唧之。

赵同知（同知，官职名，州府衙门的副手）看见陈旺教授（教授，学官名，以经术行义教导诸生并掌管课试之事）常常到秀才家饮酒，根据其号北溪，讽刺说"溪边螃蟹浑身脚"，隐射他像浑身是脚的螃蟹爬出去吃请。陈旺对了下联反唇相讧"檐外蜘蛛一肚丝"，意思是，你这只还没有登堂入室的蜘蛛，一肚子都是"屎"（常州话里"丝"与"屎"同音）！赵同知自讨没趣，因为没有点名，只是指桑骂槐，为了不致越描越黑，只好暗暗咽下了这口气。这副互讧的对联，含沙射影，机智尖刻，后被清孙之𫘝《晴川后蟹录》、汪陛《评释巧对》等引录。

烹茶蟹眼

明张合《宙载》卷下：

程侍郎敏政七岁时家宴客。客以"象牙箸挟猪头肉"命对。程应声曰："蟹眼汤烹雀舌茶。"

张合，永昌（今云南保山县）人，明代作家。所记程敏政（1445—1499），安徽休宁人，成化进士，官至礼部右侍郎，早慧，有神童之称。蟹眼汤说的是烹茶火候，当茶汤冒出一粒粒如蟹眼的泡泡，此时饮用最佳，否则，不及嫌嫩，过了嫌老，都不好喝。此对，词词对应，工整妥贴，七岁的程敏政竟应声而对，且以雅对俗，均为家宴之物，不愧为神童。

又清林庆铨《楹联续录》卷二：

明季顺德黄士俊玉仑微时入罗浮，遇一老翁吟曰："倚松酌酒，金杯影里动龙鳞。"士俊谨记之。后以进士入史馆，馆中人颇轻视之。一日，祭酒出对云："燃苇烹茶，宝鼎浪中浮蟹眼。"士俊即举前语以对，人皆叹服。

林庆铨，福建侯官（今福州）人，光绪时奉职定安尉，清末作家。所记黄士俊，号玉仑，广东顺德人，明万历进士，殿试第一，授修撰，后入阁。祭酒（国子监之主管官）出对，士俊以老翁之吟答对，正巧合拍，天衣无缝，而且更见气魄，"人皆叹服"，竟成了他官运亨通的转机。

楹帖

清沈涛《匏庐诗话》卷下：

（南城陶香泉）大令官通州倅时，榜其室曰："且食蛤蜊。"又自撰楹帖曰："莫漫观鱼观结网，何妨有蟹有监州。"

沈涛，号匏庐，浙江嘉兴人，嘉庆十五年（1810），未冠中举，署江西盐法道，清代作家。楹帖，即楹柱上的联语，又称楹联。陶香泉在通州任县令副职时所撰写的楹联活用了两个典故：上联出自汉刘安《淮南子·说林训》："临河而羡鱼，不如归家织网。"下联出自宋欧阳修《归田录》："（钱）昆尝求补外郡，人问其所欲何州，昆曰：但得有螃蟹无通判（按：即监州）则可也。"这下联之所出，历来常被人提及，或云"但忧无蟹有监州"（苏轼），或云"喜有螃蟹无监州"（方回）……此云"何妨有蟹有监州"，显示了楹联作者对螃蟹的喜爱，更流露了一种豪气。

三般俱有壳

清李宝嘉《南亭四话》卷七：

某学士生而颖异，相传其舞勺时，客或出一联以试之，联曰："龟圆鳖扁蟹藏头，三般俱有壳。"学士应声曰："鳅短鳝长鲇斗口，一样是无鳞。"

李宝嘉（1867—1906），字伯元，江苏武进人，清末文学家，著《官场现形记》等。上联的龟、鳖、蟹的形体各有特点，共性是"有壳"，下联的鳅、鳝、鲇的形体也各有特点，共性是"无鳞"，两联相互对应、铢两悉称，不仅工整，而且因为都是"舞勺"时的水产品，显得切合场景，虽说是常识性的对联，无甚深意，却也别具一格。经今人常江等《奇趣妙绝对联》，以及《中国民间故事集成·安徽卷》《淮阴市卷》等改写，此联在民间广泛流传并为人乐道。

嘉兴烟雨楼

近代雷瑨《楹联新话》卷一：

> 嘉兴烟雨楼……乱后，历年兴筑，虽巍楼未复，而堂庑亭榭具备，皆善化许雪门太守所经营也。太守曾题一联云："读竹垞歌，两岸渔庄蟹舍；记梅村曲，扁舟杨柳桃花。"于情景恰甚切合。

雷瑨（1871—1941），松江（今上海）人，近代联语家。所记许太守题联，竹垞即清嘉兴诗人朱彝尊，梅村即清太仓诗人吴伟业，他们都有咏唱水乡田园风光的诗作。此联将烟雨楼附近的景观"渔庄蟹舍""杨柳桃花"描述了出来，故雷瑨评价"于情景恰甚切合"。这幅对联为后人留下了彼时烟雨楼环境旖旎的景况。

谚语

范范《古今滑稽联话·谚语》：

> 叫化子吃死蟹，只只好的；老道士放急屁，句句真言。

范范，字栽清，会稽（今浙江绍兴）人，清末民初的联语家。自幼喜好联对，积十余年之力，成《古今滑稽联话》。此联上下句都是民间谚语，接地气、达人情，工而成趣、诙谐解颐，蕴含着强烈、鲜明、丰富的讥讽。其中"叫化子吃死蟹"，本意是乞丐把不能吃的死蟹当作"只只好的"活蟹来吃，甘之如饴。近人汪仲贤《上海俗语图说》里将"叫化子"解读为来者不拒、兼收并蓄的"情场泛爱主义者"，扩大而言，一切泛爱者、拣破烂者、嗜痂成癖者、肉麻当有趣者皆是。

属对为酒令

清李铎《破涕录》：

> 解某，前清之四品黄堂也，庞然自大，睥睨一切，见他人之官阶不如己者，辄笑之。一日，与某巡检同席，以点将属对为酒令。解即指某而语曰："磕头虫终居人下。"某巡检知其嘲己也，乃紧接曰："没脚蟹不见其高。"合座鼓掌，解为之大惭。

李铎，安徽寿县人，清末民初作家。上联"磕头虫终居人下"，这是解某在骂某巡检是地位低下的"磕头虫"，并以此暗示自己是官大权重的最高州府长官。下联"没脚蟹不见其高"是什么意思呢？知府姓"解"，"蟹"字下面少了"虫"，不是"没脚蟹"么？进一步说，你知府虽然位居四品，算得上是地方高官，那也得靠属下帮扶，否则，"没脚蟹坨坨"，爬都爬不起来，不也就"不见其高"么？这幅对联看似简单通俗，却是针锋相对的妙对，贴切、形象。

蟹画繁荣

明代二百七十多年间，画家辈出，其中蟹画也勃然增多，这些蟹画落笔生动、风姿勃勃、异彩纷呈、各有情趣。

根据记载，涉及蟹画的有：孙隆，毗陵人，写禽鱼草虫，自成一家，号没骨画，其画在绢上的《郭索图》题签"一甲雄天下，横行遍海涯"，成了咏蟹名句（明江砢玉《汪氏珊瑚网名画题跋》）；徐益，江阴人，年几十余，吟写不衰，其山水落落数笔，传者绝少，"蟹则人家多有之，今益贵重矣"，被视为高风逸致之作（明李介《天香阁随笔》）；吴伟，江夏人，曾被皇帝赐"画状元"，一日酒阑作画，先"戏取莲房濡墨印纸上数处"，后"纵笔挥洒成捕蟹图"，时人钦佩，称"最为神妙"（明周晖《金陵琐事》，后，清孙之骒《晴川蟹录》、褚人获《坚瓠补集》亦载）；刘志寿，密县人，"善写翎毛，尤长虾蟹，落笔潇洒，活动可爱"（明韩昂续纂《图绘宝鉴》，又见明姜绍书《无声诗史》）；王翘，嘉定人，工草虫，其"巨蟹踉跄行乱苇沙渚中"，"绝得其神势"，世"以为逸品"（明徐允禄《思勉斋集》）。

根据题诗，涉及蟹画的有：钱宰《画蟹》，刘基《题蟹二首》，胡奎《题双蟹图》，毛宪《题顾松石螺蟹画》，唐寅《题画》，董玘《虾蟹小画》，程孟阳《题王翘画蟹》，纪坤《题天士画册十二首》之十一《蟹》。

根据存画，涉及蟹画的有：刘节，安成人，善绘鱼，今存绢本《鱼蟹图》，水墨，设色，洲渚兰草，苇叶苇穗飘动，一只梭子蟹在水边爬动，游鱼大小不一，似在嬉戏；王维烈，吴县人，工花鸟，今存《花卉水族图》，荷叶张开，脉络清晰，叶上一虾一蟹，蟹眼突而圆睁，神态逼真；项圣谟，秀水人，人物花卉悉皆精妙，今存《稻蟹图》，鸟站在稻穗上压弯了腰，下面一只螃蟹，伸开八脚，竖起双螯，极为隽逸。

下面再述蟹画的数人数事。

李秀。明祝允明《祝子志怪》(后又载清孙之骙《晴川蟹录·寺壁画蟹》):"风李秀者,不知何许人,佯狂奇谲人,因呼云。洪武末,秀已老,托迹燕府,尝至后宰门侧一寺,寺壁新垩,洁甚,僧将募工图之。秀曰:'我为汝画。'顾檐下一筐中瓠项甚多,秀一一取之,醮墨印壁上。僧恚詈。秀曰:'无庸怒。'因取笔写其下成沙滩之状,瓠迹旁一一加以螯足悉成蟹,俯仰倾倒,态状各异,望之蠕动如生焉。后展京城拆寺,敕勿毁此壁,辇致门外某寺。"寺庙壁画不画菩萨和善男信女而画沙滩群蟹,这是破天荒的,而且画法也极奇特,先用瓦壶醮墨印壁,再逐步添加成沙滩和螃蟹,居然千姿百态,一一蠕动如生,从而引起轰动并被奉敕移址保留,这又是破天荒的。可以说,这是中国绘画史上一位奇人创造的奇迹。

沈周(1427—1509),字启南,号石田,长洲(今属江苏苏州)人。一生从事绘画和诗文创作,名重明代中叶画坛,是吴派文人画最突出的代表。今存其蟹画五幅:一为《写生册·蟹》,浓淡相间,粗细结合,使蟹跃然纸上;二为《郭索图》,双螯钳着一枝稻穗纵贯中间,笔丰墨健,活活画出了螃蟹获得食物后的快乐;三为《蝤蛑图》,躯体梭状,最后一对步足扁平如棹,遒劲灵动;四为《水禽图卷》,泽边,芦丛,各水禽神态各异,其间一只蟹气魄雄健,充满浓重的自然气息;五为《稻蟹图轴》,画面空阔苍茫,右下侧一只雄蟹,一副纵情横行的气势。多幅画上都有题诗,都有自己的钤印和他人的藏印,诗书画印俱佳,显示了人们对其画作共同的珍爱。

陈淳(1483—1544),字道复,号白阳山人,长洲人,吴派著名画家，后人把他和徐渭并称"青藤、白阳"。今存其蟹画二幅：一《稻蟹图》，稻叶稻穗横斜下垂，穗上粒粒稻谷，一蟹张开大钳，钳现锯齿，正欲钳穗，瞬间情状，呲呲逼真；二《双蟹图》，上方数枝稀疏芦叶，下方一对相向墨蟹，似在相互顾盼并打着招呼，描摹工细，栩栩如生。其虽偶涉蟹画，却都生动有韵，皆为传世妙品。

徐渭是杰出的文学家、书画家。诸多画史著述中称赞他画的花卉"天趣灿发"，其实"花果鱼蟹，虽点钩三二笔，自与凡俗不同"（清蓝瑛《图绘宝鉴续纂》）。迄今所知，他是中国古代画蟹最多且好的画家，据题画诗与今存画统计其蟹画总数约十多幅。尤其突出的是，他的题画诗还往往借蟹隐喻表达了对政治现实的不

明　陈淳《稻蟹图》

满："饱却黄云归穴去，付君甲胄欲何为？"表达了对东南沿海将士在倭寇来犯时候却缩头不出的不满；"养就孤标人不识，时来黄甲独传胪"，表达了对肚子里没有点墨的富贵子弟却在科举考试中黄甲题名被金殿传唱的不满……他的蟹画，达到了诗、书、画三绝。

王世贞的《题蟹》(或作《蓼根蟹》)诗："唼喋红蓼根，双螯利于手。横行能几时，终当堕人口。"这首绝句写得晓畅明白。联系王世贞的身世与所处时代看，乃是暗讽构陷杀害其父并把朝政弄得乌烟瘴气的严嵩父子，暗指严氏父子尽管能跋扈一时，但最后是不会有好下场的！诗之刺奸、刺贪、刺虐先前已有，然与书画结合，痛快淋漓，令人解气，此为首先。

清代是中国最后一个封建王朝，近三百年间蟹画长足发展，空前繁荣，可以说是一个黄金时期，呈现三个鲜明特色。

第一，画蟹人数众多。众多职业画家和业余画手都投入了画蟹行列。以画著记录所载举例：马相，会稽人，"工芦蟹"(陶元藻《越画见闻》)；钱美，常熟人，"尤喜画蟹螯"(彭蕴璨《历代画史汇传》)；韩潮，归安人，"偶作写意花卉及墨蟹"(蒋宝龄《墨林今话》)；唐正，吴人，"能画蟹"(陈文述《画材新咏》)。以笔记著录所载举例：噶辰禄，满人，"工画蟹，草泥郭索，备极生趣"(震均《天咫偶闻》)；汪栋，长洲人，"写意花卉、鱼蟹，雅韵天成"(彭蕴璨《耕砚田斋笔记》)；苏虚谷，巢县人，善指画，"其一画瓶菊并蟹最佳"(王汝玉《梵麓山房笔记》)；周璘，长兴人，工书及篆刻，"尤以画蟹著名"(王修《泉园随笔》)。以方志所录举例：吴琪，"工鱼虾蟹藻"(康熙《鄞县志》)；黄先宫，"工写兰竹牛蟹"(乾隆《石城县人物志》)；傅瑜，"工画蟹"(嘉庆《山阴县志》)；姚彦德，"工绘事，以画蒲萄螃蟹得名"(宣统《泰兴县志续》)。以蟹画题咏举例：王士禛《题徐电发检讨画蟹》，张问陶《九月九日画菊数枝蟹数辈漫题一绝》，张士保《题画蟹》，翁同龢《题蒋文肃得甲图卷》。以今存蟹画举例：傅山《芦荡秋蟹图》，朱耷《瓶菊双蟹》，高其佩《指墨蟹》，陈鸿寿《酒坛菊蟹图》，庄恕一《芦蟹图轴》，梁应达《芦蟹图》（铁画）。各个方面都难以胜举，犹如一阵阵春风吹起涟漪，波纹圈圈地一个接一个扩散开来。

名扬画坛的扬州八怪，创作题材不一，各有擅长，然多间或画蟹和题诗。例如华岩（1682—1756）擅花鸟，间画蟹，一幅《稻蟹图》，谷穗下垂，两只螃蟹跃然如动，另有《题画蟹》诗"无钱买紫蟹，画出亦垂涎"，性情自见；边寿民（1684—1752）擅芦雁，间画蟹，一只螃蟹在草丛中郭索爬动，《题蟹》诗"饶君自负双钳健，篱菊秋风餍老饕"，潇洒活脱；李鱓（1686—1762）擅"四君子"，间画蟹，其《题画蟹》诗说"拾得蟹来沽得酒，撇开闲事赏秋光"，清新可爱；黄慎（1687—约1768）擅人物，间画蟹，其《题蟹画》诗"手执螺厄擘蟹黄，客中何事又重阳"，情景毕现；郑燮（1693—1765）擅竹，间画蟹，活泼逼真，借人《竹枝词》诗说"剥蒜捣姜同一嚼，看他螃蟹不横行"，语含讥讽；如此等等，画蟹简直成了扬州画派众多画家都在触碰的一种风气。

第二，频现专门家。一个多面手的画家而以画蟹为专长，而且其蟹画得到他人称赏，那么，不管其成就和影响的大小，皆可视为专门家。比起前朝，有清一代画蟹专门家频频闪现：闵应铨，工画，蟹有"闵蟹"之称（《江西通志》，又见《清画拾遗》）；须沛，善画，"晚年尤工画蟹"（《清朝书画家笔录》）；闵熙，尝自喻毕吏部，"善画蟹，有索画者，必先以酒食饷，醉毕，写生，极尽尖团状态"（《海上墨林》）；阮竹林，"以画蟹名"（《北湖小志》）……

623

比较突出的画蟹专门家有：

胡懋猷，字上村，广东新会人，乾隆朝时"螃蟹独占时誉"（凌扬藻《国朝岭海诗钞》），"新会胡上村诗书画名重一时，画好写螃蟹，自题诗：'藻绿风晴浪始收，托身泉石老溪头。平身不肯低双眼，阅尽清流与浊流。'寄托高绝，螃蟹诗斯为绝唱。若援郑鹧鸪、崔鸳鸯之例，可称胡螃蟹"（屈向邦《粤东诗话》）。这里把画蟹、题书、咏诗结合，已达三绝，更为罕见的自寓螃蟹，寄托了自己风韵高洁的为人。

郎葆辰（1763—1839），号苏门，浙江安吉人，嘉庆进士。"画蟹入神品，人皆宝贵之，称为郎蟹"（《冷庐杂识》）；"工画蟹，凡士大夫得其一帧半幅者，无不珍如拱璧"，"盖苏门最工画蟹，一时有'郎螃蟹'之名故也"（《清朝野史大观》）。其自题诗"若便季鹰知此味，秋风应不忆鲈鱼"，写出了自己的兴味，别具识见。传说他奏请妇女听剧，被人用诗嘲讽："卓午香车巷口多，珠帘高卷听笙歌。无端撞着郎螃蟹，惹得团脐闹一窝。"读之令人捧腹，亦可见"郎螃蟹"思想的开明，其卓绝的蟹画更是闻名遐迩。

招子庸（1786—1847），字铭山，南海（今属广东广州）人，嘉庆举人，曾任青州、潍县等地县令，工诗善画，"画蟹最佳，俨有秋水稻芒郭索横行之致，润有定格，酬不及格者，为之画半面蟹，自石罅中微露半体，神采宛然如生，见者皆叹为绝笔"（《清稗类钞》）。据载：当年，画蟹的招子庸与画竹的温遂之齐名，而且都跌宕不羁，好作珠江游，选色征歌几无虚日，诸姬以得其手迹者为幸，故而被传为画苑之美谈和翠楼之韵事，时有《珠江杂诗》云："老辈风流总不羁，狂名都播翠裙知。温郎墨竹招郎蟹，争遣群花拜画师。"（《梧阴清话》）此外，他的儿子招光岐，"亦善墨竹，

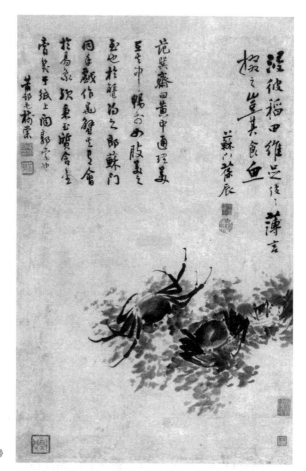

清 郎葆辰《双蟹图》

兼喜画蟹"(《墨林今话》)。

　　任颐（1840—1895），字伯年，浙江山阴（今绍兴）人，花鸟、山水、人物等均擅长，晚清杰出的画家之一。亦画蟹，虽并非以画此物扬名，可是留下蟹画多幅，例如《秋菊紫蟹图》《蟹菊图》《菊艳蟹腴图》等，尤其《把酒持螯图》，酒壶、螃蟹、菊花，构图新颖，色彩鲜艳，华美明快，获得了雅俗共赏的效果，甚有影响。

此外要提及的是百蟹图的创作。据《连城县志》载：顺治间，福建长汀官署，新粉一室，命李森"图百蟹游江于其上"，后成，"疏密横斜，错综尽致"。据光绪《大城县志》载：嘉庆间，杨全忠皈依佛教，法名太空，"特工画蟹"，一次，"伸纸奋笔，画蟹数十枚，纵横挥霍，势如风雨，旁见侧出，不可思议"。据范当世《戏为舍人儿题百蟹图》诗：一位显贵子弟图上画了百只螃蟹，乘潮翻腾，蔚为壮观。据郑逸梅《清道人以画换蟹》：李瑞清踽处上海，无钱买蟹，"乃绘蟹百小幅，聊以解馋，蟹均染墨为之，不加色泽，然韵味酣足，神来之笔也"。虽然这些百蟹图均已失传，但却透露出了一个确凿的信息：一物百形，形不重出，或伏或立或正或侧或动或静或斗或嬉，百蟹百姿，百蟹百态，画家们观察的细致、把握的精微、用心的良苦、创作的辛劳，说明了清代画家中有不少投身蟹画的。

第三，融进人物画。先前，蟹或单独入画，或鱼蟹、或龟蟹、或稻蟹、或芦蟹之类，偶然也入山水画境，可是到了清代螃蟹却融进了人物画。

闵贞（1730—？），湖北广济人，侨居汉口，工写意人物及写真，今存其《捉蟹图》，远山、近水、柳下、岸边，三个渔夫以竹罩捉蟹。罗聘（1733—1799），江苏甘泉（今属扬州）人，题材广泛，画法精熟，今存其《贩蟹图》，贩蟹者似与买蟹者争执，以致蟹篓翻倒，众蟹在地上乱爬，五个大人一个小孩各具情态。吴友如，江苏吴县（今属苏州）人，工人物肖像，今存《对菊持螯图》，室内，几个架上散放着菊花，右侧圆桌上有蟹有酒，桌边三个妇女，一

清 吴友如《对菊持螯》

坐一站斟酒，一向左回眸，左侧小方桌边坐着一仆一童，正专注地剥蟹吃蟹，整个场景充满生活气息。又，吴友如主绘的《点石斋画报》上还刊有多幅以蟹为主题的人物画。除此之外，董棨有《卖蟹图》，两个渔夫正在高兴地相视对话，赤脚，手中各提一串螃蟹；《图画日报·营业写真·三百六十行》里有一幅《卖蟹图》，卖蟹人手持扁担站着，脚前有数篓螃蟹，买蟹人蹲着，似在观看蟹况；等等。一幅幅融进了人物的蟹画，为前所罕见，更贴近生活、更世俗化、更亲切、更真实，犹如一枝枝出墙的红杏，给人惊喜。

可供把玩的寄居蟹

海滩上，潮水退去后，往往会看到一种身背螺壳的小动物在活泼地爬动，稍一受惊，它们便把螯足缩进螺壳里，自我保护，这就是似蟹（头部）又似虾（腹尾）而介于蟹虾之间的寄居蟹。谁见了都会感到新鲜和惊异，世界上竟还有这种借居螺壳的动物，背壳觅食，抵御天敌，它可真有灵性！

对此，三国吴万震在《南州异物志》里最早记载："海边寄居虫，形如蜘蛛，有螯似蟹，本无壳，入空螺壳中，戴壳而见。"之后我国先民逐步揭示它的特点："稍长更择巨壳迁焉""第一对脚则为大螯，以捕食物，并为闭塞壳口之用""得之者不烦剔取，曳之即出，以肉不附也""味似虾""食之益颜色，美心志"……到了清代，广东人更另辟蹊径，别开生面，把它当作可供把玩的宠物。

清吴绮《岭南风物志》："惠州（位于今广东省广州之东）海滨，别有二湖，一咸一淡，各产小蟹，其大如钱，以螺壳为房，寄居其内，名曰寄生。好事者捕得，就其房之广狭，别以金银模之（或用金或用银模仿而打造成螺壳），虫（即寄居蟹）见光彩，即弃旧巢而居焉。贮于香奁（古代妇女梳妆用的镜匣）纸裹中，颇堪把玩。间日，饲以微物。其饮水也，必从其咸淡之宜（从咸水捕得的给饮咸水，从淡水捕得的给饮淡水），反是则死。"按需喂食和供水，解决了蓄养存活；按螺壳原形及大小用金银打造新壳，解决了宜居之所；诱蟹放弃旧巢而住进光彩的新壳，解决了更换房子，一切都贴合实际，思虑周详。捕来做什么呢？供妇女把玩这只"金（银）屋藏娇"的蟹。这"金（银）屋"，名实相副，为金银制成，螺形，精巧玲珑，娇小可爱，当是件很美的工艺品，它所藏的"娇"，则不伦不类，非蟹非虾，形貌丑陋，可是个活宝，两者结合，丑陋的蟹背负着美丽的金（银）屋，使静止的螺壳活动了起来，蟹爬来爬去，屋摇摇晃晃，就成了妙趣横生的玩物。富裕人家的妇女是清闲的，在梳妆的时候把玩鉴赏，消遣娱乐。

稍后，清屈大均《广东新语》："寄生赢（通螺），生咸水者，离水一日即死，生淡水者可久畜。壳五色如钿（以金银、贝壳等镶嵌的器物），或纯赤如丹砂。其虫如蟹，有螯足，腹则螺也。以佳壳，或以金银为壳，稍炙（以火烧灼）其尾，即出投佳壳中，海人名为借屋。以之行酒，行至某客前而驻，则饮，故俗以为珍。"大凡读过东晋王羲之《兰亭集序》的，都知道有"流觞（酒杯）曲水"的故事：王羲之和他的众多朋友，在今浙江绍兴兰亭聚宴，把酒杯放在亭边环曲的水渠上游，任其循流而下，流杯停在谁的面前，谁即取饮。觉得别开生面，有趣而风雅。清初沿海的广东人呢，又别出心裁，创新喝法，大家聚会，主人把背负金银螺壳的寄居蟹置放桌上，任其爬行，爬到某个客人的面前某人就要饮酒，更直觉得闻所未闻，匪夷所思，好玩有趣得令人拍案叫绝，想必，同桌的人一定会频频发出欢呼，于是"俗以为珍"，视它为珍贵宠物。

中国的宠物很多，笼鸟、囊萤、蝈蝈、蟋蟀都是，清人记载的广东人把玩寄居蟹似乎长久被忽略了，然而这是历史上曾经有过的非常独特而有情趣的又一种宠物。

可供赏玩的螃蟹工艺品

继宋元之后的明清时期，产生了更加丰富的实用和可供赏玩的螃蟹工艺品，例举如下。

蟹灯　据明郭勋（？—约1542）《雍熙乐府》卷一引佚名《醉

花阴·灯词》和佚名《画眉序·灯词》，说有各种各样"像生灯"，其中"虾蟹鱼龙，献异呈奇"所张的"像生灯"，唐朝已见，郑处海《明皇杂录》就有"其灯为龙凤虎豹之状"的记载，而蟹灯却以此为早及。清娜嬛山樵《补红楼梦》（刊行于嘉庆二十五年，即1820年）第三十四回："（大观园中，沁芳桥下，水中一带，有荷花莲房灯、龙灯）以后便是各样鱼灯，虾、蟹、鳖、蚌、螺蛳、青蛙等类各灯，皆浮水面。"又及浮于水面的蟹灯。应该说，各种各样像生彩灯之中增添了蟹灯就更加齐全更加生动了，于此传承，今有以扎蟹灯著名的工匠。

竹蟹 明郑仲夔《耳新集》："郑超宗于友人方无违家，见金陵濮仲谦以竹制一蟹一蝉，情态毕肖，置之几上，蠕蠕欲动"（转录自清褚人获《续蟹谱》）。濮仲谦为江宁（今江苏南京）人，明后期金陵竹雕大家，雕什么像什么。明末清初鉴赏家张岱在《濮仲谦雕刻》里说其"技艺之巧，夺天工焉"。他是产蟹地区人，对蟹了

明代竹雕荷叶式杯

然于胸，引蟹入竹雕领域，他雕的蟹不仅"情态毕肖"，而且"蠕蠕欲动"，可谓工艺瑰宝。

哥窑蟹书滴 哥窑在今浙江龙泉县，南宋章生一、生二兄弟在此制瓷，各主一窑，生一所制之瓷号哥窑，生二所制之瓷号弟窑，哥窑瓷胎细质白，微带灰色，有冰裂纹，釉色以青为主，浓淡不一，雅而精致。书滴为储水供磨墨用的水盂。清宋至（河南商丘人，康熙进士，授编修，曾提督浙江学政，诗人）以《哥窑蟹书滴》为题成诗，描摹其形态，"形如蝤蛑剩匡郭"；赞美其釉色，"冰纹参差玉栗温"；叙述其功能，"雪水刚可容三勺"；交代其处所，"终朝几案贮清泠"……撇开诗的才情丰茂不说，由此使人知道了自汉就有的书滴，到了宋后还有哥窑制瓷的蟹形书滴，受到了文人墨客的喜爱。

螃蟹风筝 清曹雪芹《红楼梦》第七十回：这里小丫头们听见放风筝，巴不得一声儿，七手八脚，都忙着拿出个美人风筝也。……宝玉道："也罢，再把那个大螃蟹拿来罢。"丫头去了，同了几个人扛了一个美人并篾子来，说道："袭姑娘说，昨儿把螃蟹给了三爷了。"又，清李斗《扬州画舫录》卷十一："……（风筝）余以螃蟹、蜈蚣、蝴蝶、蜻蜓、福字、寿字为多。"清代许多作品里提到的螃蟹风筝，在风筝家族中增添了这样一种水生动物，蓝天上就更加多姿多态了。

玉蟹 清纪昀（1724—1805，字晓岚，河北献县人，乾隆进士，官至礼部尚书，协办大学士，曾任四库全书馆总纂官，学者，文学家）在《阅微草堂笔记》卷十七里说："五十年前，见董文恪公一玉蟹，质不甚巨，而纯白无点瑕。独视之亦常玉，以他玉相比，则非隐青即隐黄隐赭，无一正白者，乃知其可贵。顷与柘林司农话及，司农曰：'公在日，偶值匮乏，以六百金转售之矣。'"玉是一种温润而有光泽的美石，其中纯白的玉极为珍贵，据《韩非子·和氏》载，楚人卞和献给楚王的和氏璧就是纯白的，故此，纪昀推崇玉蟹之玉，而把蟹的情状给省略了，但是可以推想，以这块价值六百金的非凡美玉雕琢而成的螃蟹，绝不会出自庸匠之手，一定活灵活现，极具把玩价值。把玉制成工艺品的历史极早，历史记载的种类也很多，玉蟹则表明了玉雕题材的更加开阔，满足了人们更高的艺术享受。

最后，特别应该说明，以上举例仅见必有许多遗漏的文字记载，实际上还有许多不见记载而流传于世的实物，诸如木雕、石雕、砖雕、象牙雕等的螃蟹，诸如碗、盘、罐、盒、插屏、砚台等蟹饰，据今人郑逸梅《天花乱坠录》第一百零八条说："老舍于北京琉璃厂购得李笠翁（按：即李渔，清初名士）书画砚，砚为长方形，殊古质，盖上镶嵌一玉螃蟹，耐人玩赏。"此外，还有组合工艺品中加进螃蟹的。北京故宫博物院所藏清代乾隆"粉彩果品蟹盘"，盘中堆塑了一只肥硕的螃蟹，占盘一半，另一半塑核桃、石榴、菱角、荔枝、花生、红枣等干鲜果品，那只螃蟹匍匐着，双螯八足头胸背甲一一逼肖，因是彩色的，整盘艳丽美观，赏心悦目。台北故宫博物院所藏清代中期"雕象牙水族蚌式盘"，盘内有鱼、螺、虾、蟹等，各呈其色，那只螃蟹作爬行状，活泼可爱。

《古今图书集成》"蟹部"

《古今图书集成》为清圣祖康熙命令编撰，本名《古今图书汇编》，最初由陈梦雷纂集而成，到清世宗雍正帝即位，又命蒋廷锡等重加编校增删，改名《集成》，于雍正六年 (1728) 用铜活字排印，共印六十四部，之后被多次翻印。

　　全书一万卷，目录四十卷，分历象、方舆、明伦、博物、理学、经济六个汇编，乾象、岁功、历法等三十二典，天地、日月星辰、风云雷电等六千一百零九部。其一六一至一六二卷即博物汇编、禽虫典、蟹部。蟹部约两万四千字，卷首为蟹图，接着依次为：蟹部汇考、蟹部艺文一、蟹部艺文二、蟹部选句、蟹部纪事、蟹部杂录、蟹部外编共七个部分。各部分所辑录的材料，根

《古今图书集成》插图

据原书整篇或整段抄入，一一标明书名、篇名、作者，而且排比有序。

蟹部汇考，包括释蟹类名称、蟹的性状、捕捉、食法、医用等。与他书不同，汇考竟有两个并行的目录：一为材料出处，从《尔雅》至《本草纲目》和《直省志书》，共二十二种古籍；一为蟹类名称，从蝪、蟹至蛜，共三十三个名称，皆包容互见。这且不说，值得注意的是蟹类名称，如下：

蝪 (《尔雅》)　　　　　蟹 (《尔雅》)

螃 (《尔雅》)　　　　　郭索 (《太元经》)

蛫 (《博雅》)　　　　　蜋鳂 (《博雅》)

博带 (《博雅》)　　　　蝥蛣 (《古今注》)

长卿 (《古今注》)　　　拥剑 (《古今注》)

执火 (《古今注》)　　　无肠公子 (《抱朴子》)

蝤蛑 (《酉阳杂俎》)　　数丸 (《酉阳杂俎》)

千人捏 (《酉阳杂俎》)　红蟹 (《北户录》)

虎蟹 (《北户录》)　　　石蟹 (《北户录》)

彭蝪 (《岭表录异记》)　招潮 (《岭表录异记》)

倚望 (《临海水土志》)　石蝈 (《临海水土志》)

蚌江 (《临海水土志》)　芦虎 (《临海水土志》)

沙狗 (《临海水土志》)　横行介士 (《蟹谱》)

蝥蚏 (《蟹谱》)　　　　蛋 (《蟹谱》)

虾 (《蟹谱》)　　　　　蛹 (《蟹谱》)

蟳 (《蟹谱》)　　　　　蛾 (《本草纲目》)

蛜 (《本草纲目》)

假使以今天的视野审读：也许可以说它并不完整，例如古籍中还提到璅蛣等；也许可以说它并不合理，例如郭索等只是螃蟹的别名；也许可以说它并不科学，例如蜋螘和博带只是螃蟹的雄雌；也许可以说它并未溯源，例如蝤蛑的最早出处不是《酉阳杂俎》……尽管可以挑剔，然而不能不承认它开出了最多的蟹类名称，为中国古代涉蟹书籍之冠，不但显示了编纂者的苦心孤诣，而且也使《集成》具有了总结的性质。

蟹部艺文和选句，包括咏蟹的文、赋、诗、词以及诗的选句。文赋共有陆龟蒙《蟹志》等六人七篇，诗词共有皮日休《病中有人惠海蟹转寄鲁望》等十九人二十一篇，选句共有杜甫"二螯或把持"等三人四句(联)。收罗不多，铺得不开，而且遗漏了诸如唐彦谦《蟹》、张耒《寄文刚求蟹》、李祁《讯蟹说》等很多优秀之作，然而总的说来还算精当。

蟹部纪事、杂录和外编，包括经史子集里蟹的史事逸闻之类。这部分共引录古籍七十六种一百零五条，琳琳琅琅，极为丰富，不但把宋傅肱《蟹谱》中未录的先秦以来的蟹况传说补充了进去，而且对《蟹谱》之后的宋元明时期的蟹事小说也作了搜集，包括地方县志的记录，例如：

> 华山在信丰乡，山顶有禅僧结石龛坐化其中，山半有古井，岁旱，乡祷之，得蟹而雨随之。(《玉山县志》)
> 故老相传，建阳县南兴上里山谷中，水极清冽，尝产白蟹，有直行之异，遇水旱，乡人入谷，以盆贮之，迎而归，即雨。(《建宁县志》)

在这两则地方传说里，螃蟹简直成了行云播雨的龙王使者，你若求雨，它便显灵，带给你信息和希望，带给你解除干旱的甘霖。当然，尽管《古今图书集成》在角角落落里都作了挖掘，可是中华蟹文化实在太丰富太浩瀚了，因此遗漏仍多，甚至有重要的内容遗漏，例如唐张鷟《朝野佥载》中"差夫打蟹"的故事及歌谣等就未被收入。

《古今图书集成》作为类书，那是承袭了宋李昉《太平御览》和稍前的清张英《渊鉴类函》等的蟹部源头；作为蟹部，那是承袭了宋傅肱《蟹谱》和明李时珍《本草纲目·蟹》(此两部著作中的材料几乎尽被录入)等的谱录源头，加上陈梦雷和蒋廷锡等人不遗余力地顺势开掘和拓宽引流，因此，汇集而大成，后来而居上，成了一部规模宏大、体例完善的蟹部类书，成了一部研究中华螃蟹文化及其历史的必读书籍。

孙之騄《晴川蟹录》

孙之騄，字子骏，号晴川，浙江仁和(今杭州)人，贡生，历康熙、雍正、乾隆三朝，雍正间官庆元县教谕时已年愈六旬，坐拥群籍，博学好古，专于经学，兼擅诗文，康熙五十五年(1716)三秋偶暇，他杜门却扫，辑成《晴川蟹录》，后兴之所至，又辑《晴川后蟹录》《晴川续蟹录》。

孙之騄为什么要辑《晴川蟹录》呢？按图索骥，从《蟹录》里可以寻找出三个原因。一、食蟹是他的嗜好，"读罢汉书频索酒，看穷离卦想持螯"。二、他对螃蟹有心得，整个《蟹录》收入孙之骒自己的蟹说、蟹传、蟹诗、蟹评、蟹议、蟹事等共十八条，涉及对蟹性的理解、蟹史的畅想、蟹毒的消解、蟹情的抒发等。其中蟹诗就有十二首，例如：

> 黄甲饶嘉誉，轮囷众不如。向人愁吐沫，披腹锦肠虚。(《诮蟹》)
> 深溪渔父设薪，大小蟹俱网罗，不管蝤蛑蟛蜞，只凭钱多钱少。(《卖蟹口号》)

三、读了《蟹谱》他受到启发，要找个载体抒情达怀。《晴川蟹录》第一卷一条不漏地抄自宋傅肱《蟹谱》，卷三的文录里又把《蟹谱》的小序和总论抄了进去，一方面可见孙之骒对《蟹谱》的重视，或者可以说爱不释手，另一方面可能受此启发，决定自己也来搞出个蟹的谱录。

《蟹录》最大的特点为繁富。

从规模上说，它有三部：《蟹录》四卷，卷一谱录，卷二事录，卷三文录，卷四诗录，合计约两万七千字；《后蟹录》四卷，卷一事典，卷二赋咏，卷三食宪，卷四拾遗，合计约三万七千字；《续蟹录》不分卷，分条抄录，合计约一万四千字；三部《蟹录》总计字数约七万八千字。如此规模，为《蟹谱》的十一倍，为《蟹略》的四倍，为《古今图书集成·蟹部》的三倍，在整个螃蟹谱录或类书里都是遥遥领先的，而且放在林林总总的谱录里比较也是独占鳌头的。

从内容上说，引录的数百种书籍（篇）、上千个条目，涉及方方面面，经史子集，渔业、饮食、医药、习俗等。其中多有被忽

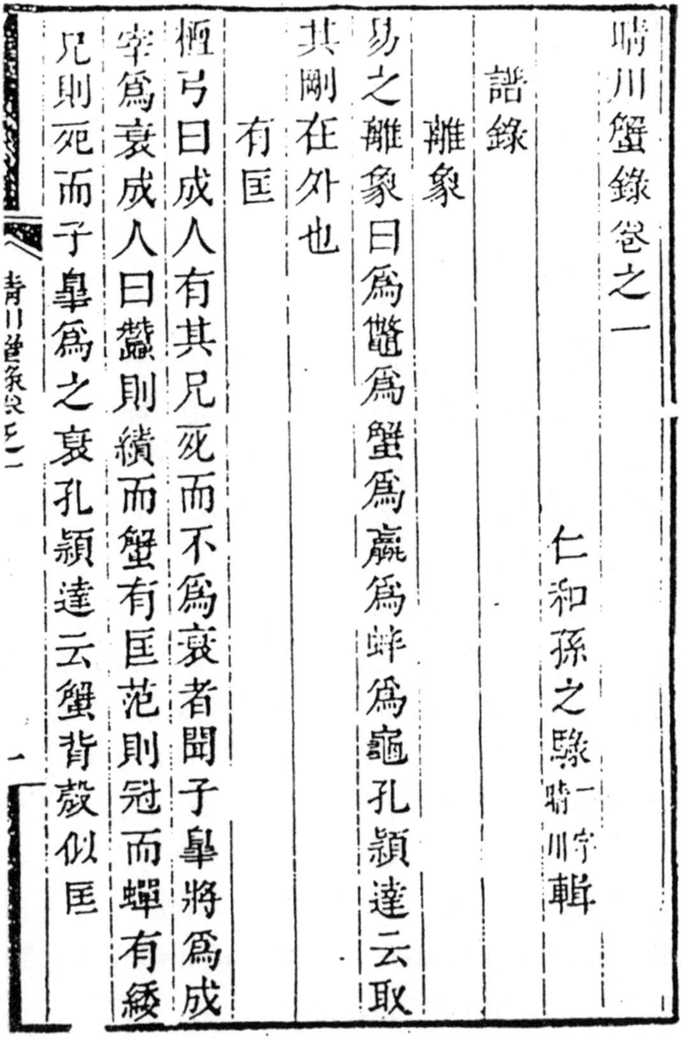

晴川蟹錄卷之一

仁和孫之騄一字晴川輯

譜錄

離象

易之離象曰爲鼈爲蟹爲蠃爲蚌爲龜孔穎達云取其剛在外也

有匡

檀弓曰成人有其兄死而不爲衰者聞子皐將爲成宰爲衰成人曰蠶則績而蟹有匡范則冠而蟬有緌兄則死而子皐爲之衰孔穎達云蟹背殼似匡

晴川蟹錄卷之一　一

《晴川蟹录》

略者，例如《后蟹录》卷一"纬萧"条引："庄子曰：河上有家贫恃纬萧而食者"云云，这"纬萧"就是东晋之后所称的蟹簖，透露了早在二千三百多年前，中国古人已经根据稻蟹的洄游习性而运用了省力高效的这种渔具来捕蟹，并以此维持生计。其中还有传本失载者，例如《后蟹录》卷三的"油沸蟹"条和"晒蟹"条，未见元佚名《居家必用事类全集》收录，或许是一个保留了不同版本的信息。而且凡蟹文化渗透到的领域，饾饤掇拾，几乎囊括无遗，尽入其中。为此，他旮旮旯旯都去搜寻，例如：

> 以死蟹酿水浇菊花，则莠虫不生。（明·王象晋《群芳谱》）

> 镇纸云蹲虎，辟邪，有红绿玛瑙蟹，可谓奇绝。裁刀靶唯西番鹙雉木最为难得，其木一半紫褐色，内有蟹爪纹，一半纯黑色，如乌木。（宋·赵希鹄《洞天清录》）

> 蟹为甲胄横行之象，蟹满田原者，众多之兆。梦此主兵戈扰攘，寇盗纵横，有国家者当修城郭，缮器械，严武备，以预防之。（明·陈士元《梦林玄解》）

例一，蟹的药用，向来受人关注，可是谁去注意花卉类书籍呢？此条从《群芳谱》里淘出。例二，蟹的文具，一般也被忽略，可是因其涉蟹，此条从《洞天清录》里觅来。例三，蟹的梦解，谁都不在意，可是有此一说，此条从《梦林玄解》中找来。此外，像蟹诗、蟹事被看重的传统项目，《蟹录》的搜集更是不遗余力，不说从陆游、王世贞等的文集里一首首、一句句抄录出来，其收录众家的蟹诗摘句就达一百四十八句（联）之多，数量惊人，为谱录类书籍仅见。

《蟹录》为什么能够如此繁富呢？主要原因是长期文化积累的成果，三千多年的蟹文化，到了孙之騄所处的清代康乾时期，已经丰富多彩、蔚为大观，加上孙之騄的穷搜博采，见书必录，包括了清代前期的李渔、尤侗、屈大均、陆次云、褚人获等的诗文记述，于是成就了规模最大、内容最多的螃蟹谱录。康乾时期，出现了卷帙浩繁的《古今图书集成》这样的大类书，《四库全书》这样的大丛书，《蟹录》虽说远不能相比，可它的产生也是那个求大求多、求全求备时期的风气使然。与这些大书互相匹配，《蟹录》也从谱录这个小小的角度折射出了文化总结性时期的灿烂风光。

《蟹录》最大的不足为凌乱。

从宏观上看，一部比一部凌乱，《蟹录》四卷，卷卷都有类目，按类辑录，到了《后蟹录》，除了卷三食宪之外，其事典、赋咏卷便与前面《蟹录》的事录、文录、诗录重复，其卷四拾遗，拾遗就是杂录，进一步显露了凌乱的弊端，第三部《续蟹录》则干脆不分卷，杂七杂八，一路抄录下去，不能一以贯之的凌乱暴露无遗。从微观上看，事录见诗，文录见诗，诗有重复，文有误记，许多条目不注作者，不标书（篇）名，以及同一本书的内容被分条后七零八落地分散安置，一篇作品被斩头去尾地引录，冗杂无绪，不严谨，不系统。

尽管《蟹录》的繁富远未达到收罗殆尽的地步，凌乱又使它显得滥而不精，可是孙之騄凭一己之力，独立完成如此规模的《蟹录》实属不易，况且瑕不掩瑜，《蟹录》对光大发扬中华蟹文化提供了较为详尽的线索，功莫大焉。

《字汇》《康熙字典》等字书的释蟹

字书通例，前后相继，转而沿袭，辨正字的音形义兼及词语，给以规范，有的编者，或据旧籍充实释例，或据己见添加信息，不断接续和丰富，因为是工具书，大家都要翻读查考，所以这类书独特而不可替代地传播着中华蟹文化的知识。现将明清时期的释蟹字书择要简介于下。

《骈雅》 朱谋㙔，明宗室，曾管理石城王府事，博览群书，训诂学家。《骈雅》书前有"万历丁亥年（1587）"自序，当在此时完成刊行。其"释虫鱼"篇开列了十七个蟹的名称，分别以"拥剑"等"蟹也"、"鲭螯"等"巨蟹也"、"彭蜎"等"小蟹也"说明，搜集颇广。然所列有误，例如"蜋螘、博带"只是蟹的雄雌并非蟹类名称，例如"移角、姑劳"为海洋蚶科动物与蟹并不搭界等，反映了朱谋㙔对蟹并不通晓。

《重刊详校篇海》 李登，应天府上元（今江苏南京）人，拔贡，曾任新野知县，嗜古好学，明代训诂学家，继金韩孝彦《四声篇海》而成此书，书序署"万历戊申年（1608）"，当在此时刊行。所收涉蟹之字颇多，一一注音，字形或作说明，释义简要，例如"蚎，

明代德化窑白瓷水注

王伐切，音越。虫名，蟛蚎，似蟹而小，亦作彭越。从曰，非日"，"蜂，莫厚切，音牟。蟳蜂，似蟹而大，水虫。亦作蟓"等，要言不烦，有益一般人查检。

《字汇》梅鹰祚，安徽宣城人，明代辞书家。此书卷首有梅鼎祚（其哥）序，署"万历乙卯年（1615）"，当在此时刊行。全书收录了十八个涉蟹字，逐一注音，除"蟹"字释义较详外，余则简明，例如"虮，五忽切，音兀，虫似蟹"，"蟛，蒲庚切，音彭，似蟹而小"等。此书在体例上有所进步：一是简化了部首，差不多是《说文解字》的一半；二是按笔画多少先后排字，不像之前字书的漫无秩序；三是首卷后附"检字"，罗列不容易辨明部首的难查字。这是开创性的，为之后的《正字通》《康熙字典》等沿用。《字汇》因注释简明而便于检索，故自刊行后在乡间私塾间颇受欢迎，流行甚广。

《通雅》方以智（1611—1671），桐城（今属安徽）人，明末思想家、训诂家。此书涉蟹字众多，且广征博引，例如"蟹醢曰蟹胥"举《周礼·庖人》注曰：若荆州之鳠鱼，青州之蟹胥。《说文》：胥，蟹醢也"，追根溯源，交代明白；有的地方融进自己的经验，例如"出于海者名蝤，亦作蟻，今高州志有蟻蟜是也"，"今松江复有极小如指大者名沙狗，以酿渍之，壳软可食"；有的地方融进自己的见解，例如"《说文》有蛫字，蛫即跪也"，"荀子曰：蟹六跪而二螯。俗作蟞，不必也"。此书因其考证和通达，参考价值颇高。

《正字通》此书或说是明张自烈（江西宜春人，博学洽闻，以学行名当时，累征不就）撰，后被清廖文英买来掩为己有，书前有"康熙庚戌年（1670）"序，当在此时刊行。它常用"误""非""此说是""不误"之类用语来辨正字词，例如"虾，缚谋切，音浮。

虾江，水虫，似蟹而小，十二足，见郭璞《江赋》。旧注引《玉篇》似蟹二足，非";"蛫，古委切，音诡。《六书故》：蛫即跪也，蟹足曲如人之跪，螯则前两大足如钳者。按：此说是"。以此表达己见。它仅见一个蟹类土名，"蜨，蝶本字。或言：漳泉海蟹横尖者，土人谓之蜨"，福建漳州、泉州土人把梭子蟹称"蜨"，留下了一个蟹类历史称谓的痕迹。但它征引杂芜、贪多炫博，例如"蟹"字不但征引《易》《周礼》《尔雅》《广雅》等旧籍，而且还把《山海经》中的千里蟹、《洞冥记》中的百足蟹当作蟹类介绍，足见荒谬不经。它还有明显失误，例如把傅肱《蟹谱》说成是"蔡襄有《蟹谱》"，例如说"郭索，蟹行声，非蟹名"，说"旧注及《本草》以郭索为蟹名，非"，事实上，郭索原是蟹行声，后来又衍变成蟹的别名，两者都常见。不过，此书材料丰富，可以给后人某些借鉴。

《佩文韵府》张玉书（1642—1711），江南丹徒（今属江苏镇江）人，顺治进士，官至文华殿大学士兼户部尚书，清初辞书家。"佩文"为清帝书斋名，张玉书奉敕编，康熙时刊行。《韵府》按词语最下一字归韵，其上声蟹韵，罗列稻蟹、蜜蟹、霜蟹、洗手蟹、芦根蟹、蜕壳蟹等数十个词语，一一注明出典，例如"糖蟹"的注说："《南史·何胤传》：初，胤侈于味，食必方丈，后稍欲去其甚者，犹食白鱼、鲑脯、糖蟹。"就注出了"糖蟹"的最早出典。不过，未能一概探源，例如"淮蟹"，注说是"戴表元诗：停舣待淮蟹，醇甘逮僮胥"，戴表元是元代诗人，实际上，北宋张耒《寄蔡彦规兼谢惠酥梨》"西来新味饶乡思，淮蟹湖鱼几日回"就已经有了"淮蟹"之称，此类例子颇多，说明了尚未详查。尽管如此，因为提供了较多资料，所以仍可供参考。

《康熙字典》张玉书、陈廷敬等三十人奉敕编撰，历时六年，至康熙五十五年（1716）成书。它收字极多（共四万七千多字，其中"虫部"就涉蟹二十三字，收罗齐备），每字之下都引征古书、特别是字书来证释，例如"螃，《唐韵》步光切，音旁。螃蟹本只名蟹，俗加螃字。又，《集韵》螃蜞，蟹属"。简明扼要。就涉蟹之字而言，《字典》编者是下了一番功夫，特别是汇集前人字书成果工夫的。此书举世闻名，便于查检，流传广泛，影响很大。

《骈字类编》张廷玉（1672—1755），安徽桐城人，康熙进士，官至辅政。此书为张廷玉等人奉敕而编，雍正四年（1726）成书。它专收两个字组成的词语，以"蟹"字而言，收录了"蟹螯""蟹眼""蟹壳""蟹须""蟹腹""蟹背""蟹脐"等六十七个词语，每个词语之下，列举材料，材料注出书名、篇名，诗文注出作者、题目，例如"蟹匡"注曰"《礼记·檀弓》：成人有其兄死而不为衰者，闻子皋将为成宰，遂为衰。成人曰：'蚕则绩而蟹有匡，范则冠而蝉有绥，兄则死而子皋为之衰。'钱玥《江行无题诗》：'漫把樽中物，无人啄蟹匡。'"注释对蟹匡的最早出处及其在诗歌中的运用都作了交代。因为《骈字类编》的蟹词极为丰富，其中包括了许多典故材料，所以具有词书和类书的双重效用。

《通俗编》翟灏（？—1788），浙江仁和（今杭州）人，乾隆进士，官教授，工诗，长于考证，清代辞书家。这是一部方言俗语辞典，涉蟹有"一蟹不如一蟹""落汤螃蟹""冷眼看螃蟹""虾荒蟹乱"等六条，每一条都指出语源，引书证释，例如"冷眼看螃蟹"注曰："《元曲选·潇湘雨》剧：'常将冷眼看螃蟹，看你横行到几时？'今院本袭用甚多。"此书收词不算丰富，语源亦有舛误（例如"虾荒蟹乱"，云出元高德基《平江记事》，实际上北宋傅肱《蟹谱》已有此语），却有助人们了解民间流行的涉蟹通俗用语。

附 录

历代蟹类名称总揽

说明：1. 采自中国从先秦至清末的经史子集，一一注明出处；2. 名称以历史上出现先后为次序，各类中的名称亦是；3. 名称采用最早的或有代表性的旧称，并依据今称说明；4. 古人说蟹，常见简略、模棱、混淆、讹变等现象，情况复杂，而且多数名称今已弃而不用，难以辨别，凡此，则合并罗列；5. 今人的蟹类划分已经细密，对旧称的研究也已逐步深入，注意吸收这些成果，并作相应说明；6. 此揽参考了先贤时俊的著作，特别是沈嘉瑞、刘瑞玉《我国的虾蟹》，杨德渐、沈瑞平《海错鳞雅：中华海洋无脊椎动物考释》和《中华大典·生物学典·动物分典》的涉蟹部分；7. 插入了多篇考说，供研究者参考；8. 此揽可与本书相关部分参照阅读；9. 限于知识水平和阅读范围，肯定有疏漏和不当的地方，敬请专家和读者赐正。

稻蟹（646） 稻蟹的幼体称虬蟹与膏蟹考（650） "大闸蟹"得名考（653） 璖蛒（656） 寄居虫（661） 蟛蜞（665） 蟛蚎（670） 沙狗（679） 招潮（681） 石蜠（684） 蜂江（685） 芦虎（686） 石蟹（687） 红蟹（690） 数丸（691） 千人捏（693） 虎蟹（694） 关公蟹（696） 玉蟹（697） 金钱蟹（698） 沙钻蟹（699） 和尚蟹（699） 花蟹（700） 卤（700） 山寄居螺（701） 鲎蟹、拖脐蟹等

十六个蟹名（701） 待考之蟹（702） 种种无名大蟹（703） 飞蟹
（705） 蟹的别称（706） 称蟹非蟹（708）

稻 蟹

稻蟹是我国最早称名的蟹种，是我国原生、世界独有的蟹
种，也是我国分布最广、产量最多、群众最喜爱的蟹种。今称河
蟹、湖蟹、大闸蟹等，动物学上称中华绒螯蟹。它是方蟹科、绒
螯蟹属的一种，头胸甲呈近方圆形，墨绿色或褐黄色，腹部乳白
色，双螯掌部密布绒毛，八足中亦有二节生刚毛，能游泳，能爬
行，在浅海繁殖，到内陆淡水区域生长。它的踪迹遍布东南沿海，
从辽宁到福建，举凡通海河川的下游甚至中游流域都能捕捉得到，
为绒螯蟹属中型、肉多、味美的蟹种。其称名极多，例举于下：

稻蟹 旧题左丘明《国语·越语下》载：鲁哀公十二年，越王被
吴王释放回国第七年，即公元前483年，这年吴国"稻蟹不遗种"，
稻蟹把吴国农田里的稻谷吃光了，连种子都没有剩下来。稻蟹由
此见于史书，成了我国蟹类中最早的名称。什么是稻蟹？明彭大
翼说："稻蟹，食稻之蟹也。"它在稻田食稻生长后，"含芒输海，
止稻蟹为然"。（《山堂肆考·蟹·输芒》）还要口含稻芒输送到海里
的魁首那里，是充满神秘而虔诚敬长的动物。历史上称赞稻蟹者
不绝如缕，宋苏舜钦"且来吴中，既至，则有江山之胜，稻蟹之美"
（《答范资政书》），元袁桷"稻蟹田肥泽国春"（《寄张希孟内翰》），
等等。稻蟹是一个富有诗意并促使人联想的名称，如宋梅尧臣"稻
熟蟹正肥"（《送徐祕校庐州监酒》），苏轼"新稻香可饭，霜螯蟹
正肥"（《和穆父新凉》），等等。稻蟹给中国人带来了口惠，带来

了快乐。

江蟹、湖蟹、溪蟹等 依所产水域命名。江蟹，如宋梅尧臣"年年收稻买江蟹"（《二月十日吴正仲遗活蟹》）；湖蟹，如宋潜说友"西湖旧多葑田，产蟹，土人呼湖蟹"（《（咸淳）临安志》卷五九）；溪蟹，如宋谈钥"八九月，溪蟹大者如碗，极珍美"（《吴兴志》。以上见宋高似孙《蟹略·溪蟹》），又有河蟹、潭蟹、渚蟹等称呼。此外，各地又以具体水域命名，如太湖蟹（见宋高似孙《蟹略·湖蟹》）、镜湖蟹（宋陆游《病酒戏作》）、涟水蟹（宋张耒《寄文刚求蟹》）等，不一而足。

洛蟹、吴蟹、越蟹、楚蟹、淮蟹等 依所产之地命名。宋高似孙《蟹略》就列举了上述五地作为蟹名。洛蟹，如宋苏颂引陶弘景语"蟹生伊洛地泽中"（《本草图经》）；吴蟹，如宋陆游"吴蟹秦酥不容设"（《冬暖》）；越蟹，如宋宋祁"越蟹丹螯美"（《抒怀呈同舍》）；楚蟹，如宋苏辙"楚蟹吴柑初著霜"（《送张恕朝奉南京签判二首》）；淮蟹，如宋张耒"淮蟹湖鱼几日回"（《寄蔡彦规兼谢惠酥梨二首》）。其实，依蟹所产之地而命名的不计其数，如津门蟹（清王沅《津门杂事诗》）、胜芳蟹（夏仁虎《旧京琐记》）、青州蟹（南朝齐虞惊《食珍录》）等。

秋蟹、霜蟹、桂菊蟹、橙蟹等 依时令所出命名。秋蟹，如清潘荣陛"禾黍登，秋蟹肥"（《帝京岁时纪胜》）；霜蟹，如宋陆游"江浦得霜蟹"（《寓叹》）；桂菊蟹，如宋高似孙"不是桂菊蟹，如何能好秋"（逸句，见《蟹略·秋蟹》）；橙蟹，如宋卢祖皋"橙蟹肥日霜满天"（《沁园春·双溪狎鸥》）。各人根据自己的经验，把蟹与时令及物候挂钩命名。高似孙《蟹略》还有春蟹、夏蟹、冬蟹，甚至灯蟹，说"吴越及中都（此指南宋京城杭州），以上元（农历正月十五）时蟹为贵，谓之灯蟹"。

紫（须）蟹、金爪蟹、玉爪蟹、爬矶蟹等 依蟹的形态上某个特色命名。紫蟹之称，先见唐杜牧"吴溪紫蟹肥"（《新转南曹未叙朝散初秋暑退出守吴兴书此篇以自见志》）；又见宋李纲"溪头紫蟹几尺余"（《食蟹》）；明《（正德）嘉善县志》"汾湖……中产蟹紫须，殊美"，其自注"各处蟹皆白须，惟汾湖紫须"；明李日华"汾湖紫蟹"（《紫桃轩杂缀》）、清钱澄之"汾湖紫蟹"（《食蟹有怀吴下》）等皆称紫蟹；清曹信贤"汾湖十里水茫茫，紫蟹由来甲魏塘"，其自注"汾湖在县西北三十六里，产紫须蟹，肥大黄足，为县中名产"（《魏塘竹枝词》）；清《（乾隆）吴江县志》认为汾湖蟹最著名，"鲜尤贵紫须"。据上可见紫蟹又名紫须蟹，因其须紫得名。

金爪蟹。明《（嘉靖）常熟县志》："出邑之潭塘湖乡，巨于常蟹，味腴美，叠于竹笼，其爪拳缩不露，土人云潭塘金爪蟹。"清《（元和）唯亭志》："蟹出阳澄湖者最大，壳青，脚红，名金爪蟹，重斤许，味最腴。"翁同龢诗"忽忆潭塘金爪味"，自注"吾乡金爪蟹最美"（《题蒋文肃得甲图卷》）。金孟远诗"金爪洋澄映夕辉"，自注"秋来洋澄湖上市，酒肆中多兼售者，以爪尖作金黄色者为上品"（《吴门竹枝词》）。

玉爪蟹。清《（乾隆）阳湖县志》："玉爪蟹，出芙蓉湖，他蟹爪尽黄，此独莹白如玉，故名。"张之杲辑《阳邑芙蓉湖修堤录》卷七："由采菱桥而西，南至玉祁"，其蟹，"爪色如玉，味尤胜"。清《（光绪）无锡金匮县志》："蟹出青城乡玉祁者，膏腴盈寸，名玉爪蟹。"

爬矶蟹。清黄钺《于湖竹枝词》"爬矶紫蟹入帘肥"，自注"江蟹上驿矶，爪为之秃，谓之爬矶蟹，最肥美"（按：于湖在今安徽芜湖）。清许永庚《历阳竹枝词》："寒天江蟹不爬沙，惯向梁山矶上爬。网得一枚如碗大，渔翁欢笑酒多赊。"自注"冬月梁山出矶蟹，一枚有重斤许者"（按：历阳即今安徽和县）。

螃蟹、毛蟹、田蟹、竹蟹、蝤蟹等 先见《海物志》"螃蟹曰毛蟹"（《海物志》不详，见宋高似孙《蟹略·毛蟹》引）。接着，宋胡榘、罗濬《（宝庆）四明志》卷四"螃蟹，俗呼毛蟹，螯跪带毛"，宋陈衍《宝庆本草折衷》"螃蟹俗号毛蟹，谓两螯有毛也，生河水中，生田中者，俗号田蟹，并秋取"。宋后，例如元王元恭《（至正）四明续志》卷五、明屠本畯《闽中海错疏》卷下、清钱大昕《鄞县志》卷二八等均及。由此可见，今动物学上所称中华绒螯蟹，其名称由来已久，毛蟹就是此称的前名。田蟹之称又见明黄仲昭《八闽通志》卷二十五："又一种，似蟹而小，生水田中，曰田蟹。"顺及，清曹雪芹《红楼梦》第三十七回："我们当铺里有一个伙计，他家田上出的好肥螃蟹"，"要几篓极肥极大的螃蟹来"。所指即田蟹。

竹蟹之称，见清吴敬梓《儒林外史》第三十一回："那肴馔都是自己家里整治的，极其精洁。内中有陈过三年的火腿，半斤一个的竹蟹，都剥出来脍了蟹羹。"从"半斤一个"以及地点在今安徽天长县看，这竹蟹当是螃蟹的别称，大概只是在竹林水域捉到而称。

蝤蟹之称，见于清李元《蠕范》卷七："蝤蟹，长四五寸，足螯有毛，生河海中。"从描述看，当是螃蟹，或是误写。

簖蟹 先见于宋司马光"稻肥初簖蟹"（《君倚示诗有归吴之兴为诗三十二韵以赠》），此"簖蟹"似动宾结构，即以簖捕蟹之意。可是之后发生演变，例如清沙张白"十倍收来簖蟹肥"（《宝应竹枝词》），朱彝尊"村村簖蟹肥"（《普天乐》），屈大均"网蟹何如簖蟹肥"（《同李子自扬州至泰州作》），焦廷琥"邻沪有栏登簖蟹"（《九日怀罗养斋先生》），储树人"最是深秋簖蟹好，一斤仅买两筐圆"（《海陵竹枝词》），等等，当可视为名词，即在簖上捕到的蟹。清范寅《越谚》、清《重辑风泾小志》等就以"簖蟹"作为条目名称。需要补充说明的是，簖的形态如闸，于是到了民国年间，簖蟹便被称为闸蟹，今称大闸蟹或由此转化而来。

此外，始生的蟹子名鯙（tuǒ，见宋傅肱《蟹谱·唐韵》），如豆般大小的幼蟹名虱蟹（清褚人获《续蟹谱》，或者还包括清全祖望所说的膏蟹），盛夏只食茭芦根的瘠小之蟹名芦根蟹（傅肱《蟹谱·总论》），秋冬之交最号肥美的蟹名乐蟹（《蟹谱·总论》），等等。

中国是一个产蟹的国度，所产蟹类品种繁多，最大宗、群众最熟悉、经济价值最高的便是稻蟹，所以平常就以"蟹"相称，并以此作为标尺衡量和比较其他蟹类，比如谈及蟛蜞就说"似蟹而小"，谈及蝤蛑就说"似蟹而大"等，可以说，稻蟹在整个蟹类中它占据着主要或中心位置。民国年间的岐黄高手、螃蟹的饕餮者施今墨，把蟹分为六等，一等湖蟹，二等江蟹，三等河蟹，四等溪蟹，五等沟蟹，六等海蟹（石三友《金陵野史·蟹之话》），前五等全部都是稻蟹。

稻蟹的幼体称虱蟹与蒻蟹考

先说虱蟹。明顾清在《松江府志》里说："蟹入海至春即散子，既散子，即枯瘠死矣。梅月乘潮而来，皆其子也。"这是历史上最早察觉并记录了稻蟹之子乘潮返回内陆水域的现象。明宋诩《竹屿山房杂部》卷四："涩蟹至小而色白，性柔而肥。"已经对其子命名并描述。到了清代，更为形象的"虸蟹"就替代了"涩蟹"，被广为称用。例如褚人获《续蟹谱》"苏州嘉定县近海产虸蟹，大如豆，味甚佳"；例如王鸣韶《练川杂咏和韵》"又烹虸蟹慰儿童"，自注"海滨有虸蟹，小如豆，取之捣汁为腐，最鲜美"；等等。

这虸蟹是什么？先引数条有代表性的记载：

> 虸蟹，类望潮，随潮信为盛衰。春初一网数千，清明即绝，味极鲜美，然一杯羹戕千百命矣。(清·杨光辅《淞南乐府》"春浦渔船捞虸蟹"句注)
>
> 虸蟹，其名无典，蟹类而细如豆。春初化生，随潮群集水滩，捣汁和蛋为衣，味甚鲜美，春深即无。(清·俞樾《(同治)上海县志》)
>
> 海人云：每获必聚结成团，散则无从捞捉也。(清·祝德麟《虸蟹》诗注)

现今我们已经知道，稻蟹在浅海咸淡水域交配后怀卵，第二年春天，便在通海的江口孵化，一只中等大小的雌蟹能孵化20万—90万的幼体，先是与水溞相似的溞状幼体，经过多次蜕皮蜕变成大致近似蟹形的大眼幼体，密密麻麻，至小而色白，黑眼睛乌溜溜转动，沿江随潮溯上，再蜕皮后就蜕变为幼蟹，俨然蟹形，继续洄游到淡水区域觅食，最后又经多次蜕皮，方为成蟹。对照前引记载：从地点看，都在近海长江段；从时间看，都在春初随潮涌来至清明而绝；从大小看，其小如豆如虸；从数量看，聚结成团，一网数千。可以判断，它就是成群结队从江口顺潮洄游的稻蟹幼体，或是大眼幼体，或是幼蟹。为什么都在近海江段？因为在这一江段时正值幼体蜕变。为什么清明即绝？其实是幼蟹已经蜕变为成蟹，继续溯江洄游或分散四方了。

应该说，这个判断早为清人所及。《（康熙）嘉定县志》卷四载佚名《虮蟹赋·序》："虮蟹，大如豆，二螯八跪，细娟可爱，海塘之民捕之捣浆为腐，奇鲜，非人间口实。或曰：海蟹有子，随潮而入内河，大者食田中稻，至秋末必执一穗，以朝其魁。"郑光祖《醒世一斑录》卷八：道光三年，常熟"蟹秧小如豆粒，来自江海。闰四月二十日前后，海口各港，随潮涌入，多至不可思议。入内地，易长且大，三夏至秋，串串入市，至后愈肥"。先后都指出了虮蟹是稻蟹的幼体，它长大了食稻而肥，或被捕捉后入市而卖，或至秋末执穗洄游至海。不过，清王韬《瀛壖杂志》卷一说："虮蟹较蟛蜞更小，每二三月间随潮而至，近清明即无，俗谓怕纸钱灰也。"与众言一致。接着却说："金钱蟹即虮蟹也。"判断当误，金钱蟹是一种独特的蟹种，显然并非"即虮蟹"。

稻蟹是我国称名最早的蟹种，是我国分布最广、产量最多的蟹种，也是群众最爱吃的蟹种，可是长久以来人们对它的幼体却未涉及，因此，"蟹入海至春即散子"、乘潮而来的其子称"虮蟹"及其他情状的记述，是填补了空白的，从而使人对稻蟹有了完整而全面的把握，所以意义重大。

再说膏蟹。清全祖望《句余土音·赋四明土物·膏蟹》诗注："膏蟹大如鹅眼钱，满腹皆膏。正二月间出江北，梅墟一带皆有之。潮过，团结成球于岸埼间，渔人取而售于市。用姜醋生嚼极脆嫩隽爽，或有人用鸡鸭子加葱以蒸者，或有用腐渣生炒者，味亦清美。过时则足脚生毛，腹裂而死，不中食也。是蟹能吐光。"钱大昕《（乾隆）鄞县志》卷二十八："膏蟹，蟹之至小者，有膏，夜有光，唯正月间有之。"徐兆昺《四明谈助》卷二十八："膏蟹出甬江北浦地，一名交蟹，以其交连不断也。入馔不待烹调，少渍以醢，活取入口中咀嚼，去其渣，鲜活异于常蟹。"

四明，即今浙江宁波市（鄞县为其属县），其境内有流入东海的甬江，这里出产的膏蟹：从大小看，或言"如鹅花钱"，或言"蟹之至小者"；从时间看，或言"正二月出"，或言"唯正月间有之"；从所出时的情态看，或言"潮过，团结成球于岸埼间"，或言"一名交蟹，以其交连不断也"，所指或许也是稻蟹的幼体。全祖望所言"过时则足脚生毛，腹裂而死"，当为幼体蜕皮未遂而死；钱大昕所言"夜有光"，当为幼体群集于水面时其壳的闪光现象。凡此种种推测，虽然有待考定，但是可与虿蟹相互补充，同是宝贵的史料。

"大闸蟹"得名考

大闸蟹是由吴语区人叫开来的，比起稻蟹、毛蟹、河蟹、湖蟹等，称名最晚，现今却流传最广，那么，它是怎么得名的呢？查考起来，大闸蟹之名由来有二：

一说由"煠蟹"演变而来。三国魏张揖《广雅》："煠，瀹也，汤煠也。音闸。"意思是：煠，就是煮，把食物放在水里煮，读音为闸。唐刘恂《岭表录异》卷下："乌贼鱼……煠熟，以姜醋食之，极脆美，吴中人好食之。"这个动词"煠"，至今仍保留在吴方言里，例如煠毛豆、煠芋艿、煠猪头以及"煠一煠""煠勿烂"之类。

煠蟹，早见于宋孟元老《东京梦华录·饮食果子》："炒蟹、煠蟹、洗手蟹之类，逐时旋行索唤，不许一味有缺。"元吾邱瑞《运甓记》第十三出有"闸篊蟹"，从前后文的"炒田螺""煮泥鳅""烧黄鳝"看，此当为"煤篊蟹"。清代嘉庆年间，苏州人袁景澜《吴郡岁华纪丽》和顾禄《清嘉录》里都以"煤蟹"为条目，记载吴地的岁时习俗，每年十月，渔人捕蟹后担入城市，人们买了或相互赠送，或宴客佐酒，"汤煤而食，谓之煤蟹"。可见"煤蟹"已经深入人心，融入民俗，成了秋季的一道食物景观。

到了民国时期，原本是动宾结构的"煤蟹"便演变为名词，并叫成了"大煤蟹"。周振鹤《苏州风俗》里说：三吴本云水乡，鱼虾各物所产皆甚富，而尤以阳澄湖之蟹最好，"食法大都以活蟹加清水、紫苏煮之，手剥而食之，曰大炸（煤）蟹"。汪仲贤《上海俗语图说》里说："上海是富庶之区，每年秋季，家家吃蟹，人人吃蟹，重阳时节，大街小巷，都能听得小贩喊着'要吃大煤蟹'的声音，洋（阳）澄湖出产的红毛脚蟹，倒有一大半吃在上海人的肚子里。"……可能因为"煤"字冷僻，一般人听音写字成了"闸"，对此，现代作家范烟桥在《洋澄湖大蟹》里说："在苏州挑着担子向街头巷尾喊着卖的，还要加'大闸'两字在'蟹'上面，意思是说，这蟹是够'闸'着吃了，是对小蟹只能用于'油酱'而言的。'闸'的方法，是把蟹在沸水里烧透熟。我没有研究过小学，不知道这个'闸'字对不对，可是已经成了通俗字，是无疑的。"应该说，文中所说的"闸"都应写成"煤"，可是也透露出了连文人都如此误写，那么普通群众把"大煤蟹"写成"大闸蟹"就更在情理之中，因此，"大闸蟹"或许就是在误写中得名的。

或说由"篊蟹"演变而来。篊是什么？以一根根竹子，一排溜编了插入水中，从此岸到彼岸，横贯截流，是一种阻拦式的渔具。

为了什么？专为捕蟹而置。蟹是洄游动物，每年三四月间，蟹的幼体从浅海西向，到内陆水泽地带索饵，每年九十月间，又从内陆水泽地带东向至浅海交配繁殖，每当此时，渔民便以簖阻断蟹的东向通道，借以捕捉螃蟹，因此自古以来称作蟹簖，是一种被普遍采用、省力高效的捕蟹渔具。

蟹簖稍露出水面的竹梢是有弹性的，故不妨碍行船，"过簖船搔背"，蟹却因为竹竿密编就被挡住，过不去了。凡东向洄游之蟹，必大、必壮、必成熟、必丰满，它在簖上被捉，于是就有了"簖蟹"的称呼，朱彝尊"村村簖蟹肥"，屈大均"网蟹何如簖蟹肥"，储树人"最是深秋簖蟹好，一斤仅买两筐圆"，等等，他们都格外赞美簖蟹。

簖的形态，或说如篱，或说如帘，或说如栅，或说成是一种特殊的闸，民国《宝山县再续志》卷六："簖开方洞，有门上下，活动如闸然，里避风之灯火，蟹见灯光则上篱而趋入簖中，渔人即可乘机将门闸上，逐一捕捉，如遇蟹阵，每夜能获数十斤。"一般蟹簖，最阔的是两三丈，"但洋澄湖中的簖蟹，纵横交叉，最巨大的簖蟹，有数十丈阔"（张叶舟《洋澄大蟹》），收获当更丰。

20世纪初的苏州、上海一带，每到九十月间，或见渔民挑着竹篓悠长地喊着"大闸蟹呀，卖蟹呀"，或见小贩在摊边短促地喊着"闸蟹来大闸蟹"，或见酒家墙壁上贴着红纸书写的"洋澄湖大闸蟹上市"，以此招徕顾客。那么，大闸蟹是什么意思？现代作家包天笑在《大闸蟹史考》里说，家住阳澄湖畔的昆山人张惟一先生告诉作者："闸字不错，凡捕蟹者，他们在港湾间，必设一闸，以竹编成，夜来隔闸，置一灯火，蟹见火光，即爬上竹闸，即在闸上一一捕之，甚为便捷，这便是闸蟹之名所由来了。"包天笑的迷惘顿解，深以为然。以此而言，"大闸蟹"或由"簖蟹"演变而来，只是以"闸"称"簖"，更容易被城里人和非产蟹区人接受。

应该说，这两种由来的说法，都持之有故，都言之成理，或者可以看作是互补的，共同促成了"大闸蟹"的得名。吴地产蟹，吴人喜蟹，当地人也许没有想到，自己称名的"大闸蟹"，如今已叫遍各地，叫得很响，大有替代先前所称稻蟹、河蟹等名称的趋势。

璅蛣

豆蟹，为甲壳纲、十足目、短尾派蟹类之一。因为形小如豆，故称豆蟹。它生活在浅海区，栖居于蚌蛤、牡蛎等双壳贝类外套腔中，或水母、海葵等腔隙里，主要依靠寄主滤出的浮游生物为食，并与之合体共生，终生相依。它头胸甲圆或横椭圆形，螯足俱备，不过壳薄而软，脚又细弱，已失去外出摄食能力（我国先前的各种典籍里常说"蟹出拾食"云云，则属失察）。它为一个族类，在我国东南沿海已计有20余种，例如中华豆蟹、圆豆蟹等。这类豆蟹在历史上有多种称名，如下：

海镜《越绝书》："海镜蟹为腹，水母虾为目。"（佚文，见唐刘恂《岭表异录》、宋李昉《太平广记》等引录）《越绝书》记春秋越国事，不署撰人姓名。海镜是什么？唐刘恂《岭表录异》云："海镜，广人呼为膏叶盘，两片合以成形，壳圆，中甚莹滑，日照如云母光，内有少肉如蚌胎。腹中有红蟹子，其小如黄豆，而螯足俱备。海镜饥，则蟹出拾食，蟹饱归腹，海镜亦饱。余曾得数个验之。或迫以火，则蟹子走出，离肠腹立毙。或生剖之，有蟹子活在腹中，逡巡亦毙。"之后多有提及，如明杨慎《异鱼图赞》、李时珍《本草纲目》、刘元卿《贤弈编》,清屈大均《广东新语》、李调元《然犀志》、李元《蠕范》等,其解释均按刘说。《越绝书》"海镜蟹为腹",虽然语焉不详,却是中国历史上最早触及了豆蟹寄生于蚌腹的现象。

　　鲒　汉班固《汉书·地理志·会稽郡》:"鄞,有镇亭,有鲒埼亭。"即在鄞县(今属浙江宁波)沿海的曲岸上建有鲒埼亭。稍后,许慎《说文解字》:"鲒,蚌也,从鱼,吉声。"并引用"汉律:会稽郡献鲒酱"。鲒就是俗称的蚌,"鱼"字旁,读作"吉",根据汉律规定,会稽郡要向帝室进献鲒酱。据此,唐颜师古为《汉书》作注曰:"鲒,蚌也,长一寸,广二分,有一小蟹在其腹中。埼,曲岸也,其中多鲒,故以名亭。"从而,鲒就被解作有小蟹寄居于腹的蚌。此解一再被后人认同,宋梅尧臣《送鄞宰王殿丞》诗:"君行问鲒埼,殊物可讲解。一寸明月腹,中有小碧蟹。生意各膈膈,黔角容央央。愿言宽赋刑,越俗久疲惫。"到了清代,鲒已成掌故,被许多人猎奇而及,褚人获《续蟹谱》、钱大昕《鄞县志》等都是,特别是乾隆年间自署"鲒埼亭长"的鄞县人全祖望把自己的集子称《鲒埼亭集》,并作《鲒酱赋》,其中"合体有如榆荚,共生几疑李人",把鲒和蟹的依存状态描摹了出来。稍后,鄞县人徐时栋又作《鲒说》,说明鲒是什么,不过他自称亲验,说鲒实为螺,又混淆了。

　　砺奴　三国吴万震《南州异物志》:"又一种寄居蟹,名砺奴,居蚌腹。"(转录自明胡世安《异鱼图赞补》卷下"寄居"条)宋陈致雍《晋安海物异名记》:"砺壳中有小蟹,时出取食,复入砺壳,谓之砺奴。"(转录自宋曾慥《类说·海物异名记》)元王元恭《至正四明续志》:"在砺壳中者为砺,复入砺腹者曰砺奴。"明李时珍《本草纲目》:"居蚌腹者,砺奴也。"清查慎行《砺奴歌序》:"蟹大如钱，居蚌腹者砺奴也。"由上可知，居"蚌腹"或"砺壳"里的豆蟹都称"砺奴"。"砺"就是牡蛎，双壳不等大，右壳平如盖，左壳大而深且附于它物上，为我国沿海海岸常见。"奴"即奴隶或仆人，古人以为豆蟹"时出取食"是为蚌或砺服役，故统称"砺奴"。

蓟 晋张华《博物志》："南海有水虫名曰蓟，蚌蛤之类也，其中有小蟹，大如榆荚，蓟开甲食，则蟹亦出食，蓟合甲，蟹亦还入，为蓟取以归，始终生死不相离也。"（佚文，见唐段公路《北户录·红蟹壳》、宋李昉《太平御览·鳞介部》引录）照例说，张华是名人，《博物志》是名著，可是此称在其后的古籍中罕见引用，不过张华对"蓟"的解说，却被南朝梁任昉《述异记》改称"蟰"后几乎全盘照抄（明顾起元《说略》又抄《述异记》），就是唐刘恂《岭表录异》释"石镜"亦有承袭，其中说"始终生死不相离也"更是最早指明了蚌蛤之类与寄生其中的豆蟹的相互关联。

璅蛣 晋郭璞《江赋》："璅蛣腹蟹，水母目虾。"（见南朝梁萧统《文选》十二卷）"璅蛣"之名，在历史上此为首见，它源自《越绝书》所说的"海镜蟹为腹，水母虾为目"，两相对照，郭璞只是把"海镜"改成了"璅蛣"（实为一物），而且"璅蛣腹蟹"比"海镜蟹为腹"说得更加准确罢了。就是璅蛣的"蛣"也是把先前"鱼"字旁的"鮚"改成了"虫"字旁的"蛣"（从此，"鮚"字几乎被"蛣"字代替）。在"蛣"字前加个"璅"字（这是一个显示了智慧的加字）而称"璅蛣"，指出了蚌是豆蟹寄居的巢穴，是它安安稳稳、舒舒服服寄居的巢穴，可以说是一个富有意境、语义深刻的称名。因为"璅蛣"确切而形象，也因为《江赋》是名赋，于是传播开来，使璅蛣的称名被最广泛地接受和沿用。举例而言：南朝宋齐间的沈怀远《南越志》："璅蛣，长寸余，大者二三寸，腹中有蟹子，如榆荚，合体共生，俱为蛄取食。"南朝梁任昉《述异记》："璅蛄似小蚌，有一小蟹在腹中。"明黄佐《粤会赋》："蟹或腹于璅蛄。"清胡兆春《逢不若诗》："璅蛄腹蟹饱终难"……他们所说的"璅蛄"指的都是今称豆蟹寄居于腹的蚌。

这里顺便说说"琐珸"或"琐蛄"。唐皮日休《病中有人惠海蟹转寄鲁望》"族类分明连琐珸"，自注云："琐珸似小蚌，有小蟹在腹中，珸出求食，故淮海人呼为蟹奴。"明陆容《菽园杂记》："浙东海边有小蚌，名琐蛄，壳中必有一小蟹，失蟹即死，皆异类也。"两称各有沿用。可是推究起来，当均属误书：其一，从皮日休和陆容的释义看，说的都是郭璞命名的"璅蛄"；其二，郭璞所言的"璅蛄腹蟹"却被清桂馥《札朴》和段玉裁《说文解字注》写成"琐蛄腹蟹"，尽管段注说"琐者，小也"，似乎示别，但仍掩盖不了此属"鲁鱼亥豕"现象。

箸　南朝梁任昉《述异记》："南海有水虫名曰箸，蚌蛤之类也。其小蟹大如榆荚，箸开甲食，则蟹亦出食，箸合甲，蟹亦还入，为箸取食以终始，生死不相离。"对照前述张华《博物志》中的"蓟"，除了称名之外，其所释文字几乎一致。不过称"蓟"令人难解其中缘由，而"箸"同"箸"，今称筷子，筷子是成双成对的，意味着蚌蛤和豆蟹之不能相离。任昉的称"箸"后被清屈大均《广东新语》、李调元《然犀志》等提及。

蟹奴　此有二说。一说是任昉《述异记》："璅蛄似小蚌，有一小蟹在腹中，为出求食，故淮海之人呼为蟹奴。"之后提到"蟹奴"的有：唐皮日休《病中有人惠海蟹转寄鲁望》"族类分明连琐珸"的自注，明陈继儒《珍珠船》，清褚人获《续蟹谱》、李调元《然犀志》等，大致皆依任说。一说是唐段公路《北户录》："海上有小蟹，大如钱，腹下又有小蟹附之，如榆荚，名曰蟹奴。"之后提到的如宋罗愿《尔雅翼》，明李时珍《本草纲目》、谭贞默《谭子雕虫》，清李元《蠕范》等，大致皆依段说。两说所及均属豆蟹，只是寄主不同而已。必须说明的是，"蟹奴"之称，今蟹著亦见，而采段说，即专指寄生于蟹的腹部、吸取其体液而生存的豆蟹。

寄居"寄居虫"或"寄居蟹"，先见于三国吴万震《南州异物志》，那是指今称的寄居蟹，而称豆蟹为"寄居"则始自唐段成式《酉阳杂俎前集》卷十七："寄居，壳似蜗，一头小蟹，一头螺蛤也。寄在壳间，常候蜗（一名螺）开出食，螺欲合，遽入壳中。"称名"寄居"而所释与前述张华《博物志》所记的"蓟"、任昉《述异记》所记的"箭"、刘恂《岭表录异》所记的"海镜"等略同，可见是一种寄居于螺蛤壳间的豆蟹。

螺蟹明毛宪《题顾松石螺蟹画》："形殊气相附，妙合乃天成。嗟彼螺与蟹，两庇真有情。螺资蟹腹脒，蟹寄螺身宁。依辅始成体，离绝必俱倾。"此称"螺蟹"，从诗句看，当是寄居于螺壳中的豆蟹。

共命赢（通螺）清屈大均《广东新语》卷二十三"璅蛣"条："然璅蛣清洁不食，但寄其腹于蟹，蟹为璅蛣而食，食在蟹而饱在璅蛣，故一名共命赢。"此后范端昂《粤中见闻》亦及。其说并不符合实际状况（前已说明），可是"璅蛣"却又有了一个"共命赢"的别名。

蚌孥清屈大均《广东新语》卷二十三"璅蛣"条："又有海镜，二壳相合甚圆，内亦莹洁，有红蟹子为取食，一名石镜，其腹中小蟹曰蚌孥，任昉谓之箭。"此称范端昂《粤中见闻》、李调元《然犀志》亦及。把海镜（又名石镜或箭等）中的小蟹称"蚌孥"，孥，或指儿女，或指妻子和儿女，或通"奴"，给人以更大的想象空间，而且此称比起"海镜""璅蛣""筛"之类指涉更加单一，更准确形象。

憨饱　清桂馥《札朴》："胶州有海蚌，俗称憨饱，初不知其何物也。厨人具食，中有小蟹，熟则色白而青，有一道红线。"接着，桂馥《札朴》引录郭璞《江赋》、沈怀远《南越志》给以说明（卷九）。可见实为璅蛣或海蚌，称"憨饱"乃是一个地域性的称呼。憨就是傻，傻呼呼的，先人以为海蚌饥，寄居其中的豆蟹为它出食，豆蟹归腹，海蚌亦饱，故有"憨饱"的俗呼。

蟹螺　清郑光祖于道光二年（1822）所撰的《醒世一斑录·杂述五》里说："波螺，与蛳螺大小固不等，长短圆扁亦各不同，而其中皆是一蟹，并名蟹螺，此乃天地生成之物，并非蟹入空螺壳也。"如是，所说当亦为豆蟹。

寄居虫

寄居蟹，为甲壳纲、十足目、歪尾派动物之一。在十足甲壳类里，除了长尾派的虾和短尾派的蟹之外，还存在着介于虾和蟹之间的歪尾派，其中包括寄居蟹。它生活在浅海潮间带，通常寄居于空螺壳，长大后，便再找大小合适的螺壳住进去，负壳爬动，稍一受惊就缩进螺壳。它身体细长，头部似蟹，腹部柔软，螯足一大一小，挡住螺口，以御外敌，前两对步足细长，用以爬行，后两对步足短小，末端粗糙，可以紧紧支撑螺壳内壁，使身体保持稳定。它是一个族类，在我国东南沿海已计有30余种，例如方腕寄居蟹、栉螯寄居蟹等。这类寄居蟹在历史上有多种称名。

蜎蟏《尔雅·释鱼》："蜎蟏，小者蟧。"对此，晋郭璞《尔雅注》："螺属，见《埤苍》。或曰：即蟛蜎也，似蟹而小。"自此，《尔雅》及其郭注被历代人所热议，争议主要集中在"蜎蟏"是哪一种蟹？或说为寄居于螺壳的蟹。依据是三国魏张揖《埤苍》(已佚)所说的"螺属"。持此说者举三国吴万震《南州异物志》"海边寄居虫，形如蜘蛛，有螯似蟹，本无壳，入空螺壳中，戴壳而见"等为例，以证其实。宋郑樵《尔雅注》、清郝懿行《尔雅义疏》等均以为"殆指此也"。

寄居虫 三国吴万震《南州异物志》："海边寄居虫，形如蜘蛛，有螯似蟹，本无壳，入空螺壳中，戴壳而见。"(转录自唐欧阳询《艺文类聚》卷九七"鳞介·螺"条) 应该说，"寄居蟹"一名亦见是书(参见明胡世安《异鱼图赞补》引录)，可是指的是居蚌腹的"砺奴"，而上引的"寄居虫"才是今称的寄居蟹。唐段成式在《酉阳杂俎续集》进一步说："寄居之虫，如螺而有脚，形似蜘蛛。本无壳，入空螺壳中，载以行。触之缩足，如螺闭户也。火炙之乃出走，始知其寄居也。"之后，宋罗愿《尔雅翼》、清周象明《事物考辨》等均及。把"寄居蟹"称作"寄居虫"，那是因为我国古人对"虫"观念的理解极为宽泛，凤凰为羽虫，麒麟为毛虫，神龟为甲虫，蛟龙为鳞虫，连人都称倮虫，何况"蟹"字里本有一个"虫"字，故称此"寄居虫"为逻辑使然。

蝐 三国吴沈莹《临海水土异物志》："蝐似虾，中食益人颜色。"(见萧统《文选》中郭璞《江赋》注引) 唐孙愐《唐韵》："寄居在龟壳中者，名曰蝐。"(见明胡世安《异鱼图赞补》卷下"寄居"引录) 清郭柏苍在《海错百一录》里说，凡寄居者"皆有似虾非虾，似蟹非蟹者"，此说与现代人对寄居虾(蟹)的把握一致，故既云"似虾"，当即今称之寄居虾或寄居蟹，"蝐"只是"寄居在龟壳中"而已。

蚎 自南朝梁顾野王《玉篇》"蚎，似蟹"之后，唐孙愐《唐韵》"蚎，蛤属，似蟹"（见宋傅肱《蟹谱·唐韵》），宋陈彭年《广韵》"蚎，蛤蟹"，辽释行均《龙龛手鉴》"蚎，蛤，蟹属也"，清张玉书《康熙字典》"蚎，蛤蟹"。据此，蚎仅见于历代字书，而且极为冷僻，难解其由，从释义推测，当是寄居于蛤的蟹类。

蜻 唐陈藏器《本草拾遗》："又南海一种似蜘蛛，入螺壳中，负壳而走，触之即缩如螺，火炙乃出。一名蜻。别无功用。"（佚文，见李时珍《本草纲目》四十五卷介部二"寄居虫"引录）清李元《蠕范》：蜻"有合体共生者，有枯壳寄生者，大约螺蚌蛤蟹各介虫枯壳未损，皆可感气而生物，但枯壳有生肉不生肉之别耳"。《蠕范》所言"合体共生者"为璖蛣、海镜之类，"枯壳寄生者"当是今称的寄居蟹。"蜻"，从陈藏器所言看，即贝类动物中的螺，此称比较罕见。

寄生 明王世懋《闽部疏》："寄生最奇，海上枯蠃壳存者，寄生其中，戴之而行。味形似虾，细视之有四足两螯，又似蟹类。得之者不烦剔取，曳之即出，以肉不附也。炒食之，味亦脆美。"清吴绮《岭南风物志》："惠州海滨，别有二湖，一咸一淡，各产小蟹，其大如钱，以螺壳为房，寄居其内，名曰寄生。好事者捕得，就其房之广狭，别以金银模之，虫见光彩，即弃旧巢而居焉。贮于香奁纸裹中，颇堪把玩。"清徐葆光《中山传信录》："蟹，螺中者名寄生也。"之后，清王大海《海岛逸志》、郭柏苍《海错百一录》等亦及。由上可见，福建和广东古人均把寄居蟹称之为"寄生"，"寄生"比之"寄居"，更显活力。

寄生蠃 清屈大均《广东新语》卷二十三"蠃"条:"有寄生蠃","其虫如蟹,有螯足,腹则蠃也。以佳壳或以金银为壳,稍炙其尾,即出投佳壳中,海人名为借屋。以之行酒,行之某客前驻则饮,故俗以为珍"。蠃通螺,寄生蠃即寄居于空螺壳中的蟹。

蝓螯 清屈大均《广东新语》卷二十三"蠃"条:"有蝓螯者,二螯四足,似彭蜎,其尻柔脆蜿屈,则每窃枯蠃以居,出则负壳,退则以螯足扦户,稍长,更择巨壳迁焉,与寄生虫异名。"从所释看,与寄居蟹吻合。蝓即蜗牛,称之为"蝓螯",这"异名"的比喻义是很有意思的,然而却很冷僻。

四不相、锥子把 清郝懿行《记海错·寄居》:"有自洋泊携来者,京师人谓之四不相,儿童喜弄之。其壳形色诡异,大小差殊,或圆口白如钱,莹净可玩,取置器中,投以饭颗,其虫亦出啖之。四不相者,以其似蟹乃有首,似虾乃有螯(螯),似蠃(螺)乃有足,似蜘蛛乃有壳也。登州海中一种小而锐者,俗名锥子把,壳碧绿色,层累如浮图,其中虫宛如山蜘蛛,与洋舶者同也。"两个名称都有特色,都很形象。

龙种 道光十年(1830)《晋江县志》卷七十三"物产志·介之属":"寄生,俗呼龙种,海中螺壳虾蟹之属,寄生其中,形亦似螺,火热其尖则走出。"古人以寄生为奇,故福建晋江人给它起了个带有神秘色彩的"俗呼龙种"的名称。

寄居虾 近人徐珂《清稗类钞·动物类·寄居虾》:"寄居虾,虾属,以其形略似蟹,故又名寄居蟹。体之前半有甲,后半为柔软肉体,常求空虚之介壳而入居之,腹部为螺旋状,与介壳合,故称蟹螺。第一对脚则为大螯,以捕取食物,并为闭塞壳口之用。种类甚多,有居木孔及海绵中者。"因此为似虾似蟹、非虾非蟹的中间物,故有两名。

蟛 蚑

蟛蚑，今称相手蟹，属方蟹科类，头胸甲略呈四方形，两螯不等长大，种类较多，常见的是红螯相手蟹，螯足无毛，红色，步足有毛，此外还有无齿相手蟹等，是一个族类，穴居于通海河道的泥滩或田埂草间，善于钻洞攀爬，损坏堤岸和稻谷等农作物，我国沿海各地都有分布，尤以南方为多。此种蟹类，先民曾经给以种种称呼，受时代局限，这些名称相互缠夹、混杂淆乱，而且大多数称呼现今已弃而不用，难以辨识，故一并录此，稍作说明，以备考实。

蜎蟧、蛑 先见于《尔雅·释鱼》："蜎蟧，小者蛑。"对此，或解读为寄居蟹，或解读为蟛蚑，南朝梁刘峻《世说新语·纰漏》注："《尔雅》曰：蜎蟧，小者蛑。即彭蚑也，似蟹而小。今彭蚑小于蟹，而大于彭蛑，即《尔雅》所谓蜎蟧者也。"宋高似孙《蟹略·蟛蚑》云："蟛蚑，小蟹，文似蜎，所谓蜎蟧者也。"到底是寄居蟹还是蟛蚑，这是一个历史悬案。

拥剑 先见于东汉杨孚《异物志》："拥剑状如蟹，但一螯偏大尔。"（见北朝齐·颜之推《颜氏家训·文章第九》）西晋崔豹《古今注·鱼虫第五》蟛蚑"其一有螯偏大者，名拥剑"，宋姚宽《西溪丛语》卷上"拥剑，如彭蚑之类，蟹属，一螯偏大，故谓之拥剑"，清徐兆昺《四明谈助》卷二十八"彭越，一名彭蚑，螯赤者名拥剑"，等等。大多认为属蟛蚑一类，不过当今蟹著或说它属招潮蟹类，存疑待考。此外，唐李善为西晋左思《吴都赋》所作注云："拥剑，蟹属也。从广二尺许，有爪，其螯偏大，大者如人大指，长二寸余，色不与体同，特正黄而生光明，常忌护之如珍宝矣，利如剑，故曰拥剑。其一螯尤细，主取食。出南海交趾。"（见南朝梁萧统《文选》卷五）虽亦名拥剑，当为另类。

彭蜞 先见于三国吴沈莹《临海水土志》，在谈及竭朴时说"大于彭蜞"，谈及沙狗时说"似彭蜞"，谈及招潮时说"小如彭蜞"等。西晋郭璞《尔雅注》对"蟛蟧，小者蟧"注"或曰即蟛蜞也，似蟹而小"，扩大了"彭蜞"一名的影响。彭蜞是什么？历代解读不一，北朝齐颜之推《家训·正俗音》说："有毛者曰蟛蜞，无毛者曰彭蜞，堪食。"然而，自蔡谟误食蟛蜞几死，谢仁祖说"卿读《尔雅》不熟"（见南朝宋刘义庆《世说新语·纰漏》）后，"蟛蟧"以及郭璞注的"蟛蜞"，就被许多人解读为蟛蜞。

竭朴 先见于三国吴沈莹《临海水土志》："竭朴，大于彭蜞，壳黑斑，有文章，螯正赤，常以大螯障目，屈小螯以取食。"宋罗愿《尔雅翼·蟹》，明冯时可《雨航杂录》卷下、张自烈《正字通》，清李元《蠕范》卷七等谈及竭朴时皆循沈说。竭朴是什么？唐刘恂《岭表录异》里说"乃大蟛蜞也"，可聊备一说。今人则将其归到了招潮蟹类。

蟛蜞（彭蜞、彭蚑、螃蜞） 先见于西晋崔豹《古今注·鱼虫第五》："蟛蜞，小蟹，生海边泥中，食土。"五代后唐马缟《中华古今注》转载，文字相同，唯条目称名"蟛蚎"。自崔豹首称蟛蜞后被历代广泛沿用，例如南朝梁陶弘景"海边又有蟛蜞，似彭蜞而大，似蟹而小，不可食"（见明李时珍《本草纲目·蟹》），宋司马光《类篇》"彭蜞，虫名，似蟹而小，不可食"，等等。因为我国东南沿海蟛蜞极多，所以古籍中提及蟛蜞的不可胜记。此称或作

"彭蚑"（唐苏鹗《苏氏演义》卷下），或作"螃蜞"（明屠本畯《闽中海错疏》卷下）。

长卿　先见于西晋崔豹《古今注》：蟛蜞"一名长卿"。之后，东晋干宝在《搜神记》里说："彭蚎，蟹也。尝通梦于人，自称长卿，今临海人多以长卿称之。"又："《述异记》云：司马相如没后，卓文君梦蟛蜞，自称长卿。明日果见蟛蜞。文君终身不食蟹。"（《述异记》未详，此见明谭贞默《谭子雕虫》卷下）又："王吉夜梦一蟛蜞在都亭作人语曰：'我翌日当舍此。'吉觉异之，使人于都亭候之，司马长卿至。吉曰：'此人文章当横行一世。'天下因呼蟛蜞为长卿。卓文君一生不食蟛蜞。"（元伊世珍《瑯嬛记》卷上引《成都旧事》）这里把"蟛蜞"和"蟛蚎"又称"长卿"，和西汉著名辞赋家司马相如（原字长卿，因慕蔺相如为人改名相如）比附，演化成了历史故事。

执火　先见于崔豹《古今注》：蟛蜞"一名执火，甚螯赤，故谓之执火云"。之后多有提及，例如唐苏鹗《苏氏演义》卷下、宋苏颂《本草图经》、明黄仲昭《八闽通志》卷二十五、清郭柏苍《海错百一录》卷三等，皆沿用崔说。当今蟹著将其归为招潮蟹类。

蟛蚎（彭越、蟛蜐、蟛蚎、彭蚎）　先见于东晋干宝《搜神记》卷十三："蟛蚎，蟹也。尝通梦于人，自称长卿，今临海人多以长卿称之。"唐白居易诗"乡味珍蟛蜐"（一作"彭越"，《和微之春日投简阳明洞天五十韵》），唐苏鹗"彭越子，似蟹而小，扬楚间每遇寒食，其俗竞取而食之"（《苏氏演义》卷下）。因此名与助刘邦灭项羽后被封为梁王的彭越相同，后被演化成历史故事："世传汉（汉高祖和吕后）醢（剁成肉酱）彭越，赐诸侯，英布（时为淮南王）不忍视之，覆江中化此，故曰彭越。"（刘、冯《事始》，见宋高似孙《蟹略·蟛蜎》）流传不息。这是一种什么蟹呢？或以为就是蟛蜞，明谭贞默《谭子雕虫》卷下"越字或作蟛，或作蚏，或作蛃，皆意造"，清李元《蠕范》卷七"蟛蜎，蛴也，蜞蟫也，蟛蚏也，彭越也，小于蟹，足无毛，螯微有毛，生泥涂中，食土"，清周靖《篆隶考异》卷三说"彭越即彭蜞也"；或以为与蟛蜞有别，就叫蟛蚎，宋傅肱在《蟹谱·总论》"蟛蚎者，二月三月之盛出于海涂，吴俗犹所嗜尚，岁或不至，则指目禁烟，谓非佳节也"，又"同蟛蚎差大而毛，好耕穴田亩中，谓之蟛蜞，毒不可食"。如是，那么蟛蟪就是今称的厚蟹，它与蟛蜞形态相似，而且两者均属方蟹科类。

桀步（揭哺子）先见于宋苏颂《本草图经》："一螯大，一螯小者名拥剑，一名桀步，常以大螯斗，小螯食物，又名执火，以其螯赤也。"（见明李时珍《本草纲目·蟹》）接着，宋陆佃《埤雅·蟹》里就其得名缘由推测说："拥剑一名桀步，岂非以其横行，故谓之桀步欤？"一般认为，桀步为小蟹，或为蟛蜞一类，或为招潮一类，唯宋叶廷珪在《海录碎事·水族门》里说："拥剑一名桀步，盖蟹之类，蟛蚌是也。"此外，明屠本畯在《闽中海错疏》卷下说桀步"一名竭哺子"，恐怕是音近之故。

林禽 宋郑樵《通志》卷七十六"昆虫草木二"里说："彭蜞，吴人语讹为彭越，南人为之林禽，可食，作蚱尤佳。"今人将其归为厚蟹类。

蟻（yì）宋戴侗《六书故》卷二十："蟻，似彭蜞，可食，薄壳而小。"后又见明冯时可《雨航杂录》、张自烈《正字通》等。明胡世安《异鱼图赞补》卷下："小则有蟻。大则竭朴。唯兹蟛蜞，与蜞混错。"今人将其归为近方蟹。

卢禽、芦禽　宋《淳熙三山志》卷三十"物产"："彭蜞似蟹而小。吴人语讹，呼为彭越，今海畔有卢禽，似之。"之后，明屠本畯《闽中海错疏》卷下《介部·蟹》、清郭柏苍《海错百一录》卷三作"芦禽"，描述近似，是否为同一种，待考。

青越　宋陈耆卿《赤城志》："彭越，《尔雅》名彭蜞。土人以其色青呼为青越。"

蟛子　元杨维桢《海乡竹枝歌》："门前海坍到竹篱，阶前腥臊蟛子肥。"楼卜澧注"蟛似蟹小"。清何绛《广州竹枝词》"蟛子春肥百舌啼"，也用了"蟛子"的称呼。此为蟛蜞还是蟛蚎，待考。

涂蜥（zhé，涂蜞）明屠本畯《闽中海错疏》卷下有明徐𤊹《补疏》："涂蜥，俗称涂蜞，产长乐。"

白蟛蜞、毛蟛蜞　清屈大均《广东新语·蟛蜞》："其白者曰白蟛蜞，以盐酒腌之，置荼蘼花朵其中，晒以烈日，有香扑鼻。生毛者曰毛蟛蜞，尝以粪田饲鸭，然有毒，多食发吐痢，而潮人无日不食，以当园蔬。"

小娘蟹　清屈大均《广东新语·蟹》："小娘蟹，其螯长倍于身，大者青绿如锦，味与诸蟹同，而新安人贱之，惟熟其螯以进客。"

红钳《（雍正）象山县志》："拥剑，俗名红钳。"清姚燮《西沪棹歌》"拥剑爬沙九月魁"，自注"拥剑即红钳蟹名之佳者"。

海沙锋《（雍正）象山县志》："竭朴，俗名海沙锋。"

青蚶（hān）清黄叔璥《台海使槎录》卷三："青蚶蟹，青白色，两螯大。"又，《（光绪）漳州府志》卷三九"物产"："彭越似蟹而小，今漳人呼为青蚶。"

赤脚、港蟹　清郭柏苍《海错百一录》（成书于1886年）卷三："赤脚，拥剑之属，又名桀步。泉州、福州称赤脚，莆田谓之港蟹，

《三山志》揭捕子。一螯大，一螯小，穴于海滨，潮退而出，见人即匿，捣为酱，有风味。"

长跤蟹 清郭柏苍《海错百一录》卷三："长跤蟹，海蟹之下品者，产于夏，色黑，壳方，脚特长，腌食。临海皆产之。"此可作先前"长卿"之名来由的佐证。

虎头蟹 清青城子《志异续》卷四"海中蟹"："又有一种，色黄黑质亦小，背上有二圆眼，白眶黑睛，俨然虎面，土人目为虎头蟹，云有毒不可食。按：此亦蟛蜞类也。"今有虎头蟹科，此按或有误。

蝤 蛑

蝤蛑是一个族类，包括了梭子蟹属、青蟹属、蟳属等，我国已计蝤蛑类的海蟹80余种，为自古以来人们喜爱食用的蟹类之一。

梭子蟹属 它的头胸甲呈梭子状，故名。壳灰绿色。大螯长大，末端步足的趾节卵圆形，扁平宽大，如桨状，可以游泳。最著名的是三疣梭子蟹，背面有三个疣状隆起，分布从辽宁到广东沿海各地，产量多。此外有远游梭子蟹、红星梭子蟹等。

青蟹属 外形近似梭子蟹，两螯不等大，背甲隆起而光滑，较为圆钝，呈青绿色，腹甲灰白色。我国东南沿海常见的锯缘青蟹，常栖息于温暖而盐度较低的泥质浅海中，肉味甜美，营养丰富，现可以人工养殖。

蟳属 它头胸甲扁圆，表面光滑，壳色不一。螯足长于步足，末端步足桨状，常栖息于海滩石堆下或海藻间。著名的日本蟳，分布于我国沿海各地，其他如斑纹蟳、异齿蟳等。

以上蟹类，我国古人曾给以种种不一的称呼，可是因形态近似，相互混杂，况且大多数名称今已弃而不用，故难以辨识，现合并罗列，稍作说明。

蟳蛑（蟳、蛑、蟳蝤、蝶、蟳蝶） 蟳蛑之称，初见于东汉杨孚《异物志》："芦鳟似蟳蛑而有细文，多膏，肥美，形大如芦管，本出地中，随泉浮出，俗名芦鳟。"芦鳟是哪种鱼类，不详；蟳蛑是否为蟹类，亦不详。可是却因比喻而捎带出了"蟳蛑"的称呼。东晋祖台之《志怪》里记载了一个商人，他在会稽山阴县东灵慈桥下的船上，给前来私会的郭氏女，"设食蟳蛑，食毕，女将两蟳蛑上岸去"云云（见《太平御览》引录），说的就是称蟳蛑的海蟹了。之后，南朝梁顾野王《玉篇》"蛑，蟳蛑也"，北朝齐颜之推《家训·正俗音》"蟳蛑，大蟹也"，唐孙愐《唐韵》"蟳蛑，似蟹而大，生海边"（见宋傅肱《蟹谱·唐韵》条）。大概因"蟳"字中含"酋"（头领），后人便说："鱼之大而有力者称鳟，介之大而有力者称蟳，皆言其遒劲也。"（清·郭柏苍《海错百一录》卷三）那么，蟳蛑为蟹中巨大而有力者，据字面解释，却也符合实际。

对此，唐陈藏器《本草拾遗》作了具体说明："蟳蝶，大者长尺余，两螯至强。八月能与虎斗，虎不如。随大潮退壳，一退一长。"（见宋掌禹锡《嘉祐本草》）唐刘恂《岭表录异》卷下说得更为详明："蟳蛑乃蟹之巨而异者，蟹螯上有细毛如苔，身有八足，蟳蝤则足无毛，后两小足薄而阔，俗谓之拨棹子。与蟹有异，其大如升，南人皆呼为蟹，有大如小碟子者。八月，此物与人斗，往往夹杀人也。"必须指出，陈藏器所说的"蟳蝶"，被段成式改为"蟳蛑"（辽释行均《龙龛手鉴》、宋司马光《类篇》等字书认为"蝶或作蛑"），刘恂有"蟳蛑"和"蟳蝤"之别，可是之后"蟳蝶"

或"蝤螯"之称极少，大多以"蝤蛑"称呼。自唐代之后，许许多多人，凡及蝤蛑，皆依陈、刘之说，或只是稍作补充而已。

从现有文字材料看，在这个蟹类里，蝤蛑之称，使用的人最多，出现的频率最高，产生的影响最大。它进入了诗，宋欧阳修"为我办酒肴，罗列蛤与蛑"（《怀嵩楼晚饮示徐无党无逸》），宋郑獬"正是西风吹酒熟，蝤蛑霜饱蛤蜊肥"（《再至会稽》），宋苏轼更以《丁公默送蝤蛑》为题写了一首著名的诗。它被编成了谚语"八月蝤蛑可敌虎"（见宋舒亶《和马粹老四明杂诗》注）。它演出过悲剧，据宋胡榘、罗濬纂修《（宝庆）四明志》卷四"叙产"："乡之城东江边有蝤蛑庙，俗传有渔人获一巨蝤蛑，力不能胜，为巨螯钳而死，今庙即其地。前贤多呼四明曰蝤蛑州。"它引发过笑谈，据宋罗大经《鹤林玉露·尤杨雅谑》载，南宋诗人杨万里戏称挚友尤袤为"蝤蛑"，引得"一坐大笑"。杨万里还写诗以蝤蛑夸赞尤袤，"宝气蟠胸金欲流"，意思是，你这只蝤蛑的胸腔里充满着宝气，金色的蟹黄简直快要流淌出来了。

蟚（jié，**蟚**）南朝梁陶弘景云："阔壳而多黄者名蟚，其螯最锐，断物如芟刈焉。"（见明胡世安《异鱼图赞补》卷下"蟚"）南朝梁顾野王《玉篇》："蟚，似蟹也。"据元王元恭《至正四明续志》卷五"蟚，字或作蟚"、明张自烈《正字通》"《六书故》作蟚，亦作蟚"等，可见字虽不同，所指为一。之后，或称蟚，如宋郑樵"蟚如升大，颇似蝤蛑而壳锐"（《通志·昆虫草木二》），明黄仲昭"蟚，似蟹而大，壳两旁尖出而多黄，螯铦利，截物如剪，故得名"（《八闽通志》卷二十五"介之属"），清施鸿保"蟚则两旁有尖棱如梭，两螯皆长，中亦有齿若锯，惟后足则于蝴同，扁而圆"（《闽杂记·蟚》）；或称蟚，如唐孙愐"蟚似蟹，生海中"（见宋·傅肱《蟹谱·唐韵》），宋司马光"蝤，虫名，海蟹也"（《类篇》），宋傅肱"匡长而锐者谓之蝤"（《蟹谱·总论》）。从这些记载所勾勒的形态等看，蟹或蝤，都是今称的梭子蟹。

鮨魟、江蜥、蜥、鮡鮆、鮨鮡 唐孙愐《唐韵》"鮨魟，江虫也，形似蟹，可食"，"江蜥，似蟛蜞，生海中"（见宋傅肱《蟹谱》"唐韵"条）。宋司马光《类篇》"蜥，鮡鮆，鱼名，似蟛蜞，生海中"，清李元《蠕范》卷七"鮨鮡，鮡鮆也，似蟛蜞，亦似鲨"。这些记载称名虽异，但既然都说"形似蟹"和"似蟛蜞"，所言或为同一种，可能为蟛蜞类（说"江虫"或"鱼名"，那是古人视角不一的缘故，例如蟹，视为鱼者写作"鱪"，视为虫者写作"蟹"）。这些名称，除字书收录外，十分稀见。

拨棹子 此名初见于唐刘恂《岭表录异》卷下："蟛螖则螯无毛，后两小足薄而阔，俗谓之拨棹子。"棹是一种形状如桨的划船工具，蟛螖"后两小足薄而阔"，与之形似。拨棹子是什么意思？用今天通俗的语言说，就是划桨手或摇橹儿。之后，宋唐慎微《大观本草》卷二十一说："扁而最大，后足阔者为蟛蜞，岭南人谓之拨棹子。"元王元恭《（至正）四明续志》，明王世贞《汇苑详注》、冯时可《雨航杂录》，清朱绪曾《昌国典咏》等更以拨棹子称蟛蜞。

武蟳 宋陈致雍《晋安记》云："蟛蜞断物若芟，如牟焉。又曰武蟳"（见宋高似孙《蟹略·蟳》）。芟，割；牟，求取。先前陶弘景谈蟹已如是说，此为蟛蜞，而武蟳之名则独见于此，一个"武"字勾勒了蟳为求取食饵"断物若芟"的情态。由此还证实，古人常常将蟹、蟳、蟛蜞混称。

石蟛蜞、青蟳、黄甲 宋姜屿《明越风物志》："蟛蜞，并螯十足，在海边泥穴中，潮退探取之，四时常有。雌者厣大而肥，重者踰数斤，其小而黄者谓之石蝤蛑，肉硬。最大者曰青蟳，小者曰黄甲，后足阔者又曰拨棹子。”（此书已佚，据宋高似孙《蟹略》“蝤蛑·蟳”条，胡榘、罗濬《（宝庆）四明志》；清孙之𫘤《晴川续蟹录》、钱大昕《（乾隆）鄞县志》卷二八“物产”等互校引录）之后，除引录《明越风物志》，罕见石蝤蛑的称呼。清谢道承《（雍正）福建通志》卷十“物产”载“又有石蟳，一种差小而壳坚如石，冬春时有之”。所说石蟳是否为石蝤蛑，待考。不时被提到的是青蟳，例如宋陈耆卿《赤城志》卷三六：“蝤蛑八足二螯，随潮退壳，一退一长，最大者曰青蟳。”它还被写进了诗，例如宋洪炎《石湖院》：“丹荔荐盘惊北客，青蟳供馔识炎洲。”说得稍为具体的是元戴侗《六书故》卷二十：“蟳，青蟳也，螯似蟹，壳青，海滨谓之蝤蛑。”诸人所说青蟳，今称青蟹。涉及最多的是黄甲，例如明王世懋《闽部疏》“蟹之别种曰蝤蛑，吾地名黄甲”，明谢肇淛《五杂俎》卷九“闽中蝤蛑……在云间名曰黄甲”；对黄甲有所发明的，例如明彭大翼《山堂肆考》卷二二五“退壳即长”条按语：“蝤蛑一名黄甲，蟹之最巨者，壳纯青色，有两尖横出，螯圆无毛，两螯八足，后二足扁而俯。”此外，黄甲入诗，例如宋陆游《对酒二首》“黄甲如盘大”，清林中麒《乍浦竹枝词》“黄甲螯夸缩项鳊”等。宋洪迈《夷坚志丙志》卷九“上竺观音”：有个湖州书生徐扬，在临安上竺观音求梦，“梦食巨蟹甚美”，大家解梦，“以为必中黄甲之兆”，后徐扬果登科。旧时，科举甲科及第者的名单是用黄纸书写的，故名黄甲，与蟹名相符，故而如此解梦。

赤蟹、白蟹《海物志》云：“蓝俗呼曰蟹，经霜有膏曰赤蟹，无膏曰白蟹。”（《海物志》不详，此录自宋高似孙《蟹略》“缸蟹”条）之后，宋胡榘、罗濬《（宝庆）四明志》卷四，元王元恭《（至正）

四明续志》卷五，明冯时可《雨航杂录》卷下等，亦如是说。赤蟹
罕见提及，白蟹却频频被人提及，如宋吴自牧《梦粱录》有"买卖
白蟹""白蟹辣羹"等，宋蒋之奇诗逸句"秀蹙青螺结，香持白蟹
螯"（见宋高似孙《蟹略》"香"条），宋陆游《秋日杂咏》"白蟹蝤
鱼初上市，轻舟无数去乘潮"，宋刘仙伦《得蟹无酒》"水乡秋晚
得白蟹，望断碧云无酒家"等。

赤玉盘　宋苏轼《丁公默送蝤蛑》："喜见轮囷赤玉盘。"此句或
可解读为，蝤蛑煮熟了，端上桌子，蟠屈着，好像一只赤色的玉
盘。可是据清王文浩辑注《苏轼诗集》注引，《大观本草》云："赤
玉盘，生南海中，其螯最锐，断物如芟刈，扁而最大，后足阔者
曰蝤蛑，南人谓之拨棹子。大者如升如盘，小者如盏碟。两螯如
手，异于众蟹。一名执火，其色赤。"（今本未见）如是，苏轼诗句
就是以赤玉盘称蝤蛑了。

蟳　宋朝风行称蟳，苏颂"蝤蛑一名蟳"（《本草图经》，已佚，
录自明陈懋仁《庶物异名疏》卷二十八"鳞介部"），郑樵"蝤蛑
一名蟳"（《通志·昆虫草木二》），唐慎微说蝤蛑"一名蟳"（《证类
本草》卷二一），梁克家"蝤蛑，俗呼为蟳"（《（淳熙）三山志》卷
四二）……他们都把蟳作为蝤蛑的别称。不过后人亦有补说，例如
清胡世安《异鱼图赞补》卷下"蟳乃蝤蛑之大者"，清郭柏苍引
《闽书》"蟳壳圆而色清，蠘壳尖而有紫点，蟳螯光圆，蠘螯有棱
而长"（《海错百一录》卷三）。为什么叫它蟳呢？明林日瑞《渔书》
说："蟳，一名黄甲蟹，生海岸中，壳圆而滑，后脚有两叶如棹而
阔，其螯无毛。穴处石缝中，惯捕者遍寻其穴而得，故名蟳。"（见
清胡世安《异鱼图赞补》卷下"蝤蛑"条）古人据字解读，不无
道理。

虎蟳 宋陈耆卿《（嘉定）赤城志》卷三六："蝤蛑八足二螯，随潮退壳，一退一长，最大者曰青蟳，斑者曰虎蟳，后二足扁阔名拨棹子。"把虎蟳作为蝤蛑的一种，以"斑"称之。后亦有称蝤蛑的一种为虎蟳的，例如《宁波志》："蝤蛑生海边，大者曰蟳，有虎斑文随潮湮沦者名虎蟳，小者名黄甲。"不过，它是蟳类还是今称中华虎头蟹，待考。

翠蟳 宋高似孙诗逸句："豆蔻雨分霁，翠蟳雪炊香。"（见其《蟹略》卷三"蟳"条）

金蟳、红蟳 明屠本畯《闽中海错疏》卷下："金蟳，色黄。"明林日瑞《渔书》："蟳，小者不结黄，惟深海产者，其黄与秋蟹、冬蟥同，一名红蟳，食品重之。"清郭柏苍在《海错百一录》里进一步说："集海潭者，膏满则退壳，名曰红蟳，又名金蟳，言其坚也。壳愈退愈大，大潮则肉减，小潮则肉丰。冬畏寒，入穴，难取。得者以布裹之。"几处记载称名虽一，解释却异。

海蟳 明屠本畯《闽中海错疏》卷下："海蟳，蝤蛑也。长尺余，壳圆，色青，两螯至强，能与虎斗。"明王世懋《闽部疏》："蟹之别种曰蝤蛑，吾地名黄甲。此名海蟳，特多此种。"可知，福建人称呼蝤蛑为海蟳的特多。

海蟥、冬蟥、花蟥、黄蟥、青脚蟥、三目蟥、四目蟥 明林日瑞《渔书》："海蟥，蟹属，甲广，两头尖利，螯长数寸无毛，端有两牙如剪刀，遇物截之即断，故名。螯有花文，生时色绿，熟则变红。壳有白花如绘。各有数种，各以类聚，渔人网取，辄盈车舟。五六月间，乡人空手入水探之，随取随得。……有冬蟥、花蟥、黄蟥、青脚蟥、三目蟥、四目蟥，四时皆有，形多相似，惟文色差别，时候不同耳！大者盈尺，小者不下二三寸。"（见明胡世安《异鱼图赞补》卷下"蟟"条）这个记载谈及蟟的形态、大小、性状、捕捉等，特别是——点出了海蟟的六个名称，为前所未见，是林氏深入考察而独有所得的记录。

石蟳　明林日瑞《渔书》谈及蟳时曰："又有石蟳。"（见明胡世安《异鱼图赞补》卷下"虎蟳"条引用）清黄叔儆《台海使槎录》卷二："石蟳，赤色。"谢道承《（雍正）福建通志》卷十："又有石蟳，一种差小而壳坚如石，冬春时有之。"清郭柏苍《海错百一录》卷三："又有石蟳，壳坚脚短，味逊于蟳。"诸人所说石蟳是否与石蟳蜅为一类，待考。

紫蟹、子蟹　清孙之𫘧《晴川蟹录》卷二"紫蟹来"条引《绍兴志》载："紫蟹产上河，色紫，其味尤隽，苦楝花时挟子而至，语曰：苦楝开，紫蟹来。"接着，孙之𫘧在"辨蟹"条中说"紫蟹一名子蟹，壳似蟳蜅，足亦有拨棹子，但壳上有胭脂斑点，不比蟳蜅之纯青耳。"

蜨　明张自烈《正字通》："蜨，蝶本字。或言：漳泉海蟹横尖者，土人谓之蜨。""蜨"与"蟟"或"蝑"音近，或者是福建漳州和泉州的人误把"蟟""蝑"当作"蜨"。

翠蟹　清黄叔儆《台海使槎录》："蟹，螯生毛者，无毛者为蟳。有翠蟹，蔚然深海，大不盈常，巨者螯长六七寸，壳有斑文，呼为青脚蟟。"此"翠蟹"可为宋高似孙称"翠蟳"的注脚；此"青脚蟟"又见明林日瑞《渔书》，可作为林说之补充。此"翠蟹"又见清李调元《然犀志》："翠蟹，色如翡翠，出台湾，南澳亦有之。"

铜蟹　清桂馥《朴朴·乡里旧闻》："沂州海中有蟹，大者径尺，壳横有两椎，俗称铜蟹。"推测，或为沂州海中的梭子蟹壳呈"铜"色。

蟚蟔 清梁章钜《浪迹三谈》卷五：“蟳为海蟹，蟹为湖蟹，蟳性甘平，蟹性峭冷，人人知之，而瓯人呼蟳为蟚蚸，且变其声为蟚蟔，则殊可笑也。”此笑浙江温州人，把蟳叫作了蟚蚸，又把蟚蚸读成了蟚蟔。抛开其是否可笑，这条记载为我们留下了一份历史方言的档案。

石蝈 清李元《蠕范》卷七：“蠚，蟛也，蝛也，石蝈也，似蟹而大，壳赤匡长，螯有棱锯，截物如剪，二三月膏满壳，子满脐，过是则不及。”石蝈之名，先见于三国吴沈莹《临海水土志》：“石蝈，大于蟹，八足，壳通赤，状鸭卵。”由此推测，李元或据“大于蟹”而把它当作蠚或蟛的一类。今人或说为馒头蟹，或说为细纹爱洁蟹，然否待考。

大脚仙、京蟳、水蟳、菜蟳 清黄叔璥《台海使槎录》卷三：“大脚仙，蟹身小，一螯大，一螯小，色有清白。”清施鸿保《闽杂记·蟳》：“蟳有京蟳、水蟳之别。京蟳小而多肉，生掐其脐，足不甚动。水蟳大而少肉，壳中皆水，生掐其脐则螯足俱动。买者以此别之。其名京者，犹可以贡京之义。台湾人以膏多者为红蟳，无膏者为菜蟳，又统称曰大脚仙。”除了红蟳和大脚仙之外，其余三个地方性的称呼均为首见。之后，清郭柏苍《海错百一录》卷三：“水蟳，又曰菜蟳，不退壳，老亦无膏。”可与之相互印证。

螃、蛑 清施鸿保《闽杂记·螃·蛑》：“蟳蟛肉空者，福州人呼为螃，音近彭字上声，盖即空字转音也。秋后子满壳外者，呼为蛑，则由螃字又转平音，乃近空也。”此又历史方言例。

徐公 清朱鼎镐《芦浦竹枝词》：“秋日白民乡味好，堆盘螃蟹胜徐公。”自注云：“徐公，海蟹名，大如盆盎，多黄味厚。”浙江平湖称此蟹为“徐公”，此称独立特异，想必有所说法，惜被时光湮没难知其由了。

彭蟳、子蜉、横江　清郭柏苍《海错百一录》卷三："蟳，性带寒，壳花紫色，形如蟳而分牝牡，产贱于蟳，秋末至春仲皆有之，独大寒节入穴难取，无膏者为彭蟳，牝者膏满成子溢于厣外，名子蜉。"以无膏和有膏分别称蟳，之前为赤蟹和白蟹，此为彭蟳和子蜉，当是福建沿海一带的俗称。该书又说："《蟹谱》：蟳又名横江，亦名白蟹。"经查，宋傅肱《蟹谱》并无此说。《蟹谱》提及摇江云：吴人"于江侧，相对引两舟，中间施网，摇小舟徐行，谓之摇江"。说的是一种叫"摇江"的捕蟹方法，不称"横江"，更不是蟹名。《蟹谱》提及白蟹云："即海中所生蚰是也。"说的是蚰(蟳)之无膏者，与摇江分属两条，故"亦名白蟹"亦为无稽之谈。

梭子蟹、漆　清郑光祖《醒世一斑录》杂述卷三"闽中风土"："梭子蟹，土人称之曰漆，厦门最多，七文钱买半斤一只。"清姚光发等纂《(光绪)松江府续志》卷五"物产"云："梭子蟹，其壳似梭，六足双螯，螯长如钳。"之后，徐珂《清稗类钞》动物类"蝤蛑"云："蝤蛑，一名蟳，产海滨泥沙中，可食。壳圆如常蟹。最后两足扁而圆长，无爪，与梭子蟹同，闽人称之为青蟳，较梭子蟹为贵，而俗亦称梭子蟹为蝤蛑。"由上可见，今称的梭子蟹，其"匡长而锐""两旁尖出""两旁有尖棱如梭"的描述是早先就有的，可是以壳形而称它为梭子蟹，却直到清末民初才见，现今已压倒它称，成为一类蟹名，通用而常见。

沙　狗

沙蟹，头胸甲近四边形，颜色灰褐，壳薄体轻，眼尖脚长，反应灵敏，奔跑快速，大多生活在潮间带的沙滩上，一旦受惊就钻到洞穴，穴道弯曲，很难捕捉。我国东南近海有痕掌沙蟹、角眼沙蟹、平掌沙蟹等。

沙狗 先见于三国吴沈莹《临海水土志》："沙狗，似蟛蜞，壤沙为穴，见人则走，曲折易遁，不可得也。"之后，唐段公路《北户录》、宋罗愿《尔雅翼》、明杨慎《异鱼图赞》、清李元《蠕范》等都引用沈志语说沙狗。旧时，此为主流称呼，某些异称亦注明"俗称沙狗"。

沙蟹 先见于《海物志》："一种小于彭越曰沙蟹。"（《海物志》，不详，录自宋高似孙《蟹略·沙蟹》）明谭元春诗"沙蟹添杯事"，《绍兴志》"沙蟹更小"，清姚燮《西沪棹歌》注"有取沙蟹者，在涂中静立，俟沙蟹出洞，以绳鞭之"等亦以沙蟹相称。

沙里狗、沙里勾 明王世贞《弇州四部稿》卷一五六："吴中沿海有沙里狗，一云沙里勾，状类彭越而黄，以纯甘酒渍之，其味远出诸海品之上。《临海异物志》称沙狗。"明陈懋仁《庶物异名疏》："沙里狗，藏穴最深，壳软而肥，穴浅者则壳硕而瘦，便成彭蜞也。"清金端表《刘河镇纪略》卷十一有"沙里勾"条，对沙里勾的形态、产地、得名、吃法等都有详述。

沙钩 明冯时可《雨航杂录》卷下："沙狗，穴沙中，见人则走，或曰沙钩，从沙中钩取之也，味甚美。"之后，清修《大清一统志》卷五九、黄霆《松江竹枝词》、祝悦霖《川沙竹枝词》等亦称沙钩。

沙虎 明谭贞默《谭子雕虫》卷下："其更小、长寸、不活者名沙虎，亦名沙狗。"之后，清林中麒《乍浦竹枝词》、黄燮青《长水竹枝词》、沈翼机等编纂《（雍正）浙江通志》卷一〇二等亦称沙虎。

沙里蟹　明张自烈《正字通》："南海小蟹未出沙土者曰沙里蟹，俗称为沙狗。"

沙马蟹　清黄叔璥《台海使搓录》卷三："沙马蟹，色赤，走甚疾。"

沙里钩　清钱大昕《练川杂咏和韵》："沙里钩来乡味好，绝胜糖蟹与糟蛏。"其自注云："沙里钩，蟹属，以沙中钩出，故名。"之后，孙星衍《（嘉庆）松江府志》卷六"沙里钩，产川沙"，杨震福《（光绪）嘉定县志》卷八"沙里钩，蟹属，小于蟛蜞，肉厚，壳清，见人则走，沙中钩出，酒渍味美"等，皆称沙里钩。近人徐珂《清稗类钞·饮食类·吴恒生食沙里钩》："沙里钩，蟛蜞类也。产于川沙，深藏穴中，捕之者以钩钩出之，因是以名。"徐珂称沙里钩属"蟛蜞类"，当为误判。

顺及，明李时珍《本草纲目·介部·蟹》："似蟛蜞而生于沙穴中，见人便走者，沙狗也，不可食。"此为清方旭《虫荟》卷五"沙狗"条引录。沙狗是否"不可食"？对此，清张璐《本经逢原》卷四："时珍虽言不可食，今海错中用之，非蟛蜞之可比也。"清孙星衍《（嘉庆）松江府志》卷六在说了沙狗"渍以醇酿，最宜下酒"后亦云："李时珍《本草》以为不可食，何也？"二人均直接纠误。事实上，许多记载都说沙狗可食，"味甚美"。

招　潮

招潮，今为沙蟹科招潮蟹属的统称，常见于潮间带或河口泥滩，穴居，涨潮前，雄性举起大螯，上下运动，故有招潮之名。它的体色随着昼夜和潮汐的节律产生规律性的变化，被认为是研究生物钟的极好动物。我国东南沿海约有招潮属的蟹类十余种，例如洁白招潮、光辉招潮等。对此种蟹类，先人称名不一，今人解读亦不一，录此以备考实。

招潮 先见于三国吴沈莹《临海水土志》："招潮，小如彭蜞，壳白，依潮长，背坎向外举螯，不失常期，俗言招潮水也。"之后，唐段公路《北户录》，宋曾慥《类说》、罗愿《尔雅翼》，元王元恭《至正四明续志》，明杨慎《异鱼图赞》、冯时可《雨航杂录》、王圻《三才图会》，清钱大昕《鄞县志》等等都称招潮，描述均依沈志。清屈大均《广州新语·蟹》稍有补充："蟹善候潮，潮欲来，举二螯仰而迎之，潮欲退，折六跪俯而送之。渔人视其俯仰以知潮之消长。蟹以潮之消长为多少，潮长则蟹少，消则蟹多。"

倚望 先见于三国吴沈莹《临海水土志》："倚望，常起，顾睨西东，其状如彭蜞大，行涂上，四五，进辄举两螯八足起望，行常如此，入穴乃止。"之后，唐段公路《北户录》，宋吕亢《临海蟹图》（见宋洪迈《容斋随笔》）、罗愿《尔雅翼》，明杨慎《异鱼图赞》、张自烈《正字通》、徐应秋《玉芝堂谈荟》，清沈翼机《（雍正）浙江通志》、方旭《虫荟》等都称倚望，描述均依沈志。倚望是哪一种蟹？明李时珍《本草纲目·蟹》说："似蟛蜞而生海中，潮至出穴而望者，望潮也。"今人或言，此为泥滩上常见的大眼蟹，与招潮蟹并非一种，待考定。

招潮子 唐刘恂《岭表录异》卷中："招潮子，亦蟛蜞之属，壳带白色。海畔多潮，潮欲来，皆出坎举螯如望，故俗称招潮也。"之后，宋陈致雍《晋安海物异名记》："蟹之小者，海潮欲来出穴举螯迎之，名招潮子。"显然，把"招潮"称作"招潮子"，乃言此蟹之小。

望潮 宋吕亢《临海蟹图》:"七曰望潮,壳白色,居则背坎向外,潮欲来,皆出坎,举螯如望,不失常期。"显然,只是把沈莹《临海水土志》所记的"招潮"改成了"望潮"。不过,望潮一名之后常见,例如明徐充《暖姝由笔》"望潮,小蟹也",李时珍亦称望潮(见前),清钱大昕《(乾隆)鄞县志》"小者曰望潮"。

摊涂、望潮郎 宋陈致雍《晋安海物异名记》:"又一种小蟹随潮脱壳,潮退,徐行泥中,名曰摊涂。"之后,宋罗愿《尔雅翼》:"潮退,徐行泥中者名摊涂。"明陆容《菽园杂记》:"余姚人每言其乡水族有弹(摊)涂,味甚美,详问其状,乃吾乡所谓'望潮郎'耳。此吾乡极贫者亦不食,彼以为珍味。"此外,明王圻《三才图会》、张自烈《正字通》,清钱大昕《(乾隆)鄞县志》等亦称摊涂。

鱏鱼(鱏) 明王世懋《闽部疏》:"鱏鱼,即浙之望潮也,形虽不雅,而味美于乌贼。"之后,清李元《蠕范》卷七:"鱏,倚望也,望潮也。似蜞而青或白,常举两螯,东西顾眄,行四五进如之,入穴乃止,潮将来,则出坎顾望,不失常期,其迎来谓之招潮,潮退行泥中,谓之摊涂。"

涂蟃 明冯时可《雨航杂录》卷下:"别一种生海涂中,名望潮,身一二寸,足倍之,土人呼为涂蟃。"

琐管、涂蟃 清钱大昕《(乾隆)鄞县志》卷二十八:"又,小者曰望潮,身一二寸,足倍之。又一种为琐管,亦其类,脚短无钉(《宝庆志》)。望潮,土人呼涂蟃(《至正续志》)。"

白蟹 清方旭《虫荟》卷五:"《本草纲目》:望潮如蟛蜞,生海中,举螯而望。肉可食。旭按:即招潮子也。壳白,人亦呼白蟹,可醉食。"

倚、步倚 清郭柏苍《海错百一录》卷三:"倚,又称步倚,一步一倚，小于卤，海蟹之逸品。"此称，或是从沈莹《临海水土志》的"倚望"而来。

遮羞蟹 清姚光发等《（光绪）松江府续志》卷五："遮羞蟹，似蟛蜞而小，一螯独大。"

石 蜩

石蜩之名先见于三国吴沈莹《临海水土志》："石蜩，大于蟹，八足，壳通赤。状如鸭卵。"至宋，吕亢《临海蟹图》："九曰石蜩，大于常蟹，八足，壳通赤，状如鹅卵。"（见宋洪迈《容斋随笔·四笔》卷六）看得出来，此抄自沈志，唯把"鸭卵"改为"鹅卵"而已，可是因为沈志宋已亡佚（仅见《太平御览》等引录），而《临海蟹图》有图有文字，加之《容斋随笔》久负盛名，于是，清胡世安《异鱼图赞笺》卷四、沈翼机《浙江通志》卷一〇五、方旭《虫荟》卷五等，皆依吕说，作"鹅卵"。

此外，提及石蜩的是明杨慎《异鱼图赞》："蟹有石蜩，蜂江芦虎。石壳铁卵，不中鼎俎。好事取之，充画图谱。"最后两句，说的是山东文登人吕亢在浙江临海为官的时候，命画工作《蟹图》十二种，包括石蜩事。其"石壳铁卵，不中鼎俎"句，则是对石蜩的补充说明。

石蜩是哪一种蟹呢？清胡世安《异鱼图赞笺》："石蜩疑即千人捏"（其根据或许是"石壳铁卵"，然而，用一"疑"字，表示了只是一种猜测）。今人或说为馒头蟹（其根据或许是"状如鸭卵"或"鹅卵"），还有人说是扇蟹科的细纹爱洁蟹。诸说不一，待进一步考实。

又，清《（雍正）象山县志》卷十二云："石蜠，小如指，一名和尚蟹。"此与沈志所记"石蜠，大于蟹"不一，当为同名而另类。

蜂　江

蜂江。先见于三国吴沈莹《临海水土志》："蜂江，如□蟹大，有足两螯，壳牢如石蜠同，不中食也。"之后，宋吕亢《临海蟹图》（见宋洪迈《容斋随笔·四笔》卷六）："十曰蜂江，如蟹，两螯极小，坚如石，不可食。"洪迈沿袭沈志而又补充说明了"两螯极小"。明杨慎《异鱼图赞》卷四就"蜂江"作注云："蜂江，又作虾江。"

虾江 先见于晋郭璞《江赋》"三蝬虾江。"唐李善注："旧说曰：虾江似蟹而小，十二脚。"明陈懋仁《庶物异名疏》："虾江，似蟹而小，有十二脚。"明郑明选《郑侯升集》三十七卷在引录《江赋》及李注后加按："《玉篇》及《五音类聚》，虾，普流切，不音流，似蟹而三足，非十二足。"

虾 南朝梁顾野王《玉篇》："虾，似蟹，十二足。"宋司马光《类篇》："虾，似蟹而小，十二足。"明张自烈《正字通》：虾，"虾江，水虫，似蟹而小，十二足，见郭璞《江赋》，旧注引《玉篇》，似蟹二足，非"。

蚌江 明李时珍《本草纲目·介部·蟹》："两螯极小如石者，蚌江也。不可食。"此称蚌江，而所述与吕亢《临海蟹图》所言一致。

土虾 清李元《蠕范》卷七："虾，土虾也，虾江也，小身，绿壳，白腹，腹旁有毛，十二足，坚如石。"

蜂江是哪种蟹？今人据"螯足极小"的特点，推测为关公蟹的一种。然否，待考实。又，凡及虾江（虾、土虾）者，皆云"十二足"，可是，凡蟹都是十足，何来十二？如是十二，当为非蟹。

芦　虎

芦虎之名先见于三国吴沈莹《临海水土志》："芦虎，似彭螖，两螯正赤，不中食也。"之后，唐段公路《北户录》，宋吕亢《临海蟹图》(见宋洪迈《容斋随笔》)、罗愿《尔雅翼》，明冯时可《雨航杂录》、张自烈《正字通》，清方旭《虫荟》等均及，都依沈志言说。清代诗人张问陶《食蟹》亦云："海龙王处独横行，芦虎蟛蜞浪得名。"

清李元《蠕范》卷七："芦虎，芦禽也，似螖，两螯赤色，有毒不可食。"按：芦禽之称，先见于明屠本畯《闽中海错疏》卷下徐㶿的《补疏》："芦禽，形似蟛蜞，生海畔。"之后，又见于清郭柏苍《海错百一录》卷三："芦禽即芦蟹，又名芦根蟹，形似蟛蜞，生海岸芦苇间，食荄芦根。"据此可知，芦虎又称芦禽、芦蟹和芦根蟹(宋傅肱《蟹谱·总论》"其生于盛夏者，无遗穗以自充，俗呼为芦根蟹"，指的是稻蟹生长过程中的一个称谓，与此不一)，称名虽异，实际为同一种。

芦虎是哪种蟹呢？今人根据"两螯正赤"的特点，说它是方蟹科的红螯相手蟹，当是。此蟹在我国东南沿海分布广泛，很常见，与蟛蜞一般，穴居，钻洞能力强，破坏围堤、田埂，食用芦根、稻禾。

石　蟹

石蟹，今属淡水蟹类溪蟹科，因为多居于溪涧石穴中，故称。古人勾勒其形态说，如钱币大小，一般壳坚而赤，因生长环境不一，或有它色。它生活在暖温带的山泉、溪涧、河流、湖池甚至间隙性的水体石下，是一种适应性极强的蟹类。我国除东北三省、内蒙古、宁夏、青海、新疆等地外，都有它的踪迹，其种类约有200种。主要特点是，在淡水里完成整个生命，两性壳硬时交配，雌蟹怀卵量少，卵粒大，卵的发育过程长，而且刚从卵孵化出来的幼蟹，外形即如成蟹，不经蜕变，寿命3—5年。可食，因为是寄生虫的中间宿主，必须熟煮。

石蟹 晋张华《博物志》卷三"异鸟"："越地深山有鸟，如鸠，青色，名曰冶鸟。……此鸟白日见其形，鸟也；夜听其鸣，人也。时观乐便作人悲喜，形长三尺，涧中取石蟹就人火间炙之，不可犯也。"这个亦鸟亦人荒怪离奇的故事，在历史上第一次捎带出了"石蟹"这个名称。后人如此释石蟹：宋傅肱"明越溪涧石穴中，亦出小蟹，其色赤而坚，俗呼曰石蟹，与生伊洛者无异"（《蟹谱·总论》）；明李时珍"生溪涧石穴中，小而壳坚赤者，石蟹也，野人食之"（《本草纲目·蟹》）；等等。此外，石蟹入诗，如宋苏轼"溪边石蟹小于钱"（《丁公默送蝤蛑》）、李之仪"泉泓石蟹如乌头"（《石蟹》）等。在此类蟹的名称里，"石蟹"之称最为常见。

山蟹 晋郭璞《玄中记》："山精如人，一足，长三四尺，食山蟹。"之后，明兰茂在《滇南本草》卷下里说山螃蟹："山螃蟹捣烂，敷棒疮疼，立效。治妇人产儿枕淤血疼，良效。"此外，清屠继善《（光绪）恒春县志》卷九："又有山蟹，状类海螯，穴于古塚，食

687

死蛇等物，其毒与山寄生螺无异。"此山蟹，今人或释为地蟹之一种，待考。

石蚆《武夷记》："武夷君食石蚆臁、沙虹鲊、河祇脯。"注："石蚆，小蟹。沙虹，虾也。河祇脯，干鱼也。"（《武夷记》不详，此注见宋叶廷珪《海录碎事·水族门》）清施鸿保《闽杂记》云："石蚆，蟹之小者，蚆同蟛，当即蟛蜞也。"石蚆到底是石蟹还是蟛蜞？当以石蟹为是。

红蟹宋陈正敏《遁斋闲览》："蟹井泉穴，在壶山巅岩之侧，其源常竭，遇旱，州县遣使斋祷，置器于前，泉乃徐出，盈器即止。时有红蟹大如钱，出穴外，则雨必沾足。"明万历年间《金华府志》载："兰溪县玉华峰之麓神祠前，有池方四五尺，中有金色红蟹。"此称红蟹，盖出泉池，当属石蟹类。

潭蟹、渚蟹宋高似孙《蟹略》卷二：据陶商翁诗逸句"远草牛羊动，暗潭虾蟹明"，设"潭蟹"条；据宋景文《寄叶兵部》诗"晨杯斗戢江莼滑，夕俎供糖渚蟹肥"，设"渚蟹"条。潭蟹、渚蟹或属石蟹类。

白蟹《建宁志》载："故老相传，建阳县南兴上里山谷中，水极清冽，常产白蟹，有直行之异。遇水旱，乡人入谷，以盆贮之，迎而归，即雨。"（《建宁志》何时修纂不详，此录自清张英《渊鉴类函》卷四百四十四"鳞介部·蟹"；又，《蟹录》《续蟹谱》《格致镜原》等亦及）清张晋生等《（雍正）四川通志》卷四六："白蟹，嘉定州凌云寺白蟹，间出祝融峰泉中。"此当为石蟹类。

溪蟹元王元恭《至正四明续志》卷五："有溪蟹，小而性寒，捣碎愈漆疮。"此医漆疮之蟹，宋洪迈《夷坚丙志第十三·蟹治漆》已见，称石蟹，云："倩防送者往蒙泉侧，寻石蟹，捣碎之，滤汁滴眼内，漆当随汁流散，疮亦瘳矣。"

黑蟹、黄蟹　明李贤等《大明一统志》："石（原作"巨"当误，据《四川通志》改）蟹泉在江津县北，石佛寺下，邑人祷旱于此，得黑蟹辄雨，黄蟹不雨。"之后，清张晋生等《（雍正）四川通志》卷二三"山川"亦载。

仙蟹　清屈大均《广东新语·仙蟹》："仙蟹产罗浮阿耨池旁，形如钱大，色深红，明莹如琥珀，大小数十，见人弗畏，以泉水养之，可经数月，见他水则死。相传仙人掷钱所变。"清李调元《南越笔记》卷一〇《罗浮仙蟹》抄此。仙蟹是石蟹的一种还是其他，待解。

金蟹　清张晋生等纂《（雍正）四川通志》卷四六："金蟹，凌云寺金蟹池泉穴出蟹，大如金钱。"

朱蟹　清杨甲秀《徙阳竹枝词》："慈云朗月映青皋，步上丛林眼亦高。借问有无朱蟹产？开尊几度想持螯。"自注："慈朗寺在州北二里太鹏山半，寺后殿俗名螃蟹殿，每值夏秋雨后，殿旁小涧有朱蟹出游，涂丹可爱。"又，清郭柏苍《海错百一录》卷三："朱蟹，产闽县浏崎咸淡水，厣尾微带朱色，故名朱蟹，味美，但罕得耳！"前者所言朱蟹，当属石蟹类，后者所言朱蟹，是石蟹或其他，待解。

花蟹　清史澄纂《（光绪）广州府志》卷十六《舆地略·物产》："花蟹大如酒盏，背有花斑，溪涧中所产。"从大小和产地看，所言似为石蟹类。

又，清李调元《然犀志》卷上："石蟹，匡脐螯足，遍体磊珂，不甯黄石之绉瘦也，故名。然匡纹凹凸，俨如怒貌，大鼻胮目，虽绘刻亦逊其巧。"虽然名称是石蟹，但当为另类。

此外，石蟹亦称蟹在地壳变动中沉入地层后经年形成的化石，我国古籍里提及此类石蟹者甚多，尤其在医书里还常常讲到它的治疗功效，然称名虽同，所指却不一。

红　蟹

唐丘丹诗《季冬》(农历十二月)："江南季冬月，红蟹大如瓟(瓜的一种，形扁)。"始见红蟹之称，并以此比喻勾勒其形态。

之后，唐段公路《北户录》卷一说："儋州(今属海南)出红蟹，大小壳上多作十二点深燕支(即胭脂，红色化妆品或颜料)色。"唐刘恂《岭表录异》卷中说："红蟹，壳殷红色，巨者可以装为酒杯也。"明李时珍《本草纲目·介部·蟹》说："海中有红蟹，大而色红。"明方以智《物理小识》卷八说："《海槎录》曰：儋州红蟹，壳形有十二点，堪作碟子。"清李元《蠕范》卷七说："红蟹，壳殷红色，大如碗，螯巨而厚，可装为酒杯。"此外，提及红蟹者还有清陆次云(《译史纪馀》)、李调元(《然犀志》)等。清钱谦益又以红蟹入诗，其《后秋兴之七》："翘首南天频送喜，丹鱼红蟹亦争肥。"

好几条记载都说红蟹出南方海中，并且特别提到儋州，可是宋叶隆礼《辽志·螃蟹》云："渤海螃蟹，红色，大如碗，螯巨而厚，其跪如中国蟹螯。"诸说所言红蟹产地不一，未详是否为同一种？

红蟹属于哪类蟹呢？今人解说不一。根据"红蟹大如瓟"，或说为蛙蟹的一种，头胸甲呈长方形，似蛙，栖息于浅海，经常埋藏于沙中，外壳呈鲜艳的橘红色，产我国南海及台湾。根据"大小壳上多作十二点深燕支色"，或说为扇蟹一种的红斑瓢蟹，头胸甲宽阔，状如展开的折扇，隆起，光滑，共有十二三个红色圆斑，产我国台湾、海南及其附属西沙群岛。各有所据，也许虽说都叫"红蟹"，却分属于两种蟹类，有待进一步考辨。

数 丸

股窗蟹，因螯足和步足的长节上都有长卵圆形的鼓膜，好像在腿上开了窗孔，故称。它属沙蟹科，头胸甲前方窄，近球形，穴居于潮间带的沙滩上，涨潮入穴，退潮出穴，摄食穴孔周围的有机沉积物，以两螯的匙形指将泥沙送入口中，细粒吞下，粗粒吐出，边走边吃边吐，吐出的食渣经颚足搓成沙丸，米粒一般，一粒一粒，布满洞穴周围。我国的股窗蟹有近十种之多，常见的有圆球股窗蟹和双扇股窗蟹。显然，今称股窗蟹是从它的生理特点上命名的，而我国古人则称它"数丸"，即"取土作丸"。古人观察到它以沙做成一粒粒细小的丸子，而且还观察到从潮去至潮来"丸数满三百"，应该说，"数丸"这个名称抓住了它的行为特点，极为形象。

数丸、沙丸 唐段成式《酉阳杂俎前集》卷十七"广动植之二·鳞介"曰："数丸，形似蟛蜞，竞取土各作丸，丸数满三百而潮至。一曰沙丸。"记载始见数丸的名称，并勾勒了它的形貌和行为，准确而形象。之后，唐段公路《北户录》卷一、宋罗愿《尔雅翼》卷三一，明叶之奇《草木子》卷四、冯时可《雨航杂录》卷下，清方旭《虫荟》卷五等皆及"数丸"而依段说。为什么又称"沙丸"？明胡世安《异鱼图赞补》卷下"数丸"条作了说明："常在海沙中，一曰沙丸。"

三百丸大彭蜞、三百丸 宋李昉等《太平广记》卷四六四"水族·彭蜞"曰:"蟹属名彭蜞,以螯取土作丸,从潮来至潮去或三百丸,因名三百丸大彭蜞。"其注云:"出《感应经》。"《感应经》不详。此称"彭蜞",段成式称"蟛蜞",因为先人视为一种之故,而加"大"字称"大彭蜞"却不确,实际上它是小蟹。又,明胡世安《异鱼图赞补》卷下"数丸"条亦引《感应经》:"蟹属名蟛蜞,以螯取土作丸,从潮来至潮去或三百丸,因名三百丸。"所言为一。

青脚、白脚 明胡世安《异鱼图赞补》卷下"数丸"条:"《杂俎》:数丸生海边,形似蟛蜞,取土作丸,数满三百而潮至,人以为侯,因名。常在海沙中,一曰沙丸。有青脚、白脚二种。"《杂俎》即《酉阳杂俎》,然而并非原文照录,而是掺进了自己的看法,且首见"青脚""白脚"之名。"青脚""白脚"具体是股窗蟹的哪两种,待考辨。

涉丸、丸蟹 清李元《蠕范》卷七:"涉丸,丸蟹也,似蜞,常抟土作丸,满三百丸则潮至。"

石盐 明黄仲昭《八闽通志》卷二十五:"石盐,状如彭蜞,长不及寸,广仅半之,土人治以荐酒,颇有风韵。"明屠本畯《闽中海错疏》卷下、清李元《蠕范》卷七又及,语同《通志》。清郭柏苍《海错百一录》卷三进一步说:"石盐,形似蟛蟹","沙洲中有小蟹,大如豆,以爪画沙,作牡丹、芙蓉、芍药、蕙兰、松柏、棕柳之属,色色皆工,大树高数尺,小或一二尺,甲专画花,乙专画干,丙专画叶,不谋而配合互妙,真天地间奇绝也。潮至,花木皆灭,蟹潜入沙中,潮退复然。水无日不潮,蟹无日不画"。此灵慧之蟹,似乎是股窗蟹的一种,详情待考。

千人捏

　　拳蟹，属玉蟹科，头胸甲球形或长卵圆形，壳厚而坚，形似拳，故称。我国北自辽宁半岛南至海南岛，沿海浅水和低潮线泥沙滩均有分布。

　　菱蟹，为菱蟹科类，头胸甲呈菱角形，故称。它壳面凹凸，边缘多刺，螯足粗壮，我国南北方都有分布。

　　今人所称的拳蟹与菱蟹着眼于其形态，我国古人则着眼于其壳甚固、捏不死而称拳蟹为"千人捏"，着眼于其聚刺横壳、擘之不开而称菱蟹为"千人擘"，虽说极度夸张，却挺生动。大概因为"千人捏"与"千人擘"语言相近，含义相似，古人常常视为一种，混淆而说，故一并录此。

　　千人捏　唐段成式《酉阳杂俎前集》卷十七"广动植之二·鳞介"曰："千人捏，形似蟹，大如钱，壳甚固，壮夫极力捏之不死，俗言千人捏不死，因名焉。"在中国蟹类史上始见"千人捏"的名称，并勾勒了它的形貌和特点。之后，明杨慎《升庵集》卷八一、清方旭《虫荟》卷五等皆及，语抄《杂俎》。

　　千人擘　宋梁克家《（淳熙）三山志》卷四二"物产"曰："千人擘，状如小蟹，壮者擘之不能开，故名。"始见"千人擘"的名称，并勾勒了它的形态和特点。稍后，宋陈耆卿《赤城志》卷三六"土贡"曰："千人擘。《海物异名记》：聚刺横壳，擘之不能入。"《海物异名记》不详（五代时陈致雍有同名著作，当非。北宋曾慥《类说》引录《海物异名记》"蟹名虎蟳"和"砺奴"二条，书名下注云"本书未见著录"）。"擘"是用手剖开，"捏"是用手夹住；千人擘所说的蟹是一种小蟹，"聚刺横壳"，千人捏所说的蟹是"大如钱，壳甚固"；可是都说"壮夫极力捏之不死"或"壮者擘之不能开"。于是被后人混同，视为同一种，例如明屠本畯《闽中海错疏》卷下："千人擘，状如虾姑，壳坚硬，人尽力擘之不开。《海物异名志》云：'千人擘，聚刺犷壳，擘不能开。'《酉阳杂俎》谓之千人捏。"清郭柏苍《海错百一录》卷三："千人擘，状如小蟹，壳坚难擘，《酉阳杂俎》谓之千人捏。"就把《海物异名记》所说的"千人擘"与《酉阳杂俎》所说的"千人捏"等同了起来。

虎　蟹

中华虎头蟹为虎头蟹科的一种，头胸甲近圆形，赤黄色，满布斑纹，左右两侧各有一个深紫的乳斑，犹如眼球，形似虎头，故称。它的螯足右大左小，第四对步足指节呈叶片状，第五对步足末端呈桨状，可助游泳。它栖息于浅海泥沙底上，我国从南海到渤海湾都有分布，在拖网中常见渔获，可供食用。

虎蟹　唐段公路在《北户录》卷一"红蟹壳"条里说："虎蟹，赤黄色，文如虎首斑。"在我国蟹类史上始见虎蟹之名，并说明了称虎蟹之由：因为它背壳的颜色是赤黄的，斑纹犹如虎头。这个名称直观形象，比喻贴切，一直沿用至今。稍后，刘恂《岭南录异》卷下"虎蟹，壳上有虎斑，可装为酒器，与红蟹皆产琼岸海边"，进一步说明了它的用途和产地。之后，宋吕亢《临海蟹图》（见宋洪迈《容斋随笔·四笔》卷六）等亦提及。

虎蟳　宋曾慥《类说》卷六引《海物异名记·蟹名虎蟳》曰："海蟹之大者有虎斑纹蟹，谓之蟳者，以其随波湮沦"（《海物异名记》不详，《类书》注"本书未见著录"），始见虎蟳之名。宋罗愿《尔雅翼·蟹》，明黄仲昭《八闽通志》卷二五、屠本畯《闽中海错疏》卷下、王圻等《三才图会》之鸟兽六卷等皆依《海物异名记》所言。进一步申述者：明王世懋《闽部疏》："海中蟳有冬春间生者，蟳蚏类也，而色玛瑙，斗壳作狰狞斑斓，尽似虎头，土人名之曰虎蟳。"明谢肇淛《五杂俎》卷九："又有壳斑如虎头形者，曰虎蟳，它方之人多取为玩器，而其味弥不及蟹也。"清郭柏苍《海错百一录》卷三："虎蟳味美于蟳，闽县下江人极重虎蟳、辣螺，恒以二品饷客。"又，清李元《蠕范》卷七："虎蟳，虎蟹也，大于蟳蚏，有虎豹文，壳殷红斑驳，又似玛瑙。"视虎蟳与虎蟹为异名同种，所言极是。

虎狮、虎狮蟳、虎狮蟹 明屠本畯《闽中海错疏》卷下："虎狮，形似虎头，有红赤斑点，螯扁，与爪皆有毛。"始称虎狮。明林日瑞《渔书》在谈及蟳时说："虎狮蟳，状如狮头。"（见明胡世安《异鱼图赞补》卷下"虎蟳"条）清黄叔璥《台海使槎录》卷二："虎狮蟹，遍身红点。"清郭柏苍《海错百一录》卷三："虎蟳，兴化、泉州呼虎狮，味丰似蟳而小壳，脚皆斑斓，然以壳似虎头，故名。"记载虽称虎狮，但据描述，所指实为虎蟹或虎蟳。

关公蟹 周亮工《闽小记》："闽中虎蟳，蟹之别派，质粗味劣，无足取。独其壳，极类人家户上所绘虎头，色亦殷红斑驳，北人异之，有镶为酒器者。通州如皋，亦有此种，俗呼关公蟹。"此为清郭柏苍《海错百一录》卷三、方旭《虫荟》卷五、徐珂《清稗类钞·动物类·虎蟳》等引录。诸人所称关公蟹实际上是虎蟳的别称，与现今蟹类著作里所称的小型蟹类中的关公蟹不同。

花蟹、和尚蟹 清赵之谦《异鱼图卷》款识："虎蟹，土人呼为花蟹，又云名和尚蟹。"因两个名称皆是土称，聊备参考。

关公蟹

关公蟹是一种小型蟹类。头胸甲近梯形，表面凹痕，有鼻有眼，怒目斜视，并有发须，一如鬼面或关公脸。后两对步足退化，短小，而且末节像个弯钩，经常抓住贝壳、海葵之类来掩护自己，常栖息在泥沙浅海底上，我国沿海约有20种，例如华北近海的日本关公蟹和端正关公蟹，华南近海的伪装关公蟹和背足关公蟹，等等。

鬼状蟹 宋傅肱《蟹谱》下篇"怪状"条："吴沈氏子食蟹，得背壳若鬼状者，眉目口鼻，分布明白，常宝玩之。"宋洪迈《夷坚支志》景卷第六"楚阳龙窝"条："蟹卷内刻一鬼，毛发森立，怪恶可怖。"两人先后论及鬼状蟹，为较早涉及关公蟹的记录。

鬼蟹 清王瑛曾《(乾隆)重修凤山县志》卷十一："鬼蟹状如傀儡。"清陈淑均、李祺生《(咸丰)台湾府噶玛兰厅志》卷六亦如是说。清郝懿行《记海错·蟹》进一步说："尤其异者，甲上有文，作老人面，须眉毕具，谓之鬼蟹。盖《说文》所谓'蜅，蟹也'。"

老婆蟹、婆蟹、鬼面蟹 宋常棠《海盐澉水志》卷上"物产门·海味·河味"提及"老婆蟹"。清姚光发等《(光绪)松江府续志》卷五："又有壳绉若老婆面皮者曰婆蟹，一名鬼面蟹，并产海中。"

以上称名虽不一，所指却相同，因为这种蟹的背壳，凹凸如绉，呈现出眉目口鼻，且毛发森立，于是各人以自己的感受，形容其怪，或说如鬼状，或说如傀儡，或说如老婆婆面皮。

关王蟹 清沈炳巽《权齐老人笔记》卷四："海族中有一种小蟹名关王蟹，大不过盈寸，而须目口鼻及包巾裹额之类，无不酷肖世所绘关壮缪像者。"此为关王蟹的早先记录，说明了它的产地、大小、特别是背壳的状貌。之后，清姚光发等《（光绪）松江府续志》卷五"华亭志"："出卫城者曰关王蟹，蚕眉，凤眼，刻划天然。"

霸王蟹 清赵之谦《异鱼图卷》款识："鬼蟹，《蟹谱》载沈氏子食蟹得背壳若鬼状者，眉目口鼻分布明白，盖即此也。土人呼关王蟹，或以袭也，异名霸王蟹，皆未安，因定鬼蟹云。"

关帝蟹 清末民初孙家振《退醒庐笔记》"关帝蟹"条：光绪间，"仙居县（浙江东南，灵江上游）东北六七里，见是处水滨所生之蟹，其壳作殷红色者，八足二螯则与常蟹无异，唯壳上有长髯飘拂之人面，其状类剧场中所饰之关壮缪，土人因即以'关帝蟹'名之"。此记载补述了关帝蟹背壳的颜色，说明了它与常蟹一样是八足二螯，强调了它的壳上长髯飘拂。

以上两名称，所指为一，三国时期的关羽，在蜀汉景耀三年（260）被追谥为"壮缪侯"，在清顺治九年（1652）被勅封为"忠义神武关圣大帝"，故有"关王蟹"和"关帝蟹"之称。必须补充说明的是，清周亮工《闽小记》下卷"虎蟳"条："闽中虎蟳，蟹之别派，质粗味劣，无足取。独其壳，极类人家户上所绘虎头，色亦殷红斑驳，北人异之，为镶酒器者。通州如皋，亦有此种，俗呼为关公蟹。"周亮工记载的"关公蟹"是虎蟳，蝤蛑类的一种，为大型蟹类，与这里所说的"关王蟹"和"关帝蟹"，称名虽一，却实属两种。

玉 蟹

玉蟹为尖口蟹类，其斜方玉蟹，全身光滑，整洁，状如玉雕，色彩鲜明，头胸甲长度大于宽度，呈斜方形，背面隆起，螯足长大，步足细小，生活在浅海泥沙底上，我国东海、南海均有分布。

银蟹 宋周密《武林旧事》卷三"社会"条提到：庙会上有各种"动人骇目"的珍奇，其中包括"奇禽则红鹦白雀，水族则银蟹金龟"。此记载被明高濂《遵生八笺》卷三"三月社会"条引录，改"银蟹"为"玉蟹"。之后，清孙之𫘤《晴川蟹录》卷二又以"玉蟹"为条目名称引录《遵生八笺》语。"银蟹"是否就是"玉蟹"，未详，然可作解读的参考。

玉蟹 明朱季美《桐下听然》："支硎山有细泉，自石面鳞中流出，虽大旱不竭，俗呼为马婆溺。相传支道人养马迹也。万历庚子，忽见干燥，山中人云：有贾胡每夜烛光，凡半月，取一玉蟹而去。"这个神奇的传说，后来被清徐树丕《识小录》、孙之𫘤《晴川续蟹录》、褚人获《续蟹谱》、王士禛《香祖笔记》等引载或转述，扩大了玉蟹的影响。清毛祥麟《墨馀录》卷二"玉蟹桥"条说：高行镇北隅玉蟹桥，"有玉蟹穴其下也，尝闻之里老云：每当风清月朗时，澄观水际，果见蟹自穴中出浮，游波面，其白如脂"。程趾祥《此中人语》"玉蟹"条说："离筠溪三里遥，有玉蟹桥，其下有玉蟹洞，中有一玉蟹，大几盈尺，恒有夜半放光，与星月斗彩。"上述所记，庶几为斜方玉蟹。

金钱蟹

明屠本畯《闽中海错疏》卷下徐𤊹《补疏》："金钱蟹，形大如钱，中最饱，酒之味佳。"谭贞默《谭子雕虫》卷下："（比沙狗）稍大，长二三寸，名金钱蟹。"清黄叔璥《台海使槎录》卷三："金钱蟹，身扁，赤黑色。"清郭柏苍《海错百一录》卷三："金钱蟹，产于夏，壳薄，膏黄。"近人徐珂《清稗类钞·动物类》："金钱蟹，小蟹也，以其形如钱，故名。产咸淡水间，有墨膏，可腌食。"此外，明清时期的多首竹枝词亦及金钱蟹。

清王韬《瀛壖杂志》"金钱蟹即虱蟹也"，此当为误。今人或言，金钱蟹乃尖口蟹属的黎明蟹，它头胸甲近似圆形，背面呈浅黄色，步足的指节呈柠檬色，身子凸起像个馒头，伏居于浅海泥沙底上，拖网中常可捕获，我国南北都有分布。此说庶几近之，然亦有人言为弓蟹的，待考实。

沙钻蟹

栗壳蟹，属玉蟹科，它的头胸甲表面有刺或颗粒，周围也有刺，状如栗壳，生活在近海泥沙底上，我国东海和南海均有分布。

沙钻蟹 清黄叔璥《台海使槎录》卷三："沙钻蟹，色黄，遍身有刺，遇人即伏沙底。"蒋师辙等《（光绪）台湾通志·物产》亦及，语同《使槎录》。

和尚蟹

清《（雍正）象山县志》卷十二："石蜠，小如指，一名和尚蟹。"清姚光发等《（光绪）松江府续志》卷五："壳高突寸许，若髡僧者，曰和尚蟹。"

石蜠之名，早先见于三国吴沈莹《临海水土志》："石蜠，大于蟹，八足，壳通赤，状鸭卵。"《象山县志》说它"小如指"，两者显然不一，当为编纂者误记，而"一名和尚蟹"则属实。和尚蟹，今蟹著中仍见，它的头胸甲背面隆起而光滑，状似"髡（剃去头发）僧"之头，带粉红和浅蓝色，常群集于潮间带的沙滩上，雄蟹横行，雌蟹直爬，为我国东海和南海常见。

花 蟹

清李调元《卍然志》卷上说："花蟹，八跪二螯，与诸蟹同，但跪小而螯大，几与筐等。筐与螯有斑文，如湘竹，如贝锦。其敛螯足之时，又如龟之藏六，无罅隙可窥。"

此花蟹，当为今称的馒头蟹。其头胸甲宽，背面隆起，犹如馒头，色呈浅褐，螯大足小，亦具褐色斑点，常伏居于浅海沙土中，并且用螯足紧贴前额，似无缝隙，在我国东南沿海均有分布。

卤

清郭柏苍《海错百一录》卷三："卤，产于夏，似金钱蟹，壳方而薄，味次于金钱蟹，腌食，加姜醋。"

卤是哪种蟹呢？今人或言，为狭颚绒螯蟹，是稻蟹（即中华绒螯蟹）的近亲，为绒螯蟹属。但这种蟹形体小，额部较窄，螯的掌部仅内面有绒毛，而外部光滑，栖息于积有海水的泥坑或在河口的泥滩，并不到内河里来。

山寄居螺

清屠继善《（光绪）恒春县志》卷九："山寄居螺。山龟仔角山下。毒不可食。大者四五斤。昔有食其肉者即毙。恒邑人多招徕，不知，以为海之寄生螺也，而误食之。"

恒春，在今台湾屏东县南部恒春半岛西侧，因气候终年暖热得名。山寄居螺是什么？今人或言，为陆寄生蟹类的椰子蟹。它除了在春夏繁殖季节回到海里产卵，发育成幼体，大部分时间都是逗留在陆地上的，它的鳃腔内壁有一丛丛血管，可以充分吸收空气中的氧气来呼吸。它体型很大，大的重达四五斤，却善于攀爬，常常爬上椰子树，以强壮有力的两螯，打开椰壳，取食椰肉。

顺及，晚清画家吴友如的《吴友如画宝·贼蟹说》以文字佐图画云：印度洋中的下加剌岛产椰，居民以为利，而有一种"长大于常蟹数倍或数十倍"的蟹，能"缘木也如飞，及至树巅钳椰实蒂断而堕之地"而食，因名之曰"贼蟹"。此虽非本土所产，亦可作椰子蟹的参考。

鲎蟹、拖脐蟹等十六个蟹名

聂璜于康熙三十七年（1698）成《海错图》四册。前三册今藏故宫博物院，现以《清宫海错图》为书名出版；第四册藏台北故宫博物院，据《清宫海错图·前言》转述，该册有前所未载，独见于此的鲎蟹、长眉蟹、镜蟹、竹节蟹、蒙蟹、狮球蟹、蟛蟹、长脚蟹、无名蟹、铁蟹、篆背蟹、崎蟹、拜天蟹、虾蟆蟹、虾公蟹、拖脐蟹等十六个蟹名，因未见图本及其每种说赞，不知是土名、别名还是历史上未及的新种，故录此备案，希冀此册面世后查考。

待考之蟹

先人所记之蟹，多数为今人考实或大致考实，可是有的因为所记简略等原因，难知其实。现录下多种待考之蟹。

芦鲟 东汉杨孚《异物志》："芦鲟似蝤蛑而大，多膏，肥美。形大如芦管，本出地中，随泉浮出，俗名芦鲟。"说它是蟹而"形大如芦管"，说它是鱼而"似蝤蛑而大"，到底是什么，不详。

蛤 宋丁度、司马光《集韵》："蛤，虫名，似蟹。"金韩孝彦《篇海类编》："蛤，盐藏蟹也。"两者所释不一，到底是什么，不详。

蟣 宋司马光《类篇》："蟣，锄衔切，蟹属。"此记载又见《集韵》和《康熙字典》等。莫知所由。

银脚蟹 元李好古《沙门岛张生煮海》第四折："看了这海中使数，无过是赤须虾、银脚蟹、锦鳞鱼。"仅有"银脚蟹"之名，究竟是虚拟或写实，不详，录此备考。

节蟹 明方承训《复初集》卷十四："淮海中三月产节蟹，味与江湖秋蟹同佳，而中膏丰隆，形差殊焉，色彩刺锋亦略异，第时暖气蒸，不可淹醉。"此为诗题，诗中则有"更羡甲锋丹耀目"之句。

烹后壳如朱砂，中有石青填嵌蟹 清许旭《闽中纪略》："蟹有一二十种，形各不同，其味尽佳。有一种烹后壳如朱砂，中有石青填嵌处，最奇。"

赤质白文蟹 清郁沧浪《采硫日记》："澎湖凡六十四岛，断续不相联……人居沙上，潮至辄入室中，官署不免归舟，见渔者持蟹二枚，赤质白文，厥状甚异。"

方棺蟹　清孙之𫘧《晴川后蟹录》卷四："遂儿往宁郡，拾一小蟹归，背方狭，隆然如棺形，土人名曰方棺蟹，一螯偏大，类拥剑，即《止观辅行》云'举螯等者，蟹类也'。"

独鹿　清郝懿行《记海错·蟹》："文登海中有蟹，大小如钱，厚逾寸半，宜炒炙连骨啖之，彼人所谓独鹿者也。海人读鹿为栗。"

田蟳　清郭钟岳《瓯江竹枝词》"田蟳纤螯未可持"，自注"田蟳似蟹而小"。此为稻蟹之小者，或蟛蜞或其他，不详。

种种无名大蟹

这里录下的大蟹，并非是《山海经》所说的"千里之蟹"。或有夸大，却应该是实际存在的，只是没有名称而已。

一蟹盈车的大蟹　《尚书·周书·王会》篇载：成王时，"海阳大蟹"，或作"海阳献大蟹"。晋孔晁注："海水之阳，一蟹盈车。"即海水之北的大蟹，一只就可以把整辆车子装得满满的。

壳如矮屋的大蟹　明艾儒略《职方外记·海族》："有蟹大逾丈许，其螯以钳人首，人首立断，钳人肱，人肱立断。以其壳覆地，如矮屋然，可容人卧。"

形如车轮的大蟹　清董含《三冈识略》卷二："夏公允彝尝言：宦闽中，被邀至海滨，见一物，形如车轮，螯若巨斧，当道而立。众聚击之，熟视乃蟹也。烹之，得数十人馔。乃知海鱼吞舟，巴蛇食象，无足怪者。"

竟丈的大蟹　清黎士弘《仁恕堂笔记》："戊戌，一海州估客附舟东下，云：海上逢闰年，必有一大鱼随潮至，潮退，鱼留，大者长竟里，小者亦数十丈，谓之天刑鱼"，"鱼至时，必有一押者俱来，或巨虾大蟹，人谓之解鱼。使客曾见一蟹大竟丈，一螯为鱼尾所压，不得出，后潮来乃与鱼俱去"。

横长丈许的大蟹 清冯一鹏《塞外杂识》："红旗街（在宁古塔西北五六百里，江沿之际，水亦清浅，江北乃朝鲜界，并望见其城）已接海岛，海蟹随潮而上，大者横长丈许，小者亦径数尺，与犬獐等物遇，则张螯夹之，必折其股。居人素不识其为何物，见其来，则群走而避之。余知其为蟹，令人以石击之，盖碎膏流。煮食之，味至美。至今为居人添一食品云。"

圆径二尺余的大蟹《（光绪）吉林通志》卷三十四引《采访册》云：蟹"今出珲春海中，其大者圆径可二尺余"。

足长四五尺的大蟹 近人徐珂《清稗类钞》："延吉产蟹，其壳径不过二寸，而足长至四五尺，每一足之肌肉足供一二人之食，其肉之美，亦逾于常蟹。"

这些无名大蟹，使人颇费猜想。其中《尚书·周书》"海阳大蟹"，晋孔晁注"一蟹盈车"。明林日瑞在《渔书》里有个猜想："余乡（按：福建诏安），蟳有一二尺大，壳可作花盆，汲冢（按：谓晋太康二年汲郡人得《周书》于冢中）专车之壳必此类。"循此，那么，冯一鹏、《吉林通志》、徐珂等所记的大蟹，恐怕就是今称的堪察加蟹，它状如蜘蛛，若将螯足左右展开，足足有三米多长。这种蟹肉质洁白、口味佳美，分布于太平洋北部寒冷的海区中，以勘察加最多，我国东北辽宁和吉林亦曾有其踪迹。

以上这些蟹类，仍待我们认真考辨。

飞　蟹

宋洪迈在《容斋随笔·四笔》卷六《临海蟹图》里，引吕亢《蟹图》跋语：据海商言，海中𫘦𫘧岛之东，一岛多蟹，种类甚异，其中"有翅能飞者"。借助洪迈的名气和《容斋随笔》的隆誉，自此遂有"飞蟹"之称。

举例来说：明李时珍《本草纲目·蟹》云"飞蟹能飞"，清陆次云《译史纪馀·异物》云海中"又有飞蟹，能飞"，清李元《蠕范》卷七云"飞蟹可飞"，清焦循诗《坐》云"启户凝月光，蟹飞半湖白"，凌霄《快园诗话》卷十四"数年间，海上友朋每得异味，源源见寄，最美者古丰徐珠浦运副之鲫鲞（干鱼），蒲上吴二泉公子之飞蟹"，等等。诸人所言的"飞蟹"是怎么回事呢？

　　飞蟹，小者如钱，大者倍之，从海面飞越数尺，以螯为翼。网得之，味胜常蟹。（清·屈大均《广东新语·蟹》，后为李调元《南越笔记》等引录）

　　蟹有善飞者，吐其沫以为翼，昏时则翕翕（吐沫之状）然凭（依赖）诸空中，罻不能制，弋（箭）不能及。（清·焦循《续蟹志》）

　　秋末蟹肥，夜吹沫飞空中，性喜火，见光则就，三更以火照之，诱其坠而拾焉。（清·焦循《北湖小志》卷一）

屈大均说蟹"以螯为翼"，焦循说"吐其沫为翼"，两人说法不一，可是都指出了蟹"有翅"，却同属失实的谬误。那么，为什么它能"从海面飞越数尺"（距离）或飞得"罻不能制，弋不能及"（高度）呢？

依赖其张开的两螯或吐出的泡沫或许是个因素，更主要的是凭借风势和水涌，短暂地被内托起来。

大家知道，我国台湾和海南产飞鱼（燕鳐），它之所以能飞，并不是像鸟儿有翅膀，而是身上长有一对又长又大的胸鳍，展开胸鳍之后，凭借风浪，能跃出水面滑翔，尽管如此，也不能飞多远多高。与之比较，飞蟹借风势和水涌滑翔，那就差多差远了。

因此，飞蟹不是一种蟹，凡蟹皆是不能飞的。古人所说的飞蟹，只是在一种特殊环境和气象条件下难得一见的景象。

蟹的别称

我国古人给蟹起了种种别称，体现了他们的才情、智慧和风趣，其中也有失误的。

郭索 西汉杨雄《太玄》卷二："蟹之郭索，后蚓黄泉。"意思是，螃蟹在那里郭索躁动，可蚯蚓却只是在地底下默默地饮着黄泉。这个"郭索"太像个名词了，于是逐渐被人当成了蟹的别称：宋黄庭坚"朝泥看郭索"（《次韵师厚食蟹》），辛弃疾"郭索能令酒禁开"（《和曹晋成送糟蟹》），等等都是。更有甚者，宋高似孙、元吴观望、明王立道等都还写了《郭索传》。

无肠公子 东晋葛洪《抱朴子内篇》卷十七：山中，辰日，"称无肠公子者，蟹也"。从此，无肠公子就成了蟹的别称：唐唐彦谦"无肠公子固称美"（《蟹》），明徐渭"无肠公子浑欲走"（《题蟹》），等等都是。清代朱一新、鸳湖映雪生等还写了《无肠公子传》。其实，蟹是有肠的，细而且直，常呈黑色，因此这个别称是失误的。

含黄伯、笑舌虫 北宋陶穀《清异录》卷上："卢绛从弟纯以蟹为一品膏，尝曰：四方之味，当许含黄伯为第一。后因食二螯笑伤其舌，血流盈襟。绛自是戏纯蟹为笑舌虫。"卢绛所称的"笑舌虫"，是个贬称，没有产生过影响，而其从弟卢纯所褒称的"含黄伯"，却在历史上产生反响，例如清叶名沣"含黄久封伯"（《食蟹用九蟹全韵同王少鹤同年作》）、赵华恩"既含黄称伯，公论如何"（《稻蟹赋》）、朱一新"论功封含黄伯"（《无肠公子传》）等。"含黄伯"是什么意思？"一品膏"给了解读的钥匙，即从食品角度而命名，说蟹体内含有丰满的黄膏，"伯"是爵位，公侯伯子男的"伯"，位居"一品"，也就是说蟹膏为四方之味中的"第一"。

糟丘常侍兼美《清异录》卷上一条记载说，有个叫毛胜的，仕吴越国，钱俶时为功德判官，撰《水族加恩簿》，假以龙王之命，号令封赏水族，其中云：蟹"足材腴妙，螯德充盈，授糟丘常侍兼美"。"糟丘"说蟹宜糟食，"常侍"为王者侍从官，"兼美"言其腴妙和好吃。这个别称，冷僻又古奥，为别称中的"木乃伊"。

横行介士 北宋傅肱《蟹谱·兵权》："出师下寨之际，忽见蟹，则当呼为横行介士，权以安众。"介就是甲，古代军人的盔甲，介士就是戴盔穿甲的赳赳武夫，介士而横行，威风凛凛，不可一世。这个别称，把螃蟹的形态特征描绘得活灵活现，体现了中国人的才情智慧。此后一直被沿用，最著名的就是《西游记》第六十回里，孙大圣变作螃蟹，爬进龙宫，自称"官授横行介士"。

尖团 三国魏张揖《广雅》首及蟹的雄雌，北魏贾思勰《齐民要术》进一步以脐的大圆和狭长辨公母，唐唐彦谦《蟹》"尖脐尤胜团脐好"，把雄蟹称尖脐，雌蟹称团脐，于是至宋及后，就以尖团称蟹，例如宋苏轼"一诗换得两尖团"（《丁公默送蝤蛑》），明徐渭"尖团酒各酬"（《蟹六首》），清翁同龢"入手尖团快老饕"（《食蟹》），等等。这个别称准确、直观、形象。

内黄侯 宋曾几《谢路宪送蟹》："从来叹赏内黄侯，风味尊前第一流。"之后这个别称一直被沿用：例如宋方岳"中书君拟内黄侯"（《雨后持螯》），明钱宰"爱尔侯封得内黄"（《和友人咏蟹》），清陈维崧"偏只爱，内黄侯"（《唐多令·重九后食蟹半醉作》），等等。这个别称乃是从"含黄伯"派生出来的，亦见风趣和俏皮。

介秋衡 清蒲松龄在《聊斋志异·三仙》里给螃蟹起了一个别称——"介秋衡"。姓介，因为它包裹着硬硬的甲壳，叫秋衡，因为它一到秋天便躁动便活跃便横行（衡通"横"）。这个别称，虽说文绉绉的，可是和故事中的螃蟹是位"秀才"相匹配，起得好极了，亦显示了作者的才情。

称蟹非蟹

受到认知的局限，历史上有被称作为蟹的，以今视之，实际非蟹，列举于下：

百足蟹 旧题西汉末宋（今安徽太和县北）人郭宪《汉武帝别国洞冥记》（别国指的是西域及今中亚、西亚一带国家）："善苑国尝贡一蟹，长九尺，有百足四螯，因名百足蟹。煮其壳，胜于黄胶，亦谓之螯胶，胜于凤喙之胶也。"这是什么动物？未详。

虾江 晋郭璞在他著名的《江赋》里提到了"虾江"，唐李善《文选·江赋》注："旧说曰：虾江似蟹而小，十二脚。"李善所指旧说当是南朝梁顾野王《玉篇》所言："虾，似蟹，十二足。"之后，宋司马光《类篇》、明陈懋仁《庶物异名疏》、明张自烈《正字通》等均依李善注说。唯清李元《蠕范》卷七有所申述："虾，土虾也，虾江也，身小，绿壳，白腹，腹旁有毛，十二足，坚如石。"大凡言及虾江者皆云"十二足"，蟹为十足，何来十二？如是十二，当为非蟹。究竟是什么？未详。或说是鲎，待考。

蜌 唐孙愐《唐韵》："蜌，虫似蟹"（见宋傅肱《蟹谱·唐韵》）。之后，宋苏颂《本草图经》"四足者名蜌"，明李时珍《本草纲目·蟹》"其类甚多，六足者名蛫，四足者名蜌，皆有大毒，不可食"，等等，在字书和本草类著作多见。蟹皆八足，此云"四足"不知所指发育不全还是为天敌所伤？若否，当为非蟹。

蛫 称蟹为蛫，先见于汉许慎《说文解字》，未言此蟹六足，以后沿用，却称六足之蟹。如宋苏颂《本草图经》"(蟹)六足者名蛫"，宋司马光《类篇》"(蛫)一曰蟹六足者"，明李时珍《本草纲目》"六足者名蛫"，清张玉书等《康熙字典》"蟹六足者"，李元《蠕范》"蛫，似蜞六足"等。如是六足，当非蟹。今人或说是绵蟹，它的末两对步足退化，位于背面，经常携带一块海绵置于背部作为掩护。这些论说看似圆通却少佐证，存疑。

鲎 宋傅肱《蟹谱·鲎类》，依据西晋左思《吴都赋》"乘鲎"，唐吕延济注云"似蟹"，把鲎写进《蟹谱》。其实，鲎为肢口纲、剑尾目、鲎科的海洋动物。

移角 明朱谋㙔《骈雅·释虫鱼》称"移角"为"蟹也"，此误。明方以智《通雅》卷四十七：移角"车螯属也"，并引三国吴沈莹《临海水土记》："移角似车螯，角移不正，名曰移角。"移角，今称魁蚶、车螯等，属双壳纲、列齿目、蚶科的海洋动物。

姑劳 明朱谋㙔《骈雅·释虫鱼》称"姑劳"为"蟹也"，此误。《临海水土记》云："姑劳，如车螯而壳薄。"今属蚶科动物。

中国蟹灾的文献钩沉

中国的水、旱、风、雪、地震、蝗虫等灾害填满了史册，相对而言，蟹灾因范围较窄、灾情较轻、次数较少而被人疏于记录，从而被忽略。可是，既伤禾稻，既成灾害，亦当反映。现从群籍中爬罗剔抉，并略作梳理说明，以补阙如。

一

螃蟹（包括蟛蜞）在适宜条件下，是能够繁殖得多不胜数并聚集如潮水一般的。《山海经》说"大蟹在海中"，"女丑有大蟹"，西晋郭璞分别注为"盖千里之蟹也"，"广千里也"。如果把郭注"大蟹"以神话视之，那么指的是一只大蟹就广盖了千里的海域，如果以纪实视之，应是指许许多多比河蟹形体益大的海蟹，密密麻麻地汇聚于海域，望去无边无垠看不到边际和尽头的海蟹集结现象。历史上，濒海之家，北宋傅肱《蟹谱》里说，可以见到蟛蜞"列阵而上，填砌缘屋"；濒海之地，南宋高似孙《松江蟹舍赋》里说，可以见到螃蟹"勇鼓而喧集，齐奔而并驱"，"其多也如涿野之兵，其聚也如太原之俘"。如此浩荡而密集的蟹群，开到哪里，吃到哪里，看见什么就吃什么，禾稼也就深受其害了。

蟹之食稼害谷，《礼记·月令》就说"介虫败谷"，汉王充在《论衡》里指出："陆田之中时有鼠，水田之中时有鱼、虾、蟹之类，皆为谷害。"唐白居易《重题别东楼》中有一句诗"春雨星攒寻蟹火"，其自注"余杭风俗，每寒食雨后夜凉，家家持烛寻蟹，动盈万人"。寒食为清明节之前的一两天，每年在这个春天雨后的夜间，浙江余杭，家家户户手持火炬到田野里寻找螃蟹，人数动辄超过万人，以至远远望去，炬火犹如天上积聚的星星一般。可以想见，当年杭州湾边的陆地上一定是爬满了螃蟹；可以推测，余杭民众先前一定深受过蟹灾后的粮荒，于是趁着春天螃蟹尚未长大并且在夜晚出洞觅食的时机，持烛寻蟹，寻蟹既是为了食蟹，也是为了免致日后酿成蟹灾。南宋陈造在《论救荒书》中更直接而沉痛地说："某淮人也，淮乡之民情利害知之甚熟，十余年来，若水若旱若鼠与蟹之为灾，率无丰岁。"他把蟹灾与鼠灾相提，把蟹鼠之灾与水灾、旱灾并论，说明蟹灾在江淮一带也是频繁严重、非常可怕的。

早在宋代吴地就有"虾荒蟹乱"之语，此语后人亦常提及，反映了古代劳动人民的经验，虾蟹虽是微末的小动物，可是一旦多得泛滥，密密匝匝活动于田间，那也是能够造成灾荒从而引发动乱的。

二

历史上记述蟹灾的主要有：

吴国稻蟹不遗种。根据旧传春秋时期左丘明所著《国语》记载，越王勾践被吴国释放之后的第七年，即公元前483年，越王召谋臣范蠡问曰："今其稻蟹不遗种，其可乎？"意思是，今年吴国闹蟹灾，蟹吃光了禾稻，连种子都没有剩下来，可以起兵伐吴了吧？范蠡答道：上天灭吴的迹象已经出现，只是人事的机缘还不成熟，姑且再等等。后来，一方面因吴国"稻蟹不遗种"，市场上连霉变的"赤米"都没有，导致人心恐慌，纷纷迁徙，一方面吴王夫差骄奢淫逸，并杀害了伍子胥，最终经过十年生聚的越国打败了吴国，吴国被灭。这次蟹灾因发生早且严重，故唐陆龟蒙《稻鼠记》、宋张九成《状元策》、宋罗愿《尔雅翼·蟹》、明刘仲达《刘氏鸿书》卷九十二等，以及多部地方志里都反复提及。

会稽郡蟛蜞及蟹食稻为灾。根据东晋干宝《搜神记》记载（后为唐人编撰的《晋书·志十九·五行下》转录）："晋太康四年，会稽郡蟛蜞及蟹皆化为鼠，其众覆野，大食稻为灾。"即公元283年，今浙江绍兴一带，蟛蜞和蟹都变为老鼠，极其众多，遍布田野，大肆咬噬稻谷，形成了灾害。大概因为"化鼠"的灵异才被志怪的《搜神记》载录，此自是虚妄之说，不过透过荒诞迷雾，也许是先蟛蜞及蟹食稻为灾，后又引鼠麇集，更加重了灾情，其间应有真实可信的成分。这次蟹灾，之后又被唐陆勋《集异志》卷四提及，清孙之骒《晴川续蟹录》又补充说："秋雨弥旬，稻田出蟹甚众，剪稻梗而食。陆地草内亦多小蟹。"

另据乾隆《绍兴府志》引《嘉泰志》（按：嘉泰为南宋宁宗年号，1201—1204）："会稽往岁有蟹灾，小蟹无数相纠集，大如三斗器，随潮入浦，散入濒海诸乡，食稻为尽，螟蝗之害，不加于此。"可见直至南宋，此地仍频发蟹灾，而且相当严重，沿海一带，"食稻为尽"，堪比蝗灾。

鲁城穗蟹食尽。根据唐初张鷟《朝野佥载》记载：沧州刺史兼按察姜师度，"于鲁城界内种稻置屯，穗蟹食尽，又差夫打蟹"，折腾得百姓活不下去。这事发生在唐中宗神龙（705—707）年间渤海湾西侧山东界内的鲁城，姜师度强行聚集民众到盐碱地上驻扎种稻，结果稻子年年被水淹没，稻穗年年被蟹吃光。

吴中蟹厄如蝗。根据元代高德基《平江记事》记载："大德丁未，吴中蟹厄如蝗，平田皆满，稻谷荡尽。"平江即今之江苏苏州，大德丁未为公元1307年，这一年苏州乡间，使人困苦的螃蟹多得像蝗虫，布满田野，把稻谷吃了个精光。

嘉定滨海蟛蜞海蟹为稼害。根据明代《王琼集》记载："白思明为嘉定令。滨海地多产蟛蜞，状如小蟹，横行岸塍间，为苗害，不减蝗灾。公为文躬祭海神，害随息。"白思明为成化二年（1466）进士，他随即任嘉定知县（今上海嘉定区）。据万历《嘉定县志》卷四引明吴瑞《去思碑》："每岁夏秋交，海蟹随潮而上为禾稼害，侯为文祭之，遂绝。"侯即王术，成化五年（1469）进士，知嘉定县。又，卷九云："濒海之地，忽有小蟹群出啮稼，质以水族为灾，海神失职。为文切责，蟹一夕徙去。"质即吴质，成化八年（1472）进士，官嘉定知县。由上可知，明成化年间，嘉定频发蟹灾，年复一年，害苗啮稼。而白思明、王术、吴质等又皆学习唐代韩愈贬潮州时见鳄为害遂撰《祭鳄鱼文》的故事，以祭文讨伐蟛蜞和海蟹。嘉定蟹灾之大之烈之多之繁，当可想见。

泰兴县蟹伤田禾。根据万历《扬州府志》记载："（成化）十三年，泰兴县蟹伤田禾，命户部郎中谷琰赈之。"泰兴今在江苏扬州东长江边，靠海不远；成化十三年为公元1477年。这年泰兴的"蟹伤田禾"当属不轻，以至连京城户部都派员赈灾了。

娄县、华亭等地蟹食稻。根据《（乾隆）娄县志》《（乾隆）华亭县志》《（嘉庆）松江府志》《（光绪）青浦县志》《（光绪）重修奉贤县志》《（民国）南汇县续志》记载："（嘉靖）八年秋七月，飞蝗蔽天，飓风作，蝗入于海，其遗种化为蟹，食稻。"娄县即今江苏昆山；华亭即后称之松江，连同青浦、奉贤、南汇，皆属今之上海市。嘉靖八年为公元1529年，这年沪、昆广大地区先是蝗虫，后是螃蟹，食稻成灾。说蝗虫"遗种化为蟹"，乃观察不实所致。

盐城虫蟹啮禾至尽。根据《(光绪)盐城县志》记载："(万历)二十二年，二月亢阳(天旱)，四月风雨不绝，虫蟹啮禾至尽。"盐城在今江苏北部，东临黄海。万历二十二年为公元1594年，这年盐城农民种植的水稻禾苗几乎被螃蟹吃了个干净。

昆山螃蟹遍满田塍食禾。根据《(乾隆)马巷厅志》等记载："苏寅宾，字初仲，号日门。万历壬子(1612)举人，己未进士，授昆山令。时螃蟹食禾，遍满田塍，寅宾祷天，为民请命。蟹去，岁以大熟。"昆山，今属江苏苏州，北面是长江，西南是太湖，境内水网密布，西侧还有阳澄湖群。万历己未为公元1619年，这年昆山县境，田塍上满是螃蟹，群蟹以禾苗为食。

东台蟹伤禾。根据《(嘉庆)东台县志》载："(万历)四十八年，蟹伤禾。"东台在今盐城南，万历四十八年即公元1620年，这年螃蟹损害了东台禾苗，当属虽灾而轻。

安东河涨大水蟹伤禾。根据《(光绪)安东县志》记载："天启七年，河涨大水，蟹伤禾，蠲免钱粮。"安东即今江苏涟水县。天启七年即公元1627年，这年安东县河水陡涨，螃蟹成群结队而来，伤禾害谷，以致不得不减免农民当年需交纳的钱粮。

上述蟹灾，均发生于我国渤海、黄海、东海的近海地带，因为海滨地势低洼，种稻普遍，螃蟹及蟛蜞又常常以稻田为栖息捕食的场所，碰到蟹灾爆发的年份，或为苗灾，或食穗而尽，危害的程度甚至不亚于蝗灾。

三

蟹之食稻，诗歌里也偶有提及：宋宋庠《邵圃观稻》"自应蝉鸣候，应无蟹啮灾"，其自注"河洛无蟹"；明徐渭《蟹六首》"尔故饱菱芡，饥来窃稻粮"；清乾隆《水乡稻蟹》"夜深出沙岸，啮稻彭亨乃"……这些诗句真实反映了蟹为稻害的历史现象。

面对蟹灾，从记载上看，态度主要有三：一、"差夫打蟹"，唐姜师度对鲁城界内的蟹灾即此。二、"祭神息蟹"，明白思明、王术、吴质对嘉定，苏寅宾对昆山界内的蟹灾即此。三、灾后的"赈救蠲免"，蟹或蟛蜞，成群结队，密聚垄亩，大举犯稼，如蝗虫，如鼠集，钳断稻梗，糟蹋稻谷，百姓无奈而且无策。事后，当政者得知，或派人前往赈灾救助，明万历年间对泰兴即此；或蠲免当年农民应交的钱粮，明天启年间对安东即此。

清代有三条记载谈到了濒海乡民对付蟛蜞的办法：一、屈大均《广东新语》："广州濒海之田，多产蟛蜞，岁食谷芽为农害，惟鸭能食之，鸭在田间，春夏食蟛蜞，秋食遗稻，易以肥大，故乡落间多蓄鸭。"二、罗天尺《五山志林》："顺德产蟛蜞，能食谷芽，惟鸭能啖之，故鸭惟广南为盛，以其蟛蜞能豢鸭，亦有鸭能啖蟛蜞，两相济也。"三、陈其元《庸闲斋笔记》："南汇县海滨广斥，乡民围圩作田，收获颇丰。以近海故，蟛蜞极多，时出噬稼，《国语》所谓'稻蟹不遗种'也。其居民每蓄鸭以食蟛蜞，鸭既肥而稻不害，诚两得其术也。"广东广州和顺德、上海南汇的先民，这种既除了蟛蜞之害又达到了鸭肥稻丰的两济或两得的办法，可谓是一个以物制物的智慧之举，一个除害兴利的典范案例，在中国农业史和救灾史上都是熠熠闪光的。

以"蟹"冠名的镇、山、水、泉之类

镇称蟹镇，山称蟹山，溪称蟹溪，泉称蟹泉……这些称名，或以产蟹而名，或因似蟹而名。中国是一个产蟹的国度，蟹的形貌为人熟知，于是以蟹冠名，反映了螃蟹这个符号已经深深烙印到了中国大地上，留下了永久的印记。

镇 唐姚思廉《陈书》卷二十五："留异，东阳长山人也"，"梁代为蟹浦戍主"。宋王存《元丰九域志》卷五："定海六乡，蟹浦一镇。"《大明一统志》："澥浦在定海县西北，又名蟹浦，旧有镇。"《大清一统志》卷二二四："宁波府。虞世南墓，在镇海县北十里蟹浦镇。"自唐至清的这些记载告诉人们，在今浙江镇海杭州湾边上有个叫蟹浦的镇（此镇今名澥浦）。

亭《大清一统志》卷一九四："宁波府。鲒埼亭，在奉化县东南。《汉书·地理志》：'会稽郡，鄞，有鲒埼亭。'颜师古注：'鲒，蚌也，长一寸，广二分，有一小蟹在其腹中；埼，曲岸也，其中多鲒，故以名亭。'旧志：在县鲒埼山下，宋嘉泰中置鲒埼塞。"浙江宁波的鲒埼亭因《汉书》有载，成了历史上的一个名亭，被许多先贤提及。

桥《大清一统志》卷三九八："思州府。蟹螺桥，在玉屏县西二十里。"玉屏县在今贵州西，与湖南交界的地方。

屿《大清一统志》卷三二六："福州府。白麟、蟹屿二洋，皆在金山边，长千余丈。"屿，本为小岛，此为千余丈长的堤岸；福州，今属福建省。

渚　明朱右《忆乡中诸故友》："东麓溪头蟹渚阴，故乡几度忆同襟。"朱右，今浙江临海人。渚，水中的小块陆地。此称蟹渚，或言其小，或喻其形。

陂　北宋魏收《魏书》志第六："汝阴，陈留。萧衍所置，魏沿用。境内有高塘陂、蟹谷陂。"（清孙之𫘧《晴川续蟹录》作"陈留有蟹谷陂"）陈留，在今河南开封东南；陂，即山坡。

矶　《大清一统志》卷八十四："太平府。《芜湖县志》：自繁昌螃蟹矶至县界之鲁港十里。"清刘献延《广阳杂记》卷四："螃蟹矶在江中，不见形，而水石相激之声，轰轰如雷，去里许声犹在耳。名曰螃蟹，必一小石，而犹若是，瞿塘三峡，如象如马，又不知当何如也。"清王标《江行杂咏》："板子矶连螃蟹矶，朝来入馔鳜鱼肥。"此外，清黄钺《于湖竹枝词》"爬矶紫蟹入帘肥"，自注："江蟹上驿矶，爪为之秃，谓之爬矶蟹，最肥美。"芜湖今属安徽，于湖在今芜湖。矶，指露出水面的岩石或石滩。称名螃蟹矶是因为矶上产蟹的缘故。

坑　《大清一统志》卷三三一："建宁府。子羽墓在县东蟹坑。"又卷三二八："泉州府。孳灶溪，在晋江县南。旧志谓：源发荣地蟹坑池。"建宁、泉州今属福建；坑，指地面上凹陷的地方。

山　《大明一统志》卷六十三："蟹山有二：一在湘乡县西一百二十里，山顶有泉，名蟹泉；一在湘潭县治南三里，其形似蟹。"（又见清孙之𫘧《晴川续蟹录》、清《湖南通志》卷六）湘乡、湘潭在今湖南长沙西南。另，《大清一统志》卷三二五："福州府。严湖，在长乐县东北……又名放生湖，中有小阜，曰蟹山。"长乐县在今福建福州东南，紧靠东海。另，清孙之𫘧《晴川后蟹录》卷一："蟹山在宁海县治东六十三里，高五丈，周回半里。"宁海县在浙江东部，今属宁波市。

峰《大清一统志》卷一九四："邠州。龙缠峰，在长武县西南十五里前川河中，峰高百余丈，顶二亩余，形似蟹筐，又名蟹峰。"邠州（1964年改名彬县，现为彬州市）、长武，在今陕西西部，临近甘肃。

浦《南史》卷四十五："南齐建武四年（497），崔景慧作乱，到都下（金陵，今南京）不克，单马至蟹浦，投渔人太叔荣之。"（此据宋·傅肱《蟹谱》"浦名"条引述）宋张敦颐《六朝事迹类编·舆地志》："白下（南京别称）城西有蟹浦，源出钟山北，流九里，入大江，在城西北十六里。"（后为《大清一统志》卷五十引载）浦，流入江海的小河，此称蟹浦，当年一定产蟹众多。

溪《明一统志》卷六十："郧阳府。螃蟹溪，在保康县东南一百一十里。"郧阳、保康在今湖北省西北部。

渠《甘肃通志》卷四十七引皇清武全文《芮谷诸胜记》："距邑城二里……水渠回曲，可以流觞，则曰曲水，渠中产蟹，泥潜而族类繁衍，则曰蟹渠。"

泉 以"蟹"冠泉名者甚多，称名不一。

蟹泉 宋彭乘《墨客挥犀》卷三："蒲阳壶公山有蟹泉，在嵌岩之侧，一穴大可容臂，其源常竭，求涓滴不可得。州县遇旱暵，即遣吏斋沐，置净器于前，以茅接之，泉乃徐徐引出，满器而止。有一蟹，大如钱，色红可爱，缘茅入器中戏泳，俄顷，乃去。若遇蟹出，雨必沾足。"蒲阳为今福建莆田，对记载中壶公山上的蟹泉，宋刘子翚写过《祷雨蟹泉》诗，宋陈正敏《遁斋闲览》、宋王象之《舆地纪胜》、宋祝穆《方舆胜览》、《大明一统志》等均及，因有祷雨之灵，成了历史上的名泉。又，《大清一统志》卷三〇九：“首州。象耳山，在彭山县东北二十五里，山形耸秀，连峰接岭，直南至蟆颐，有宝砚、磨针二溪，龙池、蟹泉诸胜。”彭山在今四川省乐山市北部，位于岷江中游。

蟹黄泉《严州府志》：“樊家山下有蟹黄泉。”（转录自清孙之𫘤《晴川续蟹录》）严州府（1912年废），辖境相当于今浙江建德、淳安、桐庐三县。又清王广业《海陵竹枝词》“蟹黄酒冽井泉开，佳酿人人醉雪醅”，自注“泰州有酒名雪醅，以州治前蟹黄泉酿之最佳”。泰州在今江苏北部。

巨蟹泉《大明一统志》卷六三：“重庆府。巨蟹泉，在江津县北石佛寺山下，邑人祷旱于此，取水，得黑蟹辄雨，黄蟹则无。”

石蟹泉《大清一统志》卷二九五：“重庆府。龙登山，在江津县东南一百里……上有虎跳岭，双峰并峙，顶有井泉，又有龙塘、石蟹泉。”

蟹眼泉《大清一统志》卷一八九：“同州府。蟹眼泉，在潼关厅东北，河将涨，则泉充溢。”同州（1913年废）、潼关在今陕西东部，临近河南。又，卷三二八：“泉州府。浯州屿，即金门……有……蟹眼泉、倒影塔、千丈壁、一览亭等十二奇。”泉州、金门在今福建东南。又，卷三四五：“肇庆府。龟峰山，在高明县东四十里，山体皆石，突出江畔，西江万里之水皆汇于此，其麓有蟹眼泉，右数武有犀牛洞。”肇庆、高明在今广东中部靠西。又，卷三四四：“潮州府。石井山，在潮阳县西北六十五里，相近有蒲田山，山有蟹眼泉，其出如乳，饮之已疾。”潮州在今广东东北部，靠海。

蟹壳泉 清马小药《蟹壳泉诗》、锁成《试蟹壳泉诗》。此泉具体在陕西或甘肃何处，不详。诗说“何年老阿旁，乘潮上绝壁。误堕岩隙中，遗筐化为石"，又"煎茶固其宜，酿酒亦甘洁"。

潭 清徐兆昺《四明谈助》卷四十四："白蟹潭，（奉化）县西南十五里，岩上有泉，曰白蟹潭泉。蛇行斗折，至山半石崖，崖下岩石森林，泉挂下如帘幕，与石相斗，作裂帛声。跨泉一庵名飞泉。"奉化在今浙江东部。潭指的是深水池。

池 清孙之𬴂《晴川续蟹录》："四川嘉州八仙洞旁有'金蟹池'三字，苏东坡书。蜀《艺文志》：凌云寺金蟹池，泉穴出蟹，大如金钱，有士人读书其侧，夜半汲水，见一蟹如盂大，急取而置之器中，压之，明日开视，已失所在。"

井《大明一统志》卷五十二："九江府。蟹口井，瑞昌县治内，世传郭璞相地形似蟹，因名蟹口，其左右有二井，名曰蟹眼。"九江、瑞昌在今江西西北部。又，卷七十七："兴化府。蟹井，详见壶公山。"按：壶公山在府城南二十里，高耸百余仞，绝顶有泉，出石穴中，其脉通海，视潮盈缩，中有双蟹，祷雨，见之则应。兴化府（1913年废），辖境相当今福建莆田、仙游等市县。

以上以蟹冠名的镇、山、水、泉之类，或因地理变迁而消失，或经历史沿袭却今存，遍布许多地方，说明了产蟹之境的中国民众把螃蟹符号镌刻在了祖国的山山水水，构成了中华蟹史上的一道独特景观。

人类初始吃螃蟹的猜想

唯有无从猜想的谜，才有无穷的味。

——胡适《做谜》

第一个吃螃蟹的人，早已被时光的波涛湮没，毫无踪影。然而，人类是怎样开始吃螃蟹的，虽说是个谜，却约略可以猜想出来。

从远古猿猴的娘胎里带来的

历史学家说，人与猿同祖，人类是由一种生存在远古的猿演变而来，因为劳动，古猿便逐渐过渡到人类，并与古猿揖别。

古猿生活在莽莽森林里，吃果实、嫩叶、昆虫、小动物，也喜欢到水边捉螃蟹吃。猿猴嗜蟹的习性，我国古籍多有记载，例如汉东方朔《神异经》说：西方深山中有似人的山臊，"身长尺余，袒身，捕虾蟹，性不畏人，见人止宿，暮依其火炙虾蟹，伺人不在，而盗人盐以食虾蟹"。旧题晋陶潜所撰《搜神后记》里更讲了一只"人面猴身"的山臊一次次在穷渎中"破籪食蟹"的故事。山臊是一种身被黑褐色长毛，头长大，尾极短，眼黑鼻红，两颊蓝紫，状貌丑陋的猿猴，属哺乳纲、灵长目的动物。属灵长目的，除了人类便是猿猴了，它也是智力最为发达的第一等动物，是人类的近亲。各种记录带上神秘的甚至志怪的色彩，可是含有猿猴嗜蟹的实际因素。据载，世界上还有一种叫食蟹猴的，它不仅能够在水边捉蟹吃，而且还能游泳或潜水去捉蟹来吃。

由此，便有了第一个猜想：人类吃螃蟹是从娘胎里带来的，或者说是与生俱来的，因为人类身上有着古代猿猴嗜蟹的遗传基因。

从渔猎而攫取食物中认知的

因为地壳运动和气候变化等原因，森林遭到摧毁，于是习惯于在树林间生活的古猿被迫转移到了地面，以采集和渔猎谋取食物。原始先民以简陋的工具攫获植物或动物来填饱肚子，过着"饥即求食，饱即弃余，茹毛饮血，而衣皮革"的原始生活。

在原始时期，捕鱼也是获取食物的来源之一。《尸子》云："燧人之世，天下多水，故教民以渔。"《周易·系辞》云："古者包牺氏之王天下也……作结绳而为网罟，以佃以渔。"许多文化遗址的考古发掘也证明了这一点，其中有各种鱼骨以及蚌壳、螺壳、龟壳、蛤壳，像上海马桥遗址等还发现了蟹壳，说明了那个时期确实是重视渔业的。

我国的螃蟹资源极为丰富，据今人调查达1000多种，东南沿海和东中部的水域为主要产地，质好量多，而且多得列阵而上，其众覆野，历史上记载过河北、山东、江苏、上海、浙江等地都发生过或大或小的蟹灾。其中淡水蟹有250多种，我国大部分地方海拔3000米以下的山溪、河流、湖地乃至间歇性水体的石下、草丛、泥洞，都有它的踪影。可以推断，原始先民在以渔谋食的时候，肯定会经常并且容易捕捉到螃蟹。

由此，便有了第二个猜想：很多古人类遗址有贝丘、螺壳成堆且被凿掉尾尖，说明先民已经吃螺；蚌壳被磨制成了刮器，说明先民已经吃蚌。而且还见到了蟹壳，那么足以证明，早在原始社会人类就已经开始吃螃蟹了，螃蟹是采集和渔猎时期先民攫取的食物之一。

灰烬中透出香味的诱使

先是雷劈枯木引起了森林燃烧，之后钻木取火，以火取暖、照明、熟食，进而用于火耕——烧光丛林和荒草再来种植……火的使用影响巨大而深远，用恩格斯《反杜林论》里的话说："从而最终把人同动物界分开。"

森林和荒草没日没夜、铺天盖地地燃烧，豺狼虎豹狐獐鹿兔之类难免葬身火场。火熄灭了，很多或成灰烬，很多或被烤焦，其中包括螃蟹。尤其是螃蟹，它是一种"见火则驰奔"的趋光性动物，宋傅肱《蟹谱》里说："夜则燃火以照，（蟹）咸附明而至焉。"现代蟹科学的研究也确认蟹类在晚间，看见哪里有灯光就向哪里爬。因此，可以推断，先民即使是燃起一堆篝火，螃蟹也要从蒲苇间郭索而来，以致像飞蛾扑火一般，跌到火里。

由此，便有了第三个猜想：那些在灰烬里被火烤焦了的螃蟹散发出的香气，使原始先民抵挡不住诱惑，开始了食用。《韩非子·五蠹》说："上古之世，民食果蓏蚌蛤，腥臊恶臭而伤腹胃，民多疾病。有圣人作，钻燧取火，以化腥臊，而民悦之，使王天下，号之曰燧人氏。"燧人氏之说，系受了战国时人的想象及大一统观念的影响，可是，以火去蚌蛤鱼蟹的腥臊恶臭，成为鲜香好吃的食物却是事实，应当是原始人类的一个世代相积的发现和进步。

解放之前，江浙一带螃蟹多的是，秋天，在河浜里洗洗手会看到螃蟹，在田埂上走走路会踢到螃蟹，当地居民便顺手拣一两只大一点的，捉了用草一扎，带回家丢进灶膛，等夜饭烧好，就从草木灰里掏出一团漆黑的疙瘩，就是烤熟的香气浓浓的螃蟹。这种吃法，也许就是先民吃蟹的遗存。

像"神农尝百草"一般尝出的

古代典籍里常常提到神农，例如说他见"古者民茹草饮水，采树木之实，食蠃（螺）蚌之肉，时多疾病毒伤之害"，于是教民播种五谷，还说他"尝百草之滋味，水泉之甘苦，令民知所辟（避）就，当此之时，一日而遇七十毒"（《淮南子·修务训》）。

这个传说里有人类摸索各种东西，哪些无毒能吃，哪些有毒不能吃。这就使人产生联想：先民既然尝植物类的"百草"以决避就，那么，一定也曾有过尝动物类的"百虫"（古人把"虫"看得很宽泛，蟹是虫，蚌是虫，蛇是虫，鼠称老虫，虎称大虫，"倮虫三百，人为之长"，连人也划到了虫的范围）而决避就的经历。鲁迅说，"螃蟹有人吃，蜘蛛一定也有人吃过，不过不好吃，所以后人不吃了"，就包含了这种联想。

应该说，开始吃螃蟹是要有点勇气的，它的特异，它的丑陋，它的凶相，面对它，古人用了"可恶""可厌""可怖"来形容自己的心理，甚至有人视它为"怪物"。然而，饥不择食，原始人类经常遭遇的饥荒使他们不顾一切地遍尝百草、遍吃百虫，又何惧螃蟹？况且，在那个阶段，特别是中华民族古文化的摇篮之一——长江流域，螃蟹"其多也如涿野之兵，其聚也如太原之俘"，故而，先民茹草饮水、茹毛饮血之余，一定也会瞄上唾手可得的螃蟹。

于此，便有了第四个猜想：在"神农尝百草"的原始阶段，人类就大着胆子开始了尝食螃蟹，发现无毒好吃，就把它纳入了食物的范畴。

受到了动物食用的启示

古人常常谈到动物的道德启示，从乌鸦的反哺、羊的跪乳讲到要孝顺，从狗和马的护主讲到要忠诚；今人常常谈到动物的科学启示，从鸟的飞翔到飞机的发明，从鱼的沉水到潜艇的发明……可是动物最早给人的却是食用的启示，见到动物吃什么就跟着学吃什么，以此维持自身的生存需要。

庄子说：上古之世，"人民少而禽兽众"，"日与禽兽居，族与万物并"。用现今的话语，就是原始先民和禽兽万物是零距离的。在这样的环境里人人每天都能观察到什么禽兽吃什么食物，其中包括哪些动物吃螃蟹，例如鱼类中的鳟鱼、鲶鱼等，两栖类中的蛙、鳖等，水禽中的鸭、鹳、鹭、鹤等，哺乳类中的虎、豹、狸、獴、猫、狗、狼、猴等皆吃螃蟹。一次次见到动物吃螃蟹，经常挨饿的原始人类对容易得到的螃蟹怎么能无动于衷，怎么能不效仿而食？

古埃及、古印度都有仙鹤或苍鹭吃螃蟹的故事，中国从宋代到现代流传不歇的民间故事里也说鹳、鹤、白鹭吃螃蟹。白鹭的脖子为何弯？故事说是被螃蟹夹弯的。白鹭的脖子又长又弯，更能品味螃蟹的鲜美，因此就愈加爱吃螃蟹了。此外，我国还有老虎、猿猴等吃螃蟹的故事。现代曾被广泛传唱的民间儿歌说：妈妈要外出，嘱咐孩子关好门，有人叫门不能开。狼来了，先敲小兔的门，不开；又敲小羊的门，不开；最后敲小螃蟹的门，小螃蟹忘记了妈妈的话，开了。狼"阿呜"，把小螃蟹吃了，于是小兔、小羊合唱："可怜小螃蟹，从此不回来！"

动物吃螃蟹的故事长久留存在人们的文化记忆中，由此，便有了第五个猜想：人类开始吃螃蟹也许是受到了其他动物食用螃蟹的启示，人类是跟着其他动物学吃螃蟹的。

《中华蟹史》专题分类索引

为弥补书前时序分期目录给人凌乱之感的不足，特设此分类索引，分类后各专题仍按时序排列，以方便读者按需检阅。许多专题具有综合性质，加之视角不一，故而分类只是相对和大致的。少数专题因需而分置数类者，题后标注 ※ 符号。

史　略　（概述）

先秦（1）　两汉 三国（29）　两晋 南北朝（63）　隋唐 五代十国（129）　两宋 辽 金 元（223）　明清（417）

名称　种类

《尚书》：让中原人见识了"一蟹盈车"的"海阳大蟹"(5)《国语》："稻蟹"成灾及蟹类中最早的名称（9）《庄子》：无意间捎带出了淡水小"蟹"（18）《周礼》：今称螃蟹以其"仄行"（15）《越绝书》里的"海镜"是一个兼及了"蟹"的早期名称（22）《尔雅》里的"蜻蟧"是哪一种蟹？※（23）　杨雄《太玄》里的"郭索"成了蟹的别名（42）　许慎《说文解字》里的"蟹"与"蛫"※（44）杨孚《异物志》里起了个"拥剑"的好名称（49）　万震所记"寄

居虫"的引领（54）　沈莹《临海水土志》对认知蟹类的突出贡献
（56）　张华《博物志》捎带出的"石蟹"（69）《江赋》所言"璅蛣
腹蟹"的来龙去脉（85）　崔豹《古今注》首称"螃蟹"及其影响（88）
由螃蟹又名"长卿"和"彭越"引发出的历史故事 ※（90）　葛洪
《抱朴子》里的"无肠公子"成了蟹的别称（103）　祖台之《志怪》
反映了东晋人已经喜食蟛蜎 ※（112）　孙愐《唐韵》的释蟹十七条
※（153）　丘丹《季冬》始见的"红蟹"（163）　段成式《酉阳杂俎》
始见的"数丸"和"千人捏"及"平原贡蟹"※（170）　段公路《北
户录》始见的"虎蟹"（174）　蟹的褒称"含黄伯"贬称"笑舌虫"
及其他（215）　傅肱《蟹谱》始见的"鬼状"蟹（238）　流传广远
的《临海蟹图》（243）　玉蟹与沙钻蟹（427）　金钱蟹（429）　和尚
蟹·花蟹·卤·山寄居螺（430）　虱蟹与膏蟹 ※（432）　待考之蟹
（435）　种种无名大蟹（436）　明清涉及蟹类的博物著作掠影（438）

性状　捕捉

《周易》：把"蟹"归入"刚在外"的甲壳类（5）《山海经》
里的"大蟹"是"千里之蟹"还是群蟹的结集现象？（7）《礼记》
里的"匡"为蟹的第一个部件名称（12）《荀子》：提出了"蟹用
心躁也"说（19）《淮南子》揭示了蟹的"与月盛衰"（35）《广
雅》首及蟹的雄雌及其后续展开 ※（51）　干宝《搜神记》揭示了
"蟹类易壳"和"折其螯足堕复更生"（95）　陆龟蒙：推开了一扇
稻蟹洄游的探索之窗 ※（187）　风虫等内脏的揭示（240）　大雾中
蟹多僵者 ※（248）　罕见的二则义蟹记录（442）　虱蟹与膏蟹（432）
纬萧·蟹簖·沪（75）　曾经的蟹舍（160）　段成式《酉阳杂俎》始

见的"数丸"和"千人捏"及"平原贡蟹"※（170） 板罾拖网赛取蟹（196） 探洞捉蟹·以竿钓蟹·火照捕蟹（256） 专捕蟹的"蟹户"和专营蟹的"蟹行"（261） 梅尧臣：反映蟹况卓然多新的诗人（325） 负篼道人（246） 屈大均：记录和探索蟹况的作家（444）焦循：总结了取蟹之法的作家（450）

买卖　时物

就地销售与远途贩运（199） 蟹价贵贱的记录和轶事（264）持螯赏菊花（148） 蟹到强时橙也黄（168） 蟹因霜重金膏溢（185）吴中稻蟹美，张翰误忆鲈（203） 重阳佳节吃螃蟹 ※（151） 先秦人已经吃蟹的旁证（25） 祖台之《志怪》反映了东晋人已经喜食蝤蛑 ※（112） 北人嘲南人"啖嗍蟹黄"（125） 李白拉开了"酒楼把蟹螯"的帷幕（155） 各地贡蟹与唐帝赐蟹（206） 意味深长的旷世蟹宴（217） 红楼吃蟹琐记（466） 乾隆帝悠闲赋蟹及慈禧逃难食蟹（519） 重蟹螯与重黄膏及二者兼重（290）"蟹八件"考说（481）

肴馔　食家

蟹酱（蟹胥）：最早吃蟹的记录 ※（38）"糖蟹"及"蜜蟹"探究（118） 贾思勰《齐民要术》里讲的腌蟹（123） 众口交誉的糟蟹（138） 风味殊隽的酒蟹（269） 曾经风行的酱蟹（274） 煮蟹与蒸蟹（479） 林洪《山家清供》的"蟹酿橙"（276） 吴自牧《梦粱录》里的种种蟹肴（279） 倪瓒《云林堂饮食制度集》里的蟹肴

（281） 佚名《居家必用事类全集》里的蟹肴（284） 宋诩《宋氏养生部》里的蟹肴（452） 朱彝尊《食宪鸿秘》里的蟹肴（455） 顾仲《养小录》早先提倡人道食蟹（456） 袁枚《随园食单》里的蟹肴（458） 佚名《调鼎集》里汇集的蟹肴（460） 肴馔薪火的勃然兴旺（286） 肴馔薪火的耀然喷发（463） 蟹神毕卓（106） 隋炀帝以蟹为"食品第一"（136） 钱昆嗜蟹的故事（307） 苏轼：开拓蟹文化的大家（329） 黄庭坚：笃信佛而酷食蟹的诗人（336） 陆游：广阔地反映蟹况的诗人（339） 杨万里：以诗以赋赞糟蟹的作家 ※（345） 徐渭：将画换蟹吃的画家（485） 张岱：与友人兄弟辈立十月蟹会 ※（488） 蟹仙李渔（490） 嗜酒好蟹边寿民（497） 张问陶：蜀人因蟹而客中原（500） 李瑞清：餐食百枚被称为"李百蟹"（502） 形形色色的吃蟹达人（505）

医药 风俗

《神农本草经》开了以"蟹"为医药的先河（46） 蔡谟食蟛蜞后吐下委顿之谜（98） 承前启后的医药学家（143） "石蟹（蟹化石）"的种种记录（178） 蟹眼茶汤（294） 张耒作诗为自己的嗜蟹之癖辩解（296） 食蟹腹痛吐痢医方（301） 以蟹解漆的故事（303） 人、犬、鱼食之皆毙的蛇蟹（305） 李时珍《本草纲目》是以"蟹"为医药的集成文献（510） 祖冲之《述异记》开启了食蟹报应的记录之门（115） 重阳佳节吃螃蟹 ※（151） 白居易涉蟹诗句反映的"余杭风俗"（165） 岁旱迎蟹即雨（250） 以螃蟹为怪物（253） 书生因蟹而中榜（522） 放蟹报德的故事（527） 梦蟹玄解（530）

故事 小说

《神异经》里讲了一个山臊捕食虾蟹的故事（36） 山都、山精、山鬼、山猱食蟹的故事（71） 郭璞：中国大蟹神话的创始人（81）由螃蜞又名"长卿"和"彭越"引发出的历史故事 ※（90） 天雨虾蟹（176） 螃蟹琐闻十二则（310） 洪迈《夷坚志》：记录螃蟹故事最多的书籍（318） 诗注里源自印度的故事（323） 大雾中蟹多僵者 ※（248） 明宫里的蟹事趣闻（515） 光绪皇帝查办"金爪蟹案"（521） 藩司缘蟹而破案（525） 螃蟹笑话六则（604） 吴承恩《西游记》（585） 兰陵笑笑生《金瓶梅》（588） 方汝浩《禅真后史》（590） 古吴金木散人《鼓掌绝尘》（592） 蒲松龄《聊斋志异》（592）红楼吃蟹琐记（466） 白云外史散花居士《后红楼梦》（596） 朱翊清《荷花公主》（597） 涉蟹小说举隅（599）

诗歌 联语

鲁城民歌：最早而又特殊的咏蟹诗（146） 皮日休：诗人咏蟹第一人（182） 唐彦谦《蟹》：艺术与史料价值兼备的诗篇（192）唐诗里的涉蟹句选释（208） 朱贞白《咏蟹》善嘲（211） 苏轼《丁公默送蝤蛑》（355） 以宋徽宗画蟹为题材的二首咏史诗（358） 咏蟹诗作二十首及涉蟹句（360） 螃蟹诗话六则（378） 四首同调同题的咏蟹词（388） 咏蟹（涉蟹）词曲述要（390） 刘基《题蟹二首》（532） 高启《赋得蟹送人之官》（533） 徐子熙《蟹》（534） 徐渭蕴含寓意的三首题画蟹诗（535） 王世贞《蓼根蟹》（538） 咄咄夫《乡人不识蟹歌》（539） 曹雪芹：各示人物性格的三首《螃蟹咏》

（540）　张士保《题画蟹》（542）　翁同龢《题蒋文肃得甲图卷（其二）》（543）　秦荣光《上海县竹枝词（选一）》（545）　无名氏《螃蟹段儿》（546）　咏蟹诗作十二首及涉蟹句（549）　陆次云《减字木兰花·蟹》（561）　夏言《大江东去·答李蒲汀惠蟹》（562）　咏蟹词曲述要（565）　蟹联撷英（612）

散文　戏曲　艺术

蟹酱（蟹胥）：最早吃蟹的记录　※（38）　陆龟蒙：推开了一扇稻蟹洄游的探索之窗　※（187）　江文蔚《蟹赋（残文）》（213）　杨万里：以诗以赋赞糟蟹的作家　※（345）　高似孙《松江蟹舍赋》（393）　姚镕《江淮之蜂蟹》的寓意（395）　李祁《讯蟹说》（396）　赋蟹散文提要（401）　袁翼《湖蟹说》（568）　夏树芳《放蟹赋》（570）　郑明选《蟹赋》（573）　张九崚《醉蟹赞》（575）　张岱：与友人兄弟辈立十月蟹会　※（488）　李渔《蟹赋·序》（576）　尤侗《蟹赋》（578）　陈其元《蓄鸭之利弊》（580）　赋蟹散文提要（582）　以蟹为喻的活剧（402）　元杂剧涉蟹琐记（404）　明清戏曲涉蟹觅踪（608）　蟹画初展（158）　蟹画的兴盛与寥落（407）　蟹画繁荣（618）　可供把玩的寄居蟹（627）　可供赏玩的螃蟹工艺品（629）

谱录　类书　字书

傅肱《蟹谱》（234）　高似孙《蟹略》（350）　孙之騄《晴川蟹录》（636）《古今图书集成》"蟹部"（632）《尔雅》里的"蝌蟪"是哪一种蟹？　※（23）　许慎《说文解字》里的"蟹"与"跪"？　※（44）

《广雅》首及蟹的雄雌及其后续展开 ※（51） 孙愐《唐韵》的释蟹十七条 ※（153）《埤雅》《尔雅翼》等字书的释蟹（413）《字汇》《康熙字典》等字书的释蟹（641）

后 记

　　老家太仓，长江口的小城，江南水乡，产蟹，大家爱吃，早上，茶客在茶馆里吃蟹，傍晚，家家在门口围着小方桌吃蟹，出门坐船，码头上有煮蟹摊子，买了在船上吃蟹，可解闲气，吃完了就在船舷边洗了手上岸，因此，我自小成为蟹迷，对那些掰开背壳捉拿法海和尚、掰出螯片拼成蟹蝴蝶之类更是感到兴味盎然。后来，我到淮阴教书，这里靠着洪泽湖，水网密布，又是个产蟹丰饶的地方，嗜蟹的习惯便延续了下来。

　　嗜蟹发展到读蟹，见到螃蟹材料便收录，碰到螃蟹书籍便买下，不经意间获得了许多科学和文化知识。上世纪九十年代，社会上掀起一股吃蟹热潮，与人吃蟹，我技巧娴熟而且吃得壳无余肉，大家就让我讲蟹，什么先吃什么后吃、什么能吃什么不能吃、吃到什么部位怎么吃，都能讲得头头是道。因此，不仅在本地，就是到本省高校参加活动，用餐时都要让我边吃边讲。讲着讲着，教语文的我便融进自己的经验和感悟写蟹，发表了一篇又一篇文章，并在退休前夕的1999年结集为《蟹趣》出版，颇受大家的欢迎。

　　退休后，我抛开原先象牙塔里的文体分类研究，继续写蟹。书到用时方恨少，便又去查又去读，读读写写，陆续又发表了一些文章，出版了《说蟹》《〈蟹谱〉〈蟹略〉校注》等书籍，编著了

《蟹诗赏读》《中华螃蟹故事集成》等书稿。一步一步走下来，停不下刹不住了，就决定继承古人的谱录传统，搜集、整理、编纂自先秦至清末群籍里涉蟹的文字记录为《中华蟹典》。从此，我由"悦"读转向"苦"查，出于汇集的目的，阅读成了单一侦求，零星的涉蟹文字散见于浩瀚典籍，一本本搜索，一页页扫描，一旦查得，眼就陡亮，特别是见到了珍稀记载，往往会拍案叫绝，心潮起伏，要高兴好一阵子。有时候一整天下来，查得头昏眼花，却一无所获，又垂头丧气。还有知道了线索，我所在的淮师图书馆（整理和影印出版的古籍颇丰）没有收藏，为了求多求备，就赴宁去南京图书馆查寻，不知劳累，而觉快乐。检索目标极小，翻书极多，故而曾经自嘲：我或许成了天底下翻书（不是读书）最多的机械动物！累月经年，锲而不舍，燕子垒窝一口口泥，补足了许多材料，不敢说掇拾齐全，却大抵已经收揽，完成了约150万字的《中华蟹典》书稿，《中华蟹史》就是据此而写成的。

为什么要写《中华蟹史》呢？就主观而言，觉得有兴趣有材料，年事已高，由《蟹典》而《蟹史》，顺势而行，轻车熟路，省心省力，而且身子闲空，又无旁骛，晚风和畅，还能着力，可以不虚度光阴，可以使日子充实，扑上去，干一阵，是能搞出来的。就客观而言，认为有需要有价值，举其荦荦大端：其一，蟹而谱录，先世已见，蟹而成史，则为继承创新之举，是时代应有的突破，是今人应有的担当，成书之后，可与今贤的糖史、茶史等汇聚在一起，把我国博物历史研究之窗继续推开，促进大家共同来耕耘这片资源富饶而开垦薄弱的领域；其二，我们常常说中华文化博大精深，经无底、史无边、子与集挖不完，可是对于一般人（包括外国人）来说，听着总觉得空洞，有了此书，就可以指着它说：喏，你瞧，即如在一只微末的螃蟹背壳上，就堆足堆满了历史文化，显示了中华文化的悠久绵长、丰富璀璨！螃蟹为世界性的动物，可是哪个国家哪个民族能有如此丰厚的文化积淀？这就给人一个可视可触的案例，一本窥豹一斑、尝鼎一脔的书籍；其三，蟹史的角度虽小，却有着无限信息，可以实在而不浮泛、清晰而不模糊、亲切而不空远地窥知中国古人的智慧和情趣，包括认知蟹类、把握性状、机巧捕捉、存储买卖、创制肴馔、以蟹治病、设喻褒贬、咏唱、散文、故事、图画等，反映了现实和想象、观察和思考、科学和审美、经验和心理等的景象，乃至折射了中国古人之长短、强弱、得失，鉴古知今，扬长避短，以助今人继续前进。

顺势接着写《中华蟹史》一经确定，我就忙活起来，精神为之抖擞，思虑为之聚焦，虽然不断告诫自己，早不再年轻，已经衰老，不着急，慢慢来，实际上却难以做到，每天都像在赶路，珍时惜日，确立一个个专题，归并一个个材料，梳理整合，爬罗别抉，揣摩斟酌，条贯陈述，一字一字填格，一页一页笔写，寒暑交替，四季轮回，现今宝塔结顶，完工告竣，就此拿出来呈献给读者，并期望教正。

最后，向协助我查阅史料的潘荣生副研究馆员，为本书搜集插图的丁厚祥教授，给了我许多关心和鼓励的杨德渐教授，慧眼相识、尽心尽力操作出版的虞劲松副编审，致以深深的谢意。儿子钱阳在成书过程中做了许多繁杂事务，也一并致谢。

钱仓水

于淮师·文华苑寓所

二〇一八年春，时年八十三岁